Tiefgaragen + Parkdecks –
Hinweise und Empfehlungen zur Gebrauchstauglichkeit und Dauerhaftigkeit für Parkbauten aus Beton

3., überarbeitete und erweiterte Auflage

VLB-Meldung

Lohmeyer, Gottfried / Ebeling, Karsten:
Tiefgaragen + Parkdecks
Hinweise und Empfehlungen zur
Gebrauchstauglichkeit und Dauerhaftigkeit
für Parkbauten aus Beton
3., überarbeitete und erweiterte Auflage
Düsseldorf: Verlag Bau+Technik GmbH, 2020

ISBN 978-3-7640-0635-8

Gesamtproduktion: Verlag Bau+Technik GmbH,
Steinhof 39, 40699 Erkrath
www.verlagbt.de

Druck: Linsen Druckcenter GmbH, 47533 Kleve

Tiefgaragen + Parkdecks

Hinweise und Empfehlungen zur Gebrauchstauglichkeit und Dauerhaftigkeit für Parkbauten aus Beton

3., überarbeitete und erweiterte Auflage

Dipl.-Ing. Gottfried Lohmeyer
Dipl.-Ing. Karsten Ebeling

VERLAG BAU+TECHNIK

Inhaltsverzeichnis

Vorwort

Parkbauten dienen seit über 90 Jahren dem ruhenden Verkehr, also jenen Fahrzeugen, die aus dem fließenden Verkehr genommen und nicht nur am Straßenrand abgestellt werden. Die zunehmende Verkehrsdichte – insbesondere in Innenstädten – fordert auch einen größeren Platzbedarf für parkende Fahrzeuge. Dies trifft in besonderem Maße für den öffentlichen Verkehr zu, gilt aber auch für gewerblich, wirtschaftlich und industriell genutzte Fahrzeuge sowie private Bereiche.

Diese Parkbauten werden häufig als übliche Hochbauten geplant, obwohl es Bauwerke sind, die die Eigenschaften von Verkehrsbauten erfüllen müssen. Verschiedene Anforderungen ähneln denjenigen, die an Brückenbauten gestellt werden – zumal dann, wenn stützenfreie Parkflächen angestrebt werden und somit große Spannweiten entstehen. Parkbauten sind daher als anspruchsvolle Ingenieurbauwerke einzustufen, die besondere Kenntnisse der am Bau Beteiligten in Planung, Ausführung und Überwachung erfordern.

Die meisten Baumängel an Parkbauten sind Mängel an Parkdecks, also an den befahrenen und beparkten Geschossdecken vom Bodenparkdeck bis zum Dachparkdeck. Diese Mängel haben eine Beeinträchtigung der Gebrauchstauglichkeit und der Dauerhaftigkeit zur Folge. Daher wurde erstmals im Jahr 1988 in der für den Stahlbetonbau maßgebenden Norm DIN 1045 zusätzlich zur Qualität des Betons und zur Größe der Betondeckung der Bewehrung ein besonderer Schutz der Risse im Beton gegen chloridhaltiges Wasser beim Einsatz von Tausalz gefordert. Aus diesen Gründen befasst sich dieses Buch vor allem mit der Gebrauchstauglichkeit und der Dauerhaftigkeit von Parkdecks. Fragen der Tragfähigkeit werden nicht behandelt, da es hier bei Parkdecks keine größeren Unterschiede zum üblichen Hoch- und Ingenieurbau gibt.

Den Bauherren von Parkbauten muss klar sein – und dies hat ihnen der Objektplaner zu verdeutlichen –, dass die Planungsaufgabe nicht von einem Architekten allein bewältigt werden kann. Am Anfang ist die Aufstellung einer Bedarfsplanung erforderlich. Zudem ist es notwendig, dass dem Objektplaner schon bei der Planung von Parkbauten die nötigen Spezialisten zur Seite stehen. Hierbei ist zu beachten, dass dies nicht nur wie üblicherweise der Tragwerksplaner für die Standsicherheit des Gebäudes und ein Geotechniker zur Beurteilung des Baugrundes sind. Bei Parkbauten ist vielfach im Vorfeld bereits ein Verkehrsexperte für die Anbindung der Parkbauten an das Straßennetz und für die Verkehrsführung im Bauwerk erforderlich. Benötigt werden ein TGA-Planer für Planung der technischen Gebäudeausstattung und erforderlichenfalls auch ein Bauphysiker für die Beurteilung von Be- und Entlüftung sowie Klimatisierung und/oder Brandschutz. In Sonderfällen sind sogar Psychologen für Parkbauten tätig und beschäftigen sich mit der Nutzungsfreundlichkeit von Parkbauten, insbesondere bei schwierigen Grundrissen.

Zwingend erforderlich ist ein Koordinator für die Abstimmung der einzelnen Arbeitsbereiche. An den Schnittstellen der unterschiedlichen Gewerke sind die Detailfragen schon vor der Ausführung zu planen, um die Gebrauchstauglichkeit und die Dauerhaftigkeit der Gesamtkonstruktion nicht zu beeinträchtigen.

Die Fachleute des ausführenden Bauunternehmens müssen mit Baumaßnahmen des Ingenieurbaus vertraut sein, vor allem aber mit dem Betonbau, möglichst auch mit dem Brückenbau. Gegebenenfalls ist ein Berater für Betontechnologie hinzuzuziehen. Auch für den weiteren Ausbau sind Spezialunternehmen zu beauftragen, beispielsweise für Beschichtungen der Parkdecks und deren Markierungen für die Verkehrsführung.

Dies verdeutlicht, dass der Planungs- und Ausführungsaufwand beim Bau von Parkbauten größer als im üblichen Hochbau ist. Die HOAI berücksichtigt diese überdurchschnittlichen Anforderungen durch Zuordnung in eine entsprechende Honorarzone. Die höheren Anforderungen an die Ausführung von Parkbauten sollten auch in der Leistungsbeschreibung zum Ausdruck kommen. Erfolgt dies nicht in ausreichendem Maße und wird nach der Ausschreibung dem billigsten Bieter der Auftrag erteilt, kann späterer Ärger über Baumängel die Folge sein.

In dieser dritten Auflage des Buches wurden die Inhalte vollständig überarbeitet. Analog zu den Fachbüchern „Weiße Wannen – einfach und sicher“ als auch „Betonböden für Produktions- und Lagerhallen“ wird in der Neuauflage eine Klassifizierung von Parkbauten und des Betons vorgeschlagen, die als Grundlage für die Planung und Leistungsbeschreibung dienen kann. Der zunehmenden Bedeutung in der Baupraxis für den Bau von Tiefgaragen wird im neuen Titel des Fachbuches „Tiefgaragen und Parkdecks“ Rechnung getragen. In dieser dritten Auflage werden Tiefgaragen als eigenständiges Kapitel behandelt und Besonderheiten in Abhängigkeit der jeweiligen Randbedingungen sowohl für die Bodenplatte als auch für die Wände und Tiefgaragendecken dargestellt und erläutert.

Änderungen von Aussagen und Festlegungen in den Eurocodes DIN EN 1990, DIN EN 1991 und DIN EN 1992-1-1 mit den nationalen Anhängen NA sowie der DIN EN 13670 mit nationalem Anhang DIN 1045-3 wurden angepasst bzw. berücksichtigt. Weiterhin ist in diesem Fachbuch das 2018 erschienene Merkblatt „Parkhäuser und Tiefgaragen“ des Deutschen Beton- und Bautechnik-Vereins E.V. (DBV) als auch das Heft 600 des Deutschen Ausschuss für Stahlbeton (DAfStb) berücksichtigt und inhaltlich eingearbeitet. Nachweise für frühen und späten Zwang sind den aktuellen Änderungen in den Regelwerken angepasst.

Wesentliche Aussagen, beispielsweise zu den Entwurfsgrundsätzen mit den zugeordneten Abdichtungsmaßnahmen, sind in den entsprechenden Abschnitten, bei denen es angebracht oder erforderlich erschien, wiederholt worden. Damit sollten unnötig viele Hinweise auf vorhergehende Abschnitte vermieden werden, die sonst ein Nachblättern erfordern würden.

Ziel aller Maßnahmen muss es sein, Parkdecks in nutzungsfreundlichen Parkbauten so zu erstellen, dass sie dauerhaft gebrauchstauglich sind.

Hannover und Burgdorf, November 2019 — G. Lohmeyer und K. Ebeling

1 Planungsgrundlagen

Das Schaffen von Einstellplätzen ist eine Aufgabe, die mit zunehmender Verkehrsdichte und Platzknappheit in den Innenstädten in stärkerem Maße wichtiger wird. In den meisten Innenstädten herrscht Parkplatznot, aber auch in anderen Stadtbereichen fehlen Parkplätze.

Im weitesten Sinne gilt: Parkbauten sind Verkehrsbauwerke. Die planmäßig vorgesehenen Beanspruchungen ähneln jenen von Straßenbrücken, insbesondere bei großen Spannweiten für stützenfreie Parkflächen. Dies gilt sowohl für die Einwirkung von Niederschlägen mit chloridhaltigen Taumitteln, als auch für sich verändernde Temperatureinwirkungen. Es gilt außerdem für den mechanischen Verschleiß bei dynamisch wirkenden Lasten. Trotzdem darf bei der Tragwerksplanung von vorwiegend ruhenden Belastungen ausgegangen werden. Aber gerade dies führt wohl dazu, dass Parkbauten häufig wie übliche Hochbauten behandelt werden. Nicht nur bei den Planenden – auch bei den Ausführenden – fehlt häufig das erforderliche Problembewusstsein, um sich auf die besonderen Anforderungen bei Parkbauten einzustellen.

Den folgenden Ausführungen dieses Fachbuches liegen die derzeit geltenden Regelwerke [N0 bis N6] zugrunde, insbesondere aber auch das DBV-Merkblatt „Parkhäuser und Tiefgaragen" [R9]. Es folgen jedoch weitergehende Darstellungen des Themas, auch mit anderen Vorschlägen zur Planung und Ausführung von Parkdecks. Im DBV-Merkblatt ist angegeben, dass anstelle der darin genannten *„Vorschläge und Empfehlungen grundsätzlich abweichende Lösungen möglich sind, die auch zu standsicheren, dauerhaften und gebrauchstauglichen Parkbauten führen können."* [R9]

Zunächst werden allgemeine Begriffe und Anforderungen genannt (Abschnitt 1.1). Bei der Planung und Ausführung von Parkdecks sind die jeweils vorhandenen Besonderheiten der Nutzung zu berücksichtigen. Dafür dienen die Bedarfsplanung und die Bedarfsermittlung (Abschnitt 1.3). Die Ergebnisse der Bedarfsermittlung können dazu führen, dass es zu Abweichungen von den genannten Maßnahmen kommt. Abweichungen können auch dadurch entstehen, wenn Bauunternehmer oder Bauprodukthersteller andere Ausführungsvarianten vorschlagen [R9].

Die Autoren empfehlen eine Klassifizierung der verschiedenen Bereiche, damit die einzelnen Fakten besser erfasst werden können als bei der normalen Planung üblicher Hochbauten. Bei der Klassifizierung für Parkbauten (Abschnitt 2.1 ff) ist besonderer Wert auf die Zuordnung in Expositionsklassen zu legen, wobei die Umgebungsbedingungen (trocken, feucht, nass oder wechselnd) ohne oder mit Tausalzeinwirkung zu berücksichtigen sind, die einen Einfluss auf den Schutz der Parkdeckoberfläche und die erforderliche Betondeckung der Bewehrung haben. Im Abschnitt 1.2 werden detailliert die Aufgabenbereiche und Verantwortlichkeiten der Beteiligten dargestellt. Der Planer hat seinen Bauherrn über die beim Bau von Parkbauten entstehenden Risiken zu informieren und aufzuklären, damit der Bauherr erforderliche Entscheidungen treffen kann (Abschnitt 1.2.1). Um diese Information und Aufklärung später nachweisen zu können, sind diese zu protokollieren, z. B. im Bauwerksbuch (Abschnitt 13.8).

1.1 Allgemeine Begriffe und Anforderungen

1.1.1 Parken

Mit „Parken“ (Parkieren, Parking) wird das Abstellen oder Einstellen betriebsbereiter Kraftfahrzeuge bezeichnet. Das Kraftfahrzeug wird beim Parken aus dem fließenden Verkehr genommen und dem ruhenden Verkehr zugeordnet. Als „Kraftfahrzeuge“ (Kfz) sind in diesem Zusammenhang insbesondere Personenkraftwagen (Pkw) gemeint. Lastkraftwagen (Lkw) oder Omnibusse (Bus) werden in diesem Zusammenhang nicht behandelt. Tafel 1.1 enthält einige Angaben zu Abmessungen und Gewichten verschiedener Pkw.

Die Abmessungen der Pkw sind gegebenenfalls größer, z. B.:
- die Länge bei einer angebrachten Anhängerkupplung,
- die Breite durch ausgeklappte Außenspiegel,
- die Höhe durch aufgesetzte Dachgepäckträger.

1.1.2 Parkplätze

Parkplätze sind Abstell- oder Einstellplätze für Kraftfahrzeuge aller Art an öffentlichen Straßen, an allgemein zugänglichen Parkflächen, aber auch in Parkbauten außerhalb des Straßenraumes und auf privaten Flächen. Zu einem Parkplatz für Pkw gehören die Rangierflächen vor und hinter dem Pkw, erforderlichenfalls auch seitlich des Pkw, sowie die Flächen zum Öffnen der Türen, des Kofferraumes und der Motorhaube. Rangierflächen sind erforderlich, um den Parkplatz an den fließenden Verkehr anzuschließen.

Tafel 1.1: Abmessungen und Gewichte einiger Pkw [nach Angaben der Hersteller]

Pkw-Typ	Abmessungen Länge/Breite/Höhe [m]	zul. Gesamtgewicht [kg]	Flächenlast je Stellplatz von 2,5 m · 5,0 m [kN/m²]
Smart	2,70/1,56/1,54	1 020	0,81
VW Golf	4,20/1,78/1,51	1 750	1,40
Opel Signum	4,65/1,80/1,47	2 020	1,62
Ford Mondeo	4,78/1,89/1,55	2 100	1,68
Mercedes E320	4,85/1,85/1,47	2 420	1,94
BMW X6	4,88/1,98/1,69	2 500	2,00
Porsche Panamera	5,27/2,13/1,47	2 500	2,00
Audi A8	5,20/1,94/1,43	2 530	2,02
VW Touareg	4,80/1,94/1,73	2 860	2,29
Renault Grand Trafic Combi lg	5,40/1,96/1,97	3 020	2,42

1.1.3 Parkbauten

Die Begriffe „Parkbau“ oder „Parkbauten“ dienen als Sammelbegriff für Parkhäuser, Tiefgaragen und Hochgaragen, die in Groß-, Mittel- und Kleingaragen unterteilt werden. Sie gelten auch für einfache Parkdecks, jeweils mit Stellplätzen für parkende Personenkraftwagen (Pkw). Der Begriff „Parkbau“ wird für ein Bauwerk verwendet, in dem alle Decken ausschließlich dem Parken von Pkw dienen.

Parkbauten sind besonders im Bereich der Innenstädte erforderlich, aber auch in Wohngebieten mit hoher Geschossflächenzahl oder an Schwerpunkten des ruhenden Verkehrs, wie Bahnhöfen, Flughäfen, Großfirmen, Shopping-Centern oder Hotels [R14]. Für Lastkraftwagen (Lkw) gibt es gesonderte Parkplätze. Auch Parkbauten für Autobusse (Busbahnhöfe) werden hier nicht behandelt. Für Zweiradfahrzeuge (Motorräder, Fahrräder) gibt es verschiedentlich gesonderte Einstellbereiche in Parkbauten für Pkw.

Die Bezeichnung „Garage“ ist in Deutschland üblich für Bauten zum Abstellen von Fahrzeugen. In anderen Sprachbereichen kann darunter auch eine Autowerkstatt oder eine Tankstelle verstanden werden. Für weitere Festlegungen der Begriffe können folgende Vorschriften und Regelwerke dienen:
In der Musterbauordnung MBO [V1] wird allgemein der Begriff „Garage“ für oberirdische und unterirdische Parkbauten verwendet. Dort heißt es unter anderem:
„Garagen sind Gebäude oder Gebäudeteile zum Abstellen von Kraftfahrzeugen außerhalb der öffentlichen Verkehrsflächen“.

Im Allgemeinen hat sich der Begriff „Parkhaus“ für größere Einheiten durchgesetzt.

1.1.3.1 Parkbauten für öffentliche Nutzung

Zu öffentlich genutzten Parkbauten gehören alle Parkhäuser und Tiefgaragen in den Städten für den allgemeinen Publikumsverkehr, ebenso Parkdecks für Einkaufsstätten. Bei diesen Parkbauten ist mit einem häufigen Wechsel der abgestellten Fahrzeuge und dementsprechend mit einer hohen oder sehr hohen Nutzungsintensität zu rechnen. Die Nutzung der Fahr- und Parkflächen ist bei diesen Parkbauten durch intensives Befahren und Einschleppen von aggressivem Tropfwasser und Schneematsch sowie mitgeführtem Sand und Splitt am höchsten.

Bei Parkbauten für Bahnhöfe, Park-and-Ride-Anlagen (P+R) und Flughäfen werden die Stellplätze im Laufe eines Jahres von vergleichsweise weniger Fahrzeugen beansprucht. Eine im Vergleich dazu noch geringere Nutzungsfrequenz ergibt sich beispielsweise bei Kultur- und Versammlungsstätten, Sport- und Freizeiteinrichtungen, Gaststätten und Beherbergungsbetrieben, Kliniken und Krankenhäusern oder ähnlichen Nutzungen.

1.1.3.2 Parkbauten für Bürogebäude und Gewerbebetriebe

Parkbauten für Bürogebäude, Gewerbebetriebe oder Verwaltungen erfahren durch die Beschäftigten meistens nur einen einzigen Fahrzeugwechsel je Arbeitstag. Damit ergibt sich eine geringere Nutzung der Parkdecks.

Höher ist die Nutzung bei starkem Publikumsverkehr, wenn die Besucher nur kurzzeitig verweilen und damit die Stellplätze von häufig wechselnden Fahrzeugen genutzt werden.

Für die Beschäftigten und die Besucher kann eine Trennung der unterschiedlichen Nutzungsbereiche vorgesehen werden. Beispielsweise können die Stellplätze für Besucher in der Nähe des Einfahrtsbereiches angeordnet werden, wodurch die Orientierung für die Nutzer einfacher ist und weil die Fahrzeuge wegen des häufigeren Wechsels mehr aggressiven Schneematsch und Tropfwasser sowie Sand und Splitt einschleppen.

1.1.3.3 Mittel- und Großgaragen für private Nutzung

Parkbauten mit über 100 m² Nutzfläche, die nur von Eigentümern oder Mietern bzw. deren Besuchern genutzt werden, beispielsweise für Wohnanlagen, müssen die Anforderungen der für das jeweilige Bundesland maßgebenden Garagenverordnung in gleicher Weise erfüllen wie Parkbauten für die öffentliche Nutzung. Bei diesen Parkbauten ist allerdings nur mit einem relativ geringen Wechsel der abgestellten Fahrzeuge zu rechnen. Allerdings werden diese Parkbauten während des ganzen Jahres sieben Tage in der Woche genutzt und nicht nur werktags.

Entsprechend der Garagenverordnung sind Bodenabläufe für die Entwässerung auch in Mittel- und Großgaragen bei privater Nutzung erforderlich (Kapitel 9 „Entwässerung und Gefälle").

1.1.3.4 Klein- und Einzelgaragen für private Nutzung

Garagen mit höchstens 100 m² Nutzfläche müssen nur eingeschränkte Anforderungen der jeweils maßgebenden Garagenordnung erfüllen. Bei privater Nutzung entsteht auch bei diesen Kleingaragen täglich nur ein relativ geringer Wechsel der abgestellten Fahrzeuge, wobei allerdings diese Garagen an allen Tagen des gesamten Jahres genutzt werden und nicht nur an Werktagen.

Auch diese Kleingaragen sollen möglichst Bodenabläufe für die Entwässerung besitzen (Kapitel 9 „Entwässerung und Gefälle").

In den Garagenverordnungen der Länder (GaVO) [V3] gilt der Begriff „Garage" auch allgemein für Parkbauten. Danach werden je nach Größe der Nutzfläche unterschieden:

- Kleingaragen bis 100 m² Nutzfläche
- Mittelgaragen über 100 m² bis 1 000 m² Nutzfläche
- Großgaragen über 1 000 m² Nutzfläche

Die „Empfehlungen für Anlagen des ruhenden Verkehrs EAR 05" [R14] enthalten Grundsätze und Hinweise für die Planung und die Bemessung des Parkraumangebots sowie für den Entwurf, den Bau und den Betrieb von Parkbauten.

Gesetzliche Mindestvorgaben für die bauliche Ausbildung von Parkbauten sind in den Garagenverordnungen der Bundesländer (GarVO) geregelt [V3]. Aber trotz Einhaltung dieser Mindestvorgaben passieren viele Planungsfehler. Hinzu kommt, dass zwischen den Anforderungen der einzelnen Bundesländer teilweise nennenswerte Unterschiede bestehen [R9].

In den Garagenverordnungen der Bundesländer wird im Wesentlichen zwischen folgenden Parkbauten unterschieden:
- oberirdische und unterirdischen Parkbauten
- offene und geschlossene Klein-, Mittel- und Großgaragen

Zur Vermeidung großer Planungsfehler ist anzuraten, die „Empfehlungen für Anlagen des ruhenden Verkehrs" (EAR 05) der Forschungsgemeinschaft für Straßen- und Verkehrswesen [R14] durchzuarbeiten.

1.1.3.5 Offene Parkbauten

Offene Parkbauten sind Mittel- oder Großgaragen mit einer ständig freien Querlüftung. Im Allgemeinen trifft dies für Hochgaragen zu, also für oberirdische Parkbauten (Bild 1.1).

Für die Querlüftung sollen offene Parkbauten unmittelbar ins Freie führende, nicht verschließbare Öffnungen haben, deren Größe mindestens ein Drittel der gesamten Fläche der Umfassungswände beträgt. Diese Öffnungen sollen sich in mindestens zwei gegenüberliegenden Umfassungswänden befinden, die nicht mehr als 70 m voneinander entfernt sind [V3].

Foto: K. Ebeling

Bild 1.1: Großgarage als offener Parkbau

Offene Parkbauten bedürfen keiner mechanischen Be- und Entlüftungsanlagen. Bis zu einer Höhe von 22 m werden an die Tragkonstruktion keine Anforderungen an den Feuerwiderstand gestellt [V3]. Die Bauteile brauchen nur aus nicht brennbaren Baustoffen zu bestehen, wenn das Gebäude ausschließlich als offener Parkbau genutzt wird. Stellplätze mit Schutzdächern (überdachte Stellplätze) gelten auch als offene Garagen.

1.1.3.6 Geschlossene Parkbauten

Mittel- oder Großgaragen werden als geschlossene Parkbauten bezeichnet, wenn sie die Voraussetzungen für offene Parkbauten gemäß Abschnitt 1.1.3.5 nicht erfüllen. Geschlossene Parkbauten besitzen keine natürliche Querlüftung und bedürfen einer mechanischen Be- und Entlüftung. Die Tragkonstruktion muss entsprechend der Garagenverordnung des jeweiligen Landes die Anforderungen an eine bestimmte Feuerwiderstandsklasse erfüllen, beispielsweise F 90. Tiefgaragen sind üblicherweise geschlossene Parkbauten (Bild 1.2).

1.1.3.7 Hochgaragen

Als Hochgarage werden Bauwerke oder Bauwerksteile mit oberirdisch angeordneten Stellplätzen für Pkw bezeichnet. Nach den Garagenverordnungen der Länder sind im Allgemeinen oberirdische Garagen solche Garagen, deren Fußboden im untersten Geschoss im Mittel nicht mehr als 1,30 m unter der Geländeoberfläche liegt (nach GarVO NRW [V3]).

Bei Hochgaragen in reinen Parkbauten mit Parkdecks auf den Zwischengeschossdecken und auf der Dachdecke sind leichtere Konstruktionen mit größeren Spannweiten möglich. Das Konstruktionssystem kann weitgehend frei gewählt werden und ist dann nur abhängig von der Art der Parkdecknutzung (Bild 1.3).

Foto: K. Ebeling

Bild 1.2: Großgarage als geschlossener Parkbau

Foto: K. Ebeling

Bild 1.3: Parkdecks einer Hochgarage mit Lichthof

1.1.3.8 Tiefgaragen

Als Tiefgarage werden Bauwerke oder Bauwerksteile mit Stellplätzen für Pkw, die unterirdisch angeordnet sind, bezeichnet. Nach den Garagenverordnungen der Länder sind im Allgemeinen unterirdische Garagen solche Garagen, deren Fußboden in einem Geschoss im Mittel mehr als 1,30 m unter der Geländeoberfläche liegt (nach GarVO NRW [V3]).

Tiefgaragen sind häufig unterhalb üblicher Hochbauten (z. B. Wohnhaus, Bürogebäude, Kaufhaus) oder unter Plätzen, sowie unter Verkehrsflächen oder Grünflächen angeordnet. Es sind daher zu unterscheiden:
- überbaute Tiefgaragen, bei denen die Decke die Begrenzung zu den Obergeschossen bildet und daher meistens zu dämmen ist,
- nicht überbaute Tiefgaragen, bei denen die oberste Decke als Dachdecke je nach Nutzung der Dachfläche auszubilden ist.

Unterhalb üblicher Hochbauten ergibt sich durch die Lastabtragungen aus den oberen Geschossen eine engere Stützenstellung als bei Hochgaragen. Damit kann das Tragsystem bei Tiefgaragen häufig nicht frei gewählt werden und die Konstruktion ist in Tiefgaragen meistens schwerer als bei Hochgaragen. Da Tiefgaragen geschlossene Parkbauten sind, werden an die Nutzungsfreundlichkeit hohe Anforderungen gestellt. Tiefgaragen werden hauptsächlich in Stahlbeton-Bauweise errichtet.

1.1.4 Parkdecks

1.1.4.1 Bezeichnungen

Parkdecks sind die befahrenen und beparkten Geschossdecken in Parkbauten. Im allgemeinen Hochbau werden die Geschossdecken als „Decke“ bezeichnet. Im Verkehrswegebau bezeichnet eine „Decke“ die Deckschicht als obersten Teil des Fahrbahnaufbaues.

Die Bezeichnung „Deck“ kommt aus dem Englischen und wird international für die waagerechte Unterteilung von Schiffen verwendet. Inzwischen ist diese Bezeichnung auch für Parkbauten üblich (Bild 1.3).

Der Begriff „Parkdeck“ wird für alle Decken verwendet, auf denen geparkt werden kann. Dies gilt dann nicht nur für alle Zwischenparkdecks (Zwischendecks), sondern auch für die Bodenplatte des Parkgebäudes (Tiefparkdeck oder Bodenparkdeck), als auch für das oberste Parkdeck (Dachdeck, Freideck oder Topdeck) als oberer Gebäudeabschluss. Freidecks sind frei bewitterte Decken, die zum Parken befahren werden. Hingegen werden frei bewitterte Parkdecks über hochwertig genutzten Räumen mit Wärmedämmung auch als Parkdach bezeichnet.

1.1.4.2 Innere Verkehrsführung

Es gibt Parkbauten, die schon beim Hineinfahren sympathisch wirken, sie erfreuen sich meistens einer hohen Akzeptanz. Andere Parkbauten wirken beim ersten Eindruck eher unsympathisch, sie werden nach Möglichkeit gemieden und erst dann angefahren, wenn keine andere Möglichkeit zum Parken besteht. Mehrere Einflüsse bewirken dies:
- die Helligkeit,
- die Farbgestaltung,
- die innere Verkehrsführung.

Die Verkehrsführung ist so zu gestalten, dass sie schon auf den ersten Blick bei der Einfahrt im Parkhaus klar zu erkennen ist. Es ist wichtig, dass ein neuer Nutzer auf leichte Weise einen Stellplatz findet. Er muss auch den richtigen Ausgang erkennen können und später seinen geparkten Wagen nicht umständlich suchen müssen.

Die Verkehrsführung innerhalb des Parkbaues (innere Verkehrsführung) hat möglichst nutzungsfreundlich zu sein. Dafür sind mehrere Einflüsse wirksam:
- Die Verkehrsführung muss übersichtlich und klar erkennbar sein.
- Rampen müssen breit genug sein (Tafel 1.3), sie dürfen nicht zu steil sein; die angegebenen Grenzwerte sind einzuhalten.
- Ausrundungen bei Gefällewechsel haben groß genug zu sein, damit Fahrzeuge nicht aufsetzen (Bild 1.7).
- Stellplätze erfordern eine ausreichende Größe (Tafel 1.4).
- Fahrstreifen müssen breit genug sein (Tafel 1.5).
- Einbahnverkehr ist zu bevorzugen.

- Sackgassen ergeben Gegenverkehr und sind möglichst zu vermeiden.
- ein- und ausfahrender Verkehr sollen sich möglichst nicht kreuzen.
- Stützen dürfen das Ein- und Ausparken nicht behindern.
- Stützenfreie Parkdecks sind anzustreben, denn sie werden bevorzugt.
- Stellplätze hinter Wänden (Treppenhäuser, Aufzüge) sind ungünstig.
- Sichtbehinderungen durch Stützen und Wände erzeugen Unsicherheit.
- Am Ende der Rampen hat der Blick auf den Querverkehr frei zu sein.
- Bei umlaufender Verkehrsführung auf den Parkdecks hat der Drehsinn anschließender Wendelrampen gegenläufig zu sein (Bild 1.5 c)).
- Nach dem Aussteigen muss der Nutzer deutlich erkennen können, wohin er als Fußgänger zu gehen hat und wo er nicht gehen darf.
- Fußgängerbereiche sollen möglichst stufen- und schwellenfrei sein.
- Nach dem Ausparken muss die Ausfahrt klar zu erkennen sein.

1.1.4.3 Parkdeck-Oberseiten

Parkdecks werden im Allgemeinen aus Stahlbeton oder gelegentlich auch aus Spannbeton hergestellt. Dies geschieht mit Ortbeton oder mit Elementdeckenplatten und Ortbetonergänzung oder mit Betonfertigteilen. In allen Fällen liegt Beton an der verkehrsbeanspruchten Oberseite der Parkdecks. Die Parkdeck-Oberseite kann unter bestimmten Voraussetzungen direkt befahren werden oder die Oberfläche erhält eine Beschichtung bzw. eine Abdichtung mit einem Belag (Kapitel 10).

In Parkbauten müssen die Beläge von Einstellplätzen, Verkehrsflächen und befahrbaren Dächern aus nicht brennbaren Baustoffen bestehen. Schwer entflammbare Baustoffe sind zulässig, wenn die Oberfläche glatt und dicht ist [V3], z. B. Oberflächenschutzsysteme als Beschichtungen.

Die Parkdeck-Oberseiten müssen undurchlässig gegen Flüssigkeiten sein, insbesondere gegen eindringende Chloride aus Tausalzen. Die Entwässerung der Parkdecks über Rinnen- oder Bodenabläufe hat daher vorrangige Bedeutung (GarVO NRW) [V3].

1.1.5 Zu- und Abfahrten

Von öffentlichen Verkehrsflächen zu den Parkbauten müssen Zu- und Abfahrten vorhanden sein, die ausreichenden Platz beim Stau wartender Pkw vor Schranken und Toren oder anderen Einrichtungen bieten. Dadurch soll erreicht werden, dass der fließende Verkehr nicht behindert wird. In einigen Garagenverordnungen ist dies verpflichtend, wenn es die Sicherheit und Leichtigkeit des fließenden Verkehrs erfordert (GarVO NRW) [V3].

Die Fahrbahn der Zu- und Abfahrten muss in Parkbauten mit über 100 m² Nutzfläche mindestens 2,75 m breit sein und in Kurven muss der Radius des inneren Fahrbahnrandes mindestens 5 m betragen. Vor Zu- und Abfahrtsperren genügt eine Fahrbahnbreite von 2,30 m. Bei Parkbauten mit mehr als 1 000 m² Nutzfläche (Großgaragen) ist neben der Fahrbahn der Zu- und Abfahrten ein Gehweg von mindestens 0,80 m Breite

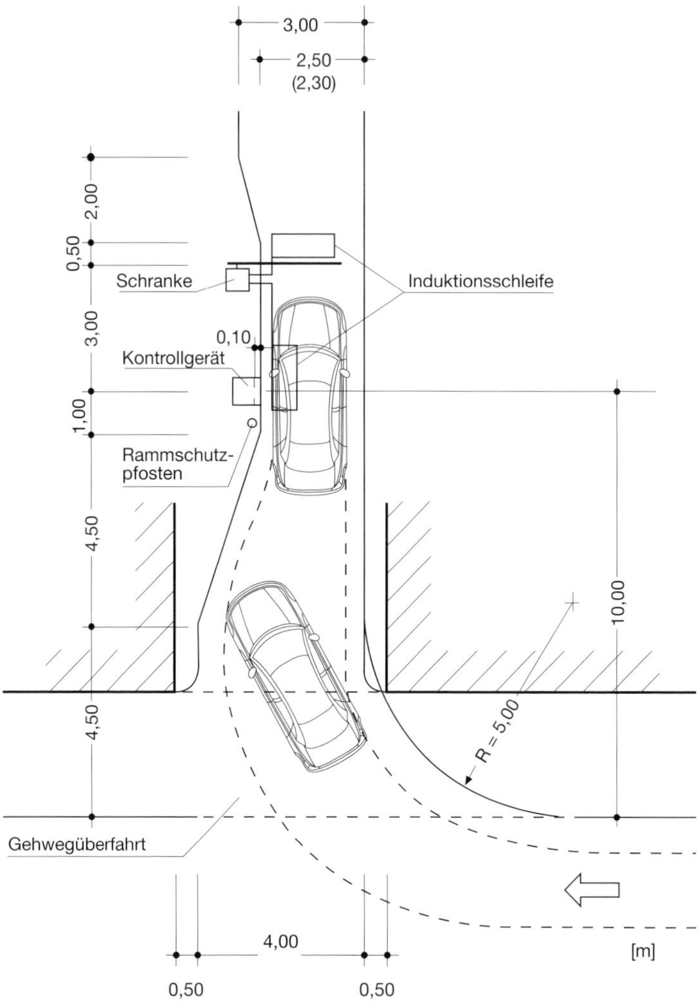

Bild 1.4: Beispiel für die Anordnung der Einfahrt in ein Parkhaus (nach EAR 05 Bild 4.5-1) [R14]

erforderlich, sofern nicht ein gesonderter Gehweg für den Fußgängerverkehr vorhanden ist (GarVO NRW) [V3].

Ein Beispiel für die Anordnung der Einfahrt in ein Parkhaus hinter einer Rechtskurve zeigt Bild 1.4 entsprechend den „Empfehlungen für Anlagen des ruhenden Verkehrs EAR 05" der Forschungsgesellschaft für Straßen und Verkehrswesen FGSV [R14]

Für eine genügende Nutzungsfreundlichkeit sind bei Ein- und Ausfahrten nicht nur die Mindestmaße einzuhalten. Einfahrten sind möglichst großzügig zu gestalten, außerdem hell und einladend. Vor der Einfahrt ist eine Vorrichtung anzubringen, die den zur Verfügung stehenden Lichtraum erkennen lässt, damit zu hohe oder zu breite Fahrzeuge an der Einfahrt gehindert werden und sich im Parkhaus nicht festfahren.

Ausfahrten müssen dem Nutzer gute Sichtverhältnisse bieten, damit einerseits die Ausfahrt leicht zu finden ist und andererseits das Einfädeln in den öffentlichen Verkehr erleichtert wird. Geländer, Brüstungen oder andere Baulichkeiten dürfen die Sicht nicht behindern. Bei Parkbauten für Veranstaltungen ist wegen des stoßweisen Ausfahrverkehrs insbesondere auf einen guten Verkehrsabfluss zu achten, um einen großen Rückstau zu vermeiden.

1.1.6 Rampen

Der Verkehr von der Einfahrt auf die Parkdecks wird über Rampen geführt, ebenso von einem Parkdeck zum anderen und auch über die Ausfahrtsrampe wieder zurück in den fließenden Verkehr. Die Wahl des Rampensystems ist von mehreren Einflüssen abhängig, beispielsweise:
- Grundstücksabmessungen,
- Aufteilung der Geschossflächen in Fahrstreifen und Stellplätze,
- Anzahl der Stellplätze,
- Nutzungsart,
- Verkehrsführung.

Bei Parkbauten für Gelegenheitsparker sind höhere Anforderungen an die Verkehrsführung zur besseren Orientierung zu stellen als bei Parkbauten für Mietparker.

Bei großen und/oder stark frequentierten Parkbauten ist es zweckmäßig, den Verkehr von einem Deck zum nächsten Deck so zu führen, dass der Aufwärts- und Abwärtsverkehr vom Verkehr auf den Parkdecks getrennt ist. Dies führt meistens zu Wendelrampen (Bild 1.5 c)).

1.1.6.1 Rampentypen

Im Wesentlichen sind vier Rampentypen sind zu unterscheiden, die im Bild 1.5 dargestellt sind [R14]: Vollrampen, Halbrampen, Wendelrampen, Parkrampen. Beispiele für die Eigenschaften der Rampensysteme enthält Tafel 1.2.

In einem Parkhaus sind die Rampen die anspruchsvollsten Fahrbereiche. Deren Form, Breite und Ausführungsqualität sind ausschlaggebend für eine gute Befahrbarkeit und

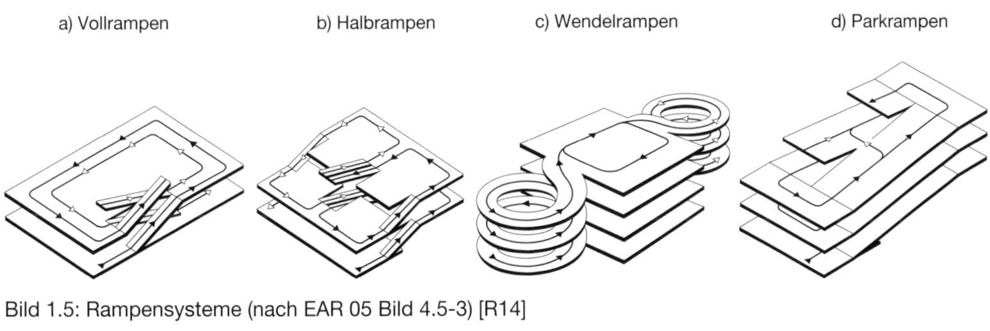

Bild 1.5: Rampensysteme (nach EAR 05 Bild 4.5-3) [R14]

die Nutzungsfreundlichkeit des Parkhauses oder der Tiefgarage. Dies gilt für alle Rampentypen entsprechend Bild 1.5. Halbrampen-Parkbauten, also Parkhäuser mit höhenversetzen Parkdecks, werden auch als Split-Level-System oder als D'Humy-System bezeichnet (Bild 1.5 b)). Der Ingenieur Fernand D'Humy hat 1919 dieses System entwickelt und patentieren lassen.

1.1.6.2 Neigung und Befahrbarkeit der Rampen

Die Neigung bzw. Steigung der Rampen in Parkbauten mit über 100 m² Nutzfläche (Mittel- und Großgaragen) darf im Allgemeinen nicht mehr als 15 % betragen. Für Parkrampen ist eine maximale Neigung von 6 % einzuhalten. Unbeheizte Rampen im Freien sollen eine Neigung unter 10 % haben [R14].

Voraussetzung für alle Rampen ist die Festlegung von geeigneten planerischen Maßnahmen für eine schnelle und wirkungsvolle Entwässerung. Details hierzu enthält Kapitel 9. Weiterhin sollen die Rampen so beschaffen sein, dass ein sicheres Befahren

Tafel 1.2: Beispiele für die Eigenschaften unterschiedlicher Rampensysteme (nach EAR 05) [R14]

Rampentyp	Kennzeichen	Vorteile	Nachteile	Bemerkungen
Vollrampen	Verbindung mit geradem Lauf, i. Allg. Neigung bis 10 %	gut befahrbar (Bild 1.6)	umständliche Geschossumfahrungen	ungünstige Beeinflussung von Sicherheit und Qualität des Verkehrsablaufs durch Rangiervorgänge in Fahrstreifen
Halbrampen	i. Allg. Verbindung von Halbgeschossen, i. Allg. Neigung bis 15 %	günstigere Flächenausnutzung als bei Vollrampen	steile Ausbildung mit höchster Anzahl von Neigungswechseln pro Geschoss und besonderer Wannen- und Kuppenausrundung nach Bild 1.7	Eignung i. Allg. nur für kleine Parkbauten, Ausbildung aus Sichtgründen möglichst nur als Linkskurven
Wendelrampen	Geschosswechsel über eine Wendel (Halbwendel, ein- und doppelgängige Vollwendel); i.Allg. außenliegend	behinderungsfreie, sichere Geschossüberwindung in kurzer Zeit und auf kurzem Wege	hoher Flächenbedarf	Eignung i. Allg. nur für große Parkbauten, bei Halbwendel geschossweiser Wechsel der Fahrtrichtung
Parkrampen	Bestandteil der Parkdecks, Ausbildung für Ein- bzw. Zweirichtungsverkehr	gut befahrbar durch geringe Längsneigung, wirtschaftlich durch Wegfall separater Rampen	hohe Anforderungen an das Orientierungssystem für Benutzer, unübersichtlich bei großen Parkbauten, ungeeignet für Einkaufswagen, Gepäckwagen, Rollenkoffer	weitere Details siehe Abschnitt 1.1.7

Foto: K. Ebeling

Bild 1.6: Vollrampe in einer Großgarage

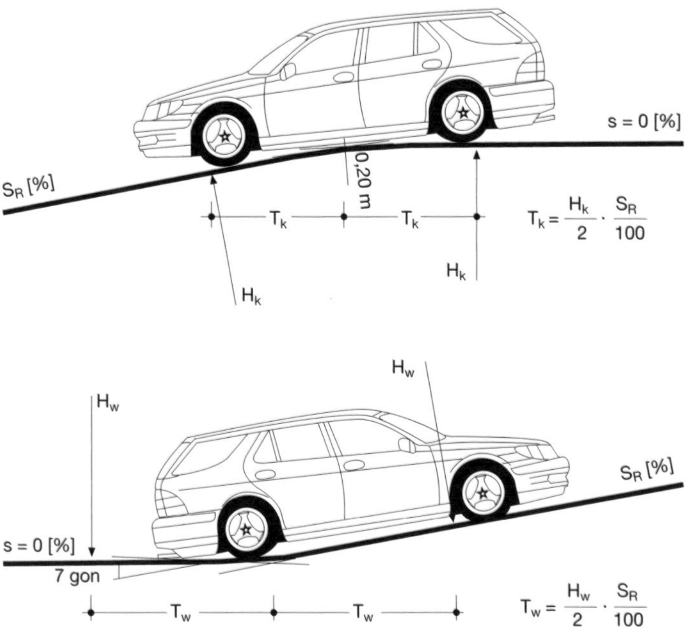

Legende:

S_R [%] Rampenneigung
H_K [m] Halbmesser der Kuppenausrundung
T_K [m] Tangentenlänge der Kuppe
H_W [m] Halbmesser der Wannenausrundung
T_W [m] Tangentenlänge der Wanne

Bild 1.7: Wannen- und Kuppenausbildung im Übergangsbereich Parkdeck/Rampe oder Rampe/Parkdeck (nach EAR 05 Bild 4.5-6) [R14]

auch bei Schnee- und Eisglätte gegeben ist. Folgende Maßnahmen sind möglich, um dies zu erreichen:
- Überdachung von Rampen im Freien
- Räumung von Schnee und Streuen von Splitt oder Sand, Taumittel nur bei LP-Beton
- Griffigkeit durch Profilierung der Rampenoberflächen
- Beheizung von Rampen über Regelung, abhängig von Oberflächentemperatur und -feuchte

Zufahrten, Abfahrten und Rettungswege sind bis zu den öffentlichen Verkehrsflächen so freizuhalten, dass sie zu jeder Zeit verkehrssicher sind.

Übergänge von einer ebenen Fläche (Zufahrt oder Parkdeck) auf eine geneigte Fläche (Rampe) erzeugen bei der Auffahrt eine Wannenausbildung, ebenso von der Abfahrtsrampe auf eine ebene Fläche. Umgekehrt ergeben sich Kuppenausbildungen, z. B. beim Übergang von der Auffahrtsrampe zum Parkdeck und vom Parkdeck zur Abfahrtsrampe. Neigungswechsel über 8 % sind auszurunden bzw. abzuflachen, um ein Aufsetzen der Fahrzeuge zu vermeiden. Für die Ausrundung im Übergangsbereich sind bestimmte Regeln zu beachten: beispielsweise soll der Radius bei Wannenausbildung mindestens 20 m und bei Kuppenausbildung mindestens 15 m betragen (Bild 1.7) [R14]. Insbesondere bei Rampen im Freien ist auf eine ausreichende Entwässerung der Wannenausbildungen zu achten.

1.1.6.3 Abmessungen der Rampen

Für gerade Rampen muss die Fahrbahnbreite bei Richtungsverkehr mindestens 2,75 m betragen (Bild 1.8). Für gewendelte Rampen gilt eine Mindestbreite von 3,50 m. Der Radius des inneren Fahrbahnrandes muss mindestens 5,00 m betragen. Die Querneigung muss mindestens 3 % sein (nach GarVO NRW [V3]). Es ist sinnvoll die Querneigung zur Kurveninnenseite auszubilden.

Es wird empfohlen, die Fahrbahnbreite von geraden Rampen aus 3,00 m zu erhöhen, insbesondere bei öffentlichen Parkbauten für Kurzparker [R14]. Gerade Rampen mit Gegenverkehr sollen mindestens 5,75 m breit sein. Bei Trennung der beiden Fahrbahnen durch einen 0,50 m breiten Mittelleitbord beträgt die Fahrbahnbreite 6,00 m (Bild 1.8). Die Schrägaufstellung der Stellplätze vereinfacht das Ein- und Ausparken vor allem, wenn keine Stützen an Fahrgasse und Stellplätzen stehen (Bild 1.9).

Rampen in Großgaragen, die wegen eines fehlenden Zugangs ausnahmsweise von Fußgängern begangen werden müssen, benötigen mindestens auf einer Seite einen 0,80 m breiten Gehweg. Dieser ist gegenüber der Fahrbahn zu erhöhen oder verkehrssicher abzugrenzen (nach GarVO NRW [V3]).

Bei gewendelten Rampen kann die Fahrbahnbreite verringert werden, wenn der Innenradius größer als 5,00 m ist (Tafel 1.3).

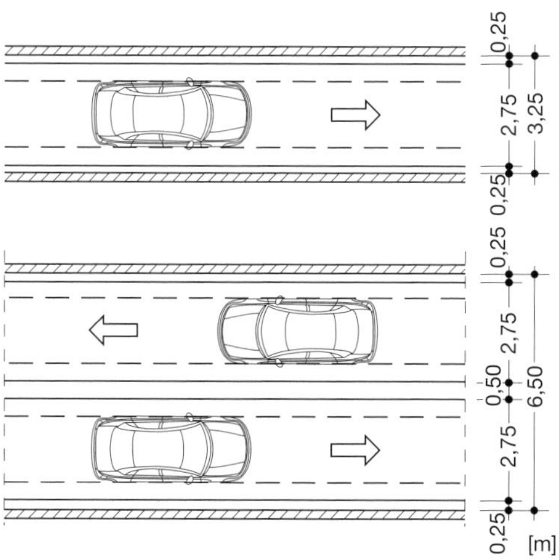

Bild 1.8: Mindestbreiten für gerade Rampen (nach EAR 05 Bild 4.5-8) [R1]

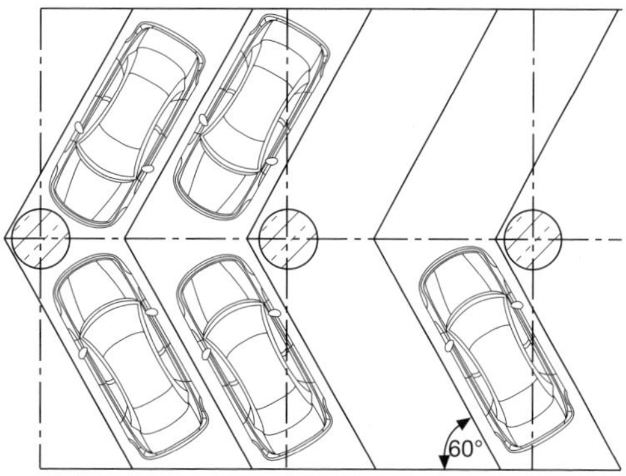

Bild 1.9: Schrägaufstellung der Stellplätze (nach EAR 05 Bild 4.5-8) [R1]

Tafel 1.3: Fahrbahnbreite bei gewendelten Rampen, abhängig vom Innenradius (nach EAR 05 Tab. 4.5-1) [R14]

Innenradius [m]	5,00	6,00	7,00	8,00	10,00	12,00	14,00	16,00	18,00	20,00
Fahrbahnbreite [m]	3,70	3,60	3,50	3,45	3,35	3,25	3,15	3,10	3,05	3,00

1.1.7 Parkrampen

Die einzelnen Parkdeckebenen können alle in einer Neigung liegen. Diese geneigten Parkdecks dienen dem Parken und gleichzeitig der Überwindung des Höhenunterschiedes von einer Parkfläche auf die nächste. Gesonderte Auf- und Abfahrtsrampen können bei diesem Parksystem entfallen. Gleichzeitig ermöglicht diese Konstruktionsweise ausreichende Gefälle und somit gute Entwässerungsmöglichkeiten.

Bei langen Parkbauten kann das Gefälle so gewählt werden, dass bei voller Umfahrung das Fahrzeug die Höhe von zwei Etagen überwindet, wodurch der Einfahrtverkehr vom Ausfahrtverkehr getrennt wird. Dadurch entstehen gegenläufige Parkebenen, die in entgegengesetzten Richtungen befahren werden. Allerdings geht hierbei leicht die Orientierung der Nutzer verloren, wenn das Orientierungssystem des Parkhauses die Orientierungsmöglichkeit nicht genügend unterstützt.

Die verfügbare Grundfläche wird hierbei sehr gut ausgenutzt, es entstehen aber weite Wege für die ein- und ausparkenden Fahrzeuge. Dieses Parksystem ist wenig geeignet für Einkaufszentren, Hotels und Bahnhöfe, da wegen der Parkdeckneigung die Einkaufswagen, Gepäckwagen oder Rollenkoffer leicht wegrollen.

1.1.8 **Stellplätze** (Parkstände)

Im Allgemeinen sind die Parkstände für Pkw als Senkrecht-Parkstände auszuführen (nach EAR 05 [R14]). Es ist jedoch anzustreben, Parkstände im Aufstellwinkel zwischen 50° und 70° anzuordnen. Längsparkstände neben dem Fahrstreifen sind auf Restflächen zu beschränken. Parkstände dürfen nicht im Einfahrbereich angeordnet werden. Damit können für die Fahrzeugaufstellung drei Winkelbereiche unterschieden werden:

- Senkrechtaufstellung $\alpha = 90°$ (rechtwinklig zur Fahrtrichtung mit Ein- und Zweirichtungsverkehr)
- Schrägaufstellung $\alpha \approx 50°$ bis $70°$ (bequemes Ein- und Ausparken bei einer Fahrtrichtung)
- Längsaufstellung $\alpha = 0°$ (am Rand des Fahrstreifens, sehr platzaufwändig, nur für Restflächen)

Die günstigste Flächenausnutzung ergibt sich bei Senkrechtaufstellungen, also jeweils rechtwinklig zur Fahrtrichtung. Dies ist der Grund, weshalb diese Aufstellart am häufigsten gewählt wird, sofern eine freie Flächengestaltung möglichst ist und keine Einschränkungen bestehen, z. B. durch die Grundstücksgeometrie. Ein Nachteil ist das ungünstige Ein- und Ausparken.

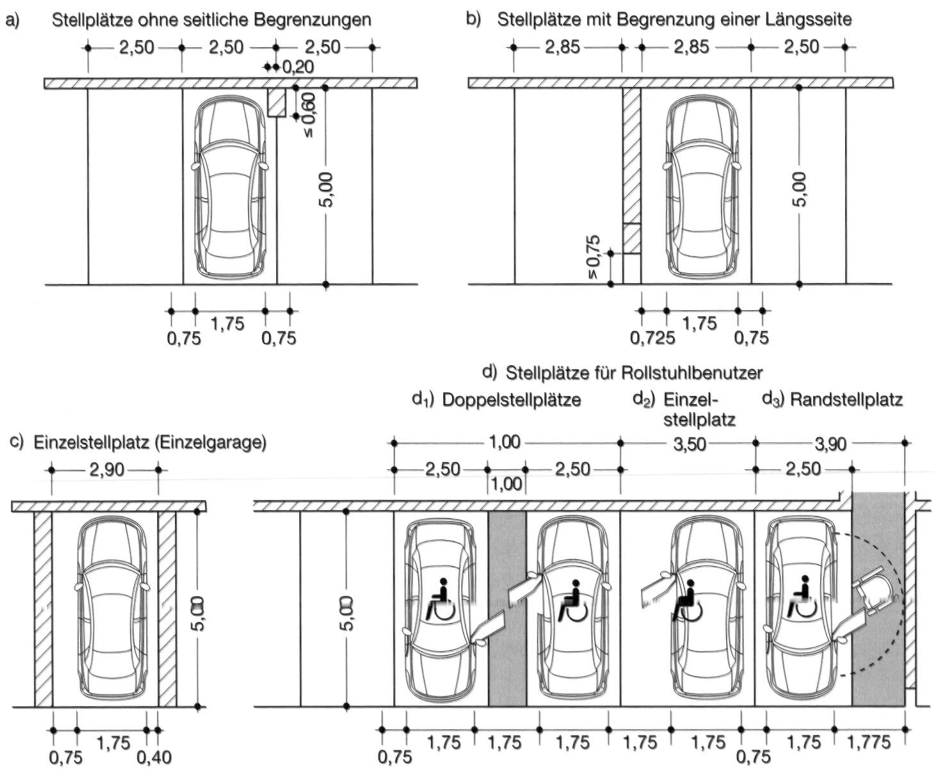

Bild 1.10: Grundmaße der Stellplätze (nach EAR 05 Bild 4.2-2) [R14]

Tafel 1.4: Mindestabmessungen der Stellplätze nach LBO GarVO NWR (SBauVO) [V3] bzw. nach EAR 05 [R14]

Stellplatz-länge	Stellplatzbreite		Bedingungen	
	nach GarVO NRW (SBauVO) [V3] 1)	nach EAR 05 [R14]		
≥ 5,00 m	≥ 2,45 m	≥ 2,50 m	keine Längsseite	des Stellplatzes mit weniger Abstand als 10 cm von begrenzenden Wänden, Stützen oder anderen Bauteilen und Einrichtungen
	≥ 2,55 m	≥ 2,85 m	eine Längsseite	
	≥ 2,65 m	≥ 2,90 m	beide Längsseiten	
	≥ 3,50 m		Stellplätze für Behinderte	

1) Die Geragenverordnungen der Bundesländer haben teilweise unterschiedliche Anforderungen an Mindestabmessungen der Stellplätze. In NRW gilt die Verordnung über Bau und Betrieb von Sonderbauten (SBauVO). Anforderungen an Einstellplätze und Fahrgassen enthält dort §125.

Das günstigste Ein- und Ausparken ist bei Aufstellwinkeln von 45° möglich. Hierbei ergibt sich auch die schmalste Breite der Fahrgassen und Parkstraßen. Eine sinnvolle Gesamtkonstruktion ist beispielsweise bei Aufstellwinkeln von 60° gegeben. Die Stützen können hierbei in den Zwickeln am Kopf der Stellplätze angeordnet werden, sodass ein störungsfreies Ein- und Ausparken zwischen der Fahrgasse und den Stellplatzen ermöglicht wird (Bild 1.9). Außerdem stehen die Fahrzeuge nach dem Ausparken in der richtigen Fahrtrichtung. Dies erhöht die Nutzungsfreundlichkeit erheblich.

Stellplätze (Einstellplätze) müssen eine bestimmte Größe haben. Beispiele der Mindestmaße ergeben sich aus Tafel 1.4. Daraus ist zu ersehen, dass die Garagenverordnungen der Länder geringere Stellplatzbreiten fordern, als diese in den „Empfehlungen für die Anlagen des ruhenden Verkehrs“ EAR 05 der Forschungsgesellschaft für Straßen- und Verkehrswesen FGSV [R14] genannt werden. Bild 1.10 verdeutlicht die Grundmaße für Pkw-Stellplätze.

Für Parkbauten, in denen häufig mit Wagen der Oberklasse (5*-Hotels) und SUVs (Flughäfen) zu rechnen ist, sollen die Stellplätze zur Erhöhung der Nutzungsfreundlichkeit möglichst länger und breiter sein [R9].

Aus der Tafel 1.1 ist zu ersehen, dass heute auch Fahrzeugmodelle mit über 5 m Länge vorhanden sind. Bei einer Stellplatzlänge von 5 m wird somit die Breite der Fahrgassen verringert, unter Umständen so weit, dass Unterschreitungen der vorgeschriebenen Mindestbreiten der Fahrgassen nach der Muster-Garagenverordnung bzw. der EAR 05 entstehen. Aufgrund bisher fehlender normativer Regelungen liegt die Verantwortlichkeit für angepasste Stellplatzlängen über 5 m beim Planer. Im Rahmen der Bedarfsplanung ist daher eine entsprechende Berücksichtigung längerer Stellplatzlängen mit dem Bauherrn abzustimmen und das Ergebnis zu dokumentieren.

1.1.9 **Fahrstreifen** (Fahrgassen)

Die Fahrstreifen (Fahrgassen) müssen – soweit sie auch zum Einparken von Pkw dienen – zwischen den beidseitig angeordneten Stellplätzen eine ausreichende Breite haben. Die Breite eines Fahrstreifens ist abhängig vom Aufstellwinkel, in dem die Stellplätze von der Längsachse des Fahrstreifens abweichen. Die einparkenden Fahrzeuge brauchen umso mehr Platz, je steiler der Aufstellwinkel ist. Beispiele für die Fahrstreifenbreite ergeben sich aus Tafel 1.5.

Fahrstreifen, die nicht unmittelbar dem Ein- und Ausparken bei Stellplätzen dienen, müssen in Parkbauten mit mehr als 100 m² Nutzfläche bei Richtungsverkehr eine Breite von mindestens 2,75 m haben, bei Gegenverkehr müssen sie mindestens 5,00 m breit sein (nach GarVO NRW (SBauVO) [V3]).

In den „Empfehlungen für die Anlagen des ruhenden Verkehrs“ EAR 05 der Forschungsgesellschaft für Straßen- und Verkehrswesen FGSV [R14] werden abweichende Aussagen zu den Breiten von Fahrstreifen genannt, nämlich mindestens 3,00 m für Richtungsverkehr, bei Gegenverkehr mindestens 4,50 m. Weiterhin wird empfohlen, die maximale Fahrstreifenbreite von 6,00 m nicht zu überschreiten, um ein verkehrswidriges Parken von Fahrzeugen im Bereich der Fahrstreifen zu vermeiden.

Parkbauten, bei denen mit stoßweisem Publikumsverkehr (Veranstaltungen) zu rechnen ist und auch bei Parkbauten mit häufigem Beladen (Einkaufszentren) sollen die Fahrstreifen möglichst 5,50 m breit sein. Hierbei sind außerdem Abstellflächen für Einkaufswagen vorzusehen (nach [R9]).

1.1.10 Parkstraßen

Eine Parkstraße wird durch den Fahrstreifen (Fahrgasse) und die seitlich des Fahrstreifens angeordneten Stellplätze gebildet. Vielfach ist ein Parkdeck in zwei Parkstraßen unterteilt, die jeweils im Richtungsverkehr (Einbahnverkehr) genutzt werden. Bei hohem Umschlaggrad ist der Fahrzeugverkehr stets im Richtungsverkehr zu führen.

Die lichte Breite einer Parkstraße ergibt sich unter Berücksichtigung der Tafel 1.5 beispielsweise bei 2,50 m breiten Stellplätzen und einer 90°-Aufstellung zu insgesamt $2 \cdot 5{,}00 + 6{,}00 = 16{,}00$ m. Damit ergibt sich für besonders nutzungsfreundliche, stüt-

Tafel 1.5: Erforderliche Breite der Fahrstreifen (Fahrgassen) nach GarVO NRW (SBauVO) [V3]

Aufstellwinkel der Stellplätze zum Fahrstreifen [1)]	erforderliche Breite des Fahrstreifens bei einer Breite des Stellplatzes von		
	2,45 m	2,55 m	2,65 m
90°	6,50 m	6,00 m	5,50 m
45°	3,50 m	3,25 m	3,00 m
90°	Breite des Fahrstreifens + Stellplatzbreite nach Tafel 1.1		

[1)] Zwischenwerte können interpoliert werden.

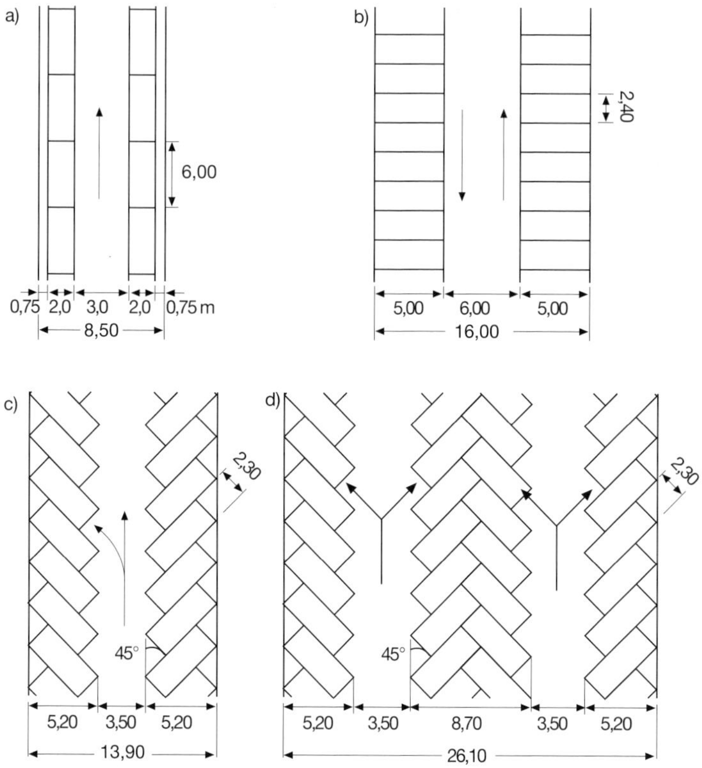

a) Stellplätze parallel zum Fahrstreifen
b) Stellplätze 90° zum Fahrstreifen
c) Stellplätze 45° zum Fahrstreifen bei einem Fahrstreifen mit Richtungsverkehr
d) Stellplätze 45° zum Fahrstreifen bei zwei Fahrstreifen mit Richtungsverkehr

Bild 1.11: Breite der Parkstraßen, abhängig von der Geometrie der Stellplatzanordnungen mit den zugehörigen Fahrstreifen [L16]

zenfreie Parkdecks eine Spannweite der Konstruktion von etwa 17,00 m. Bild 1.11 verdeutlicht die Geometrie der Stellplatzanordnung mit den zugehörigen Fahrstreifen.

1.1.11 Fußgängerverkehr

Da bestimmte Bereiche in Parkbauten auch von den Nutzern begangen werden, ist dort die Oberflächengestaltung auch auf Fußgänger abzustellen. Untersuchungen zeigten, dass sich in Parkbauten häufig Unfälle durch Stürze von Fußgängern ereignen, bedingt durch zu glatte Oberflächen und durch Stolperschwellen. Bordsteinkanten im Bereich des Fußgängerverkehrs sollen daher möglichst entfallen.

In Mittel- und Großgaragen sind Gehstreifen oder Gehwege für die Sicherheit der Fußgänger erforderlich. Sie sind so anzulegen, dass Ausgänge, Treppenhäuser oder Aufzüge auf kurzem Weg zu erreichen sind. Gehstreifen sollen mindestens 0,80 m breit sein, bei möglichen Begegnungen mindestens 1,50 m. In Großgaragen ist es günstig, wenn mindestens 2,00 m breite Gehwege zum Hauptausgang führen [R14].

Fußgängerrampen sollen – sofern es überhaupt begehbare Rampen gibt – nicht steiler als 6 % sein. Bei langen Rampen soll möglichst in Abständen von höchstens 6,00 m ein Zwischenpodest von mindestens 1,50 m Länge, besser 2,50 m Länge, angeordnet werden. Die Mindestbreite von Fußgängerrampen mit Gegenverkehr soll möglichst 1,20 m betragen und die Podeste sollen mindestens 1,70 m lang sein. Die Querneigung für die Entwässerung der Podeste kann bis 2,5 % betragen. Querneigungen der Fußgängerrampen sind zu vermeiden [R14].

1.1.12 Besondere Parksysteme

Neben den „üblichen“ Parkbauten können auch besondere Parksysteme zur Anwendung kommen, z. B. mechanische, halbautomatische oder automatische Parksysteme (nach GIVT Gesellschaft für Innovative VerkehrsTechnologien mbH):

- Mechanische Parksysteme:
  - Parkbühnen wie Doppel-Parker, Lift-Parker (Bild 1.12), Versenk-Parker oder Kipp-Parker
  - Verschiebepaletten
  - Drehpaletten
  - Parkaufzüge
- Halbautomatische Parksysteme:
  - Parkbühnen mit Verschiebepaletten
  - wie automatische Parksysteme, jedoch ohne Übergabekabine
- Automatische Parksysteme:
  - Parkregale in Turm- und Schachtbauweise
  - Umsetz-Parker als Paletten-Verschiebesysteme
  - Umlauf-Parker als Horizontal-Paternoster

Foto: K. Ebeling

Bild 1.12: Doppelparker als Liftparker in einer Tiefgarage unter einer Wohnbebauung

Tafel 1.6: Beispiele für Anbieter mechanischer Parksysteme PS (nach ADAC-Verkehrstechnik) [R1]

Unternehmen	Internet
Gerhard Sange Maschinenfabrik GmbH	www.diadonis.de
Klaus Autoparksystem GmbH	www.klaus-autopark.de
Lödige Fördertechnik GmbH	www.loedige.com
Maurer Söhne GmbH & Co. KG	www.maurer-soehne.de
Otto Nussbaum GmbH & Co. KG	www.nussbaum-lifts.de
Parking Technologies GmbH	www.palis.de
PID Parking GmbH	www.pid-parking.de
SHB Saalfelder Hebezeugbau GmbH	www.shb-net.de
Walter H. Pristinger Mechanische Autoparkanlagen	www.Autoparkanlagen.de
Westfalia Parking Systems GmbH & Co. KG	www.westfaliacarpark.com
Wöhr GmbH	www.woehr.de

Die Anwendung eines dieser Parksysteme kann beispielsweise bei Parkbauten für Quartiere, Hotels und Büros mit hohem Qualitätsanspruch der Nutzer sinnvoll sein. Bei starker und sehr starker Nutzungsintensität sind diese Parksysteme nicht zu empfehlen, also beispielsweise nicht für Shopping-Center oder öffentliche Parkbauten mit kurzer Parkdauer.

Erläuterungen und Hinweise zu besonderen Parksystemen sind beispielsweise in den „Empfehlungen für die Anlagen des ruhenden Verkehrs" EAR 05 der Forschungsgesellschaft für Straßen- und Verkehrswesen FGSV [R14] detailliert beschrieben.

Erfahrungen zeigen, dass insbesondere bei Klein- und Mittelgaragen teilweise Nutzungseinschränkungen aufgrund eines zu geringen Flächenbedarfs beim Parkvorgang und auch bei Zu- und Abfahrten auftreten. Es ist sinnvoll, dass der Objektplaner zur Überprüfung der vorgesehenen geometrischen Kenngrößen der Verkehrsflächen einen Verkehrsplaner einbindet [R9].
Beispiele für Anbieter besonderer Parksysteme zeigt Tafel 1.6.

1.2 Aufgabenbereiche und Verantwortlichkeiten der Beteiligten

In den folgenden Abschnitten werden die Aufgabenbereiche und die Verantwortlichkeiten der Beteiligten dargestellt, die bei der Planung und der Ausführung von Parkdecks mitwirken. Grundsätzlich gilt, dass Planung und Ausführung eine fachübergreifende Zusammenarbeit erfordern. Das Bild 1.13 zeigt die Aufgaben und Verantwortlichkeiten als Übersichtsdarstellung.

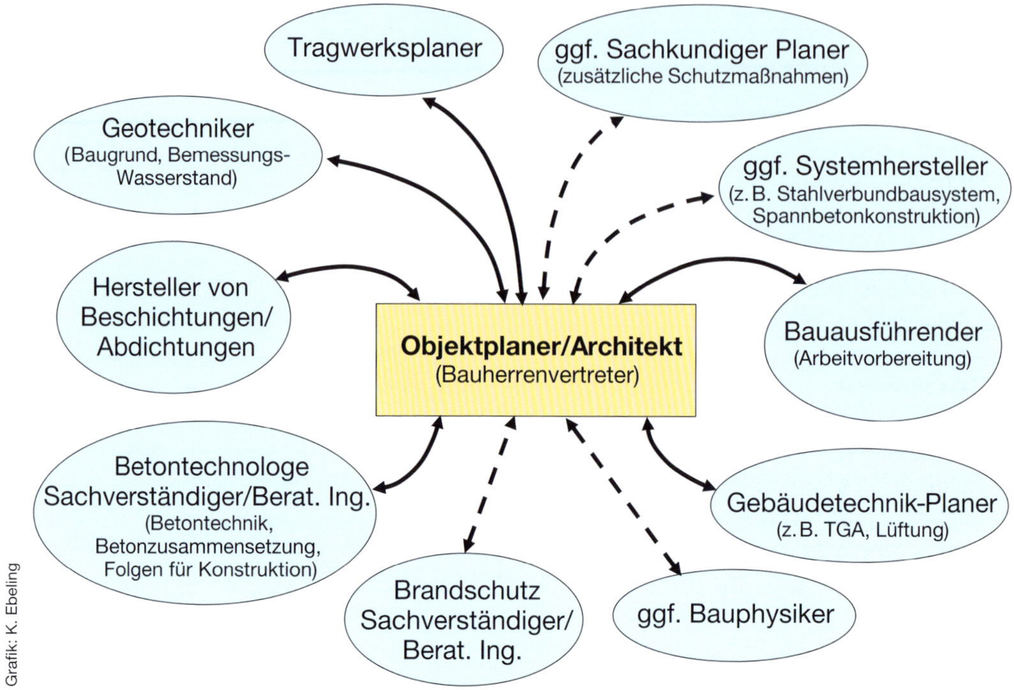

Bild 1.13: Darstellung der Aufgaben und Verantwortlichkeiten für die am Bau Beteiligten bei der Planung und Ausführung von Parkdecks [L45]

Die Planung von Parkbauten hat so zu erfolgen, dass ein nutzungsgerechtes Bauwerk entsteht. Hierzu sind viele Planungsleistungen erforderlich. Dies muss dem Bauherrn schon zu Beginn der Planung bekannt sein, denn zur Sicherstellung der vielen Planungsleistungen ist die Einbindung unterschiedlicher Fachplaner erforderlich. Die Einbindung der Fachplaner hat möglichst früh zu erfolgen. Über die dadurch entstehenden Schnittstellen muss der Informationsfluss funktionieren, damit die für die Nutzung eines Parkbaues erforderlichen Eigenschaften tatsächlich erreicht werden.

1.2.1 Aufgaben des Bauherrn

Der Bauherr hat beim Bau von Parkdecks mehrere Aufgaben zu erfüllen (Checkliste Tafel 1.7), z. B.:

- Bedarfsermittlung und Ausarbeitung eines Bedarfsplanes mit Vorgabe der Rahmenbedingungen, damit die zur Verfügung stehenden Mittel für die Erstellung des Bauwerks am sinnvollsten genutzt werden, um das gesteckte Ziel zu erreichen.
- Auswahl des Objektplaners
- Der Bauherr bleibt für die Bedarfsermittlung verantwortlich.
- Mitwirkung bei der Festlegung der vorzusehenden Gebäudekonstruktion bzw. des Bausystems
- Mitwirkung bei der Festlegung der Risikoverteilung bei den zu wählenden Entwurfsgrundsätzen, die bei der Planung zu berücksichtigen sind, z. B. im Hinblick auf Ent-

wässerung, Gefälle, Fahrbelag und Rissbreitenbegrenzung (Risikobewertung über Risiko-Kennzahlen nach Kapitel 12)
- Mitwirkung bei der Auswahl der Fachingenieure, z. B. Geotechniker, TGA-Planer, Tragwerkplaner, Sachverständiger für Brandschutz, Berater für Betontechnologie

Weitere Anforderungen an den Bauherrn/Betreiber enthält Abschnitt 13.5, vor allem in Bezug auf die spätere Instandhaltung während der Nutzung des Bauwerks.

1.2.2 Aufgaben des Objektplaners

Der Objektplaner hat als wesentliche Aufgabe die Koordinierung aller Leistungen der Beteiligten vorzunehmen und ist für folgende Maßnahmen verantwortlich (Checkliste Tafel 1.7):
- Beratung des Bauherrn bei der Bedarfsermittlung und Ausarbeitung eines Bedarfsplanes
- Rechtzeitiges Hinzuziehen eines Tragwerksplaners, eines Planers für Technische Ausrüstung sowie erforderlichenfalls eines Verkehrsplaners oder weiterer Fachplaner
- Festlegung der Gebäudekonstruktion, erforderlichenfalls unter Mitwirkung des Tragwerksplaners bzw. des Systemherstellers
- Festlegung der vorgesehenen Nutzungsart, Nutzungsintensität und Beanspruchung des Parkgebäudes unter Berücksichtigung der Nutzungsfreundlichkeit, der Verkehrsführung, der Parkplatzgestaltung, der Entwässerung mit oder ohne Gefälle, und zwar unter Mitwirkung des Bauherrn
- Festlegung, wer die Planungsleistungen für die ausführungstechnischen und betontechnischen Bereiche erbringt, während der Bauausführende in der Planungsphase noch nicht feststeht.
- Koordinierung der Ergebnisse der Fachplaner und Kontrolle hinsichtlich der Vorgaben des Bauherrn sowie der Verordnungen des jeweiligen Bundeslandes und der zuständigen Baubehörden [R9], z. B. insbesondere:
  - beim Tragwerksplaner die Entwurfsgrundsätze und die Fugenanordnung
  - beim TGA-Planer: Entwässerung, Beleuchtung, Lüftung, Sanitäranlagen
  - beim Verkehrsplaner: Geometrie der Verkehrsflächen, Überprüfung der Kurven, der Durchfahrtshöhen, der Kuppenausrundungen
  - bei der Brandschutzplanung: Brandschutzkonzept in Übereinstimmung mit den örtlich geltenden Brandschutzbestimmungen
- Aufklärung des Bauherrn über Konsequenzen aus den für die Bemessung zu wählenden Entwurfsgrundsätzen, z. B. im Hinblick auf Bauweise, Bausystem, Entwässerung, Gefälle, Fahrbelag und Rissbreitenbegrenzung
- Entscheidung über Gefälleausbildung auf den Parkdecks
- Aufklärung des Bauherrn über die Vor- und Nachteile der Ausführungsarten, inkl. Protokollierung, um Haftungsrisiken zu vermeiden, z. B. im Bauwerksbuch
- Aufnehmen der Entscheidung des Bauherrn in die Planungsverträge und in die Bauverträge, auch in die Nutzungsverträge
- Festlegung erforderlicher Aufbauhöhen für erforderliche Schutzschichten (z. B. Beschichtungen, Abdichtungen) in Zusammenarbeit mit dem Tragwerksplaner und erforderlichenfalls mit dem Sachkundigen Planer für Schutzmaßnahmen

- Planung der Entwässerung der Parkdeckflächen in Zusammenarbeit mit dem Fachplaner für die Technische Ausrüstung
- im Falle einer Grundwassereinwirkung bei Tiefgaragen:
  a) die Festlegung der vorgesehenen Nutzungsklasse gemäß WU-Richtlinie
  b) die Planung einer ausreichenden Zugänglichkeit für Abdichtungsarbeiten während der Nutzungsphase des Bauwerks
- Festlegung der erforderlichen Qualität der Bauteile, insbesondere der Fahr- und Parkflächen und deren Oberflächenbeschaffenheit sowie gegebenenfalls der erforderlichen Oberflächenschutzsysteme, auch für die Sockelbereiche der aufgehenden Bauteile
- Erstellen einer Leistungsbeschreibung, in der alle Anforderungen zur Ausführung berücksichtigt sind; außerdem sind „Besondere Leistungen" sind zu erfassen, z. B. solche Leistungen, die über den üblichen Hochbau hinausgehen
- Dokumentation der Festlegungen und Entscheidungen in der Planungs- und Ausführungsphase sowie Weitergabe an die Beteiligten
- Koordinierung der Arbeitsergebnisse der Fachplaner und Schnittstellen-Management
- Erstellen eines Instandhaltungsplanes im Zusammenhang mit der Ausführungsplanung unter Mitwirkung des Tragwerksplaners (erforderlichenfalls auch mit einem Sachkundiger Planer)
- Abschluss von Wartungsverträgen in der Gewährleistungsphase mit den ausführenden Unternehmen

Bei der Planung und Errichtung von Parkbauten ist vom Objektplaner eine Dokumentation des Bauwerks und all seiner Teile als Voraussetzung und Grundlage für eine später zielgerichtete Wartung und Instandhaltung anzulegen [R9]. Dies kann am sinnvollsten durch ein Bauwerksbuch erfolgen. Grundlage hierfür kann das dementsprechende DBV-Merkblatt „Bauwerksbuch" sein [R10].

Die Mitwirkung des Objektplaners bezieht sich auch auf folgende Aufgaben:
- Festlegung von Bauteilabmessungen und -geometrie durch den Tragwerksplaner
- Festlegung der Risikoverteilung hinsichtlich des für die Bemessung zu wählenden Entwurfsgrundsatzes (Risikobewertung über Risiko-Kennzahlen nach Kapitel 12)
- Festlegung des Entwurfsgrundsatzes gemäß WU-Richtlinie (gegebenenfalls getrennt nach Bauteilen)
- Planung eines Konzeptes für Brandschutz, Be- und Entlüftung, sowie erforderlichenfalls Beheizung oder Klimatisierung für die vorgesehene Nutzung der Parkdecks und der Nebenräume durch den TGA-Planer
- Planung und Konstruktion von Fugen (Bewegungsfugen, Arbeitsfugen, Sollrissquerschnitte) sowie von Einbauteilen (Entwässerungsrinnen, Bodeneinläufe, Rohrdurchführungen) unter Mitwirkung des Tragwerksplaners
- Festlegung des Zeitpunktes zum Abstellen der Wasserhaltung und der WU-Prüfung (Dichtheitsprüfung) bei anstehendem Grundwasser
- Festlegungen zur Abdichtung wasserführender Risse oder Fehlstellen (Verfahren, Materialart, Stoffeigenschaften des Füllgutes)

Weitere Angaben zu Anforderungen an den Planer zu Fragen der Instandhaltung, z.B. projektbezogener Instandhaltungsplan, enthält Abschnitt 13.3.

1.2.3 Aufgaben des Tragwerksplaners

Die Aufgabenbereiche des Tragwerksplaners erstecken sich auf folgende Bereiche mit der zugehörigen Verantwortlichkeit (Checkliste Tafel 1.7):

- Planung von Bauteilabmessungen und -geometrie unter Berücksichtigung einer möglichst zwangarmen Lagerung der Bodenplatte und der Parkdecks
- Festlegung des Entwurfsgrundsatzes und der Nutzungsklasse gemäß der WU-Richtlinie (erforderlichenfalls getrennt nach Bauteilen) unter Berücksichtigung etwaiger dafür geeigneter Fahrbeläge und zu erwartender Temperaturbeanspruchungen (beispielsweise aus Bauzuständen oder gegebenenfalls vorgesehener Lüftung bei Tiefgaragen), (Risikobewertung über Risiko-Kennzahlen nach Kapitel 12)
- Bemessung der Bauteile und Festlegung der Bewehrung unter Berücksichtigung der Betondeckung der Bewehrung und der Betonierbarkeit der Bauteile
- Festlegung von Betonkenndaten (Expositionsklassen, Mindestbetondruckfestigkeitsklasse, Betondeckung der Bewehrung)
- Festlegung zutreffender Rechenwerte für die Betonzugfestigkeit des jungen Betons
- Erstellen eines Risskonzepts mit Festlegung der getroffenen Annahmen, z.B. der zulässigen Rissbreiten und möglicher Rissbreitenänderung während der Nutzung unter Berücksichtigung der dafür geeigneten Fahrbeläge
- Planung und Konstruktion von Fugen (Bewegungsfugen, Arbeitsfugen, Sollrissquerschnitte) sowie Festlegung von Einbauteilen (Entwässerungsrinnen, Bodeneinläufe, Rohrdurchführungen) im Zusammenwirken mit den Herstellern
- Festlegung der zusätzlichen Schutzmaßnahmen, gegebenenfalls in Zusammenarbeit mit einem Sachkundigen Planer
- Festlegungen der planerisch vorgesehenen Rissverfüllarbeiten (Verfahren, Materialart und Stoffeigenschaften des Füllgutes usw.)
- Festlegung des Zeitpunktes zum Abstellen der Wasserhaltung bei anstehendem Grundwasser und der WU-Prüfung (Dichtheitsprüfung)
- Dokumentation aller Festlegungen auf den Ausführungsunterlagen und Erfassen in der Leistungsbeschreibung

Die Mitwirkung des Tragwerkplaners bezieht sich auf folgende Aufgaben:

- Festlegung der Abdichtungsart und der Nutzungsklasse bei anstehendem Grundwasser
- Aufklärung des Bauherrn über Konsequenzen aus dem für die Bemessung zu wählenden Entwurfsgrundsatz
- Festlegung der Risikoverteilung hinsichtlich des für die Bemessung zu wählenden Entwurfsgrundsatzes
- Fragen zur Betonzusammensetzung auf Grundlage planerisch festgelegter Anforderungen
- Festlegungen zur Abdichtung wasserführender Risse oder Fehlstellen (Verfahren, Materialart und Stoffeigenschaften des Füllgutes usw.)

- Planung eines Konzeptes für Be- und Entlüftung, sowie erforderlichenfalls Beheizung oder Klimatisierung für die vorgesehene Nutzung der Parkdecks und der Nebenräume durch den TGA-Planer
- erforderlichenfalls Planung besonderer Bausysteme durch einen Systemhersteller, z. B. im Stahlverbundbau oder bei Spannbeton-Konstruktionen

Anmerkung:
In der Praxis wird oft die Ausbildung von Details dem bauausführenden Unternehmen überlassen, z. B. Art und Anordnung von Fugen. Dies führt jedoch häufig zu Lösungen, die den Annahmen des Tragwerksplaners nicht entsprechen oder sogar widersprechen. Dies muss vermieden werden. Daher sind diese Details, auch die Art und Anordnung von Fugen, stets vom Tragwerksplaner zu planen. Falls der Bauausführende von der geplanten Art und Anordnung der Fugen abweichen will, z. B. für eine einfachere Bauausführung, hat er dies mit dem Tragwerksplaner abzustimmen. Der Bauausführende ist daher möglichst früh in den Planungsvorgang einzubinden.

1.2.4 Aufgaben des Baugrundsachverständigen (Geotechniker)

Beim Bau von Parkgebäuden ist ein Geotechniker (Baugrundgutachter) einzuschalten, dem folgende Aufgaben und Verantwortlichkeiten zufallen (Checkliste Tafel 1.7):
- Vorschlag für die Art der Gründung des Parkgebäudes in Abhängigkeit von der Tragfähigkeit des Baugrundes und der Wirksamkeit von Grundwasser
- Aussagen über zu erwartende Setzungen, insbesondere ungleichmäßige Setzungen nach Abschluss der Rohbauphase
- erforderlichenfalls Festlegung von Beanspruchungsklasse und Bemessungswasserstand nach den Anforderungen der WU-Richtlinie
- erforderlichenfalls Angabe des chemischen Angriffsgrades des anstehenden Wassers und Bodens durch Analysen nach DIN 4030 [N21]

1.2.5 Aufgaben des Sachkundigen Planers

Bei der Festlegung zusätzlicher Schutzmaßnahmen für die Stahlbeton-Konstruktion kann der Tragwerksplaner durch einen Sachkundigen Planer unterstützt werden, wenn die Fachkompetenz eines Sachkundigen Planers erforderlich ist. Zusätzliche Maßnahmen werden beispielsweise für direkt befahrene Parkdecks nötig.

Der Sachkundige Planer hat dann die Aufgabe, im Rahmen der Ausführungsplanung ein geeignetes Schutzsystem zu wählen und zwar in Abhängigkeit vom gewählten Entwurfsgrundsatz, von der Nutzungsintensität, vom jeweiligen Parkdeck (Tiefparkdeck, Zwischenparkdeck, Dachparkdeck), von der rissbreitenbegrenzenden Bewehrung sowie von den Festlegungen für den Beton. Weiterhin vervollständigt er die Vorgaben für das Instandhaltungskonzept hinsichtlich der Wartungen und Besonderheiten für das Schutzsystem (Checkliste Tafel 1.7).

1.2.6 Aufgaben des Systemherstellers

Wenn für die Herstellung von Parkdecks ein besonderes Bausystem eingesetzt werden soll, ist der jeweilige Systemhersteller einzuschalten, z. B. für die Stahlverbund-Bausysteme, für Spannbeton-Konstruktionen oder auch für spezielle Einfeldsysteme.

Der Umfang des Aufgabenbereichs von Systemherstellern kann sehr unterschiedlich sein. Neben Festlegungen zur Gebäudekonstruktion können gegebenenfalls auch Entscheidungen und Maßnahmen für systemangepasste Schutz- bzw. Abdichtungsmaßnahmen zum Aufgabenbereich des Systemherstellers gehören.

Daher sind die Aufgabenbereiche des Systemherstellers im Detail festzulegen, in Abstimmung mit dem Bauherrn, dem Objektplaner, dem Tragwerksplaner und dem Bauausführenden sowie erforderlichenfalls mit dem Hersteller von Schutz- bzw. Abdichtungsmaßnahmen.

1.2.7 Aufgaben des Bauphysikers

Gegebenenfalls kann die Einschaltung einen Bauphysikers erforderlich sein. Die Entscheidung hierüber hat der Bauherr nach Beratung durch den Objektplaner zu treffen. Die Aufgaben des Bauphysikers sind folgende (Checkliste Tafel 1.7):
- Planung gegebenenfalls erforderlicher Maßnahmen zur Beheizung oder Klimatisierung für die vorgesehene Nutzung der Parkdecks mit erforderlichen Dämmmaßnahmen
- Mitwirkung bei der Planung eines Konzeptes für Be- und Entlüftung der Geschosse des Parkhauses und gegebenenfalls der Nebenräume
- erforderlichenfalls Mitwirkung bei der Festlegung der Brandschutzmaßnahmen

1.2.8 Aufgaben des Sachverständigen für Brandschutz

Im Einzelfall ist zu klären, ob ein Sachverständiger für Brandschutz einzuschalten ist oder ob die nachfolgenden Aufgaben von anderen Beteiligten verantwortlich mit erledigt werden können, z. B. vom Objektplaner, vom TGA-Planer oder vom Bauphysiker:
- Klärung der erforderlichen Brandschutzmaßnahmen für den geplanten Typ des Parkbaus unter Berücksichtigung der Vorgaben des Brandschutzes nach den Brandschutznormen, der Landesbauordnung und der örtlich zutreffenden Garagen-Verordnung des entsprechenden Bundeslandes
- Vorlage eines Brandschutzkonzeptes entsprechend der Garagen-Verordnung
- Überwachung bei der Ausführung der Brandschutzmaßnahmen

Die Anforderungen an den Brandschutz nach den Garagenverordnungen der Bundesländer beziehen sich auf folgende Bereiche:
- Tragende Wände, Decken und Dächer
- Außenwände, Trennwände, Brandwände
- Pfeiler und Stützen
- Rauch- und Brandabschnitte

- Verbindungen zu Garagen und zwischen Geragengeschossen
- Rettungswege
- Feuerlöschanlagen, Brandmeldeanlagen
- Rauch- und Wärmeabzugsanlagen, Ventilatoren

1.2.9 Aufgaben des TGA-Planers

Der Fachplaner für die technische Gebäudeausstattung (TGA-Planer) hat folgende Aufgaben zu erfüllen und zu verantworten (Checkliste Tafel 1.7):
- Planung eines Konzeptes für Be- und Entlüftung, sowie erforderlichenfalls Beheizung oder Klimatisierung für die vorgesehene Nutzung der Parkdecks und der Nebenräume
- Planung der Entwässerung der Parkdeckflächen in Zusammenarbeit mit dem Objektplaner
- Mitwirkung bei der Planung einer ausreichenden Zugänglichkeit zu den Bauteilen der Abdichtung während der Nutzungsphase des Bauwerks im Falle anstehenden Grundwassers
- Mitwirkung bei der Festlegung der Brandschutzmaßnahmen, insbesondere im Hinblick auf Be- und Entlüftung, Feuerlöschanlagen, Brandmeldeanlagen, Rauch- und Wärmeabzugsanlagen, Ventilatoren

1.2.10 Aufgaben des Beraters für Baustoffe

Beton

Beton für Parkdecks und seine Anwendung auf der Baustelle ist ein wesentlicher Punkt zum Erreichen einer geeigneten Betonkonstruktion, deren Bedeutung in der Baupraxis leider häufig unterschätzt bzw. missachtet wird. Nicht selten fehlen qualifizierte Aussagen und Festlegungen zum Beton, die von einem Betontechnologen wahrzunehmen sind. Die Aufgabenbereiche des Betontechnologen sind einem spezialisierten Fachmann zu übertragen, der umfassende Kenntnisse zum Beton, aber auch deren Auswirkung auf die planerische Konstruktion und Verarbeitung auf der Baustelle, haben muss (Betoningenieur mit Nachweis der erweiterten betontechnologischen Ausbildung – kurz E-Schein genannt). Das Aufgabengebiet kann beispielsweise auch von einem externen Beratenden Ingenieur oder Sachverständigen für Beton übernommen werden. Es umfasst folgende unterstützende Arbeiten:
- Beratung bei der Betonzusammensetzung auf Grundlage der in der Planung festgelegten Anforderungen (Expositionsklassen, Festigkeit, Fahrbeläge, Nutzungsklasse usw.) in Zusammenarbeit mit den Planenden und dem ausführenden Bauunternehmen
  Mitwirkung/Kontrolle der vorgesehenen Arbeitsvorbereitung für die Betonarbeiten
- Baustellenkontrollen für den Einbau des Betons einschließlich der Betonüberwachung (Baustellenprüfungen) und der Nachbehandlung zum Schutz des erhärtenden Betons

Fugen

Fugen sind stets abzudichten. Das Anordnen von Fugen hat durch den Tragwerksplaner zu erfolgen, und zwar in Abstimmung mit dem Objektplaner, dem Bauausführenden, dem Hersteller der Abdichtungsmaßnahmen sowie dem Berater für betontechnologische Fragen. Zu berücksichtigen ist hierbei, dass viele Fugenübergänge in stark befahrenden Fahrgassen sehr wartungsintensiv sind, wodurch bei Instandhaltungs- und Instandsetzungsmaßnahmen der Betrieb auf den Parkdecks beeinträchtigt werden kann.

Oberflächenschutz

Wasser darf weder in das Parkdeck eindringen noch dieses durchdringen. Dies gilt auch für Fugen und Risse. Hierfür kann ein Oberflächenschutz erforderlich sein. Ein geeignetes Material für den Oberflächenschutz ergibt sich aus der Verkehrsnutzung und der Bauweise (Abschnitt 2.2). Ein abgenutzter Oberflächenschutz ist kurzfristig zu erneuern, entstandene Risse sind kurzfristig und dauerhaft rissüberbrückend zu schließen, um ein weiteres Eindringen von Wasser, insbesondere mit Chloriden aus Tausalzen, zu verhindern.

1.2.11 Aufgaben des Herstellers für Schutz- und Abdichtungsmaßnahmen

Im Regelfall bedürfen Parkdecks und angrenzende Bauteile eines zusätzlichen Schutzes bzw. geeigneter Abdichtungen. Die Aufgabenbereiche des Herstellers für Schutz bzw. Abdichtungen beinhalten die Verantwortlichkeit für die fachgerechte Ausführung der Arbeiten entsprechend der Leistungsbeschreibung.

Die Mitwirkung des Herstellers ist beispielsweise in folgenden Bereichen erforderlich:
- Beratung für die Eignung von Schutz- bzw. Abdichtungsmaßnahmen unter Berücksichtigung der Gebäudekonstruktion, Art des Parkdecks mit vorgesehener Nutzung
- Festlegungen hinsichtlich der Betonzusammensetzung

1.2.12 Aufgaben des Bauausführenden (Bauunternehmer)

Die Aufgabenbereiche der Bauausführenden (Bauunternehmen, Subunternehmer) umfassen insbesondere folgende Arbeiten mit Verantwortlichkeit und Gewährleistung (Checkliste Tafel 1.7):
- Planung des Bauablaufs, der Betonierabschnitte, der Arbeitsfugen und der erforderlichen Maßnahmen zur Qualitätssicherung
- Weitergabe der vom Planer geforderten erweiterten Qualitätssicherung an das Transportbetonwerk zur Produktionskontrolle, z. B. Kontrolle der vorgesehenen Gesteinskörnungen, erforderlichenfalls mit Austausch gefährdender Kornfraktionen, Erstprüfungen, Leistungsfähigkeit bei großen Betonierabschnitten
- Festlegung der Betonzusammensetzung auf Grundlage der in der Planung festgelegten Anforderungen (Expositionsklassen, Festigkeit, Fahrbeläge, Nutzungsklasse usw.)
- Konformitätskontrolle des Betonherstellers

- fachgerechte Ausführung der Arbeiten entsprechend der Leistungsbeschreibung
- Planung und Durchführung der Nachbehandlung zum Schutz des erhärtenden Betons
- Überwachungsprüfungen auf der Baustelle
- Festlegungen zur Abdichtung wasserführender Risse oder Fehlstellen (Verfahren, Materialart und Stoffeigenschaften des Füllgutes usw.)

Die Mitwirkung des Bauausführenden ist in folgenden Bereichen erforderlich:
- Festlegung des Bausystems
- Festlegungen für Fugen (Bewegungsfugen, Arbeitsfugen, Sollrissquerschnitte) sowie von Einbauteilen (Entwässerungsrinnen, Bodeneinläufe, Rohrdurchführungen)
- Festlegung der Risikoverteilung hinsichtlich des für die Bemessung zu wählenden Entwurfsgrundsatzes (Risikobewertung über Risiko-Kennzahlen nach Kapitel 12)
- Festlegungen der planerisch vorgesehenen Rissverfüllarbeiten (Verfahren, Materialart und Stoffeigenschaften des Füllgutes usw.)
- Festlegung des Zeitpunktes zum Abstellen der Wasserhaltung bei anstehendem Grundwasser und der WU-Prüfung (Dichtheitsprüfung)
- Auswahl der Beläge hinsichtlich Vorbereitung der Oberfläche oder auch des Einbauverfahrens

Weitere Anforderungen an die Ausführenden enthält Abschnitt 13.4, insbesondere in Bezug auf die spätere Gewährleistung.

1.2.13 Zusammenstellung der Aufgabenbereiche als Checkliste

Die zuvor in den Abschnitten 1.2.1 bis 1.2.12 detailliert dargestellten Aufgabenbereiche und Verantwortlichkeiten der Beteiligten sind in Tafel 1.7 übersichtlich zusammengestellt.

1.3 Bedarfsplanung und Bedarfsermittlung

Schon bevor die eigentliche Planung eines Parkbaues beginnt, ist in einer Bedarfsplanung festzulegen, welche Anforderungen der Bauherr (und/oder der spätere Betreiber) an den zu errichtenden Parkbau stellen. Es ist ein großer Unterschied, ob ein Parkbau öffentlich oder privat genutzt werden soll. Damit ein „Bedarfsplan" ausgearbeitet werden kann, haben Bauherr und Betreiber ihren Bedarf und ihre Ziele darzulegen und kundzutun, mit welchen Mitteln und unter welchen Rahmenbedingungen dies zu erfolgen hat. Die Aufgaben einer Bedarfsplanung nach DIN 18205 [N24] sind im Bild 1.14 schematisch dargestellt.

Der Bedarfsplan hat für Bauherren und Betreiber besondere Bedeutung. Der Bauherr setzt die Verwirklichung seines Projektes in Gang. Er hat die Verantwortung für das Projekt und er bezahlt es. Das Management bleibt in seinen Händen. Dazu gehört die Auswahl eines Architekten als maßgebenden Objektplaner, der ihm bei der Ausarbeitung des Bedarfsplanes behilflich ist. Der Bauherr führt die Regie für die Ausarbeitung des Bedarfsplanes. Ihm obliegt die Bewertung der daraus entstehenden Planungsergebnisse. Die Bedarfsplanung liegt im Verantwortungsbereich des Bauherrn. Der Inhalt einer Bedarfsplanung nach DIN 18205 [N24] ist schematisch im Bild 1.15 dargestellt.

Aufgaben der Bedarfsplanung nach DIN 18205			
Ziel	**Weg**	**iterativer Prozess**	**ggfs. bei großen Bauaufgaben**
Zusammenstellung der Bedürfnisse, Ziele und Anforderungen des Bedarfsträgers, z. B. Bauherr, Nutzer oder Betreiber, zum frühestmöglichen Zeitpunkt in einen Lösungsrahmen des Projektes	ergebnisoffen, muss nicht zwangsläufig zur Errichtung eines neuen Bauwerks führen	da mit Konkretisierung der Planungs- und Bauaufgabe auch bislang unberücksichtigte Bedarfe erkennbar werden können	Bedürfnisse in der Konkretisierung der baulichen und technischen Anlagen in den einzelnen Planungsphasen in zunehmender Detailtiefe abfragen

Grafik: K. Ebeling

Bild 1.14: Aufgaben der Bedarfsplanung nach DIN 18205

Inhalt der Bedarfsplanung nach DIN 18205			
ist eine...	**dient als...**	**regelt die...**	**führt zu ...**
systematische Analyse	**Leitfaden**	**Verantwortung**	**Bedarfsplan**
über erforderlichen Umfang und Inhalt der Bauaufgabe auf der Grundlage der Vorstellungen und Wünsche des Bauherrn	um erarbeitete Planungsziele auf Grundlage der Bauherren-wünsche zu dokumentieren	liegt beim Bauherren (BH)	= Ergebnis der Bedarfsplanung ist somit Grundlage für z. B. ... o Machbarkeits-studien o Auslobungs-unterlagen für einen Architekten-wettbewerb o Planungsverträge

Grafik: K. Ebeling

Bild 1.15: Inhalt der Bedarfsplanung nach DIN 18205

Für den Objektplaner ist die Bedarfsplanung den üblichen Leistungsphasen der HOAI vorgelagert [V6]. In der HOAI wird die Leistung des Objektplaners bei der Bedarfsplanung ausdrücklich als ‚besondere Leistung' genannt. Sie erfolgt im Rahmen der Leistungsphase 1 (Grundlagenermittlung) und ist gesondert zu vergüten.

Die maßgebende Norm für die Bedarfsplanung ist DIN 18205 „Bedarfsplanung im Bauwesen" [N24]. Der Zweck dieser Norm ist es unter anderem, maßgebende Grundsatzfragen für ein Projekt ausreichend früh zu klären und einen Anhalt für folgende Punkte zu geben:
- Anleitung für alle Beteiligten
- Diskussion der Inhalte
- Protokollierung der Gespräche
- Auswahl eines Architekten als Objektplaner

Alle, die sich mit der Erarbeitung des Bedarfsplanes beteiligen, können diese Norm anwenden, insbesondere Bauherren, aber auch Architekten, Berater und Behörden, sowie Informierte und Betroffene.

Die Bedarfsplanung ermittelt die Erwartungen des Bauherrn an sein Projekt. Sie kann noch ungelöste Fragen oder Widersprüche enthalten. Die gesteckten Ziele können Konflikte enthalten, die für die Planer zu einem Spannungsfeld zwischen Dauerhaftigkeit, Gebrauchstauglichkeit, Nutzungsfreundlichkeit und Wirtschaftlichkeit führen (Bild 1.16).

Die Lösung dieses Spannungsfeldes mit den unterschiedlichen Zielen ist nicht mehr die Aufgabe der Bedarfsplanung, sondern ein Bestandteil der nachfolgenden Objektplanung im Sinne der Leistungsphasen 1 und 2 der HOAI, also der Grundlagenermittlung und des Vorentwurfs.

Die Norm DIN 18205 „Bedarfsplanung im Bauwesen" [N24] stellt neben den Definitionen und der Gliederung für die einzelnen Prozessschritte in einem informativen Anhang fünf Checklisten zur Verfügung. Umgesetzt für Tiefgaragen und Parkdecks ergeben sich die Beispiele, die in den Tafeln 1.8 bis 1.14 zusammengestellt sind.

Die Vorgaben des Bauherrn, die bei der Bedarfsplanung festzulegen sind, dienen der nachfolgenden Objektplanung des Architekten und der Fachplanung der Ingenieure als Grundlage. In den frühen Planungsphasen stehen dann meistens mehrere Varianten zur Diskussion. Es ist die Aufgabe des Objektplaners, dem Bauherrn die Vor- und Nachteile dieser Varianten zu erläutern, ihn zu beraten und ihm die Möglichkeit zu geben, eine richtige Entscheidung zu treffen. Die Entscheidung des Bauherrn ist als Ergebnis der Bedarfsplanung zu protokollieren.

Bild 1.16: Spannungsfeld bei der Planung von Parkbauten [L08]

1.3.1 Projekterfassung

Die Projekterfassung soll in der frühen Phase der Bedarfsplanung die Art des Projekts verdeutlichen und aufzeigen, welche Gruppen auf die Realisierung des Projekts einen Einfluss ausüben können. Ein Beispiel hierzu ist in Form einer Prüfliste in Tafel 1.8 zusammengestellt. Die Tafel beinhaltet die ersten Prozessschritte bei der Objektplanung als Auszug aus den Checklisten der DIN 18205 [N24]. Nicht alle aufgeführten Punkte werden in jedem Einzelfall von Bedeutung sein.

Tafel 1.7: Checkliste für die Zuständigkeiten bei Parkbauten (nach [R3])

lfd. Nr. des Planungsbereichs	Leistung	**Auftraggeber/ Bauherr**	**Objektplaner/ Architekt**	Baugrund-SV (Geotechniker)	Bauphysiker	Tragwerksplaner	TGA-Fachplaner	Sachkundiger Planer [1]	Bauunternehmer
1	**Vorplanung**								
1.1	Bedarfsplanung								
1.2	Aufklärung des Bauherrn [2]								
1.3	Festlegung der Nutzungsart und Nutzungsanforderungen								
1.4	Festlegung der Abdichtungsart für Tiefgaragen								
1.5	Vorgaben für flexible Nutzbarkeit								
1.6	Auftragsvergabe an Mitwirkende								
2	**Angaben und Nachweise**								
2.1	Angabe Bemessungswasserstand/Beanspruchungsklasse								
2.2	Angaben zum chemischen Angriff des Wasser								
2.3	Nachweise Be-/Entlüftung, Klimatisierung, Brandschutz								
3	**Planung**								
3.1	Koordinierung								
3.2	Festlegung der Nutzungsklasse								
3.3	Festlegung des Entwurfsgrundsatzes								
3.4	Festlegung des Oberflächenschutzes								
3.5	Risikoverteilung hinsichtlich Entwurfsgrundsatz								
3.6	Festlegung der Bauteilabmessungen und -auflagerung								
3.7	Festlegung der Betonfestigkeitsklasse								
3.8	Festlegung der Festigkeitsentwicklung: mittel oder schnell								
3.9	Rechenwert der Zugfestigkeit des jungen Betons								

Fortsetzung Tafel 1.7: Checkliste für die Zuständigkeiten bei Parkbauten (nach [R3])

lfd. Nr. des Planungsbereichs	Leistung	**Auftraggeber/ Bauherr**	**Objektplaner/ Architekt**	Baugrund-SV (Geotechniker)	Bauphysiker	Tragwerksplaner	TGA-Fachplaner	Sachkundiger Planer[1]	Bauunternehmer
3.10	Planung: Heizung, Klima, Lüftung, Brandschutz								
3.11	Rissabdichtung nach Entwurfsgrundsatz								
3.12	Zugänglichkeit während der Nutzung								
3.13	verträgliche Beläge bzw. Beschichtungen								
3.14	Bewegungsfugen, Konstruktion, Lage, Detailplanung								
3.15	Sollrissfugen, Konstruktion, Lage, Detailplanung								
3.16	Arbeitsfugen, Lage								
3.17	Arbeitsfuge, Konstruktion, Detailplanung								
3.18	Instandhaltungsplan								
3.19	Koordinierung der Fachplaner, Schnittstellen-Management								
4	**Ausführung**								
4.1	Festlegung der Betonzusammensetzung								
4.2	Planung und Durchführung der Betonnachbehandlung								
4.3	Festlegung: Abdichtung von Rissen und Fehlstellen								
4.4	Planung: Zeitpunkt zum Abstellen der Wasserhaltung								
4.5	Festlegung: Zeitpunkt der Dichtheitsprüfung								

Erklärungen:

Verantwortung, mit der Verpflichtung zum Einbinden der Mitwirkenden und Beschaffen der Informationen

Mitwirkung

[1] Sachkundiger Planer nach der DAfStb-Instandsetzungs- bzw. Instandhaltungs-Richtlinie [R7]

[2] Aufklärung des Bauherrn über folgende Punkte:

- Bedeutung und Wichtigkeit der Bedarfsplanung
- Zusammenhang von Gebrauchstauglichkeit, Dauerhaftigkeit, Nutzungsfreundlichkeit und Wirtschaftlichkeit
- Auswirkungen der Nutzungsintensität auf die Dauerhaftigkeit und des Entwurfsgrundsatzes auf das Bauwerk
- Vor- und Nachteile von Gefälle, der Ausführungsarten und des Instandhaltungskonzepts
- Verdeutlichung der Leistung von Oberflächenschutzsystemen oder der Abdichtungen auf befahrenen Flächen
- Übernahme der Kosten für Instandhaltung während der Bauzeit, der Gewährleistungsphase und der Nutzungsdauer
- Konsequenzen aus Nutzung und Wartung in die Kauf- und Nutzungsverträge aufnehmen

Tafel 1.8: Beispiel für die ersten Prozessschritte bei der Objektbearbeitung (nach [N24])

Ziel	Teilziel	Bemerkungen (Beispiele)
Projektkontext klären	Projekt erfassen	Bezeichnung (Projekttitel mit Projektnummer, Abkürzungen)
		bedarfsauslösende Gründe (Notwendigkeit, Zweck)
		Finanzrahmen (maximal zur Verfügung stehendes Budget)
		Zeitrahmen (Baubeginn, Bauzeit, Bauende bzw. Zeitfenster)
	Bedarfsträger verstehen	Vision (abstrakte Absicht, Werte, Wünsche)
		strategisches Ziel (Umsetzung der Vision)
		Entwicklungsziele (Vision und strategisches Ziel auf Nutzung abklopfen)
	Bedarfsplanung vorbereiten	wesentliche Beteiligte (Bauherr, Auftraggeber, Betreiber, Grundstückseigentümer bzw. Pächter, Projektmanager, Berater, Gutachter)
		weitere Beteiligte (örtliche Verwaltung, Baubehörde, Finanzierer, Gruppen mit speziellen Interessen, Nachbarn, Versicherer)
		Organisation (Zuständigkeiten, Entscheidungsträger, Verantwortlichkeiten, Informationsbeziehungen)
		Verfahren der Kommunikation (dialogbasiert, webbasiert, Telefonkonferenz, Internetplattform)
		Termin- und Zeitkontrolle (Abstimmungsintervalle, Entscheidungszyklen)
Projektziele festlegen	funktionale und technische Ziele	Gewährleistung der Funktionalität (Flächeneffizienz, Barrierefreiheit, Nutzungsangebote an die Öffentlichkeit, Mobilitätsinfrastruktur)
		Sicherstellung der Qualität der technischen Ausführung (Schallschutz, Brandschutz, Belichtung, Beleuchtung, Anpassungsfähigkeit und Bedienbarkeit der technischen Systeme, Rückbau und Recyclingfähigkeit)
	soziokulturelle und gestalterische Ziele	Sicherstellung von Gesundheit und Nutzerzufriedenheit (akustischer und visueller Komfort, Sicherheitsbedürfnis)
		Sicherstellung der Gestaltungsqualität (städtebauliche Qualität, gestalterische Qualität)
	ökonomische und zeitliche Ziele	Optimierung der Lebenszykluskosten (verfügbare finanzielle Mittel, Herstellungs-, Nutzungs- und Verwertungskosten)
		Berücksichtigung des Immobilienwertes im Lebenszyklus
		Sicherheit im Hinblick auf zeitliche Abläufe und geplante Veränderungen
	ökologische Ziele	Schutz der natürlichen Ressourcen
		Schutz des Ökosystems
	Anforderungen an Außenanlagen	Begrünung, Wasserflächen, Spielflächen, Sportflächen

1.3.2 Rahmenbedingungen – Ziele und Mittel

Mit der folgenden Prüfliste der Tafel 1.9 sollen vom Bauherrn/Betreiber die Rahmenbedingungen genannt werden, unter denen das Projekt entstehen soll. Das Entwurfsteam soll dadurch die Möglichkeit haben, zu entscheiden, in welchem Rahmen die zur Verfügung stehenden Mittel am sinnvollsten genutzt werden können, um das gesteckte Ziel zu erreichen.

1.3.3 Anforderungen – Entwurf und Leistungen des Objekts

Die folgende Prüfliste erfasst Leistungen, die im Rahmen der Objektplanung zu erbringen sind, auf die aber der Bauherr/Betreiber in der Vorplanung entsprechend seinen Vorstellungen noch einen Einfluss ausüben kann. Für den Entwurf des Bauvorhabens sind die Leistungen von Bedeutung, die das Gebäude erbringen soll. Tafel 1.10 enthält eine Prüfliste hierzu.

1.3.4 Gebrauchstauglichkeit

Das im Bild 1.16 dargestellte Spannungsfeld bei der Planung von Tiefgaragen und Parkdecks hebt die Gebrauchstauglichkeit des Bauwerks hervor. Jeder Bauherr setzt bei der Auftragsvergabe voraus, dass das zu errichtende Bauwerk für den vorgesehenen Zweck geeignet ist. Die für die Gebrauchstauglichkeit maßgebenden Punkte sind in Tafel 1.11 zusammengestellt.

Tafel 1.9: Beispiel für die Prüfliste zur Bedarfsermittlung in den entsprechenden Rahmenbedingungen (nach [N24] und [L23])

Prüfliste	Beispiele, Bemerkungen und Erläuterungen
Vorschriften	Gesetze, Bauordnung, Normen, Richtlinien, Merkblätter
finanzieller und zeitlicher Rahmen	Finanzierung, Budgets, Kosten, Terminvorgaben, erwartete Nutzungsdauer, finanzielle und zeitliche Risiken
Einflüsse der Umgebung	Lage (Innenstadt, Bahnhof, Stadtrand für park + ride, Gewerbegebiet), Zufahrt zum Grundstück, Zuschnitt des Grundstücks, Grenzbebauung, Nachbarbebauung, örtliches Klima, Hochwasser, Erschütterungen, Schwingungen, Erdbeben
Einflüsse des Grundstücks	Eigentümer, Bebauungsplan, bestehende Gebäude, öffentliche Auflagen, Versorgungsnetze, Zusammensetzung des Baugrundes, Tragfähigkeit, Bodenkontaminierung, Grundwasserspiegel, Bemessungswasserstand
beabsichtigte Nutzung im Einzelnen	Tiefgarage (unterirdisch), Parkhaus (oberirdisch), Anzahl der Stellplätze, Nutzungsart (Dauerparker als Mieter, Kurzparker mit Parkschein), Nutzungsintensität (Frequentierung), Energieversorgung
beabsichtigte Wirkung des Projekts	Architektonische Wirkung auf die Öffentlichkeit/auf das Unternehmen des Bauherrn oder Betreibers, Kontrolle unerwünschter Wirkungen, Prioritäten: Wertschöpfung, Zeit, Kosten, Qualität

Tafel 1.10: Beispiel für die Bedarfsermittlung mit den Anforderungen an den Entwurf und an die Leistungen des Objekts (nach [N24] und [L23])

Prüfgegenstand	Beispiele, Bemerkungen und Erläuterungen
Gebäudekomplex	Teil eines Gesamtgebäudes, freistehendes Einzelgebäude
Parkhaus	Parkhaustyp: ebene Parkdecks, Parkrampen, Split-Level-Parkhaus offene/geschlossene Bauart, Freideck, Parkdach Bauweise: Stahlbetonbau, Stahlverbundbau, Ortbetonbauweise, Fertigteilbau, Elementbauweise
Zufahrt von außen	Allgemein: Zufahrt mit/ohne Ticket, mit/ohne Schranke, mit/ohne Tor Rampe geschosshoch als Vollrampe, Halbrampe, gerade/gebogen/gewendelt, Außenrampe beheizt Tiefgaragen: Zufahrtsrampe in der Wannenkonstruktion mit Überdachung oder außerhalb der Wannenkonstruktion mit Entwässerung über Hebeanlage
Tiefgarage (unterirdisch)	– Abdichtung in WU-Bauweise als Weiße Wanne gegen ständig oder zeitweise drückendes Wasser oder Bodenfeuchtigkeit oder frei an Wänden ablaufendem Wasser mit Bezeichnungen nach WU-Richtlinie des DAfStb [R9] oder – Abdichtung als Schwarze Wanne nach DIN 18533 mit zugehörigen Bezeichnungen der Wassereinwirkungsklassen W1-E, W2-E, W3-E, W4-E [N35] oder – Sonderbauweisen für die Abdichtung anders genutzter Nebenräume
Zufahrt in andere Etagen	Innenrampen abhängig vom Parkhaustyp: geschosshoch, halbgeschossig (Split-Level), gerade/gebogen/gewendelt
Zugang	Pförtner, Kassenautomat, Aufzug, Treppenhaus, Sicherheit, Fluchtwege

In die Gebrauchstauglichkeit des Bauwerks wirken aber auch noch andere Bereiche hinein. So kann ein Bauherr ein Bauwerk erst dann als voll gebrauchstauglich ansehen, wenn folgende Anforderungen in ausreichendem Maße erfüllt sind: Dauerhaftigkeit, Sicherheit, Zuverlässigkeit, Nutzungsfreundlichkeit, Wirtschaftlichkeit. Auch ein möglichst geringer Wartungsaufwand während der Nutzungsdauer kann von Bedeutung sein. Manche Bauherren legen besonderen Wert auf das äußere Erscheinungsbild des Bauwerks, aber auch auf die optische Wirkung des Inneren eines Bauwerks. Anforderungen an die Gebrauchstauglichkeit des Betons enthält Abschnitt 4.1.

Tafel 1.11: Beispiel für die Bedarfsermittlung zur Gebrauchstauglichkeit

Prüfgegenstand	Bemerkungen und Erläuterungen (Beispiele)
vorgesehene Nutzung	private Nutzung (z.B. als Teil einer Wohnbebauung mit fest zugewiesenen Stellplätzen)
	öffentliche Nutzung (z.B. Kaufhaus, Ärztehaus, Theater)
	kombinierte Nutzung (vorwiegend öffentlich oder vorwiegend privat)
	Nutzung durch Kurz- oder Dauerparker
	Nutzungsfrequenz
Verkehrsführung	Anbindung an die öffentlichen Verkehrswege
	innere Verkehrsführung für Pkw und Fußgänger
	Zugang zu den Stellplätzen
Nutzungsbedingungen	Beladen der Pkw (Kinderwagen, Rollstühle, Einkaufwagen, Gepäckwagen)
	Witterungseinflüsse (freie Bewitterung oder vor Temperaturänderungen geschützt)
	Pfützenfreiheit (erforderlich oder nachrangig)
	Maßnahmen bei Wartung und Instandsetzung (Teilnutzung erforderlich)

1.3.5 Dauerhaftigkeit

Bei Fragen zur Dauerhaftigkeit des Bauwerks ist dem Bauherrn zunächst zu verdeutlichen, dass die verschiedenen Bauteile auch unterschiedlich dauerhaft sind. So ist beispielsweise von der tragenden Bauwerkskonstruktion eine höhere Dauerhaftigkeit zu erwarten als von den direkt befahrenen Bauteiloberflächen bzw. von den Fahrbelägen. Auch die Fahrbeläge sind unterschiedlich dauerhaft. Fahrbeläge, die gleichzeitig die Abdichtung des Parkdecks sicherstellen sollen, bedürfen einer Wartung und Instandhaltung, damit die Dauerhaftigkeit Stahlbetonkonstruktion des Parkdecks nicht beeinträchtigt wird. Verschlissene Fahrbeläge und beschädigte Abdichtungen verkürzen die Dauerhaftigkeit des gesamten Parkdecks als wesentlicher Bestandteil des Bauwerks. Beispiele für die Bedarfsermittlung zur Dauerhaftigkeit enthält Tafel 1.12.

Anforderungen an die Dauerhaftigkeit des Betons enthält Abschnitt 5.2.

Tafel 1.12: Beispiel für die Bedarfsermittlung zur Dauerhaftigkeit

Prüfgegenstand	Bemerkungen und Erläuterungen (Beispiele)	
Nutzungsdauer festlegen	Konstruktion für vorgesehene Nutzungsdauer auslegen	geeigneten Entwurfsgrundsatz wählen (Abschnitt 2.3)
		Oberflächenschutzsystem auf den Entwurfsgrundsatz und auf die Nutzungsintensität abstimmen
		Abdichtung auf die Nutzungsdauer abstimmen
Sicherstellung der Dauerhaftigkeit	geeignete Auswahl des Tragsystems für die Parkdecks	Entwurfsgrundsatz der Rissvermeidung RV mit genügend dichter und dicker Betondeckung ohne Abdichtung und ohne Oberflächenschutz
		Entwurfsgrundsatz der Rissbreitenbegrenzung RB mit geeigneten zusätzlichen Schutzmaßnahmen
		Entwurfsgrundsatz der Rissabdichtung RA mit geeigneten zusätzlichen Schutzmaßnahmen
Art des Oberflächenschutzes oder der Abdichtung	geeignete Auswahl des Oberflächenschutzes oder der Abdichtung	lokaler Schutz von Rissen und Fugen [1)]
		vollflächiges Oberflächenschutzsystem [1)]
		vollflächige, rissüberbrückende Abdichtung und Schutzschicht [1)]

[1)] Beispiele für Ausführungsarten sind in Tafel 2.18 zusammengestellt.

1.3.6 Nutzungsfreundlichkeit

Häufig ist der erste Eindruck entscheidend, ob ein Parkbau als freundlich und sympathisch empfunden wird oder nicht. Helle und frei überschaubare Parkbauten mit klarer Beschilderung erhöhen das Sicherheitsgefühl der Nutzer und werden lieber genutzt als dunkle Parkbauten mit Sichtbehinderungen durch Wände, Stützen, Treppenhäuser und andere Einbauten.

Viele Punkte können einen Einfluss auf die Nutzungsfreundlichkeit haben, wozu der Objektplaner die Wünsche des Bauherrn/Betreibers zu erfragen hat. Hierzu kann die Prüfliste der Tafel 1.13 entsprechende Hinweise geben. Die Festlegung der Stellplatzgrößen und die Art der Verkehrsführung sind zwar in der Objektplanung zu erarbeiten, aber der Bauherr kann im Rahmen der Bedarfsplanung seine Vorstellungen hierzu äußern. Beispielsweise haben große Stellplätze eine geringere Anzahl an Stellplätzen zur Folge. Besonders nutzungsfreundlich ist eine Stützenfreiheit der Parkdecks. Spannweiten von etwa 16 m ermöglichen die Stützenfreiheit zwischen den Fahrstreifen und den Stellplätzen (Bild 1.1).

Da helle Parkbauten nutzungsfreundlicher sind als dunklere, sollen Decken und Wände möglichst mit geeignetem „Weiß"-Ton ausgebildet sein, denn weiße Flächen reflektieren das Licht stärker als betongraue Flächen. Bei Parkbauten mit mehreren Parkdecks ist jedem Parkdeck eine Leitfarbe zuzuordnen. Farbstreifen an Stützen und

Tafel 1.13: Beispiel für die Bedarfsermittlung zur Nutzungsfreundlichkeit (nach [N24] und [L23])

Prüfliste	Beispiele, Bemerkungen und Erläuterungen
Stellplatz-Aufstellung	Stellplätze schräg, rechtwinkelig oder parallel zum Fahrstreifen
Größe der Stellplätze	Breite ≥ 2,50 m, Länge ≥ 5,00 m
Fahrstreifen	einspuriger Verkehr (Richtungsverkehr): Breite ≥ 3,50 m Zweispuriger Verkehr: Breite ≥ 6,00 m
Rampen	besondere Anforderungen an Breite und Steigung bzw. Neigung (≤ 15 %), Ausrundung der Rampenkuppen und -wannen, frei bewitterte Außenrampen erfordern Schneeräumung mit Streugut, bei Großgaragen erforderlichenfalls Rampenheizung einbauen
Geschosshöhe	lichte Durchfahrtshöhe für Pkw ≥ 2,00 m (nach GarVO NRW [V3]), für ein besseres Raumgefühl sind ≥ 2,30 m zu bevorzugen
Gefälle und Entwässerung	für Pfützenfreiheit Gefälle erforderlich: ≥ 3,0 % bei rauer Oberfläche, ≥ 2,5 % bei glatter Oberfläche, bei geringerem Gefälle sind besondere Ebenheitsanforderungen einzuhalten. Gefälle hat Auswirkungen auf die Geschosshöhe, Entwässerung des Niederschlags- und Reinigungswassers durch Rinnen, Bodenabläufe oder muldenförmige Sammelrinnen erforderlich
Stützenstellung	weites Stützenraster oder Stützenfreiheit
Übersichtlichkeit	besondere Anforderungen, keine Verstreckmöglichkeit
Licht und Beleuchtung	Anforderungen an die Helligkeit/Lichtdurchlässigkeit, künstliche Beleuchtung
Lüftung	in Tiefgaragen und geschlossenen Hochgaragen mechanische Be- und Entlüftung über Lüftungsanlagen, wenn eine natürliche Belüftung über unverschließbare Öffnungen oder Schächte nicht ausreicht
farbliche Gestaltung	besondere Anforderungen, Kennzeichnungen der Parkdecks, Stellplätze
Reinigungsmöglichkeit	besondere Anforderungen an die Oberfläche der Parkdecks, geringe Staubentwicklung

Wänden bieten eine bessere Orientierung. Leitfarben erleichtern zurückkehrenden Nutzern schon im Aufzug oder im Treppenhaus und an den Türen die Suche nach ihrem Fahrzeug. Erfahrungsgemäß ist die Erinnerung an eine Farbe stärker als an eine Deckbezeichnung oder Stellplatznummer.

1.3.7 Wirtschaftlichkeit

Da unter Wirtschaftlichkeit verschiedene Aspekte gesehen werden können, ist vorab zu klären, worauf es dem Bauherrn/Betreiber ankommt: Sollen die Herstellkosten gering sein oder wird auf geringe Gesamtkosten Wert gelegt? Hier gehören außer den Herstellkosten auch die laufenden Kosten während der Nutzung. Dies sind Kosten für den Betrieb, die Instandhaltung/Wartung, die Instandsetzung und gegebenenfalls Nutzungsausfälle. Tafel 1.14 enthält hierzu eine Prüfliste.

Tafel 1.14: Beispiel für die Bedarfsermittlung zur Wirtschaftlichkeit (nach [N24] und [L23])

Prüfliste	Beispiele, Bemerkungen und Erläuterungen
Identität	Bauherr und Betreiber identisch oder unterschiedlich
Kosten	Minimierung der Herstellkosten, der laufenden Kosten (Betriebskosten, Kosten für Instandhaltung/Wartung, Instandsetzungskosten, Kosten bei Nutzungsausfall)
Terminvorgaben	Verfügbarkeit des Grundstücks, Finanzierung, Beauftragung von Planern, Bedarfsplanung, Entwurf, Genehmigungen, Koordinierung, Bauausführung, Beginn/Ende der Grundwasserabsenkung, Beginn von Ausbauten, Bezug
erwartete Nutzungsdauer	Nutzungsdauer der Baustruktur, des Ausbaues, der Schutzmaßnahmen (OS-Abdichtung) Nutzungsfähigkeit, Anpassungsfähigkeit, vertragliche Verpflichtungen

1.3.8 Weitere Angaben zur Vorplanung

Die Bedarfsplanung beinhaltet zudem neben Klärungen von Grundlagen wie Randbedingungen des Baugrundstücks sowie des Architektenentwurfs, Punkte der Wirtschaftlichkeit (Optimierungen, z. B. hinsichtlich Bauzeit, Herstellkosten, Betriebskosten) und der Gebrauchstauglichkeit (z. B. Rissinstandsetzungen im Nutzungszustand). Unterstützung für bautechnische Festlegungen im Dialog mit Objektplanern sowie Fachplanern bietet beispielsweise die Einordnung der Weißen Wanne über Klassifizierungen, die ausführlich im Fachbuch „Weiße Wannen – einfach und sicher" dargestellt sind [L45].

Da bei der Bedarfsplanung wirtschaftliche Gründe eine nicht zu vernachlässigende Rolle spielen, ist schon vorab zu klären, welche Planungsfestlegungen zu erfolgen haben. Nur als grobe Richtwerte sind nachstehende Verhältniswerte der Baukosten zu verstehen, die im Einzelfall genauer abzuklären sind:

- ebenerdiger Stellplatz: ≈ 1
- Stellplatz auf einem Zwischendeck ≈ 5
- Stellplatz auf einem Dachparkdeck ≈ 8
- Stellplatz in einer Tiefgarage ≈ 10

Bei wirtschaftlichen Überlegungen spielen jedoch nicht nur die Baukosten eine Rolle, sondern in besonderem Umfang auch die Betriebskosten und schließlich die Kosten für die Instandhaltung. Wenn an den *Instandhaltungskosten* gespart wird, kann sich dies umso stärker auf spätere *Instandsetzungskosten* auswirken. Die Wahl der Konstruktion für Parkbauten in Betonbauweise mit planmäßiger Berücksichtigung von Inspektions- und Wartungsmaßnahmen erfordert eine geeignete Bedarfsplanung.

Obwohl das Schaffen von Einstellplätzen im Rahmen des üblichen Hochbaues keine alltägliche Aufgabe ist, wird dieses Thema leider beim Studium der Architekten und Bauingenieure nur am Rande behandelt – wenn überhaupt. Normen speziell für Parkbauten gibt es nicht, jedoch sind Hinweise für Parkdecks in Normen enthalten, z. B. auch DIN EN 1992-1-1 [N2]. Ein spezielles Regelwerk für Parkbauten existiert mit dem Merkblatt des DBV [R9].

Bei Parkbauten können sich Probleme bei der Nutzung ergeben, wenn bei der Planung einer hohen Nutzungsfreundlichkeit nicht genügend Rechnung getragen wird. Die Nutzungsfreundlichkeit wird gesteigert durch:
- helle Farben und gute Beleuchtung
- günstige Verkehrsführung und gute Beschilderung
- leichtes Ein- und Ausparken der Fahrzeuge
- genügend breite Stellplätze für leichtes Ein- und Aussteigen aus dem Fahrzeug

Bei Parkbauten entstehen die meisten Schäden durch Fehlstellen und/oder Risse im Beton und fehlendem oder unzureichendem Schutz gegen eindringendes, chloridhaltiges Wasser. Zusätzlich verstärkt werden diese Defizite bei zu geringem Gefälle und Verzicht auf Entwässerungen. Verkehrsbauwerke sind ohne ausreichendes Gefälle und ohne wirksame Entwässerung sowie ohne geeignete Schutzmaßnahmen nicht vorstellbar. Bei Parkbauten wird dies jedoch immer wieder versucht. Die Ursache hierfür liegt sicherlich darin begründet, dass Parkbauten nicht wie Verkehrsbauwerke, sondern wie Hochbauten geplant und ausgeführt werden. Auch wenn in den Erläuterungen zu DIN EN 1992-1-1, DAfStb-Heft 600 [N6], eine gefällelose Ausführung bei rissfreier Konstruktion und dichtem Betongefüge hinsichtlich der Dauerhaftigkeit als zulässig eingestuft wird, leidet die Nutzungsfreundlichkeit durch stehendes Wasser und ist daher nach Ansicht der Autoren auch für private Parkbauten mit geringer Nutzungsfrequenz eine ungünstige Bauweise. Dem Auftraggeber/Bauherrn sind Vor- und Nachteile hierzu vom Planer umfassend zu erläutern und diese zusammen mit den getroffenen Entscheidungen des Bauherrn zu dokumentieren.

Schon in der Vorplanung können die Ursachen für spätere Mängel liegen. Wenn beispielsweise kein Gefälle für eine günstige Entwässerung der Parkdecks vorgesehen ist, kann sich dies bei nachträglichen Änderungen ungünstig auswirken, z. B.:
- zu niedrige Geschosshöhen mit unzureichenden Durchfahrtshöhen beim Aufbringen von Gefällebeton
- höhere Belastungen der Parkdecks durch Gefällebeton, dadurch Einschränkung der Verkehrslasten
- Zwangspunkte bei der Gestaltung der Fassade durch Änderung der Geschosshöhen

Aus Sicht der Autoren ist es sinnvoll, den Auftraggeber/Bauherrn als technischen Laien frühzeitig vor Beginn der Planung über den Einfluss unterschiedlicher Konstruktionen, Betonanforderungen und Ausführungsqualitäten hinsichtlich möglicher Trennrissgefahr und den damit verbundenen Folgen aufzuklären. Das Kapitel 12 in diesem Fachbuch enthält dazu einen Vorschlag für eine Risikobewertung zur Einschätzung des Rissrisikos und die Folgen zur Sicherstellung der Gebrauchstauglichkeit. Der Vorschlag zur Risikobewertung im Abschnitt 12.5 kann beispielsweise ein ergänzender Bestandteil der Bedarfsplanung sein.

2 Klassifizierung

Die Klassifizierung – also die Einführung verschiedener Klassen – ermöglicht eine klare Zuordnung aller Einflüsse und Anforderungen, die an Parkbauten gestellt werden. So erfolgt zunächst eine Klassifizierung für Parkbauten, danach die Klassifizierung der Verkehrsnutzung. Daran schließt die Klassifizierung der Entwurfsgrundsätze und der Ausführungsarten an. Die Klassifizierung dient der Objektplanung und bildet die Grundlage für die Projektbearbeitung, um die Gebrauchstauglichkeit und Dauerhaftigkeit des Bauwerks sicherzustellen.

2.1 Klassifizierung für Parkbauten

Die folgenden Klasseneinteilungen bieten die Basis für eine Klassifizierung der Betonkonstruktion in Tiefgaragen und Parkhäusern. Mit der Zuordnung in die maßgebenden Klassen ergibt sich eine geeignete Grundlage für die Planung und die Leistungsbeschreibung der unterschiedlichen Bereiche in Parkbauten.

2.1.1 Klassen der Einwirkungen

Bei der Bemessung von Parkbauten sind die verschiedenen Last- und Zwangeinwirkungen zu erfassen. Hierfür bietet sich eine Zuordnung bzw. Erfassung in Klassen für Einwirkungen (EK) an. Damit sollen bei der Bemessung alle Schnittgrößen nachgewiesen werden, die einen Einfluss auf die Rissbildung haben können. Hierbei kommt es im Wesentlichen auf Schnittgrößen an, die eine Zugbeanspruchung des Betonquerschnitts bewirken. Die Tafel 2.1 zeigt maßgebende Einwirkungsklassen.

Tafel 2.1: Einwirkungsklassen (EK)

Einwirkung	Klassen-bezeichnung	Beispiele für die Anwendung
Bauzustand(BZ)	EK-BZ	Belastungen durch Baubetrieb, Temperaturunterschiede, Sonneneinstrahlung, z. B. bei Tiefgaragendecken mit späterer Erdüberschüttung
früher Zwang (FZ)	EK-FZ	abfließender Hydratationswärme in den ersten Tagen
später Zwang (SZ)	EK-SZ	Schwinden des Betons bei Tiefgaragen mit Erdfeuchte (BK2)
Temperatur (T)	EK-T	Temperaturspannungen durch betriebsbedingte Wärme-, Hitze- oder Kältebeaufschlagung, z. B. bei belüfteten Tiefgaragen
Auftrieb (A)	EK-A	Tiefgaragen mit geringer Auflast im Druckwasser (BK1)
Flüssigkeitsdruck (F)	EK-F	Wasserdruck bei Tiefgaragen
Setzungen (S)	EK-S	unterschiedlicher Baugrund, insbesondere bei großflächigen Bodenplatten
Verkehr (V)	EK-V	Belastungen durch Fahrverkehr, z. B. Pkw, Lkw, Stapler, Sonderfahrzeuge

Beispiele für die Bezeichnung von Einwirkungsklassen:
- EK-FZ, EK-T Einwirkung durch Hydratationswärme und durch Temperatur bei einer belüfteten Tiefgarage
- EK-FZ, EK-SZ Einwirkung durch Hydratationswärme und durch Schwinden bei der erdberührten Außenwand in einer belüfteten Tiefgarage

Die Ermittlung der Zwangbeanspruchung erfolgt im Abschnitt 11.2 und 11.3.

Zur Berücksichtigung der Einwirkungsklasse EK-F für Flüssigkeitsdruck sowie der Einwirkungsklasse EK-A für Auflast müssen die Einwirkungen durch Wasser bekannt sein. Diese sind durch den Geotechniker festzustellen. Die Klassifizierungen hierfür sind im Abschnitt 3.6.3 und Tafel 3.4 ausführlich beschrieben. Bei wasserundurchlässigen Betonbauwerken nach der DAfStb-WU-Richtlinie [R3] sind dieses die Beanspruchungsklassen (BK1, BK2). Bei erdseitig hautförmig abgedichteten Bauwerken erfolgt die Einstufung nach DIN 18533 [N35] über Wassereinwirkungsklassen (W1-E, W2-E, W3-E).

2.1.2 Klassen für die Raumnutzung

Raumnutzungsklassen NK für die Art der Nutzung von Parkflächen in Untergeschossen und auch der Räume neben den Stellplätzen, z. B. Technikräume, sind mit den Klassenbezeichnungen und den Anforderungen an die Wasserundurchlässigkeit in Tafel 2.2 zusammengestellt.

Tafel 2.2: Raumnutzungsklassen für Tiefgaragen mit Anforderungen an die Wasserundurchlässigkeit (nach WU-Richtlinie [R3])

Nutzungsklasse NK als Beispiel für Art der Nutzung der Räume im Untergeschoss	Klassenbezeichnung	Anforderung an die Wasserundurchlässigkeit und die luftseitige Bauteiloberfläche
Nutzungsklasse A (z. B. Tiefgaragenwände in Wohn- oder Geschäftshäusern, öffentliche Tiefgaragen)	NK-A	- Feuchtstellen als Folge von Wasserdurchtritt unzulässig [1]
Nutzungsklasse B (z. B. Tiefgaragenwände mit zulässigen Feuchtespuren und/oder bei untergeordneter Bedeutung)	NK-B	- Feuchtetransport als Folge von Wasserdurchtritt in begrenztem Maße zulässig [2] - entstehende Feuchtstellen mit Dunkelverfärbungen, auch Wasserperlenbildung zulässig, jedoch ohne das Ablaufen von Wassertropfen und ohne Pfützenbildung
Nutzungsklasse F „freie“ Klasse	NK-F	- von Nutzungsklasse NK-A bzw. NK-B abweichende Anforderungen an die Gebrauchstauglichkeit sind im Bauvertrag zu regeln

[1] Nachweismöglichkeit mit „Löschblatttest“: Ein lose auf die Betonoberfläche aufgelegtes Löschblatt oder auch saugfähiges Zeitungspapier darf keine Dunkelverfärbungen durch Feuchtigkeitsaufnahme zeigen.

[2] Für temporär durchfeuchtende Risse, die sich durch Selbstheilung selbsttätig abdichten sollen, ist der Zeitpunkt für das Ende dieser Selbstheilung mit den Nutzungsanforderungen, die der Bauherr an das Bauwerk stellt, zu vereinbaren. Die Anwendung ist nur für erdberührte Außenwände in der Beanspruchungsklasse BK1 (Tafel 3.4) möglich, jedoch nicht für Bodendecks, Zwischendecks und Dachdecken.

Für erdseitig abgedichtete Betonbauteile nach DIN 18533 [N35] sind Raumnutzungsklassen mit Anforderungen an die Trockenheit festgelegt:
- Raumnutzungsklasse RN1-E für geringe Anforderungen, z. B. Tiefgaragen
- Raumnutzungsklasse RN2-E für übliche Anforderungen, z. B. Aufenthaltsräume, Räume zur Lagerung von feuchteempfindlichen Gütern wie Keller- und Lagernutzungen in üblichen Wohn- und Bürogebäuden
- Raumnutzungsklasse RN3-E für hohe Anforderungen, z. B. Magazin zur Lagerung unersetzlicher Kulturgüter, Räume für Zentralrechner

Die Zuverlässigkeit der Abdichtungsart an die vorgesehene Raumnutzung entsprechend der Raumnutzungsklasse (RN-E) wird in DIN 18533 [N35] durch kombinierte Anforderungen an die Wassereinwirkungsklasse und Rissüberbrückungsklasse nach Tafel 3.4 (Abschnitt 3.6.3) festgelegt.

2.1.3 Klassen der Bauweise

Die verschiedenen Anforderungen und Randbedingungen ergeben nicht unbedingt eine bestimmte Bauweise für Parkbauten. Verschiedene Bauweisen sind möglich, wenn sie jeweils die besonderen Anforderungen an Parkbauten erfüllen. Dies sind beispielsweise folgende Bauweisen:
- Ortbetonbauweise aus Stahlbeton, z. B. für alle Parkdecks aus Stahlbeton
- Ortbetonbauweise als unbewehrte Betonplatte mit geeignetem Fugenraster, z. B. für Bodenparkdecks
- Bauweise mit Betonsteinpflaster z. B. für Bodenparkdecks
- Halbfertigteile mit Ortbetonergänzung aus Stahlbeton oder Spannbeton, z. B. für Wände in Tiefgaragen und Zwischendecks mit Elementen
- Fertigteile aus Stahlbeton oder Spannbeton, z. B. für Stützen, Unterzüge, Decken

Tafel 2.3: Klassen der Bauweisen (BW)

Art der Bauweise	Klassenbezeichnung der Bauweise [1]
Ortbeton	BW-OB (-Stb), (-ubB) [2] [3]
Elementdecke mit Ortbetonergänzung	BW-ED
Elementwände mit Ortbetonergänzung	BW-EW
Fertigteildecke	BW-FTD-Stb
Fertigteilwand	BW-FTW-Stb
Betonsteinpflaster	BW-Pf [3] [4]

[1] Die Klammerangaben (..) können erforderlichenfalls als Vorschlag für eine ergänzende Bezeichnung der Bauweise zur weiteren Unterscheidung genutzt werden, z. B: für Stahlbeton (Stb), für unbewehrten Beton (ubB)

[2] Die Bauweise in BW-OB-ubB ist ausschließlich für unbewehrte Bodenplatten mit geeignetem Fugenraster in der Beanspruchungsklasse BK2 nach [R3] bzw. W1-E nach [N35] geeignet.

[3] Die Zustimmung der Genehmigungsbehörden hinsichtlich möglicher Auflagen für die Ausbildung der Fugen bzgl. Wasserdurchlässigkeit ist einzuholen.

[4] Die Bauweise in BW-Pf ist ausschließlich in der Beanspruchungsklasse BK2 nach [R3] bzw. W1-E nach [N35] geeignet.

Tafel 2.4: Expositionsklassen für Bewehrungskorrosion, Anwendung für Parkbauten (nach DIN EN 1992-1-1 [N2], DIN EN 206-1 mit DIN 1045-2, Tabelle 2 [N4])

Expositionsklasse	Beschreibung der Umgebung	Beispiele für die Zuordnung von Expositionsklassen	Mindestbetonfestigkeitsklasse	Mindestbetondeckung c_{min} [mm] und Verlegemaß c_v [mm] [8) 9)]
Bauteile ohne korrodierende Stahleinlagen [1)]				
X0	nicht betonangreifend	Sauberkeitsschicht, Füllbeton u. Ä.; unbewehrte Fundamente, Wände, Stützen; Bauteile mit nichtrostender Bewehrung	C8/10 C12/15 C20/25 [4)]	– – $c_{min} = \varnothing_s$ $c_v = \varnothing_s + 10$ mm [4)]
Bewehrungskorrosion durch Carbonatisierung [1)]				
XC1	trocken oder ständig nass [1)]	Betonbauteile, die ständig im Wasser sind	C16/20	$c_{min} = \varnothing_s$ $c_v = \varnothing_s + 10$ mm
XC2	nass, selten trocken [2)]	Gründungsbauteile, nicht ständig im Wasser		für $\varnothing_s \leq 20$ mm: $c_{min} = 20$ mm $c_v = 35$ mm für $\varnothing_s = 25$ mm: $c_{min} = 25$ mm $c_v = 35$ mm für $\varnothing_s \geq 28$ mm: $c_{min} = \varnothing_s$ $c_v = \varnothing_s + 10$ mm
XC3 [3)]	mäßige Feuchte [2)]	Bauteile mit häufigem/ständigem Zugang von Außenluft, z. B. belüftete Parkbauten; Dachflächen mit flächiger Abdichtung; Verkehrsflächen mit flächiger unterlaufsicherer Abdichtung mit kraftschlüssigem Verbund [5)] (gemäß der Ausführungsart „Abdichtungen“ mit den Entwurfsgrundsätzen RA-1, RA-2 nach Tafel 2.18)	C20/25	
XC4	wechselnd nass und trocken [2)]	Bauteile mit direkter Beregnung oder durch Pkws eingeschlepptes Wasser, freibewitterte Rampen, Parkdächer und Freidecks	C25/30	für $\varnothing_s \leq 28$ mm: $c_{min} = \varnothing_s$ $c_v = 40$ mm
Bewehrungskorrosion durch Chloride aus Taumittelbeanspruchung [1)]				
XD1 [3)]	mäßige Feuchte [2)]	Einzelgaragen; Bauteile im Sprühnebelbereich von Verkehrsflächen; befahrene Verkehrsflächen mit vollflächigem Oberflächenschutz [5)] (gemäß der Ausführungsart „Beschichtungen“ mit den Entwurfsgrundsätzen RB-1, RB-2 nach Tafel 2.18)	C30/37 [7)]	$c_{min} = 40$ mm $c_v = 55$ mm
XD2	nass, selten trocken [2)]	ungeschützte Stützen und Wände im Spritzwasserbereich; vertikale und stark geneigte Flächen (≥ 2,5 %) unter durchlässigen Belägen, z. B. unter Pflaster	C35/45 [7)]	
XD3 [3)]	wechselnd nass und trocken [2)]	Fahrbahndecken; befahrene Verkehrsflächen mit rissvermeidenden Ausführungsart „Oberflächen ohne Schutz“ [5)] mit den Entwurfsgrundsätzen RV-0, RV-1, RV-2 nach Tafel 2.18); befahrene Verkehrsflächen mit dauerhaftem lokalen Schutz von Rissen [5) 6)] mit dem Entwurfsgrundsatz RA-0 nach Tafel 2.18); Flächen ohne oder mit geringem Gefälle (< 2,5 %) unter durchlässigen Belägen, z. B. unter Pflaster	C35/45 [7)]	

Die Art der Bauweise ist bei Planungsbeginn festzulegen. Zwar hat die Art der Bauweise auf die spätere Nutzung keinen Einfluss, aber die zu planenden Detailpunkte sind von der Bauweise abhängig. Tafel 2.3 zeigt die Klassen der verschiedenen Bauweisen. Die Bauweisen können auch miteinander kombiniert werden.

2.1.4 Klassen der Exposition (Umgebungsbedingungen)

Die Parkdecks in Tiefgaragen und Parkhäusern sind verschiedenen Umgebungsbedingungen ausgesetzt, wodurch ein Angriff sowohl auf die Bewehrung als auch auf den Beton erfolgen kann. Entsprechend diesen Umgebungsbedingungen erfolgt die Zuordnung der Bauteile in die maßgebenden Expositionsklassen. Dafür dienen die Tafeln 2.4 und 2.5. Jeder Expositionsklasse sind außer der Mindest-Betonfestigkeitsklasse noch weitere Grenzwerte zugeordnet, die einzuhalten sind, z. B. Mindestbetondeckung c_{min} und Verlegemaß c_v der Bewehrung, aber auch Wasserzementwert und Mindest-Zementgehalt entsprechend Tafel 4.1.

Alle zutreffenden Expositionsklassen sind stets bei der Planung festzulegen und bei der statischen Bemessung, der Betonherstellung und Betonverarbeitung sowie der Bauüberwachung zu berücksichtigen.

2.1.5 Klassen der Betonfestigkeit

Die Standard-Festigkeitsklasse für Beton beim Einsatz in Parkbauten ist vielfach Beton C30/37. Aber auch Beton C35/45 kann in bestimmten Fällen eingesetzt werden, z. B. für Fertigteile. Auf Beton der Festigkeitsklasse C40/50 ist möglichst zu verzichten – außer gegebenenfalls für Fertigteile. Betone niedrigerer Festigkeitsklassen als C25/30 sind für wasserundurchlässige Parkdecks und Bodenplatten nicht geeignet.

Fußnoten zu Tafel 2.4: Expositionsklassen für Bewehrungskorrosion, Anwendung für Parkbauten (nach DIN EN 1992-1-1 [N2], DIN EN 206-1 mit DIN 1045-2, Tabelle 2 [N4])

1) Grenzwerte für die Betonzusammensetzung enthalten die Tafeln 4.1 und 4.2
2) Der Feuchtezustand gilt für den Bereich der Betondeckung der Bewehrung. Dieser entspricht den Umgebungsbedingungen des Bauteils, es sei denn, eine Abdichtungsschicht liegt zwischen Umgebung und Beton.
3) Der Planer hat sich bei der Festlegung der Ausführungsart mit den zugehörigen Entwurfsgrundsätzen vor allem an den Expositionsklassen XC3, XD1 und XD3 zu orientieren (DAfStb, 59. BetonTage 2015).
4) Empfehlung der Autoren, jedoch allgemeine bauaufsichtliche Zulassung beachten.
5) Aufstellung eines bauwerksspezifischen Instandhaltungsplans im Sinne der DAfStb-Richtlinie „Schutz und Instandsetzung von Betonbauteilen" zur Sicherstellung der Dauerhaftigkeit, die hierfür bis zur bauaufsichtlichen Einführung der DAfStb-Instandhaltungs-Richtlinie (DAfStb-IH-RL) gilt.
6) Für Planung und Ausführung des dauerhaften lokalen Schutzes von Rissen gilt DAfStb-Richtlinie „Schutz und Instandsetzen von Betonbauteilen …", die hierfür bis zur bauaufsichtlichen Einführung der DAfStb-Instandhaltungs-Richtlinie (DAfStb-IH-RL) gilt.
7) Bei Verwendung von Luftporenbeton LP entsprechend Tafel 4.2, beispielsweise bei gleichzeitiger Anforderungen an XF4: eine Festigkeitsklasse niedriger zulässig.
8) In den Bewehrungszeichnungen ist stets das Verlegemaß c_v anzugeben, damit Verwechslungen vermieden werden. Die Mindestbetondeckung c_{min} ist um das Vorhaltemaß Δc_{dev} zu vergrößern: $c_v = c_{nom} = c_{min} + \Delta c_{dev}$.
Für den Korrosionsschutz beträgt das Vorhaltemaß Δc_{dev} = 15 mm. Für die Verbundsicherung genügt Δc_{dev} = 10 mm.
Auch bei verzinkten Stählen sind die Mindestbedeckung c_{min} und das Verlegemaß c_v einzuhalten.
9) Die Betondeckung darf für Bauteile, deren Betonfestigkeit um mindestens zwei Festigkeitsklassen höher ist, als es die Expositionsklasse mindestens fordert, um 5 mm verringert werden. Zwei Festigkeitsklassen mehr entspricht einer Verringerung des Wasserzementwerts um $\Delta w/z = -0{,}10$ (DIN 1045-2 [N4]).

Tafel 2.5: Expositionsklassen für Betonangriff, Anwendung für Parkbauten (nach DIN EN 1992-1-1 [N12], DIN EN 206-1 mit DIN 1045-2, Tabelle 2 [N4])

Expositionsklasse	Beschreibung der Umgebung	Beispiele für die Zuordnung von Expositionsklassen	Mindestbetonfestigkeitsklasse
Betonangriff durch Frost ohne und mit Taumittel [1]			
XF1	mäßige Wassersättigung, ohne Taumittel [2]	Außenbauteile; Parkdecks und Rampen [3] (gemäß der Ausführungsart „Beschichtungen“ mit den Entwurfsgrundsätzen RB-1, RB-2 bzw. der Ausführungsart „Abdichtungen“ mit den Entwurfsgrundsätzen RA-1 oder RA-2 nach Tafel 2.18) [4]	C25/30
XF2	mäßige Wassersättigung, mit Taumittel [2) 7)]	Sprühnebel- oder Spritzwasserbereiche von taumittelbehandelten Verkehrsflächen, nicht vollflächig geschützte Parkdecks, Bodenplatten und Rampen (soweit nicht XF4) (gemäß der Ausführungsart „Oberflächen ohne Schutz“ mit den Entwurfsgrundsätzen RV-0, RV-1, RV-2 bzw. RA-0 nach Tafel 2.18)	C35/45 (bzw. C25/30 LP) [6]
XF3	hohe Wassersättigung, ohne Taumittel [2]	Bauteile in der Wasserwechselzone von Süßwasser, z. B. Unterseiten von Bodenplatten und Außenseiten von Tiefgaragenwänden	C35/45 [5] (bzw. C25/30 LP) [6]
XF4	hohe Wassersättigung, mit Taumittel [2) 7)]	Verkehrsflächen, die mit Taumittel behandelt werden; nicht vollflächig geschützte, oberirdische überdachte Parkflächen mit größerer Feuchte- und Chlorideintragung, z. B. durch häufige Fahrzeugwechsel oder intensivere Witterungswechsel (Randflächen bei direkter Bewitterung) sowie nicht vollflächig geschützte frei bewittterte Parkdecks sowie Rampen (gemäß der Ausführungsart „„Oberflächen ohne Schutz“ mit dem Entwurfsgrundsätzen RV-0, RV-1, RV-2 bzw. RA-0 nach Tafel 2.18)	C30/37 LP [6]
Betonangriff durch Verschleißbeanspruchung [1]			
XM1	mäßige und hohe Verschleißbeanspruchung	nichtvollflächig geschützte Fahr- und Parkflächen mit besonderer Beanspruchung durch Pkws > 30 kN Gesamtlast oder Lkw-Befahrung sowie bei Rampen (gemäß der Ausführungsart „Oberflächen ohne Schutz“ mit dem Entwurfsgrundsätzen RV-0, RV-1, RV-2 bzw. RA-0 nach Tafel 2.18)	C30/37 [3]
XM2 XM3	entfällt für „übliche“ Pkw-Parkdecks und Rampen		
Betonangriff durch chemisch aggressive Umgebung [1) 8)]			
XA1	chemisch schwach angreifende Umgebung	Unterseiten von Bodenplatten und Außenseiten von Tiefgaragenwänden je nach Grundwasseranalyse [8]	C25/30
XA2	chemisch mäßig angreifende Umgebung		C35/45
XA3	chemisch stark angreifende Umgebung		

Fortsetzung Tafel 2.5: Expositionsklassen für Betonangriff, Anwendung für Parkbauten (nach DIN EN 1992-1-1 [N12], DIN EN 206-1 mit DIN 1045-2, Tabelle 2 [N4])

Expositionsklasse	Beschreibung der Umgebung	Beispiele für die Zuordnung von Expositionsklassen	Mindestbetonfestigkeitsklasse
Betonangriff durch Alkali-Reaktion [1) 9)]			
WO	kein Angriff für Beton, der nach normaler Nachbehandlung nicht länger feucht ist und nach dem Austrocknen während der Nutzung weitgehend trocken bleibt	aufgehende Bauteile oberhalb des Spritzwasserbereichs mit zusätzlichem Sockelschutz; Bauteile, mit häufigem/ständigem Zugang von Außenluft, z. B. belüftete Parkbauten	–
WF	Bauteile, die während der Nutzung häufig feucht sind, z. B. durch hohe Luftfeuchte	ungeschützte Außenbauteile; Parkdecks und Rampen [3)] (gemäß der Ausführungsart „Beschichtungen" mit dem Entwurfsgrundsätzen RB-1, RB-2 bzw. der Ausführungsart „Abdichtungen" mit den Entwurfsgrundsätzen RA-1, RA-2 nach Tafel 2.18)	Tafel 2.9
WA	feucht mit Alkali-Zufuhr durch Taumittel	Bauteile unter Tausalzeinwirkung, z. B. im Spritzwasserbereich; Fahr- und Stellflächen in Parkbauten; (gemäß der Ausführungsart „Oberflächen ohne Schutz" mit dem Entwurfsgrundsätzen RV-0, RV-1, RV-2 bzw. RA-0 nach Tafel 2.18)	Tafel 2.9
WS	entfällt bei Parkbauten	–	–

1) Grenzwerte für die Betonzusammensetzung enthalten Tafeln 4.1 und 4.2.
2) Der Feuchtezustand gilt für den Bereich der Betondeckung der Bewehrung. Dieser entspricht den Umgebungsbedingungen des Bauteils, es sei denn, eine Abdichtungsschicht liegt zwischen Umgebung und Beton.
3) Für nicht freibewitterte Rampen ist die Ausführungsart „Beschichtungen" mit dem Entwurfsgrundsatz RB-2 nicht geeignet. Für freibewitterte Rampen ist die Ausführungsart „Beschichtungen" nicht anwendbar [R9].
4) Bei häufigen und starken Frost-Tau-Wechseln.
5) Die Betondeckung darf für Bauteile, deren Betonfestigkeit um mindestens zwei Festigkeitsklassen höher ist, als es die Expositionsklasse mindestens fordert, um 5 mm verringert werden. Zwei Festigkeitsklassen mehr entspricht einer Verringrung des Wasserzementwerts um $\Delta w/z = -0{,}10$ (DIN 1045-2 [N4]).
6) Luftporenbeton mit einem Luftporengehalt LP entsprechend Tafel 4.2.
7) Dauerhaft beschichtete oder abgedichtete Bauteiloberflächen mit kraftschlüssigem Verbund bedürfen keines Luftporenbetons, stattdessen Einstufung in Expositionsklasse XF1.
8) Grenzwerte für die Expositionsklassen bei chemischem Angriff sind in Tafel 3.7 genannt.
9) Der Betonangriff durch Alkali-Reaktion ist von der Feuchtigkeitsklasse und der verwendeten Gesteinskörnung abhängig. Eine Zuordnung der Gesteinskörnung in die Feuchtigkeitsklasse WF oder WA ergibt die erforderlichen Maßnahmen. Die Zuordnung erfolgt nach der Alkali-Richtlinie [R6] entsprechend Tafel 3.9.

In Tafel 2.6 sind die Betonfestigkeitsklassen für Parkbauten mit ihren Druckfestigkeits-Eigenschaften zusammengestellt. Weiterhin enthält die Tafel 1.19 Werte für die Zugfestigkeits-Eigenschaften für Betone, die bei Parkdecks einzusetzen sind.

Tafel 2.6: Klassen der Betonfestigkeiten (nach DIN EN 1992-1-1 [N2])

Kenngrößen		Betonfestigkeitsklassen				Erläuterung
		C25/30	C30/37	C35/45	C40/50	
Betondruckfestigkeit						
f_{ck}	[N/mm²]	25	30	35	40	Zylinderdruckfestigkeit
$f_{ck,cube}$	[N/mm²]	30	37	45	50	Würfeldruckfestigkeit
f_{cd}	[N/mm²]	14,2	17,0	19,8	22,7	Bemessungsfestigkeit [1)]
Betonzugfestigkeit						
f_{ctm}	[N/mm²]	2,6	2,9 [2)]	3,2	3,5	mittlere zentrische Zugfestigkeit
$f_{ctk;0,05}$	[N/mm²]	1,8	2,0	2,2	2,5	5 %-Quantil der zentrischen Zugfestigkeit
$f_{ctk;0,95}$	[N/mm²]	3,3	3,8	4,2	4,6	95 %-Quantil der zentrischen Zugfestigkeit

1) Bemessungswert der Betondruckfestigkeit für ständige und vorübergehende Bemessungssituation: $f_{cd} = 0{,}85 \cdot f_{ck} / 1{,}5$

2) Der Mittelwert der wirksamen Zugfestigkeit des Betons, der beim Auftreten der Risse infolge späten Zwangs zu erwarten ist, muss mindestens mit $f_{ctm} \geq 3$ N/mm² angenommen werden. [N2]

2.1.6 Klassen für Gefälle und Entwässerung

Bei der Planung von Parkbauten ist zunächst zu klären, ob die Parkdecks mit oder ohne Gefälle auszubilden sind. Die Entscheidung für oder gegen Gefälleausbildungen ist unter anderem auch von der Nutzungsart der Parkdecks abhängig. Beispiele zeigt Tafel 2.7, in der auch die Klassifizierung für die Entwässerung zu entnehmen ist.

Tafel 2.7: Entwässerungsklassen (mE, oE) mit Art der Gefälleausbildung (mGef, eGef, oGef) als Beispiele zur Entscheidungsfindung; in Anlehnung an [L35]

Art der Parkdecks	Einflüsse als Entscheidungsgrundlage	Gefälle	Entwässerung	Klassen [1)] für Gefälle und Entwässerung
Dachparkdecks	Pfützenbildung ohne Gefälle nicht hinnehmbar, da Unfallgefahr durch Glatteisbildung	Gefälle erforderlich	Bodenabläufe erforderlich	mGef-mE
offene Parkbauten	- hohe oder sehr hohe Nutzungsintensität (NI-3, NI-4) - Nutzungsfreundlichkeit vorrangig	Gefälle erforderlich	Bodenabläufe erforderlich	mGef-mE
	- geringe oder mäßige Nutzungsintensität (NI-1, NI-2) - Nutzungsfreundlichkeit vorrangig	Gefälle empfehlenswert	Verdunstungsrinnen möglich [2)]	eGef-mV [2)]
	- Abtrocknen eingetragenen Wassers gegeben - Pfützenbildung hinnehmbar - Wirtschaftlichkeit vorrangig - Nutzungsfreundlichkeit nachrangig	Gefälle nicht erforderlich	Verdunstungsrinnen möglich [2)]	oGef-mV [2)]

Fortsetzung Tafel 2.7: Entwässerungsklassen (mE, oE) mit Art der Gefälleausbildung (mGef, eGef, oGef) als Beispiele zur Entscheidungsfindung; in Anlehnung an [L35]

Art der Parkdecks	Einflüsse als Entscheidungsgrundlage	Gefälle	Entwässerung	Klassen [1] für Gefälle und Entwässerung
geschlossene Parkbauten	– hohe oder sehr hohe Nutzungsintensität (NI-3, NI-4) – Nutzungsfreundlichkeit vorrangig	Gefälle erforderlich	Bodeneinläufe erforderlich	mGef-mE
	– geringe oder mäßige Nutzungsintensität (NI-1, NI-2) – Nutzungsfreundlichkeit nachrangig	Gefälle nicht erforderlich, aber empfehlenswert	Sammelrinnen möglich [2]	oGef-mS [2]
	– ohne mechanische Lüftungsanlage kein Abtrocknen eingetragenen Wassers möglich – Pfützenbildung ohne Gefälle unvermeidbar	Gefälle empfehlenswert	Entscheidung zwischen Wirtschaftlichkeit und Nutzungsfreundlichkeit erforderlich	eGef-oE [2] oder eGef-mE
Tiefgaragen für Bürogebäude; Gemeinschaftsgaragen für einfache Nutzung bei Wohnanlagen	– Pfützen unvermeidbar, aber hinnehmbar; – Wirtschaftlichkeit vorrangig; – Nutzungsfreundlichkeit nachrangig	Gefälle nicht erforderlich	Bodeneinläufe erforderlich	oGef-mE
Tiefgaragen für hochwertige Nutzung bei Wohnanlagen und Hotels mit gehobenen Ansprüchen	– Pfützenbildung nicht hinnehmbar; – Nutzungsfreundlichkeit vorrangig; – Wirtschaftlichkeit nachgeordnet	Gefälle erforderlich	Bodeneinläufe erforderlich	mGef-mE
Tiefgaragen und geschlossene Parkbauten für Einkaufszentren	– Pfützenbildung, Nutzungsfreundlichkeit und Wirtschaftlichkeit gegeneinander abwägen; – bei Gefälle: Sicherung der Einkaufswagen gegen Wegrollen erforderlich	Gefälle empfehlenswert	Bodeneinläufe erforderlich	eGef-mE
Tiefgaragen für öffentliche Nutzung, z. B. Behörden	Pfützenbildung, Nutzungsfreundlichkeit und Wirtschaftlichkeit gegeneinander abwägen	Gefälle empfehlenswert	Bodeneinläufe erforderlich	eGef-mE
Tiefgaragen für öffentliche Einrichtungen, z. B. Theater	– Pfützenbildung nicht hinnehmbar; – Nutzungsfreundlichkeit vorrangig	Gefälle erforderlich	Bodeneinläufe erforderlich	mGef-mE

[1] Erklärung der Abkürzungen:
mGef = mit Gefälle
oGef = ohne Gefälle
eGef = Gefälle empfehlenswert
mE = mit Entwässerung
oE = ohne Entwässerung
mS = Sammelrinnen möglich
mV = Verdunstungsrinnen möglich

[2] Besondere Hinweise für die Anwendung von Sammel- und Verdunstungsrinnen ohne Entwässerung (oE) nach Abschnitte 9.5 und 9.6 beachten

Der Planer hat den Bauherrn im Rahmen der Bedarfsplanung über Vor- und Nachteile zu Festlegungen hinsichtlich Gefälle, Entwässerung sowie „Pfützenfreiheit“ aufzuklären und die Entscheidung hierüber ausreichend zu dokumentieren. Dies muss Inhalt des Planungs- und Bauvertrags sein. Folgen und erforderliche Maßnahmen hinsichtlich Nutzung und Wartung müssen zudem in Kauf- und Nutzungsverträgen berücksichtigt werden. Details zu Gefälle und Entwässerung sind im Abschnitt 9 dargestellt. Ein Sachkundiger Planer kann den Tragwerksplaner im Bedarsfall bei Festlegungen zusätzlicher Schutzmaßnahmen unterstützen (Abschnitt 1.2.5).

2.1.7 Klassen für zulässige Rissbreiten

Für Parkdecks kann eine der nachfolgenden Rissklassen in Abhängigkeit vom gewählten Entwurfsgrundsatz festgelegt werden. Dies hat vom Tragwerksplaner zu erfolgen, und zwar in Zusammenarbeit mit dem Objektplaner und ggfs. dem Hersteller für die vorgesehene Beschichtung bzw. Abdichtung.

Für Tiefgaragen, die im Grundwasser stehen, ist die maßgebende Rissklasse vom gewählten Entwurfsgrundsatz abhängig. Sie ist vom Tragwerksplaner festzulegen, und zwar in Abstimmung mit dem Objektplaner sowie dem Geotechniker.

Die wählbare Rissklasse von weiteren Einflüssen abhängig. In Tafel 2.8 sind die Rissklassen RW mit ihren rechnerischen Rissbreiten w_k sowie der dynamischen Rissbreiten-Änderungen zusammengestellt.

Tafel 2.8: Empfehlung für überbrückbare Rissbreiten-Änderungen von Oberflächenschutzsystemen und Abdichtungen sowie Rissklassen (nach DBV-Merkblatt Tabelle A.0 [R9])

Oberflächenschutzsystem bzw. Abdichtungssystem		dynamische Rissbreiten-änderung	Rechen-wert der Rissbreite w_k	Riss-klasse
OS 8	nach DAfStb-Instandsetzungsrichtlinie [R9]	–	–	(RW 0)
OS 10		0,30 ± 0,10 mm [1]	0,30 mm	RW30
OS 11		0,20 ± 0,10 mm [1]	0,25 mm	RW25
Flüssigkunststoff FLK (DIN 18532-6 [N34])	nach ETAG 033 [R21]	0,20 ± 0,12 mm	0,25 mm	RW25
	nach TP-BEL-B3 [R22]	0,30 ± 0,10 mm [1]	0,30 mm	RW30
Polymerbitumen-Schweißbahn mit Gussasphalt	nach DIN 18532-2 [N34]	[2]	0,30 mm	RW30
	nach ZTV-ING [R25]	0,20 ± 0,15 mm	0,30 mm	RW30

[1] jeweils überlagert mit ± 0,05 mm

[2] Die Bewertung erfolgt nach DIN 18532-2 [N34] auf der Basis einer durch langjährige Erfahrung begründeten Kenntnis über das jeweilige Rissüberbrückungsverhalten bestimmter Stoffe. Wenn kein Nachweis vorliegt, ist ein Nachweis nach DIN EN 14224 zu erbringen, dass die Abdichtung Risse der Rissklasse R1-V bei – 20 °C überbrücken kann.

Tafel 2.9: Überwachungsklassen für Betonbauwerke (nach DIN EN 13670 / DIN1045-3, Tabelle NA.1) [N3]

Überwachungsklasse	Anwendung für Weiße Wannen nach [R3]	Merkmale
ÜK1	Ausnahmefall nur begrenzt zulässig für:	Beton C25/30
		Expositionsklassen XC, XF1
		Beanspruchungsklasse BK2-Bf, BK2-faW
		Weiße Wannen nach DAfStb-WU-Richtlinie [R3] in der Beanspruchungsklasse BK1-zdW und in der Projektbeschreibung so festgelegt [2)]
ÜK2 [1)]	Regelfall für:	Beton C30/37 bis C50/60
		Expositionsklassen XD, XS, XA, XM, ≥ XF2
		Weiße Wannen nach DAfStb-WU-Richtlinie [R3] sowie weitere besondere Betoneigenschaften: Unterwasserbeton, besondere Anwendungsfälle nach jeweiliger DAfStb-Richtlinie (z. B. verzögerter Beton)
ÜK3 [1)]	erforderlich für:	Beton ab C55/67

[1)] Das Bauunternehmen muss über eine ständige Betonprüfstelle verfügen. Eigenüberwachung sowie Fremdüberwachung durch anerkannte Überwachungsstelle erforderlich. Im Rahmen der Betonüberwachung kann auch die Baustellenüberwachung entsprechend den Überwachungsmaßnahmen bei der Ausführung nach den Überwachungsklassen ÜK1 und ÜK2 durchgeführt werden.

[2)] Empfehlung der Autoren:
Die WU-Richtlinie unterscheidet in der Beanspruchungsklasse BK1 sprachlich nur zeitweise (BK1-zdW) und ständig drückendes Wasser (BK1-sdW). Nach DIN 13670 / DIN 1045-3/NA darf Beton mit hohem Wassereindringwiderstand in die Überwachungsklasse ÜK1 eingeordnet werden, wenn der Baukörper maximal nur „zeitweilig auf stauendem Sickerwasser" ausgesetzt wird und wenn in der Projektbeschreibung nichts anderes festgelegt ist. Aufgrund dieser sprachlichen Diskrepanz in den Regelwerken wird eine vorherige Klärung mit den anerkannten Überwachungsstellen und zudem das Einholen der Zustimmung des Bauherrn empfohlen.

2.1.8 Klassen der Überwachung von Beton auf der Baustelle

Beton ist nach DIN EN 13670 mit DIN 1045-3 zu verarbeiten. Dazu ist der Beton in eine jeweils zutreffende Überwachungsklasse einzuordnen, und zwar abhängig von der Festigkeitsklasse, der Expositionsklasse und gegebenenfalls der besonderen Eigenschaft des Betons. Die Merkmale für die Überwachungsklassen sind in Tafel 2.9 zusammengestellt.

Beton für wasserundurchlässige Bauwerke nach der DAfSb-Richtlinie [R3] ist stets in der Überwachungsklasse ÜK2 zu verarbeiten. Die WU-Richtlinie unterscheidet in der Beanspruchungsklasse BK1 sprachlich nur zeitweise (BK1-zdW) und ständig drückendes Wasser (BK1-sdW). Der Begriff „zeitweise aufstauendes Sickerwasser" ist nicht mehr enthalten. Die Autoren empfehlen daher eine Abstimmung mit dem Bauherrn gemäß der Fußnote [2)] der Tafel 2.9.

2.1.9 Klassen für Wartung und Instandhaltung

Sofern vom Bauherrn keine Nutzungsdauer vorgegeben wird, kann von Parkbauten erwartet werden, dass sie eine Nutzungsdauer von mindestens 50 Jahren haben. Diese Nutzungsdauer gilt insbesondere für überbaute Tiefgaragen. Voraussetzung hierfür ist jedoch, dass Planung und Ausführung den Regelwerken entsprechen und innerhalb der gesamten Nutzungszeit in geeigneten Zeitintervallen zielgerichtete und bedarfsgerechte Wartungs- und Instandhaltungsmaßnahmen durchgeführt werden. Hierbei können jedoch beispielsweise direkt befahrene Beschichtungen nur einen Bruchteil der vorgenannten Nutzungsdauer bringen. Bei auftretenden Abnutzungserscheinungen wird daher auch zu unterscheiden sein, ob diese zu Lasten des Betreibers gehen, weil diese Abnutzungserscheinungen durch unzulängliche oder unterlassene Instandhaltung entstanden oder ob sie auf Planung oder Ausführung zurückzuführen sind. Die Pflichten zur Wartung und Instandhaltung sind daher schriftlich festzulegen, z. B. im Bauwerksbuch.

Bei der Festlegung der erforderlichen Wartungs- und Instandhaltungsaufgaben gelten die Wartungsklassen der Tafel 2.10. Ausführliche Erläuterungen zu Wartung und Instandhaltung sind im Abschnitt 13 dargestellt.

2.2 Klassifizierung der Verkehrsnutzung

2.2.1 Klassen der Nutzungsintensität

In den Vorbemerkungen des DBV-Merkblattes „Tiefgaragen und Parkhäuser" [R9] wird explizit darauf hingewiesen, dass bei der Planung von Parkbauten die jeweils gegebenen Besonderheiten der Nutzung berücksichtigt werden können. Dazu gehören unter anderem eine private oder öffentliche Nutzung wie die Frequentierung. Aus der Nutzungsfrequenz der Parkflächen in Tiefgaragen und Parkhäusern kann die Höhe der Beanspruchung abgeleitet werden. Daraus ergeben sich verschiedene Klassen der Nutzungsintensität, die entsprechende Anforderungen an die Parkdecks zur Folge haben. Ein Vorschlag für Klassen der Nutzungsintensität (Klassen NI-1 bis NI-4) ist in Tafel 2.11 dargestellt. Andere Flächen, die nicht nur von Pkw genutzt werden, wie beispielsweise Hofkellerdecken, auf denen auch Lkw oder Feuerwehrfahrzeuge fahren, können ebenfalls in die Klasse der Nutzungsintensität NI-4 eingestuft werden.

2.2.2 Verkehrsnutzungsklassen

Für befahrbare Verkehrsflächen aus Beton sind bei Abdichtungen nach DIN 18532 [N34] vier Verkehrsnutzungsklassen vorgesehen. Nur die Verkehrsnutzungsklassen N2-V und N3-V können einer jeweiligen Klasse der Nutzungsintensität zugeordnet werden:
NI-2: mäßige Nutzungsintensität = Verkehrsnutzungsklasse N2-V
NI-3: hohe Nutzungsintensität = Verkehrsnutzungsklasse N3-V

Die Verkehrsnutzungsklasse N1-V gilt nach DIN 18532 [N34] nur für Fußgänger- und Radwegbrücken. Die Verkehrsnutzungsklasse N4-V ist hingegen nur für Lkw-Verkehr vorgesehen (Fahrzeuge mit > 160 kN Gesamtgewicht).

Tafel 2.10: Wartungsklassen (WK)

Wartungsklasse	Anforderung	
WK1	Wartung stets:	1 x jährlich
WK2	Wartung in den ersten 5 Jahren: danach Wartung:	1 x jährlich, alle 2 Jahre

Tafel 2.11: Klassen der Nutzungsintensität (NI) von Parkbauten als Beispiele (in Anlehnung an Modelcode JCSS und [L16])

Nutzung des Parkbaues für	Betriebstage pro Jahr [d]	Betriebszeiten pro Tag [h]	mittlere Parkzeit je Fahrzeug in Stunden [h]	Anzahl der Fahrzeuge pro Tag und Stellplatz [1/d]	Anzahl der Fahrzeuge pro Jahr und Stellplatz [1/a]	Klein-, Mittel-, Groß-garage [1]	Nutzungsintensität der Fahr- und Parkfläche	Klassen der Nutzungsintensität
Einkaufszentren, Kaufhäuser, Supermärkte	310	10	1	≈ 10	≈ 3100	G_v	sehr hoch	NI-4
						G_h	hoch	NI-3
						M		
						K		
Bahnhöfe, Flughäfen	365	24	10	≈ 2 ½	≈ 900	G_v	hoch	NI-3
						G_h	mäßig	NI-2
						M		
						K		
Bürogebäude, Gewerbebetriebe, Verwaltungen	260	12	8	≈ 1	≈ 300	G_v	mäßig	NI-2
						G_h	gering	NI-1
						M		
						K		
Kulturstätten, Versammlungshäuser, Sportstätten,	100	3	3	≈ 1	≈ 100	G_v	gering	NI-1
						G_h		
						M		
						K		
Wohngebiete	350	18	9	≈ 1	≈ 350	G_v	mäßig	NI-2
						G_h	gering	NI-1
						M		
						K		

[1] Die Abkürzungen bedeuten:
G_v Großgarage mit ≥ 1 000 m² Nutzfläche im vorderen Bereich
G_h Großgarage im hinteren Bereich
M Mittelgarage mit ≥ 100 bis < 1 000 m² Nutzfläche
K Kleingarage mit < 100 m² Nutzfläche

Die maßgebenden Verkehrsnutzungsklassen für Parkbauten mit ihren Merkmalen und mit zugehörigen Beispielen sind in Tafel 2.12 zusammengestellt. Diesen Verkehrsnutzungsklassen sind bestimmte Abdichtungsarten zugeordnet. Für die Abdichtungsart 1b sind Flüssigkunststoffe vorgesehen, für die auch die Oberflächenschutzsysteme nach der DAfStb-Instandsetzungs-Richtlinie [R7] mit einem allgemeinem bauaufsichtlichem Prüfzeichen abP verwendet werden können.

2.3 Klassifizierung der Entwurfsgrundsätze

Einflüsse auf die Gebrauchstauglichkeit und die Dauerhaftigkeit (Abschnitte 4.1 und 4.2), sowie durch die Umgebungsbedingungen und Einwirkungen (Kapitel 3) auf Parkdecks führen dazu, bewehrte Parkdecks nach bestimmten Grundsätzen zu planen, zu entwerfen und schließlich auszuführen. Bei Fahr- und Parkflächen geht es im Wesentlichen darum, bei Beaufschlagung von Feuchte und Tausalz dem Eindringen von Chloriden in Risse des Betons entgegenzuwirken. Die Festlegung einer geeigneten Ausführungsvariante ist stets in Abhängigkeit der Randbedingungen zu treffen, z. B. unter Berücksichtigung der Konstruktion und Art des Parkdecks (Bodenparkdeck, Zwischenparkdeck, Dachparkdeck, Tiefgaragendecke) sowie für Tiefgaragen die Art der Wasserbeanspruchung. Allgemein stehen hierfür verschiedene Ausführungsvarianten zur Verfügung, beispielsweise:

- bei Beton ohne Risse:
  direkt befahrene Oberfläche ohne sowie im Bedarfsfall auch mit zusätzlichen Schutzmaßnahmen für die Oberfläche
- bei Beton mit Rissen:
  - bei wenigen breiten Rissen lokale Abdichtung von Einzelrissen in Kombination mit streifenförmigen Rissbandagen oder
  - bei vielen schmalen Rissen durch geeignete Rissbreitenbegrenzung in Kombination mit vollflächigem Schutz durch ein Oberflächenschutzsystem oder durch die Abdichtung der Oberfläche

Die sich daraus ergebenden Entwurfsgrundsätze unterscheiden sich (Abschnitt 2.3.1 bis 2.3.3). Sie sind im Abschnitt 2.5 zusammengestellt. Diese Entwurfsgrundsätze dienen als Grundlage für die möglichen Ausführungsarten von Parkbauten (Tafel 2.18).

Die Festlegung eines bestimmten Entwurfsgrundsatzes für eine Ausführungsart hat das Ziel, ein optimales Verhältnis zwischen Nutzungsdauer, Herstellkosten und Betriebskosten zu erreichen. Schon bei Planungsbeginn ist eine Entscheidung für den einen oder anderen Entwurfsgrundsatz zu treffen. Bei der weiteren Planung und Ausführung ist diese Entscheidung für einen bestimmten Entwurfsgrundsatz zu berücksichtigen, denn diese Entwurfsgrundsätze unterscheiden sich teilweise sehr wesentlich voneinander.

Die DAfStb-Richtlinie „Wasserundurchlässige Bauwerke aus Beton“ [R3] enthält drei Entwurfsgrundsätze, mit denen die Wasserundurchlässigkeit von Betonbauteilen sichergestellt werden soll. In Anlehnung daran sind im DBV-Merkblatt „Parkhäuser und

Tafel 2.12: Beispiele für Verkehrsnutzungsklassen bei befahrenen Verkehrsflächen in Parkbauten mit Abdichtungsarten nach DIN 18532-1 [N34]

Verkehrsnutzungsklassen [1]	Merkmale der Verkehrsnutzungsklassen bei vorwiegend ruhendem Verkehr			Beispiele für Arten von Parkbauten	Abdichtungsart [4] [5]	geregelt in DIN 18532 Teil ...
	Belastung	Art	Neigung			
N2-V [2] bzw. NI-2	mäßig	Pkw ≤ 30 kN	- bei ≤ 4%; - Einordnung in N3-V bei > 4%	Zwischendecks von Parkhäusern	1a, 1b, 2a, 2b	T2
					1a, 2a, 2b	T3, T4, T5
					1a, 1b, 2a	T6
				Freidecks [3] von Parkhäusern für Pkw-Verkehr	1a	T2, T3, T4, T5, T6
				Parkdächer [3] für Pkw-Verkehr	2a, 2b	T2, T3, T4, T5
					2a	T6
				Hofkellerdecken und Durchfahrten	1a, 2a, 2b	T2, T3, T4, T5
					1a, 2a	T6
N3-V bzw. NI-3	hoch	- Fahrzeuge ≤ 160 kN a) Pkw b) leichte Lkw - bereichsweise im Einzelfall schwere Lkw > 160 kN	unabhängig von der Neigung	Zwischendecks von Parkhäusern für Pkw- und leichten Lkw-Verkehr	1a, 1b, 2b	T2
					1a, 2b	T3, T4, T5
					1a	T6
				Freidecks [3] von Parkhäusern für Pkw-Verkehr und leichten Lkw-Verkehr	1a	T2, T3, T4, T5, T6
				Parkdächer [3] für Pkw- und leichten Lkw-Verkehr	2b	T2, T3, T4, T5
				Zufahrtsrampen und Spindeln von Parkhäusern für Pkw- und leichten Lkw-Verkehr	1a, 2b	T2, T3, T4, T5
					1a	T6
				Anlieferzonen u. Feuerwehrzufahrten in Parkhäusern für schweren Lkw-Verkehr	1a, 2b	T2, T3, T4, T5
					1a	T6
				Hofkellerdecken und Durchfahrten, auch für schweren Lkw-Verkehr	1a, 2b	T2, T3, T4, T5
					1a	T6

[1] Die Verkehrsnutzungsklassen N2-V und N3-V sind der Rissüberbrückungsklasse RÜ1-V zugeordnet.

[2] Befahrene Flächen der Rissklasse N2-V, die auch mit Reinigungs- oder Räumfahrzeugen befahren werden, sind N3-V zuzuordnen.

[3] Freideck = frei bewittertes Parkdeck;
Parkdach = frei bewittertes wärmegedämmtes Dachparkdeck über hochwertig genutzten Räumen.

[4] Wärmegedämmte Parkdecks als Umkehrdachaufbau (Abdichtungsart 2a) erfordern die Beachtung der Verkehrslastbegrenzung gemäß der jeweiligen allgemeinen bauaufsichtlichen Zulassung für den Dämmstoff.

[5] Abdichtungsart 1a: Abdichtungsschicht auf dem Konstruktionsbeton unterhalb Schutz- und Nutzschicht (Abschnitt 2.4.2.3)
Abdichtungsart 1b: Abdichtungsschicht auf dem Konstruktionsbeton, direkt genutzt (Abschnitt 2.4.2.3)
Abdichtungsart 2a: Abdichtungsschicht auf dem Konstruktionsschicht unter der Wärmedämmschicht (Abschnitt 2.4.3.1)
Abdichtungsart 2b: Abdichtungsschicht auf der Wärmedämmschicht unter der Lastverteilungsschicht (Abschnitt 2.4.3.2)

Tafel 2.13: Entwurfsgrundsätze

Entwurfsgrundsatz [1)]	Grundsatz der Konstruktion und Ausführung
RV Rissvermeidung (nach DBV: EGS [a])	Vermeiden von Rissen durch Festlegen besonderer Maßnahmen (Abschnitte 2.3.1 und 5.11.1): - konstruktive Maßnahmen - betontechnische Maßnahmen - ausführungstechnische Maßnahmen
RB Rissbreitenbegrenzung (nach DBV: EGS [b])	Begrenzung der Rissbreite (möglichst nur feine Risse) durch Anordnung von rissbreitenbegrenzender Bewehrung mit rissüberbrückendem Oberflächenschutz- oder Abdichtungssystem (Abschnitte 2.3.2 und 5.11.2).
RA Risse mit Abdichtung (nach DBV: EGS [c])	Begrenzung der Rissbreite auf den maximal zulässigen Wert (möglichst wenige, aber breite Risse) mit planmäßig vorgesehener örtlicher Abdichtung der Risse, z. B. durch rissüberbrückende Bandagen. Auch für WU-Bodenplatten geeignet (Abschnitte 2.3.3 und 5.11.3).

Für jede Art des Entwurfsgrundsatzes ist ein Instandhaltungsplan entsprechend der DAfStb-Richtlinie [R7] erforderlich.

Tiefgaragen“ [R9] entsprechende Entwurfsgrundsätze vorgesehen. Zur Erleichterung der Planung werden für die Entwurfsgrundsätze sowie die zugehörigen Anwendungsmöglichkeiten von den Autoren jeweils Kurzbezeichnungen eingeführt (Tafel 2.13).

2.3.1 Entwurfsgrundsatz RV (Rissvermeidung)

Der Entwurfsgrundsatz RV ist besonders für befahrene Bodenplatten aus wasserundurchlässigem Beton geeignet, bei denen sowohl der Wasserdurchtritt von unten als auch der Chlorideintrag von oben verhindert werden soll. Voraussetzung ist allerdings eine möglichst zwangarme Lagerung der Bodenplatte, die zeitlich über den Beginn der ersten Wassereinwirkung (zur Dichtheitskontrolle) hinaus reicht und während der Nutzungszeit wirksam bleibt.

Grundsatz hierbei ist es, Risse mit ungünstigen Auswirkungen auf die Dauerhaftigkeit und die Gebrauchstauglichkeit durch besondere konstruktive, betontechnologische und ausführungstechnische Maßnahmen zu vermeiden. Diese Maßnahmen sind im Einzelnen in den Abschnitten 5.11.1.1 bis 5.11.1.3 dargestellt. Im Rahmen des Entwurfsgrundsatzes RV zur Rissvermeidung können Dauerhaftigkeit und Gebrauchstauglichkeit in unterschiedlichen Ausführungsweisen erfolgen, wie es die Entwurfsgrundsätze RV-0, RV-1 und RV-2 nachfolgend zeigen.

Entwurfsgrundsatz RV-0:

Anwendung für Parkdecks aus unbewehrten Betonbauteilen, bei denen entweder keine Risse entstehen, wie z. B. bei Betonsteinpflaster
oder
bei denen entstehende Risse keinen Einfluss auf die Dauerhaftigkeit und die Gebrauchstauglichkeit haben, wie z. B. bei unbewehrten Betonböden
oder
auch bei Bauteilen mit korrosionsgeschützter Bewehrung.

Die Bezeichnung RV-0 bedeutet: → keine Risse oder
Risse ohne Einfluss.

Bei unbewehrten Bauteilen und Bauteilen mit korrosionsgeschützter Bewehrung wird Beton der Expositionsklasse XD nicht benötigt. In der Regel ist die Expositionsklasse XF2 für Beton mit hohem Frost-Taumittel-Widerstand ausreichend. Frei bewitterte Parkdecks ohne Überdachung erfordern die Einstufung in die Expositionsklasse XF4. Letzteres gilt auch für oberirdische überdachte Parkdecks mit größerem Feuchte- und Chlorideintrag, beispielsweise durch häufige Fahrzeugwechsel oder intensivere Witterungseinflüsse wie Randflächen mit direkter Bewitterung.

Die Berücksichtigung einer Verschleißbeanspruchung der Expositionsklasse XM1 ist nur bei besonderen Beanspruchungen durch Lkw-Befahrung oder bei sehr hoher Nutzungsintensität NI-4 mit Pkws von ≥ 30 KN Gesamtlast sowie bei Rampen erforderlich. Aufgrund der direkt befahrenen Betonoberfläche ist die Feuchtigkeitsklasse WA maßgebend (Tafel 3.9).

Die Anforderungen an die Expositionsklassen sind tabellarisch in den Tafeln 2.4 und 2.5 sowie als Schaubild in Tafel 2.18 dargestellt.

Aus betontechnischer Sicht ist Beton zu verwenden, der möglichst rissunempfindlich ist. Hierfür geeignet ist schwindarmer Beton (Abschnitt 4.5.5). Bei der Ausführung ist der Beton möglichst schnell und genügend lange gegen zu schnelles Abkühlen und Austrocknen zu schützen (Abschnitt 4.6).

Entwurfsgrundsatz RV-1:

Anwendung für Parkdecks mit zwangfreier Lagerung als statisch bestimmtes Tragsystem, wie z. B. Einfelddecken, die im oberen Bereich auf Biegedruck beansprucht sind und bei denen außerdem auch keine obere Bewehrung erforderlich ist, die korrodieren könnte.

Die Bezeichnung RV-1 bedeutet: → einfache Bauteile, statisch bestimmt,
mit Rissvermeidung an der Oberseite.

Die Bauweise nach diesem Entwurfsgrundsatz RV-1 setzt eine regelmäßige Wartung der Fugen zwischen den einzelnen Deckenbereichen voraus. Anforderungen an einen Frost-Taumittel-Widerstand sowie für Verschleißbeanspruchungen sind nur in besonderen Fällen berücksichtigen (Tafeln 2.5 und 2.18) und bereits beim Entwurfsgrundsatz RV-0 beschrieben.

Entwurfsgrundsatz RV-2:

Anwendung für Parkdecks mit einer Oberfläche, die als Druckzone ausgebildet ist und daher nicht reißen kann, z. B. bei Zwischendecks mit Spannbeton-Deckenplatten.

Die Bezeichnung RV-2 bedeutet: → Spannbeton-Bauteile oder Stahlverbund-Bauweise mit Druckzone mindestens an der Oberseite.

Die Fugen zwischen Deckenbereichen erfordern eine regelmäßige Wartung. Es gelten die gleichen Anforderungen an die Mindestbetondeckung sowie an die Expositionsklassen hinsichtlich Frost-Taumittel-Widerstand und Verschleißbeanspruchungen sowie für die Feuchtigkeitsklasse wie für den Entwurfsgrundsatz RV-0 (Tafel 2.18).

2.3.2 **Entwurfsgrundsatz RB** (Rissbreitenbegrenzung + Beschichtung)

Beim Entwurfsgrundsatz RB soll die Breite der entstehenden Risse gering gehalten werden und zwar durch Einbau einer geeigneten Bewehrung zur Begrenzung der Rissbreite kombiniert mit dem Aufbringen eines vollflächigen Beschichtungs- oder Abdichtungssystems, wodurch der Schutz der Bewehrung erforderlichenfalls mit begleitender Rissbehandlung sichergestellt wird. Unterschieden werden hierbei die Entwurfsgrundsätze RB-1 und RB-2:

Entwurfsgrundsatz RB-1:

Dieser Entwurfsgrundsatz kann eingesetzt werden für Parkdecks aus Stahlbeton mit rissbreitenbegrenzender Bewehrung und starrer Beschichtung OS 8 mit begleitender Rissbehandlung, z. B. Rissbandagen. Es sollen dabei jedoch nur breite Risse an wenigen, definierten Bereichen entstehen. Für Bodenplatten eignet sich die Anwendung nur dann, wenn eine Konstruktion mit Bewegungsmöglichkeit auf dem Untergrund gewählt wird. Für die Mindestbetondeckung der Bewehrung ist die Expositionsklasse XD1 mit c_{min} = 40 mm maßgebend. Die vollflächige Beschichtung ermöglicht eine Einstufung in die Feuchtigkeitsklasse WF (Tafel 3.9). Ein Beton mit hohem Frost-Taumittel-Widerstand ist nicht erforderlich, jedoch bei offenen Parkdecks mit Überdachung ein Beton mit hohem Frostwiderstand der Expositionsklasse XF1.

Entwurfsgrundsatz RB-2:

Der Entwurfsgrundsatz RB-2 kann angewendet werden für Parkdecks aus Stahlbeton mit rissbreitenbegrenzender Bewehrung und rissüberbrückender Beschichtung OS 10 mit Schutzschicht oder OS 11. Für die Mindestbetondeckung der Bewehrung ist die Expositionsklasse XD1 mit c_{min} = 40 mm maßgebend. Die vollflächige Beschichtung ermöglicht eine Einstufung in die Feuchtigkeitsklasse WF (Tafel 3.9). Ein Beton mit hohem Frost-Taumittel-Widerstand ist nicht erforderlich. Für offene Parkdecks mit Überdachung ist die Expositionsklasse XF1 ausreichend.

2.3.3 **Entwurfsgrundsatz RA** (Risse mit Abdichtung)

Dieser Entwurfsgrundsatz sieht eine Abdichtung der Risse vor, wobei planerisch zu klären ist, ob es entweder ausreicht, entstehende Risse einzeln abzudichten (RA-0) oder ob eine vollflächige Abdichtung aufzubringen ist (RA-1 und RA-2):

Entwurfsgrundsatz RA-0:

Dieser Entwurfsgrundsatz kann bei zwangarmen Konstruktionen angewendet werden, z. B. für Parkdecks aus Stahlbeton mit rissbreitenbegrenzender Bewehrung in Kombination mit einer lokalen Abdichtung. Hierbei kann unter Berücksichtigung der Randbedingungen der Baumaßnahme lediglich eine Begrenzung auf das höchstzulässige Maß von w_k = 0,30 mm nach DIN EN 1992-1-1 [N2] einschließlich Nationalem Anhang NA möglich sein. Zur Abdichtung der Einzelrisse und Fugen werden beispielsweise rissüberbrückende Bandagen verwendet; gegebenenfalls ist nach sorgfältiger Prüfung der vorhandenen Rissbreite und zu erwartenden Rissbreitenänderung auch eine Injektion möglich. Maßgebend sind hier die Expositionsklassen XD3, XC4 mit der Feuchtigkeitsklasse WA. Für Frost/Frost-Tausalz- sowie Verschleißbeanspruchungen gelten die gleichen Aussagen wie für die Entwurfsgrundsätze RV-1, RV-2. Für die Mindestbetondeckung der Bewehrung ist die Expositionsklasse XD3 mit c_{min} = 40 mm maßgebend. RA-0 bedeutet = lokale Abdichtung von Rissen.

Der Entwurfsgrundsatz RA-0 ist besonders für zwangarme, befahrene Bodenplatten aus wasserundurchlässigem Beton geeignet, bei denen sowohl der Wasserdurchtritt von unten als auch der Chlorideintrag von oben durch das Betonbauteil verhindert werden soll, indem eine planmäßige und zielsichere Abdichtung aller unerwartet entstandener Risse erfolgt. Hierfür sollen die Innenflächen der durch Druckwasser beanspruchten Außenbauteile zugänglich bleiben.

Entwurfsgrundsätze RA-1 und RA-2:

Diese Entwurfsgrundsätze können eingesetzt werden für Parkdecks aus Stahlbeton mit rissbreitenbegrenzender Bewehrung, bei denen die Rissbreite auf das für die vollflächige Abdichtung erforderliche Maß festzulegen ist. Erforderlich ist eine Abdichtung gegen nicht drückendes Wasser für hohe Beanspruchungen im vollflächigen Verbund zur Betonunterlage. Ein Beton mit hohem Frost-Taumittel-Widerstand ist nicht erforderlich, gegebenenfalls XF1 für offene, überdachte Parkdecks. Es gelten folgende Abdichtungen:

- RA-1: mit einem vollflächigen Oberflächenschutzsystem OS 10 nach der DAfStb-Richtlinie [R7] bzw. Flüssigkunststoff FLK nach DIN 18532-6
  oder
  mit einer vollflächigen, unterlaufsicheren, 1-lagigen bahnenförmigen Abdichtung nach DIN 18532-2 [N34]
  jeweils in Verbindung mit einer Schutzschicht aus Gussasphalt, die als Nutzschicht und auch als zusätzliche Abdichtung dient
- RA-2: mit vollflächigen, unterlaufsicheren, 2-lagigen Polymerbitumenbahnen nach DIN 18532-3 [N34] im Verbund mit der Betonoberfläche mit nachgewiesenen rissüberbrückenden Eigenschaften für hohe Beanspruchungen mit einer Nutzschicht nach DIN 18532-1 [N34]

Eine Zusammenstellung der Entwurfsgrundsätze erfolgt im Zusammenhang mit den Ausführungsarten im Abschnitt 2.7 (Tafel 2.18).

2.4 Klassifizierung der Ausführungsarten

Für Stahlbetonbauteile gelten folgende Grundsätze:

- Befahrende Bauteile sind so auszuführen, dass einwirkenden Chloriden ein genügender Widerstand der Bauteile entgegenwirkt.
- Zum Sicherstellen der Dauerhaftigkeit dürfen keine Chloride bis zur Bewehrung vordringen.
- Risse und Fugen in direkt befahrenen Parkdecks sind dauerhaft zu schließen oder zu schützen, um Schäden durch eindringendes chloridhaltiges Wasser zu verhindern.

Für Parkdecks können die nachfolgend beschriebenen Ausführungsarten zur Anwendung kommen, nachdem in DIN EN 1992-1-1/NA/A1 [N2] zu den Expositionsklassen XD3, XD1 und XC3 zusätzliche Beispiele neu aufgenommenen wurden. Die möglichen Ausführungsarten erfordern eine detaillierte Planung durch einen Fachplaner. Alle Bauteile von Parkbauten sind während der Nutzungsdauer planmäßig zu warten und instand zu halten. Dazu ist ein Instandhaltungsplan nach der DAfStb-Richtlinie „Schutz und Instandsetzung von Betonbauteilen" [R7] erforderlich, der vom Tragwerksplaner aufzustellen ist. Dies ist im Vertrag für den Tragwerksplaner als besondere Leistung zu vereinbaren. Nach bauaufsichtlicher Einführung ist die zurzeit in Vorbereitung befindliche DAfStb-Inhalthaltungsrichtlinie (IH-RL) als Grundlage für Planung, Ausschreibung und Ausführung maßgebend.

Je nach Art des Betonschutzes sind entsprechende Expositionsklassen des Betons einzuhalten (Tafel 2.14)

Tafel 2.14: Zuordnung von Expositionsklassen zum Entwurfsgrundsatz und zur Art des Schutzes der Verkehrsfläche (nach DIN EN 1992-1-1/NA/A1 [N2])

Art des Schutzes der chloridbeanspruchten Verkehrsfläche	Entwurfsgrundsatz	Expositionsklasse
– Stahlbetonbauteile ohne zusätzlichen Schutz	RV	XD3 (XF2, XF4 [1])
– vollflächiges Oberflächenschutzsystem nach DAfStb-RiLi [R7], z. B.: OS 8: OS 10: OS 11:	 RB-1 RB-2 RB-2	XD1 (XF1) [1]
– lokaler, dauerhafter Schutz von unerwartet entstandenen Rissen, in zwangarmen Konstruktionen, z. B durch Rissbandagen	RA-0	XD3 (XF2, XF4 [1])
– vollflächige, unterlaufsichere Abdichtung nach DIN 18532, z. B: Bitumenschweißbahn mit Gussasphalt	RA-1 RA-2	XC3 (XF1) [1]

[1] Anforderungen an die Expositionsklassen XF sind im Abschnitt 3.3 dargestellt.

Außerdem gelten für befahrende Bodenplatten auch die anderen Klassen für Parkdecks:

- Klassen der Einwirkungen (EK) (Abschnitt 2.1.1 + Tafel 2.1)
- Nutzungsklasse (NK) (Abschnitt 2.1.2 + Tafel 2.2)
- Klassen für Wasserbeanspruchungen (BK, W2-E) (Abschnitt 3.6.3 + Tafel 3.4)
- Klassen der Bauweise (BW) (Abschnitt 2.1.3 + Tafel 2.3)
- Klassen für den Entwurfsgrundsatz (RV, RB, RA) (Abschnitt 2.3)
- Klassen für Fugenabdichtung (FUG) (Abschnitt 2.4.6 + Tafel 2.16)
- Klassen der Nutzungsintensität (NI) (Abschnitt 2.2.1 + Tafel 2.11)
- Klassen für Verkehrsnutzung (N-V) (Abschnitt 2.2.2 + Tafel 2.12)
- Klassen der Exposition (Umgebungsbedingungen) (X) (Abschnitt 2.1.4 + Tafel 2.4 + 2.5)
- Klassen der Betonfestigkeit (f) (Abschnitt 2.1.5 + Tafel 2.6)
- Klassen für Gefälle und Entwässerung (Gef-E) (Abschnitt 2.1.6 + Tafel 2.7)
- Klassen für zulässige Rissbreiten (RW) (Abschnitt 2.1.7 + Tafel 2.8)
- Klassen der Überwachung für Beton auf der Baustelle (ÜK) (Abschnitt 2.1.8 + Tafel 2.9)
- Klassen der Wartung und Instandhaltung (WK) (Abschnitt 2.1.9 + Tafel 2.10)

Entscheidend zur Festlegung der Klasse für die Zwangbeanspruchung und der Klasse für die zulässige Rissbreite ist der gewählte Entwurfsgrundsatz für die vorgesehene Ausführung, entweder ohne Schutz der Betonoberfläche oder mit einem Schutz durch Beschichtungen oder Abdichtungen.

Die verschiedenen Ausführungsarten sind zur Übersicht in Tafel 2.18 zusammengestellt. Andere Ausführungsarten oder andere Baustoffe sind möglich, wenn für deren Gleichwertigkeit ein Nachweis vorliegt.

2.4.1 Parkdecks auf Bodenplatten

Die Konstruktion der Bodenplatte ist einerseits abhängig von der Nutzung der Räume auf der Bodenplatte, also der Räume in Tiefgaragen oder unterkellerten Parkhäusern ohne Außenabdichtung. Entsprechend dieser Raumnutzung ist die zugehörige Raumnutzungsklasse NK-A, NK-B oder NK-F festzulegen (Abschnitt 2.1.2 und Tafel 2.2). Andererseits hat die Lagerung der Bodenplatte einen wesentlichen Einfluss auf die Konstruktion. Des Weiteren haben die Einwirkungen von außen auf die Bodenplatte einen Einfluss auf die Konstruktion.

2.4.1.1 Bodenplatten in ständig drückendem Wasser

Parkdecks auf Bodenplatten im Grundwasser sind besonders beanspruchte Bauteile von Parkbauten. Diese Bauteile müssen bei drückendem Wasser sowohl den Wasserdurchtritt von unten verhindern als auch gegen einen Chlorideintrag von oben wirksam sein. Gegen den Wasserdruck von unten ist die Betonbodenplatte als Weiße-Wanne-Konstruktion nach der DAfStb-Richtlinie [R7] auszuführen. Die Ausführung hat für die Beanspruchungsklasse BK1 zu erfolgen. Die Tafel 3.4 im Abschnitt 3.6.3 zeigt die Beanspruchungsklassen. Die Nutzungsklasse kann in Abstimmung mit dem Bauherrn frei gewählt werden: Nutzungsklasse NK-A oder NK-B. Die Nutzungsklasse ist von den Ansprüchen der Nutzer abhängig. Unterklassen für die Nutzungsklasse NK-A sind in Tafel 7.1 dargestellt.

Die Nutzungsklasse NK-B ist der Standardfall für Weiße Wannen in Tiefgaragen. Für Innenwandflächen erdberührter Bauteile ist zu entscheiden, ob höhere Anforderungen in der Nutzungsklasse NK-A gewünscht werden, um Feuchtstellen auf der Oberfläche als Folge von Wasserdurchtritt in Trennrissen und Fugen auszuschließen. In der Nutzungsklasse NK-B sind Feuchtstellen ohne Wasserdurchtritte mit angesammelten Wassermengen, die zu Pfützenbildung führen, auf den Innenwandflächen zulässig. Farblich behandelte Wandoberflächen erfordern hier den Einsatz geeigneter Materialien, um beispielsweise Farbabblätterungen zu verhindern. Risse in druckwasserbeanspruchten Bodenplatten als Weiße Wannen sind – unabhängig von der Nutzungsklasse NK – aufgrund der durch Fahrverkehr eingeschleppten Chloride grundsätzlich dauerhaft zu schließen.

Für Tiefgaragen anspruchsvoller Nutzung ist die Nutzungsklasse NK-A zu empfehlen. Gegebenenfalls genügt die Unterklasse NK-Au, da die Raumnutzung von Tiefgaragen im Gegensatz zur wohnraumartigen Nutzung (NK-An = normal) als untergeordnet angesehen werden kann. Bei Nutzungsklasse NK-A sind Feuchtstellen auf der Bauteiloberseite als Folge von Wasserdurchtritt nicht zulässig. Pfützenbildungen durch die von Fahrzeugen eingeschleppten Niederschläge (Regenwasser, Schnee, Eis) können bei Flächen ohne Gefälle nicht ausgeschlossen werden.

Chlorideinwirkung von oben:

Geeignet sind für WU-Bodenplatten im Grundwasser für die Beanspruchungsklasse BK1 als Schutz gegen eindringende Chloride nur folgende Ausführungsarten:
- rissvermeidende Bauweise entsprechend dem Entwurfsgrundsatz RV
  und/oder
- lokaler Schutz der Fugen und Einzelrisse durch streifenförmige, überbrückende Abdichtung, z. B. durch überbrückende Bandagen mit zuvor durchgeführtem Abdichten wasserführender Risse durch Verpressen
  oder
- vollflächig starre Beschichtung OS 8 mit begleitender Rissbehandlung, z. B. durch Verpressen und überbrückende Bandagen wie vor

Ungeeignet ist bei WU-Bodenplatten im Grundwasser eine oberseitige vollflächige Bahnen-Abdichtung mit Gussasphalt als Belag. Begründung:
- ein Wasserdurchtritt von unten ist nicht sofort zu erkennen,
- der Wasserdurchtritt kann zur Unterläufigkeit der Abdichtung führen,
- bei Unterläufigkeit ist die Stelle für die Rissverpressung schlecht zu orten.

Nicht zu empfehlen sind rissüberbrückende Oberflächenschutzsysteme OS 10 ohne zusätzliche Abdichtungsmaßnahmen an der Unterseite der Bodenplatte.

Begründung:
- Beim Entstehen von Trennrissen nach dem Herstellen der Beschichtung werden Oberflächenschutzsysteme OS 10 nicht direkt reißen (im Gegensatz zu OS 8), sondern können abgelöst werden und Blasen bilden, die beim Überfahren zu Beschädigungen führen, die aber wegen des Belags über der Beschichtung nicht zu erkennen sind.

Bedingt geeignet sind rissüberbrückende Oberflächenschutzsysteme OS 11 ohne zusätzliche Abdichtungsmaßnahmen an der Unterseite der Bodenplatte.

Bedingungen:
1. Nur in der Wasserwechselzone mit maximalem Wasserdruck bis 2 m anwenden.
2. Um möglichst ein Ablösen der Beschichtung vom Beton zu verhindern, ist der Haftverbund zu erhöhen, z. B. durch zweilagige Grundierung.
3. Der Bauherr ist über das Risiko der Blasenbildung bei längerer oder höherer Druckwasserbeanspruchung aufzuklären.

2.4.1.2 Bodenplatten in der Wasserwechselzone

Bodenplatten, die in der Wasserwechselzone liegen, die also zeitweise keinem drückenden Wasser ausgesetzt sind, dann aber maximal 2 m Wasserdruck erfahren, können wie Bodenplatten in dauernd einwirkendem Grundwasser hergestellt werden (Abschnitt 2.4.1.1). Es ist aber auch möglich, sie mit einem rissüberbrückenden Oberflächenschutzsystem OS 11 herzustellen. Voraussetzung ist allerdings, dass die Innenfläche der Bodenplatte zugänglich bleiben, damit Blasenbildungen festzustellen sind und durchfeuchtende Trennrisse durch eine begleitende Rissbehandlung instandgesetzt werden können (Rissverpressungen und rissüberbrückende Bandagen).

Bei Tiefgaragen kann die Anwendung eines Frischbetonverbundsystems FBVS sinnvoll sein, wenn beispielsweise der größte Wasserdruck mit dem höchsten Grundwasserstand oder Hochwasserspiegel erst nach der Bauzeit zu erwarten ist (Abschnitte 7.5.3 und 7.8.3). In Tafel 3.4 im Abschnitt 3.6.3 ist die zugehörige Klassifizierung für Wasserbeanspruchungen dargestellt.

2.4.1.3 Bodenplatten in Erdfeuchte ohne Wasserdruck

Bodenplatten der Beanspruchungsklasse BK2, die von unten nicht durch drückendes Wasser, sondern nur durch Erdfeuchte beansprucht werden, sind unproblematisch. In Tafel 3.4 im Abschnitt 3.6.3 ist die zugehörige Klassifizierung für Wasserbeanspruchungen dargestellt.

Vorteilhaft sind dabei nichttragende Konstruktionen als unbewehrte Betonbodenplatten mit geeignetem Fugenraster oder mit Betonsteinpflaster. Für Bodenparkdecks als unbewehrte Betonbodenplatten ist die Herstellung ohne jeglichen Schutz der Oberfläche möglich.

Möglich sind auch bewehrte Betonbodenplatten mit angepasster rissbegrenzender Bewehrung in Kombination mit geeigneten Schutzmaßnahmen gegen Chloridbeanspruchung, beispielsweise in der Ausführungsart „Risse mit Abdichtungen“ (Tafel 2.18).

Hierbei ist zu beachten, dass DIN 18532 [N34] nicht für befahrbare Bodenplatten von Bauwerken gültig ist. Die Sicherstellung der Dauerhaftigkeit des Betonbauteils bei Chlorideinwirkung für die Oberseiten erfolgt nach den Regelungen des DAfStb [R3] bis [R7].

2.4.2 Zwischenparkdecks

Bei Anwendung der für Abdichtungen maßgebenden Norm DIN 18532 darf nicht außer Acht gelassen werden, dass auch Parkdecks ohne zusätzlichen Oberflächenschutz und ohne Abdichtung möglich sind (Abschnitt 2.4.2.1).

2.4.2.1 Zwischendecken ohne zusätzlichen Schutz

Für die Herstellung ungeschützter Verkehrsflächen sind bei bewehrten Konstruktionen die Oberseiten ohne Risse (keine Trennrisse, keine Biegerisse) herzustellen. Konstruktion und Ausführung sind so zu wählen, dass der Entwurfsgrundsatz RV zur Anwendung kommt. Die hierfür konstruktiven und ausführungstechnischen Maßnahmen zur Minderung der Zwangbeanspruchung sind jedoch nicht in jedem Parkbau umzusetzen.

Zwangmindernde Maßnahmen sind beispielsweise:
- statisch bestimmte Systeme
- Anordnung von Fugen in Kombination mit geeigneten Fugenabdichtungen
- zwangarme Lagerung ohne Verbindung mit anderen Bauteilen (in der Regel als Zwischendecke nicht möglich)
- Vorspannung der Bauteile

Bei Verkehrsflächen aus Beton ohne Abdichtung sind zur Sicherstellung der Dauerhaftigkeit die vorgenannten Maßnahmen erforderlich. Für den Entwurfsgrundsatz RV ist der planmäßige Umgang mit dennoch entstehenden Rissen festzulegen. Gegebenenfalls ist ein zusätzlicher Schutz der Bauteile durch bestimmte Oberflächenschutzsysteme nach der DAfStb-Richtlinie [R7] oder durch eine Abdichtung nach DIN 18532 erforderlich.

Diese Ausführungsart sieht keine besondere Abdichtung der Bauteile vor und auch keinen besonderen Oberflächenschutz durch eine Beschichtung. Die Ausführungsart kann bei der rissvermeidenden Bauweise entsprechend dem Entwurfsgrundsatz RV (RV-1, RV-2) zur Anwendung kommen. Ebenso ist diese Ausführungsart beim Entwurfsgrundsatz RA-0 anwendbar, wenn ein lokaler Schutz der Risse und Fugen vorge-

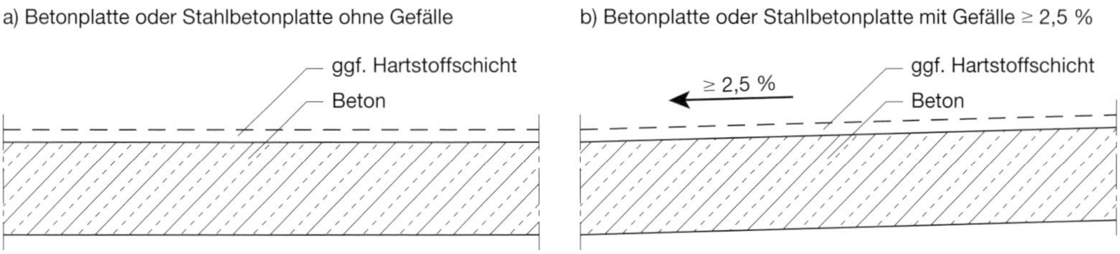

Bild 2.1: Parkdecks und Rampen nach dem Entwurfsgrundsatz RV ohne Abdichtung und ohne Beschichtung, für Intensitätsklasse IN-4 oder für Rampen gegebenenfalls mit Hartstoffschicht im Verbund mit der Betonplatte

sehen wird, z. B. durch überbrückende Bandagen mit Planung und Ausführung nach der DAfStb-Richtlinie „Schutz und Instandsetzung von Betonbauteilen“ [R7]. Die Konstruktion ist hierbei einfach. Bild 2.1 verdeutlicht dies.

Vom bewehrten Beton sind die Anforderungen der Expositionsklassen XD3, XC4, WA, sowie gegebenenfalls der Expositionsklassen XF2 oder XF4 einzuhalten. Das Verlegemaß der Betondeckung beträgt $c_v = c_{nom} = 55$ mm, das Mindestmaß $c_{min} = 40$ mm.

2.4.2.2 Zwischendecken mit Beschichtungen als zusätzlicher Schutz

Die Norm DIN 18532-6 [N34] sieht als direkt genutzte Abdichtungsschicht auf dem Konstruktionsbeton auch flüssig zu verarbeitende Abdichtungsstoffe vor.

Zum Anwendungsbereich heißt es u. a.:
„Unter bestimmten Bedingungen darf im Anwendungsbereich dieser Norm auch eine Beschichtung mit den Oberflächenschutzsystemen OS 8, OS 10 oder OS 11 nach der DAfStb-Richtlinie [R7] ... verwendet werden. Dies ist eine Maßnahme zur Erhöhung der Widerstandsfähigkeit von Betonbauteilen gegen das Eindringen von betonangreifenden oder korrosionsfördernden Stoffen und zur Erhöhung der Widerstandsfähigkeit gegen mechanische Einwirkungen auf oberflächennahen Bereichen.

Unter den in der DAfStb-Richtlinie [R7] genannten Bedingungen an Untergrund, Aufbau, Produkteigenschaften und Ausführung kann diese Beschichtung auch als Maßnahme zum Schutz eines Bauwerks und seiner Bauteile zur Verhinderung des Eindringens von in Wasser gelösten Stoffen verwendet werden. Dabei sind die besonderen Eigenschaften und Erfordernisse dieser Systeme insbesondere auch im Hinblick auf ihre Instandhaltung zu beachten.“

Anmerkung:
Im Nationalen Anhang zu ... DIN EN 1992-1-1/NA [N2] wird bei befahrenen Verkehrsflächen mit vollflächigem Oberflächenschutz durch die Einstufung in die Expositionsklasse XD1 davon ausgegangen, dass temporäre Wassereintritte in das Bauteil nicht ausgeschlossen werden können. Daher werden in der DAfStb-Richtlinie [R7] ... Instandhaltungsmaßnahmen gefordert, um diese zeitlich eng zu begrenzen und abzustellen.“

Für die Ausführungsart „Beschichtungen“ mit den Untervarianten RB-1 und RB-2 ist ein vollflächiges Oberflächenschutzsystem entsprechend der DAfStb-Richtlinie [R7] vorzusehen. Allerdings können auch alternativ andere Produkte oder Bauarten eingesetzt werden, wenn deren Gleichwertigkeit mit den Oberflächenschutzsystemen oder Abdichtungen nachgewiesen wird.

Demnach kann die Ausführung von Oberflächenschutzsystemen als Beschichtung für Zwischendecks zur Anwendung kommen. Bei den Beschichtungen als Oberflächenschutzsystem sind folgende Möglichkeiten gegeben (Abschnitt 10.2.1):

- Oberflächenschutzsystem OS 8 (nach DBV-Merkblatt [R9], Tabelle 7)
  Starre Beschichtung ohne rissüberbrückende Eigenschaften für den Entwurfsgrundsatz RB-1, auch für hohe Nutzungsintensität (Tafel 2.11), bestehend aus einer Grundierspachtelung, Quarzsand-Abstreuung und einer zweifachen Deckversiegelung als Nutzschicht (Abschnitt 10.2.1.2).
  Vorhandene Risse sind vorher kraftschlüssig zu schließen, später entstehende Risse erhalten rissüberbrückende Bandagen als rissbegleitende Rissbehandlung.
  Mindestschichtdicke 2,5 mm.
  (nach Autorenansicht nicht anwendbar, da Zwischendecken üblicherweise durch Temperaturbeanspruchungen wiederkehrenden Zwangbeanspruchungen ausgesetzt sind, die nicht auf lokale Bereiche begrenzt sind)

- Oberflächenschutzsystem OS 10 (nach DBV-Merkblatt [R9], Tabelle 7)
  (Nachweis erforderlich, dass eine ausreichende Rissüberbrückungsfähigkeit des Schutzsystems bei wiederkehrenden Zwangbeanspruchungen gegeben ist) Beschichtung als Dichtungsschicht mit hoher rissüberbrückender Eigenschaft unter Schutz- und Deckschichten für die Entwurfsgrundsätze RB-2 und RA-1, auch für hohe Nutzungsintensität (Tafel 2.11), bestehend aus einer Grundierspachtelung, Quarzsand-Abstreuung, einer Dichtungsschicht und einer Verschleißschicht mit Abstreuung und gegebenenfalls einer Deckversiegelung als Nutzschicht (Abschnitt 10.2.1.3).
  Mindestschichtdicke:
  Dichtungsschicht 2 mm, Deckschicht mit Deckversiegelung 2 bis 4 mm.

- Oberflächenschutzsystem OS 11a) (nach DBV-Merkblatt [R9], Tabelle 7)
  (Nachweis erforderlich, dass eine ausreichende Rissüberbrückungsfähigkeit des Schutzsystems bei wiederkehrenden Zwangbeanspruchungen gegeben ist. d. h. mögliche Rissbreitenänderungen müssen aufgenommen werden können):
  Beschichtung mit erhöhter dynamischer rissüberbrückender Eigenschaft für den Entwurfsgrundsatz RB-2, für vorwiegend geringer Nutzungsintensität. Das System besteht aus einer Grundierspachtelung, einer nicht vorgefüllten elastischen Oberflächenschutzschicht, einer verschleißfesten vorgefüllten Deckschicht mit Quarzsand-Abstreuung und gegebenenfalls einer Deckversiegelung als Nutzschicht (Abschnitt 10.2.1.4).
  Mindestschichtdicke:
  Verschleißschicht 3 mm, elastische Oberflächenschutzschicht 1,5 mm.

- Oberflächenschutzsystem OS 11b) (nach DBV-Merkblatt [R9], Tabelle 7) (Nachweis erforderlich, dass eine ausreichende Rissüberbrückungsfähigkeit des Schutzsystems bei wiederkehrenden Zwangbeanspruchungen gegeben ist d. h. mögliche Rissbreitenänderungen müssen aufgenommen werden können): Beschichtung mit erhöhter dynamischer rissüberbrückender Eigenschaft für den Entwurfsgrundsatz RB-2, für vorwiegend geringer Nutzungsintensität, bestehend aus einer Grundierspachtelung, einer vorgefüllten verschleißfesten Oberflächenschutzschicht mit Quarzsand-Abstreuung, einer Deckversiegelung, gegebenenfalls mit Abstreuung und einer zweiten Deckversiegelung als Nutzschicht (Abschnitt 10.2.1.4).
  Mindestschichtdicke: 4 mm.
  Vom Beton sind die Anforderungen an die Expositionsklassen und an die Betondeckung der Bewehrung entsprechend Tafel 2.18 einzuhalten.

Hinweis:
Jede Beschichtung auf Deckenplatten erfordert zur Vermeiden von Hinterläufigkeiten eine genügend hohe Haftzugfestigkeit (Abschnitt 10.1.3) und meistens eine zweilagige Grundierung.

2.4.2.3 Zwischendecken mit Abdichtungen als zusätzlichen Schutz

Für erforderlich werdende Abdichtungen (Abschnitt 10.2.2) wird eine Klassifizierung der Abdichtungsarten für Parkdecks aus Beton unter anderem in DIN 18532-1 „Abdichtung von befahrbaren Verkehrsflächen aus Beton“ [N34] vorgenommen. Die Norm gilt insbesondere für Abdichtungen von Parkdecks, für Zufahrtsrampen und Spindeln von Parkhäusern, für Parkdächer sowie für Hofkellerdecken und Durchfahrten. Andere Verkehrsflächen gelten als untergeordnet, wie z. B. Bodenplatten in Kleingaragen, Zugänge zu Parkhäusern oder Fußgängerstege. Erforderlichenfalls vorgesehene Abdichtungen dieser befahrenen Flächen können in Anlehnung an DIN 18532 [N34] geplant und ausgeführt werden, sofern eine Abdichtung erforderlich ist.

Die Abdichtung erdüberschütteter, nicht befahrener Tiefgaragendecken erfolgt nach DIN 18531 [N33].

In der Einleitung zu DIN 18532 [N35] heißt es unter anderem:
„Die in dieser Norm geregelte Abdichtung von befahrbaren Verkehrsflächen aus Beton ist eine Maßnahme zum Schutz eines Bauwerks und seiner Bauteile vor Wasser und/oder Feuchte. Die Abdichtung dient der Sicherstellung der bestimmungsgemäßen Nutzbarkeit des Bauwerks für die geplante Nutzungsdauer. Die Abdichtungsschicht kann aus bahnenförmigen oder flüssig zu verarbeitenden Abdichtungsstoffen bestehen. Für die Planung der Abdichtung in diesem Anwendungsbereich gelten auch die Regelungen für den Schutz von Betonbauteilen gegen Chloride aus der Einwirkung von Taumitteln sowie Frosteinwirkungen zur Sicherstellung ihrer Dauerhaftigkeit.

Für befahrbare Verkehrsflächen aus Beton gelten die Expositionsklassen ... [N2], die Anforderungen und Regelungen für die Sicherstellung der Dauerhaftigkeit der Bauteile ... [N2] sowie die Instandsetzungsrichtlinie ... [R7].

Danach sind für die Sicherstellung der Dauerhaftigkeit dieser Betonbauteile zusätzliche Maßnahmen erforderlich. Dies sind der Ansatz eines geeigneten Entwurfsgrundsatzes, in dem der Umgang mit Rissen in den Stahlbetonbauteilen festgelegt wird, sowie betontechnologische und konstruktive Maßnahmen gegebenenfalls in Kombination mit einem zusätzlichen Schutz der Bauteile durch bestimmte Oberflächenschutzsysteme (nach [R7]) oder eine Abdichtung nach DIN 18532 [N34].“

In DIN 18532-1 [N34] werden vier Abdichtungsarten für befahrbare Verkehrsflächen in Gebäuden unterschieden, wobei je zwei Abdichtungsarten vorgesehen sind: zwei Ausführungen für Zwischenparkdecks ohne Wärmedämmung und zwei Ausführungen für Dachparkdecks mit Wärmedämmung.

Diese Ausführungsart mit Bahnen als Abdichtung entspricht der Ausführungsvariante C des DBV-Merkblatts [R9] mit den Untervarianten C1 und C2. In diesem Fachbuch wird diese Ausführungsart als „Abdichtungen“ mit den Untervarianten RA-1 und RA-2 bezeichnet.

Diese Ausführungsart beim Entwurfsgrundsatz RA sieht eine vollflächige Abdichtung vor, wobei es folgende Möglichkeiten gibt:
1. entweder mit einer vollflächig rissüberbrückenden Beschichtung OS 10 mit Dichtungs- und Schutzschicht aus Gussasphalt als Nutzschicht (C1 bzw. RA-1)
   oder
2. eine vollflächige, unterlaufsichere, bahnenförmige Abdichtung mit Dichtungs- und Schutzschicht aus Gussasphalt als Nutzschicht (C1 bzw. RA-1)
   oder
3. eine vollflächige, unterlaufsichere, zweilagige bahnenförmige Abdichtung mit Schutzschicht als Nutzschicht (C2 bzw. RA-2)

Als Expositionsklassen sind XC3 und WF, sowie gegebenenfalls XF1 anzusetzen. Das Verlegemaß der Betondeckung beträgt $c_v = c_{nom} = 35$ mm. Im fertigen Bauteil ist das Mindestmaß von $c_{min} = 20$ mm einzuhalten.

Die verschiedenen Abdichtungsarten sind als zusätzliche Schutzmaßnahmen für Stahlbetonbauteile im Abschnitt 10.2.2 dargestellt.

Abdichtungsart 1a mit Abdichtung und Nutzschicht nach DIN 18532 [N34]

Bei der Abdichtungsart 1a wird die Abdichtungsschicht direkt auf der Betonoberfläche aufgebracht. Hierfür ist nach DIN 18532 [N34] jede Abdichtungsart geeignet, die im vollflächigen Verbund mit dem Beton wirkt. Dies sind alle Bahnenabdichtungen und

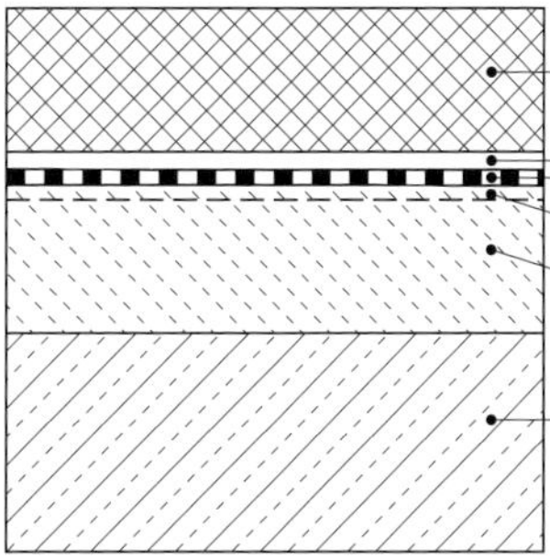

Bild 2.2: Abdichtungsart 1a (nach DIN 18532-1 [N34], [L19])

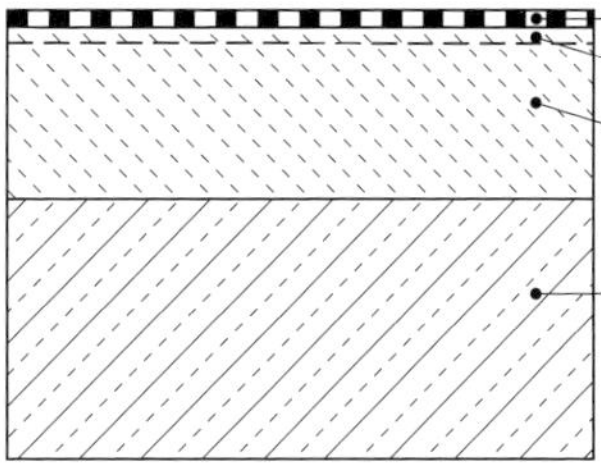

Bild 2.3: Abdichtungsart 1b mit befahrbarer Abdichtung bzw. Oberflächenschutzsystem (OS) als befahrbare Beschichtung (nach DIN 18532-1 [N34], [L19])

die flüssig zu verarbeitenden Kunststoffe FLK (Flüssigkunsttoff) oder Oberflächenschutzsystem OS als Beschichtung.

Auf der Abdichtung liegen eine Schutzschicht und eine Nutzschicht, wobei die Schutzschicht gleichzeitig Nutzschicht sein kann (Bild 2.2).

Abdichtungsart 1b mit befahrbarer Abdichtung oder Beschichtung nach DIN 18532 [N34]

Bei der Abdichtungsart 1b wird die Abdichtungsschicht ebenfalls direkt auf die Betonoberfläche aufgebracht. Die Abdichtungsschicht ist befahrbar und bedarf keiner weiteren Nutzschicht (Bild 2.3). Die allgemein übliche Ausführungsart für Parkdecks erfolgt mit einem Oberflächenschutzsystem OS als Beschichtung.

Die Abdichtung kann aber auch mit einer Lage Polymerbitumenbahn und einer Lage Gussasphalt erfolgen.

2.4.3 Dachdecks

Dachdecken von Tiefgaragen und Parkhäusern können in unterschiedlichster Weise genutzt werden, beispielsweise dienen sie der Verkehrsnutzung als begehbare oder befahrbare Decken, als begrünte Fläche mit Ruhebereichen für Menschen, als Parkdeck für Pkw oder auch als Hofkellerdecke mit Lkw-Verkehr und für Feuerwehrfahrzeuge.

Auch die Nutzung der Räume unter der Decke von Tiefgaragen, also die Raumnutzung im Kellerbereich, ist für die Konstruktionsart der Decke von Bedeutung. Von diesen Nutzungen oberhalb und unterhalb der Decke sowie von der Art der Deckenlagerung (z. B. zwangsfrei durch gleitende Lagerung) ist die zu erwartende Beanspruchung abhängig.

Entsprechend den vorgenannten Raumnutzungen ist die zugehörige Nutzungsklasse NK-A, NK-B oder NK-F festzulegen (Abschnitt 2.1.2 und Tafel 2.2). Für begehbare und befahrbare Dachdecken gelten auch nachfolgende Klassen für Parkdecks:

- Klassen der Einwirkungen (EK) (Abschnitt 2.1.1 + Tafel 2.1)
- Nutzungsklasse (NK) (Abschnitt 2.1.2 + Tafel 2.2)
- Klassen für Wasserbeanspruchungen bei erdüberschütteten Dachdecken und Tiefgaragendecken (BK1, W3-E) (Abschnitt 3.6.3 + Tafel 3.4)
- Klassen für den Entwurfsgrundsatz (RV, RB, RA) (Abschnitt 2.3)
- Klassen der Bauweise (BW) (Abschnitt 2.1.3 + Tafel 2.3)
- Klassen für Fugenabdichtung (FUG) (Abschnitt 2.4.6 + Tafel 2.16)
- Klassen der Exposition (Umgebungsbedingungen): oberhalb und unterhalb der Decke: (X) (Abschnitt 2.1.4 + Tafel 2.4 + 2.5)
- Klassen der Betonfestigkeit (f) (Abschnitt 2.1.5 + Tafel 2.6)
- Klassen für Gefälle und Entwässerung (Gef-E) (Abschnitt 2.1.6 + Tafel 2.7)
- Klassen für zulässige Rissbreiten (RW) (Abschnitt 2.1.7 + Tafel 2.8)
- Klassen der Überwachung für Beton auf der Baustelle (ÜK) (Abschnitt 2.1.8 + Tafel 2.9)
- Klassen der Wartung u. Instandhaltung (WK) (Abschnitt 2.1.9 + Tafel 2.10)
- Klassen der Nutzungsintensität (NI) (Abschnitt 2.2.1 + Tafel 2.11)
- Klassen für Verkehrsnutzung (N-V) (Abschnitt 2.2.2 + Tafel 2.12)
- Zusätzliche Klassen für Dachdecken (-bg, -bf, -P, -L) (Abschnitt 2.4.3 + Tafel 2.15)

Daraus ergeben sich zusätzliche Klassen für Dachdecken die in Tafel 2.15 genannten.

Tafel 2.15: Zusätzliche Klassen für Dachdecken

Raumnutzungsart unter der Dachdecke	Verkehrsnutzungsart auf der Dachdecke	Klasse [1] der Dachdecken
Tiefgarage, Technikräume, Kellerräume	begrünte und begehbare Flächen	NK-A-bg
	befahrbare Flächen für Pkw, Parkplätze	NK-A-bf-P
	befahrbare Flächen für Lkw und Feuerwehr	NK-A-bf-L

[1] Bedeutung der Abkürzungen:
bg = begrünt, begehbar
bf = befahrbar
P = Pkw-Verkehr
L = Lkw-Verkehr

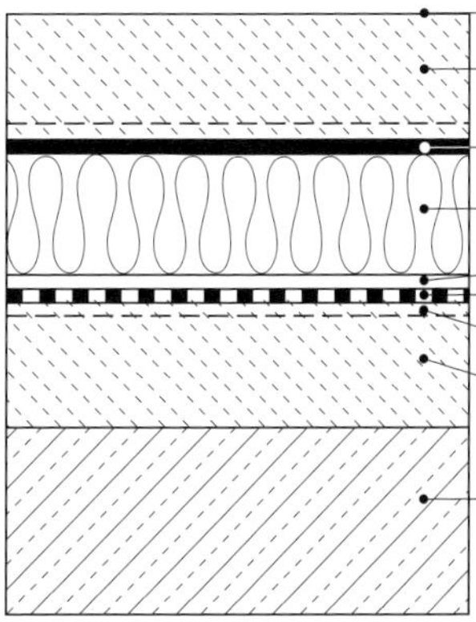

Bild 2.4: Abdichtungsart 2a (nach DIN 18532-1 [N34], [L19])

Entscheidend zur Festlegung der Klasse für die Zwangbeanspruchung und der Klasse für die zulässige Rissbreite ist Entwurfsgrundsatz für die vorgesehene Ausführungsart entsprechend Abschnitt 2.3 und Tafel 2.13.

2.4.3.1 **Dachdecken mit Abdichtung 2a** einschl. Dämmung und Nutzschicht

Bei der Abdichtungsart 2a wird die Abdichtungsschicht direkt auf der Stahlbeton-Oberfläche aufgebracht. Die Wärmedämmschicht liegt oberhalb der Abdichtung (Bild 2.4).

Dies ist die typische Konstruktion für Umkehrdächer als befahrene Dachparkdecks über hochwertig genutzten Räumen mit der Wärmedämmschicht über der Abdichtung. Für die Abdichtung können alle Stoffe nach DIN 18532 [N34] zum Einsatz kommen, also außer bahnenförmigen Abdichtungen auch flüssig zu verarbeitende Kunststoffe FLK oder OS. Über der Abdichtung liegen erforderlichenfalls eine Schutzlage und darüber die Lastverteilungsschicht, die gleichzeitig Nutzschicht sein kann, z. B. Betonplatten ohne zusätzlichen Schutz.

2.4.3.2 **Dachdecken mit Abdichtung 2b** einschl. Dampfsperre, Dämmung und Nutzschicht

Bei der Abdichtungsart 2b wird auf der Stahlbeton-Oberfläche eine Dampfsperre aufgebracht, auf der die Wärmedämmschicht liegt (Bild 2.5).

Dies ist die klassische Konstruktion für befahrene Dachparkdecks über hochwertig genutzten Räumen mit einer Wärmedämmschicht und der darüber angeordneten Abdichtung. Als Abdichtungen kommen alle bahnenförmigen Abdichtungen nach DIN 18532 infrage, jedoch keine flüssig zu verarbeitenden Kunststoffe FLK oder OS. Auf der Abdichtung liegt die Lastverteilungsschicht, die gleichzeitig Schutzschicht und Nutzschicht sein kann, z. B. Betonplatten ohne zusätzlichen Schutz.

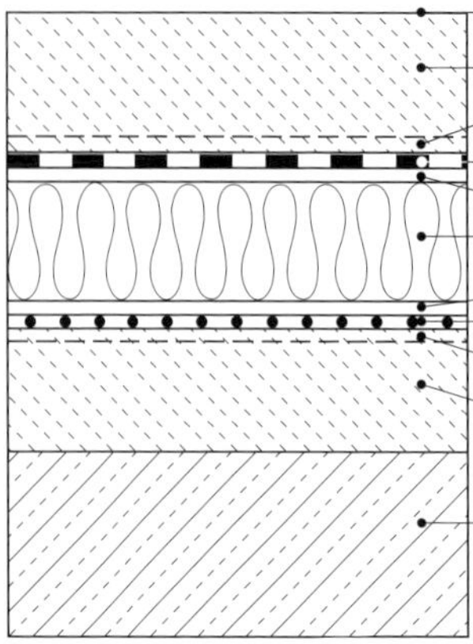

Bild 2.5: Abdichtungsart 2b (nach DIN 18532-1 [N34], [L19])

2.4.4 Rampen

Rampen sind im Hinblick auf Rampentypen, Neigung und Befahrbarkeit sowie deren Abmessungen im Abschnitt 1.1.6 dargestellt. Rampen sind die Flächen in Parkbauten, die mechanisch am stärksten beansprucht werden und im jeweiligen Parkbau der höchsten Nutzungsintensität zuzuordnen sind (NI-3 oder NI-4 nach Tafel 2.11). Sie haben die größte Anzahl an Überfahrten zu verkraften, haben die größten Steigungen (bzw. Neigungen) zu überwinden und es treten häufig Anfahrkräfte und Bremskräfte auf. Außerdem können in Kurven zusätzliche Schubkräfte entstehen.

Für die Festlegung der Konstruktion ist zwischen frei bewitterten Rampen im Außenbereich und nicht bewitterten Rampen im Innenbereich zu unterscheiden.

2.4.4.1 Rampen im Außenbereich

Für Rampen im Außenbereich sind folgende Eigenschaften von besonderer Bedeutung:
- gute und schnelle Entwässerung über ein leistungsstarkes Entwässerungssystem mit genügend breiten Rinnen, gegebenenfalls Überdachung
- hoher Widerstand gegen mechanischer Beanspruchung durch Expositionsklasse XM1 bei Rampen mit direkt befahrener Oberfläche
- Griffigkeit der direkt befahrenen Rampenoberfläche bei jeder Witterung, dafür Rutschhemmungsklasse R 11 und Verdrängungsraum V4 allgemein bzw. V6 bei stark geneigten Rampen, gegebenenfalls mit Beheizung der Rampe

Rampen im Außenbereich sind direkten Witterungseinflüssen mit Niederschlägen (Regen, Schnee, Eis) und hohen Temperaturschwankungen ausgesetzt (Sommer/Winter). Für Rampen im Außenbereich ist stets der Entwurfsgrundsatz RV zur Rissvermeidung zu bevorzugen (Abschnitt 2.3.1). Diese direkt befahrenen Rampen sind ohne Beschichtung und ohne Abdichtung herzustellen (Abschnitt 2.4.2.1). Bei hoher oder sehr hoher Nutzungsintensität (NI-3 oder NI-4) ist die Herstellung einer profilierten Betonoberfläche die sinnvollste Maßnahme, gegebenenfalls mit einer Hartstoffschicht im Verbund mit dem Beton. Für die mechanische Beanspruchung der Oberfläche ist die

Expositionsklasse XM1 anzusetzen, die jedoch durch die Expositionsklasse XD3 ohnehin erreicht wird.

Insgesamt sind für Rampen im Außenbereich mit direkt befahrener Oberfläche folgende Expositionsklassen anzusetzen: XD3, XC4, XF4, XM1, WA (Tafeln 2.4 und 2.5).

Beschichtungen durch Oberflächenschutzsysteme OS 10 oder OS 11 sind bei hoher Schub- und Verschleißbeanspruchung nur sehr bedingt geeignet und sind sicherheitshalber auszuschließen (Abschnitt 2.4.2.2).

Abdichtungen in der Ausführungsart RA-1, RA-2 (Tafel 2.18) mit Schutzschicht gegebenenfalls in Kombination mit einer Dichtungsschicht sind möglich (Abschnitt 2.4.2.3). Hierbei müssen die Abdichtungslagen mit dem Beton und auch miteinander so fest verbunden sein, damit ein Abgleiten nicht stattfinden kann.

Eine Überdachung der Rampe verhindert oder vermindert den Wasserandrang. Zum Vermeiden von Glättebildung durch Schnee und Eis ist eine temperaturgesteuerte Beheizung der Rampenoberfläche zu empfehlen (Abschnitt 6.6.5).

2.4.4.2 Rampen im Innenbereich

Für Rampen im Innenbereich gilt mit Ausnahme der Witterungsbeanspruchung das gleiche wie für Außenrampen. Folgende Eigenschaften sind für Innenrampen von Bedeutung:
- hoher Widerstand gegen mechanischer Beanspruchung durch Expositionsklasse XM1 bei Rampen mit direkt befahrener Oberfläche
- Griffigkeit der direkt befahrenen Rampenoberfläche in Rutschhemmungsklasse R 11 und Verdrängungsraum V4 allgemein bzw. V6 bei stark geneigten Rampen

Für Rampen im Innenbereich mit direkt befahrener Oberfläche sind insgesamt folgende Expositionsklassen anzusetzen: XD3, XC4, XF2, XM1, WA. Die Expositionsklasse XF4 ist nur dann anzusetzen, wenn Frost im Bereich der Innenrampen wirkt (Tafeln 2.4 und 2.5).

2.4.5 Wände

Die Konstruktion der Wände in Tiefgaragen ist ebenfalls abhängig von der Nutzung der von ihnen umschlossenen Räume, also von den Räumen in Tiefgaragen oder unterkellerten Parkhäusern. Entsprechend dieser Nutzung ist die zugehörige Raumnutzungsklasse NK-A, NK-B oder NK-F festzulegen (Abschnitt 2.1.2 und Tafel 2.2). Außerdem gelten für die Wände der Tiefgaragen folgende Klassen ebenfalls:
- Klassen der Einwirkungen (EK) (Abschnitt 2.1.1 + Tafel 2.1)
- Nutzungsklasse (NK) (Abschnitt 2.1.2 + Tafel 2.2)
- Klassen für die Wassereinwirkung (BK bzw. W) (Abschnitt 3.6.3 + Tafel 3.4)
  Klassen der Bauweise (W) (Abschnitt 2.1.3 + Tafel 2.3)
- Klassen für den Entwurfsgrundsatz (RV, RB, RA) (Abschnitt 2.3)

– Klassen für Fugenabdichtung	(FUG)	(Abschnitt 2.4.6 + Tafel 2.16)
– Klassen der Exposition (Umgebungsbedingungen):	(X)	(Abschnitt 2.1.4 + Tafel 2.4 + 2.5)
– Klassen der Betonfestigkeit	(f)	(Abschnitt 2.1.5 + Tafel 2.6)
– Klassen für zulässige Rissbreiten	(RW)	(Abschnitt 2.1.7 + Tafel 2.8)
– Klassen der Überwachung für Beton auf der Baustelle	(ÜK)	(Abschnitt 2.1.8 + Tafel 2.9)

Entscheidend zur Festlegung der Klasse für die Zwangbeanspruchung und der Klasse für die zulässige Rissbreite ist der gewählte Entwurfsgrundsatz entsprechend Abschnitt 2.3 und Tafel 2.13.

2.4.6 Fugenabdichtungen

Schon bei Planungsbeginn ist zu entscheiden, welche Art der Fugenabdichtung für die Parkdecks in WU-Konstruktionen nach der DAfStb-WU-Richtlinie [R3] gewählt werden soll. Die Konstruktion und Lage von Fugen (Bewegungsfugen, Sollrissfugen), einschließlich der erforderlichen Fugenabdichtungssysteme, ist vom Tragwerksplaner unter Berücksichtigung des von ihm gewählten Entwurfsgrundsatzes festzulegen (Tafel 1.7). Keinesfalls darf die Art der Fugenabdichtung dem ausführenden Unternehmen während der Bauphase überlassen bleiben. Bei der Bauausführung kann es notwendig werden, etwaige Arbeitsfugen in Konstruktion und Lage vorzusehen. Die Verantwortlichkeit hierfür liegt beim Bauunternehmen. Die Festlegungen sind jedoch stets in enger Abstimmung mit dem Tragwerksplaner zu treffen (Tafel 1.7). Es gibt unterschiedliche Möglichkeiten zur Fugenabdichtung. Zu beachten ist hierbei, dass nicht alle Fugenabdichtungen beliebig miteinander kombiniert werden können bzw. dürfen. Alle Elemente der Fugenabdichtung müssen ein geschlossenes System ergeben. Das bedeutet: Fugenabdichtungen in Bodenplatten und Wänden bei Tiefgaragen müssen miteinander in Verbindung stehen. Die Fugenabdichtungen müssen entweder den geltenden Regelwerken entsprechen oder sie bedürfen eines Verwendbarkeitsnachweises auf Grundlage der DIBt-Prüfgrundsätze zur Erteilung eines allgemeinen bauaufsichtlichen Prüfzeugnisses (abP) für Fugenabdichtungen in Bauteilen. [V5] und [R29]

In Tafel 2.16 sind die Fugenabdichtungen für Tiefgaragen als Weiße Wannen-Konstruktionen mit ihrer Klassifizierung (FUG-Klassen) und den zugehörigen Unterklassen zusammengestellt.

Tafel 2.16: Klassen der Fugenabdichtungen

Art der Regelung	Klassen der Fugenabdichtung (FUG)	Fugenabdichtung (Beispiele)	Bezeichnung der Unterklasse [1]	Abdichtungsart bzw. Wirkungsweise	Festlegungen gemäß WU-Richtlinie
Regelung in Normen	FUG-N		...-F ...-FS ...-A ...-FM ...-FMS ...-AM ...-FA ...-FAE	Labyrinth-Abdichtung (Verlängerung des Wasserumlaufwegs)	Planung, Bemessung, Ausführung auf der Baustelle gemäß DIN 18197
		Fugenband aus thermoplastischen Kunststoffen nach DIN 18541	...-A ...-AA ...-D ...-DA ...-FA		
nicht geregelt, jedoch mit Eignungsnachweis	FUG-E	beschichtetes Fugenblech	...-BB	Einbettungs-Abdichtung	Verwendbarkeitsnachweis erfüllt bei Vorliegen eines Eignungsnachweises auf Grundlage der DIBt-Prüfgrundsätze zur Erteilung von allgemeinen bauaufsichtlichen Prüfgrundsätzen für Fugenabdichtungen in Bauteilen [V5] und [R29]
		Dichtrohr	...-DR	Labyrinth-Abdichtung	
		Sollriss-Schiene mit Injektionssystem oder quellfähiger Fugeneinlage	...-SS	Verfüll-Abdichtung	
		Injektionssysteme (IS) in Kombination mit Füllgütern in Arbeitsfugen	...-IS	Verfüll-Abdichtung (Füllen von Hohlräumen mit Injektionsmaterial)	
		außenliegende streifenförmige Abdichtungen	...-AS	Adhäsions-Abdichtung (Klebeverbund Beton/Abdichtung)	
		quellfähige Fugeneinlagen	...-QP	Quelldruck-Abdichtung (Quelldruck im Fugenbereich gegen das Bauteil)	
		nicht genormte Fugenbänder	...-FB	Labyrinth-Abdichtung (Verlängerung des Wasserumlaufwegs)	

2.5 Zusammenstellung der Entwurfsgrundsätze

Ergänzend zu den Klassen der Nutzungsintensität nach Tafel 2.11 gibt Tafel 2.17 die Entwurfsgrundsätze ohne oder mit Schutz der Oberfläche für die verschiedenen Bauteile von Parkbauten an, womit die Dauerhaftigkeit in Abhängigkeit von der Nutzungsintensität sichergestellt werden kann. Die Eignung der jeweiligen Abdichtungsart ist abhängig von der gewählten Konstruktion und der Leistungsfähigkeit des Produktes festzulegen. Hierbei ist es sinnvoll, die Erfahrungen der Produkthersteller zu berücksichtigen.

Tafel 2.17: Auswahl-Beispiele für Entwurfsgrundsätze ohne oder mit Schutz der Oberfläche (je nach Ausführungsart) befahrener Stahlbeton-Bauteile in Parkbauten (in Anlehnung an [R9])

<table>
<tr><th rowspan="2" colspan="2">Oberflächen von Betonbauteilen</th><th colspan="4">Entwurfsgrundsatz und Ausführungsart (nach Tafel 2.18) [1)]
entsprechend der Nutzungsintensität NI (nach Tafel 2.11)</th></tr>
<tr><th>NI-1
gering</th><th>NI-2
mäßig</th><th>NI-3
hoch</th><th>NI-4
sehr hoch</th></tr>
<tr><td>Parkdach (wärmegedämmt) frei bewittert über hochwertig genutzten Räumen</td><td>Ortbeton,
Elementdecken mit Ortbetonergänzung,
Fertigteile</td><td colspan="4">Entwurfsgrundsatz RA-1 oder RA-2
mit bahnenförmiger Abdichtung und Nutzschicht
(es sind jedoch auch andere Entwurfsgrundsätze möglich)
(Ausführungsart „Abdichtung“) [6)]</td></tr>
<tr><td rowspan="2">Freideck (ungedämmt) frei bewittert</td><td>Ortbeton,
Elementdecken mit Ortbetonergänzung [2)]</td><td colspan="2">Entwurfsgrundsatz RB-2
und Schutz mit OS 11a
(Ausführungsart „Beschichtung“)</td><td colspan="2">Entwurfsgrundsatz
RA-1 oder RA-2
mit bahnenförmiger Abdichtung
und Nutzschicht
(Ausführungsart „Abdichtung“)</td></tr>
<tr><td>Fertigteile</td><td colspan="4">Entwurfsgrundsatz RV-1 [1)] ohne Schutz der Oberfläche
(Ausführungsart „Oberflächen ohne Schutz“)</td></tr>
<tr><td rowspan="3">Zwischen-parkdecks</td><td>Ortbeton</td><td colspan="2">Entwurfsgrundsatz RV-2 ohne Schutz (Ausführungsart „Oberflächen ohne Schutz“)
oder
Entwurfsgrundsatz RB-2
und Schutz mit OS 11a
(Ausführungsart „Beschichtung“)</td><td colspan="2">Entwurfsgrundsatz
RA-1 oder RA-2
mit bahnenförmiger Abdichtung
und Nutzschicht
(Ausführungsart „Abdichtung“)</td></tr>
<tr><td>Elementdecken mit Ortbetonergänzung [2)]</td><td colspan="2">Entwurfsgrundsatz RB-2
und Schutz mit OS 11a
(Ausführungsart „Beschichtung“)</td><td colspan="2">Entwurfsgrundsatz
RA-1 oder RA-2
mit bahnenförmiger Abdichtung
und Nutzschicht
(Ausführungsart „Abdichtung“)</td></tr>
<tr><td>Fertigteile</td><td colspan="4">Entwurfsgrundsatz RV-1 [1)] ohne Schutz der Oberfläche
(Ausführungsart „Oberflächen ohne Schutz“)</td></tr>
</table>

Fortsetzung Tafel 2.17: Auswahl-Beispiele für Entwurfsgrundsätze ohne oder mit Schutz der Oberfläche (je nach Ausführungsart) befahrener Stahlbeton-Bauteile in Parkbauten (in Anlehnung an [R9])

<table>
<tr><th colspan="2" rowspan="2">Oberflächen von Betonbauteilen</th><th colspan="4">Entwurfsgrundsatz und Ausführungsart (nach Tafel 2.18) [1]
entsprechend der Nutzungsintensität NI (nach Tafel 2.11)</th></tr>
<tr><th>NI-1
gering</th><th>NI-2
mäßig</th><th>NI-3
hoch</th><th>NI-4
sehr hoch</th></tr>
<tr><td>Parkdecks auf nicht tragenden Bodenplatten (Ortbeton)</td><td>ohne Wasserdruck</td><td colspan="4">Entwurfsgrundsatz RV-0 ohne Schutz der Oberfläche
(Ausführungsart „Oberflächen ohne Schutz“)</td></tr>
<tr><td rowspan="2">Parkdecks auf tragenden oder aussteifenden Bodenplatten (Ortbeton)</td><td>ohne Wasserdruck</td><td colspan="4">Entwurfsgrundsatz RA-1 oder RA-2
mit bahnenförmiger Abdichtung und Nutzschicht
(Ausführungsart „Abdichtung“)</td></tr>
<tr><td>mit Wasserdruck</td><td colspan="4">Entwurfsgrundsatz RB-1 [3] oder RB-2 [4]
und Schutz mit OS 8, ggfs. OS11
(Ausführungsart „Beschichtung“)</td></tr>
<tr><td rowspan="2">Rampen</td><td>frei bewittert</td><td colspan="4">Entwurfsgrundsatz RV-1 [1] ohne Schutz der Oberfläche
(Ausführungsart „Oberflächen ohne Schutz“)
oder
Entwurfsgrundsatz RA-1 oder RA-2
mit bahnenförmiger Abdichtung und Nutzschicht
(Ausführungsart „Abdichtung“)</td></tr>
<tr><td>Innenbereich, nicht frei bewittert [5]</td><td colspan="4">Entwurfsgrundsatz RV-1 [1] oder RA-0 ohne Schutz der Oberfläche
(Ausführungsart „Oberflächen ohne Schutz“)
oder
Entwurfsgrundsatz RA-0 und Schutz mit OS 8
(Ausführungsart „Beschichtung“)
oder
Entwurfsgrundsatz RA-1 oder RA-2
mit bahnenförmiger Abdichtung und Nutzschicht
(Ausführungsart „Abdichtung“)</td></tr>
<tr><td colspan="2">Schrammborde</td><td colspan="4">Entwurfsgrundsatz RB-1, RB-2 und OS über Schrammbordkante
und über horizontale Fläche der Schrammborde
(Ausführungsart „Beschichtung“)</td></tr>
<tr><td colspan="2">Anschlussfugen</td><td colspan="4">Kehlenausbildung und Schutz mit OS 5b mit abP
nach DIN 18533 oder OS 8</td></tr>
<tr><td colspan="2">Fußpunkte von Wänden, Stützen, Brüstungen</td><td colspan="4">Sockelschutz im Spritzwasserbereich
mit OS 5b oder mit Lunker- und Porenspachtelung,
Grundierung mit 2facher Kopfversiegelung mit OS 8 oder OS 11
oder mit Flüssigkunststoff FLK-DA
mit Vlieseinlage nach DIN 18532-6</td></tr>
</table>

[1] Besondere Behandlung der Stoßfugen erforderlich und angepasst an die Rissüberbrückungsfähigkeit des Oberflächenschutzsystems OS oder der Abdichtung

[2] Die Anwendbarkeit von wasserdurchlässigem Betonpflaster erfordert die Zustimmung der Genehmigungsbehörden.

[3] Nur möglich bei Bodenplatten mit ebener Unterseite und Vermeidung von später Zwangbeanspruchung

[4] Erfordert eine außenliegende Abdichtung nach DIN 18533 [N35];
nach DBV-Merkblatt [R9] liegen Erfahrungen für die Anwendbarkeit vor, bei Beanspruchungsklasse BK1-zaS (Wasserwechselzonen) mit $h_{BWS} \leq 2{,}0$ m WU-Bodenplatten ohne außenliegende Abdichtung auszuführen
BK1-zdW mit $h_w \leq 2{,}00$ m mit OS 11 ist aus Sicht der Autoren eine Sonderlösung. Hinweispflicht des Planers auf damit verbundene Risiken und Zusatzmaßnahmen.

[5] Begleitende besondere Behandlung der Rissbereiche nach DBV-Merkblatt [R9] erforderlich für die Ausführungsvarianten RA-0 sowie RB-1

[6] nach DBV-Merkblatt [R9] mit unterlaufsicherer Abdichtung mit mindestens 2 Abdichtungsebenen und Schutzschicht

2.6 Übersicht zur Abdichtung verschiedener Bauwerksbereiche

Der Entwicklung unterschiedlicher Abdichtungsarten entsprechend, wurden mehrere Normen erarbeitet, die für die einzelnen Bauwerksbereiche maßgebend sind.

- DIN 18195 Abdichtung von Bauwerken – Begriffe [N22]
  Diese Norm legt nur noch die Begriffe, Bezeichnungen und Abkürzungen fest, die in den Normen DIN 18531 bis DIN 18535 [N33] bis [N37] verwendet werden (Bild 2.6).
- DIN 18531 Abdichtung von Dächern [N33]
- DIN 18532 Abdichtung von befahrbaren Verkehrsflächen aus Beton [N34]
- DIN 18533 Abdichtung von erdberührten Bauteilen [N35]
- DIN 18534 Abdichtung von Innenräumen [N36]
- DIN 18535 Abdichtung von Behältern und Becken [N37]

Für das Thema „Tiefgaragen und Parkdecks“ sind können drei Normen von Bedeutung sein: DIN 18532 „Abdichtung von befahrbaren Verkehrsflächen aus Beton“ [N34], aber gegebenenfalls auch DIN 18531 „Abdichtung von Dächern“ [N33] und DIN 18533 „Abdichtung von erdberührten Bauteilen“ [N35].

Zum Anwendungsbereich von DIN 18532 „Abdichtung von befahrbaren Verkehrsflächen aus Beton“ [N34] heißt es, dass diese Norm für neu hergestellte sowie ganz oder in Teilbereichen erneuerte Abdichtungen folgender Bauten gelten:
- Parkdecks, Zufahrtsrampen und Spindeln von Parkhäusern;
- Parkdächer, Hofkellerdecken und Durchfahrten
- Fußgänger-, Radweg- und Straßenbrücken, soweit sie nicht nach ZTV-ING [R25] geplant und hergestellt werden.

Bodenplatten von Kleingaragen und Zugänge zu Parkhäusern sowie Zugänge zu Fußgängerbrücken sind abdichtungstechnisch betrachtet untergeordnete Verkehrsflächen, die in Anlehnung an DIN 18532 [N34] abgedichtet werden können, aber nicht müssen.

DIN 18532 [N34] gilt nicht für:
- wasserundurchlässige Betonbauteile und Betonkonstruktionen nach der WU-Richtlinie des DAfStb [R3];
- Parkdecks aus Beton, die durch betontechnologische und konstruktive Maßnahmen gegenüber Chloriden als genügend dauerhaft gelten, z. B. nach DAfStb-Heft 600 [N6] Ausführungsvariante A;
- befahrbare Bodenplatten von Bauwerken, die von außen ohne Wasserdruck nur der Erdfeuchte ausgesetzt sind, brauchen keine Abdichtung;
- befahrbare Bodenplatten von Bauwerken, auf die von außen drückendes Wasser wirkt, sind entweder als WU-Bauteile nach der WU-Richtlinie des DAfStb [R3] zu planen und auszuführen oder nach DIN 18533-1 [N35] entsprechend der Wassereinwirkungsklasse W2-E unterhalb der Bodenplatte abzudichten.

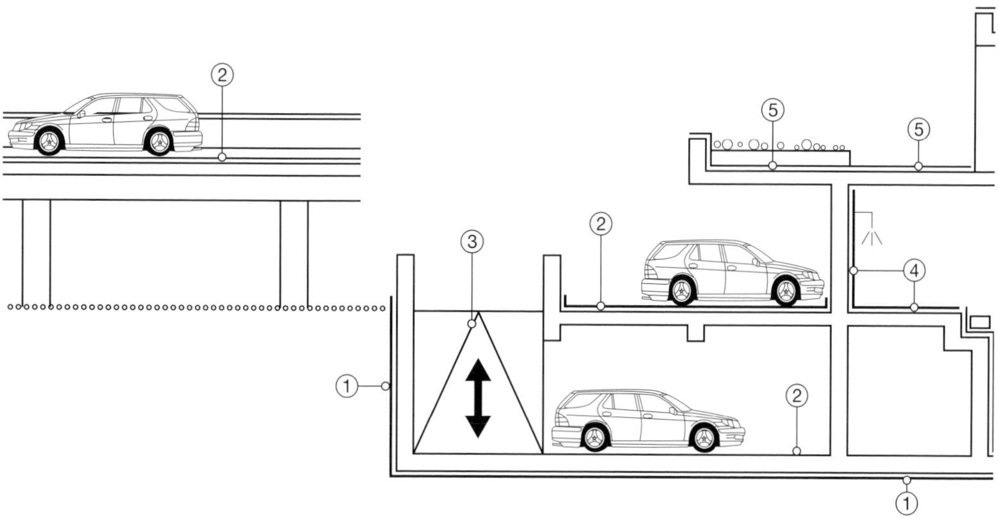

(1) Erdberührte Bauteile mit Abdichtung nach DIN 18533 [N35]
(2) Befahrbare Verkehrsflächen aus Beton mit Abdichtung nach DIN 18532 [N34]
(3) Bewitterte Rampen aus Beton mit Abdichtung nach DIN 18532 [N34]
(4) Abdichtung von Innenräumen nach DIN 18534 [N36]
(5) Dachflächen mit Abdichtung nach DIN 18531 [N33]

Bild 2.6: Übersicht der Ausführungsarten „Abdichtung" verschiedener Bauwerksbereiche für die Normenreihe DIN 18531 bis 18534 (Quelle: nach [N22] sowie [R3] und [R9])

Die dauerhafte Wirkung einer Abdichtung ist abhängig von der Gesamtplanung des Objektes sowie von der Ausführung des Bauwerks und seiner Bauteile im Einzelnen bis hinein ins letzte Detail. Eine aufeinander abgestimmte Zusammenarbeit aller Beteiligten, die für die Planung und der Ausführung verantwortlich sind oder daran mitwirken, ist daher wichtig für das Gelingen einer Bauaufgabe.

Andere Ausführungsarten

Von den genannten und in Bild 2.6 zusammengestellten Ausführungsarten der Abdichtung verschiedener Bauwerksbereiche der Parkbauten kann abgewichen werden. Allerdings hat der Planer das Einhalten der Dauerhaftigkeitsprinzipien nachzuweisen, sodass eine vergleichbare Leistungsfähigkeit und Dauerhaftigkeit des Bauwerks gegeben ist. Der Nachweis kann über eine allgemeine bauaufsichtliche Zulassung oder eine auf das Bauvorhaben bezogene Bauartgenehmigung (auch im Einzelfall) erfolgen.

Die Verwendung von nichtrostender, chloridbeständiger Bewehrung mit allgemeinem bauaufsichtlichem Prüfzeichen wäre beispielsweise eine andere Ausführungsart. Zur Anwendung können Bewehrungen kommen, die aus Edelstahl der Werkstoffgruppen 1.4362 und 1.4571 für mittlere Chloridbeanspruchung oder der Werkstoffgruppe 1.4462 für starke Chloridbeanspruchung bestehen (DIN EN 10088). Die Verwendung rostfreier Bewehrung ermöglicht bei verringerter Betondeckung der Bewehrung geringere Plattendicken mit kleineren Eigenlasten. Eine langfristige Nutzung des Parkbaues kann bei niedrigerem Instandhaltungsaufwand durchaus wirtschaftlich sein.

Eine weitere Ausführungsart bietet beispielweise der Kathodische Korrosionsschutz (KKS). Dieses Verfahren beeinflusst über kathodische Polarisierung die elektro-chemischen Vorgänge, wodurch ein dauerhafter und wirkungsvoller Schutz der Bewehrung gegen Korrosion entsteht. Maßgebend ist DIN EN ISO 12696 [N15].

Bei Anwendung eines der beiden Systeme wäre keine vollflächige Beschichtung oder Abdichtung erforderlich. Es wären lediglich Trennrisse und Arbeitsfugen abzudichten, um Nutzer und Fahrzeuge unter dem Parkdeck vor durchtropfendem Wasser zu schützen. Der Beton ist mindestens für die Expositionsklasse XD1 auszurüsten. Die Abweichungen sind gegenüber dem Bauherrn detailliert darzustellen, damit es dem Bauherrn möglich ist, sich für die Vorteile eines abweichenden Konzepts zu entscheiden und das entstehende Risiko zu tragen. Der Vorgang ist zu protokollieren.

Andere Expositionsklassen

Expositionsklassen XF

Für Bauwerksbereiche, die häufig starken Frostangriffen ohne und mit Taumitteleinwirkung ausgesetzt sind, ist die Einstufung in eine entsprechende Expositionsklasse XF1 bis XF4 erforderlich. Hierbei hat sich die Einstufung nach der zu erwartenden Durchfeuchtung der Bauteile und der dabei entstehenden Chloridbelastung zu richten. Bei einem dauerhaften Schutz in der Ausführungart „Beschichtungen“ (RB) nach Tafel 2.18 reicht im Allgemeinen eine Einstufung in die Expositionsklasse XF1 aus. In der Ausführungart „Oberflächen ohne Schutz“ (RV, RA-1) nach Tafel 2.18 ist bei häufigen und starkem Frost-Tau-Wechsel in der Regel die Expositionsklasse XF2 ausreichend (Abschnitt 3.3.2). Hingegen sind frei bewitterte Parkflächen ohne Oberflächenschutz stets in die Expositionsklasse XF4 einzustufen. Dies kann auch bei oberirdischen Parkflächen in offenen Parkbauten für die Randbereiche erforderlich sein. Für Bauteile ohne Oberflächenschutz ist in diesen Bereichen dann ein Luftporenbeton (LP-Beton) entsprechend Tafel 4.2 erforderlich.

Hinweis:
Für Betonoberflächen mit einem dauerhaften Oberflächenschutzsystem ist ein LP-Beton nicht erforderlich, er ist unbedingt zu vermeiden. LP-Beton kann zu möglichen Schäden am Oberflächenschutzsystem führen.

Expositionsklassen XM

Park- und Fahrflächen für Pkw-Verkehr bis 30 kN Gesamtlast (Tafel 3.1) bedürfen keiner Einstufung in die Expositionsklasse XM1, da die mechanische Beanspruchung im Allgemeinen gering ist. Mechanisch stark beanspruchte Fahrbereiche wie beispielsweise Rampen sind jedoch in die Expositionsklasse XM1 einzustufen.

2.7 Zusammenstellung der Ausführungsarten

Bei der Planung befahrener Flächen in Parkbauten können Fehlkonstruktionen vermieden werden, wenn wesentliche Randbedingungen zuvor in Absprache mit dem Auftraggeber (Bauherr/Betreiber) geklärt werden und eine Zuordnung der zu bauenden Parkdecks und Rampen in entsprechende Klassen erfolgt. Diese Randbedingungen sind bei der Leistungsbeschreibung zu berücksichtigen.

Die Nutzungsart eines Parkbaues hat einen großen Einfluss auf die Gestaltung und auf die Tragstruktur. Bei privat genutzten Parkbauten kann die Verkehrsführung auf den Parkdecks und Rampen eine andere sein als bei öffentlich genutzten Parkbauten. Aber auch hierbei ist zu berücksichtigen, ob der Verkehr kontinuierlich läuft (z. B. Kaufhaus) oder stoßweise erfolgt (z. B. Veranstaltungsanlage). Beeinflusst werden dadurch außerdem die Stützenstellung oder Stützenfreiheit für eine gute Übersichtlichkeit. Auch besteht ein Einfluss auf die Art des Fahrbelags, der mit Gefälle und Entwässerung sowie geringerer Gefahr der Pfützenbildung hergestellt werden kann und damit nutzungsfreundlich ist. Bei Parkdecks ohne Gefälle ist mit Pfützenbildung zu rechnen (Kapitel 9).

Abhängig von den Parkdeckausbildungen in Parkhäusern oder Tiefgaragen als Tiefparkdeck auf dem Baugrund, als Zwischenparkdeck in den Etagen oder als Dachparkdeck ergeben sich verschiedene Anforderungen, die mit geeigneten Ausführungsarten und zugehörigen Entwurfsgrundsätzen eingehalten werden können.

Diese Ausführungsarten mit den Entwurfsgrundsätzen RV für Rissvermeidung, RB für Rissbreitenbegrenzung und RA für Rissabdichtung mit den dazugehörenden Lösungsmöglichkeiten sind für Parkdecks in Tafel 2.18 zusammengestellt.

Tafel 2.18: Beispiele für Ausführungsarten mit zugehörigen Entwurfsgrundsätzen für befahrende Flächen in Parkbauten bei Einwirkung von Taumitteln

Ausführungsarten für befahrene Flächen in Parkbauten							
Oberflächen ohne Schutz				**Beschichtungen**		**Abdichtungen**	
Entwurfsgrundsatz RV Rissvermeidung durch bautechnische Maßnahmen			**Entwurfsgrundsatz RA** Risse mit Abdichtung	**Entwurfsgrundsatz RB** Rissbreitenbegrenzung mit vollflächigem Beschichtungssystem		**Entwurfsgrundsatz RA**[1] Risse mit Abdichtung	
RV-0 Betonpflaster, oder unbewehrte Betonbodenplatte mit angepasstem Fugenraster	**RV-1** zwangfreie Lagerung, oder statisch bestimmte Tragsysteme	**RV-2** Spannbetonbauteile mit Druckzonenoberfläche	**RA-0** lokale Abdichtung der Einzelrisse bei zwangarmen Konstruktionen, z. B. mit Rissbandagen	**RB-1**[2] starre Beschichtung OS 8 mit begleitender Rissbehandlung z. B. Rissbandage	**RB-2** rissüberbrückende Beschichtung OS 10 bzw. Flüssigkunststoff FLK nach DIN 18532-6 mit Schutzschicht oder OS 11	**RA-1** vollflächige Abdichtung OS 10 oder unterlaufsichere bahnenförmige Abdichtung, jeweils mit Dichtungs- und Schutzschicht aus Gussasphalt	**RA-2** vollflächige Abdichtung durch unterlaufsichere zweilagige bahnenförmige Abdichtung mit Schutzschicht
DBV-Variante: A1			**A2**	**B1**	**B2**	**C1**	**C2**
DBV-Entwurfsgrundsatz: a			**c**	**c**	**b**	**a, b**	
– – (XF2, XF4)[3] [XM1][4] WU-Beton WA C25/30 (C30/37 LP) – –	XD3 XC4 (XF2, XF4)[3] [XM1][4] WU-Beton WA C35/45 (C30/37 LP) c_{min} = 40 mm c_{nom} = 55 mm	XD3 XC4 (XF2, XF4)[3] [XM1][4] WU-Beton WA C35/45 (C30/37 LP) c_{min} = 40 mm c_{nom} = 55 mm	XD3 XC4 (XF2, XF4)[3] [XM1][4] WU-Beton WA C35/45 (C30/37 LP) c_{min} = 40 mm c_{nom} = 55 mm	XD1 XC3 (XF1)[3] – WU-Beton WF C30/37 – c_{min} = 40 mm c_{nom} = 55 mm	XD1 XC3 (XF1)[3] – WU-Beton WF C30/37 – c_{min} = 40 mm c_{nom} = 55 mm	– XC3 (XF1)[3] – – WF C20/25 (C25/30) c_{min} = 20 mm c_{nom} = 35 mm	– XC3 (XF1)[3] – – WF C20/25 (C25/30) c_{min} = 20 mm c_{nom} = 35 mm
Inspektionsintervalle für Tiefgaragen und Parkdecks							
WK2 (jährlich in den ersten 5 Jahren, danach mindestens alle 2 Jahre)			WK1 (jährlich)	WK1 (jährlich)		WK2 (jährlich in den ersten 5 Jahren, danach mindestens alle 2 Jahre)	

Grafik: K. Ebeling

1) Voraussetzung für die Unterlaufsicherheit einer direkt auf dem Betonuntergrund aufgebrachten Abdichtungsschicht ist eine vollflächige, dauerhaft kraftschlüssige Verbindung zur Betonunterlage mit Einhaltung von Oberflächenzugfestigkeiten im Mittel ≥ 1,5 N/mm² und Einzelwerten ≥ 1,0 N/mm². Der Betonuntergrund ist dazu vor Aufbringen der Abdichtungsbahn durch Kugelstrahlen vorzubereiten und mit Epoxidharz zu behandeln und die Abdichtungsbahn aufzubringen (Verfahren und Stoffe nach ZTV-ING, Teil 7, Abschnitt 1: 2018-01 [R25]). Die Autoren empfehlen daher eine Mindestbetondruckfestigkeitsklasse von C25/30.

2) Nach Auffassung der Autoren ist die Anwendung von RB-1 für Bodenplatten nur dann geeignet, wenn eine Konstruktion mit Bewegungsmöglichkeit auf dem Untergrund gewählt wird. Unerwartet entstehende Risse sind durch begleitende Rissbehandlung abzudichten und mit Rissbandagen zu versehen.

3) Klammerwerte (...) gelten für Einwirkungen durch Frostbeanspruchung; bei XF2 (RV-1, RV-2, RA-0) sind beide Festigkeitsklassen zulässig. Siehe auch Bild 10.13 bis 10.15.

4) Klammerwerte [XM1] gelten für Verschleißbeanspruchungen mit besonderen Bedingungen durch Lkw-Befahrung oder bei sehr hoher Nutzungsintensität NI-4 mit Pkw > 30 kN

3 Einwirkungen

Die Bauteile von Parkbauten, insbesondere die Parkdecks, erfahren während ihrer Nutzungsdauer hohe Beanspruchungen durch verschiedene Einwirkungen und ungünstige Umgebungsbedingungen. Sie gehören damit zu den am stärksten beanspruchten Bauteilen im Hochbau. Die Berücksichtigung aller Einwirkungen bei Planung und Ausführung ist daher nicht nur für die Tragsicherheit, sondern insbesondere auch für die Gebrauchstauglichkeit und für die Dauerhaftigkeit von Parkdecks von entscheidender Bedeutung. Für die Tragsicherheit sollen nachfolgend nur einige Ausführungen zu typischen Einwirkungen auf Parkdecks durch Lasten und Temperaturänderungen dargestellt werden. Weitere Einwirkungen, die einen Einfluss auf die Dauerhaftigkeit und die Gebrauchstauglichkeit haben, sind im Kapitel 5 dargestellt.

3.1 Einwirkungen durch Lasten

3.1.1 Lotrechte gleichmäßig verteilte Nutzlasten

Nutzlasten für Parkbauten und für Flächen mit Fahrzeugverkehr sind entsprechend DIN EN 1991-1-1 als vorwiegend ruhende Lasten anzunehmen (DIN EN 1991-1-1/NA, NPD zu 2.2(3) [N1]. Die charakteristischen Werte der Achslasten bzw. der gleichmäßig verteilt anzusetzenden Lasten leichter Fahrzeuge bis zu einer Gesamtlast von $\leq$ 30 kN (Gesamtgewicht 3,0 t) sind in Tafel 3.1 enthalten, abhängig von der Kategorie der Fahrzeuge bzw. der Lasteinzugsfläche A_L.

In den Landesbauordnungen der Länder [V2] wird bei der maximalen Belegung der Parkbauten mit 2,5-t-Pkw auf Einstellplätzen von 2,3 m × 5 m ausgegangen. Zu empfehlen ist allerdings eine Stellplatzbreite von mindestens 2,5 m. Dadurch ist die Lasteinzugsfläche etwas größer.

Die Achslast 2 · Q_k oder die Flächenlast q_k sind alternativ anzusetzen. Für die Bemessung der Decke ist die Flächenlast q_k abhängig von der Lasteinzugsfläche A_L zu staffeln. Für leichte Fahrzeuge nach Tafel 3.1 sind besondere Schwingbeiwerte weder für die Flächenlast q_k noch für die Radlast Q_k anzusetzen. Die Kombinationsbeiwerte zur Ermittlung der Bemessungs-Nutzlasten q_d bzw. Q_d betragen nach DIN EN 1990 [N0] für seltene und häufige Einwirkungskombination $\psi_0 = \psi_1 = 0{,}7$ und für die quasi-ständige Einwirkungskombination $\psi_2 = 0{,}6$ (DIN EN 1990, Tabelle A.1.1) [N0]. Es ist stets mit den lotrechten Nutzlasten entsprechend Tafel 3.1 zu rechnen.

Die Zufahrten zu Flächen für Fahrzeuge der Kategorie F sind durch Vorrichtungen zu begrenzen, die die Durchfahrt schwererer Fahrzeuge behindern. Für Fahrbereiche schwerer Fahrzeuge, z. B. für Anlieferung, Feuerwehr, Reinigung oder Müllentsorgung, sind die erforderlichen Lasten objektspezifisch auf der Grundlage der DIN EN 1991-1-1 [N1] festzulegen.

Tafel 3.1: Lotrechte Nutzlasten für Parkbauten und Flächen mit Fahrzeugverkehr (Pkw) (nach DIN EN 1991-1-1/NA [N1])

Kategorie	Nutzung	Lasteinzugsfläche A_L [m²]	gleichmäßig verteilte Nutzlast q_k [kN/m²]	oder	Achslast $(2 \cdot Q_k)$ [kN]
F1	Verkehrs- und Parkflächen für leichte Fahrzeuge [1)] (Gesamtlast ≤ 30 kN)	≤ 20	3,5		20
F2		> 20	2,5		20 [2)]
F3	Zufahrtsrampen	≤ 20	5,0		20
F4		> 20	3,5		20 [2)]

1) Zu leichten Fahrzeugen können gerechnet werden: Pkw, Van, Off-Road-Fahrzeuge.

2) In den Kategorien F2 und F4 kann in Sonderfällen die Achslast $(2 \cdot Q_k)$ oder die Radlast Q_k für den Nachweis örtlicher Beanspruchungen maßgebend sein.

3.1.2 Lotrecht wirkende Radlasten

Gegenüber den gleichmäßig verteilten Nutzlasten q_k können die konzentriert wirkenden Radlasten in Teilbereichen höhere Beanspruchungen auslösen. Für Nachweise ist in diesen besonderen Fällen alternativ mit Radlasten von Q_k = 10 kN für Einzelräder zu rechnen, z. B. bei Querkraftbeanspruchungen am Auflager entsprechend der Fußnote [2)] in Tafel 3.1.

Für die Verteilung jeder Radlast ist eine Fläche von 0,20 m × 0,20 m anzusetzen, die der Radaufstandsfläche entspricht. Der Querabstand für die Mittelpunkte der Radaufstandsflächen beträgt 1,80 m.

3.1.3 Lotrechte Belastungen befahrener Decken über Tiefgaragen

Für Decken über Tiefgaragen, die als Parkdeck für Pkw genutzt werden, gelten die Regelungen wie für die anderen Parkdecks. Es gelten daher auch hierfür die Anforderungen der Abschnitte 3.1.1 und 3.1.2.

Decken über Tiefgaragen, die planmäßig von anderen Fahrzeugen befahren werden, sind wie Hofkellerdecken für die Lasten der Brückenklassen 16/16 bis 30/30 zu berechnen (DIN EN 1991-1-1/NA NCI NA.3.3.3) [N1]. Wenn diese Decken nur im Brandfall von Feuerwehrfahrzeugen befahren werden, sind sie für die Brückenklasse 16/16 zu berechnen, wobei die Nutzlast als vorwiegend ruhend eingestuft werden darf und kein Schwingbeiwert anzusetzen ist.

3.1.4 Horizontale Ersatzlasten für Anprall von Fahrzeugen

Stützende Bauteile, bei deren Ausfall die Standsicherheit des Gebäudes gefährdet ist (z. B. Pfeiler, tragende Stützen, Rahmenstiele, Wände oder dergleichen), sind für den Anprall von Kraftfahrzeugen zu bemessen. Maßgebend für Anpralllasten durch Fahrzeuge ist DIN EN 1991-1-7 und DIN EN 1991-2 [N1].

In Parkgaragen für Pkw bis zu einem Gesamtgewicht von 3,0 t (≤ 30 kN) ist in Fahrtrichtung eine horizontale Ersatzlast von $F_{d,x} = 40$ kN und rechtwinklig zur Fahrtrichtung von $F_{d,y} = 25$ kN in einer Höhe von 0,5 m über der Fahrbahnoberfläche anzusetzen. Die Anprallfläche kann 0,25 m hoch und so breit wie das Bauteil angenommen werden, höchstens jedoch 1,5 m breit.

In Einzel- oder Doppel-Garagen sowie Carports sind horizontale Einzellasten von $F_{d,x} = F_{d,y} = 10$ kN anzunehmen.

Horizontale Ersatzlasten auf der Oberfläche von Parkdecks, wie sie beispielweise durch Bremskräfte entstehen, müssen nicht angesetzt werden.

Für andere Verkehrsflächen, die nur von Pkw befahren werden, z. B. Hofkellerdecken über Tiefgaragen, sind horizontale Ersatzlasten von $F_{d,x} = 50$ kN und rechtwinklig zur Fahrtrichtung von $F_{d,y} = 25$ kN anzusetzen. Bei Geschwindigkeitsbeschränkung auf $v \leq 10$ km/h betragen die Ersatzlasten in Fahrtrichtung $F_{d,x} = 15$ kN, rechtwinklig zur Fahrtrichtung $F_{d,y} = 8$ kN. Für derartige Verkehrsflächen, die zusätzlich auch von Lkw befahren werden, sind stattdessen für $F_{d,x} = F_{d,y} = 100$ kN anzusetzen.

3.1.5 Absturzsicherungen und Schutzplanken für Parkhäuser

In Parkhäusern brauchen Absturzsicherungen und Schutzplanken, die für horizontal wirkende Kräfte bemessen werden. Hierfür ist DIN EN 1991-1-1 Anhang B [N1] anzuwenden. Danach ist die horizontale Kraft F an jeder Stelle rechtwinklig auf die Absturzsicherungen mit einer gleichmäßigen Verteilung von 1,5 m anzusetzen.

Charakteristische Kraft:

$$F_k = \frac{0{,}5\, m \cdot v^2}{(d_c + d_b)} \qquad \text{(Gl. 3.1)}$$

Hierbei sind:

m	Gesamtgewicht des Fahrzeugs [kg]
v	Aufprallgeschwindigkeit des Fahrzeugs [m/s] rechtwinklig zur Absturzsicherung
d_c	Verformung des Fahrzeugs [mm]
d_b	Verformung der Absturzsicherung [mm]

Wenn das Parkhaus für Pkw mit einem maximalen Gesamtgewicht von 2 500 kg ausgelegt wurde, dürfen zur Bestimmung der Anprallkraft nach Gleichung (Gl. 3.1) folgende Annahmen getroffen werden:

m = 1 500 kg
v = 4,5 m/s
d_c = 100 mm (soweit keine günstigeren Werte vorliegen)

Für eine starre Absturzsicherung mit einer Verformung $d_b = 0$ beträgt somit die charakteristische Kraft $F_k = 150$ kN für Pkw mit einer Gesamtgewicht von $m \leq 2500$ kg.

Wenn das Parkhaus für schwere Fahrzeuge mit einem maximalen Gesamtgewicht $m > 2500$ kg bemessen wurde, ist zur Bestimmung der charakteristischen Kraft F_k das maximale Gesamtgewicht m eines Fahrzeugs anzusetzen.

Die horizontale Kraft darf in Höhe der Stoßstange angesetzt werden, bei Parkhäusern für Pkw mit einem maximalen Gesamtgewicht von $m \leq 2500$ kg darf die Höhe mit 375 mm über dem Boden angenommen werden.

An Zufahrtsrampen in Parkhäusern sind Absturzsicherungen mit 50 % der horizontalen Kraft F zu bemessen. Die Kraft ist 610 mm über der Rampe anzunehmen.

Gegenüber geraden Abfahrtrampen mit über 20 m Länge sind Absturzsicherungen für den doppelten Wert der Kraft F zu bemessen. Die Kraft ist 610 mm oberhalb der Rampe anzusetzen.

3.2 Einwirkungen durch Temperaturänderungen

Temperaturänderungen der Außenluft bewirken auch Temperaturänderungen in Tiefgaragen und Parkhäusern, jedoch zeitlich versetzt und gedämpft. Temperaturänderungen, die auf Bauteile einwirken, sind von Bedeutung, weil sie Längenänderungen zur Folge haben. Bauteile mit Kontakt zum Erdreich werden weniger temperaurbeansprucht als Parkdecks, die beidseitig von Luft umgeben sind. Noch stärker werden Dachparkdecks beansprucht.

Die Größe dieser Temperaturänderungen ist sehr stark von der Art der Belüftung des jeweiligen Parkhauses abhängig. Mechanisch mit Außenluft belüftete Tiefgaragen sind stärker beansprucht als bei einer Frischluftzufuhr durch Lichtschächte und Garagentore. Am günstigsten sind die Verhältnisse bei mechanisch belüfteten Garagen mit konditionierter Außenluft, die beispielsweise durch die Abluft aus dem Gebäude über Wärmetauscher erwärmt wird.

Bei unmittelbar einwirkenden Witterungseinflüssen auf Parkdecks mit großen Flächenabmessungen können die entstehenden Temperaturbeanspruchungen erheblich sein.

In DIN EN 1991-1-5, Abschnitt 5.1 heißt es unter anderem [N1]:
„Temperatureinwirkungen auf Gebäude infolge klimatischer und betriebsbedingter Temperaturwechsel müssen bei der Bemessung des Gebäudes berücksichtigt werden, wenn die Gefahr besteht, dass der Grenzzustand der Tragfähigkeit und der Gebrauchstauglichkeit durch Bewegungen und/oder Spannungen infolge Temperatureinwirkungen überschritten wird."

Die Temperatureinwirkungen auf Dachparkdecks mit direkter Sonneneinstrahlung können sehr unterschiedlich sein. Bei ungeschützten Flachdachoberflächen wurden Höchsttemperaturen bis zu 85 °C gemessen, abhängig von der Sonneneinstrahlung und vom Reflexionsgrad, der bei dunklen Flächen besonders gering ist. Bei Flachdächern, die beispielsweise durch einen Fahrbelag aus Betonplatten oder durch Kiesschüttung geschützt sind, wurden Oberflächentemperaturen von etwa 35 °C gemessen.

Bei Parkdecks, die den täglichen und jahreszeitlichen Schwankungen klimatischer Einwirkungen ausgesetzt sind, können die Festlegungen nach DIN EN 1991-1-5 [N1] angenommen werden. Hierbei sind in der Regel nur der konstante Temperaturanteil und der lineare Temperaturunterschied mit ihren Werten zu berücksichtigen.

Im Allgemeinen dürfen folgende Außentemperaturen angenommen werden, wenn keine Temperaturwerte für die geographische Lage des Bauwerks vorliegen (DIN EN 1991-1-5/NA NDP zu 6.1.3.2 [N1]):

$$\left.\begin{array}{ll} \text{– maximale Außenlufttemperatur:} & T_{max} = +37\ °C \\ \text{– minimale Außenlufttemperatur:} & T_{min} = -24\ °C \end{array}\right\} \qquad \text{(Gl. 3.2)}$$

Zur Bestimmung von Temperaturprofilen enthält Tafel 3.2 Temperaturen von inneren Bauteiloberflächen T_{in} sowie von äußeren Bauteiloberflächen T_{out} bei Gebäuden über und unter der Erde.

Mit den Temperaturen der Bauteiloberflächen der Tafel 3.2 und der Herstelltemperatur T_0 können die Temperaturdifferenzen ΔT_u zur äußeren und inneren Bauteiloberfläche

Tafel 3.2: Temperaturen von Bauteiloberflächen (nach DIN EN 1991-1-5 (5.3) [N1])

<table>
<tr><th rowspan="3">Temperaturen für die innere Bauteiloberfläche T_{in}</th><th>Jahreszeit</th><th colspan="2">maßgebende Faktoren</th><th>Temperatur</th></tr>
<tr><td>Sommer</td><td colspan="2" rowspan="2"></td><td>$T_{in} = +20\ °C$</td></tr>
<tr><td>Winter</td><td>$T_{in} = +25\ °C$</td></tr>
<tr><td rowspan="4">Temperaturen für Bauteiloberflächen über der Erde T_{out}</td><td rowspan="3">Sommer</td><td rowspan="3">relative Absorption</td><td>0,5 (hell)</td><td>$T_{out} = +37\ °C$</td></tr>
<tr><td>0,7 (farbig)</td><td>$T_{out} = +39\ °C$</td></tr>
<tr><td>0,9 (dunkel)</td><td>$T_{out} = +41\ °C$</td></tr>
<tr><td>Winter</td><td colspan="2"></td><td>$T_{out} = -24\ °C$</td></tr>
<tr><td rowspan="4">Temperaturen für Bauteiloberflächen unter der Erde T_{out}</td><td rowspan="2">Sommer</td><td rowspan="4">Tiefe unter der Erdoberfläche</td><td>< 1 m</td><td>$T_{out} = +8\ °C$</td></tr>
<tr><td>≥ 1 m</td><td>$T_{out} = +5\ °C$</td></tr>
<tr><td rowspan="2">Winter</td><td>< 1 m</td><td>$T_{out} = -5\ °C$</td></tr>
<tr><td>≥ 1 m</td><td>$T_{out} = -3\ °C$</td></tr>
</table>

nach DIN EN 1991-1-5 [N1] als konstante Temperaturanteile ΔT_u eines tragenden Bauteils angegeben werden:

$$\left.\begin{array}{ll} \Delta T_{u,\,out} = T_{out} - T_0 & \text{für Temperaturdifferenzen zur äußeren Bauteiloberfläche} \\ \Delta T_{u,\,in} = T_{in} - T_0 & \text{für Temperaturdifferenzen zur inneren Bauteiloberfläche} \end{array}\right\} \quad \text{(Gl. 3.3)}$$

Die während der Tragwerkserstellung vorherrschende Herstelltemperatur T_0 (Anfangstemperatur) darf als Bezugswert für die Berechnung der Verkürzung infolge des minimalen konstanten Temperaturanteils und der Ausdehnung infolge des maximalen konstanten Temperaturanteils verwendet werden. Sofern diese Herstelltemperatur nicht bekannt ist, kann sie angenommen werden mit $T_0 = 10\ °C$.

Für die Annahme von Temperaturänderungen in Tiefgaragen und den gegebenenfalls dadurch entstehenden späten Zwang wird auf Abschnitt 3.10.2.2 hingewiesen. Für den Nachweis der Spätrissgefahr enthält Abschnitt 5.4.1 weitere Angaben. Beispiele sind im Abschnitt 11.3 durchgeführt.

3.2.1 Horizontale Verformungen durch Temperaturänderungen

Die Temperaturänderungen verursachen in den Parkdecks eine Längenänderung, sofern keine Verformungsbehinderung stattfindet. Diese Längenänderung wirkt sich auf die Bewegungen in den Fugen an den Enden der Parkdecks aus. Für die Bemessung der Bewegungsfugen und der Auflager von Parkdecks in offenen Parkbauten und Dachparkdecks können die Werte der Temperaturangaben aus Tafel 3.2 verwendet werden.

Die Längenänderungen sind vom Temperaturverhalten des Baustoffs abhängig, ausgedrückt durch die Temperaturdehnzahl bzw. Wärmedehnzahl α_T nach Gleichung (Gl. 4.7) im Abschnitt 4.3.3.

Mit Gleichung (Gl. 3.4) lässt sich allgemein die Längenänderung ΔL eines Bauteils mit der ursprünglichen Bauteillänge L_0 bei einer Temperaturänderung ΔT_u abschätzen:

$$\Delta L = \Delta T_u \cdot \alpha_T \cdot L_0 \qquad \text{(Gl. 3.4)}$$

Unter Berücksichtigung von Kriechen und Schwinden des Betons ergibt sich die reduzierte Längenänderung ΔL_{red} mit dem zugehörigen Beiwert $k_{(\varphi+\psi)}$:

$$\Delta L_{red} = k_{(\varphi+\psi)} \cdot \Delta_T \cdot \alpha_T \cdot L_0 \qquad \text{(Gl. 4.29)}$$

Durch Temperaturänderungen im Verlauf des Jahres ergeben sich bei temperaturbeanspruchten Bauteilen erhebliche Längenänderungen, sofern keine Behinderung erfolgt. Damit die Längenänderungen nicht zum „Wegwandern" des beanspruchten Bauteils führen, muss ein Festpunkt ausgebildet werden. Hierzu bieten sich bei Parkdecks beispielsweise Aufzugschächte oder Treppenhäuser an.

Unter der Voraussetzung, dass im mittleren Bereich des temperaturbeanspruchten Bauteils (z. B. Tiefgaragen-Dachdecke) ein Festpunkt ausgebildet werden kann, ergeben sich für die Bewegungen an den Auflagern die halben Werte, denn die gesamte

Längenänderung wird nach links und rechts aufgeteilt. Bei einem nicht mittig liegenden Festpunkt verteilen sich die Bewegungen am Auflager entsprechend den anteiligen Längenverhältnisse. Bei mehreren Festpunkten ohne Bewegungsfugen entstehen in dem dazwischenliegenden Deckenbereich große Zwangbeanspruchungen und damit Risse.

Für Bauteile, die den vorstehenden Temperaturänderungen im Nutzungszustand ausgesetzt bleiben, müssen solche Auflagerbedingungen geschaffen werden, die diese Bewegungen aufnehmen können, z. B. durch Verwendung punktförmiger oder streifenförmiger Gleitlager.

Für Bauteile, die nur während der Bauzeit temperaturbeansprucht sind, muss sichergestellt werden, dass die Bauzeit möglichst kurz ist und während der Bauzeit ein Schutz gegen starke Temperaturänderungen gegeben ist, z. B. durch frühzeitiges Abdecken erdüberschütteter Tiefgaragen-Dachdecken.

Bei einer Lagerung der Parkdecks im Verbund mit anderen Bauteilen (z. B. mit den Wänden), werden die Parkdecks durch Horizontalkräfte beansprucht. Dadurch entsteht eine Zwangbeanspruchung der Parkdecks, die zu Rissen führen kann. Vorhandene Risse bleiben im Laufe des Jahreszyklus in Bewegung: im Winter werden die Risse aufgeweitet, im Sommer werden sie wieder enger. Notwendige Instandsetzungen durch Füllen der Risse sind daher nicht bei hohen Bauteiltemperaturen mit den kleinsten Rissbreiten durchzuführen, denn bei abfallender Bauteiltemperatur öffnen sich die Risse umso mehr.

Bei Parkdecks aus Elementdecken werden sich bei Temperaturabfall die Stoßfugen zwischen den Elementen öffnen, was dann zu Trennrissen im Ortbeton führt. Die entstehenden Risse werden umso breiter sein, je größer Temperaturdifferenz und Fugenabstand sind sowie je geringer der Bewehrungsquerschnitt ist, der über die Stoßfugen hinwegläuft. Bei Behinderung dieser Verformungen werden Zwangbeanspruchungen entstehen (Abschnitt 3.10.2).

3.2.2 Vertikale Verformungen durch Temperaturunterschiede

Eine Erwärmung bzw. Abkühlung der Bauteiloberfläche verursacht zeitlich bedingte positive bzw. negative Temperaturunterschiede. Bei maximaler positiver Temperaturänderung ist die Bauteiloberseite wärmer, bei maximaler negativer Temperaturänderung ist die Unterseite wärmer.

Bei ungeschützten Bauteilen, die den Witterungseinflüssen direkt ausgesetzt sind (z. B. Erwärmung durch intensive Sonneneinstrahlung oder schnelle Abkühlung durch Hagelschauer), ist die Temperaturverteilung über den Bauteilquerschnitt abhängig von der Wärmeleitfähigkeit des Betons. Die Temperaturdifferenz zwischen Ober- und Unterseite von Betonbauteilen kann nicht größer sein, als sie sich mit folgenden Temperaturgradienten Δt des Betons ergibt [L31]:

$\Delta t_{Erwärmung} \approx 0{,}08$ K je mm Bauteildicke (Gl. 3.5)

$\Delta t_{Abkühlung} \approx 0{,}04$ K je mm Bauteildicke (Gl. 3.6)

Die Vertikalkomponenten linearer Temperaturunterschiede ΔT_u führen zu folgenden Verformungen, wenn diese nicht durch Zwang oder Lasteinwirkungen (auch Eigenlast) behindert werden:

1. Bei einer Erwärmung von oben dehnt sich die Oberseite aus. Es entstehen Verformungen in der Art, dass sich der mittlere Deckenbereich zwischen den Auflagern anhebt: Die Decke „buckelt".
2. Beim Abkühlen von oben verkürzt sich die Oberseite. Es entstehen umgekehrt verlaufende Verformungen: Die Decke „schüsselt" an den Deckenenden hoch.

Bei Temperaturunterschieden zwischen Oberseite und Unterseite eines Bauteils kommt es zur Verwölbung, da sich die Oberseite bei Erwärmung ausdehnt. Mit der Biegetheorie kann die Größe der Aufwölbung rechnerisch abgeschätzt werden.

Der Aufwölbung durch Erwärmung der Oberfläche wirkt die Eigenlast g der Decke entgegen. Die Betondecke wird sich insgesamt umso weniger verformen, je größer die ständig wirkende Last ist.

3.3 Einwirkungen durch Frost ohne oder mit Taumittel

Betonflächen, die dem Frostangriff ausgesetzt sind, müssen einen hohen Frostwiderstand während der gesamten Nutzungsdauer aufweisen.

Für den Frostangriff ohne oder mit Taumittel sind die Expositionsklassen XF1 bis XF4 festgelegt (DIN EN 1992-1-1 [N2] und DIN EN 206-1 mit DIN 1045-2 [N4]). Folgende Hinweise sollen die Zusammenhänge verdeutlichen:

- Die Zuordnung der Parkdecks in eine der Expositionsklassen ist vom jeweiligen Entwurfsgrundsatz abhängig, wie dies im Abschnitt 2.3 dargestellt ist.
- Der Frostangriff auf den Beton unterscheidet zwischen Frostangriff ohne Taumittel (Abschnitt 3.3.1) und Frostangriff mit Taumittel (Abschnitt 3.3.2).
- Die Expositionsklassen sind im Abschnitt 2.1.4 Tafel 2.5 zusammengestellt. Beton der Expositionsklasse XF3 (hohe Wassersättigung) kommt bei Parkdecks nicht zur Anwendung.

3.3.1 Frostangriff ohne Taumittel

Folgende Flächen können in die Expositionsklasse XF1 eingestuft werden, wenn sie wie Außenbauteile zwar dem Frostangriff ausgesetzt sind, aber nicht mit Taumitteln in Berührung kommen:

- Ausschließlich nur im Freien liegende Flächen, auf die nachweislich kein Taumittel einwirkt. Hierzu gehören aber auch Flächen, die unmittelbar ans Freie anschließen, z. B. im Bereich länger offen stehender Tore.
- Rampen und Parkdecks in der Ausführungsart „Beschichtungen" nach dem Entwurfsgrundsatz RB mit einem Oberflächenschutz durch eine vollflächige Beschichtung.

- Flächen in der Ausführungsart „Abdichtungen" entsprechend dem Entwurfsgrundsatz RA-1 und RA-2, die eine Abdichtung nach DIN 18532-2 [N34] haben, z. B. Polymerbitumen-Schweißbahn mit Gussasphalt, bedürfen nach dem DBV-Merkblatt „Parkhäuser und Tiefgaragen" [R9] ebenfalls nur einer Zuordnung in die Expositionsklasse XF1 bei häufigen und starken Frost-Tau-Wechseln.

3.3.2 Frostangriff mit Taumittel

Es ist nicht auszuschließen, dass einparkende Fahrzeuge auch Schneematsch mit Taumittel einschleppen. Daher müssen befahrene Flächen von Parkbauten, die der Frosteinwirkung ausgesetzt sind, zusätzlich auch gegen Frostangriff mit Taumittel widerstandsfähig sein, wenn sie keinen vollflächigen und dauernd wirksamen Oberflächenschutz in Kombination mit einem erweiterten Instandhaltungskonzept aufweisen.

Parkdecks, die in der Ausführungsart „Oberflächen ohne Schutz" in den Entwurfsgrundsätzen RV und RA-1 ohne vollflächigen Oberflächenschutz entsprechen und häufigen und starken Frost-Tau-Wechseln ausgesetzt werden, sind in der Regel der Expositionsklasse XF2 zuzuordnen. Eine Einordnung in die Expositionsklasse XF4 ist jedoch bei größeren Feuchte- und Chlorideintragungen erforderlich. Beispiele für die Einordnung in XF4 sind frei bewitterte Parkflächen (Parkdächer, Freidecks) sowie Rampen, Randflächen mit direkter Bewitterung und auch oberirdische, überdachte Parkdecks mit häufigen Nutzungsintensität oder auch intensiveren Witterungseinflüssen.

Flächen ohne wirksamen vollflächigen Oberflächenschutz sind nur dann zulässig, wenn entweder eine rissfreie Bauweise nach dem Entwurfsgrundsatz RV gewählt wurde oder wenn entstandene Risse anschließend vor dem Eindringen von Chloriden geschützt werden, z. B. durch Rissbandagen nach dem Entwurfsgrundsatz RA-0.

Die Zuordnung in die Expositionsklassen XF2 oder XF4 bedeutet, dass der Beton einen hohen Frost-Taumittel-Widerstand aufweisen muss. Hierfür sind besondere Anforderungen zu erfüllen: Dies liegt an der besonderen Funktion der Taumittel bei Frosteinwirkung auf die Gesteinskörnung und auf das Kapillarporensystem des Betons.

Bei der Verwendung von Taumittel wird erwartet, dass Eis und Schnee auch bei Lufttemperaturen unter 0 °C schmelzen, damit die Verkehrsflächen gefahrlos genutzt werden können. Dies ist nur dadurch möglich, dass beim Aufstreuen von Taumittel dem Beton Wärme entzogen wird. Diese Wärme führt an der Oberfläche des Betons zum Schmelzen von Eis und Schnee. Allerdings wirkt dieser Wärmeentzug im Beton als Temperaturschock. Unterhalb der Oberfläche kommt es im Beton plötzlich schichtenweise zum Gefrieren des in den Kapillarporen enthaltenen Wassers. Das Gefrieren des Wassers zu Eis führt zu einer Volumenzunahme von 9 %. Dabei entsteht ein enormer hydraulischer Druck im Betongefüge, wenn keine Ausweichmöglichkeit für das gefrierende Wasser vorhanden ist: Es entstehen große Druckbeanspruchungen im Betongefüge, die zu inneren Gefügeschädigungen und zu Oberflächen-Abwitterungen führen können. Absprengungen kleinerer Betonteile und dünner Betonschichten ergeben dann das typische Erscheinungsbild für Mängel durch Frost-Taumittel-Einwirkung.

Zum Vermeiden derartiger Absprengungen durch Frostangriff mit Taumittel in der Expositionsklasse XF2 bestehen zwei Möglichkeiten:

entweder: Der Beton wird an der Oberfläche gegen eindringendes Wasser dauerhaft geschützt, sodass die Kapillarporen nicht wassergesättigt sind. Dieses ist durch eine hohe Dichtigkeit mit großer Betondruckfestigkeit (C35/45) oder durch einen zusätzlichen, flächigen Oberflächenschutz erzielbar.

oder: Es wird im Beton durch Luftporen eine Ausweichmöglichkeit für das in den Kapillarporen des Betons gefrierende Wasser geschaffen.

Bei der zweiten Möglichkeiten werden in den Beton künstliche Luftporen eingeführt, die die wasserführenden Kapillarporen unterbrechen und sozusagen als Ausdehnungsgefäße dienen. Diese Wirkung wird erreicht durch luftporenbildende Betonzusatzmittel, die sogenannten Luftporenbildner LP. Der Beton wird als Luftporenbeton bezeichnet, kurz LP-Beton.

Achtung:
Bei Betonflächen als Parkdeckflächen, die wegen Frost-Taumittel-Einwirkungen als Luftporenbeton LP hergestellt und maschinell geglättet werden, besteht die Gefahr lokaler bis großflächiger Hohlstellen und/oder schollenartiger Abplatzungen einer dünnen bis zu 5 mm dicken Schicht an der Oberfläche. Daher sollte bei vollflächig beschichteten Parkflächen kein LP-Beton geplant werden.

Sinnvoll ist aus diesem Grund im Allgemeinen eine andere Lösung für Parkdecks, um einen Widerstand gegen Frost-Taumittel-Einwirkung zu erreichen, z. B. durch folgende Maßnahmen:

Ausführungsart „Beschichtungen“

- Aufbringen eines dauerhaften, vollflächigen Oberflächenschutzsystems entsprechend der DAfStb-Richtlinie „Schutz und Instandsetzung von Betonbauteilen“ [R6]
- Aufbringen des Oberflächenschutzsystems vor der ersten Taumittel-Einwirkung, jedoch erst, wenn die Restfeuchte im Beton nur noch 2,5 M.-% beträgt (gemessen mit CM-Gerät)
- kontrollierte, regelmäßige Wartung des Oberflächenschutzes in genau festgelegten Zeitabständen auf der Basis eines Wartungsplanes, z. B. entsprechend dem Entwurfsgrundsatz RB-1 oder RB-2 entsprechend den Tafeln 2.4 und 2.5
- Durchführung notwendiger Instandsetzungen zur Instandhaltung, damit der Oberflächenschutz dauerhaft wirksam bleibt
- entsprechende Protokollierung der durchgeführten Wartung und notwendiger Instandsetzungsmaßnahmen

Unter diesen Voraussetzungen müssen die entsprechenden Bauteile nicht der Expositionsklasse XF2 zugeordnet werden, sondern lassen sich in die Expositionsklasse XF1 einstufen (Abschnitt 2.1.4). Dadurch entfällt die Forderung nach Einbau eines Luftporenbetons LP, wodurch etwaige Probleme für eine mangelfrei zu glättende Oberfläche ohne Hohlstellen und/oder Abplatzungen vermieden werden können. Der Einbau eines LP-Betons in Parkbauten ist damit nicht mehr der unbedingt erforderliche Regelfall [L15].

Bei Gefahr einer Rissbildung in Parkdecks kann alternativ ein vollflächiges Abdichtungssystem eingesetzt werden. Unterschieden werden hierbei [R9]:

Ausführungsart „Abdichtungen"

- entweder
  Oberflächenschutzsystem OS 10 nach der DAfStb-Richtlinie [R7] in Verbindung mit einer zusätzlichen Schutzschicht
- oder
  Dichtungsschicht aus geprüften Flüssigkunststoffen [R22] in Kombination mit einer zusätzlichen Schutzschicht
- oder
  1-lagig mit Polymerbitumen-Schweißbahn im Verbund mit der Betonoberfläche und Gussasphalt als Fahrbelag nach DIN 18532-2 [N34] bzw. 2-lagig mit Polymerbitumenbahnen mit Nutzschicht nach DIN 18532-3 [N34]

In diesen Fällen ist die Expositionsklasse XF1 nur bei häufigen und starken Frost-Tau-Wechseln erforderlich.

Für die Sonderkonstruktion direkt befahrener Parkdecks mit Frosteinwirkung entsprechend den Entwurfsgrundsätzen RV oder RA-0, also ohne Oberflächenschutz wie Beschichtungen oder Abdichtungen, ist ein Beton mit Luftporenbildner erforderlich, beispielsweise Beton C30/37 LP. Sofern diese Art der Ausführung infrage kommt und Fließmittel auf PCE-Basis verwendet werden, wird von den Autoren empfohlen, gründliche Vorversuche im Baustellenbetrieb durchzuführen. Hierfür muss der geeignete PCE-Typ gefunden werden, da es unterschiedlich modifizierte PCE-Typen gibt. Außerdem wird empfohlen, entweder die Oberfläche mit einem Besenstrich zu versehen oder – falls eine Hartstoffeinstreuung aufgebracht und die Oberfläche geglättet werden soll – nur leichte handgeführte Glättmaschinen einzusetzen (Monoglätter) und auf schwere Glättmaschinen zu verzichten (Duoglätter oder Aufsitzer).

Für Flächen mit vollflächiger Beschichtung ist Beton ohne Luftporenbilder einzusetzen, um spätere Mängel durch Ablösen der Beschichtung zu vermeiden.

Aufgehende ungeschützte Bauteile im Sprühnebel- oder Spritzwasserbereich neben den durch Taumittel beanspruchten Parkflächen sind bei häufigen und starken Frostbeanspruchungen der Expositionsklasse XF2 zuzuordnen (DIN EN 206-1 mit

DIN 1045-2 [N4]). Hierfür ist die Wahl der Betonfestigkeitsklasse C35/45 oder auch C25/30 LP erforderlich. Für Bauteile mit ausreichendem Sockelschutz ist bei gleicher Beanspruchung die Expositionsklasse XF1 ausreichend.

3.4 Einwirkungen durch Verschleiß

Parkdecks werden durch Pkw mehr oder weniger intensiv befahren. Wegen der für Parkdeckoberseiten im Allgemeinen erforderlichen zusätzlichen Schutzschichten ergeben sich für den Beton selbst keine besonderen Anforderungen hinsichtlich einer Verschleißbeanspruchung.

Für Park- und Fahrflächen ohne vollflächigen Oberflächenschutz ist die Expositionsklasse XM1 aufgrund der in der Regel geringfügigen, mechanischen Beanspruchung durch luftbereifte Pkw bis 30 kN Gesamtlast nicht erforderlich. Eine Ausnahme hierbei bilden jedoch stark beanspruchte Fahrflächen wie direkt befahrene Rampen, für die eine Einstufung in die Expositionsklasse XM1 sinnvoll ist.

3.5 Einwirkungen durch Karbonatisierung auf Bewehrung

Die Karbonatisierung (Carbonatisierung) entsteht durch Eindringen von Luft in die Kapillarporen des Zementsteins nach dem Austrocknen des Betons. Die Luft enthält etwa 0,03 % Kohlendioxid CO_2. In den Kapillarporen trifft das Kohlendioxid der Luft auf das stark alkalische Calciumhydroxid. Das Kohlendioxid CO_2 reagiert mit dem Calciumhydroxid $Ca(OH)_2$ zu Calciumcarbonat $CaCO_3$ unter Ausscheidung von Wasser H_2O.

Dieser Vorgang wird Karbonatisierung genannt. Der pH-Wert des Betons wird bei diesem Vorgang von etwa 12,5 auf unter 9 gesenkt, der Zementstein wird von außen beginnend „neutralisiert“. Karbonatisierter Beton kann den Bewehrungsstahl nicht mehr vor Rost schützen, wenn nachfolgend Sauerstoff und Wasser hinzutreten. Eine direkte Schädigung des Betons findet nicht statt, der Zementstein wird durch die Karbonatisierung sogar noch dichter, die Karbonatisierung schreitet mit zunehmendem Alter des Betons langsamer voran. Die Eindringkurve flacht mit zunehmendem Alter ab, sodass die Karbonatisierungstiefe bei Betonen mit einem Wasserzementwert $w/z \leq 0,60$ und höherer Festigkeit ab C25/30 auf einen Endwert von ungefähr 15 mm hinausläuft. Das bedeutet, dass Betone mit ausreichend dichter und dicker Betonrandzone einen dauerhaften Schutz gegen eine mögliche Korrosion des Bewehrungsstahls bieten.

Die wichtigsten Einflussgrößen für einen guten Korrosionsschutz der Bewehrung sind folgende:

- niedriger Wasserzementwert des Betons, da hierdurch ein geringerer Kapillarporenraum entsteht und die Kapillarporen enger sind
- früh einsetzende und genügend langanhaltende Nachbehandlung des Betons, da hierdurch die Hydratation fortschreitet und auch an den Außenflächen des Bauteils ein dichteres Zementsteingefüge entstehen kann

- feuchte Umgebungsbedingungen, da in wassergefüllte Kapillarporen kein Kohlendioxid aus der Luft eindringen kann
- trockene Umgebung, da hier das Wasser für die Korrosion fehlt, obwohl der Beton durch eindringendes Kohlendioxid karbonatisiert wird
- genügend große Betondeckung der Bewehrung, damit die Karbonatisierungsfront die Bewehrung auch im Laufe von Jahrzehnten nicht erreicht

Die in Bauteilen entstandene Karbonatisierungstiefe kann relativ einfach und in ausreichender Genauigkeit mit einem Indikatortest festgestellt werden. Eine frische Bruchfläche des Betons kann mit Phenolphtalein in 1%iger Lösung besprüht werden. Der karbonatisierte Bereich mit einem pH-Wert unter 9, der für die Korrosion kritisch ist, bleibt beim Sprühtest farblos. Hingegen färbt sich der nicht karbonatisierte und noch stark basische Bereich rot-violett.

Korrosionsschäden infolge von Karbonatisierung des Betons entstehen meistens durch zu geringe Betondeckung der Bewehrung und durch Beton mit zu großer Porosität, also mit zu großem Wasserzementwert. Noch kritischer sind in Parkbauten allerdings die Schäden durch einwirkende Chloride (Abschnitt 3.7).

Alle ungeschützten Bauteile ohne vollflächige Beschichtung oder Abdichtung gehören in die Expositionsklasse XC3. Die Expositionsklasse XC3 ist vom Tragwerksplaner bei der Festlegung des Entwurfsgrundsatzes zu berücksichtigen und mit dem Objektplaner abzustimmen. Für Rampen und Parkdecks mit Chlorideinwirkung gilt Abschnitt 3.7.

3.6 Einwirkungen durch Wasser

Auf Parkdecks wirkt Wasser ein, das die Fahrzeuge ins Parkhaus einschleppen. Wegen der Einwirkung von Wasser müssen Parkdecks einen Schutz gegen nach unten durchtropfendes Wasser sicherstellen. Dies gilt ebenso für alle anderen Einbauteile, insbesondere auch für Fugenabdichtungen. Für Parkdecks ist daher ein Beton mit einem relativ dichten Gefüge erforderlich. Hierfür eignet sich Beton mit hohem Wassereindringwiderstand, also wasserundurchlässiger Beton, kurz bezeichnet als WU-Beton. Besonders geeignet ist schwindarmer Beton, da hierbei die Rissgefahr geringer ist (Abschnitt 4.5.5).

Bauteile in Tiefgaragen, die ständig oder zeitweise drückendem Wasser ausgesetzt werden, sind als wasserundurchlässige Bauteile auszubilden. Für Weiße-Wanne-Konstruktionen gelten hierbei die Anforderungen der DAfStb-Richtlinie „Wasserundurchlässige Bauwerke aus Beton (WU-Richtlinie)“ [R3]. Die Richtlinie fordert dafür wasserundurchlässigen Beton bzw. WU-Beton.

Gleiches gilt auch für Sonderkonstruktionen mit direkt befahrenen Parkdecks ohne zusätzlichen Oberflächenschutz, z. B. Spannbetondecken, Verbundbauweisen oder Einfeld-Konstruktionen sowie für erdüberschüttete Tiefgaragendecken, auf die Wasser der Beanspruchungsklasse BK1 nach der WU-Richtlinie bzw. für vollflächig abgedichtete Oberfläche mit Wassereinwirkungsklasse W3-E nach DIN 18531 einwirkt. Sogenannte „Weißen Decken“ (WU-Decken) werden in Anlehnung an die WU-Richtlinie hergestellt.

3.6.1 Beton mit hohem Wassereindringwiderstand

Für die besondere Betoneigenschaft „Beton mit hohem Wassereindringwiderstand“ sind gemäß DIN EN 206-1 mit DIN 1045-2 [N4] folgende Grenzwerte einzuhalten:
- Betonfestigkeitsklasse mindestens C25/30
- Wasserzementwert w/z bzw. $(w/z)_{eq} \leq 0{,}60$ bei Bauteildicken bis $h_B \leq 0{,}40$ m
- bzw. w/z bzw. $(w/z)_{eq} \leq 0{,}55$ bei Ausnutzung der Mindest-Bauteildicken in [R3]
- Zementgehalt $z \geq 280$ kg/m³, bei Anrechnung von Zusatzstoffen $z \geq 270$ kg/m³

Die Anforderungen an den Beton sind abhängig von der gewählten Bauteildicke. In der WU-Richtlinie [R3] sind Mindestdicken der Bauteile angegeben (Tafel 3.3). Hierbei

Tafel 3.3: Empfohlene Mindestdicken h_B von Bauteilen, abhängig von der Beanspruchungsklasse und der Ausführungsart [1) 2) 3)] [R3]

<table>
<tr><th colspan="2" rowspan="4">Ausführungsart</th><th colspan="6">empfohlene Mindestdicken h_B von Bauteilen [1)]</th></tr>
<tr><th colspan="2">bei Bodenplatten in Beanspruchungsklasse</th><th colspan="2">bei Wänden in Beanspruchungsklasse</th><th colspan="2">bei Parkdecks und -dächern in Beanspruchungsklasse</th></tr>
<tr><th>BK1</th><th>BK2</th><th>BK1</th><th>BK2</th><th colspan="2">BK1</th></tr>
<tr><th>Druckwasser [mm]</th><th>Feuchte [mm]</th><th>Druckwasser [mm]</th><th>Feuchte [mm]</th><th>ohne Wärmedämmung [mm]</th><th>mit Wärmedämmung [mm]</th></tr>
<tr><td rowspan="2">Ortbeton</td><td rowspan="2">(Klasse BW-OB) [2)]</td><td>250</td><td rowspan="2">150</td><td>240 [3)]</td><td>200</td><td>200</td><td>180</td></tr>
<tr><td>(≈ 290) [4)]</td><td>(≈ 275) [4)]</td><td></td><td>(≈ 230) [4)]</td><td>(≈ 210) [4)]</td></tr>
<tr><td>Elementwände</td><td>(Klasse BW-EW) [2)]</td><td>–</td><td>–</td><td>240 [3) 5)]</td><td>240</td><td rowspan="3">–</td><td rowspan="3">–</td></tr>
<tr><td rowspan="2"></td><td rowspan="2">Ortbetonergänzung</td><td></td><td></td><td>120 [3) 5)]</td><td>120</td></tr>
<tr><td></td><td></td><td>(≈ 140)</td><td>–</td></tr>
<tr><td>Elementdecken</td><td>(Klasse BW-ED) [2)]</td><td>–</td><td>–</td><td>–</td><td>–</td><td>240</td><td>220</td></tr>
<tr><td rowspan="2"></td><td rowspan="2">Ortbetonergänzung</td><td rowspan="2">–</td><td rowspan="2">–</td><td rowspan="2">–</td><td rowspan="2">–</td><td>180</td><td>160</td></tr>
<tr><td>(≈ 210) [4)]</td><td>(≈ 185) [4)]</td></tr>
</table>

1) Bei Ausnutzung der Mindestdicken im drückenden Wasser (BK1) ist Beton mit $(w/z)_{eq} \leq 0{,}55$ erforderlich. Rechnerisch ist hierfür in der Regel eine Mindestdruckfestigkeitsklasse von Beton C30/37 anzusetzen.

2) Klassenbezeichnungen für die Art der Bauweise (BW) nach Tafel 2.3.

3) Erforderlicher Einbauraum $b_{w,i}$ im Fußpunktbereich bei Ausnutzung dieser Mindestwanddicken für die Beanspruchungsklasse BK1 und mittig liegender Fugenabdichtung:
- bei einem Größtkorn von 8 mm: $b_{w,i} \geq 120$ mm
- bei einem Größtkorn von 16 mm: $b_{w,i} \geq 140$ mm
- bei einem Größtkorn von 32 mm: $b_{w,i} \geq 180$ mm

4) Bei einer Vergrößerung der empfohlenen Mindestdicke um über 15 % (Klammerwerte) darf Beton mit $(w/z)_{eq} \leq 0{,}60$ verwendet werden.

5) Bei mittigen Fugensicherungen empfehlen die Autoren eine Mindestdicke von 300 mm mit einer Ortbetonergänzung von 180 mm, damit ein fachgerechter Einbau des Kernbetons möglich ist.

sind Mindestdicke und Konstruktion der Betonbauteile so zu wählen, dass die Bauteile fachgerecht betoniert werden können und dass die tragende und die dichtende Funktion zusätzlich zu allen anderen geforderten Eigenschaften erfüllt werden können. Bei der Festlegung der Bauteildicke ist zu beachten:

- Betondeckung der Bewehrung
- Einbaumöglichkeit der Fugenabdichtungen und anderer Einbauteile
- erforderliches lichtes Maß $b_{w,i}$ zwischen den Bewehrungslagen zum sicheren Einbau mittig liegender Fugenabdichtungen prüfen, wenn diese zum Einsatz kommen, z. B. bei Elementwänden und -decken:
  - $b_{w,i} \geq 120$ mm bei 8 mm Größtkorn
  - $b_{w,i} \geq 140$ mm bei 16 mm Größtkorn
  - $b_{w,i} \geq 180$ mm bei 32 mm Größtkorn

Zum Erreichen eines hohen Wassereindringwiderstandes ist der Beton mit einer hierfür geeigneten Zusammensetzung herzustellen (Tafel 3.3). Die WU-Richtlinie gilt zwar auch für Decken und Dächer, jedoch sind hierfür speziell keine Mindest-Bauteildicken angegeben.

3.6.2 Nachweis der Einwirkungstiefe des Wassers

Der Nachweis der Wassereindringtiefe ist normativ nicht zwingend vorgeschrieben. Wenn dieser Nachweis für ein Bauvorhaben gewünscht wird, ist dazu eine gesonderte vertragliche Vereinbarung mit Angabe der Prüfanzahl und Eindringtiefe notwendig.

Der Prüfnachweis erfolgt an Prüfkörpern von 20 x 20 x 12 cm, die während des Betoniervorganges nach DIN EN 12390-8 [N13] gesondert hergestellt und anschließend 28 Tage unter Wasser gelagert werden.

Wenn für einen Nachweis keine Prüfkörper vorhanden sind, können notfalls Probekörper aus dem Bauwerk entnommen werden (z. B. Bohrkerne). Hierfür darf jedoch das Prüfverfahren nach DIN EN 12390-8 nicht direkt angewendet werden, da das Prüfverfahren dafür nicht vorgesehen ist. Das in DIN EN 12390-8 [N13] festgelegte Verfahren ist nur für Probekörper geeignet, die von der Herstellung bis zur Prüfung stets unter Wasser lagerten. In der Zwischenzeit ausgetrocknete Probekörper sind in dieser Weise nicht prüfbar. Bevor ausgetrocknete Probekörper geprüft werden, müssen die Kapillarporen des Betons wieder mit Wasser gefüllt sein. Ein Vergleich zwischen Probekörpern aus dem Bauwerk und gesondert hergestellten Probekörpern, die bis zur Prüfung unter Wasser gelagert werden, ist sonst nicht möglich.

Um auch bei Proben, die aus dem Bauwerk entnommen wurden, einen Anhalt über die der Norm entsprechende Wassereindringtiefe zu erhalten, wird von Lohmeyer aufgrund umfangreicher Untersuchungen [L45] ein erweitertes Prüfverfahren empfohlen, das sich seit 1985 bewährt hat:

- Zunächst auf die Prüfkörper aus dem Bauwerk (z. B. Bohrkerne ∅ 200 mm) 72 Stunden lang einen Wasserdruck von 500 kPa = 5 bar aufbringen.

- Danach Prüfkörper aus der Prüfeinrichtung entnehmen und 7 Tage lang drucklos unter Wasser lagern.
- Schließlich Prüfkörper entsprechend DIN EN 12390-8 über 72 Stunden einem Wasserdruck von 500 kPa aussetzen.
- Nach Aufspalten der Prüfkörper die Wassereindringtiefe messen und die Verteilung des Wassers markieren.

Ein direkter Vergleich der Ergebnisse an den aus dem Bauwerk entnommenen Prüfkörpern nach dem erweiterten Verfahren ist mit den Werten bei normgerechter Lagerung nicht möglich, das erweiterte Verfahren liefert jedoch gute Anhaltswerte. Die Beurteilung der Wassereindringtiefe hat durch einen Sachverständigen zu erfolgen, der auf diesem Gebiet entsprechende Erfahrungen besitzt.

Prüfergebnisse der Wassereindringtiefen, die an nicht vorbereiteten Prüfkörpern aus dem Bauwerk festgestellt wurden, sind zur Beurteilung des Betons nicht verwendbar.

3.6.3 Beanspruchungsklassen für WU-Bauteile

Die WU-Richtlinie unterscheidet die WU-Bauteile in zwei Beanspruchungsklassen (BK1, BK2) bei von außen einwirkendem Wasser. Die Anforderungen an den Beton richten sich nach der Einstufung der entsprechenden Bauteile in die eine oder die andere Klasse hinsichtlich der Beanspruchung. Bei an der erdberührten Außenseite flächig abgedichtete Bauteile gilt DIN 18533. Hier wird in sogenannte Wassereinwirkungsklassen unterschieden. In der nachfolgenden Tafel 3.4 sind beide Regelwerke hinsichtlich der Klassifizierung durch Wasserbeanspruchung dargestellt.

3.6.4 Raumnutzungsklassen für Tiefgaragen bei Wassereinwirkung

Die WU-Richtlinie unterscheidet zwei Raumnutzungsklassen. Die Anforderungen an den Beton richten sich nach der Einstufung der entsprechenden Tiefgarage in die eine oder die andere Klasse hinsichtlich der Nutzung nach Tafel 3.5.

Für den Bau von Weißen Decken in privaten Tiefgaragen, die in größeren Bebauungen von vielen Eigentümern genutzt werden, empfehlen die Autoren die Einstufung stets in die Raumnutzungsklasse NK-A vorzunehmen.

Für Nebenräume in Tiefgaragen kann eine Gliederung in weitere Unterklassen zweckmäßig sein (Tafel 7.1).

Raumnutzungsklassen für Untergeschosse sind auch in DIN 18533-1 [N35] festgelegt, allerdings mit anderen Bezeichnungen (Abschnitt 7.2.3).

Tafel 3.4: Beanspruchungsklassen (nach WU-Richtlinie und DAfStb-Heft 555) [R3], [R4] sowie Wassereinwirkungsklassen nach DIN 18533 [N35] bzw. DIN 18531 [N33]

<table>
<tr><th colspan="2">Beanspruchungsklassen nach WU-Richtlinie</th><th colspan="3">ungefähre Zuordnung (Autorenvorschlag) für Wassereinwirkungen nach DIN 18533 (bzw. DIN 18531 für W3-E)</th></tr>
<tr><th>Klasse</th><th>Beschreibung</th><th>Klasse</th><th>Unterklasse</th><th>Beschreibung</th></tr>
<tr><td rowspan="3">BK1
Druckwasser</td><td rowspan="3">BK1-sdW
(ständig drückendes Wasser)
oder
BK1-zdW
(zeitweise drückendes Wasser)</td><td rowspan="2">W2-E
drückendes Wasser</td><td>W2.1-E</td><td>bei mäßiger Einwirkung (Wassereinwirkung ≤ 3 m)</td></tr>
<tr><td>W2.2-E</td><td>bei hoher Einwirkung (Wassereinwirkung > 3 m)</td></tr>
<tr><td>W3-E
„nicht-drückendes“ Wasser</td><td>–</td><td>bei Wassereinwirkung auf erdberührte geneigte Decken mit Abdichtung</td></tr>
<tr><td rowspan="2">BK2
Feuchte</td><td rowspan="2">BK2-faW
(an der Wand frei ablaufendes Wasser)
oder
BK2-Bf
(Bodenfeuchte, kapillar im Boden gebundenes Wasser)</td><td rowspan="2">W1-E
Bodenfeuchte und nicht-drückendes Wasser</td><td>W1.1-E</td><td>bei Bodenplatten und erdberührten Wänden (Abdichtungsebene ≥ 50 cm oberhalb BWS)</td></tr>
<tr><td>W1.2-E</td><td>bei Bodenplatten mit Dränung und erdberührten Wänden</td></tr>
</table>

1) Für die Beanspruchungsklasse BK1 ist vom Baugrundsachverständigen (Geotechniker) stets eine chemische Analyse von Wasser/Baugrund nach DIN 4030 durchzuführen und anzugeben, ob eine chemisch angreifende Umgebung vorliegt mit notwendiger Zuordnung in die Expositionsklasse XA nach Tafel 2.5.

Tafel 3.5: Raumnutzungsklassen (nach WU-Richtlinie [R3], DAfStb-Heft 555 [R4] sowie [L45])

Raumnutzungsklasse NK-A	Raumnutzungsklasse NK-B
– Feuchtetransport in flüssiger Form nicht zulässig – Feuchtstellen auf Bauteilflächen, die der Wassereinwirkung abgewendet sind, als Folge von Wasserdurchtritt nicht zulässig	– Feuchtetransport in flüssiger Form im Bereich von Trennrissen, Sollrissquerschnitten und Fugen in begrenztem Maße zulässig – entstehende Feuchtstellen mit Dunkelverfärbungen, ggf. auch Bildung von Wasserperlen zulässig
Anwendungsbeispiele: – Installations- und Versorgungsschächte und -kanäle für Elektroinstallation, Be- und Entlüftung; – Lagerräume mit hochwertiger Nutzung	*Anwendungsbeispiele:* – Standard für Tiefgaragen – Einzelgaragen, – ggf. Installations- und Versorgungsschächte und -kanäle für Wasser und Abwasser; – Lagerräume mit geringen Anforderungen

3.7 Einwirkungen durch Chloride auf Bewehrung

Eine wesentliche Ursache für Stahlkorrosion in Parkbauten ist das Eindringen von Chloriden in den Beton. Chloride sind in Auftausalzen enthalten, die hauptsächlich aus Natriumchlorid NaCl (Kochsalz) bestehen. Tausalze werden in besonderen Situationen zur Vermeidung von Eis- und Schneeglätte auf Straßen und Gehwegen eingesetzt. Obwohl in Parkbauten kein Salz gestreut wird, werden doch die einparkenden Fahrzeuge mit dem Schneematsch auch Tausalz einschleppen. Chloride sind auch im Meerwasser enthalten, was allerdings auf Parkbauten im Allgemeinen keinen Einfluss ausübt.

Das Eindringen von Chloriden in den Beton lässt sich im Wesentlichen durch folgende Einflüsse beschreiben:
- Chlorid-Diffusionswiderstand des Zementsteins
- Chlorid-Bindevermögen des Zementsteins
- Chlorid-Eindringungen durch Risse im Beton

3.7.1 Chlorid-Diffusionswiderstand des Zementsteins

Der Chlorid-Diffusionswiderstand des Zementsteins ist abhängig von der Porenstruktur des Betons und damit von der Betonzusammensetzung, insbesondere vom Wasserzementwert, sowie von der Verdichtung und der Nachbehandlung des Betons (Abschnitte 2.1.4 und 2.1.5).

3.7.2 Chlorid-Bindevermögen des Zementsteins

Für das Chlorid-Bindevermögen des Zementsteins sind höchstzulässige Chloridgehalte für die Ausgangsstoffe und für den Beton in DIN 1045-2 festgelegt sind (Tafel 3.6).

Die Anforderungen an den Chloridgehalt in Betonzusammensetzungen gelten als eingehalten, wenn der Chloridgehalt der Ausgangsstoffe (Gesteinskörnung, Zement, Zu-

Tafel 3.6: Höchstzulässiger Chloridgehalt von Beton und den Ausgangsstoffen (nach DIN EN 206-1 mit DIN 1045-2, Tabelle 10) [N4]

Beton-verwendung	Klasse des Chlorid-gehalts	Chloridgehalt im Beton, bezogen auf den Zement	Chloridgehalt der Ausgangsstoffe des Betons			
			Gesteins-körnung	Zement, insbesondere CEM III	Zusatz-mittel	Zusatz-stoffe
Beton ohne Bewehrung	Cl 1,0	≤ 1,0 M.-%	≤ 0,15 M.-%	≤ 0,10 M.-%	≤ 0,20 M.-%	≤ 0,10 M.-%
Beton mit Betonstahl-bewehrung	Cl 0,4	≤ 0,4 M.-%	≤ 0,04 M.-%			
Beton mit Spannstahl-bewehrung	Cl 0,2	≤ 0,2 M.-%	≤ 0,02 M.-%			

sätze) den jeweils festgelegten Grenzwert nicht überschreitet. Voraussetzung ist allerdings, dass im Beton keine Risse vorhanden sind, über die Chloride bis zur Bewehrung vordringen können.

3.7.3 Chlorid-Eindringungen durch Risse

Chlorideindringungen durch Risse im Beton setzen alle Überlegungen hinsichtlich des Diffusionswiderstandes und des Bindevermögens des Zementsteins außer Kraft. Daher sind Risse in bewehrten Bauteilen dauerhaft gegen eindringende Chloride zu sichern. Dies kann durch Abdichten der Risse mit Injektionsharz, durch Rissbandagen oder durch vollflächige Beschichtungen oder Abdichtungen erfolgen. Hierbei sind spätere Rissbreitenänderungen zu berücksichtigen. Chloridbeaufschlagte Flächen mit Rissen, bei denen Rissbreitenänderungen zu erwarten sind (Temperaturdifferenzen, Schwinden), müssen für später erforderlich werdende Rissabdichtungen zugänglich bleiben, wenn sie weder rissüberbrückende Bandagen, noch eine vollflächige Beschichtung oder Abdichtung erhalten.

3.7.4 Zuordnung chloridbeanspruchter Stahlbetonbauteile in Expositionsklassen

Alle bewehrten Betonbauteile, auf die Chloride einwirken können, sind gegen Chloridkorrosion zu sichern. Dies kann auf unterschiedliche Weise erfolgen:

- Befahrene Stahlbetonbauteile ohne flächigen Oberflächenschutz (z. B. Parkdecks und Rampen der Ausführungsart „Oberflächen ohne Schutz“ entsprechend Tafel 2.18) sind den Expositionsklassen XD3, XC4 und WA zuzuordnen, bei Frosteinwirkung zusätzlich XF2 oder XF4.
- Befahrene Stahlbetonbauteile mit flächigem Oberflächenschutzsystem (z. B. Parkdecks und Rampen der Ausführungsart „Beschichtungen“ nach Tafel 2.18) sind den Expositionsklassen XD1, XC3 und WF zuzuordnen, bei Frosteinwirkung zusätzlich XF1.
- Befahrene Stahlbetonbauteile mit flächiger Abdichtung und Schutzschicht (z. B. Parkdecks und Rampen der Ausführungsart „Abdichtungen“ nach Tafel 2.18) müssen auch im Spitzwasserbereich im Allgemeinen nicht in eine der Expositionsklassen XD eingestuft werden. Hierfür genügt die Einstufung in die Expositionsklassen XC3 und WF, bei zu erwartender Frosteinwirkung jedoch auch in XF1.

- Aufgehende Stahlbetonbauteile ohne Oberflächenschutz (z. B. Stützen, Wände oder Sockel der Ausführungsart „Oberflächen ohne Schutz“ nach Tafel 2.18) sind im Spitzwasserbereich im Allgemeinen in die Expositionsklasse XD2 und WA einzustufen, bei zu erwartender Frosteinwirkung auch in XF2.
- Aufgehende Stahlbetonbauteile mit Oberflächenschutzsystem (z. B. Stützen, Wände oder Sockel der Ausführungsart „Beschichtungen“ nach Tafel 2.18) müssen auch im Spitzwasserbereich im Allgemeinen nicht in eine der Expositionsklassen XD eingestuft werden. Hierfür genügt die Einstufung in die Expositionsklassen XC3 und WF, bei zu erwartender Frosteinwirkung jedoch auch in XF1.

- Arbeitsfugen am Übergang von waagerechten oder gering geneigten Flächen zu aufgehenden Bauteilen mit durchgehender Bewehrung (z. B. von Stahlbetonfundamenten und Parkdecks zu Stützen und Wänden) müssen durch gefügedichte Dreieckskehlen oder Hohlkehlen als Dichtungskehlen mindestens 30 mm × 30 mm so geschützt werden, dass chloridhaltiges Wasser nicht eindringen kann. Dazu ist ein Oberflächenschutzsystem mindestens 150 mm hoch an den aufgehenden Bauteilen aufzubringen und über die Dichtungskehle mindestens bis auf die waagerechte oder gering geneigte Fläche zu führen (Abschnitt 10.2.1).

- Erdberührte Stahlbetonbauteile unter durchlässigen Fahr- und Gehbelägen (z. B. horizontale oder gering geneigte Fundamentoberflächen) ohne Oberflächenschutz sind in die Expositionsklassen XD3 und WA einzustufen.
- Erdberührte Stahlbetonbauteile unter durchlässigen Fahr- und Gehbelägen (z. B. vertikale Fundamentseitenflächen oder stark geneigte Fundamentoberflächen mit 2,5 %) ohne Oberflächenschutz sind in die Expositionsklassen XD2 und WF einzustufen.
- Erdberührte Stahlbetonbauteile unter durchlässigen Fahr- und Gehbelägen mit Oberflächenschutz müssen auch nicht in eine der Expositionsklassen XD eingestuft werden. Hierfür genügt die Einstufung in die Expositionsklassen XC3 und WF.

Das bedeutet:
Alle chloridbeanspruchten Stahlbetonbauteile, auch indirekt beanspruchte Stahlbetonbauteile, die beispielsweise unter durchlässigem Betonsteinpflaster liegen, wie Stahlbetonfundamente, sind vom Tragwerksplaner entsprechend der Festlegung des Entwurfsgrundsatzes einer der Expositionsklassen XD1, XD2 oder XD3 zuzuordnen. Dies ist mit dem Objektplaner abzustimmen, damit diese Anforderungen sowohl im Leistungsverzeichnis für die Stahlbetonarbeiten als auch im Leistungsverzeichnis für die Schutzmaßnahmen (z. B. Beschichtungsarbeiten) aufgenommen werden.

3.8 Einwirkungen durch chemisch aggressive Umgebung

3.8.1 Treibstoff, Motorenöl, Schmierfett

Treibstoffe wie Benzin oder Dieselkraftstoff, die auf die Betonoberfläche tropfen und dort ggf. Pfützen bilden, dringen zwar in den Beton ein, schädigen ihn aber nicht. Auch Motorenöl und Schmierfett greifen Betone mit Zusammensetzungen, wie sie für Parkdecks verwendet werden, nicht an. Insofern sind besondere Schutzmaßnahmen gegen diese Stoffe nicht erforderlich und sie bedingen auch keine Einstufung in eine der Expositionsklassen XA.

3.8.2 Chemisch aggressive Wässer und Böden

Bauteile in Tiefgaragen, die ständig oder zeitweise drückendem Wasser ausgesetzt werden, wie beispielsweise befahrene Bodenplatten und Außenwände in Tiefgaragen, sind aus wasserundurchlässigem Beton herzustellen. Der Beton kann vom Wasser angegriffen werden, wenn dieses aggressive Stoffe enthält. Gleiches gilt für natürliche

Böden mit chemisch aggressiven Stoffen. Daher müssen bei Beginn der Planung das Wasser und der Baugrund auf betonangreifende Stoffe untersucht werden. Tafel 3.7 enthält Grenzwerte für alle betonangreifenden Stoffe, die im Grundwasser bzw. in natürlichem Boden enthalten sein können.

Abhängig von den bei der Untersuchung des Wassers und des Bodens festgestellten Mengen an chemisch angreifenden Stoffen ist eine Einstufung in die Expositionsklassen XA1 bis XA3 erforderlich.

Tafel 3.7: Grenzwerte für chemisch angreifende Stoffe durch natürliche Böden und Grundwasser (nach DIN EN 206-1 mit DIN 1045-2) [N4]

chemisches Merkmal	Referenzprüfverfahren	Expositionsklasse XA1 schwacher	 XA2 mäßiger chemischer Angriff	 XA3 starker
Wasser				
pH-Wert	ISO 4316	6,5 ... 5,5	< 5,5 ... 4,5	< 4,5 und ≥ 4,0
kalklösende Kohlensäure (CO_2) [mg/l]	DIN 4030-2	15 ... 40	> 40 ... 100	> 100 bis zur Sättigung
Ammonium [3] (NH_4^+) [mg/l]	ISO 7150-1 oder ISO 7150-2	15 ... 30	> 30 ... 60	> 60 ... 100
Magnesium (Mg^{2+}) [mg/l]	ISO 7980	300 ... 1000	> 1000 ... 3000	> 3000 bis zur Sättigung
Sulfat [4] (SO_4^{2-}) [mg/l]	DIN EN 196-2	200 ... 600	> 600 ... 3000	> 3000 und ≤ 6000
Boden				
Sulfat [5] (SO_4^{2-}) [mg/kg] insgesamt	DIN EN 196-2	≥ 2000 ... ≤ 3000 [6]	> 3000 [6] ... ≤ 12000	> 12000 und ≤ 24000
Säuregrad	DIN 4030-2	> 200 Bauman-Gully	in der Praxis nicht anzutreffen	

[1] Werte gültig für Wassertemperatur zwischen 5 °C und 25 °C sowie einer sehr geringen Fließgeschwindigkeit (näherungsweise wie für hydrostatische Bedingungen)

[2] Der schärfste Wert für jedes einzelne Merkmal ist maßgebend. Liegen zwei oder mehrere angreifende Merkmale in derselben Klasse, davon mind. eine im oberen Viertel (bei pH im unteren Viertel), ist die Umgebung der nächst höheren Klasse zuzuordnen. Ausnahme: Nachweis über eine spezielle Studie, dass dies nicht erforderlich ist.

[3] Gülle darf, unabhängig vom NH_4^+-Gehalt, in Klasse XA1 eingeordnet werden.

[4] Bei chemischem Angriff durch Sulfat (ausgenommen Meerwasser) für Expositionsklasse XA2 und XA3 ist Zement mit hohem Sulfatwiderstand (SR-Zement) erforderlich. Sulfatgehalte des Grundwassers > 600 mg/l müssen bei der Festlegung und Bestellung des Betons angegeben werden. Für SO_4^{2-} ≤ 1500 mg/l ist anstelle SR-Zement auch eine Kombination aus Zement und Flugasche zulässig.

[5] Tonböden mit einer Durchlässigkeit ≤ 10^{-5} m/s dürfen in eine niedrigere Klasse eingestuft werden.

[6] ggf. Grenzwert vermindern entsprechend Regelung DIN EN 206-1 Tab. 2

3.9 Einwirkungen auf den Beton durch Alkali-Reaktion

Zusätzlich zu den chemischen Angriffen, die von außen auf den Beton einwirken, kann es durch Alkali-Reaktion zu einem Angriff auf das Betongefüge von innen kommen, wenn die für den Beton verwendeten Gesteinskörnungen bestimmte Arten von Kieselsäure enthalten. Bei dieser Alkali-Reaktion (vollständig: *Alkali-Kieselsäure-Reaktion* oder kurz: *AKR*) findet eine chemische Reaktion zwischen Zementstein und Gesteinskörnung statt, bei der es zu einer Volumenvergrößerung kommt. Dadurch können Abplatzungen und Risse im Beton entstehen.

Der Ablauf und das Ausmaß der Alkali-Reaktion sind abhängig von:
- Art und Menge der alkaliempfindlichen Gesteinskörnung
- Alkaligehalt des Betons, im Wesentlichen des Zements
- Feuchte und Temperaturbedingungen der Umgebung

Um Schädigungen des Betongefüges zu vermeiden, sind bei Bauteilen, die der Feuchte ausgesetzt werden und alkaliempfindliche Gesteinskörnungen enthalten, besondere Vorsichtsmaßnahmen zu ergreifen [N2, R4]. Alkaliempfindliche Gesteinskörnungen enthalten amorphe oder feinkristalline Silikate, wie z. B. Opalsandstein, Kieselkreide und poröser Flint in Norddeutschland oder Grauwacke in der Lausitz.

Für die Zuordnung der Gesteinskörnungen gelten die Einteilungen der Bedenklichkeit entsprechend Tafel 3.8.

Auf den Lieferscheinen der Kieswerke und der Transportbetonwerke sind die Alkali-Empfindlichkeitsklassen der Gesteinskörnungen anzugeben.

Vom Planer ist die zutreffende Feuchteklasse als Expositionsklasse festzulegen, damit geeignete Maßnahmen gegen eine schädigende Alkali-Reaktion vorgenommen werden können. Die erforderlichen vorbeugenden Maßnahmen gegen schädigende Alkali-Reaktion im Beton sind aus Tafel 3.9 zu ersehen.

Tafel 3.8: Bedenklichkeit der Gesteinskörnung hinsichtlich Alkali-Reaktion (DAfStb-Richtlinie Alkali-Reaktion) [R6]

Bedenklichkeit	Alkali-Empfindlichkeitsklasse	Gesteinskörnung
unbedenklich	E I	Gesteinskörnungen außerhalb des Anwendungsbereichs der Alkali-Richtlinie
	E I-O E I-OF E I-S	Opalsandstein einschl. Kieselkreide Opalsandstein einschl. Kieselkreide und Flint gebrochene Grauwacke, Quarzporphyr als Splitt
bedingt brauchbar	E II-O E II-OF	Opalsandstein einschl. Kieselkreide Opalsandstein einschl. Kieselkreide und Flint
bedenklich	E III-OF E II-S	Opalsandstein einschl. Kieselkreide und Flint gebrochene Grauwacke, Quarzporphyr als Splitt

Tafel 3.9 Vorbeugende Maßnahmen gegen schädigende Alkali-Kieselsäure-Reaktion [R6]

<table>
<tr><th rowspan="2">Alkaliempfindlichkeitsklasse der Gesteinskörnung</th><th rowspan="2">Zementgehalt [kg/m³]</th><th colspan="2">erforderliche Maßnahmen für die Feuchtigkeitsklasse [1)]</th></tr>
<tr><th>feucht
WF</th><th>feucht + Alkalizufuhr von außen
WA</th></tr>
<tr><td>E I; E I-S;
E I-0 – E I-OF</td><td>keine Festlegung</td><td rowspan="2">keine</td><td>keine</td></tr>
<tr><td>E II-0 – E I-OF;
E II-0 – E II-OF;
E II-0 – E III-OF</td><td rowspan="2">$z \leq 330$</td><td>(na)-Zement</td></tr>
<tr><td>E III-0 – E I-OF;
E III-0 – E II-OF;
E III-0 – E III-OF</td><td>(na)-Zement</td><td>Austausch der Gesteinskörnung</td></tr>
<tr><td>E I-0 – E II-OF;
E II-0 – E II-OF;
E III-0 – E II-OF</td><td rowspan="2">$z > 330$</td><td rowspan="2">(na)-Zement</td><td>(na)-Zement</td></tr>
<tr><td>E I-0 – E III-OF;
E II-0 – E III-OF;
E III-0 – E III-OF</td><td>Austausch der Gesteinskörnung</td></tr>
<tr><td rowspan="3">E III-S</td><td>$z \leq 300$</td><td rowspan="2">keine</td><td>keine</td></tr>
<tr><td>$300 < z \leq 350$</td><td>(na)-Zement oder gutachtliche Stellungnahme [2)]</td></tr>
<tr><td>> 350</td><td>(na)-Zement oder gutachtliche Stellungnahme [2)]</td><td>Austausch der Gesteinskörnung oder gutachtliche Stellungnahme</td></tr>
</table>

1) Für die Feuchtigkeitsklasse WO (trocken) sind für alle Alkaliempfindlichkeitsklassen keine vorbeugenden Maßnahmen erforderlich.

2) Für die Erstellung einer Gutachtlichen Stellungnahme sind besonders fachkundige Personen einzuschalten.

Hinweise zu den Gesteinskörnungen:

- zu Alkali-Empfindlichkeitsklasse E I:
  Bei allen Gesteinskörnungen der Alkali-Empfindlichkeitsklasse E I entsprechend Tafel 3.9 sind keine besonderen Maßnahmen erforderlich, denn sie sind bei der Anwendung im Beton unempfindlich und daher als Gesteinskörung unbedenklich.
- zu Alkali-Empfindlichkeitsklasse E II:
  Bei den bedingt brauchbaren Gesteinskörnungen der Alkali-Empfindlichkeitsklassen E II ist stets ein (na)-Zement erforderlich, mit Ausnahme der Gesteinskörnung E II – O in der Feuchteklasse WF, wofür keine Maßnahmen erforderlich sind.
- zu Alkali-Empfindlichkeitsklasse E III:
  Bei den bedenklichen Gesteinskörnungen der Alkali-Empfindlichkeitsklasse E III ist in der Feuchtigkeitsklasse WF meistens ein (na)-Zement erforderlich, in der Feuchtigkeitsklasse WA ist zu entscheiden, ob eine andere Gesteinskörnung verwendet wird (Austausch), oder ob ein Gutachten durch einen sachkundigen Gutachter angefordert wird.

3.10 Einwirkungen durch Zwangbeanspruchung

Bauteile sind einer Zwangbeanspruchung ausgesetzt, wenn sie sich nicht frei verformen können, weil sie beispielsweise mit anderen Bauteilen fest verbunden sind. Die Festlegung der Konstruktion hat daher nach Möglichkeit so zu erfolgen, dass sich die Betonbauteile verkürzen können. Verbindungen der Bauteile miteinander behindern oder verhindern ein freies Verformen. Einfeldkonstruktionen sind am ehesten verformungsfähig.

Die Behinderung der Verformbarkeit der Bauteile kann kritisch werden, wenn dadurch Zugspannungen entstehen, die der Beton nicht aufnehmen kann. Das Entstehen von Rissen ist die Folge. Um Maßnahmen gegen das Entstehen zu breiter Risse ergreifen zu können, ist zunächst zu klären, wodurch Zwangbeanspruchungen entstehen und wann dies voraussichtlich der Fall sein wird. Hierbei werden früher Zwang der Einwirkungsklasse EK-FZ und später Zwang der Einwirkungsklassen EK-FS, EK-T oder EK-S unterschieden (Tafel 2.1).

3.10.1 Früher Zwang durch Hydratationswärme

Zwangbeanspruchungen können durch frühe Einwirkungen auf den Beton entstehen, beispielsweise wenn der Beton nach dem Entstehen der Hydratationswärme und dem Erreichen des Temperaturmaximums wieder abkühlt (Bild 4.1). Dadurch können Netzrisse und/oder Trennrisse entstehen. Da diese Rissbildungen von den Festigkeits- und Formänderungseigenschaften des Betons abhängen, sind diese Eigenschaften im Kapitel 4 ausgeführt (Abschnitte 4.3 und 4.4).

3.10.1.1 Innerer Zwang durch Oberflächenspannungen (Eigenspannungen)

Zwangbeanspruchungen können sich zu einem sehr frühen Zeitpunkt bilden, wenn beispielsweise die beim Erhärten des Betons entstehende Hydratationswärme abfließt. Die sich dabei entwickelnden Oberflächenspannungen (Eigenspannungen) können zu netzartigen Rissen an der Betonoberfläche führen. Diese netzartigen Risse werden auch Oberflächenrisse oder Krakelee (Craquelé) genannt.

Die Oberflächenspannungen entstehen durch Verformungsbehinderung innerhalb eines Betonbauteils. Zu derartigen Verformungsbehinderungen kommt es beispielsweise durch Temperaturgefälle zwischen dem Kern und den Randbereichen eines Bauteils beim Abkühlen und beim Austrocknen des Betons durch unterschiedliche Feuchteverteilung im Querschnitt. Die Randbereiche erfahren beim Abkühlen und Austrocknen ein Verkürzungsbestreben, während aber der Kern des Bauteils die Verkürzung behindert. Daher werden die Oberflächenspannungen auch als Eigenspannungen bezeichnet, die durch inneren Zwang entstehen. Die kritische Zeit der Rissgefahr besteht innerhalb der ersten zwei Tage nach Herstellung des Bauteils (Gleichung (Gl. 5.4)).

Risse durch Oberflächenspannungen beeinflussen die Tragsicherheit nicht direkt, sie können aber einen ungünstigen Einfluss auf die Dauerhaftigkeit haben. Die beim Überschreiten der Zugfestigkeit entstehenden Risse erreichen zwar nur eine relativ geringe Tiefe, weswegen sie die Wasserundurchlässigkeit des Bauteils nicht beeinträchtigen. Jedoch können diese netzartigen Risse bereits eine Kerbbildung vorgeben, die von später entstehenden Trennrissen aufgenommen werden. Kritischer kann jedoch das tiefere Eindringen von Chloriden sein (Abschnitt 3.7).

3.10.1.2 Früher Zwang durch Zugspannungen

Beim weiteren Abfließen der Hydratationswärme des Betons erfährt das Betonbauteil im Laufe der nachfolgenden Stunden eine Beanspruchung durch zentrischen Zug, wenn sich das Betonbauteil nicht verkürzen kann. Dabei besteht die Gefahr der Trennrissbildung. Die Behinderung entsteht entweder durch Verbindung des Bauteils mit anderen Bauteilen. Bodenplatten sind frühem Zwang ausgesetzt, wenn sie sich durch nicht ebene Unterseiten im Unterbau verhaken (Bild 7.3 a)) oder wenn die Reibung auf dem Unterbau zu groß ist.

Zur Verringerung der Reibung auf grob kiesigem oder bindigem Baugrund ist meistens ein Sandbett unter dem Unterbeton (Sauberkeitsschicht) geeignet. Das Sandbett kann als „Rollschicht" wirken [R4], [L01]. Hierfür ist es günstig, wenn auf dem feuchten Sandbett eine Trennlage liegt, um das Einsickern von Zementleim aus dem Unterbeton in das Sandbett zu verhindern.

Geeignete Reibungsbeiwerte μ_0, mit denen die entstehende Zugkraft in einer Bodenplatte rechnerisch bestimmt werden kann, enthält Tafel 3.10. Damit ist es möglich, zwischen wirtschaftlicheren und sicheren Konstruktionen zu wählen.

Nach dem Erwärmen des Betons durch die Hydratation des Zements kommt es langsam zum Temperaturausgleich. Der Zeitpunkt zum Erreichen des Temperaturausgleichs ist insbesondere von der Bauteildicke h_B und von der Festigkeitsentwicklung des Betons abhängig, normale Erhärtungsbedingungen vorausgesetzt. Es kann angenommen werden, dass die Temperatur im Kern in den nächsten Tagen nach dem Temperaturmaximum um etwa 5 K bis 10 K je Tag abnimmt, bis der Temperaturausgleich erreicht ist. Die kritische Zeit für das Entstehen von Trennrissen ist etwa 48 Stunden nach Herstellung des Bauteils gegeben (Gleichung (Gl. 5.4))

Da diese Trennrisse die Gebrauchstauglichkeit der Betonbauteile gefährden können, wird der Nachweis der Gebrauchstauglichkeit gesondert geführt. Hierfür gelten Kapitel 5 und 11.

Eine besondere Art des frühen Zwangs entsteht gerade dort, wo zu hohe Zwangbeanspruchungen vermieden werden sollen: bei Arbeitsfugen. In dem an die Arbeitsfuge anschließenden Bauteil kommt es beim Abklingen der Hydratationswärme durch Verbund mit dem vorher hergestellten Abschnitt zur Behinderung des Verkürzungsbestrebens. Durch die Behinderung entstehen Querzugspannungen im späteren Betonierabschnitt. Es können sich Trennrisse quer zur Arbeitsfuge bilden.

Tafel 3.10: Reibungsbeiwerte μ_0 als Rechengrößen (nach [R4], [R5], [L45])

Zeile	Unterkonstruktion [1]	Trennschicht/Gleitschicht	Dicke der Betonbodenplatte	Reibungsbeiwert μ_0 für 1. Verschiebung
	Betonbodenplatten auf Baugrund oder Sandschicht ohne oder mit Trennschicht			
1	Lagerung auf grobkörnigem Baugrund ohne Sandbettung (Direktlagerung)	ohne Trennschicht	– [2]	1,4 … 2,1 [3,8]
2	Lagerung auf Kies-Sand-Bodenaustausch mit feucht-trittfester Oberfläche (Direktlagerung)	ohne Trennschicht	$h_B \leq 20$ cm	1,4 [3]
3			$h_B \geq 80$ cm	0,9 [3]
4	Lagerung auf sandigem Baugrund mit feucht-trittfester Oberfläche (Direktlagerung)	ohne Trennschicht	– [2]	0,9 … 1,1 [3,4,8]
5	Lagerung auf grobkörnigem Baugrund mit feucht-trittfester Sandbettung 0/2 mm	Sandbettung mit Trennschicht Geotextil-Vlies GRK 3	$h_B \leq 30$ cm	0,8 … 1,0 [6,5,8]
6			$h_B \geq 80$ cm	0,5 … 0,7 [6,8]
	Betonbodenplatten auf Unterbeton mit Trennschicht			
7	Lagerung auf Unterbeton, Oberfläche kellengeglättet	Unterbeton mit Trennschicht 2 Lagen PE-Folie 0,2 mm	$h_B = 15$ cm	0,6 [5]
8			$h_B = 30$ cm	0,5 [5]
9			$h_B = 60$ cm	0,5 [5]
10			$h_B = 90$ cm	0,45 [5]
11	Lagerung mit Perimeterdämmung auf Unterbeton bei beliebigem Baugrund	Unterbeton mit Perimeterdämmung und Trennschicht PE-Folie 0,2 mm	$h_B \leq 30$ cm	0,8 [5]
12			$h_B \geq 80$ cm	0,5 [6]
	Betonbodenplatten auf Unterbeton mit Gleitschicht [9]			
13	Lagerung auf Unterbeton, Oberfläche eben abgezogen, makrorau	Unterbeton mit Gleitschicht 2 Lagen PE-HD-Folie 1 mm, dazwischen Silikonfett als Schmiermittel	– [2]	0,8 [3]
14	Lagerung auf Unterbeton, Oberfläche eben abgezogen und flügelgeglättet, darunter beliebiger Baugrund		– [2]	0,3 [3]
15		Unterbeton mit Gleitschicht Polymerbitumen-Schweißbahn ≥ 5 mm, stumpf gestoßen	$h_B = 30$ cm	0,45 [3]
16			$h_B > 1{,}0$ m	0,2 [3]
Teilsicherheitsbeiwert für Reibung [10]			$\gamma_R = 1{,}25$	(Gl. 3.7)
Bemessungswert der Reibung			$\mu_0 = \gamma_R \cdot \mu_0$	(Gl. 3.8)

3.10.2 Später Zwang

Zwangbeanspruchungen, die auf den bereits erhärteten Beton einwirken, werden als später Zwang bezeichnet. Später Zwang im Betonalter ≥ 28 Tage kann auf Bauteile wirken, wenn die Lagerungsbedingungen der Bauteile so erfolgt, dass der Beton dieser Bauteile im späteren Alter austrocknet, also schwindet (Abschnitt 4.5). Eine andere Art des späten Zwangs kann dann entstehen, wenn sich das Bauwerk unterschiedlich setzt, sodass den Betonbauteilen spätere Verformungen aufgezwungen werden.

3.10.2.1 Später Zwang beim Schwinden des Betons

Zwangbeanspruchungen können auch durch spätere Einwirkungen hervorgerufen werden, beispielsweise durch Schwinden beim Austrocknen des Betons. Die Formänderungseigenschaften des Betons und die Größe des Schwindens sind in den Abschnitten 4.3 und 4.5 dargestellt. Bei chloridbeanspruchten Bauteilen, wie Parkdecks, und/oder wasserundurchlässigen Bauteilen, wie Bodenplatten im Grundwasser, ist stets zu klären, ob späte Zwangbeanspruchungen zur Rissbildung in den Betonbauteilen führen können, die die Dauerhaftigkeit des Bauwerks beeinträchtigen.

Das Schwinden des Betons bewirkt beachtliche Formänderungen der Betonbauteile, die größer sind als die Verformungsfähigkeit des Betons. Dieses verdeutlicht der Vergleich der Werte der Tafeln 4.6 für die Dehnfähigkeit des Betons und Tafel 4.12 für die Trocknungsschwinddehnung.

Es ist daher stets zu klären, in welcher Weise der Beton im Bauwerk austrocknen kann, wie groß die dabei entstehende Zwangbeanspruchung ist und ob diese Zwangbeanspruchung zur Rissbildung führen kann oder die Breite vorhandener Risse vergrößern könnte. Sofern eine Zwangbeanspruchung durch Schwinden des Betons nicht verhindert werden kann, ist stets ein Nachweis für späten Zwang erforderlich.

Fußnoten zu Tafel 3.10: Reibungsbeiwerte μ_0 als Rechengrößen (nach [R4], [R5], [L45])

[1] Für die Oberfläche der Unterkonstruktion sind die erhöhten Anforderungen an die Ebenheit nach DIN 18202 einzuhalten [N31]. In [R19] wird hierzu Zeile 3 der Tabelle 3 von DIN 18202 gefordert. Sofern ein Unterbeton verwendet wird, kann dieses die 5 cm dicke Sauberkeitsschicht aus Beton sein.

[2] Die Reibungsbeiwerte sind in diesem Fall unabhängig von der Dicke der Betonbodenplatte

[3] Reibungsbeiwerte nach DAfStb-Richtlinien [R19] und [R9]. Die erforderliche Ebenheit nach DIN 18202 Tab. 3 Zeile 3 [N31] ist einzuhalten.

[4] Reibungsbeiwerte nach ÖVBB-Richtlinie: Wasserundurchlässige Bauwerke – Weiße Wannen, Österreichischer Betonverein Wien

[5] Reibungsbeiwerte nach Ph. Löber und K. Holschemacher, HTWK Leipzig, Institut für Betonbau (IfB)

[6] Reibungsbeiwerte nach Vorschlag der Autoren

[7] Bei Reibungsbeiwerten mit einer Spannbreite, empfehlen die Autoren den höheren Wert zu verwenden, wenn keine Einflussmöglichkeit auf die Ausführung besteht, z. B. durch Festlegungen in der Leistungsbeschreibung.

[8] Für die Verwendung der Tafelwerte der Zeilen 13 bis 16 empfehlen die Autoren, die zulässigen Höhenabweichungen nach DIN 18202 Tab. 3 Zeile 3 [N31] auf die Hälfte der Werte zu begrenzen, z. B. 5 mm auf 4 m Messpunktabstand.

[9] PE-HD = Polyethylenfolie mit hoher Dichte.

[10] Für den Nachweis der Gebrauchstauglichkeit (maßgebend für die Begrenzung der Rissbreite) darf mit einem Teilsicherheitsbeiwert von $\gamma_R = 1{,}0$ gerechnet werden. Dennoch empfehlen die Autoren, mit einem Teilsicherheitsbeiwert von $\gamma_R = 1{,}25$ zu rechnen, da bei der Festlegung der Reibungsbeiwerte μ_0 gewisse Unsicherheiten bestehen.

Dabei wird sich bei Betonbauteilen, die sich nicht verformen können, weil sie mit anderen Bauteilen verbunden sind, stets zeigen, dass eine *„Bewehrung zur Begrenzung der Rissbreite“* erforderlich ist (Abschnitte 5.7 und 11.3). Zudem ist der Schutz vor Chlorideinwirkung und Wasserdurchtritt planerisch zu verhindern.

3.10.2.2 Später Zwang durch Temperaturänderungen

Späte Zwangbeanspruchungen entstehen auch dann, wenn auf Bauteile größere Temperaturänderungen einwirken und die Bauteile dabei an Längenänderungen behindert werden, weil sie mit anderen Bauteilen verbunden sind.

Um späte Zwangbeanspruchungen zu vermeiden, müssen den Bauteilen Längenänderungen gestattet werden, z. B. durch Trennung von anderen Bauteilen und durch Bewegungsfugen.

Für Bauteile, die nicht gegen Temperaturschwankungen zwischen Sommer und Winter geschützt werden und sich wegen der Verbindung mit anderen Bauteilen auch nicht bewegen können, erleiden nicht nur frühe Zwangbeanspruchungen beim Abfließen der Hydratationswärme, sondern auch späte Zwangbeanspruchungen, und zwar sowohl in der Bauphase als auch während der Nutzung als Parkbau. Dies trifft insbesondere für offene Parkbauten zu. Aber auch in geschlossenen Parkbauten mit mechanischer oder natürlicher Belüftung können die Bauteile durch Temperaturschwankungen gefährdet sein [L52], [L54], [L56].

Beispielweise kann in einer Tiefgarage mit natürlicher Belüftung durch Lichtschächte und durch ein vergittertes Tor – auch beim zeitweisen Öffnen des Tores – im Winter von einer Oberflächentemperatur von T_{out} = - 3 °C ausgegangen werden (Tafel 3.2). Wenn sicherheitshalber diese Temperatur als mittlere Bauteiltemperatur angenommen wird, ergibt sich bei einer Herstelltemperatur der Sohlplatte in der Größenordnung von + 10 °C bis + 12 °C in vereinfachender Weise eine Temperaturdifferenz von 15 Kelvin:

Bauteil-Abkühlung für die Bestimmung der zentrische Längszugbeanspruchung:

$\Delta T_c = 15\ K$ (Gl. 3.9)

Es kann angenommen werden, dass sich die Sohlplatte der Tiefgarage bei dieser Temperatureinwirkung verkürzen möchte (Gl. 3.4). Sofern sich die Sohlplatte nicht verkürzen kann, da sie mit Fundamenten und Schächten verbunden ist, die eine Verankerung im Baugrund bewirken, werden Zwangbeanspruchungen entstehen. Die sich dabei entwickelnden Zwangspannungen werden so groß, dass Risse zu erwarten sind. Den vereinfachten Nachweis für die Spätrissgefahr zeigt Abschnitt 5.4.1.

Außerdem kann der Temperaturzwang eine erhebliche Biegebeanspruchung bewirken, wenn große Tempertaturunterschiede zwischen Bauteil-Außenseite und -Innenseite entstehen. Hierfür ist mit einem Temperaturgradienten zu rechnen von:

$\Delta t_{Abkühlung} \approx 0{,}04$ K je mm Bauteildicke (Gl. 3.6)

Abschnitt 11.3 zeigt anhand von Beispielen das Abschätzen spät einsetzender Zwangbeanspruchungen an Nachweisen für Bodenplatten, Wände, Parkdecks und Dachdecken.

3.10.2.3 Später Zwang durch Setzungen des Bauwerks

Späte Zwangbeanspruchungen können auch durch ungleichmäßige Setzungen des Bauwerks infolge eines nachgiebigen Baugrundes hervorgerufen werden. Bei wasserundurchlässigen Bauwerken ist stets im Einzelfall zu klären, ob Zwangbeanspruchungen durch spätere Setzungen des Bauwerks zur Rissbildung führen können. Häufig sind Setzungen schon in der Rohbauphase durch die Belastung des Baugrunds soweit abgeklungen, dass verbleibende Setzungen nur einen geringen Einfluss auf eine zusätzliche Zwangbeanspruchung haben. Maßgebend für Setzungen sind die Aussagen im Baugrundgutachten.

Sofern ungleichmäßige Setzungen zu berücksichtigen sind, gilt für die hierbei anzunehmende Zugfestigkeit das Gleiche wie für das Schwinden des Betons. In diesen Fällen ist stets ein Nachweis der Bewehrung zur Begrenzung der Rissbreite bei spätem Zwang erforderlich (Abschnitt 11.3).

3.11 Einwirkungen durch Abgase

Bei offenen Parkbauten (Abschnitt 1.1.3.5) gehören zur Technischen Ausrüstung (TA) im Wesentlichen die Beleuchtung, die Entwässerung und Anlagen zur Parkhaussteuerung. Bei geschlossenen Parkbauten (Abschnitt 1.1.3.6) kommen noch weitere Einrichtungen hinzu, die einen erheblichen Aufwand erfordern können. Es sind Anlagen der Raumlufttechnik sowie Brandmeldeanlagen und Feuerlöscheinrichtungen.

Bei großen Parkbauten für gehobene Nutzungsansprüche ergänzen im Allgemeinen Aufzüge und Anlagen zur Videoüberwachung sowie Beschallungsanlagen für Durchsagen oder Musikunterhaltung die Technische Ausrüstung.

Für die Technischen Ausrüstungen zum Be- und Entlüften mit Verringerung der Schadstoffemissionen durch Verbrennungsmotoren gibt es teilweise unterschiedliche Verordnungen der Bundesländer. Diese Unterschiede sind bei der Gesamtplanung vom Planer der technischen Gebäudeausrüstung (TGA-Planer Abschnitt 1.2.9) zu beachten und einzuhalten. Eine Vergiftung der Nutzer von Parkbauten (z. B. durch HC = Kohlenwasserstoff, CO = Kohlenmonoxid, NO_x = Stickstoffoxid) muss durch einwandfreie Be- und Entlüftung ausgeschlossen sein. Die für das zutreffende Bundesland maßgebende Garagenverordnung ist zu beachten und die entsprechenden Anforderungen sind einzuhalten [V3].

Allgemein kann gelten:
Natürliche Lüftung genügt in Kleingaragen sowie in offenen Mittel- und Großgaragen, die oberirdisch angeordnet sind (Tafel 2.11). Bei geschlossenen, eingeschossigen Mittel- und Großgaragen mit geringer Nutzungsintensität der Klasse NI-1 genügt natürliche Lüftung nur dann, wenn eine ausreichende Querlüftung gegeben ist.

Mechanische Lüftungsanlagen sind stets bei geschlossenen Garagen erforderlich, z. B. bei mehrgeschossigen, unterirdischen Garagen, die keine ausreichende Querlüftung haben.

CO-Warnanlagen müssen in geschlossene Mittel- und Großgaragen mit Nutzungsintensitäten ≥ NI-2 installiert sein und bei einem zu hohen CO-Gehalt akustisch und durch Blinkzeichen dazu auffordern, die Motoren auszuschalten bzw. die Garage zügig zu verlassen.

3.12 Einwirkungen durch Brand

3.12.1 Besondere Brandschutzanforderungen an Parkbauten aus Beton

Auch in Parkbauten kann es in besonderen Fällen zu einem Brand kommen, wenn ein Fahrzeug Feuer fängt. Jedoch ist in Parkbauten im Gegensatz zu üblichen Hochbauten nicht mit einem großflächigen Brand zu rechnen. Daher sind für Parkbauten im Allgemeinen keine besonderen Einwirkungsgrößen im Hinblick auf eine Brandbeanspruchung zu berücksichtigen. Jedoch gelten die Anforderungen an den Brandschutz für übliche Hochbauten auch für Parkbauten. DIN EN 1991-1-2 [N1] und DIN EN 1992-1-2 [N2] sind zu beachten.

Beton-, Stahlbeton- und Spannbetonkonstruktionen bestehen aus nicht brennbaren Baustoffen und gehören entsprechend der Brandschutznorm DIN 4102-4 zur Baustoffklasse A1. Die Klassifizierung als Baustoff der Klasse A1 schließt die Verwendung von üblichen Betonzusatzmitteln und Betonzusatzstoffen nicht aus. Die Klassifizierung A1 geht auch bei Verwendung von Abstandhaltern aus Kunststoff nicht verloren, wenn die Masse der Abstandhalter gering ist. Allerdings kann die Feuerwiderstandsdauer beeinträchtigt werden. Die Abstandhalter bedürfen daher eines Nachweises der Eignung in brandschutztechnischer Hinsicht. Dies kann für geschlossene Parkbauten von Bedeutung sein, da die Garagenverordnung der Länder gegebenenfalls für die Parkdecks die Feuerwiderstandsklasse R 90 fordern.

Damit die Bewehrung nicht versagt, kann eine größere Betondeckung notwendig werden als diese nach DIN EN 1992-1-1 [N2] erforderlich ist (Abschnitt 6.2.5, Tafel 6.2). So beträgt beispielsweise für die Feuerwiderstandsklasse R 90 der Mindestabstand u bei unbekleideten zweiachsig gespannten Decken und dreiseitiger Lagerung u ≥ 35 mm. Der Mindestabstand u rechnet von Bauteilaußenseite bis Mitte Bewehrungsstab.

3.12.2 Allgemeine Brandschutzanforderungen an Parkbauten

Brandfälle in Parkbauten zeigten, dass bei einem Fahrzeugbrand insbesondere die erhebliche Rauchentwicklung eine Gefahr für Menschen birgt, wo hingegen die Übertragung des Brandes auf andere Fahrzeuge von zweitrangiger Bedeutung ist. In der Rauchentwicklung und -verbreitung liegt die wesentliche Personengefährdung, die auch wirksame Löscharbeiten erschwert.

Grundsätzliche Anforderungen an die Ausstattung der Parkbauten enthalten folgende gesetzlichen Verordnungen:
- MBO Musterbauordnung als Grundlage für die Landesbauordnungen [V1]
- LBO Landesbauordnungen der Bundesländer [V3]
- GarVO Garagenverordnungen der Bundesländer [V3]
- DIBt Bauregelliste A, B und C des Deutschen Instituts für Bautechnik Berlin, bekannt gemacht im Einvernehmen mit den obersten Bauaufsichtsbehörden der Länder [V5]

Die Anforderungen an den Brandschutz bei Parkbauten beziehen sich unter anderem auf folgende Bereiche:
- Abstände von Nachbargebäuden und von öffentlichen Verkehrsflächen
- Größe der freizuhaltenden Flächen auf dem Baugrundstück
- Anlage der Zufahrten und Abfahrten
- Betrieb und Nutzung des Garagenbaues
- Lüftung, Beleuchtung und Energieversorgung
- Brandschutzeinrichtungen und Brandschutzvorkehrungen, wie Brandmeldeanlagen, Sicherheitsbeleuchtung, Entrauchungsanlage, Feuerlöscher, Rettungswege
- gegebenenfalls Unterteilung der Gesamtfläche in Rauchabschnitte

Wenn im Einzelfall von der Baugenehmigungsbehörde eine brandschutztechnische Bemessung für den Brandfall verlangt wird, ist der Brandfall als außergewöhnliches Ereignis angesehen. Dies bedeutet, dass Brandeinwirkungen nicht mit anderen außergewöhnlichen Einwirkungen überlagert werden müssen.

Bei Parkbauten sind keine maximalen Fugenabstände wie bei üblichen Hochbauten einzuhalten, um die Einwirkungen durch Temperaturdehnungen zu verringern. Großflächige Parkdecks ohne Bewegungsfugen sind auch aus Brandschutzgründen möglich.

Da die Garagenverordnungen der Bundesländer hinsichtlich der Brandschutzanforderungen voneinander abweichen, ist zu empfehlen, schon bei der Planung eines Parkgebäudes ein Brandschutzkonzept von einem Sachverständigen für Brandschutz erstellen zu lassen und dieses bei der Baugenehmigungsbehörde zur Abstimmung einzureichen.

Tafel 3.11: Brandsschutzanforderungen an die wesentlichen Bauteile nach der Muster-Garagenverordnung M-GarVO [V3]

§§	Bauteile und Garagenbereiche	Garagentyp	Brandschutzmaßnahmen
§ 6	tragende Wände, Decken und befahrbare Dächer	allgemein	feuerbeständig
	tragende Wände, Decken und Dächer	oberirdische Mittel- und Großgaragen bis 22 m Höhe	feuerhemmend
		offene Mittel- und Großgaragen bis 22 m Höhe	nichtbrennbare Stoffe
		eingeschossige oberirdische Mittel- und Großgaragen	feuerhemmend
		Kleingaragen	
		automatische Garagen	
	Verkleidungen und Dämmschichten unter Decken und Dächern	Großgaragen	nichtbrennbare Stoffe
		Mittelgaragen	schwer entflammbare Stoffe
§ 7	Außenwände	Mittel- und Großgaragen	nichtbrennbare Stoffe
§ 8	Trennwände		
§ 9	Brandwände	anstelle von Brandwänden genügen:	
		– bei eingeschossigen oberirdischen Mittel- und Großgaragen	feuerbeständige Abschlusswände ohne Öffnungen
		– bei geschlossenen Kleingaragen	feuerhemmende oder nichtbrennbare Abschlusswände ohne Öffnungen
§ 10	Pfeiler und Stützen	wie § 6	wie § 6
§ 11	Brandabschnitte	Automatische Garagen durch Brandwände in Brandabschnitte teilen	Brandabschnitte $V \leq 6000\ m^3$
	Rauchabschnitte	Wände aus nichtbrennbaren feuerhemmenden Stoffen: – in oberirdischen geschlossenen Garagen für Rauchabschnitte mit $A \leq 5000\ m^2$, bei Sprinklerung $A \leq 10000\ m^2$ – in sonstigen geschlossenen Garagen für Rauchabschnitte mit $A \leq 2500\ m^2$, bei Sprinklerung $A \leq 5000\ m^2$	
§ 12	Verbindungen zu Garagen und zwischen den Geschossen	– zu geschlossenen Mittel- und Großgaragen nur durch Räume mit feuerbeständigen Wänden und Decken sowie feuerhemmenden, selbstschließenden Türen – zu Treppenräumen mit feuerhemmenden, selbstschließenden Türen	
§ 13	Rettungswege	– bei Mittel- und Großgaragen in jedem Geschoss mehr als 2 voneinander unabhängige Rettungswege – bei oberirdischen Mittel- und Großgaragen genügt 1 Rettungsweg mit Ausgang ins Freie nach max. 10 m – Entfernung zum Treppenhaus von jeder Stelle des Parkdecks: in offenen Mittel- und Großgaragen ≤ 50 m – in geschlossenen Mittel- und Großgaragen ≤ 30 m	

Im Rahmen des Brandschutzes werden verschiedene Garagentypen unterschieden:
- offene und geschlossene Garagen
- oberirdische und unterirdische Garagen

Daraus ergeben sich verschiedene Anforderungen, die brandschutztechnisch in den unterschiedlichen Ventilationsverhältnissen der Garagentypen und der damit verbundenen Wirksamkeit der Brandlasten im Brandfall begründet sind.

Vereinfacht können zu den brandschutztechnischen Anforderungen folgende Feuerwiderstandsklassen R für tragende Bauteile von Parkbauten angegeben werden:
- Feuerwiderstandsklasse R 90 für geschlossene Parkbauten und solche Parkbauten, die Teil eines Gebäudekomplexes sind
- Feuerwiderstandsklasse R 30 für oberirdische geschlossene Parkbauten
- Feuerwiderstandsklasse R 0 für offene Parkbauten

Zur Orientierung sind in Tafel 3.11 die wesentlichen Anforderungen an den Brandschutz aus der Muster-Garagenverordnung M-GarVO [V2] zusammengestellt. Dabei ist zu beachten, dass die Garagenverordnungen der Bundesländer teilweise hiervon abweichen [V3].

4 Beton – Festigkeits- und Formänderungseigenschaften

4.1 Anforderungen an den Beton

Für die Sicherstellung der Dauerhaftigkeit des Bauwerks sind vom Beton verschiedene Anforderungen zu erfüllen. Von den Bauteilen kann jedoch nur dann eine ausreichende Dauerhaftigkeit erwartet werden, wenn sich der Beton einwandfrei verarbeiten lässt. Dies gilt insbesondere wegen der teilweise sehr starken Einwirkungen auf Parkdecks in Parkbauten. Der Beton für Parkdecks in der Ausführungsart „Oberflächen ohne Schutz“ und „Beschichtungen“ muss wasserundurchlässig sein (WU-Beton). Daher sind einige Punkte bei der Festlegung des Betons zu beachten.

Frischbetoneigenschaften für die Ausführbarkeit

Bei der Festlegung der Anforderungen an den erhärteten Beton sind zunächst die Belange der Ausführbarkeit im erforderlichen Umfang zu berücksichtigen. Für die Verarbeitbarkeit sind die Eigenschaften des Frischbetons maßgebend. Das Transportbetonwerk setzt den Beton zusammen und muss daher wissen, welche Bauteile mit dem Beton hergestellt werden sollen, wie der Beton verarbeitet werden soll, insbesondere welche Oberflächenbearbeitung erforderlich ist (abziehen, profilieren, abscheiben oder glätten) und welche erhöhten Anforderungen an die Betonoberfläche bestehen. Falls Luftporenbeton erforderlich ist (LP-Beton mit hohem Frost-Tausalz-Widerstand), darf keine geglättete Oberfläche verlangt werden. Begründung: LP-Beton lässt sich nicht zielsicher glätten oder abscheiben. Stattdessen ist der Beton mit einer Rüttelbohle zu verdichten und abzuziehen. Die Oberfläche ist mit einem Besenstrich zu versehen. Darauf ist die Leistungsbeschreibung abzustimmen.

Bei niedrigen Lufttemperaturen unter + 5 °C kann Beton nur unter sehr hohem Aufwand geglättet werden, z. B. bei Vollwetterschutz mit Einhausung und Beheizung. Hierfür sind in der Leistungsbeschreibung erforderlichenfalls entsprechende Positionen vorzusehen.

Festbetoneigenschaften für die Dauerhaftigkeit

Der Beton muss gegen diese Einwirkungen widerstandsfähig sein. Er muss außerdem den Verbund mit der Bewehrung gewährleisten und vor allem die Bewehrung gegen Korrosion schützen. Daher sind die Oberflächen der Betonbauteile in jeweils zugehörige Expositionsklassen zuzuordnen (Abschnitt 2.1.4, Tafeln 2.4 und 2.5). Die entsprechende Expositionsklasse gibt vor, welche Grenzwerte der Beton einzuhalten hat. Diese Grenzwerte sind in DIN EN 1992-1-1/NA/A1 [N2] und den zugehörigen Normen [N4] [N5] festgelegt und sind in Tafel 4.1 wiedergegeben.

Es ist die Aufgabe des Tragwerksplaners, die Expositionsklassen der Bauteile und die Anforderungen an die Eigenschaften des erhärteten Betons im Bauwerk festzulegen. Außer den Expositionsklassen mit der Festigkeitsklasse und der Feuchtigkeitsklasse

Tafel 4.1: Grenzwerte für Beton, abhängig von den Expositionsklassen [N4]

	Expositions-klasse	höchstzulässiger Wasserzementwert max w/z bzw. $(w/z)_{eq}$	Mindestdruck-festigkeitsklasse min f_{ck}	Mindest-zementgehalt min z [1] [kg/m³]	min z [1) 2)] (bei Anrechnung von Zusatzstoffen) [kg/m³]
1	**Bewehrungskorrosion durch Karbonatisierung**				
	XC1	0,75	C16/20	240	240
	XC2				
	XC3	0,65	C20/25	260	240
	XC4	0,60	C25/30	280	270
2	**Bewehrungskorrosion durch Chloride, ausgenommen Meerwasser**				
	XD1	0,55	C30/37 [4)]	300	270
	XD2	0,50 [5)]	C35/45 [4) 12)]	320 [5) 13)]	270
	XD3	0,45	C35/45 [4)]	320 [5)]	270
3	**Bewehrungskorrosion durch Chloride aus Meerwasser**				
	XS1	0,55	C30/37 [4)]	300	270
	XS2	0,50	C35/45 [4) 12)]	320 [5) 13)]	270
	XS3	0,45	C35/45 [4)]	320 [5)]	270
4	**Frostangriff mit und ohne Taumittel [9)]**				
	XF1	0,60	C25/30	280	270
	XF2	0,55 [6)]	C25/30 [3)]	300 [13)]	[6)]
		0,50 [6)]	C35/45 [12)]	320 [5) 13)]	[6)]
	XF3	0,55	C25/30 [3)]	300 [13)]	270
		0,50	C35/45 [12)]	320 [5) 13)]	270
	XF4	0,50 [6)]	C30/37 [3) 7)]	320 [5)]	[6)]
5	**Betonangriff durch aggressive chemische Umgebung**				
	XA1	0,60	C25/30	280	270 [5)]
	XA2	0,50	C35/45 [4) 13)]	320 [5) 13)]	270
	XA3 [11)]	0,45	C35/45 [4)]	320	270
6	**Betonangriff durch Verschleißbeanspruchung [8)]**				
	XM1	0,55	C30/37 [4)]	300 [10)]	270

1) Bei 63 mm Größtkorn darf der Zementgehalt (min z) um 30 kg/m³ verringert werden. In diesem Fall darf Fußnote 4) nicht angewendet werden.

2) Für die Anrechnung von Zusatzstoffen sind die Bedingungen nach DIN EN 206-1 mit DIN 1045-2 einzuhalten.

3) Mittlerer Luftgehalt im Frischbeton unmittelbar vor dem Einbau: Größtkorn 8 mm ≥ 5,5 Vol.-%; Größtkorn 16 mm 4,5 Vol.-%; Größtkorn 32 mm ≥ 4,0 Vol.-%; Größtkorn 63 mm ≥ 3,5 Vol.-%. Einzelwerte dürfen diese Werte um max. 0,5 Vol.-% unterschreiten.

(Fortsetzung rechte Seite)

können auch weitere Vorgaben erforderlich sein, z. B. für den Elastizitätsmodul, die Rissbreitenbegrenzung und die Oberflächenzugfestigkeit.

Folgende Festlegungen sind vom Tragwerksplaner zu treffen:
- Art der Festigkeitsentwicklung:
  im Allgemeinen mittlere Festigkeitsentwicklung, abgestimmt auf die Umgebungsbedingungen (Sommer/Winter) und die erforderlichen Bearbeitungstakte (Glätten der Oberfläche), bei massigen Bauteilen langsame Festigkeitsentwicklung.
- Anforderungen an den Frost-Tausalz-Widerstand:
  Expositionsklasse XF4 bei direkt genutzten Betonflächen ohne Beschichtung. (Der hierfür erforderliche LP-Beton kann nicht zielsicher abgescheibt und/oder geglättet werden; stattdessen ist nach dem Verdichten des Betons die Oberfläche mit einem Besenstrich zu versehen).
- Größtkorn der Gesteinskörnung:
  abhängig von den Bauteildicken und vom lichten Abstand der Bewehrungsstäbe, z. B. statt 32 mm nur 16 mm oder 8 mm Größtkorn.
- Vermeiden von Oberflächenschäden:
  Es sind erhöhte Anforderungen zu stellen für geringeren Anteil leichtgewichtiger organischer Verunreinigungen (z. B. Holz, Torf, Kohle), denn die Anforderungen in den Regelwerken reichen für erhöhte Anforderungen an die Oberflächen nicht aus (Tafel 4.2).
- Übernahme dieser Festlegungen des Tragwerksplaners in die Leistungsbeschreibung.

Um alle Anforderungen zu erfüllen, die sich aus den Beanspruchungen der Parkdecks im Gebrauchszustand ergeben, sind bei der Auswahl des Betons und seiner Zusammensetzung einige weitere Grenzwerte einzuhalten. Die entsprechenden Anforderungen an den Beton werden im Wesentlichen durch eine geeignete Auswahl der Ausgangsstoffe und durch eine günstige Zusammensetzung dieser Ausgangsstoffe erfüllt.

Fußnoten zu Tafel 4.1: Grenzwerte für Beton, abhängig von den Expositionsklassen [N4]

[4] Bei LP-Beton aufgrund gleichzeitiger Anforderung aus Expositionsklasse ≥ XF2 eine Festigkeitsklasse niedriger

[5] Für massige Bauteile (nach [R16] gelten Besonderheiten (siehe [R16]).

[6] Zugabe von Zusatzstoffen Typ II zulässig, Anrechnung auf Zementgehalt oder w/z-Wert unzulässig

[7] Gesteinskörnungen mit Regelanforderungen und zusätzlich Widerstand gegen Frost bzw. Frost und Taumittel (siehe DIN EN 12620 unter Beachtung von DIN V 20000-103)

[8] Gesteinskörnungen: mäßig raue Oberfläche, gedrungene Gestalt; Gesteinskorngemisch möglichst grobkörnig

[9] Höchstzementgehalt max $z \leq 360$ kg/m³, jedoch nicht für hochfesten Beton

[10] Schutzmaßnahmen wie z. B. Schutzschichten oder dauerhafte Bekleidungen.

[11] Für langsam und sehr langsam erhärtende Betone ($r < 0{,}30$) eine Festigkeitsklasse niedriger. Die Festigkeit min f_{ck} zur Einteilung in die geforderte Druckfestigkeitsklasse ist auch in diesem Fall an Probekörpern im Alter von 28 Tagen zu bestimmen.

[12] Für Bauteile im Geltungsbereich der DAfStb-Richtlinie „Massige Bauteile aus Beton" [R16] wird als Festigkeitsklasse für die Expositionsklassen XD2, XS2, XF2, XF3 und XA2 abweichend von DIN EN 206-1/DIN 1045-2 die Festigkeitsklasse C30/37 gefordert. Bei Verwendung von LP-Beton, z. B. aufgrund gleichzeitiger Verwendung aus der Expositionsklasse ≥ XF2, ist hier eine Festigkeitsklasse niedriger zulässig. Für die Expositionsklasse XD3 und XS3 sind weitere Besonderheiten in dieser Richtlinie vorhanden.

[13] Nicht verwendet werden dürfen folgende Zemente (nach DIN 1045-1 [N4]): Portlandflugaschezemente CEM II/A/B-W, Portlandkalksteinzement CEM II/B-LL, Portlandkompositzemente CEM II/A/B-M, Hochofenzement CEM III/C.

Tafel 4.2: Grenzwerte für die Zusammensetzung des Betons für Parkdecks 1)
(Hinweise der Autoren in Anlehnung an DBV-Merkblatt [R9])

<table>
<tr><td>Zementgehalt 2)</td><td colspan="2">$z \leq 330$ kg/m³ (nur in besonderen Fällen ≤ 360 kg/m³)
(bei Walzbeton $z \leq 200 \ldots 250$ kg/m³)</td></tr>
<tr><td>Wassergehalt 2)</td><td colspan="2">$w \approx 165$ kg/m³ bei A32/B32, $w \approx 175$ kg/m³ bei A16/B16</td></tr>
<tr><td>Zementleimgehalt 2) 3)</td><td colspan="2">$zl \leq 270$ dm³/m³ bei A32/B32, $zl \approx 280$ dm³/m³ bei A16/B16,
stets $zl \leq 290$ dm³/m³</td></tr>
<tr><td>Höchstgehalt an Feinteilen für grobe Gesteinskörnungen > 4 mm</td><td colspan="2">$f_{1,5}$ (nach [R9])</td></tr>
<tr><td>Mehlkorngehalt 0/0,125 mm 2)</td><td colspan="2">$Mk \approx 360 \ldots 370$ kg/m³, bei Vakuumbeton ≤ 350 kg/m³
Wasser-Mehlkornwert $w/k \approx 0{,}45$</td></tr>
<tr><td>Mehlkorn- und Feinstsandgehalt 0/0,25 mm 2)</td><td colspan="2">$MK \approx 430$ kg/m³ (nach [R11])</td></tr>
<tr><td>Gesteinskörnung 0/2 mm</td><td colspan="2">$g_2 \leq 30$ M.-% bei Größtkorn ≥ 8 mm</td></tr>
<tr><td rowspan="5">Anforderungen an die Eigenschaften von Gesteinskörnungen</td><td>Kornform nach Plattigkeitskennzahl SI bzw. Kornformkennzahl FI:</td><td>SI_{50} bzw. FI_{50} bzw. bei gebrochenem Korn ≥ 8 mm: SI_{20} bzw. FI_{20} und $C_{90/1}$</td></tr>
<tr><td>Anteil leichtgewichtiger organischer Verunreinigungen:</td><td>bis Größtkorn 4 mm: $\leq 0{,}25$ M.-% 2)
über Größtkorn 4 mm: $\leq 0{,}02$ M.-% 2)</td></tr>
<tr><td>Widerstand gegen Polieren</td><td>bei gebrochener Gesteinskörnung $\geq PSV_{48}$</td></tr>
<tr><td>Widerstand bei Frost- Taumittel-Beanspruchung für begehbare bzw. befahrbare Betonflächen:</td><td>F_1 bzw. MS_{18} [R11]</td></tr>
<tr><td colspan="2">Feuchtigkeitsklasse entsprechend der DIN EN 1992-1-1 angeben:
z. B. WO, WF, WA oder WS</td></tr>
<tr><td>Wasserzementwert</td><td colspan="2">w/z entsprechend der maßgebenden Expositionsklassen nach DIN EN 206-1,
für WU-Beton: stets $(w/z)_{eq} \leq 0{,}55$, möglichst $\leq 0{,}50$
für direkt befahrene Betonflächen: $(w/z)_{eq} \leq 0{,}45$</td></tr>
<tr><td>Mindest-Luftgehalt des Frischbetons bei Frost-Taumittel-Beanspruchung für 32 mm Größtkorn 4) 5)</td><td>für Betone ohne BV oder FM:
Einzelwert $\geq 3{,}5$ Vol.-%
Tagesmittelwert $\geq 4{,}0$ Vol.-%</td><td>für Betone mit BV und/oder FM:
Einzelwert $\geq 4{,}5$ Vol.-%
Tagesmittelwert $\geq 5{,}0$ Vol.-%</td></tr>
<tr><td>Oberflächen-Bearbeitung</td><td colspan="2">LP-Beton lässt sich nicht zielsicher abscheiben und/oder glätten, stattdessen nach dem Verdichten des Betons die Oberfläche möglichst nur mit Besenstrich herstellen</td></tr>
<tr><td>Einbau-Konsistenz 2) 6)</td><td colspan="2">weicher Beton der Konsistenzklasse F3, Ausbreitmaß $a = 460$ mm $\pm$ 20 mm</td></tr>
<tr><td>Frischbeton-eigenschaften 2)</td><td colspan="2">Gutes Zusammenhaltevermögen, kein Wasserabsondern (Bluten),
kein Entmischen, nicht zu klebrig;
Prüfen des Entmischens auf dem Ausbreittisch nach DIN EN 12350-5,
Prüfen des Blutens mit Eimertest nach DIN EN 480-4</td></tr>
<tr><td>Frischbetontemperatur 2)</td><td colspan="2">möglichst ≥ 10 °C und ≤ 25 °C, sonst besondere Maßnahmen erforderlich</td></tr>
</table>

Die Grenzwerte für die Betonzusammensetzung sind in Tafel 4.2 zusammengestellt, deren Einhaltung von den Autoren empfohlen wird.

Die Objektüberwachung hat auf das Einhalten der Anforderungen an den Beton zu achten und diese Anforderungen mit dem Ausführenden auf die jeweilige Konstruktion abzustimmen. Da im Allgemeinen Transportbeton verwendet wird, ist vom Ausführenden zu klären, ob das Transportbetonwerk für den erforderlichen Beton bereits Erstprüfungen vorliegen hat. Dies geht aus dem Betonsortenverzeichnis des Transportbetonwerks hervor. Vor und während der Ausführung muss ein Betonsortenverzeichnis auf der Baustelle vorliegen.

Wenn für die erforderliche Betonzusammensetzung im Transportbetonwerk keine Erstprüfung vorliegt, muss die Prüfung für eine geeignete Betonzusammensetzung vor der Betonherstellung durchgeführt werden. Diese Prüfergebnisse sind bei der späteren Betonherstellung zu berücksichtigen. Da einige Festbetoneigenschaften jedoch erst nach dem Erhärten des Betons festgestellt werden können, muss hierfür Zeit vorhanden sein. Für die Erstprüfung ist das Transportbetonwerk zuständig.

Deshalb sind dem Transportbetonwerk die hierfür benötigten Informationen zeitig genug zur Verfügung zu stellen.

Nach dem Einbau des Betons beginnt das Erhärten. Hierbei sind einige Begleiterscheinungen von besonderer Bedeutung (Abschnitt 4.2).

4.2 Eigenheiten beim Erhärten des Betons

Während des Erhärtens durchläuft der Beton verschiedene Stadien, in denen er geänderten Auswirkungen ausgesetzt ist und sich unterschiedlich verhält. Untersuchungen [L57] zeigten dieses Verhalten sehr deutlich. Die Untersuchungen wurden mit extremen Werten durchgeführt, um die Verhaltensweise des Betons zu verdeutlichen.

Fußnoten zu Tafel 4.2: Grenzwerte für die Zusammensetzung des Betons für Parkdecks [1)]

[1)] Expositionsklasse und Betonfestigkeitsklasse nach Tafeln 2.4 bis 2.6

[2)] Diese Werte sind Empfehlungen der Autoren

[3)] Der Zementleimgehalt zl ergibt sich :
aus dem Volumen von Zement z + Flugasche f + Gesteinskörnung $g_{0,125}$. (< 0,125 mm) + Wasser w:
$zl = z/\gamma_z + f/\gamma_f + g_{0,125}/\gamma_g + w/\gamma_w$

[4)] Bei Gesteinskörnungen ≤ 16 mm Größtkorn ist der Mindestluftgehalt des Frischbetons um 0,5 Vol.-%, bei Vakuumbeton um 1,0 Vol.-% zu erhöhen

[5)] Dauerhaft beschichtete oder abgedichtete Bauteiloberflächen mit kraftschlüssigem Verbund bedürfen keines Luftporenbetons, stattdessen Einstufung in Expositionsklasse XF1

[6)] *weicher Beton:* Konsistenzklasse F3 ist der Beton für den Normalfall.
Außerdem können eingebaut werden:
plastischer Beton: Konsistenzklasse F2 für Einbau mit intensiv wirkender Rüttelbohle
sehr weicher Beton: Konsistenzklasse F4 für Beton mit Fließmittel
fließfähiger Beton: Konsistenzklasse F5 benötigt wenig Verdichtungsenergie, erfordert aber Erprobungen vor Ort bei verschiedenen Temperaturen, insbesondere bei Verwendung von PCE-Fließmittel
sehr steifer Beton: für Einbau mit Straßenfertiger und für gewalzten Beton

Folgende Daten kennzeichnen die nachstehend beschriebenen Untersuchungen:
- Beton aus Zement CEM I 32,5 R, A16/B16, w/z = 0,50
- Frischbeton-Temperatur 30 °C
- Lufttemperatur 30 °C
- Erstarrungsbeginn 2 h
- Abkühlung der Luft: Beginn 2 h bis 48 h nach dem Mischen, Geschwindigkeit 2 °C je Stunde

Fünf kennzeichnende Stadien sind beim Erhärten des Betons feststellbar, wenn er von außen abgekühlt wird und Einspannungen das Verformen des Betonbauteils behindern (Bild 4.1 und Tafel 4.3). Die Darstellung der Zeitachse in Bild 4.1 erfolgte im Wurzelmaßstab $\sqrt{t}$.

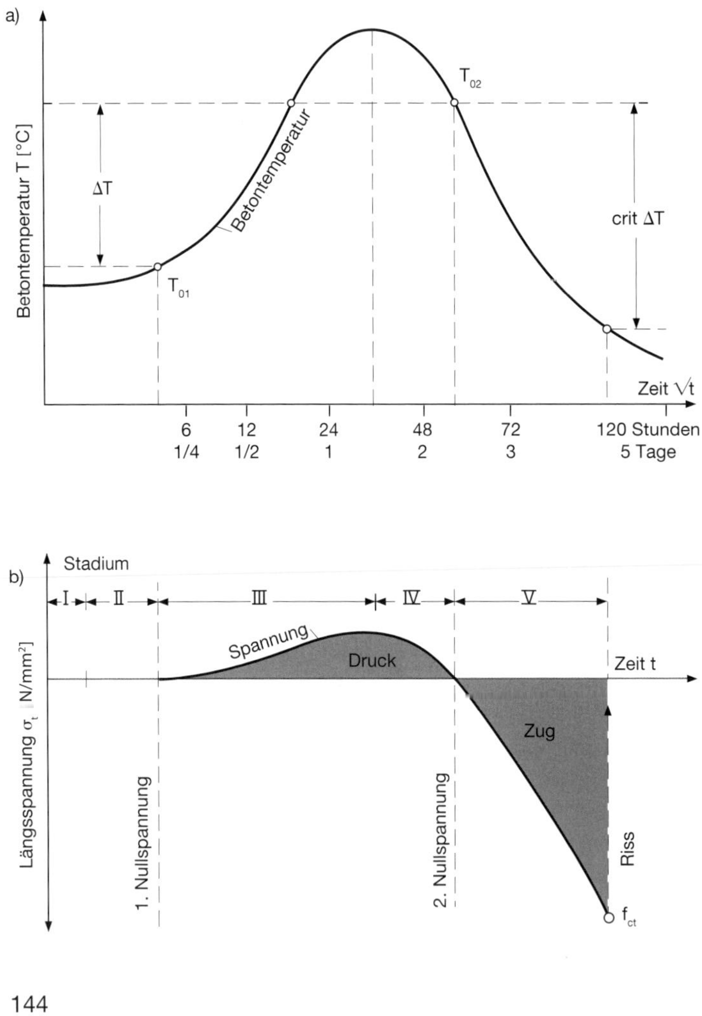

Bild 4.1: Verhalten des Betons [L53], [L57]

a) Betontemperatur bei Erwärmung und Abkühlung des Betons infolge Hydratation

b) Spannungen im Beton bei behinderter Verformung und Rissgefahr bei Erreichen der Betonzugfestigkeit

Tafel 4.3: Beispiel für die Stadien der Temperatur- und Spannungsentwicklung während der Erhärtung des Betons (nach [L53], [L57])

Stadium	Vorgang
I	Anfangsstadium vom Betoneinbau bis zum Einsetzen des Erstarrungsbeginns ohne Temperaturerhöhung
II	Beginn des Temperaturanstiegs durch Hydratation. Die Temperaturdehnung wird in Stauchungen umgesetzt, da sich der Beton in Längsrichtung nicht ausdehnen kann. Es entstehen keine messbaren Spannungen, denn der Beton ist noch plastisch verformbar. Die Temperatur am Ende dieses Stadiums wird als „erste Nullspannungs-Temperatur" bezeichnet. Sie liegt über der Frischbetontemperatur.
III	Beim weiteren Erwärmen und verstärkten Erhärten des Betons entstehen messbare Druckspannungen, da sich der Beton nicht ausdehnen kann. Die Druckspannungen werden zum Teil durch Kriechen und Relaxation abgebaut. Das Erreichen der Höchsttemperatur beendet dieses Stadium.
IV	Der Beton kühlt sich ab, da mehr Wärme abgeleitet und abgestrahlt wird, als durch Hydratation entsteht. Die Druckspannung wird geringer. Die Temperatur, bei der die Druckspannung zu Null wird, ist die „zweite Nullspannungs-Temperatur". Sie liegt um den Wert ΔT höher als die erste Nullspannungs-Temperatur. Ein Teil der Druckspannung wurde durch Kriechen und Relaxation abgebaut. Dabei hat sich der Beton um das Maß $\Delta L = k_{(\varphi+\psi)} \cdot \alpha_T \cdot \Delta T$ plastisch verkürzt.
V	Bei weiterer Abkühlung entstehen Zugspannungen. Sie werden zum Teil durch Kriechen und Relaxation abgemindert. Die Zugspannungen nehmen stark zu, bis schließlich der Beton reißt. Es entstehen *Risse.*

Folgerungen

Aus den vorgenannten Untersuchungen hinsichtlich der Rissgefahr bei jungem Beton können folgende Schlussfolgerungen für die Ausführung von Betonbauteilen abgeleitet werden [L53], [L57]:

Wenig erwärmen

Der Beton soll sich durch Hydratation oder Sonneneinstrahlung in den ersten Stunden möglichst wenig erwärmen. Damit wird dem Beton nur wenig plastische Stauchung aufgezwungen. Der Unterschied zwischen der zweiten Nullspannungs-Temperatur und der Endtemperatur darf nicht so groß werden. Niedrige Ausgangstemperatur und Abführen der Hydratationswärme durch Kühlen wirken sich günstig aus.

Langsam abkühlen

Nach der Wärmeentwicklung soll sich der Beton langsam abkühlen. Langsam entstehende Zugspannungen können weitgehender durch Kriechen und Relaxation abgebaut werden.

Austrocknen verzögern

Besonders hohe Rissgefahr besteht, wenn der Beton kurz nach Erreichen der Höchsttemperatur plötzlich austrocknen kann. Durch die dabei entstehende Verdunstungskälte wird er schneller abgekühlt. Zusätzlich wird der Beton durch Schwindspannungen beansprucht.

Geeignete Gesteinskörnungen

Gesteinskörnungen mit geringer Temperaturdehnung vermindern die Rissgefahr erheblich (Tafel 4.5). Mit Kalksteingestein gegenüber Quarzgestein wird der ertragbare Temperaturunterschied beim Abkühlen um etwa 50 % erhöht.

Geeignete Betonzusammensetzung

Betone mit geringeren Zementgehalten (möglichst $z \leq 320$ kg/m³) sind günstiger als solche mit höheren Zementgehalten ($z > 350$ kg/m³). Für schwindarme Betone ist auch der Wassergehalt niedrig zu halten (möglichst $w \leq 165$ kg/m³). Weitere Empfehlungen zeigt Abschnitt 4.5. Grenzwerte für die Betonzusammensetzung enthalten die Tafeln 4.1 und 4.2.

Luftporengehalt

Da Betone mit künstlichen Luftporen durch Zusatz eines LP-Mittels weniger rissempfindlich sind als solche ohne Luftporen, sollte der Einsatz nur auf direkt befahrene Parkdecks in der Ausführungsart „Oberflächen ohne Schutz“ angewendet werden. Durch künstliche Luftporen wird der Elastizitätsmodul gesenkt. Es ist daher Vorsicht geboten: Bei LP-Beton lassen sich Betonoberflächen nicht zielsicher abscheiben und/oder glätten, denn es besteht die Gefahr von Abplatzungen. Die Autoren empfehlen, direkt befahrene Oberflächen nach dem Abziehen und dem Abwarten der erforderlichen Liegezeit möglichst nur mit einem Besenstrich herzustellen.

Rissgefahr beim Austrocknen

Rasche Wasserabgabe durch Austrocknen des jungen Betons kann in den ersten Stunden zu erheblichen Verkürzungen führen. Dieser Gefahr sind nicht geschalte Betonoberflächen ausgesetzt. Nennenswerte Verkürzungen treten ein, sobald bei starker Verdunstung das Wasser verschwunden ist, das durch Bluten an die Oberfläche gelangt war. Bei austrocknendem Beton, der sich unbehindert verformen kann, sind (nach [L57]) drei Phasen zu unterscheiden:

I. Phase
   Anfangsphase ohne nennenswerte Erhärtung. Bei starker Verdunstung ist die Wärmeabgabe größer als die Wärmeentwicklung durch Hydratation. Daher kühlt der Beton bis unter die Lufttemperatur ab. Es findet eine rasche und starke Verkürzung des Betons statt.

II. Phase
   Zeitbereich mit maximaler Erhärtungsgeschwindigkeit. Trotz starker Verdunstung steigt die Betontemperatur wegen starker Wärmeentwicklung durch Hydratation an. Mit dem Temperaturanstieg und der beschleunigten Erhärtung erhöht sich die Steifigkeit des Betons. Die innere Verformungsbehinderung und die Temperaturdehnung bringen die Verkürzung zum Stillstand.

III. Phase

Zeitbereich verlangsamter Verdunstung und fallender Temperatur. Der Beton behält seine Länge bei. Bei frühzeitig ausgetrocknetem Beton sind nennenswerte Schwindverformungen in späterer Zeit nicht mehr zu erwarten. Zwar steigt die Druckfestigkeit noch weiter an, sie erreicht jedoch insbesondere in der Randzone nicht den Wert, der sich bei ordnungsgemäßer Lagerung des Betons ergibt.

Für die Verformung des jungen Betons beim Austrocknen sind im Wesentlichen drei Einflüsse bestimmend:

- zeitlicher Verlauf der Wasserverdunstung
- Verteilung und Bindung des Wassers im Beton
- Entwicklung von Festigkeit und Verformungswiderstand

Frühzeitig einsetzendes Austrocknen durch Wind und niedrige Luftfeuchte verstärkt das Verkürzungsbestreben des Betons: Die Rissempfindlichkeit ist größer. Die Werte in Tafel 4.9 verdeutlichen diesen Vorgang [L57].

Abfließen der Hydratationswärme im Normalfall und im Sonderfall bei wärmegedämmten Bauteilen

Wie im Abschnitt 4.5.4 dargestellt, ist für die Berechnung des Schwindens die wirksame Bauteildicke h_0 unter Berücksichtigung der Austrocknungsmöglichkeiten bei entsprechenden Umgebungsbedingungen maßgebend. Sie wird aus der Gleichung (Gl. 4.19 a)) bestimmt:

$h_0 \quad = 2 \cdot A_c / u$ [mm] (Gl. 4.19 a))

Hierbei sind:

A_c Querschnittsfläche des Betonbauteils

u Umfang des Querschnitts, auf den die Umgebungsbedingungen einwirken

Im Normalfall, bei großflächigen ungedämmten Bauteilen, z. B. bei Parkdecks oder Wänden, ist die wirksame Bauteildicke h_0 annähernd gleich der tatsächlichen Bauteildicke h_B. Somit ist $h_0 = h_B$ (Gl. 4.19 b)).

$h_0 \quad = h_B$ (im Normalfall für großflächige ungedämmte Bauteile) (Gl. 4.19 b))

Im Sonderfall, bei Verwendung einer Perimeterdämmung, ergibt sich ein anderes Erhärtungsverhaltens des Betons. Die Hydratationswärme kann im Gegensatz zum Normalfall wegen der Dämmung nur nach einer Seite abfließen. Vereinfacht kann bei Bauteilen mit Perimeterdämmung für die wirksame Dicke h_0 die doppelte Bauteildicke h_B angesetzt werden (Gl. 4.19 c)):

$h_0 \quad = 2\, h_B$ (im Sonderfall für Bauteile mit Perimeterdämmung) (Gl. 4.19 c))

4.3 Formänderungseigenschaften und Dehnfähigkeit des Betons

4.3.1 Verformungsverhalten des Betons

Die Gebrauchstauglichkeit von Parkdecks kann durch die Verformungen der Betonbauteile beeinträchtigt werden. Hieran können Einwirkungen durch Lasten (Abschnitt 3.1) und/oder Einwirkungen durch Zwang (Abschnitt 3.10) beteiligt sein.

Lasteinwirkungen

Biegebeanspruchungen sind in vielen Fällen die Ursache für Verformungen. In Sonderfällen wirken große Querkraftbeanspruchungen als Schubverformungen, in seltenen Fällen werden Verdrehungen durch Torsionsbeanspruchungen hervorgerufen.

Zwangeinwirkungen

Ursache für Verformungen können das Schwinden und/oder auch das Kriechen und die Relaxation des Betons sein (Abschnitte 4.5 und 4.3.4). Zwangverformungen, die in Längsrichtung der Bauteile behindert werden, können Trennrisse erzeugen.

Schwinden und Kriechen mit Relaxation können sich bei biegebeanspruchten Bauteilen auch durch Verformungen in vertikaler Richtung als Durchbiegungen äußern.

Auftretende Durchbiegungen sind abhängig von folgenden Einflüssen, die zu berücksichtigen sind:
- statisches System, z. B. einachsig oder zweiachsig gespannt, Einfeld- oder Mehrfeldsysteme, elastische oder starre Einspannungen
- Lasteinwirkungen, z. B. Belastungsbeginn, zeitlicher Verlauf der Belastungen, Größe der Lasteinwirkungen
- Temperatureinwirkungen
- Querschnittabmessungen, insbesondere statische Höhe
- Elastizitätsmodul des Betons
- Zugfestigkeit des Betons
- Lage und Menge der Bewehrung
- Größe und Ablauf von Schwinden und Kriechen des Betons
- Risse als Biegerisse und/oder als Trennrisse

Auch Temperaturänderungen im Laufe des Tages und im Wechsel der Jahreszeiten beanspruchen die Bauteile unterschiedlich und nicht stets in gleicher Weise. Frei liegende Bauteile (z. B. Dachparkdecks) werden anderen Temperaturschwankungen ausgesetzt als innen liegende Bauteile (z. B. Bodenplatten in Tiefgaragen).

Da außer der Gebrauchstauglichkeit auch die Dauerhaftigkeit der Parkdecks von großer Bedeutung ist, wird nachfolgend die Dehnfähigkeit des Betons dargestellt.

4.3.2 Elastizitätsmodul des Betons

Die Verformungsfähigkeit der Bauteile ist abhängig von ihrer Steifigkeit, die im Wesentlichen durch die geometrischen Abmessungen der Bauteilquerschnitte und durch den Elastizitätsmodul des Betons gekennzeichnet sind.

Das „Hookesche Gesetz“, das zu den physikalischen Grundlagen gehört, besagt Folgendes:
„Die auf einen Körper wirkende Spannung σ ruft eine Dehnung ε hervor. Spannung und Dehnung verhalten sich innerhalb bestimmter Grenzen proportional zueinander.“

Daraus ergibt sich eine konstante Größe, die typisch für das Material ist, aus dem der Baustoff besteht. Dies ist der Elastizitätsmodul E eines Stoffes:

$$\sigma/\varepsilon = E \quad \text{oder} \quad \sigma = \varepsilon \cdot E \quad \text{oder} \quad \varepsilon = \sigma/E \qquad \text{(Gl. 4.1)}$$

Grundlage für Planung, Bemessung und Ausführung von Parkdecks aus Betons sind die Festigkeits- und Formänderungseigenschaften des Betons gemäß DIN EN 1992-1-1. Rechenwerte des Elastizitätsmoduls sind in Tafel 2.6 angegeben, beispielsweise für Beton der Festigkeitsklasse C30/37 im Alter von mindestens 28 Tagen:

- E_{cm} als Sekantenwert des Elastizitätsmoduls für Festigkeitsberechnungen:
  E_{cm} = 33000 N/mm² (Sekantenmodul)
- E_c als Tangentenwert des Elastizitätsmoduls für Verformungsberechnungen:
  $E_c = 1{,}05 \cdot E_{cm}$ = 34650 N/mm² (Tangentenmodul) (Gl. 4.2)

Veränderung des Elastizitätsmoduls beim Erhärten des Betons

Der Elastizitätsmodul des jungen Betons ändert sich während der Erhärtung im Laufe der Zeit. Verschiedene Versuche verdeutlichten die Entwicklung des Elastizitätsmoduls von jungem Beton. Die dabei ermittelten Zeitbeiwerte $k_{Ec(t)}$ sind als Beispiele in Tafel 4.4 eingetragen.

Mit den Werten der Tafel 4.4 kann der Elastizitätsmodul des jungen Betons beim Abfließen der Hydratationswärme abgeschätzt werden, und zwar abhängig von der Festigkeitsentwicklung des Betons (langsam, mittel, schnell) und von der wirksamen Bauteildicke h_0. Den Beiwerten $k_{Ec(t)}$ liegt das Verhältnis der Festigkeit $f_{cm(t)}$ zum Zeitpunkt t = 2 Tage bezogen auf die Festigkeit f_{cm} nach 28 Tagen entsprechend Gleichung (Gl. 4.3) zugrunde ([N2]):

$$E_{c(t)} = k_{Ec(t)} \cdot E_c \quad \text{mit} \quad k_{Ec(t)} = [f_{cm(t)} / f_{cm}]^{0,3} \qquad \text{(Gl. 4.3)}$$

Einfluss der Gesteinskörnung auf den Elastizitätsmodul

Im üblichen Hochbau genügt zwar die Verwendung von Mittelwerten des jeweiligen Elastizitätsmoduls, für Nachweise der Verformungen von Parkdecks ist es jedoch angezeigt, wegen ihrer Verformungsempfindlichkeit möglichst mit genaueren Werten für den Elastizitätsmodul zu rechnen, Daher ist es sinnvoll, weitere Einflussgrößen auf den Elastizitätsmodul zu berücksichtigen.

Tafel 4.4: Beispiele für Beiwerte $k_{Ec(t)}$ zur Entwicklung des Elastizitätsmoduls von jungem Beton $E_{c(t)}$ beim Abfließen der Hydratationswärme, bezogen auf den Elastizitätsmodul E_c nach 28 Tagen [1)] (nach [L57])

wirksame Bauteil-dicke h_0 [m]	Zeitbeiwerte $k_{Ec(t)}$ für die Entwicklung des Elastizitätsmoduls bei früher Zwangbeanspruchung Festigkeitsentwicklung des Betons			Hinweis
	langsam $r < 0{,}30$ [2) 3)]	mittel $r < 0{,}50$ [2)]	schnell $r \geq 0{,}50$ [2)]	
≤ 0,30	– [4)]	0,70	0,85	Die Zeitbeiwerte $k_{Ec(t)}$ gelten für den Elastizitätsmodul beim Nachweis der Bewehrung zur Begrenzung der Rissbreite.
≤ 0,50	0,65	0,75	0,90	
≤ 0,80	0,70	0,80	0,95	
≤ 1,20	0,75	0,85	1,00	
≤ 2,00 [5)]	0,80	0,90	1,00	

1) Den Beiwerten liegen Untersuchungen nach [L57] zugrunde. Sie beziehen sich auf Zemente, die den heutigen Zementen weitgehend entsprechen.

2) Die Entwicklung des Elastizitätsmoduls ist abhängig von der Festigkeitsentwicklung des Betons – langsam, mittel oder schnell – und wird durch das Verhältnis der 2-Tage-Druckfestigkeit zur 28-Tage-Druckfestigkeit beschrieben: $r = f_{cm(2d)} / f_{cm(28d)}$. Die Festigkeitsentwicklung des Betons ist vom Tragwerksplaner festzulegen und in die Leistungsbeschreibung aufzunehmen. Der Betonhersteller (z. B. Transportbetonwerk) hat diese Festigkeitsentwicklung bei der Erstprüfung des Betons zu ermitteln und auf den Betonlieferscheinen anzugeben, damit das Baustellenpersonal den gelieferten Beton bei der Abnahme überprüfen kann.

3) Bei langsam erhärtendem Beton in den Festigkeitsklassen ≥ C30/37 ist es im Allgemeinen nicht möglich, das Festigkeitsverhältnis $r < 0{,}30$ auf 28 Tage zu begrenzen. Hierfür ist es erforderlich, den Festigkeitsnachweis auf einen späteren Zeitpunkt festzulegen, z. B. nach 56 Tagen.

4) Bei dünnen Bauteilen ist Beton mit langsamer Festigkeitsentwicklung nicht sinnvoll, hierfür ist Beton mit mittlerer Festigkeitsentwicklung zu wählen.

5) Für massige Bauteile ist Beton mit langsamer Festigkeitsentwicklung zu wählen, wofür der Festigkeitsnachweis auf einen späteren Zeitpunkt festzulegen ist, z. B. nach 91 Tagen.

6) Die wirksame Bauteildicke h_0 ist entsprechend Abschnitt 4.2 Gleichung (Gl. 4.19 a)) im Normalfall bei allseitigem Umwelteinfluss $h_0 = 2\,A_c / u = h_B$ (Gl. 4.19 b)) und im Sonderfall bei nur einseitigem Umwelteinfluss $h_0 = 2\,h_B$ (Gl. 4.19 c)).

Einflussgrößen auf den Elastizitätsmodul des Betons sind:
- Elastizitätsmodul des Zementsteingefüges
- Elastizitätsmodul der Gesteinskörnung
- Feuchtegehalt des Betons
- Alter des Betons bei Last- und Zwangeinwirkung

Die Betone im Bereich von Parkbauten haben sehr ähnliche Zementsteingefüge, da hier weder die sehr niedrigen, noch die sehr hohen Betonfestigkeitsklassen zur Anwendung kommen, sondern die mittleren Betonfestigkeitsklassen C25/30 bis C35/45. Hingegen können die Betone mit sehr unterschiedlichen Gesteinskörnungen eingesetzt werden. Der Feuchtegehalt des Betons liegt bei Parkdecks in sehr ähnlichen Bereichen. Das Alter des Betons bei Last- und Zwangeinwirkung lässt sich vorab kaum rechnerisch bestimmen. Somit bleibt als wesentliche Einflussgröße, die vorab erfasst werden kann, die Art der Gesteinskörnung mit dem zugehörigen Elastizitätsmodul.

Die Angaben zum Elastizitätsmodul in Tafel 4.6 gelten für Betone aus quarzitischer Gesteinskörnung, beispielsweise aus Rheinkies. Der Elastizitätsmodul anderer Gesteinskörnungen kann erheblich von diesen Werten abweichen. In Tafel 4.5 sind einige häufig verwendete Gesteinskörnungen mit dem zugehörigen Elastizitätsmodul E_g angegeben, ebenso die jeweiligen Umrechnungsbeiwerte $\alpha_{E,g}$ und $k_{E,g}$.

Mit diesen Beiwerten $\alpha_{E,g}$ kann eine Umrechnung des in der Norm angegebenen mittleren Elastizitätsmoduls E_c in einen für den einzelnen Fall zutreffenderen Rechenwert des Elastizitätsmodul $E_{c,cal}$ erfolgen:

$$E_{c,cal} = \alpha_{E,g} \cdot E_c \qquad \text{(Gl. 4.4)}$$

Hierbei sind:

$E_{c,cal}$ Rechenwert des Elastizitätsmoduls, mit dem die Eigenart der Gesteinskörnung berücksichtigt werden kann

$\alpha_{E,g}$ Beiwert zur Bestimmung des Elastizitätsmoduls aus Tafel 4.5

E_c Elastizitätsmodul des Betons als Mittelwert des Tangentenmoduls nach DIN EN 1992-1-1, Abschnitte 3.1.4 und 3.1.5 (Tafel 4.6)

An den Beiwerten $\alpha_{E,g}$ ist zu erkennen, dass der Elastizitätsmodul der Gesteinskörnung um 30 % über oder aber bis zu 40 % unter den Mittelwerten der DIN EN 1992-1-1 liegen kann. Daraus kann auch deutlich werden, dass es sich nicht lohnt, mit hervorragenden Rechenverfahren eine theoretische Durchbiegung millimetergenau zu ermitteln, wenn die Einflüsse der Gesteinskörnung übersehen werden. Es kann sich für den Tragwerksplaner durchaus lohnen, bei den nahe der Baustelle liegenden Transportbetonwerken nachzufragen, welche Gesteinskörnungen für den Beton der Parkdecks zur Anwendung kommen.

Tafel 4.5: Elastizitätsmodul E_g in N/mm² von Gesteinskörnungen, abhängig von der Gesteinsart (Richtwerte) [L59]

Art der Gesteinskörnung	Elastizitätsmodul E_g von Gesteinskörnungen [N/mm²]	$\alpha_{E,g}$ Beiwerte für den Einfluss der Gesteinskörnung auf den Beton-E-Modul $E_{c,eff} \approx \alpha_{E,g} \cdot E_c$	$k_{E,g} \approx 1/\alpha_{E,g}$ die Betondehnung $\varepsilon_{ct,eff} \approx k_{E,g} \cdot \varepsilon_{ct}$
Basalt	≈ 80 000	≈ 1,2	0,8
Granit 1	≈ 76 000	≈ 1,2	0,8
Kalkstein, dicht	≈ 70 000	≈ 1,2	0,8
Quarzporphyr 1	≈ 65 000	≈ 1,1	0,9
Quarzit	≈ **60 000**	≈ **1,0**	**1,0**
Diorit, Gabbro	≈ 50 000	≈ 0,9	1,1
Kalkstein	≈ 40 000	≈ 0,9	1,1
Granit 2	≈ 38 000	≈ 0,8	1,2
Hochofenschlacke	≈ 34 000	≈ 0,7	1,4
Sandstein, quarzitisch	≈ 30 000	≈ 0,7	1,4
Quarzporphyr 2	≈ 25 000	≈ 0,6	1,6

4.3.3 Wärmedehnung des Betons

Die Wärmedehnung (Temperaturdehnung) der Bauteile ist außer von der Größe der Temperaturänderung ΔT auch von der Eigenart des verwendeten Baustoffes abhängig. Diese Eigenart wird durch die Wärmedehnzahl α_T (Temperaturdehnzahl) des jeweiligen Baustoffes angegeben.

Bei Temperatureinwirkungen ergibt sich die Temperaturdehnung ε_T aus der Wärmedehnzahl α_T multipliziert mit der Temperaturdifferenz ΔT, die auf ein Bauteil wirkt. Dafür gilt folgende Gleichung:

$$\varepsilon_T = \alpha_T \cdot \Delta T \qquad \text{(Gl. 4.5)}$$

Die Wärmedehnzahl α_T, sowohl des Betons als auch der Stahleinlagen, ist in DIN EN 1992-1-1 mit $\alpha_{Tc} = 10^{-5}$ für 1 Kelvin Temperaturdifferenz angegeben:

$$\alpha_{Tc} = 10 \cdot 10^{-6}/\text{K} \qquad \text{(Gl. 4.6)}$$

Dieser Normwert ist als Mittelwert für Berechnungen anzunehmen, wenn nicht im Einzelfall ein anderer Wert für den Beton durch Versuche nachgewiesen wird.

Als Temperaturdehnzahlen α_T können folgende Werte nach DIN EN 1991-1-5 angenommen werden (DIN EN 1991-1-5/NA NDP zu 6.1.3.3 (3) Tabelle C.1) [N1]:

$$\left.\begin{array}{ll} \text{rostfreier Stahl (V2A):} & \alpha_T = 16 \cdot 10^{-6}/\text{K} \\ \text{Baustahl:} & \alpha_T = 12 \cdot 10^{-6}/\text{K} \\ \text{Beton (allgemein):} & \alpha_T = 10 \cdot 10^{-6}/\text{K} \\ \text{Beton aus Kalkstein:} & \alpha_T = 9 \cdot 10^{-6}/\text{K} \\ \text{Leichtbeton:} & \alpha_T = 7 \cdot 10^{-6}/\text{K} \end{array}\right\} \qquad \text{(Gl. 4.7)}$$

Für die Anwendung der Temperaturdehnzahl α_T auf Bauteile aus jungen, noch erhärtendem Beton ergeben sich weitere Besonderheiten: Die Temperaturdehnzahl α_T des Betons ändert sich mit fortschreitender Festigkeitsbildung:

$\alpha_{T(t)}$ Temperaturdehnzahl des jungen Betons zum Zeitpunkt t (nach Tagen) [1/K]

$$\left.\begin{array}{ll} \alpha_{T(1d)} & \approx 15 \cdot 10^{-6}/\text{K} \\ \alpha_{T(1,5d)} & \approx 14 \cdot 10^{-6}/\text{K} \\ \alpha_{T(2d)} & \approx 13 \cdot 10^{-6}/\text{K} \\ \alpha_{T(3d)} & \approx 12 \cdot 10^{-6}/\text{K} \\ \alpha_{T(28d)} & \approx 10 \cdot 10^{-6}/\text{K} \end{array}\right\} \qquad \text{(Gl. 4.8)}$$

4.3.4 Visko-elastisches Verhalten des Betons

Beim Baustoff Stahlbeton ergibt sich durch Kriechen und Relaxation eine besondere Verhaltensweise. Dieses visko-elastische Verhalten ist für diesen Baustoff typisch:
- Durch Kriechen und Relaxation werden Druck- und Zugbeanspruchungen abgebaut.

Bei druck- und zugbeanspruchten Bauteilen erfolgt eine Spannungsumlagerung vom Beton auf die Stahleinlagen, was sich beim Abbau von Zugspannung günstig auf den Betonquerschnitt auswirkt. Andererseits wirken sich Kriechen und Relaxation aber auch ungünstig aus:
- Bei biegebeanspruchten Bauteilen wird die Durchbiegung vergrößert.
- Bei Spannbetonkonstruktionen wird die Vorspannung verringert.

Ein rechnerisches Abschätzen des zu erwartenden Spannungsabbaus bei der Verformungszunahme durch Kriechen und Relaxation ist bei jungem Beton schwierig, da der Beton beim Erhärten seine Eigenschaften fortlaufend ändert. Versuche zeigten jedoch, dass erhebliche Zugspannungen abgebaut werden können [L57].

Die zeitabhängigen Zwangbeanspruchungen und die altersbedingten Verformungseigenschaften des Betons lassen sich nur sehr schwer erfassen. Andererseits sind bei der Planung die später wirksam werdenden Erhärtungsbedingungen des Betons weitgehend unbekannt. Daher müssen vereinfachende Annahmen getroffen werden, um eine auf der sicheren Seite liegende Abschätzung vorzunehmen zu können. Da hierzu in DIN EN 1992-1-1 keine eindeutigen Angaben für den anzusetzenden Elastizitätsmodul genannt sind, wird für Zwangbeanspruchungen beim Abfließen der Hydratationswärme sowie beim Schwinden und Kriechen des Betons in den Beispielen dieses Buches mit dem Tangentenwert des Elastizitätsmoduls E_c gerechnet: $E_c = 1{,}05\ E_{cm}$ (Tafel 4.6).

4.3.4.1 Kriechen des Betons

Die zeitabhängige Verformungszunahme unter andauernder Beanspruchung wird als Kriechen bezeichnet. Wenn der Beton einer dauernden Spannung $\sigma_{c,0}$ ausgesetzt wird, vergrößert sich die sofort aufgetretene Verformung $\varepsilon_{c,0}$ und strebt im Laufe der Zeit einem Grenzwert $\varepsilon_{c,\infty}$ entgegen. Das Kriechen des Betons ist eine bleibende und von der Dauerbeanspruchung zeitabhängige Formänderung und ein recht komplizierter Vorgang. Vereinfacht ausgedrückt geschieht dabei Folgendes:
- Die festen Teilchen werden bei andauernder Spannung aus ihrer Ruhestellung zu einer Lageveränderung gebracht.
- Das Wasser wird aus seiner Lage zwischen den Gelteilchen verdrängt und in die Kapillarporen gedrückt, wo es verdunsten kann.

Zum Abschätzen der Verformungsvorgänge durch Kriechen können Kriechbeiwerte dienen, die mit φ (phi) bezeichnet werden.

Zum vereinfachenden Abschätzen des Betonverhaltens kann es in vielen Fällen genügen, das Kriech- und Relaxationsverhalten des Betons zusammenfassend zu betrachten.

4.3.4.2 Relaxation des Betons

Relaxation ist ein Sonderfall des Kriechens unter veränderlicher Spannung. Als Relaxation bezeichnet man den zeitabhängigen Spannungsabfall bei gleich gehaltener Dehnung. Das Relaxationsverhalten des Betons ist eine altersabhängige rheologische Eigenschaft. Durch Relaxation entzieht sich der Beton im Laufe der Zeit mehr oder weniger der Beanspruchung.

Die zeitabhängigen Verformungseigenschaften durch Relaxation des jungen Betons sind stark abhängig vom Betonalter bei Beanspruchungsbeginn und von der Beanspruchungsgeschwindigkeit. Bei den hier vorliegenden Vorgängen durch Zwangeinwirkung kann von einer langsamen Zunahme der Beanspruchung ausgegangen werden.

Von der Zugspannung, die bei der wirksam werdenden Zwangbeanspruchung entsteht, verbleibt schließlich eine Restspannung. Der Verhältniswert der verbleibenden Restspannung zur rechnerischen Zugspannung kann als Relaxationsbeiwert ψ (psi) bezeichnet werden.

4.3.4.3 Beiwerte zum Abschätzen des Kriech- und Relaxationsverhaltens

In einer weiteren Vereinfachung kann mit den Näherungswerten für das Relaxationsverhalten gearbeitet werden, die in den Erläuterungen zur WU-Richtlinie angegeben sind (Abschnitt 8.3 in [R4]). Damit können die rechnerischen Dehnungen und/oder Spannungen, die auf die Bauteile einwirken, auf eine wirklichkeitsnähere Größenordnung abgemindert werden:

$k_{(\varphi+\psi)\text{früh}} \approx 0{,}55$ für dünne Bauteile ($h_0 \leq 30$ cm) bei früh einsetzender Zwangeinwirkung
$k_{(\varphi+\psi)\text{früh}} \approx 0{,}65$ für dickere Bauteile ($h_0 > 30$ cm) bei früh einsetzender Zwangeinwirkung
$k_{(\varphi+\psi)\text{spät}} \approx 0{,}80$ allgemein für Zwangeinwirkungen, die in der späteren Nutzungsphase beginnen
(Gl. 4.9)

Hierbei sind:

$k_{(\varphi+\psi)}$ kombinierter Beiwert für Kriechen und Relaxation
φ (phi) Beiwert für die Wirkung des Kriechens
ψ (psi) Beiwert für das Wirken der Relaxation
h_0 wirksame Bauteildicke

Die beim Kriechen und bei der Relaxation auf den Spannungsabbau in den Bauteilen wirkenden günstigen Eigenschaften des Betons dürfen bei Last- und Zwangbeanspruchungen angesetzt werden. Dies kann beispielsweise bei Dehnungen, die infolge Zwang durch Schwinden des Betons oder durch Temperatureinwirkungen entstehen, rechnerisch in nachstehender Weise entsprechend den Gleichungen (Gl. 4.27) bis (Gl. 4.31) erfolgen:

Für die Dehnung ε_c des Betons ergibt sich die reduzierte Dehnung $\varepsilon_{c,red}$ ganz allgemein mit dem kombinierten Beiwert $k_{(\varphi+\psi)}$ zum Kriech- und Relaxationsverhalten:

$$\varepsilon_{c,red} = k_{(\varphi+\psi)} \cdot \varepsilon_c \qquad \text{(Gl. 4.27)}$$

Für die Temperaturdehnung ε_T bei Temperatureinwirkungen ergibt sich die reduzierte Temperaturdehnung $\varepsilon_{T,red}$ aus der Wärmedehnzahl α_T multipliziert mit der Temperaturdifferenz ΔT, die auf ein Bauteil wirkt. Dafür gilt folgende Gleichung:

$$\varepsilon_T = k_{(\varphi+\psi)} \cdot \alpha_T \cdot \Delta T \qquad \text{(Gl. 4.28)}$$

Bei einer Längenänderung ΔL infolge einer Temperaturänderung ΔT durch Kriechen und Schwinden des Betons ist die reduzierte Verkürzung oder Verlängerung ΔL_{red} zu ermitteln, indem die Gleichung (Gl. 3.4) um den zugehörigen Beiwert $k_{(\varphi+\psi)}$ erweitert wird, wodurch sich Gleichung (Gl. 4.13) ergibt:

$$\Delta L = k_{(\varphi+\psi)} \cdot \alpha_T \cdot \Delta T \cdot L_0 \qquad \text{(Gl. 4.29)}$$

Eine Betonzugspannung $\sigma_{ct(S+T)}$, die infolge der gemeinsamen Einwirkung einer Schwinddehnung ε_{cd} und einer Temperaturdehnung ε_T durch Abkühlen des Bauteils bei behinderter Verkürzung entsteht, lässt sich vereinfacht in folgender Weise abmindern, wobei E_c der Elastizitätsmodul des Betons nach Tafel 4.6 ist:

$$\sigma_{ct,red} \approx (\varepsilon_{cd} + \varepsilon_T) \cdot E_c \qquad \text{(Gl. 4.30)}$$

Es lässt sich auch mithilfe der rechnerisch angesetzten Rissbreite w_k der zu erwartende Rissabstand s_r mit $\varepsilon_{ct} = 0{,}08$ errechnen, wobei die rissfrei ertragbare Dehnfähigkeit des Betons ε_{ct} aus Tafel 4.6 in Abzug zu bringen ist:

$$s_r \approx w_k / [(\varepsilon_{cd} + \varepsilon_T) - \varepsilon_{ct}] \qquad \text{(Gl. 4.31)}$$

4.3.5 Dehnfähigkeit des Betons

Die Dehnfähigkeit eines Werkstoffes ist eine für ihn typische Werkstoffeigenschaft. Die Dehnfähigkeit ist umso größer, je niedriger der Elastizitätsmodul E des Werkstoffes bei einer einwirkende Spannung σ ist:

$$\varepsilon = \sigma / E \qquad \text{(Gl. 4.1)}$$

Die Dehnfähigkeit des erhärteten Betons ist sehr begrenzt. Von der Dehnfähigkeit ist aber abhängig, ob Risse im Bauwerksbeton entstehen werden oder nicht. Risse können die Dauerhaftigkeit von Parkdecks stark beeinflussen, wenn Chloride durch Risse in den Beton eindringen und bis zur Bewehrung gelangen.

4.3.5.1 Zeitliche Veränderungen der Dehnfähigkeit des Betons

Beton ist im frischen Zustand noch plastisch und nahezu unbegrenzt verformbar. Die Verformbarkeit nimmt mit zunehmender Erhärtung ab und erreicht nach vier bis zwölf Stunden ein Minimum. Bei der weiteren Erhärtung des Betons nimmt die Dehnfähigkeit zu und erreicht bald den Endwert. Bei langsam einsetzender Zugbeanspruchung ist die Dehnfähigkeit des Betons größer.

Die Bruchdehnung des Betons ist eine charakteristische Eigenschaft, die im Bild 4.2 dargestellt ist. Aus Bild 4.2 geht hervor, dass bei dieser Versuchsanordnung der Beton innerhalb der Zeit von der 6. Stunde bis zur 8. Stunde seinen niedrigsten Wert der Dehnung hat. Die Bruchdehnung nimmt danach zu und hat nach sieben Tagen fast schon den Endwert erreicht. Somit können aus Bild 4.2 die zulässigen Dehnungen abgeleitet werden.

Für Berechnungen der Tragfähigkeit ist der Elastizitätsmodul E_{cm} als Sekantenwert zu verwenden (DIN EN 1992-1-1 [N2]. Für elastische Verformungsberechnungen ist der mittlere Elastizitätsmodul E_c als Tangentenwert anzusetzen [N2]. Die Werte des Elastizitätsmoduls sind für die infrage kommenden Betonfestigkeitsklassen in Tafel 4.6 zusammengestellt. Da der Elastizitätsmodul bei Druck- und Zugbeanspruchung gleichgroß angenommen werden kann, genügt die Bezeichnung E_c:

$$\varepsilon_{ct} = f_{ct} / E_c \qquad \text{(Gl. 4.10)}$$

Dehnfähigkeit des erhärteten Betons bei Zugbeanspruchung

Die Bruchdehnung des erhärteten Betons kann bei langsam steigender und zentrisch wirkender Zugbeanspruchung als Dehnung ε_{ct} kann Werte bis zu 0,15 ‰ bzw. 0,15 mm/m erreichen (Bild 4.2).

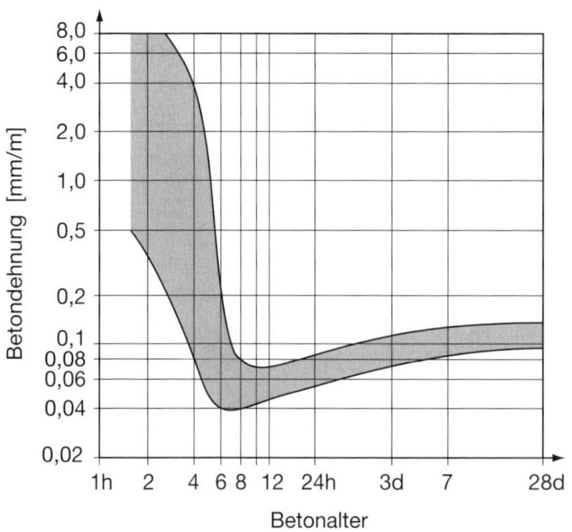

Bild 4.2: Bruchdehnung von jungem Beton bei schnell einsetzender Zugbeanspruchung [L57]

Mit der Dehnfähigkeit des erhärteten Betons ist als zulässige Dehnung bei zentrischer Zugbeanspruchung zu rechnen, beispielsweise bei Zwang durch Schwinden des Betons und/oder bei Temperaturdifferenzen (Tafel 4.6).

Dehnfähigkeit des jungen, erhärtenden Betons

Die Dehnfähigkeit des jungen Betons ist wesentlich geringer als die Dehnfähigkeit des erhärteten Betons bei zentrischem Zug. Dies zeigt Bild 4.2 sehr deutlich. Die kritische Zeit t_{crit} für das Entstehen von Rissen liegt erst nach dem Erreichen des Temperaturmaximums durch die Hydratationswärme des Betons. Der Zeitpunkt liegt wenige Tage nach der Herstellung des Betonbauteils. Die Zeitachse im Bild 4.2 ist im Wurzelmaßstab $\sqrt{t}$ dargestellt. Für den Nachweis der Frührissgefahr enthält Tafel 4.6 die Dehnfähigkeit $\varepsilon_{ct,FR}$ als zulässige Dehnung.

4.3.5.2 Zulässige Werte der Betondehnung

Die charakteristische Druckfestigkeit, die mittleren Werte mit den 5 %-Quantilwerten der zentrischen Zugfestigkeit und die Rechenwerte der Elastizitätsmoduln sowie die Dehnfähigkeit des Betons im Alter von 28 Tagen sind in Tafel 4.6 zusammengestellt. Die Angaben erfolgen für die bei Parkdecks üblichen Betonfestigkeitsklassen. Die Bezeichnung der Dehnung für das Abschätzen der Dehnfähigkeit bei der Frührissgefahr lautet $\varepsilon_{ct.FR}$ und für die Spätrissgefahr $\varepsilon_{ct.SR}$.

Tafel 4.6: Beispiele für die Kenngrößen der Festigkeit, des Elastizitätsmoduls und der Dehnfähigkeit des Betons nach DIN EN 1992-1-1[N2] und in Anlehnung an Bild 4.2 (aus [L57])

Kenngrößen	Festigkeitsklassen			Erläuterung
	C25/30	C30/37	C35/45	
f_{ck} [N/mm²]	25	30	35	charakteristische Druckfestigkeit des Betons am Zylinder
f_{ctm} [N/mm²]	2,6	2,9	3,2	Mittelwert der zentrischen Zugfestigkeit des Betons $f_{ctm} = 0{,}30 \cdot f_{ck}^{(2/3)}$
$f_{ct;0,05}$ [N/mm²]	1,8	2,0	2,2	5%-Quantil-Wert $f_{ct;0,05} = 0{,}7 \cdot 0{,}30 \cdot f_{ck}^{(2/3)}$ als späte Mindestzugfestigkeit des Betons
E_{cm} [N/mm²]	31 000	33 000	34 000	Rechenwert des Elastizitätsmoduls 1) $E_{cm} = 22\,000 \cdot (f_{cm}/10)^{0,3}$ als Sekantenwert für $t \geq 28$ d mit $f_{cm} = f_{ck} + 8$ (Tafel 2.6)
E_c [N/mm²]	32 550	34 650	35 700	Rechenwert des Elastizitätsmoduls 1) $E_c = 1{,}05 \cdot E_{cm}$ als Tangentenwert für $t \geq 28$ Tage
$\varepsilon_{ct,SR} = f_{ctm}/E_c$	≈ 0,080 ‰			Dehnfähigkeit für $t \geq 28$ d zum Abschätzen der Schwindrissgefahr SR bei spätem Zwang
$\varepsilon_{ct,FR} = f_{ct(2d)}/E_{c(2d)}$	≈ 0,036 ‰			Dehnfähigkeit für $t \approx 48$ h = 2 d zum Abschätzen der Frührissgefahr FR (Netzrisse und Trennrisse) mit $f_{ct(2d)} = k_{ct(2d)} \cdot f_{ct;0,05}$ und $E_{c(2d)} = k_{Ec(2d)} \cdot E_c$ (Tafeln 4.4 + 4.7)

1) gegebenenfalls Anpassung des Elastizitätsmoduls auf besondere Gesteinskörnung mit Beiwert $k_{E,g}$ nach Tafel 4.5

4.4 Zugfestigkeiten des Betons

Die Zugfestigkeit des Betons beträgt nur einen Bruchteil der Druckfestigkeit. Sie ist aber wie diese abhängig von der Zementfestigkeitsklasse und vom Wasserzementwert. Sie kann als zentrische Zugfestigkeit, als Biegezugfestigkeit oder als Spaltzugfestigkeit gemessen werden.

Während des Hydratationsvorgangs entwickelt sich die Zugfestigkeit des Betons anfangs schneller als die Druckfestigkeit. DIN EN 1992-1-1 [N2] nennt hierzu für den Mittelwert der Zugfestigkeit folgende Beziehung für die 28-Tage-Zugfestigkeit (Tabelle 4.1 in [N2]):

$$f_{ctm} = 0{,}30 \cdot f_{ck}^{(2/3)} \qquad \text{(Gl. 4.11)}$$

4.4.1 Beiwerte für Festigkeitsentwicklung des Betons

Die Entwicklung der Zugfestigkeit des Betons bezieht auf die Entwicklung der Druckfestigkeit, da im Allgemeinen nur die Druckfestigkeit geprüft wird und nachzuweisen ist. Auf den Betonlieferscheinen ist die Geschwindigkeit der Druckfestigkeitsentwicklung anzugeben: langsam | mittel | schnell.

Die Festigkeitsentwicklung des Betons wird ausgedrückt durch die Beiwerte r als Verhältniswert der 2-Tage-Druckfestigkeit $f_{cm(2d)}$ zur 28-Tage-Druckfestigkeit $f_{cm(28d)}$.

Beiwert r für die Druckfestigkeit des Betons:

$$r = f_{cm(2d)} / f_{cm(28d)} \qquad \text{(Gl. 4.12)}$$

Beiwert $k_{ct(t)}$ für die Zugfestigkeit des Betons:

$$k_{ct(t)} = f_{ct,eff} / f_{ctm(28d)} \qquad \text{(Gl. 4.13)}$$

Mit den r-Werten ergeben sich Abgrenzungen der Erhärtungsgeschwindigkeit des Betons:

$$\left.\begin{array}{l} r < 0{,}30 \rightarrow \text{Festigkeitsentwicklung: langsam} \\ r < 0{,}50 \rightarrow \text{Festigkeitsentwicklung: mittel} \\ r \geq 0{,}50 \rightarrow \text{Festigkeitsentwicklung: schnell} \end{array}\right\} \qquad \text{(Gl. 4.14)}$$

4.4.2 Zentrische Zugfestigkeit des jungen, erhärtenden Betons

Für den Fall, dass die Rissbildung innerhalb der ersten 28 Tage als zutreffend angenommen werden kann, darf ein niedrigerer Wert der Zugfestigkeit f_{ctm} rechnerisch angesetzt werden, wie beispielsweise beim Abfließen der Hydratationswärme nach wenigen Tagen. Dies ist dann die effektive (wirksame) Zugfestigkeit $f_{ct,eff}$. Wenn in dieser Weise geplant wird, ist dieser Rechenwert $f_{ct,eff}$ dem Bauausführenden mitzuteilen, und zwar durch Hinweis in der Baubeschreibung, in der Leistungsbeschreibung und in den Ausführungsunterlagen. Dieser Wert ist dann bei der Festlegung des Betons vom Betonhersteller zu berücksichtigen.

Die Entwicklung der Zugfestigkeit im Laufe der Zeit kann mit Zugfestigkeits-Zeitbeiwerten $k_{ct(t)}$ abgeschätzt werden. Hierfür sind Zugfestigkeits-Zeitbeiwerte $k_{ct(t)}$ in Tafel 4.7 für die Zeit beim Abfließen der Hydratationswärme zusammengestellt. Die Werte beziehen sich auf die wirksame Bauteildicke von $h_0 \leq 30$ cm bis $\leq 2{,}0$ m und gelten für Beton mit langsamer, mittlerer und schneller Festigkeitsentwicklung.

Zum Abschätzen der Risssicherheit kann der Mindestwert der wirksamen Zugfestigkeit $f_{ct,min}$ mit dem 5 %-Quantil-Wert nach Tafel 4.6 entsprechend Gleichung (Gl. 4.15) angenommen werden:

$$f_{ct,min} = k_{ct(t)} \cdot f_{ct;0,05(28d)} \qquad \text{(Gl. 4.15)}$$

Für den Nachweis der Rissbewehrung ist der Mittelwert der wirksamen Zugfestigkeit nach Gleichung (Gl. 4.16) anzusetzen ([N2] Gl.7.1):

$$f_{ct,eff} = k_{ct(t)} \cdot f_{ctm(28d)} \text{ für frühen Zwang mit } k_{ct(t)} \text{ nach Tafel 4.7} \qquad \text{(Gl. 4.16)}$$

Für den Nachweis der Rissbewehrung bei befahrenen Betonflächen mit dem Oberflächenschutzsystem OS 11 kann in besonderen Fällen, z. B. zur Geringhaltung von Rissbreiten und deren Änderungen bei scharfen Temperaturwechseln, für die wirksame

Tafel 4.7: Zugfestigkeits-Zeitbeiwerte $k_{ct(t)}$ zum Abschätzen der wirksamen Betonzugfestigkeit, mit der bei frühem Zwang aus abfließender Hydratationswärme gerechnet werden kann (nach [R12] Tabelle 7)

wirksame Bauteildicke h_0	Zugfestigkeits-Zeitbeiwerte $k_{ct(t)}$ zurzeit des Abfließens der Hydratationswärme bei einer Festigkeitsentwicklung des Betons			Hinweise
	langsam	mittel	schnell	
[m]	$r < 0{,}30$ [1) 2)]	$r < 0{,}50$ [1)]	$r \geq 0{,}50$ [1)]	
≤ 0,30	– [3)]	0,65	0,80	Die Zeitbeiwerte $k_{ct(t)}$ gelten mit f_{ctm} oder $f_{ct;0,95}$ für den Nachweis der Bewehrung zur Begrenzung der Rissbreite.
≤ 0,50	0,50	0,70	0,85	
≤ 0,80	0,60	0,75	0,90	
≤ 1,20	0,65	0,80	0,95	Die Zeitbeiwerte $k_{ct(t)}$ sind mit $f_{ct;min}$ auch zum Abschätzen der Rissgefahr geeignet.
≤ 2,00 [4)]	0,70	0,85	1,00	

1) Die Festigkeitsentwicklung des Betons – langsam, mittel oder schnell – wird durch das Verhältnis der 2-Tage-Druckfestigkeit zur 28-Tage-Druckfestigkeit beschrieben: $r = f_{cm(2d)} / f_{cm(28d)}$. Die Festigkeitsentwicklung des Betons ist vom Tragwerksplaner festzulegen und in die Leistungsbeschreibung aufzunehmen. Der Betonhersteller (z. B. Transportbetonwerk) hat diese Festigkeitsentwicklung bei der Erstprüfung des Betons zu ermitteln und auf den Betonlieferscheinen anzugeben, damit das Baustellenpersonal den gelieferten Beton bei der Abnahme überprüfen kann.

2) Bei langsam erhärtendem Beton in den Festigkeitsklassen ≥ C30/37 ist es im Allgemeinen nicht möglich, das Festigkeitsverhältnis r < 0,30 auf 28 Tage zu begrenzen. Hierfür ist es erforderlich, den Festigkeitsnachweis auf einen späteren Zeitpunkt festzulegen, z. B. nach 56 Tagen

3) Bei dünnen Bauteilen ist Beton mit langsamer Festigkeitsentwicklung nicht sinnvoll, hierfür ist Beton mit mittlerer Festigkeitsentwicklung zu wählen.

4) Für massige Bauteile ist Beton mit langsamer Festigkeitsentwicklung zu wählen, wofür der Festigkeitsnachweis auf einen späteren Zeitpunkt festzulegen ist, z. B. nach 91 Tagen.

Zugfestigkeit die maximale Zugfestigkeit mit dem 95 %-Quantil nach Tafel 4.6 entsprechend Gleichung (Gl. 4.17) angesetzt werden:

$$f_{ct,eff} = k_{ct(t)} \cdot f_{ct;0,95(28d)} \qquad \text{(Gl. 4.17)}$$

4.4.3 Zentrische Zugfestigkeit des erhärteten Betons

Im Nationalen Anhang zum Eurocode 2 steht unter anderem (NCI zu 7.3.2 in [N2]): *„Wenn der Zeitpunkt der Rissbildung nicht mit Sicherheit innerhalb der ersten 28 Tage festgelegt werden kann, sollte mindestens eine Zugfestigkeit von 3 N/mm² angenommen werden.“*

Für den Nachweis der Rissbewehrung bei spätem Zwang empfehlen die Autoren, als effektive Zugfestigkeit den Mittelwert der 28-Tage-Zugfestigkeit $f_{ctm(28d)}$ anzusetzen, sofern dieser Wert nicht unter die Mindestfestigkeit $f_{ct,min} = 3$ N/mm² fällt:

$$f_{ct,eff} = f_{ctm(28d)} \geq f_{ct,min} = 3 \text{ N/mm}^2 \qquad \text{(Gl. 4.18)}$$

Es besteht die Möglichkeit, die Nacherhärtung des Betons über die 28-Tage-Zugfestigkeit hinaus anzusetzen, was besonders bei langsam erhärtendem Beton von Bedeutung sein könnte. Darauf wird im Folgenden jedoch verzichtet.

4.5 Schwinden des Betons beim Austrocknen

Durch Schwinden des Betons entstehen Verformungen der Betonbauteile. Diese Verformungen sind lastunabhängig; sie sind die Folge des Austrocknens des Betons. Die hierbei stattfindenden Verformungen werden als Schwinddehnung bezeichnet. Nachfolgende Randbedingungen beeinflussen die Größe der Schwinddehnung:
- Umgebungsbedingungen, gekennzeichnet durch die relative Luftfeuchte RH
- Wasserbindung beim Erhärten des Betons, abhängig von der Erhärtungsgeschwindigkeit des Betons, abgeschätzt durch den r-Wert: langsam mit $r < 0{,}30$ oder mittel mit $r < 0{,}50$ oder schnell mit $r \geq 0{,}50$ (Gl. 4.14)
- Kapillarporosität des Zementsteingefüges und Zementleimgehalt, ausgedrückt durch die Festigkeitsklasse des Betons
- austrocknende Oberfläche des Betonbauteils, abhängig von der Bauteilgeometrie, rechnerisch erfasst durch die wirksame Bauteildicke h_0
- Behinderung bzw. zeitliche Verzögerung des Schwindvorgangs durch Oberflächenschutzmaßnahmen

4.5.1 Austrocknen des frisch eingebauten Betons

Nicht geschalte Betonoberflächen sind der Gefahr des sofortigen Austrocknens ausgesetzt. Schnelle Wasserabgabe kann in den ersten Stunden des jungen Betons zu erheblichen Verkürzungen der Bauteiloberfläche führen. Dadurch können netzartige Risse entstehen (Bild 4.3). Diese Gefahr besteht, sobald das beim Bluten des Betons an die Oberfläche gelangte Wasser verdunstet ist.

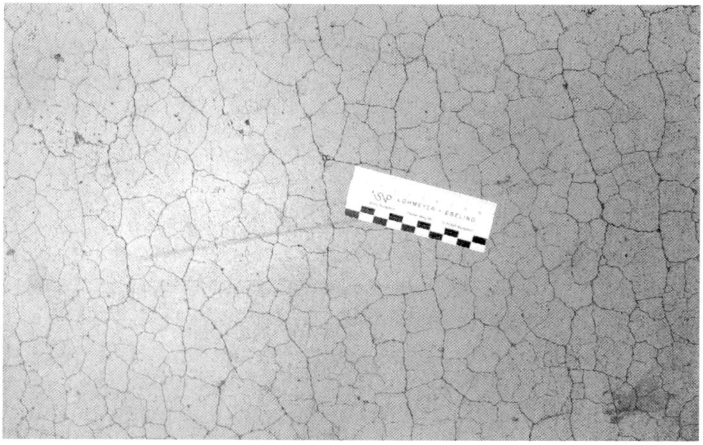

Foto: K. Ebeling

Bild 4.3: Netzartiges Rissbild, bezeichnet als Craquelé (Krakelee)

Bei austrocknendem Beton, der sich unbehindert verformen kann, sind drei Phasen zu unterscheiden (Tafel 4.8).

Für die Verformung des jungen Betons beim Austrocknen sind im Wesentlichen drei Einflüsse bestimmend:

- zeitlicher Verlauf der Wasserverdunstung
- Verteilung und Bindung des Wassers im Beton
- Entwicklung von Festigkeit und Verformungswiderstand

Tafel 4.8: Phasen des Dehnungsverhaltens beim intensiven Austrocknen während der Erhärtung des Betons (nach [L57])

Phase	Bezeichnung der Phase	Zeitspanne	Vorgang
A	Anfangsphase ohne nennenswerte Erhärtung	ab 0 h bis $\approx$ 5 h	Bei starker Verdunstung ist die Wärmeabgabe größer als die Wärmeentwicklung durch Hydratation. Daher kühlt der Beton bis unter die Lufttemperatur ab. Es findet eine rasche und starke Verkürzung des Betons statt.
B	Zeitbereich mit maximaler Erhärtungsgeschwindigkeit	ab $\approx$ 5 h bis $\approx$ 11 h	Trotz starker Verdunstung steigt die Betontemperatur an wegen starker Wärmeentwicklung durch Hydratation. Mit dem Temperaturanstieg und der beschleunigten Erhärtung erhöht sich die Steifigkeit des Betons. Die innere Verformungsbehinderung und die Temperaturdehnung bringen die Verkürzung zum Stillstand.
C	Zeitbereich mit verlangsamter Verdunstung und fallender Temperatur	ab $\approx$ 11 h bis $\approx$ 24 h	Der Beton verlängert sich etwas und behält seine Länge bei. Bei frühzeitig ausgetrocknetem Beton sind nennenswerte Schwindverformungen in späterer Zeit nicht mehr zu erwarten. Zwar steigt die Druckfestigkeit noch weiter an, sie erreicht jedoch nicht den Wert, der sich bei ordnungsgemäßer Lagerung des Betons ergibt. [1]

[1] **Achtung:**
Bei Betonbauteilen, die sich nicht unbehindert verformen können, kann die entstehende Zugspannung die Zugfestigkeit des Betons erreichen, wodurch eine Gefahr der Trennrissbildung entsteht.

Es muss unbedingt verhindert werden, dass die Wasserabgabe beim Austrocknen des Betons zeitlich mit der Abgabe der Hydratationswärme zusammentreffen (Abschnitt 4.6). Gelingt dies durch Schutz der Betonoberfläche nicht, werden sich beide Einflüsse, die das Volumen verringern und die Verformung erhöhen, überlagern und die Rissgefahr verstärken.

4.5.2 **Frühschwinden des erhärtenden Betons** (Frührissgefahr FR)

Das Frühschwinden des Betons, auch als plastisches Schwinden oder Kapillarschwinden bekannt, entsteht bei starkem Wasserentzug aus Betonoberflächen frisch hergestellter Betonbauteile. Betonoberflächen von Bodenplatten und Decks geben bei geringer Luftfeuchte und Wind oder Sonne sehr schnell Wasser ab, wenn diese Flächen nicht geschützt sind. Dabei können Risse entstehen. Rissbreiten bis 2 mm, Risstiefen bis 5 cm und Risslängen bis 2 m sind typisch. Die Risse sind nicht gerichtet, es entstehen „wild" verlaufende Risse (Bild 4.4).

Frühzeitig einsetzendes Austrocknen durch Wind und niedrige Luftfeuchte verstärkt das Verkürzungsbestreben des Betons: Die Rissempfindlichkeit ist größer. Die Werte in Tafel 4.9 verdeutlichen diesen Vorgang [L57].

Durch das Frühschwinden besteht vorwiegend die Gefahr des Entstehens von Oberflächenrissen. Bei besonders schnellem und sehr intensivem Austrocknen können auch Trennrisse entstehen. Ein Schutz gegen zu schnelles Austrocknen zum Verhindern von Rissen ist über eine längere Zeit erforderlich, als der Schutz gegen das Entstehen von Oberflächenrissen. Zur Festlegung der Nachbehandlungsdauer dient Tafel 4.14.

Bei hohen Bauteilen und starkem Wasserentzug besteht eine erhöhte Rissgefahr. Hinzu kommt noch das Absetzen des Betons über oben liegenden Bewehrungen infolge

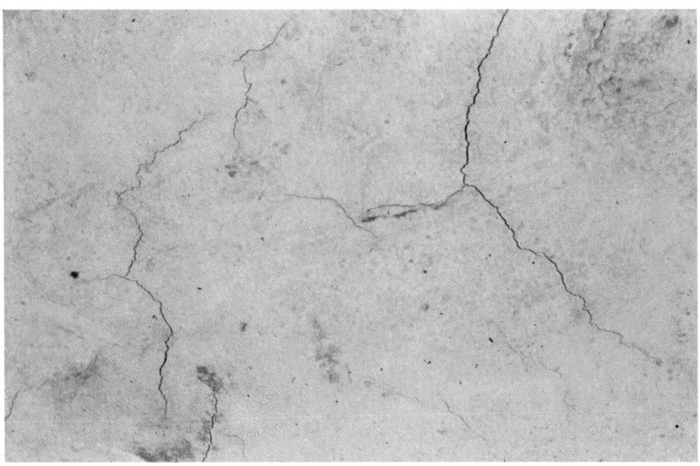

Foto: K. Ebeling

Bild 4.4: Wild verlaufende Risse infolge Frühschwindens bei zu schnellem Austrocknen der Betonoberfläche wegen fehlender oder unzureichender Nachbehandlung

Tafel 4.9: Zusammenhang von Wind und Verkürzungsbestreben des jungen Betons beim Austrocknen (nach [L57])

Luftbewegung	Einfluss auf die Verkürzung von jungem Beton beim Austrocknen
ruhende Luft, Windstille	normaler Verkürzungseinfluss
Windstärke 1 Windgeschwindigkeit ≈ 4 km/h	2-facher Verkürzungseinfluss gegenüber ruhender Luft
Windstärke 3 Windgeschwindigkeit ≈ 12 km/h	4-facher Verkürzungseinfluss gegenüber ruhender Luft

zu schneller und zu kurzer Verdichtung beim Einbau des Betons. Der Verlauf der Risse ist abhängig von der Verteilung der oberen Bewehrung. Der Verbund zwischen Bewehrung und Beton ist dadurch im Rissbereich gestört und der Korrosionsschutz der Bewehrung beeinträchtigt.

4.5.3 Schwinden des erhärteten Betons

Beton gibt Wasser nicht nur während des Erhärtens ab, sondern auch später im erhärteten Zustand. Dies ist umso mehr der Fall, je wasserreicher der Beton hergestellt wurde. Vom Zement wird nur eine bestimmte Menge an Wasser chemisch und physikalisch gebunden. Das darüber hinaus vorhandene Wasser kann im Laufe der Zeit vom Beton abgegeben werden. Solange diese Wasserabgabe erfolgt, findet eine Volumenverringerung statt, die zum Schwinden des Betons führt. Dies ist ein sehr langsam stattfindender Vorgang, der abhängig vom Betongefüge und von den Umgebungsbedingungen mehrere Jahre andauern kann.

Die Volumenverringerung des Betons bedingt, dass sich die Bauteile verkürzen wollen. Wenn das Verkürzen der Betonbauteile weitgehend unbehindert stattfinden kann, entstehen keine Zugbeanspruchungen, die zu Rissen führen können. Oft sind die Bauteile jedoch mit anderen Bauteilen verbunden, die das Verkürzen behindern. Diese Behinderung führt zu Zugspannungen in den Bauteilen. Dabei ist stets entscheidend, ob die Zugspannungen gering bleiben oder die vorhandene Zugfestigkeit des Betons erreichen. In diesem Fall werden Trennrisse entstehen. Oder anders ausgedrückt: Wenn die Dehnfähigkeit des Betons überschritten wird, sind Risse die Folge.

Trennrisse sind Risse, die durch die gesamte Dicke des Bauteils gehen. Trennrisse mit großen Rissbreiten führen zum Wasserdurchtritt durch das Bauteil. Eine Begrenzung der Rissbreite kann durch Bewehrung erfolgen, die imstande ist, die Breite entstehender Risse zu begrenzen. Zur Klärung der Rissgefahr ist die Größe der möglichen Schwinddehnung von Interesse [L32].

4.5.4 Größenordnung der Schwinddehnung

Die Berechnung der Gesamtschwinddehnung ε_{cs} des Betons ergibt sich aus der Summe von Grundschwinddehnung ε_{ca} und Trocknungsschwinddehnung ε_{cd}:

$$\varepsilon_{cs(t)} = \varepsilon_{ca(t)} + \varepsilon_{cd(t,ts)} \qquad \text{(Gl. 4.20)}$$

Hierbei sind:

$\varepsilon_{cs(t)}$ Gesamtschwinddehnung des Betons während des betrachteten Zeitraums t [d], wobei t das Alter des Betons angibt

$\varepsilon_{ca(t)}$ Grundschwinddehnung des Betons während des betrachteten Zeitraums t [d] infolge der chemischen Reaktion des Zements

$\varepsilon_{cd(t,ts)}$ Trocknungsschwinddehnung während des betrachteten Zeitraums $(t - t_s)$, wobei t das Alter des Betons in Tagen angibt und t_s den Zeitpunkt des Austrocknungsbeginns (= Ende der Nachbehandlung)

$\varepsilon_{cd,0}$ Grundwerte der Trocknungsschwinddehnung nach Tafel 4.10

$\beta_{ds(t,ts)}$ Beiwert für den zeitlichen Verlauf der Schwinddehnung

$\beta_{ds(t,ts)} = (t - t_s) / [(t - t_s) + 0{,}04 \cdot \sqrt{h_0^3}] \leq 1$ (Gl. 4.21)

$\beta_{ds(t,ts)} \approx 1$ (vereinfacht für die Betrachtung längerer Zeitspannen)

t Alter des Betons in Tagen zum betrachteten Zeitpunkt

t_s Alter des Betons in Tagen bis zu Beginn des Trocknungsschwindens, normalerweise das Alter am Ende der Nachbehandlung

h_0 wirksame Querschnittsdicke [mm] nach Gleichung (Gl. 4.19 a) bis 4.19 c))

Tafel 4.10: Beispiele für Grundwerte bei unbehinderter Trocknungsschwinddehnung $\varepsilon_{cd,0}$ in mm/m (nach [N1])

Betonfestigkeitsklasse	Zementart[1)]		relative Luftfeuchte RH					
			40 %	50 %	**60 %**	70 %	80 %	90 %
			Grundwerte der Trocknungsschwinddehnung $\varepsilon_{cd,0}$ [mm/m][2)]					
C25/30	langsam	mit r < 0,30	0,44	0,41	**0,37**	0,31	0,23	0,13
	mittel	mit r < 0,50	0,55	0,51	**0,46**	0,38	0,29	0,16
	schnell	mit r ≥ 0,50	0,75	0,71	**0,63**	0,53	0,39	0,22
C30/37	langsam	mit r < 0,30	0,41	0,39	**0,35**	0,29	0,22	0,12
	mittel	mit r < 0,50	0,52	0,48	**0,43**	0,36	0,27	0,15
	schnell	mit r ≥ 0,50	0,71	0,67	**0,60**	0,50	0,37	0,21
C35/45	langsam	mit r < 0,30	0,39	0,36	**0,32**	0,27	0,20	0,11
	mittel	mit r < 0,50	0,49	0,45	**0,41**	0,34	0,25	0,14
	schnell	mit r ≥ 0,50	0,68	0,63	**0,57**	0,47	0,35	0,20

1) Die Festigkeitsentwicklung des Betons ist vom Betonwerk auf den Betonlieferscheinen anzugeben.

2) Die Trocknungsschwinddehnung eines schwindarmen WU-Betons (entsprechend Beispiel 4.2) beträgt weniger als 80 % der Trocknungsschwinddehnung eines üblichen WU-Betons (entsprechend Beispiel 4.1). Darauf sind die Beiwerte $k_{h,S}$ in Tafel 4.12 abgestimmt.

Das *Grundschwinden* (auch autogenes Schwinden genannt) erfolgt während des Erhärtens, da das Volumen des Zementleims beim Erhärten zu Zementstein geringer wird. Es findet hauptsächlich innerhalb der ersten Tage nach dem Betonieren statt. Die Grundschwinddehnung ε_{ca} ist abhängig von der Art und Menge des Zementsteins im Beton und kann entsprechend DIN EN 1992-1-1 aus der Druckfestigkeit des Betons rechnerisch abgeschätzt werden:

$$\varepsilon_{ca} \approx 2{,}5 \cdot (f_{ck} - 10) \cdot 10^{-6} \qquad \text{(Gl. 4.22)}$$

Die Grundschwinddehnung kann dort bedeutungsvoll werden, wo Frischbeton an bereits erhärteten Beton anschließt, z. B. bei Arbeitsfugen zwischen den Betonierabschnitten. Hinzu kommt gegebenenfalls noch das Verkürzen des jungen Bauteils durch abfließende Hydratationswärme, wobei sich dann beide Vorgänge addieren. Die Rissgefahr ist für den jungen Beton im Bereich der Arbeitsfuge besonders kritisch zu sehen.

Das *Trocknungsschwinden* ist ein langwieriger Vorgang, da die Wasserabgabe aus dem Beton langsam im Laufe mehrerer Monate erfolgt. Die Trocknungsschwinddehnung ε_{cd} ist in ihrer Größe im Wesentlichen abhängig von der Zementart und der Betonfestigkeitsklasse sowie von der relativen Luftfeuchte RH. Der zeitliche Verlauf ist zusätzlich von der Bauteildicke abhängig. Entsprechend DIN EN 1992-1-1/NA Tabelle B1 und B2 [N2] kann mit den Grundwerten gerechnet werden, die in Tafel 4.10 zusammengestellt sind.

4.5.5 Schwindarmer Beton

Um einer späteren Rissbildung zu begegnen, müssen konstruktive Maßnahmen greifen. Außerdem ist schwindarmer Beton zu verwenden. Dies ist besonders bei großen Betonierabschnitten ohne Fugen erforderlich. Eine bestimmte Menge an Zementleim ist erforderlich, aber für schwindarmen Beton ist der Zementleimgehalt zu begrenzen [R5]:

- Zementleimgehalt möglichst: $zl_v \approx 270$ dm³/m³ bei Körnung A32/B32
- Zementleimgehalt möglichst: $zl_v \approx 275$ dm³/m³ bei Körnung A22/B22
- Zementleimgehalt möglichst: $zl_v \approx 280$ dm³/m³ bei Körnung A16/B16
- Begrenzung des Zementleimgehalts: $zl_v \leq 290$ dm³/m³

(Gl. 4.23)

Eine ähnliche Festlegung zur Begrenzung des Zementleimgehalts gilt zwar für den Betonbau beim Umgang mit wassergefährdenden Stoffen, ist aber auch in anderen Bereichen des Betonbaus anzuwenden, bei denen das Schwinden des Betons von Bedeutung ist.

Zum Volumen des Zementleims zl_V zählt das Volumen des Zements z_V, der Flugasche f_V, der Gesteinskörung $g_V \leq 0{,}125$ mm und des Wassers w_V.

$$zl_V = z_V + f_V + g_{V(0,125)} + w_V \qquad \text{(Gl. 4.24)}$$

Das Volumen ergibt sich aus der Masse des Stoffes, dividiert durch die Rohdichte ρ:

$$zl_V = (z_M / \rho_z) + (f_M / \rho_f) + (g_{M(0,125)} / \rho_g) + (w_M / \rho_w) \qquad \text{(Gl. 4.25)}$$

Bei der Bestimmung des äquivalenten Wasserzementwerts $(w/z)_{eq}$ beträgt der Anteil der anrechenbaren Flugasche maximal 40 % des Zementgehalts. Daraus ergibt sich folgende Gleichung:

$$zl_V = (z_M / \rho_z) + (w_M / \rho_w) + (0{,}40 \cdot f_M / \rho_f) \qquad \text{(Gl. 4.26)}$$

Günstige Betonzusammensetzung für schwindarmen Beton (Tafel 4.2):
- Zementgehalt z $\leq$ 330 kg/m³ CEM 32,5 N
- Wassergehalt w $\leq$ 165 kg/m³
- Wasserzementwert w/z $\leq$ 0,50
- Zementleimgehalt zl_V $\leq$ 280 dm³/m³ für Beton ohne Flugasche
  zl_V $\leq$ 290 dm³/m³ bei Anrechnung von Flugasche
- Zusatzmittel Betonverflüssiger BV und/oder Fließmittel FM
- Gesteinskörnung A32/B32

Das Volumen der Luft im Zementleim wird nicht mitgerechnet.

Die folgende Vergleichsrechnung zeigt, dass eine relativ geringe Überschreitung des Zementleimgehalts große Auswirkungen auf ein zusätzliches Gefahrenpotenzial für die Entstehung von Rissen haben kann:
- Betonzusammensetzung 1: „üblicher" WU-Beton
- Betonzusammensetzung 2: schwindarmer WU-Beton

Beispiel 4.1: *Abschätzung der Schwinddehnung eines üblichen Betons*

Die Schwindneigung eines üblichen, wasserundurchlässigen Betons der Festigkeitsklasse C30/37 wird nachfolgend rechnerisch abgeschätzt.

Betonzusammensetzung 1:
- WU-Beton C30/37mit schneller Festigkeitsentwicklung
- Wasserzementwert $(w/z)_{eq} = 0{,}52$
- Zement CEM 42,5 R z_M = 350 kg/m³
- Wassergehalt w_M = 182 kg/m³
- Zementleimgehalt zl_V = 299 dm³/m³
- Hydratationsgrad α_H ≈ 80 %
- Rohdichte des Betons ρ_c = 2313 kg/m³

Annahmen zur Abschätzung der austrocknungsfähigen Wassermenge je m³ Beton nach erfolgter Hydratation von etwa 80 %:

- chemisch gebundenes Wasser w_{ch} = 350 · 0,25 · 0,80 = 70 kg/m³
- physikalisch gebundenes Wasser w_{ph} = 350 · 0,15 · 0,80 = 42 kg/m³
- bei der Hydratation noch nicht
- gebundenes Wasser w_H = 350 · 0,40 · (1,00 – 0,80) = 28 kg/m³
- Überschusswasser $w_Ü$ = 350 · (0,52 – 0,40) = 42 kg/m³
- Gesamtwasser w = 182 kg/m³
- Wassermenge im Beton bei Ausgleichsfeuchte von 2 M.-%: $w_{M,2\%} = u_m \cdot \rho_c$ = 0,02 · 2313 = 46 kg/m³
- austrocknungsfähiges Wasser: $w_{A,1} = w_H + w_Ü - w_{M2}$ = 28 + 42 – 46 = 24 kg/m³

Beurteilung:
Dieser Beton hat ein ungünstiges Schwindverhalten mit einer relativ großen Schwinddehnung. Er entspricht nach Tafel 4.10 einem Beton mit einer Trocknungsschwinddehnung $\varepsilon_{cd,0} \geq 0{,}60$ mm/m bei relativer Luftfeuchte von RH ≈ 60 %.

Beispiel 4.2: *Abschätzung der Schwinddehnung eines schwindarmen Betons*

Größenordnung der Schwinddehnung eines schwindarmen WU-Beton der Festigkeitsklasse C30/37 (nach DAfStb-RiLi [R3], [R4]).

Betonzusammensetzung 2:

- WU-Beton C30/37 mit langsamer Festigkeitsentwicklung
- Wasserzementwert $w/z_{(eq)}$ ≈ 0,48 (Forderung: w/z ≤ 0,50)
- Zement CEM 32,5 N z_M = 330 kg/m³
- Wassergehalt w_M = 160 kg/m³
- Zementleimgehalt zl_V = 270 dm³/m³
- Hydratationsgrad α_H ≈ 80 %
- Rohdichte des Betons ρ_c = 2340 kg/m³

Annahmen zur Abschätzung der austrocknungsfähigen Wassermenge:

- chemisch gebundenes Wasser w_{ch} = 330 · 0,25 · 0,80 = 66 kg/m³
- physikalisch gebundenes Wasser w_{ph} = 330 · 0,15 · 0,80 = 40 kg/m³
- bei der Hydratation noch nicht gebundenes Wasser w_H = 330 · 0,40 · (1,0 – 0,8) = 26 kg/m³
- Überschusswasser $w_Ü$ = 330 · (0,48 – 0,40) = 28 kg/m³
- Gesamtwasser w = 160 kg/m³
- Wassermenge im Beton bei Ausgleichsfeuchte von 2 M.-%: $w_{M,2\%} = u_m \cdot \rho_c$ = 0,02 · 2340 = 47 kg/m³
- austrocknungsfähiges Wasser: $w_{A,2} = w_H + w_Ü - w_{M2}$ = 26 + 28 – 47 = 7 kg/m³

Beurteilung:
Dieser Beton hat ein sehr günstiges Schwindverhalten mit einer geringen Schwinddehnung. Er entspricht einem Beton mit einer Trocknungsschwinddehnung $\varepsilon_{cd,0} \leq 0{,}35$ mm/m nach Tafel 4.10 bei relativer Luftfeuchte von RH ≈ 60%.

Beispiel 4.3: *Vergleich des üblichen Betons mit dem schwindarmen Beton*

In Tafel 4.11 erfolgt eine Gegenüberstellung des austrocknungsfähigen und rissbildenden Wassers für einen üblichen WU-Beton und einen schwindarmen WU-Beton.

Tafel 4.11: Gegenüberstellung des austrocknungsfähigen und rissbildenden Wassers bei zwei unterschiedlichen Betonsorten für WU-Beton

Menge des austrocknungsfähigen Wassers w_A für die Kapillarporenbildung	
bei üblichem Beton der Betonzusammensetzung 1: $w_{A,1}$ = 24 kg/m³ = 24 Liter je m³	bei schwindarmem Beton der Betonzusammensetzung 2: $w_{A,2}$ = 7 kg/m³ = 7 Liter je m³

Der Volumenanteil des austrocknungsfähigen Wassers ist bei der einfachen Betonzusammensetzung mit 24 dm³/m³ mehr als dreimal so groß wie beim schwindarmen Beton mit 7 dm³/m³, denn: 24 dm³ / 7 dm³ ≈ 3,4.

Da der schwindarme Beton weniger als ⅓ an austrocknungsfähigem Wasser aufweist, ist bei diesem Beton das Risiko der Rissbildung als wesentlich geringer einzustufen als beim üblichen WU-Beton.

Mit den Grundwerten der Trocknungsschwinddehnung aus Tafel 4.10 kann das Endschwinden des Betons rechnerisch abgeschätzt werden. Für die Rissbildung infolge späten Zwangs durch Schwinden des Betons wird ein Zeitbereich von einigen Jahren angenommen. Das innerhalb dieses Zeitbereichs entstehende Schwinden kann rechnerisch abgeschätzt werden (nach DAfStb-Heft 600 Bild H3-3 [N4]). Für schwindarmen Beton beträgt die Schwinddehnung höchstens 80 % davon.

Anmerkungen zur Größenordnung der Schwinddehnung

Der Vergleich zwischen der Größe der Schwinddehnung und der Bruchdehnung des Betons zeigt deutlich, dass die Schwinddehnung um ein Mehrfaches größer ist als die Dehnfähigkeit des Betons (Tafel 4.6). Daher werden infolge der Schwinddehnung stets Risse entstehen, sofern nicht günstigere Verhältnisse wirksam werden. Günstig ist es, für eine Bewegungsmöglichkeit des entsprechenden Bauteils zu sorgen, z. B. durch Trennung von anderen Bauteilen.

Die Größe der stattfindenden Schwinddehnung $\varepsilon_{cd(t)}$ zu einem bestimmten Zeitpunkt (t) kann rechnerisch abgeschätzt werden, wobei der Einfluss des Kriechens und der Relaxation berücksichtigt werden kann.

4.5.6 Zeitliche Schwinddehnung

Die zeitliche Schwinddehnung $\varepsilon_{cd(t)}$ kann mit den in DIN EN 1992-1 [N2] Abschnitt 3.1.4 genannten Beiwerten $\beta_{cd(t,ts)}$ und k_h abgeschätzt werden:

$$\varepsilon_{cd(t)} = \beta_{cd(t,ts)} \cdot k_h \cdot \varepsilon_{cd,0} \qquad \text{(Gleichung 3.9 in [N2])}$$

Wenn die Beiwerte $\beta_{cd(t,ts)}$ und k_h für das zeitliche Schwinden als Faktoren im Beiwert $k_{S(t)}$ zusammengefasst werden, ergeben sich die Werte der Tafel 4.12:

$$k_{S(t)} = \beta_{cd(t,ts)} \cdot k_h$$

In Tafel 4.12 entsprechen die Endwerte $k_{S(\infty)}$ für normal schwindenden Beton den k_h-Werten der Tabelle 3.3 in [N2] (DIN EN 1992-1-1 Abschnitt 3.1.4).

Wegen der geringeren Menge des austrocknungsfähigen Wassers beträgt das Schwinden bei Bauteilen aus schwindarmem Beton weniger als 80 % als bei Bauteilen aus üblichem wasserundurchlässigem Beton. In Tafel 4.12 sind in vereinfachter Weise die Beiwerte $k_{S(\infty)}$ als Endwerte des Schwindens angegeben. Beim Nachweis der Risssicherheit infolge Schwinden des Betons erfolgt am sinnvollsten im Alter von einigen Jahren mit den Beiwerten $k_{S(t)}$. Das innerhalb der ersten Jahre entstehende Schwinden ist in Abhängigkeit von der wirksamen Bauteildicke h_0 entsprechend geringer (nach DAfStb-Heft 600 Bild H3-3 [N6]). Die Beiwerte $k_{S(t)}$ in Tafel 4.12 sind unterschieden nach normal schwindendem Beton und schwindarmem Beton. Die Zusammensetzungen der unterschiedlichen WU-Betone sind in den vorstehenden Beispielen 4.1 und 4.2 angegeben.

Tafel 4.12: Beispiele für Beiwerte zum Bestimmen der Schwinddehnung als Endwert $k_{S(\infty)}$ und als Beiwert $k_{S(t)}$ nach einigen Jahren

wirksame Bauteildicke h_0 [m]	Schwindbeiwerte			
	$k_{S(\infty)}$ als Endwert		$k_{S(t)}$ [1)] als Beiwert nach einigen Jahren	
	für wasserundurchlässigen Beton [2)]			
	normal schwindend	schwindarm	normal schwindend	schwindarm
≈ 0,10	1,00	0,80	0,95	0,75
≈ 0,20	0,85	0,70	0,75	0,60
≈ 0,30	0,75	0,60	0,60	0,50
≥ 0,50	0,70	0,55	0,50	0,40

1) Die Zeitbeiwerte $k_{S(t)} = \beta_{cd(t,ts)} \cdot k_h$ werden für ein übliches Raumklima in geschlossenen Parkbauten nach Ablauf einiger Jahre angenommen.

2) Die Betonzusammensetzungen für wasserundurchlässige Betone entsprechen den Beispielen 4.1 und 4.2.

4.6 Schutz des eingebauten Betons

Bei der Herstellung von Parkdecks gehört ein wirksamer Schutz der Betonoberfläche zur vollständigen Leistung. Unter diesem Schutz ist der sofortige Schutz gegen Austrocknen, Abkühlen, Erwärmen und Niederschläge zu verstehen. Hierbei kann ein Schutz des frischen Betons vor der Oberflächenbearbeitung erforderlich sein, sozusagen als *Vor*behandlung (Abschnitt 4.6.1). Auf jeden Fall ist ein Schutz des jungen Betons *nach* der Oberflächenbearbeitung nötig. Dieser Schutz des eingebauten Betons wird im Allgemeinen als *Nach*behandlung bezeichnet (Abschnitt 4.6.2).

4.6.1 Schutz der zu bearbeitenden Betonoberfläche

Der eingebaute und abgezogene Beton benötigt eine Liegezeit, bevor die Bearbeitung der Betonoberfläche durch Abscheiben bzw. Abreiben oder Glätten beginnen kann. Für eine fachgerechte Oberflächenbearbeitung soll die Betonoberfläche mattfeucht und genügend trittfest sein, ohne dass beim vorsichtigen Begehen wesentliche Fußabdrücke entstehen. Der Beton darf nicht stark bluten, er darf also kaum Wasser oder Zementleim nach oben absondern.

Die Zeit zwischen dem Einbau des Betons und der Oberflächenbearbeitung wird Liegezeit genannt. Diese Liegezeit ist bei niedrigen Beton- und Umgebungstemperaturen länger als bei höheren Temperaturen. Auch Fließmittel auf PCE-Basis können die Liegezeit verlängern. Während der Liegezeit darf die Betonoberfläche jedoch nicht vorzeitig austrocknen, da sonst keine widerstandsfähige Oberfläche zu erzielen ist. Diesem Schutz gegen vorzeitiges Austrocknen und Abkühlen dienen die sofortigen Schutzmaßnahmen vor der Oberflächenbearbeitung entsprechend Tafeln 4.13 und 4.16.

4.6.2 Schutz der fertiggestellten Betonoberfläche

Damit eine widerstandsfähige Betonoberfläche entstehen kann, ist eine wirksame Nachbehandlung direkt nach Abschluss der Oberflächenbearbeitung erforderlich. Unter diesem Schutz ist der Schutz des jungen Betons gegen Austrocknen, Abkühlen, Erwärmen und Niederschläge zu verstehen, entsprechend der Zusammenstellung in Tafel 4.13.

Beginn der Schutzmaßnahmen

Der sofortige Schutz des eingebauten Betons soll eine frühzeitige Wasserabgabe verhindern. Diese Schutzmaßnahme gegen zu schnelles Abkühlen und/oder über 25 °C gegen zu starkes Erwärmen hat sofort nach dem Betoneinbau und schon vor dem Beginn des Glättens einzusetzen – insbesondere bei ungünstigen Witterungsverhältnissen, beispielsweise bei Temperaturen unter 10 °C. Wenn die Nachbehandlung durch Abdecken erst nach Beendigung des Glättens einsetzt, kann es schon zur Wasserabgabe und dadurch zur Netzrissbildung und/oder zu abmehlenden Oberflächen kommen (Tafel 4.13).

Tafel 4.13: Schutzmaßnahmen für den frischen Beton vor der Oberflächenbearbeitung

Anlass	Art	Grund und Ziel
	der Schutzmaßnahmen	
Schutz gegen Austrocknen und Abkühlen	Schutz gegen Wind und Zugluft: – Aufsprühen einer Glätthilfe, die gleichzeitig als Nachbehandlungsmittel (Curingmittel) dient **Achtung:** (Abstimmung der Glätthilfe auf das spätere Oberflächenschutzsystem erforderlich) – Abdecken mit Folien – Aufbringen wasserhaltender Abdeckungen	– Das im Beton vorhandene Wasser muss dem Beton erhalten bleiben. – Folgen frühzeitigen Austrocknens sind häufig: · kaum mögliche Oberflächenbearbeitung, · schollenartige Abplatzungen der dennoch fertiggestellten Oberfläche, · Frührissbildung mit gerichtetem und/oder netzartigem Verlauf

Wirksamkeit besonderer Maßnahmen

Wenn ein Schutz gegen Austrocknen und Abkühlen oder gegen Austrocknen und Erwärmen erforderlich ist, können mehrere mögliche Schutzmaßnahmen kombiniert werden. Wind während des Betoneinbaus und auch während der anfänglichen Erhärtung ist schädlich (Tafel 4.14).

Es kann im Hochsommer sinnvoll sein, den Betonierbeginn möglichst erst in den Nachmittag zu legen und in der Nacht zu betonieren, damit die Tageshitze zeitlich nicht mit der Temperaturspitze im Beton zusammentrift, die durch Hydratationswärme entsteht. Günstig wirkt sich eine Senkung der Frischbetontemperatur aus, z. B. durch Besprühen der Gesteinskörnung mit Grundwasser.

Dauer der Schutzmaßnahmen

Die Schutzmaßnahmen müssen möglichst früh beginnen, um die besonderen Anforderungen an die Gebrauchstauglichkeit von Parkdecks erfüllen zu können. Diese Schutzmaßnahmen müssen ausreichend lange beibehalten werden. Die erforderlichen Nachbehandlungsmaßnahmen, und zwar sowohl der Beginn als auch die Dauer, sind abhängig von der Oberflächentemperatur des Betons und von der Lufttemperatur, bei der der Beton erhärtet. Außerdem ist zu unterscheiden nach der Art der Festigkeitsentwicklung, ob sie langsam, mittel oder schnell erfolgt. In Tafel 4.15 ist die Mindestdauer der Nachbehandlung im Sinne von DIN 1045-3 [N5] angegeben, für direkt befahrene Betonoberflächen wird die doppelte Zeit empfohlen.

4.6.3 Nachbehandlungsmittel

Die ersten Stunden nach der Herstellung sind bei erhärtenden Betonplatten besonders kritisch. Hierbei entscheidet sich, ob netzartige Risse entstehen werden oder nicht. Beispiele für den Nachweis der Netzrissgefahr enthält Abschnitt 4.6. Gerade in dieser Zeit benötigt der Beton einen Schutz, der bei Betonflächen im Freien vor Aus-

Tafel 4.14: Schutzmaßnahmen für den erhärtenden Beton nach der Oberflächenbearbeitung

Anlass	Art	Grund und Ziel
	der Schutzmaßnahmen	
Schutz gegen Austrocknen	Schutz gegen Wind und Zugluft: – Aufsprühen flüssiger Nachbehandlungsmittel als Sofortmaßnahme (**Achtung:** Abstimmung des Nachbehandlungsmittel auf das spätere Oberflächenschutzsystem erforderlich) – Abdecken mit Folien – Aufbringen wasserhaltender Abdeckungen – andauerndes Besprühen in der Art eines Wassernebels	– Das zum Erhärten des Betons erforderliche Wasser muss im Beton bleiben. – Folgen frühzeitigen Austrocknens sind häufig: · Abkühlen der Oberfläche durch Verdunstungskälte · Netzrissbildung an der Oberfläche (Krakelee) (Bild 4.3) · mehlende und staubende Oberflächen · Frühschwinden des Betons mit aufgeschüsselten Rändern (Aufschüsselungen)
Schutz gegen Abkühlen	Schutz gegen Wind und Zugluft: – Abdecken mit Betonschutzmatten – Abdecken mit Folie und Dämmplatten – bei Betonplatten in Hallen: Zugluft vermeiden	– Die beim Erhärten entstehende Hydratationswärme darf nicht zu schnell abfließen, Verdunstungskälte bei Wasserabgabe darf nicht entstehen. – Folgen zu schnellen Abkühlens sind häufig: · Netzrissbildung an der Oberfläche (Krakelee) (Bild 4.3) · Trennrisse, die durch die ganze Plattendicke gehen
Schutz gegen Erwärmen	Schutz gegen Sonneneinstrahlung und gegen Wärmestrahlung auf die Oberfläche, z. B. durch Heizgeräte: – Schatten spendende oder schützende Abdeckungen	– Bei Erwärmung kann das Austrocknen beschleunigt werden, daher Schutz gegen Austrocknen erforderlich. – Das Erwärmen verstärkt nachfolgend das Abkühlen, daher Schutz gegen Abkühlen erforderlich.
Schutz gegen Niederschläge	Bei Flächen im Freien: – Abdecken mit Folie Bei Flächen in Hallen: – Dach und Fensteröffnungen müssen dicht sein, sonst Abdecken mit Folie	– Bei Niederschlägen, die auf frische Betonflächen gelangen, kann es zu Ausspülungen und zur Zerstörung der Oberfläche kommen.

trocknung durch Wind und Sonne wirksam ist. Zum sofortigen Schutz des Betons eignen sich filmbildende Nachbehandlungsmittel, die beim Mattwerden der fertiggestellten Betonoberfläche aufgesprüht werden. Die jeweils erforderliche Auftragsmenge ist abhängig von der Rauheit der Betonoberfläche und von der Art des Materials. Auf der Betonoberfläche soll ein geschlossener Film erreicht werden.

Das aufgebrachte Nachbehandlungsmittel soll eine Sperrwirkung von mindestens 75 % bringen. Da die erzielte Sperrwirkung vor Ort nicht kontrolliert werden kann, ist es wichtig, dass die Anwendung den Angaben des Herstellers entspricht. Der Hersteller hat den Nachweis zu erbringen, dass das Material den Technischen Lieferbedingungen [R22] entspricht und den Verbund eines später aufzubringenden Oberflächenschutzsystems als Schutz gegen das Eindringen von Chloriden nicht beeinträchtigt.

Tafel 4.15: Mindestdauer der Nachbehandlung von Beton für Parkdecks[1] (nach DIN 1045-3 Tab. 6.NA [N5])

Frischbetontemperatur und Lufttemperatur zum Zeitpunkt des Betoneinbaus [°C][2]	Mindestdauer der Nachbehandlung in Tagen [d][1] Festigkeitsentwicklung des Betons $r = f_{cm2}/f_{cm28}$					
	langsam ($r < 0,30$)[2]		mittel ($r < 0,50$)[2]		schnell ($r \geq 0,50$)[2]	
	Entwurfsgrundsatz[1]					
	RV, RA-0	RB, RA-1, RA-2	RV, RA-0	RB, RA-1, RA-2	RV, RA-0	RB, RA-1, RA-2
≥ 25	4	2	4	2	[4]	[4]
≥ 15 … < 25	8	4	4	2	2	1
≥ 10 … < 15	14	7	8	4	4	2
≥ 5 … < 10	[3]	[3]	16	8	8	4

[1] Die in DIN 1045-3 in Tabelle 6.NA angegebene Mindestdauer gilt für die Expositionsklassen XC2, XC3, XC4 und XF1 und somit für die Entwurfsgrundsätze RB sowie RA-1 und RA-2.
Für direkt verschleißbeanspruchte Betonoberflächen ist die Mindestdauer zu verdoppeln, wenn kein genauerer Nachweis geführt wird. Somit ist die doppelte Mindestdauer für Betonoberflächen der Entwurfsgrundsätze RV und RA-0 angesetzt worden. Temperaturen unter +5 °C müssen vermieden werden.

[2] Die Mindestdauer zwischen r-Werten kann linear interpoliert werden.

[3] Beton mit langsamer Festigkeitsentwicklung ist bei Temperaturen < 10 °C nicht zu empfehlen.

[4] Beton mit schneller Festigkeitsentwicklung ist bei Temperaturen ≥ 25 °C nicht zu empfehlen.

Die Verbrauchsmengen, die vom Hersteller angegeben werden, sind einzuhalten. Erfahrungen in der Baupraxis belegen, dass häufig zu geringe Mengen aufgesprüht werden, wodurch dann die erforderliche Schutzwirkung nicht entstehen kann. Allerdings kann sich bei einer zu großen Auftragsmenge die Abwitterung des Nachbehandlungsmittels verzögern. Da das Betonieren meist im Freien stattfindet, sind hell pigmentierte Nachbehandlungsmittel zweckmäßig.

4.6.4 Abdeckungen

Die vorzeitige Verdunstung von Anmachwasser aus dem Beton und eine ungünstige Temperatureinwirkung auf die Betonoberfläche müssen verhindert werden. Dies kann durch Abdeckungen geschehen, z. B. durch Aufbringen von Betonschutzmatten oder Folien, bei Nachtfrostgefahr auch durch Luftpolsterfolien und/oder Dämmmatten.

Untersuchungen und Praxiserfahrungen haben gezeigt, dass Temperaturdifferenzen ≥ 15 Kelvin zwischen Kern und Oberfläche eines erhärtenden Betonbauteils zu Rissen führen können. Solange die Temperaturdifferenz so groß ist, dürfen Abdeckungen nicht entfernt werden. Auch danach ist ein Temperaturschock an der Bauteiloberfläche zu vermeiden, indem beispielsweise die Abdeckungen nicht in einem Arbeitsgang, sondern schichtweise entfernt werden. Zwischen Abdeckung und Beton darf keine Luftbewegung stattfinden. Abdeckungen sind erst dann zu entfernen, wenn die Temperaturdifferenz zwischen Luft- und Betonoberfläche gering ist.

Abschnitt 5.4 nennt die Maßnahmen zur Verringerung der Gefahr einer Netzriss- und Trennrissbildung bei früher Zwangbeanspruchung.

4.6.5 Nass-Nachbehandlung

Falls Abdeckungen über die Zeit der Nachbehandlungsdauer nach Tafel 4.15 nicht liegen bleiben können, sind andere Schutzmaßnahmen erforderlich. Erforderlichenfalls ist eine Nass-Nachbehandlung durchzuführen. Das Nasshalten der Betonoberfläche kann beispielsweise mit Sprühschläuchen oder Rasensprengern erfolgen. Der Einsatz eines Wasserschlauchs mit scharfem Strahl muss vermieden werden, denn plötzliches Aufbringen von kaltem Wasser erhöht die Rissgefahr. Nass-Nachbehandlungen müssen sicherstellen, dass die Betonoberfläche nicht zwischenzeitlich abtrocknet, da hierdurch die Widerstandsfähigkeit der Oberfläche besonders gegen mechanische Beanspruchung beeinträchtigt wird. Sehr gut bewährt hat sich das Unterwassersetzen von Flächen, bei denen dies baupraktisch möglich ist.

4.6.6 Leistungsbeschreibung für Schutzmaßnahmen

Trotz aller Überlegungen bei der Planung im Ingenieurbüro und der Anstrengungen beim Einbau des Betons auf der Baustelle wird nur dann eine gute Betonqualität erreicht, wenn der Beton auch geeignete Schutzmaßnahmen während der Erhärtungsphase erhält. Neben den hohen Anforderungen an die Dauer der Nachbehandlung nach DIN 1045-3 sind sofortige Schutzmaßnahmen direkt nach dem Einbau des Betons und vor der Oberflächenbearbeitung notwendig. Um dieser Besonderheit gerecht zu werden, wird dringend empfohlen, für alle Maßnahmen zum sofortigen Schutz des eingebauten Betons und auch zur abschließenden Nachbehandlung nach DIN 1045-3 einen Qualitätssicherungsplan für entsprechende Witterungsbedingungen festzulegen und im Bauzeitenplan zu berücksichtigen. Besondere Maßnahmen der Nachbehandlung sind in gesonderten Positionen im Leistungsverzeichnis aufzunehmen und die Mindestdauer festzulegen.

Durch den Schutz des Betons, die in den vorstehenden Abschnitten 4.6.1 bis 4.6.5 detailliert beschrieben sind, können die erforderlichen Festigkeits- und Formänderungseigenschaften des Betons erreicht werden, damit die Anforderungen an die Dauerhaftigkeit und an die Gebrauchstauglichkeit der betreffenden Bauteile erfüllt werden.

5 Gebrauchstauglichkeit – Nutzungsfreundlichkeit – Dauerhaftigkeit

Gebrauchstauglichkeit, Nutzungsfreundlichkeit und Dauerhaftigkeit sind drei Anforderungen, die für alle Bauten selbstverständlich sind. Dennoch finden sie häufig bei Parkbauten nicht genügend umfassende Beachtung.

In der Norm DIN EN 1990 „Grundlagen der Tragwerksplanung" [N0], werden im Abschnitt 2.1 die grundlegenden Anforderungen an Tragwerke gestellt:
„Ein Tragwerk ist so zu planen und auszuführen, dass es während der Errichtung und in der vorgesehenen Nutzungszeit mit angemessener Zuverlässigkeit und Wirtschaftlichkeit den möglichen Einwirkungen und Einflüssen standhält und die geforderten Anforderungen an die Gebrauchstauglichkeit eines Bauwerks oder eines Bauteils erfüllt.

Bei der Planung und der Berechnung des Tragwerks sind ausreichende Tragfähigkeit, Gebrauchstauglichkeit und Dauerhaftigkeit zu beachten. Im Brandfall muss für die geforderte Feuerwiderstandsdauer eine ausreichende Tragsicherheit vorhanden sein.

Ein Tragwerk ist so auszubilden und auszuführen, dass durch Ereignisse wie Explosionen, Anprall oder menschliches Versagen keine Schadensfolgen entstehen, die in keinem Verhältnis zur Schadensursache stehen.

Die vorgenannten Ereignisse und Gefährdungen sind für jedes Projekt mit dem Bauherrn und der zuständigen Behörde festzulegen. Die mögliche Schädigung ist durch die angemessene Wahl einer oder mehrerer der folgenden Maßnahmen zu begrenzen oder zu vermeiden:
- *Verhinderung, Ausschaltung oder Minderung der Gefährdungen, denen das Tragwerk ausgesetzt sein kann;*
- *Wahl der Art des Tragsystems, sodass die Anfälligkeit gegen die hier betrachteten Gefährdungen gering bleibt;*
- *Wahl der Art des Tragsystems und seiner baulichen Durchbildung derart, dass mit dem schädigungsbedingten Ausfall eines einzelnen Bauteils oder eines begrenzten Teils des Tragwerks oder mit sonstigen in Kauf genommenen lokalen Schäden kein Totalversagen des Gesamttragwerks auftritt;*
- *Wenn möglich, Vermeidung von Tragsystemen, die ohne Vorankündigung total versagen können;*
- *Kopplung von Tragelementen.*

Die grundlegenden Anforderungen sind durch die Wahl geeigneter Baustoffe, durch zweckmäßigen Entwurf und Bemessung und geeignete bauliche Durchbildung sowie durch die Festlegung von Überwachungsverfahren für den Entwurf, die Herstellung, Ausführung und Nutzung entsprechend den Besonderheiten des Projektes zu erfüllen.

Die Festlegungen setzen voraus, dass der Entwurf und die Berechnung nach dem anerkannten Stand der Technik mit der für das Projekt erforderlichen Befähigung und Sorgfalt durchgeführt werden."

Gebrauchstauglichkeit und Dauerhaftigkeit sind Teile der Zuverlässigkeit des Tragwerks. Das gilt insbesondere für Parkbauten. Für die Behandlung der Zuverlässigkeit ist in der Grundnorm DIN EN 1990 [N0] im Abschnitt 2.2 angegeben.

Für Stahlbeton-Tragwerke ist die erforderliche Zuverlässigkeit dadurch sicherzustellen, dass der Entwurf und die Bemessung nach DIN EN 1992 [N2] erfolgen und geeignete Ausführungsmaßnahmen sowie Maßnahmen des Qualitätsmanagements angewendet werden. Für die Tragfähigkeit oder die Gebrauchstauglichkeit kann ein differenziertes Zuverlässigkeitsniveau angewendet werden. Dafür sind bei einem bestimmten Tragwerk folgende Gesichtspunkte zu beachten (DIN EN 1990 [N0], Abschnitt 2.2 (3)):
- mögliche Ursachen und Formen des Versagens
- mögliche Versagensfolgen in Hinblick auf Leben und Unversehrtheit von Personen und auf wirtschaftliche Verluste
- die öffentliche Einstellung zum Versagen des Tragwerks
- die Kosten und Aufwendungen zur Verminderung des Risikos eines Versagens

In der Grundnorm DIN EN 1990 [N0], Abschnitt 2.2 (4) heißt es weiter:
„Bei der Festlegung eines Zuverlässigkeitsniveaus für ein bestimmtes Tragwerk darf die einheitliche Einstufung des Tragwerks als Ganzes oder eine unterschiedliche Einstufung der Bauteile des Tragwerks vorgenommen werden."

Nach DIN EN 1990, Abschnitt 2.2 (5) darf das geforderte Zuverlässigkeitsniveau für die Tragfähigkeit oder Gebrauchstauglichkeit auch durch folgende Maßnahmen erreicht werden:
- Vorsorgemaßnahmen oder Schutzmaßnahmen (z. B. durch den Einbau von Anprallsicherungen, aktive oder passive Brandschutzmaßnahmen, Korrosionsschutzmaßnahmen wie Beschichtungen, Überzüge, kathodischer Schutz usw.)
- geeignete Maßnahmen bei der Berechnung:
  - besondere Werte für die repräsentativen Werte der Einwirkungen
  - Wahl der Teilsicherheitsbeiwerte bei der Bemessung
- Vorkehrungen für das Qualitätsmanagement
- Maßnahmen zur Fehlerreduzierung bei Entwurf, Berechnung und Ausführung von Tragwerken sowie zur Verhütung grober Fehler
- Weitere Maßnahmen bei der Tragwerksplanung, die folgende Gesichtspunkte berücksichtigen:
  - grundlegende Anforderungen
  - Robustheit bzw. Schadenstoleranz
  - Dauerhaftigkeit in Verbindung mit der Wahl einer geeigneten Nutzungsdauer
  - Art und Umfang von vorausgehenden Bodenuntersuchungen und Untersuchung möglicher Umwelteinflüsse

  - Genauigkeit der verwendeten Berechnungsverfahren
  - konstruktive Durchbildung
- Sicherstellung der geplanten Ausführung in Übereinstimmung mit den in DIN EN 1991 [N1] und DIN EN 1992 [N2] in Bezug auf die Ausführungsnormen:
  - DIN EN 206-1 mit DIN 1045-2 [N4] sowie
  - DIN EN 13670 mit DIN 1045-3 [N5]
- geeignete Überwachung und Instandhaltung entsprechend den Vorgaben der Projektunterlagen:
  - Überwachung entsprechend der Überwachungsklasse 2 (ÜK2) mit Eigen- und Fremdüberwachung der Betonarbeiten
  - Instandhaltung nach dem Instandhaltungskonzept mit Instandhaltungsplan und Zuordnung der Verantwortlichkeit sowie der Übernahme der Kosten für die Instandhaltung während der Bauphase, der Gewährleistungsphase und der Nutzungsphase (Kapitel 13)

Diese in der Grundnorm DIN EN 1990 [N0] genannten allgemein an Tragwerke gestellten Anforderungen gelten in besonderem Maße für Parkdecks in Parkhäusern und Tiefgaragen. Wesentlich ist daher, dass bei der Planung und der Berechnung des Tragwerks nicht nur die Tragfähigkeit, sondern vor allem auch die Gebrauchstauglichkeit und Dauerhaftigkeit beachtet werden. Die Begründung liegt darin, dass Parkdecks zwar in den Bereich des allgemeinen Hochbaus fallen, aber aufgrund ihrer Beanspruchung durch Fahrverkehr als Verkehrsbauten eher mit Brückenbauten vergleichbar sind. Parkbauten sind daher als anspruchsvolle Ingenieurbauwerke einzustufen, die besondere Kenntnisse der am Bau Beteiligten in Planung, Ausführung und Überwachung erfordern.

Dauerhaftigkeit, Gebrauchstauglichkeit und Nutzungsfreundlichkeit sind eng miteinander verbunden und greifen stark ineinander. Für eine bessere Übersichtlichkeit werden jedoch die Anforderungen an Gebrauchstauglichkeit, Nutzungsfreundlichkeit und Dauerhaftigkeit nachfolgend in gesonderten Abschnitten dargestellt.

5.1 Anforderungen an Gebrauchstauglichkeit und Nutzungsfreundlichkeit

Im Rahmen der Bedarfsplanung und Bedarfsermittlung entsprechend Abschnitt 1.3 ist vom Bauherrn und/oder dem späteren Betreiber festzulegen, welche Anforderungen an die Gebrauchstauglichkeit von den jeweiligen Betonbauteilen erfüllt sein müssen und welche Anforderungen an die Nutzungsfreundlichkeit des Parkbaues gestellt werden.

5.1.1 Gebrauchstauglichkeit

Nach DIN EN 1990 Abschnitt 2.2 (6) dürfen die Maßnahmen zur Abwehr möglicher Schadensursachen oder zur Minderung von Schadensfolgen in gewissen Grenzen ausgetauscht werden, wobei die erforderliche Gesamtzuverlässigkeit des Tragwerks dadurch nicht beeinträchtigt werden darf.

In DIN EN 1992-1-1 [N2] sind Grenzzustände für die Gebrauchstauglichkeit festgelegt. Dies sind Bedingungen, bei deren Überschreitung die festgelegten Anforderungen eines Tragwerks oder eines Tragwerkteils nicht mehr erfüllt sind. Dies trifft auch für eine dauerhafte Tragfähigkeit zu, wenn diese nicht mehr sichergestellt ist. Zum Nachweis der Gebrauchstauglichkeit gehören folgende Nachweise:
- Begrenzung der Betondruck- und der Stahlzugspannungen beim statischen Nachweis
- Begrenzung der Verformungen
- Begrenzung der Rissbreiten

Verformungen und Verschiebungen in Längsrichtung können die planmäßige Gebrauchstauglichkeit des Bauwerks beeinträchtigen oder Schäden an angrenzenden Bauteilen hervorrufen, z. B. durch Schwinden des Betons (Abschnitt 4.5).

Durchbiegungen in vertikaler Richtung können die Gebrauchstauglichkeit in vielfacher Hinsicht beeinträchtigen. Insbesondere haben Durchbiegungen einen Einfluss auf die Entwässerung, z. B. bei dadurch entstehendem falschem Gefälle (Abschnitt 6.2.3 und Kapitel 9).

In Risse und Fehlstellen kann Wasser mit gelösten Taumitteln in den Beton leicht eindringen, wo die enthaltenen Chloride sehr schnell zu einer Korrosion der Bewehrung führen können und dadurch die Gebrauchstauglichkeit beeinträchtigen (Abschnitt 3.7).

Die Gebrauchsanforderungen, die in DIN EN 1990 festgelegt sind, bestimmen die Einhaltung der Nutzungsanforderungen eines Tragwerks oder eines seiner Teile. Die Anforderungen an die Gebrauchstauglichkeit haben dementsprechend zu erfassen:
- die Funktion eines Bauwerks und seiner Teile
- das optische Erscheinungsbild
- das Wohlbefinden der Personen

Sowohl dem Objektplaner als auch dem Tragwerksplaner muss bewusst sein, dass Parkhäuser zwar für Fahrzeuge zu bauen sind, die aus dem fließenden Verkehr genommen und dem ruhenden Verkehr zugeordnet werden, dass aber letztlich die Parkhäuser für die Menschen gebaut werden, die diese Parkhäuser mögen sollen und sich darin vor allem sicher fühlen wollen.

5.1.2 Nutzungsfreundlichkeit

Die Anforderungen an die Nutzungsfreundlichkeit haben der Bauherr und/oder der spätere Betreiber des Parkbaues im Rahmen der Bedarfsplanung und Bedarfsermittlung anzugeben. Tafel 1.13 im Abschnitt 1.3.6 enthält in einer Zusammenstellung eine Prüfliste mit mehreren Beispielen für die Bedarfsermittlung. Maßnahmen zur Erhöhung der Nutzungsfreundlichkeit sind unter anderem [R9]:
- helle Farben und gute Beleuchtung im Inneren des gesamten Parkbaues
- günstige Verkehrsführung und gute Beschilderung im Parkhaus

- leichtes Ein-und Ausparken der Fahrzeuge durch Verzicht auf Stützen zwischen Fahrgasse und Stellplätzen
- genügend breite Stellplätze für leichtes Ein- und Aussteigen aus dem Fahrzeug

Zur Gebrauchstauglichkeit und zur Nutzungsfreundlichkeit gehört auch die geeignete Gestaltung der Oberflächen aller befahrbaren und begehbaren Nutzflächen. Für den ständigen Gebrauch ist es wichtig, dass die Oberflächen nicht zu glatt sind, da sonst die Unfallgefahr stark zunimmt.

Beispiele zur Gebrauchstauglichkeit und Nutzungsfreundlichkeit

Zur Befahrbarkeit

Die Oberflächen der Parkdecks in einer offenen Hochgarage sollen auf Wunsch des Bauherrn möglichst glatt sein, damit das Parkdeck pflegeleichter ist und niedrigere Reinigungskosten anfallen. Später entstanden wegen zu glatter Oberfläche wiederholt Blechschäden an Fahrzeugen, da der Bremsweg nicht ausreichte. Damit war die Gebrauchstauglichkeit der Parkdecks eingeschränkt. Der Betreiber des Parkhauses musste den Entschädigungsforderungen nachkommen.

Zur Rutschgefahr

Noch wichtiger als eine sichere Befahrbarkeit ist die sichere Begehbarkeit der Flächen, da Personenschäden durch zu glatte Oberflächen entstehen können. Durch Beschichtungen können Parkdecks so glatt werden, dass bei Feuchtigkeit ein sicheres Begehen nicht möglich ist.

Ein Supermarkt verlor Kunden, weil sie sich wegen zu starker Rutschgefahr bei Regenwetter nicht mehr auf das Dachparkdeck trauten und andere Parkmöglichkeiten nicht vorhanden waren.

Die vorstehenden Beispiele zeigen, dass eine fehlende Nutzungsfreundlichkeit auch die Gebrauchstauglichkeit stark beeinträchtigen kann und sogar die Verkehrssicherheit fraglich werden kann.

Zur Gebrauchstauglichkeit und Nutzungsfähigkeit gehört auch das Vermeiden tiefer Pfützen, die ein normales Begehen der Parkdecks beeinträchtigen können. Inwieweit Pfützenbildungen hingenommen werden, ist bei der Bedarfsplanung mit dem Bauherrn abzuklären. Zum Gefälle und zur Entwässerung der Parkdecks enthält Kapitel 9 entsprechende Ausführungen. Erforderliche Schutzmaßnahmen zum Erhalt der Gebrauchstauglichkeit nennt Kapitel 10. Im Kapitel 13 sind die Anforderungen an Wartung und Instandhaltung während der Nutzungszeit angegeben. Kapitel 12 enthält eine Einschätzung des Rissrisikos über Risiko-Kennzahlen, denn durch Risse in den Parkdecks kann deren Dauerhaftigkeit stark beeinträchtigt werden. Durch die Ausführung von Instandsetzungsmaßnahmen zum Erhalt der Dauerhaftigkeit kann die Gebrauchstauglichkeit entsprechender Bereiche der Parkdecks oder die Nutzung des gesamten Parkhauses beeinträchtigt und schlimmstenfalls ausgeschlossen werden.

Weitere Einzelheiten zur Nutzungsfreundlichkeit enthalten Abschnitt 1.3.6 und Tafel 1.13 [N24], [L23] und [L12 XII].

5.2 Anforderungen an die Dauerhaftigkeit

Unter der Dauerhaftigkeit eines Bauwerks wird die Anforderung verstanden, sowohl die Tragfähigkeit als auch die Dauerhaftigkeit des Bauwerks und seiner Bauteile über den geplanten Nutzungszeitraum zu sichern. Die Dauerhaftigkeit kann durch direkte und indirekte Einwirkungen, aber auch durch Umgebungsbedingungen, denen das Parkdeck ausgesetzt ist, beeinträchtigt werden.

Zur Sicherstellung der Dauerhaftigkeit verlangt DIN EN 1992-1-1 in Anhang E bestimmte Mindestfestigkeitsklassen des Betons:
„Die Wahl eines ausreichend dauerhaften Betons zum Schutz vor Bewehrungskorrosion und Betonangriff erfordert die Berücksichtigung der Betonzusammensetzung. Dies kann dazu führen, dass eine höhere Betonfestigkeitsklasse erforderlich wird als aus der Bemessung. Der Zusammenhang zwischen Betonfestigkeitsklassen und Expositionsklassen darf mittels indikativer Mindestfestigkeitsklassen beschrieben werden (DIN EN 1992-1-1, Anhang E, Tabelle E.1N).“

Vom Bauherrn bzw. Investor ist eine Nutzungsdauer vorzugeben. Es kann erwartet werden, dass die Nutzungsdauer von Parkhäusern mindestens 50 Jahre beträgt [N2], bei überbauten Tiefgaragen sollte von einer längeren Nutzungsdauer ausgegangen werden. Voraussetzung hierfür ist wegen der korrosionsfördernden Einwirkungen auf Parkdecks allerdings, dass dafür sinnvolle Konstruktionen gewählt werden und außerdem Wartungs- und Instandhaltungsmaßnahmen vorgesehen und auch tatsächlich durchgeführt werden.

5.2.1 Allgemeine Regelungen

Im Abschnitt 2.4 der Grundnorm DIN EN 1990 [N0] steht zur Zuverlässigkeit von Tragwerken und deren Dauerhaftigkeit unter anderem:
„Das Tragwerk ist so zu bemessen, dass zeitabhängige Veränderungen der Eigenschaften das Verhalten des Tragwerks während der geplanten Nutzungsdauer nicht unvorhergesehen verändern. Dabei sind die Umweltbedingungen und die geplanten Instandhaltungsmaßnahmen zu berücksichtigen.

Für ein angemessen dauerhaftes Tragwerk sind folgende Aspekte zu berücksichtigen:
- *die vorgesehene oder vorhersehbare zukünftig Nutzung des Tragwerks;*
- *die erwarteten Umweltbedingungen;*
- *die Wahl des Tragsystems;*

- *die geforderten Entwurfskriterien;*
- *die Gestaltung der Bauteile und Anschlüsse;*
- *die Zusammensetzung, Eigenschaften und Verhalten des Beton und der anderen Baustoffe und Bauprodukte;*
- *die Qualität der Bauausführung und der Überwachungsaufwand;*
- *besondere Schutzmaßnahmen;*
- *die Wartung und Instandhaltung während der gesamten Nutzungszeit.*

Die Umweltbedingungen sind bei der Planung zu erfassen, ihre Bedeutung für die Dauerhaftigkeit festzustellen und geeignete Maßnahmen für den Schutz von Baustoffen und Bauprodukten zu treffen.

Das Maß der zeitabhängigen Änderungen der Eigenschaften darf aufgrund von Berechnungen, Messungen und Erfahrungen mit bereits erstellten Bauwerken oder aufgrund einer Kombination solcher Vorerfahrungen eingeschätzt werden."

Die vorstehenden Absätze aus der Grundnorm DIN EN 1990 „Grundlagen der Tragwerksplanung" [N0] wurden hier zitiert, um deutlich darzustellen, worauf Planer und Ausführende von Parkbauten insbesondere bei Parkdecks zu achten haben. Häufig wird dieser Grundnorm nicht genügend Aufmerksamkeit geschenkt.

Das bedeutet:
- *die zu erwartenden Einwirkungen auf die einzelnen Bauteile sind festzustellen;*
- *die Bauteile sind gegen Einwirkungen, die nicht ferngehalten werden können, genügend widerstandsfähig zu konstruieren und auszuführen;*
- falls dies nicht möglich ist, sind die Bauteile zu schützen.

Für das Abschätzen von Einwirkungen durch Zwangbeanspruchung enthält Abschnitt 3.10 entsprechende Angaben. Die Abschnitte 5.4 und 5.5 haben die Begrenzung der Rissbreite zum Inhalt. Beispiele im Kapitel 11 zeigen rechnerische Nachweise für frühen und späten Zwang.

5.2.2 Abwehr möglicher Schadensursachen

Eine typische Schadensursache bei Parkdecks ist die Korrosionsgefahr der Bewehrung durch eindringende Chloride. Es kann zwar der Beton so dicht hergestellt und die Betondeckung der Bewehrung so vergrößert werden, dass Chloride nicht bis zur Bewehrung eindringen können. Dadurch kann eine Korrosion der Bewehrung verhindert werden. Aber dies gelingt nur so lange, wie die Stahlbetonkonstruktion rissfrei bleibt oder entstandene Risse dauerhaft geschlossen bleiben. Risse in der Stahlbeton-Konstruktion können und werden dort entstehen, wo die Last-oder Zwangeinwirkungen so groß sind, dass die Zugfestigkeit des Betons überschritten wird, und zwar unabhängig von der Menge der eingebauten Bewehrung. Eine kräftige Bewehrung kann nur die Rissbreite gering halten, das Entstehen von Rissen jedoch nicht verhindern.

Zur Abwehr dieser Schadensursachen bestehen mehrere Möglichkeiten. Hierzu heißt es in DIN EN 1990 [N0] Abschnitt 2.2 (6), dass die Maßnahmen zur Abwehr möglicher Schadensursachen oder zur Minderung von Schadensfolgen in gewissen Grenzen ausgetauscht werden können, wobei die erforderliche Gesamtzuverlässigkeit des Tragwerks dadurch nicht beeinträchtigt werden darf.

In den Erläuterungen zu DIN EN 1992-1-1 Heft 600 des DAfStb [N6], steht ausdrücklich im Abschnitt 4.2 „Umgebungsbedingungen" zu Tabelle 4.1 Fußnote [b)]:
- Bei Parkdecks handelt es sich im Allgemeinen um über mehrere Felder durchlaufende Flächentragwerke.
- Im Bereich der Auflager ergibt sich durch die Belastungen eine Zugbeanspruchung an der Bauteiloberseite.
- Bei einer Behinderung der horizontalen Verformungen ist zusätzlich eine Zwangbeanspruchung möglich.
- Es sind daher meistens Risse an der Bauteiloberseite zu erwarten.
- Horizontale Betonbauteile mit Rissbildung und Chloridbeaufschlagung von oben sind in die schärfsten Beanspruchungen hinsichtlich Bewehrungskorrosion einzustufen.
- Bei direkt befahrenen Parkdecks ist eine Ausführung nur mit zusätzlichen Maßnahmen möglich.
- Risse und Arbeitsfugen sind bei direkt befahrenden Parkdecks dauerhaft zu schließen bzw. zu schützen, um Schäden durch eindringendes chloridhaltiges Wasser und die dadurch entstehende chloridinduzierte Korrosion der Bewehrung zu vermeiden.

Die Größe der Zwangbeanspruchungen kann durch verschiedene Maßnahmen abgemindert werden. Möglichkeiten bestehen durch:
- konstruktive Maßnahmen
- betontechnologische Maßnahmen
- ausführungstechnische Maßnahmen

Diese Maßnahmen dienen insbesondere dem Entwurfsgrundsatz RV zur Rissvermeidung, sie sind im Einzelnen im Abschnitt 5.11.1 aufgeführt. Um die Dauerhaftigkeit sicherzustellen, sind zusätzliche Anforderungen an die Zusammensetzung und die Eigenschaften des Betons einzuhalten. Grenzwerte für Beton sind abhängig von den Expositionsklassen in Tafel 4.1 (Abschnitt 4.1) zusammengestellt.

Zur Abwehr möglicher Schadensursachen sind auch die Temperaturänderungen während der Bauzeit und in der Nutzungsphase wirksam zu begrenzen, sodass die hiermit verbundenen Zwangbeanspruchungen gering bleiben. Damit soll erreicht werden, Rissbildungen möglichst zu vermeiden.

Die vorgenannten Maßnahmen sind sorgfältig zu planen, aufeinander abzustimmen und in den Vertragsunterlagen, einschließlich der Leistungsbeschreibung, festzulegen.

5.2.3 Weitreichende Dauerhaftigkeit

Zum Erreichen einer weitreichenden Dauerhaftigkeit sind – wie vorstehend dargestellt - verschiedene Konstruktions- und Ausführungsarten möglich. Hierbei ist ein wirtschaftlich optimales Verhältnis zwischen der Nutzungsdauer und den Baukosten anzustreben. Zu berücksichtigen ist hierbei, dass die Nutzungsdauer des Oberflächenschutzes stark befahrener Gebäudeflächen geringer ist als die des Bauwerks selbst.

Nutzungsdauer (nach [L12 XII]):
- $\leq$ 10 Jahre für Oberflächenschutzsysteme
- $\leq$ 25 Jahre für Abdichtungen mit Polymerbitumen-Schweißbahnen und Gussasphalt
- $\leq$ 50 Jahre für Bauwerke

Um eine weitreichende Dauerhaftigkeit zu erreichen, muss die jeweils gewählte Konstruktion möglichst robust sein. Außerdem sind die Anforderungen an Instandhaltung und Wartung zu beachten und durchzuführen (Kapitel 13).

5.3 Beeinträchtigungen der Dauerhaftigkeit

Im Hinblick auf die Dauerhaftigkeit von Stahlbetonbauteilen werden in der Fachnorm DIN 1992-1-1 im Wesentlichen zwei Bereiche geregelt:
- Umgebungsbedingungen, die auf die Bauteiloberflächen wirken
- Betondeckung zum Schutz der Bewehrung gegen Korrosion

Die Umgebungsbedingungen, denen die Bauteiloberflächen durch chemische oder physikalische Einflüsse ausgesetzt sein können, sind durch Festlegung der Expositionsklassen geregelt. Bei der Planung von Parkdecks und Tiefgaragen sind die für die jeweilige Bauteilseite und für den zutreffenden Anwendungsfall maßgebenden Expositionsklassen festzulegen. Daraus ergeben sich für den Schutz der Bewehrung vor Korrosion die Anforderungen an die Betondeckung.

5.3.1 Risse in der Biegezugzone (Biegerisse)

Bei direkt befahrenen Verkehrsflächen (ohne Beschichtung oder Abdichtung der Oberfläche) darf eine Biegezugspannung an der Oberseite der Betonbauteile aus Lasten und/oder Zwang nicht größer werden als die Zugfestigkeit des Betons. Bei statisch

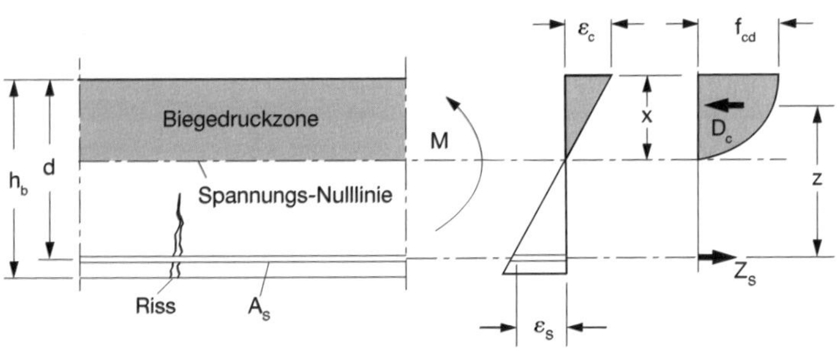

Bild 5.1: Risse gehen in biegebeanspruchten Bauteilen höchstens so tief, wie die Biegezugzone reicht. In der Biegedruckzone können keine Risse entstehen.

bestimmten Systemen (z. B. Einfeldplatten) wird stets der Nachweis einer Biegedruckzone an der Bauteiloberseite gelingen (Bild 5.1).

Die Risstiefe t_r von Biegerissen infolge von Lasten und Zwang reicht hierbei bis zur Spannungs-Nulllinie:

$t_r \geq h_B - x$ (Gl. 5.1)

Die Druckzonenhöhe x muss hierbei folgende Bedingung erfüllen:

$x \geq 30$ mm und $x \geq 1{,}5 \cdot D_{max}$ (Gl. 5.2)

Hierbei sind:

t_r Risstiefe von Biegerissen [mm]
h_B Bauteildicke [mm]
x Druckzonenhöhe [mm]
D_{max} Größtkorndurchmesser der Gesteinskörnung [mm]

Bei statisch unbestimmten Systemen (z. B. Mehrfeldplatten ohne Vorspannung) kehrt sich die Situation in bestimmten Bereichen um und die Biegezugzone befindet sich an der Oberseite, z. B. bei Zwischenauflagern (Bild 6.6).

Damit das Verfahren mit dem Vermeiden großer Biegezugspannungen an der Bauteiloberseite auch sicher ist, müssen außer allen Lastfällen mit den verschiedenen Lastkombinationen auch alle Zwangschnittgrößen rechnerisch erfasst und erforderlichenfalls überlagert werden. In üblichen statischen Berechnungen des Hochbaus werden die verschiedenen Zwänge durch unterschiedliche Temperaturzustände sowie Schwind- und Kriechvorgänge kaum erfasst. Doch die Bauteile erleben diese Zwänge, beginnend beim Betonieren über das Ausschalen und die unterschiedlichen Bauzustände während der Bauzeit bis hin zu den verschiedenen Zuständen während der Nutzung des Bauwerks.

Bei nicht direkt befahrenen Verkehrsflächen ist die zulässige Rissbreite für die geplante Beschichtung oder Abdichtung der Oberfläche nachzuweisen und darf nicht überschritten werden. Bei Parkdecks mit großen Temperaturschwankungen Sommer/Winter, z. B. in offenen Parkbauten oder Dachparkdecks, ist außerdem nachzuweisen, dass die Rissbreitenänderungen die zulässigen Maße der Beschichtung oder Abdichtung entsprechend den Angaben des Herstellers nicht überschreiten (Tafeln 2.8 und 5.6).

Damit kein Eindringen von Chloriden erfolgen kann, dürfen keine offenen Risse an der Oberseite der befahrenen Fläche verbleiben. Um die Dauerhaftigkeit der Bewehrung sicherzustellen, sind daher die Anforderungen für die jeweilige Ausführungsart nach Tafel 2.18 zu beachten.

5.3.2 Risse und deren Auswirkung auf die Bewehrung

Risse im Beton, die die gesamte Betondeckung durchdringen und bis auf die Bewehrung reichen, können sich ungünstig auf den Korrosionsschutz der Bewehrung auswirken. Für den Korrosionsschutz der Bewehrung muss die Betondeckung das Eindringen von Chloriden verhindern. Daher hat die Betondeckung im Wesentlichen zwei Bedingungen zu erfüllen:

1. Die Betondeckung muss dick genug sein.
2. Die Betondeckung muss dicht genug sein.

Zu 1.: Dicke der Betondeckung

Der Abstand zwischen Betonoberfläche und der nächstgelegenen Stahloberfläche, wie Bügel, Haken, Oberflächenbewehrung oder Tragbewehrung, darf ein bestimmtes Mindestmaß nicht unterschreiten.

Die Maße der erforderlichen Betondeckung sind in DIN EN 1992-1-1 festgelegt (Tabelle 4.4DE [N2]). Die Maße sind insbesondere abhängig von der Expositionsklasse, der die jeweilige Betonoberfläche zugeordnet ist (Tafel 5.1 und Tafel 6.2). Auf Bewehrungszeichnungen sind stets die Verlegemaße c_v anzugeben, um Verwechslungen zu vermeiden. Zum Erhalt einer wirksamen Betondeckung sind Frührisse (Oberflächenrisse, Craquelé) möglichst zu vermeiden, sowie breite Biegerisse und Trennrisse zu verhindern.

Bei Bauteiloberflächen in der Ausführungsart „Oberflächen ohne Schutz" und auch in der Ausführungsart „Beschichtungen" nach Tafel 2.18 beträgt das Mindestmaß c_{min} bei Chlorideinwirkung $c_{min} = 40$ mm. Hinzu kommt ein Vorhaltemaß von $\Delta c_{dev} = 15$ mm, sodass sich ein Nennmaß als Verlegemaß von $c_v = c_{nom} = 55$ mm ergibt (Tafel 5.1).

Tafel 5.1: Erforderliche Betondeckung für die Dauerhaftigkeit von Betonstahl: Verlegemaße c_v = Nennmaße c_{nom} (nach DIN EN 1992-1-1, Tabelle 4.4DE [N2])

Expositionsklasse nach Tafel 2.4			
XC1	XC2, XC3	XC4	XD1, XD2, XD3
Mindestmaß der Betondeckung c_{min} [1)]			
10 mm	20 mm	25 mm	40 mm
Verlegemaß c_v = Nennmaß c_{nom} [1)]			
20 mm	35 mm	40 mm	55 mm
außerdem einzuhalten: Verlegemaß $c_v \geq \varnothing_s + 10$ mm			

[1)] Einzelheiten hierzu enthält Tafel 6.2.
Erforderliche Vergrößerung und zulässige Verminderung der Betondeckung gibt Tafel 6.3 an.

Lediglich für geschützte Bauteiloberflächen in der Ausführungsart „Abdichtungen" kann die Betondeckung auf c_{min} = 20 mm verringert werden. Eine angepasste regelmäßige Wartung in planmäßig festgelegten Intervallen wird hierbei vorausgesetzt. Details dazu sind im Kapitel 13 dargestellt.

Eine angepasste regelmäßige Wartung in planmäßig festgelegten Intervallen wird hierbei vorausgesetzt. Details dazu sind im Kapitel 13 dargestellt.

Besonders wichtig ist die Betondeckung der oberen Bewehrung. Aber gerade dies kann der kritische Schwachpunkt bei der Ausführung sein. Dünne Betonstahlmatten lassen sich nicht exakt in ihrer Höhe halten. Dabei führen zu geringe Betondeckungen zu Korrosionsschäden und zu große Betondeckungen zur Unterschreitung der statisch erforderlichen Höhe im Bereich der Unterstützung von Durchlaufdecken. Stabdurchmesser unter 10 mm sind zu vermeiden. Außerdem führen Lagermatten im Bereich der überlappenden Stöße sehr oft zu Unterschreitungen der Betondeckung. Daher sind Listenmatten mit Stößen in einer Ebene (Ein-Ebenen-Stöße) zu bevorzugen.

Zu 2.: Dichtheit der Betondeckung

Die erforderliche Dichtheit der Betondeckung ist durch ein dichtes Betongefüges zu erreichen. Dafür muss der Beton einen niedrigen Wasserzementwert haben und weitere Grenzwerte sind einzuhalten (Tafeln 4.1 und 4.2).

Das bedeutet aber auch: Die Dichtheit des Betongefüges darf nicht durch Frührisse gestört werden, denn die Wirksamkeit der Betondeckung kann durch Risse verloren gehen.

Frührisse, die durch Eigenspannungen entstehen können, haben nur eine geringe Tiefe. Sie werden daher auch Oberflächenrisse genannt. Da Frührisse außerdem nur von geringer Breite sind, haben sie kaum eine ungünstige Auswirkung auf den Schutz der Bewehrung. Frührisse können aber der Ausgangsbereich für Trennrisse sein.

Trennrisse entstehen durch höhere Zwangbeanspruchungen, die die Zugfestigkeit des Betons überschreiten. Durch Trennrisse können Chloride bis zur Bewehrung vordringen und eine Korrosion der Bewehrung auslösen.

Bei kurzen Einwirkungszeiten (z. B. während eines Winters) ist jedoch im Allgemeinen mit wesentlichen Korrosionsschäden an der Bewehrung zu rechnen. Entstandene Risse sind daher spätestens nach dem ersten Winter dauerhaft so zu schließen, dass kein weiteres Wasser mit Chloriden eindringen kann. Maßgebend hierfür ist die DAfStb-Instandhaltungs-Richtlinie [R7].

Bei direkt befahrenen Flächen mit Chloridbeaufschlagung sind die Entwurfsgrundsätze RV Rissvermeidung zu wählen (Tafel 2.18). Zum Erreichen eines dauerhaften Schutzes ist bei unerwartet entstandenen Rissen der Entwurfsgrundsatz RA-0 anzuwenden. Das bedeutet: Entstandene Risse sind mit Rissbandagen zu sichern.

Die Begrenzung der Rissbreite entsprechend den Entwurfsgrundsätzen RB ist allein keine geeignete Maßnahme zum Erreichen einer ausreichenden Dauerhaftigkeit.

Bei nicht direkt befahrenen Flächen, also bei vollflächig aufgebrachten Oberflächenschutzsystemen mit Rissüberbrückung oder bei vollflächigen Abdichtungen mit Schutz- und Fahrbelag sind aufeinander abzustellen:
- die maximal zu erwartende Rissbreite auf die zulässige Rissbreite
  und
- die Rissbreitenänderungen bei dynamischen und thermischen Änderungen während der Nutzungszeit auf die zulässigen Rissbreitenänderungen. Maßgebend ist Abschnitt 2.1.7 mit Tafel 2.8.

5.3.3 Risse und deren Auswirkung auf die Dichtheit der Bauteile

Das Rissverhalten des Betons hat einen großen Einfluss auf die Dauerhaftigkeit und Gebrauchstauglichkeit jeder Stahlbetonkonstruktion. Das gilt in besonderem Maße für Parkdecks, da Chloride durch Risse in den Beton eindringen können, wodurch eine Korrosion der Bewehrung hervorgerufen werden kann (Abschnitt 5.3.2).

Eine Beanspruchung des Betons auf Zug ist nur in begrenztem Ausmaß möglich, denn Beton hat nur eine relativ niedrige Zugfestigkeit f_{ctm} (Tafel 2.6). Die Dehnfähigkeit ε_{ct} des Betons bei Zugbeanspruchung ist recht gering (Tafel 4.6). Daher ist die Rissgefahr bei einer Zugbeanspruchung des Betons sehr groß.

Es gibt unterschiedliche Arten von Rissen. Hinsichtlich der Wassereindringung in Betonbauteile ist zwischen folgenden Rissarten zu unterscheiden, denn Riss ist nicht gleich Riss:
- Oberflächenrisse: Risse im Bereich der Oberfläche mit geringer Tiefe
- Biegerisse: Risse innerhalb der Biegezugzone
- Trennrisse: Risse, die durch den gesamten Bauteilquerschnitt gehen

Die Bedeutung dieser Risse für die Dichtheit der Bauteile ist aus der Zusammenstellung in Tafel 5.2 zu erkennen.

Die Eigenarten und die Bedeutung der Risse werden in den nachfolgenden Abschnitten näher erläutert.

Tafel 5.2: Rissarten, ihre Entstehungsursachen und deren Vermeidung

<table>
<tr><th>Rissarten</th><th>Rissursachen</th><th>Vermeidung und Bedeutung</th></tr>
<tr><td rowspan="2">Frührisse</td><td rowspan="2">Eigenspannungen durch:
- Frühschwinden
- Abkühlen
- Absetzen des Betons</td><td>Vermeidung durch:
- Schutz vor zu schnellem Austrocknen
- Schutz vor zu schneller Wärmeabgabe
- sorgfältiges Verdichten und erforderliches Nachverdichten des Betons</td></tr>
<tr><td>Bedeutung:
Oberflächenrisse haben keinen Einfluss auf die Dichtheit der Bauteile.</td></tr>
<tr><td rowspan="2">Biegerisse</td><td rowspan="2">Biegezugspannungen durch:
- zu große Verformungen
- zu große Biegebean-spruchung
- zu große Betondeckung</td><td>Vermeidung durch:
- Verringerung der Biegeschlankheit
- geringere Ausnutzung der Stahlspannungen
- Sicherung der Bewehrung gegen Verschieben</td></tr>
<tr><td>Bedeutung:
- Biegerisse haben keine Einfluss auf die Wasserundurchlässigkeit, wenn die Biegedruckzone $\geq$ 30 mm oder $\geq 1{,}5 \cdot D_{max}$ ist.</td></tr>
<tr><td rowspan="6">Trennrisse</td><td rowspan="2">früher Zwang durch abfließende Hydratationswärme</td><td>Vermeidung durch:
- Beton mit niedriger Wärmeentwicklung
- Schutz gegen zu schnelles Abkühlen
- Anordnung von Sollrissquerschnitten</td></tr>
<tr><td>Bedeutung:
Nachweis der Bewehrung zur Begrenzung der Rissbreite</td></tr>
<tr><td rowspan="2">später Zwang durch Schwinden des Betons</td><td>Vermeidung durch:
- Beton mit geringem Schwindmaß
- Schutz des Betons vor zu schnellem Austrocknen
- Anordnung von Sollrissquerschnitten</td></tr>
<tr><td>Bedeutung:
Nachweis der Bewehrung zur Begrenzung der Rissbreite</td></tr>
<tr><td rowspan="2">später Zwang durch Temperaturbeanspruchungen oder Setzungen</td><td>Vermeidung durch:
- Schutz vor schnellen Temperaturwechseln
- Anordnung von Sollrissquerschnitten</td></tr>
<tr><td>Bedeutung:
Nachweis der Bewehrung zur Begrenzung der Rissbreite</td></tr>
</table>

5.4 Rissgefahr

Rissgefahr besteht immer dann, wenn die Dehnfähigkeit des Betons überschritten wird. Die Entwicklung der Dehnfähigkeit des Betons ist abhängig von mehreren Einflüssen:
- Festigkeitsentwicklung des Betons (langsam, mittel oder schnell)
- Temperatur des Betons und der umgebenden Luft
- Lagerungsbedingungen
- Abkühl- und Trocknungsbedingungen
- Bauteildicke

5.4.1 Abschätzen der Rissgefahr bei spätem Zwang

Die Gefahr von spät entstehenden Rissen und/oder von Aufweitungen vorhandener Risse ist in Betonbauteilen gegeben, die einer späten Zwangbeanspruchung ausgesetzt sind. Dies kann später Zwang beim Schwinden des Betons sein oder später Zwang durch Temperaturänderungen oder durch ungleichmäßige Setzungen des Bauwerks (Abschnitt 3.10.2).

Die späten Zwangbeanspruchungen entstehen immer dann, wenn den Bauteilen Verformungen aufgezwungen werden, denen sie nicht oder nur mit Widerstand folgen können. Dies geschieht immer dann, wenn sich die Bauteile nicht verformen können, weil sie mit anderen Bauteilen fest verbunden sind. Typisch hierfür sind Sohlplatten, die in Verbindung mit Fundamenten und Schächten hergestellt werden, aber auch lange Wände ohne Fugen. Es ist daher stets zu empfehlen, die Einwirkungen möglichst gering zu halten und außerdem dafür zu sorgen, dass sich die Bauteile bei Einwirkungen verformen können. Dies gilt sowohl während des Bauzustandes, insbesondere bei langer Bauzeit, als auch während der späteren Nutzung des Bauwerks. Diese Maßnahmen sorgen bei geringem Aufwand für eine sichere Bauweise.

Das Abschätzen der Rissgefahr bei spätem Zwang gibt einen Überblick, ob beim späteren Schwinden des Betons oder bei Temperaturänderungen mit Rissen zu rechnen ist. Der Nachweis kann nach Gleichung (Gl. 5.3) erfolgen:

$$\frac{\sigma_{ctd}}{f_{ct,eff}} \leq 1{,}0 \rightarrow$$ keine Rissgefahr! (Gl. 5.3)
Mindestbewehrung nur für Rissschnittgröße σ_{ctd} erforderlich.

Hierbei sind:

σ_{ctd} Bemessungswert der Betonzugspannung durch Schwinden des Betons als Rissschnittgröße mit Beiwert $k_{S(t)}$ für das Schwinden in den ersten Jahren (Tafel 4.12) und Beiwert $k_{(\varphi+\psi)} = 0{,}8$ für Kriechen + Relaxation bei spätem Zwang (Gl. 4.9)

$f_{ct,eff}$ effektive Zugfestigkeit des erhärteten Betons
$f_{ct,eff} = f_{ctm} \geq f_{ct,min} = 3\ N/mm^2$ [N2]

Der Nachweis der Spätrissgefahr wird an mehreren Beispielen im Abschnitt 11.3 verdeutlicht.

5.4.2 Abschätzen der Rissgefahr bei frühem Zwang

Von einer geringen Rissgefahr – beziehungsweise von einer ausreichenden Risssicherheit – ist bei Verwendung von Beton mit entsprechender Festigkeitsentwicklung dann auszugehen, wenn die Temperaturdifferenz zwischen dem Inneren der Bauteile und der Oberfläche klein ist. Dies ist leichter zu erreichen, wenn die Frischbetontemperatur nicht zu hoch und die Wärmeentwicklung des Betons möglichst gering ist.

Die Rissgefahr ist infolge der Eigenspannungen innerhalb der ersten zwei Tage am größten. Die Rissgefahr wird mit zunehmendem Alter des Betons geringer. Eine alte Regel besagt, dass bei Temperaturdifferenzen zwischen dem Inneren des Betonbauteils und dessen Oberfläche ab 15 Kelvin (entsprechend 15 °C) eine erhöhte Gefahr für das Entstehen von Frührissen (Oberflächenrisse, Craquelé, netzartige Risse) im Laufe der ersten Tage besteht. Diese Regel entstand durch jahrzehntelange Beobachtungen und Messungen.

Die Temperaturdifferenz ΔT_c zwischen der Oberfläche und dem Bauteilinneren, die beim Abfließen der Hydratationswärme entsteht, kann nach Tafel 5.3 abgeschätzt werden – abhängig von der Bauteildicke, von der Luft- und Frischbetontemperatur sowie von der Festigkeitsentwicklung des Betons.

Unter sonst gleichen Verhältnissen ist die Situation bei höheren Luft- und Frischbetontemperaturen ungünstiger und die Gefahr für das Entstehen von Frührissen größer. Noch risikoreicher ist das Einbauen von Beton mit schneller Festigkeitsentwicklung. Hierbei sind sofortige Maßnahmen zum Schutz des Betons erforderlich (Abschnitt 4.6).

Tafel 5.3: Näherungswerte für Temperaturdifferenz ΔT_c zwischen Kern und Oberfläche eines Betonbauteils infolge abfließender Hydratationswärme (in Anlehnung an [R9])

wirksame Bauteildicke h_0 [cm]	Luft- und Frischbeton-temperatur	Temperaturdifferenz ΔT_c bei einer Festigkeitsentwicklung des Betons – mittel mit $r < 0{,}50$	schnell mit $r \geq 0{,}50$
		bei leichter Windbewegung (≈ Windstärke 1)	
≈ 25	≈ 5 °C	10 K	15 K
	≈ 15 °C	15 K	20 K
	≈ 25 °C	20 K	25 K
≈ 50	≈ 5 °C	15 K	20 K
	≈ 15 °C	20 K	25 K
	≈ 25 °C	25 K	30 K

Tafel 5.4: Beispiele für Verhältniswerte k_W der Wärme- und Wasserabgabe beim Erhärten des Betons (in Anlehnung an [L51], [L57]) (Vorschlag Lohmeyer)

Bauteile	„Zustand" der wärme- und wasserabgebenden Betonoberfläche	Verhältniswerte k_W		
		bei Windstille, keine Zugluft	bei Windstärke 1 ($v \approx 4$ km/h)	bei Windstärke 3 ($v \approx 12$ km/h)
Parkdecks, Rampen und befahrene Bodenplatten	frei, ungeschützt	**1,0**	2,0	– [1)]
	sofortiger Schutz der Betonoberfläche, Abdeckung mit Luftpolster-Folie, Dauer entsprechend Tafel 4.15	0,3	0,6	1,2
Wände	Schutz durch Schalung, je nach Festigkeitsentwicklung: Mindestdauer nach Tafel 4.15	0,8	1,4	– [1)]
	Schutz durch Schalung, je nach Festigkeitsentwicklung: Verdoppelung der Mindestdauer nach Tafel 4.15	0,3	0,6	1,2

1) Diese Ausführungen sind unzulässig und müssen unbedingt vermieden werden.

Die Einflüsse der Wärmeabgabe durch Abkühlen und der Wasserabgabe beim Austrocknen an den Oberflächen von Betonbodenplatten sind abhängig vom Schutz der Bauteile und von den Windbedingungen [L51] [L57]. Auf der Grundlage des in bauphysikalischen Berechnungen üblichen Wärmedurchgangskoeffizienten U in $W/(m^2 \cdot K)$ sind in Tafel 5.4 Verhältniswerte k_W zum rechnerischen Abschätzen der Frührissgefahr angegeben. Alle Werte beziehen sich auf den Wert für ungeschützte Betonoberflächen bei Windstille mit $k_W = 1,0$.

Hinweis:
Windgeschwindigkeitsmesser (Anemometer) sind für den Baustellenbetrieb unerlässlich; sie sind als Handgeräte mit Flügelrad bereits ab 20,- € erhältlich.

Für Betonbauteile, die an der Oberfläche abkühlen und sich dabei verkürzen wollen, besteht die Gefahr der Bildung von Oberflächenrissen. Wenn sie insgesamt abkühlen und sich nicht verkürzen können, da sie mit anderen Bauteilen verbunden sind oder auf einer nicht gleitfähigen Unterlage liegen, besteht die Gefahr der Trennrissbildung.

Da diese Oberflächenrisse und Trennrisse nicht nur den Korrosionsschutz der Bewehrung beeinträchtigen, sondern die gesamte Gebrauchstauglichkeit der Betonbauteile gefährden können, wird der Nachweis der Gebrauchstauglichkeit gesondert geführt. Hierfür gilt Kapitel 11.

Zum Abschätzen der Rissgefahr in den Betonbauteilen ist nachstehend ein Vorschlag gemacht, um diese vielgestaltigen Einflüsse in vereinfachter Weise durch Beiwerte

Tafel 5.5: Beiwerte $k_{RG;FZ}$ zum Abschätzen der Rissgefahr bei frühem Zwang für frei bewegliche Betonbauteile[1] unter verschiedenen Einflussbereichen (Vorschlag Lohmeyer)

Jahreszeit bei der Herstellung	mittlere Lufttemperatur [°C]	Frischbetontemperatur [°C]	Betonfestigkeitsklasse	Beiwerte $k_{RG,FZ}$ für die Rissgefahr bei frühem Zwang Festigkeitsentwicklung des Betons		
				langsam[1] r < 0,30	mittel[1] r < 0,50	schnell[1] r ≥ 0,50
kalte Jahreszeit, Winter	≥ 0 … < 10	≥ 10 … ≤ 15	C25/30[2]	–[2]	0,8	1,1
			C30/37	0,8	1,1	1,4
			C35/45	1,1	1,4	1,7
Frühling/ Herbst	≥ 10 … < 20	> 15 … < 20	C25/30	0,8	**1,0**	1,3
			C30/37	1,1	1,3	1,6
			C35/45[2]	1,3	1,6	–[2]
warme Jahreszeit, Sommer	> 20 … ≤ 30	≥ 20 … < 25	C25/30	1,0	1,3	1,6
			C30/37[3]	1,3	1,6	–[3]
			C35/45[3]	1,6	–[3]	–[3]

[1] Für Bauteile im Verbund mit anderen Bauteilen ohne Fugen erübrigt sich der Nachweis der Rissgefahr, da diese stets gegeben ist.

[2] Die Festigkeitsentwicklung des Betons – langsam, mittel oder schnell – ist in der Leistungsbeschreibung anzugeben. Die Überprüfung der Verwendung des zutreffenden Betons hat anhand der Betonlieferscheine zu erfolgen, auf denen das Transportbetonwerk die zutreffende Festigkeitsentwicklung anzugeben hat.

[3] Bei niedrigen Lufttemperaturen verhält sich ein Beton der niedrigen Festigkeitsklasse mit langsamer Festigkeitsentwicklung ungünstig, da ungeschützte Oberflächen zu schnell austrocknen. Sofortiger Schutz des Betons mit genügend langer Wirksamkeit wäre erforderlich (Tafel 4.14).

[4] Beton ≥ C30/37 mit schneller Festigkeitsentwicklung erhöht die Rissgefahr stark, Anwendung daher nicht sinnvoll.

$k_{RG,FZ}$ zu berücksichtigt. Vereinfachend wird die wirkende Zwangbeanspruchung mit dem entsprechenden Beiwert $k_{RG,FZ}$ multipliziert. Die Beiwerte $k_{RG,FZ}$ sind in Tafel 5.5 angegeben. Bezugsgröße hierfür mit $k_{RG,FZ}$ = 1,0 sind mittlere Temperaturen und eine mittlere Festigkeitsentwicklung bei Beton der Festigkeitsklasse C25/30.

Der Nachweis der Rissgefahr gibt einen Überblick, ob beim Abfließen der Hydratationswärme in den ersten Tagen nach der Herstellung mit Rissen zu rechnen ist oder ob Risssicherheit besteht. Der Nachweis kann nach Gleichung (Gl. 5.4) erfolgen:

$$\frac{\sigma_{ct,d}}{f_{ct,\,min}} \cdot k_W \cdot k_{RG,FZ} < 1{,}0 \qquad \text{(Gl. 5.4)}$$

Hierbei sind:

$\sigma_{ct,d}$ Bemessungswert der Betonzugspannung (Beispiele ab Abschnitt 11.2.1) mit Beiwert $k_{(\varphi+\psi)}$ für Kriechen + Relaxation bei Zwangbeanspruchung (Gl. 4.9)

$f_{ct,min}$ Mindestzugfestigkeit für den Nachweis der Risssicherheit
$f_{ct,min} = k_{ct(t)} \cdot f_{ct;0,05}$ (Gl. 4.16)
$k_{ct(t)}$ Zugfestigkeits-Zeitbeiwert des erhärtenden Betons (Tafel 4.7)
$f_{ct;0,05}$ 5 %-Quantilwert der zentrischen Zugfestigkeit (Tafel 4.6)
k_W Verhältniswerte für die Wärme- und Wasserabgabe beim Erhärten (Tafel 5.4)
$k_{RG,FR}$ Beiwert zur Abschätzung der Rissgefahr bei frühem Zwang (Tafel 5.5)

Der Nachweis der Frührissgefahr wird an mehreren Beispielen im Abschnitt 11.2 verdeutlicht.

Für unbewehrte Bodenparkdecks genügen diese Nachweise der Zwangbeanspruchungen durch Abschätzen der Frührissgefahr.

Für bewehrte Parkdecks ist jedoch unabhängig vom Ergebnis der Frührissgefahr ein Nachweis der Bewehrung zur Begrenzung der Rissbreite erforderlich. Daher wird hiermit auf Abschnitt 5.7 hingewiesen und insbesondere auf die Nachweise für frühen und späten Zwang im Kapitel 11.

5.5 Trennrisse

Trennrisse gehen durch die gesamte Bauteildicke. Das Entstehen von Trennrissen lässt sich durch Bewehrung nicht beeinflussen. Jedoch kann die Breite der Trennrisse durch eine sinnvoll angeordnete Bewehrung begrenzt werden.

5.5.1 Begrenzung der Breite von Trennrissen

In der Fachnorm DIN EN 1992-1-1 [N2] steht unter anderem im Abschnitt 7.3.1 (1): *„Die Rissbreite ist so zu begrenzen, dass die ordnungsgemäße Nutzung des Tragwerks, sein Erscheinungsbild und die Dauerhaftigkeit nicht beeinträchtigt werden.“*

Dieser Nachweis zur Begrenzung der Rissbreite durch Zwangbeanspruchung geht über die übliche Bemessung mit dem Nachweis der Tragfähigkeit weit hinaus und wird in der Praxis häufig nicht oder ohne zutreffende Werte geführt. Beim Nachweis zur Begrenzung der Rissbreite werden häufig nicht alle entstehenden Zwangeinwirkungen in einigermaßen zutreffender Weise berücksichtigt.

Es genügt nicht, einen Nachweis für die Bewehrung zur Begrenzung der Rissbreite beim Abfließen der Hydratationswärme zu führen, wenn der Lastfall „Später Zwang“ auftreten kann, aber rechnerisch vernachlässigt wird. Außerdem hat das Parkdeck dann Risse, die den Chloriden des Taumittels die Möglichkeit zum Eindringen bis an die Bewehrung bieten.

Spät einsetzender Zwang kann beispielsweise durch Schwinden des Betons, Temperaturänderungen oder Setzungen entstehen, wenn dabei erforderlich werdende Verkürzungen des Betonbauteils nicht stattfinden können. Dies ist der Fall, wenn das

Parkdeck mit anderen Bauteilen verbunden ist. Auf diesen späten Zwang hat das statische System einen großen Einfluss.

Die Leistungsfähigkeit der Rissformeln in DIN EN 1992-1-1 [N2] ist begrenzt. Es sind durchaus Überschreitungen der rechnerischen Rissbreite gegenüber der vorhandenen Rissbreite, insbesondere bei kleinen Rissbreiten, zu erwarten. Hinzu kommt, dass sich die Rechenverfahren auf eine Begrenzung der Rissbreite im Bereich der Bewehrung beziehen. Außerhalb dieses Bereichs, z. B. an der Bauteilaußenseite, können Risse mit größerer Breite auftreten [R12].

Das bedeutet, dass eine rechnerische Rissbreite, die im Bereich der Bewehrung eingehalten ist, dennoch zu einer größeren Rissbreite an der Oberfläche von Bauteilen führt. Dies wird umso mehr der Fall sein, je dicker die Betondeckung der Bewehrung ist. Die Rissbreite wird an der Innenseite von Bauteilen noch zusätzlich vergrößert, wenn der Beton an der Innenseite stärker austrocknet als an der Außenseite.

Diese Situation kann z. B. dazuführen, dass trotz eingehaltener rechnerischer Rissbreite im Bereich der Bewehrung die Rissbreite an der Oberfläche von Bauteilen zu breit ist, um eine rissüberbrückende Beschichtung aufzubringen. Besonders auffällig werden die Risse beim Kugelstrahlen der Oberfläche für die Vorbereitung von Beschichtungsmaßnahmen. Beim Strahlen werden die Rissflanken abgebrochen und eine verlässliche Feststellung der Rissbreiten an der Oberseite ist dann nicht mehr möglich. Die Risse erscheinen durch die fehlenden Rissflanken optisch wesentlich breiter, als sie tatsächlich sind.

Der Tragwerksplaner ist gehalten, für den Bauherrn eine Optimierung der Baukosten unter wirtschaftlichen Gesichtspunkten vorzunehmen. Es ist deshalb zu empfehlen, den Bauherrn vorab auf die möglicherweise entstehenden breiteren Risse hinzuweisen, sodass er wegen der Einsparung von Kosten für aufwendige Bewehrungen dazu bereit ist, die für das Schließen der breiteren Risse entstehenden Kosten zu übernehmen.

In DIN EN 1992-1-1, Abschnitt 7.3.1 (7) heißt es allgemein:
„Bei Bauteilen der Expositionsklasse XD3 können besondere Maßnahmen erforderlich werden. Die Wahl der entsprechenden Maßnahmen hängt von der Art des Angriffsrisikos ab.“

Für beschichtete Parkdecks mit Rissüberbrückung (beispielsweise OS 11-Systeme) ist die nach DIN EN 1992-1-1 für die Expositionsklasse XD zulässige rechnerische Rissbreite von w_k = 0,30 mm aufgrund der Leistungsfähigkeit der OS 11-Systeme nicht ausreichend. Daher wird empfohlen, in der statischen Berechnung den Grenzwert der Bemessungsrissbreite auf w_k = 0,20 mm anzusetzen. Der rechnerische Ansatz kleinerer Rissbreiten als 0,20 mm ist nach dem Merkblatt des DBV [R12] nicht mehr zielführend.

Nach Möglichkeit sind Zugbeanspruchungen durch Last- und Zwangeinwirkungen an der Oberseite von Parkdecks zu vermeiden oder zumindest gering zu halten, denn Risse lassen Chloride aus Tausalzen eindringen.

Es wäre also das Sinnvollste, wenn die Last- und Zwangspannungen σ_{ct} an der Oberseite von Parkdecks in keiner Situation die zu diesem Zeitpunkt wirksame Zugfestigkeit $f_{ct,eff}$ des Betons überschreiten. Das bedeutet, dass stets folgende Bedingung einzuhalten ist:

$$\sigma_{ct} < f_{ct,eff} \qquad \text{(Gl. 5.5)}$$

Wenn dies nicht möglich sein - aus welchen Gründen auch immer - ist mit dem Entstehen von Rissen zu rechnen.

Damit die Dauerhaftigkeit nicht beeinträchtigt wird, erhalten Parkdecks mit Rissen stets eine Beschichtung oder eine Abdichtung, wie in den Entwurfsgrundsätzen RB (Abschnitt 2.3.2) oder RA (Abschnitt 2.3.3) vorgesehen. Um die Dauerhaftigkeit der Beschichtung oder Abdichtung nicht zu beeinträchtigen, sind die Risse in ihrer Breite zu begrenzen. Dies kann durch eine Bewehrung erfolgen, deren vorhandene Stahlspannung σ_S sich aus der zulässigen Rissbreite w_k, der wirksamen Betonzugfestigkeit $f_{ct,eff}$ und dem gewählten Stabdurchmesser $\varnothing_S$ ergibt.

5.6 Rechnerische und tatsächliche Rissbreiten

Wegen des zufälligen Charakters der Rissbildung können tatsächliche Rissbreiten nicht exakt vorhergesagt werden. Trotzdem ist zu erwarten, dass eine ausreichende Dauerhaftigkeit des Bauwerks erreicht wird, wenn die Risse nach den Berechnungsmodellen von DIN EN 1992-1-1 begrenzt werden. Abweichungen der tatsächlichen Rissbreite von der rechnerisch angenommenen Rissbreite sind hinzunehmen. Einen Vorschlag für maximal tolerierbare Einzelwerte der Rissbreite enthält Tafel 5.6.

Bei der Begrenzung der Rissbreite ist zu beachten, dass die an der Oberfläche sichtbar werdenden Rissbreiten von der rechnerisch angenommenen Rissbreite abweichen können [R12]. Bei wechselnden Beanspruchungen, wie sie bei befahrenden Flächen stattfinden, ist die Leistungsfähigkeit der Rissformel begrenzt. Dies gilt insbesondere bei der Begrenzung auf enge Rissbreiten. Daher sind folgenden Überschreitungsmengen zu erwarten:

Rissklasse RW30 mit Rissbreiten $w_k = 0{,}30$ mm: Überschreitungsmenge $\approx$ 10 %
Rissklasse RW20 mit Rissbreiten $w_k = 0{,}20$ mm: Überschreitungsmenge $\approx$ 20 %
Rissklasse RW10 mit Rissbreiten $w_k = 0{,}10$ mm: Überschreitungsmenge $\approx$ 30 %

In Tafel 5.6 sind die Rechenwerte der Rissbreiten w_k und die zulässigen Einzelwerte der Rissbreiten w_{max} den Rissklassen RW zugeordnet.

Tafel 5.6: Quantilwert der Rissbreite und maximal tolerierbare Rissbreiten w_{max} für Stahlbetonbauteile (nach [R3] und [L29])

Expositions-klassen nach Tafel 2.4	Riss-klasse	Rechenwerte für die Rissbreite w_k [1)] [mm]	Quantilwert der Aussagegenauigkeit des Rechenmodells [L29] [%]	Rissbreite bei 50 % Aussagewahr-scheinlichkeit [mm]	maximal tolerierbarer und zulässiger Einzel-wert der Rissbreite [L29] w_{max} [mm]
X0 und XC1	RW40	**0,40**	95	0,45	0,48 ... 0,56
XC2 bis XC4 XS1 bis XS3 XD1 bis XD3 [2)]	RW30	**0,30**	90	0,35	0,36 ... 0,42
WU-Bauteile	RW20 RW15 RW10	**0,20** **0,15** **0,10**	80 75 70	0,25 0,20 0,15	0,24 ... 0,30 0,18 ... 0,25 0,12 ... 0,18

1) Im nationalen Anhang zu DIN EN 1992-1-1 ist als Rechenwert w_{max} angegeben.

2) Bei Bauteilen der Expositionsklasse XD3 können abhängig vom Angriffsrisiko besondere Maßnahmen erforderlich werden, z. B. eine rissüberbrückende Beschichtung bei befahrenen Flächen.

Hinweise zu Tafel 5.6:
Vereinfacht ausgedrückt bedeuten die Werte der Tafel 5.6, dass trotz Festlegung der rechnerischen Rissbreite auf w_k = 0,20 mm die Hälfte der entstehenden Risse bis zu 0,25 mm breit sein dürfen und Einzelrisse bis zu 0,30 mm Breite noch zulässig sind.

Für stark befahrene Verkehrsflächen, bei denen diese Ausreißer nach oben die Gebrauchstauglichkeit beeinträchtigen können, ist zu entscheiden, ob die Bemessung der Bewehrung zur Begrenzung der Rissbreite anstelle auf den Mittelwert $f_{ctm(28d)}$ entsprechend Gleichung (Gl. 4.13) auf den 95 %-Quantilwert der Zugfestigkeit $f_{ct;0,95}$ nach Tafel 4.6 abzustellen ist. Dies entspricht einem Beiwert von k_{ct} = 1,3 und liegt damit noch über den Beiwerten der Tafel 4.7 (Fußnote [5)]).

Da hierdurch eine umfangreichere Bewehrung erforderlich wird, die höhere Baukosten verursacht, hat dies der Planer seinem Bauherrn/Nutzer zu verdeutlichen, damit hierüber eine Entscheidung getroffen wird, die spätere Streitigkeiten vermeiden hilft.

5.7 Rissbreite und Oberflächenschutz

Es gilt folgender Grundsatz, dem früher nicht genügend Beachtung geschenkt wurde:
- Die Dauerhaftigkeit von Stahlbetonbauteilen ist im Wesentlichen von einem zuverlässigen Korrosionsschutz der Bewehrung abhängig.

Dies gilt insbesondere bei Chloridbeaufschlagung durch Tausalze, wie beispielsweise bei Parkdecks und aufgehenden Bauteilen im Spritzwasserbereich. Das Eindringen von Chloriden in den Beton ist durch genügend dicke und dichte Betondeckung zu verhindern (Tafel 2.4). Bei Rissen sind zusätzliche Maßnahmen erforderlich, z. B. durch ein Oberflächenschutzsystem oder ein Abdichtungssystem.

Um das Eindringen von Chloriden in Risse dauerhaft zu verhindern, muss die vorgesehene Schutzmaßnahme auf die zu erwartende Rissbreite abgestimmt sein. Tafel 2.8 gibt hierzu einen Anhalt.

5.8 Erforderliche Rissbewehrung

Die erforderliche Bewehrung zur Begrenzung der Rissbreite ist rechnerisch nachzuweisen. Dies gilt für frühen Zwang, beispielsweise durch abfließende Hydratationswärme. Dies gilt aber auch für späten Zwang. z. B. durch Schwinden des Betons. Sofern nicht eine genauere Berechnung zeigt, dass ein geringerer Bewehrungsquerschnitt ausreicht, darf die erforderliche Bewehrung $A_{s,erf}$ zur Begrenzung der Rissbreite für Platten und Wände bei zentrischer Zugbeanspruchung vereinfacht nach DIN EN 1992-1-1, Gleichung 7.1 ermittelt werden [N2]:

$$A_{s,erf} = k_c \cdot k \cdot f_{ct,eff} \cdot A_{ct,eff} / \sigma_s \qquad \text{(Gl. 5.6)}$$

Hierbei sind:

$A_{s,erf}$ erforderliche Querschnittsfläche der Bewehrung zur Begrenzung der Rissbreite

k_c Beiwert zur Berücksichtigung des Einflusses der Spannungsverteilung innerhalb des Querschnitts vor der Erstrissbildung
$k_c = 1{,}0$ bei reinem Zug

k Abminderungsbeiwert zur Berücksichtigung der Querschnittssteifigkeit
$k = 0{,}5$ für $h \geq 800$ mm
$k = 0{,}8$ für $h \leq 300$ mm (Gl. 5.7)
$k = 1{,}0$ bei Zwang, der von außen einwirkt, z. B. durch Stützensenkungen
$k = 1{,}0$ für wasserundurchlässige Bauteile, zu empfehlen in folgenden Fällen:
- bei mittelsteifer oder steifer Lagerung mit $E_s > 20$ MN/m²,
- bei großflächigen Bodenplatten mit maßgebenden Längen ≥ 20 m, wenn keine reibungsmindernden Maßnahmen in der Bodenfuge wirksam sind.

$f_{ct,eff}$ effektive, wirksame Zugfestigkeit des Betons zum betrachteten Zeitpunkt, bei dem das Auftreten der Risse zu erwarten ist
$f_{ct,eff} = k_{ct(t)} \cdot f_{ctm}$ mit $k_{ct(t)}$ für frühen Zwang nach Tafel 4.7
$f_{ct,eff} \geq 3$ N/mm² für späten Zwang nach Tafel 4.7 ([N2] Gl. 7.1)

$A_{ct,eff}$ Querschnitt der effektiven Betonrandzone je Bauteilseite, die auf Zug beansprucht wird
$A_{ct,eff} = h_{eff} \cdot b$

h_{eff} Höhe der effektiven Randzone für den Wirkungsbereich der Bewehrung nach Bild 5.2 c) und d):
$h_{eff} \leq 2{,}5 \cdot d_1$ für $h/d_1 = 5$ und (Gl. 5.8)
$h_{eff} \leq 5 \cdot d_1$ für $h/d_1 = 30$
Grenzwerte: $h_{eff} \leq (h - x) / 3$ und (Gl. 5.9)
$h_{eff} \leq h / 2$

d_1 Abstand zwischen dem Schwerpunkt der inneren Bewehrungslage und der Außenkante des Betonquerschnitts

$$d_1 = c_{nom} + \varnothing_{s,x} + \varnothing_{s,y} / 2 \qquad \text{(Gl. 5.10)}$$

σ_s Stahlspannung in der Bewehrung zur Begrenzung der Rissbreite unter Berücksichtigung des Grenzdurchmessers σ_s^* (nach Tabelle 7.2DE [N2 NA])

$$\sigma_s \leq f_{yk} \quad \text{mit } f_{yk} = 500 \text{ N/mm}^2$$

$$\sigma_s = \sqrt{(6 \cdot \frac{(w_k \cdot 3{,}48 \cdot 10^6)}{\varnothing_s^*}}$$

$$\sigma_s = \sqrt{(6 \cdot \frac{(w_k \cdot f_{ct,eff} \cdot E_s)}{\varnothing_s^*}} \qquad \text{(Gl. 5.13)}$$

Für frühen Zwang ist die Festlegung der wirksamen, effektiven Zugfestigkeit $f_{ct,eff}$ des Betons zum jeweils betrachteten Zeitpunkt, bei dem das Auftreten der Risse zu erwarten ist, von besonderer Bedeutung. Im Abschnitt 4.4 sind Zugfestigkeits-Zeitbeiwerte $k_{ct(t)}$ aufgeführt, mit denen die zeitabhängige Betonzugfestigkeit während der Erhärtungsphase des Betons abgeschätzt werden kann. Die $k_{ct(t)}$-Werte sind abhängig von der Festigkeitsentwicklung des Betons und von dessen Alter in Tafel 4.7 angegeben, und zwar in Beziehung zu den Druckfestigkeits-Zeitbeiwerten r. Mit Gleichung (Gl. 4.16) kann die effektive Zugfestigkeit $f_{ct,eff}$ mit dem jeweiligen Zugfestigkeits-Zeitbeiwert $k_{ct(t)}$ von der mittleren 28-Tage-Zugfestigkeit $f_{ctm(28d)}$ ausgehend abgeschätzt werden.

Für späten Zwang kann zwar vereinfacht die mittlere 28-Tage-Zugfestigkeit $f_{ctm(28d)}$ angesetzt werden, allerdings ist dies wegen häufiger Überfestigkeiten nicht zielführend. In DIN 1992-1-1/NA heißt es daher unter NCI Zu 7.3.2 (2), dass die wirksame Zugfestigkeit mindestens mit 3 N/mm² anzusetzen ist. Da auch dies eine sehr starke Vereinfachung ist, sind in Tafel 4.7 zutreffendere Zugfestigkeits-Zeitbeiwerte $k_{ct,(t)}$ für spätere Zeitpunkte in Abhängigkeit von der Festigkeitsentwicklung des Betons angegeben.

Dicke Bauteile

Für dicke Bauteile, die unter zentrischem Zwang stehen, darf die Ermittlung des Querschnitts $A_{s,Riss}$ der Bewehrung zur Begrenzung der Rissbreite je Bauteilseite ebenfalls nach Bild 5.2 mit der effektiven Randzone $A_{ct,eff}$ (DIN EN 1992-1-1, Gleichung NA.7.5.1).

Von der Bewehrung zur Begrenzung der Rissbreite $A_{s,min}$ sind zwei Bedingungen einzuhalten:

Bedingung 1: $A_s \geq f_{ct,eff} \cdot A_{ct,eff} / \sigma_s$ (Gl. 5.11)

Bedingung 2: $A_s \geq k \cdot f_{ct,eff} \cdot A_{ct} / f_{yk}$ mit $f_{yk} = 500$ N/mm² (Gl. 5.12)
(Streckgrenze des Betonstahls)

Zwischen den Wirkungsbereichen der Bewehrung (Bild 5.2) können bei Zugbeanspruchung in dickeren Bauteilen breitere Risse entstehen, als sie entsprechend den Rechenwerten der Rissbreite w_k festgelegt werden.

a) Sohlplatte

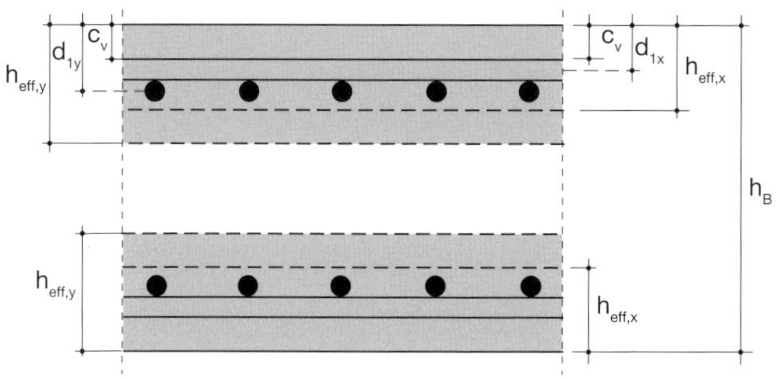

b) Wand (lotrechter Schnitt)

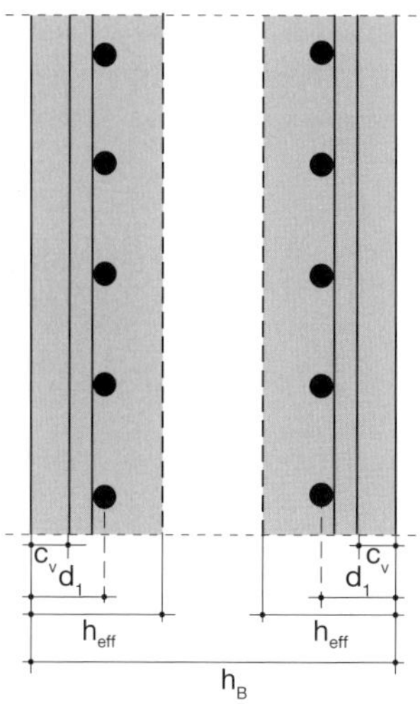

Bild 5.2: Wirkungsbereiche der Bewehrung bei dicken Bauteilen mit zentrischer Zugbeanspruchung
a) Anordnung der Bewehrung bei dicken Sohlplatten
b) Anordnung der Bewehrung bei dicken Wänden

5.9 Bestimmung der Stahlspannung

Für den rechnerischen Nachweis und die Ermittlung der erforderlichen Bewehrung nach Gleichung (Gl. 5.6) ist zunächst die Stahlspannung zu bestimmen, die beim Wirken der Zwangschnittgrößen entsteht. Hierzu ist die Wahl eines geeigneten Stabdurchmessers der Bewehrung erforderlich. Zum Nachweis der Stahlspannung σ_S kann von der Beziehung zwischen den Einflussgrößen auf die rechnerische Rissbreite w_k ausgegangen werden. Die Gleichung hierfür lautet (DIN EN 1992-1-1/NA Tabelle 7.2DE):

$$w_k = \frac{\sigma_S^2 \cdot \varnothing_S}{6 \cdot f_{ct,eff} \cdot E_S} \qquad \text{(Gl. 5.14)}$$

Nach der Stahlspannung σ_s umgeformt erhält man nachstehende Gleichung:

$$\sigma_s = \sqrt{6 \cdot \frac{(w_k \cdot f_{ct,eff} \cdot E_s)}{\varnothing_s}} \qquad \text{(Gl. 5.15)}$$

Mit Verwendung des Elastizitätsmoduls für den Stahl von E_s = 200 000 N/mm² erhält die Gleichung folgende Form:

$$\sigma_s = 1\,095 \cdot \sqrt{\frac{w_k \cdot f_{ct,eff}}{\varnothing_s}} \qquad \text{(Gl. 5.16)}$$

Eine weitere Vereinfachung ergibt sich, wenn von einer rechnerisch zulässigen Rissbreite von w_k = 0,20 mm ausgegangen wird, wie dies für Flächen mit Beaufschlagung von Chloriden zu empfehlen ist:

$$\sigma_s = 490 \cdot \sqrt{\frac{f_{ct,eff}}{\varnothing_s}} \qquad \text{(Gl. 5.17)}$$

Mit diesen Gleichungen für die Stahlspannung kann der Nachweis zur Begrenzung der Rissbreite auf relativ einfache Weise erfolgen. Beispiele im Kapitel 11 zeigen die rechnerischen Nachweise.

5.10 Mindestbewehrung

Die erforderliche Bewehrung zur Begrenzung der Rissbreite darf vermindert werden, wenn die Zwangschnittgröße die Rissschnittgröße nicht erreicht (nach DIN EN 1992-1-1 Abschnitt 7.3.2 (2) in [N2]). Wenn dies der Fall ist, darf die erforderliche Bewehrung zur Begrenzung der Rissbreite durch eine Bemessung des Querschnitts für die nachgewiesene Zwangschnittgröße ermittelt werden. Dies trifft beispielsweise zu bei vermindertem frühem Zwang in Sohlplatten mit ebener Unterseite, wenn sie sich beim Abfließen der Hydratationswärme auf dem Untergrund in Längs-und Querrichtung bewegen können. Die Sohlplatten erfahren dadurch eine geringere Zwangbeanspruchung.

Wenn nachgewiesen werden kann, dass zum Zeitpunkt der Rissentstehung der Bemessungswert der Betonspannung $\sigma_{ct,d}$ infolge der Zwangbeanspruchung unter der Zugfestigkeit $f_{ct,eff}$ des Betons bleibt, braucht nur die für diese reduzierte Betonspannung red σ_{ctd} erforderliche Bewehrung eingelegt zu werden. Dies ist die Mindestbewehrung $A_{s,min}$ nach Gleichung (Gl. 5.18), die sich sinngemäß entsprechend Gleichung (Gl. 5.6) ergibt:

$$A_{s,min} = k_c \cdot k \cdot \sigma_{ctd} \cdot A_{ct,eff} / \sigma_s \qquad \text{(Gl. 5.18)}$$

Hierbei sind:

$A_{s,min}$ Mindest-Querschnittsfläche der Bewehrung für die reduzierte Betonspannung, obwohl rechnerisch keine Risse entstehen werden

k_c Beiwert zur Berücksichtigung des Einflusses der Spannungsverteilung innerhalb des Querschnitts vor der Erstrissbildung
$k_c = 1{,}0$ bei reinem Zug

k Abminderungsbeiwert zur Berücksichtigung der Querschnittssteifigkeit nach Gleichung (Gl. 5.7)

σ_{ctd} Betonzugspannung, die sich bei Berücksichtigung von Kriechen und Relaxation des Betons ergibt
$\sigma_{ctd} = k_{(\varphi + \psi)} \cdot \sigma_{ct}$ mit $k(\varphi + \psi)$ nach Gleichung (Gl. 4.9)

$A_{ct,eff}$ Querschnitt der effektiven Betonrandzone je Bauteilseite, die auf Zug beansprucht wird
$A_{ct,eff} = h_{eff} \cdot b$

h_{eff} Höhe der effektiven Randzone für den Wirkungsbereich der Bewehrung nach Bild 5.2 c) und d) und Gleichung (Gl. 5.8)

d_1 Abstand zwischen dem Schwerpunkt der inneren Bewehrungslage und der Außenkante des Betonquerschnitts nach Gleichung (Gl. 5.10)

σ_s Stahlspannung in der Bewehrung zur Begrenzung der Rissbreite unter Berücksichtigung des Grenzdurchmessers $\varnothing_s^*$ (nach Tabelle 7.2DE [N2 NA])

Hinweis:
Kapitel 11 „Nachweise bei Zwangbeanspruchungen“ enthält in den Abschnitten 11.2 Beispiele für frühen Zwang und im Abschnitt 11.3 Beispiele für späten Zwang.

5.11 Prinzipien zur Dauerhaftigkeit und zu Entwurfsgrundsätzen

Der DAfStb hat in der Ad-Hoc-Gruppe „Dauerhaftigkeit von befahrenen Parkdecks“ zur Sicherstellung der Anforderungen an die Dauerhaftigkeit befahrener Verkehrsflächen folgende zwei Prinzipien aufgestellt. Diese Prinzipien sind zu beachten und die dafür erforderlichen Maßnahmen sind zu ergreifen:

Prinzip 1:
- *Das befahrene Bauteil ist so auszuführen, dass den einwirkenden Chloriden ein hinreichender Bauteilwiderstand entgegengesetzt wird.*

Prinzip 2:
- *Das Eindringen von Chloriden über Risse und Arbeitsfugen bis zur Bewehrung ist zu verhindern.*

Die Forderungen dieser Prinzipien und die des DBV-Merkblatts „Parkhäuser und Tiefgaragen“ [R9] sind durch eine der nachfolgenden Maßnahmen zu erfüllen. Grundsätzlich bestehen bei der Festlegung der Konstruktion von Parkdecks drei Möglichkeiten, die sich im jeweiligen Entwurfsgrundsatz unterscheiden (Abschnitt 2.3):

Entwurfsgrundsatz RV: Riss-Vermeidung bzw. Vermeiden von Trennrissen, die zur Korrosion der Bewehrung führen können (Abschnitt 2.3.1)

Entwurfsgrundsatz RB: Rissbreitenbegrenzung und Beschichtungssystem bzw. Bauweise mit Trennrissen begrenzter Rissbreite mit einer vollflächigen Beschichtung des Parkdecks (Abschnitt 2.3.2)

Entwurfsgrundsatz RA: vollflächiges Abdichtungssystem bzw. Bauweise mit zugelassenen Trennrissen, die besonders abgedichtet werden (Abschnitt 2.3.3)

Die Unterschiede dieser drei Entwurfsgrundsätze mit den sich zusätzlich ergebenden Varianten bieten viele Möglichkeiten der einzelnen Ausführungsarten, jeweils angepasst an die zutreffende Nutzungsintensität entsprechend den Nutzungsklassen N1 bis N4 nach Tafel 2.11. Die jeweils dazugehörenden Maßnahmen sind in Tafel 2.18 zusammengestellt und werden in den folgenden Abschnitten bei der Beschreibung der einzelnen Parkdecks verdeutlicht.

Im DBV-Merkblatt „Parkhäuser und Tiefgaragen“ [R9] wird unabhängig vom gewählten Entwurfsgrundsatz gefordert, planmäßig Abdichtungsmaßnahmen für unerwartet entstandene Risse vorzusehen und in einem Wartungsplan zu dokumentieren.

5.11.1 Entwurfsgrundsatz RV

Den Entwurfsgrundsatz „RV Rissvermeidung“ erläutert bereits Abschnitt 2.3.1. Hierbei sind entsprechend Tafel 2.18 drei Unterarten vorgesehen:
- RV-0 für unbewehrte Betonplatten und Betonsteinpflaster bei Bodenparkdecks
- RV-1 bei zwangfreier Lagerung des Bauteils oder bei statisch bestimmten Systemen mit geringer Zwangspannung, die unter der Zugfestigkeit des Betons bleibt
- RV-2 bei vorgespannten Bauteilen mit Druckzonenoberfläche

Anwendungsziele beim Entwurfsgrundsatz „RV Rissvermeidung“

Der Entwurfsgrundsatz „RV Rissvermeidung“ mit dem Ziel ungerissene Betonbauteile herzustellen, bietet für befahrene, chloridbeanspruchte Bauteilflächen die beste Lösung, insbesondere auch dann, wenn gleichzeitig ein Wasserdurchtritt von außen vermieden werden muss. Allerdings stellt der Entwurfsgrundsatz RV ganz besondere Anforderungen an Planung und Ausführung, damit eine Konstruktion ohne Risse entstehen kann. Rissauslösende Zwangspannungen müssen vermieden werden oder sie sind mindestens gering zu halten. Hierfür sind die Konstruktionen so zu planen, dass Verformungen klein bleiben und Verformungsbehinderungen keine Risse auslösen.

Die Bauweisen nach den Entwurfsgrundsätzen RV-0, RV-1 und RV-2 können entsprechend DIN EN 1990, Abschnitt 2.4 bei regelmäßiger Wartung der Fugen als robuste „Regelbauweisen“ bezeichnet werden [N0]. Entsprechende Anforderungen an Wartungen und Instandhaltungen sind im Kapitel 13 in diesem Buch dargestellt.

Anforderungen an den Entwurfsgrundsatz „RV Rissvermeidung“

Für den Entwurfsgrundsatz „RV Rissvermeidung“ ist das Planungskonzept auf die erforderlichen konstruktiven, betontechnischen und ausführungstechnischen Maßnahmen so abzustimmen, dass alle Maßnahmen optimiert werden.

Die sinnvollsten Maßnahmen sind jene, die zu Konstruktionen führen, die sich am einfachsten ausführen lassen, auch wenn dafür der Planungsaufwand groß sein sollte. Die Planung kann unter günstigen Umgebungsbedingungen stattfinden, während später die Ausführung auch unter ungünstigen Witterungsbedingungen erfolgen muss.

5.11.1.1 Konstruktive Maßnahmen

Bei den konstruktiven Maßnahmen für Parkdecks ist zu unterscheiden in Maßnahmen für Bodenplatten, Zwischendecks, Dachparkdecks bzw. Dachdecken, Rampen sowie Außenwände in Tiefgaragen [L12 IX].

Parkdecks auf Bodenplatten

- Bodenplatten in Erdfeuchte (oberhalb der Wasserwechselzone), beispielsweise als unbewehrte, nichttragende Platte oder mit Betonsteinpflaster herstellen
- Bodenplatten in drückendem und aufstauendem Wasser und in der Wasserwechselzone, beispielsweise als WU-Konstruktion ausbilden
- Bodenplatten mit ebener Unterseite ohne Höhenversprung in gleicher Plattendicke anstelle von dünneren Platten mit Fundamentvertiefungen sind technisch richtiger, ausführungsmäßig einfacher und wirtschaftlicher herstellbar
- Entkoppelung der Bodenplatte von anderen Bauteilen (Fundamente, Kanäle, Schächte) durch Bewegungsfugen
- verminderte Reibung der Bodenplatte auf dem Untergrund
- einzelne Festpunkte, die die Verformung behindern, sind sinnvoll anzuordnen
- notfalls sind Betoniergassen zwischen Festpunkten zum Abbau der Hydratationswärme anzuordnen
- Vermeiden von ausmittigen Festhaltepunkten
- einfache geometrische Grundfläche, erforderlichenfalls mit Sollrissfugen
- Vermeiden einspringender Ecken, erforderlichenfalls mit Sollrissfugen
- Bodenplatten möglichst mit Gefälle planen
- Entwässerung detailliert planen, Rohrleitungen unterhalb der Bodenplatte führen
- Rohrleitungen keinesfalls in die Bodenplatte einbetonieren
- Begrenzung der Rissbreite durch Bewehrung
- Vorspannung klären, z. B. mit Litzenspanngliedern

Zwischendecks

- einfache, statisch bestimmte Systeme bevorzugen
- möglichst mit Gefälle planen
- Verringerung von Festhaltepunkten
- aussteifender Kern möglichst im Zentralbereich der Fläche

- erforderlichenfalls Entkoppelung der Decks zwischen Festhaltepunkten durch Fugen
- Entkoppelung der Decks von Rampen, z. B. durch Konsolenlagerung
- elastische Fassadenstützen
- bei großen Flächen Arbeitsfugen bedenken
- bei großen, temperaturbeanspruchten Flächen Bewegungsfugen vorsehen
- Begrenzung der Rissbreite durch Bewehrung
- Vorspannung klären, z. B. mit Litzenspannglieder

Dachparkdecks bzw. Dachdecken

- Bei normal durch Pkw beanspruchten Dachparkdecks als oberstes Deck von Hochgaragen gelten die Maßnahmen wie bei Zwischenparkdecks, zusätzlich jedoch:
  - frei bewitterte, befahrbare Flächen sind stets mit Gefälle zu planen
  - bei ungedämmten Decks unbedingt die Längsbewegungen durch Temperatureinwirkungen prüfen
  - erforderlichenfalls bewegliche Lagerung auf den Außenwänden mit Gleitlagern über Ringanker, wenn elastische Fassadenstützen überfordert wären.
- Dachdecken dürfen in ihrem Querschnitt nicht wesentlich geschwächt werden, daher ist das Verlegen von Rohrleitungen innerhalb der Decken nicht zulässig. Lediglich möglich ist der Einbau von Elektro-Leerrohren, Heizkabeln oder Leitungen für die Betonkernaktivierung, jedoch mit einem begrenzten Durchmesser abgestimmt auf die Deckendicke. Bündelungen unbedingt vermeiden. Besondere Einbauüberwachungen sind vor dem Betonieren erforderlich.
- Einbauteile dürfen die Wasserundurchlässigkeit nicht beeinträchtigen. Daher brauchen Durchdringungen, wie Rohrdurchführungen oder Dachabläufe, entweder einen Sperrkragen oder einen Dichteinsatz.
- Bei höher beanspruchten Dachparkdecks sind die zusätzlichen Beanspruchungen zu erfassen, z. B. bei Hubschrauber-Landeplätzen für Krankenhäuser, für Bauten der Polizei oder für andere öffentliche Gebäude.
- Bei gedämmten Parkdecks als oberste Decke über beheizten Räumen, die z. B. als Büro- oder Verkaufsräume dienen, ist der Konstruktionsaufbau unter Berücksichtigung der bauphysikalischen Anforderungen und der Verkehrsbelastungen für Dämmung, Abdichtung und Beläge zu planen.
- Nicht befahrene Dachdecken können ohne Gefälle hergestellt werden, wenn ein Aufstau hinnehmbar ist.
- Für WU-Dachdecken sind möglichst geringe Plattendicken zu wählen. Plattendicken von 20 cm haben sich bei Ortbeton bewährt, bei Elementdecken mit 18 cm Aufbeton. Anforderungen an Mindestdicken sind in der WU-Richtlinie geregelt.
- Bei Dachdecken über Tiefgaragen kann die Nutzung sehr unterschiedlich sein, z. B. als befahrende Hofkellerdecke mit Lkw- und Feuerwehrnutzung, als Gartenanlage für Fußwegen und Begrünung bei einer Wohnbebauung oder als Erholungsfläche für Arbeitspausen, wofür bei der Festlegung der Konstruktion die Belastungen zu berücksichtigen sind.

Rampen

- einfache, statisch bestimmte Systeme anwenden
- Neigung bzw. Steigung möglichst unter 15 % planen, Parkrampen möglichst unter 6 % planen
- Außenrampen möglichst mit Überdachung oder Beheizung planen
- Entkoppelung der Rampen von den Decks durch Fugen, z.B. mit Auflagerung auf Konsolen
- Entwässerung durch Rinnen am Rampenfuß planen, abgestimmt auf den Rampenbelag, mindestens 150 mm breit und 150 mm tief, bei großem Wasserandrang eine zweite Rinne vorsehen

Erdberührte Außenwände in Tiefgaragen

- Wandabschnitte in Ortbeton-Außenwänden nicht länger als die zweifache Betonierhöhe der Wand, dafür Unterteilung der Wandlänge durch Sollrissfugen (Schwächung des Wandquerschnitts um mindestens 1/3 der Wanddicke)
- bei Einsatz von Hydratationsfugen (z.B. Streckmetallkörbe mit außen angeordnetem Fugenband oder Dichtrohre mit sternförmig angeordneten Dichtungsankern); die Betonlücke erst nach Abklingen der Hydratationswärme füllen (Temperaturdifferenz zwischen Kernbeton und Luft $\Delta T_c \leq 5$ K)
- Längsbewehrung der Außenwände im Bereich der Sollrissfuge mindestens auf die Hälfte schwächen
- Entkoppelung der Außenwände vom Verbau der Baugrube durch vollständige Trennung, dafür sinnvolle Verwendung von Dreifach-Elementwänden prüfen mit späterem Ausfüllen des Raums zwischen Verbau und Außenwand
- in jedem Fall soll für Außenwände der Nachweis der Rissfreiheit gelingen

5.11.1.2 Betontechnische Maßnahmen

Die betontechnischen Maßnahmen zielen darauf ab, Fehlstellen und Risse im Beton zu vermeiden. Dafür sind Betonzusammensetzungen zu wählen, die einerseits ein einfaches Betonieren und Verdichten des Betons ermöglichen und andererseits Zwangbeanspruchungen gering halten [L12 IX].

Betontechnische Maßnahmen zur Verringerung der Zwangbeanspruchung sind beispielsweise:
- günstige Eigenschaften von Frischbeton und Festbeton wählen
- Verwendung von Beton mit niedriger Wärmeentwicklung beim Erhärten (niedrige Hydratationswärme), dafür möglichst geringer Zementgehalt, nicht unnötig niedriger Wasserzementwert
- Zemente mit schneller Festigkeitsentwicklung vermeiden, z.B. CEM 32,5 L statt CEM 42,5 R
- Verwendung von Flugasche kann den Zementgehalt und damit die Wärmeentwicklung des Betons verlangsamen und verringern
- Beton mit Festigkeitsentwicklung langsam oder mittel statt schnell (entsprechend Betonlieferschein)

- nicht unnötig hohe Festigkeitsklasse des Betons wählen, Nachweis der Betonfestigkeit nach 56 oder 90 Tagen nutzen
- Beton mit möglichst niedriger Frischbetontemperatur verwenden
- Kühlen des Frischbetons im Transportbetonwerk klären, um auch im Sommer Frischbetontemperaturen von höchstens 20 °C zu erreichen
- eine Abstimmung zwischen Tragwerksplaner und ausführendem Unternehmen ist dringend erforderlich
- Protokolle über die Durchführung der Qualitätssicherungsmaßnahmen und der Konformitätskontrolle des Transportbetonwerks sind dem Objektüberwacher vorzulegen

5.11.1.3 Ausführungstechnische Maßnahmen

Die ausführungstechnischen Maßnahmen sind ebenfalls darauf abzustellen, Fehlstellen und Risse im Beton zu vermeiden. Dafür sind Betone zu verarbeiten, die einerseits ein einfaches Betonieren und Verdichten des Betons ermöglichen und andererseits Zwangbeanspruchungen gering halten [L12 IX].

Ausführungstechnische Maßnahmen zur Verringerung der Zwangbeanspruchung sind beispielsweise:
- Vor Beginn der Arbeiten hat der Auszuführende die Zeichnungen zu prüfen, erforderlichenfalls sind Bedenken anzumelden, damit günstigere Ausführungsmöglichkeiten durch den Planer geplant und beschlossen werden können, wobei die Gewährleistung beim Ausführenden verbleibt.
- Die Baustellenlogistik muss den Anforderungen an günstiges Betonieren entsprechen.
- Bei großen Bauteilabmessungen sind zweckmäßige Betonierabschnitte festzulegen, bei denen die Reihenfolge der Betonierabschnitte anzugeben ist.
- Die Lage der geplanten Fugen ist zu übernehmen, damit Abmessungen, Seitenverhältnisse, Festpunktzuordnung u. Ä. eingehalten werden.
- Der Art der Fugenausbildung, die der Tragwerksplaner festgelegt hat, ist zu übernehmen, wenn nicht vom Ausführenden ein anderer Vorschlag vorgelegt wird, dem der Tragwerksplaner zustimmt.
- Zusätzliche Einbauten in der Bodenplatte (z. B. für Kranfundamente) und Öffnungen in den Parkdecks bedürfen in Lage und Art der Fugenausbildung und erforderlichen späteren Abdichtung der Zustimmung des Tragwerksplaners.
- Das Betonierkonzept muss Festlegungen über geeigneten Zeitpunkt für das Betonieren der einzelnen Abschnitte enthalten, möglichst niedrige Frischbetontemperaturen im Sommer bedürfen der Zustimmung des Tragwerksplaners, der Bauablauf hat dem Bauzeitenplan zu entsprechen.
- Der Betoneinbau und die Verdichtung sind auf den jeweiligen Fall abzustimmen.
- Im Sommer ist das Betonieren mit gekühltem Beton möglichst in die kühleren Abend- und Nachtstunden zu verlegen (in Ortschaften die Ruhezeit nach Bundes-Immissionsschutzgesetz von 22:00 Uhr bis 7:00 Uhr abklären).

- Arbeitsfugen vermindern zwar die Zwangbeanspruchung in Längsrichtung, erzeugen aber entlang der Arbeitsfuge im nachträglich zu betonierenden Abschnitt Zwangspannungen quer zur Fugenrichtung.
- Große Flächen sind durch Sollrissfugen mit geeignetem Fugenabdichtungssystem zu unterteilen. Das Pilgerschrittverfahren (Betonierfolge 1, 3, 5, dann 2, 4) ist aufgrund der entstehenden Zwangbeanspruchungen beim einfachen Anbetonieren nicht zu empfehlen.
- Fertigstellung der Betonoberflächen von Parkdecks und Rampen entsprechend den Vorgaben für ein direktes Befahren bzw. für die Aufnahme eines Oberflächenschutzsystems oder einer Abdichtung.
- Zweckmäßig ist das maschinelle Abscheiben oder Glätten, für griffige Oberflächen auch das Aufbringen eines Besenstrichs, wobei die Art der Oberflächenbearbeitung mit den Transportbetonwerk abzusprechen ist, damit der Beton die erforderlichen Eigenschaften aufweist.
- Die Nachbehandlung des Betons (gegen Abkühlen, Frosteinwirkung, Sonneneinstrahlung, Wasserverlust u. a.) hat rechtzeitig zu beginnen.
- Erforderlichenfalls ist eine Zwischenbehandlung durchzuführen, z. B. vor der Fertigstellung der Parkdeck-Oberflächen.
- Beim Überschreiten des zulässigen Temperaturmaximums beim Erhärten des Betons (Angaben des Tragwerksplaners) sind wärmehaltende Abdeckungen der Betonbauteile erforderlich.
- Das Überwachungskonzept ist auf die Anforderungen abzustimmen.
- Protokolle über die Durchführung der Qualitätssicherungsmaßnahmen und der Konformitätskontrolle auf der Baustelle sind dem Objektüberwacher vorzulegen.
- Während der Bauzeit können in der Rohbauphase ungünstigere Umgebungsbedingungen als während der späteren Nutzung auftreten. Diese zusätzlichen Schutzmaßnahmen während der Bauzeit gehören in die Leistungsbeschreibung, entsprechende Materialien sind vorzuhalten.

Hinweis:
Das gemeinsame Ziel der konstruktiven, betontechnischen und ausführungstechnischen, Maßnahmen muss es sein, die Trennrissbildung zu vermeiden oder mindestens zu minimieren. Für den Fall, dass der Entwurfsgrundsatz „RV Rissvermeidung" nicht erfüllt werden kann, ist zu entscheiden, ob der Entwurfsgrundsatz RB mit feinen Rissen in größerer Anzahl oder der Entwurfsgrundsatz RA mit einer kleinen Anzahl breiter Risse gewählt wird. Hierbei sind dann planerisch zusätzliche Schutzmaßnahmen zum Schließen zu erwartender Risse festzulegen.

5.11.2 Entwurfsgrundsatz RB

Den Entwurfsgrundsatz RB „Rissbreitenbegrenzung“ erläutert bereits Abschnitt 2.3.2. Für die Anwendung dieses Entwurfsgrundsatzes mit einer großen Anzahl feiner Risse ist eine umfangreiche Bewehrung erforderlich, die für die zu erwartende Betonzugkraft aus Last- und Zwangeinwirkungen zu bemessen ist.

Bei diesem Entwurfsgrundsatz sind entsprechend Tafel 2.18 zwei Unterarten vorgesehen, die beide ein Oberflächenschutzsystem als vollflächige Beschichtung beinhalten:

- RB-1 mit Rissbreiten, bei denen ein starres Oberflächenschutzsystem OS 8 funktioniert, wenn eine begleitende Rissbehandlung einzelner Risse vorgenommen wird, z. B. mit Rissbandagen
- RB-2 mit Rissbreiten, bei denen eine rissüberbrückenden Beschichtung funktioniert, z. B. Oberflächenschutzsystem OS 10 mit einer Schutz- und Nutzschicht oder Oberflächenschutzsystem OS 11

Anwendungsziele beim Entwurfsgrundsatz RB „Rissbreitenbegrenzung“

Die Bauweisen nach den Entwurfsgrundsätzen RB-1 und RB-2 weisen nur dann eine ausreichende Robustheit auf, wenn eine angepasste wiederkehrende Wartung und Instandhaltung mit einem Instandhaltungsplan im Sinne der DAfStb-Richtlinie „Schutz und Instandsetzung“ tatsächlich durchgeführt wird [N0].

Bei direkt befahrenen Flächen ermöglichen viele Risse mit geringer Breite die rissüberbrückenden Fähigkeiten von Oberflächenschutzsystemen oder Abdichtungen zu nutzen. Oberflächenschutzsysteme oder Abdichtungen sind so spät wie möglich aufzubringen, um die vollständige Rissbildung abzuwarten.

Bei erdberührten Bauteilen der Beanspruchungsklasse BK-2 (ohne Wasserdruck) dürfen die Risse offen bleiben, um die Mindestanforderungen von DIN EN 1992-1-1 zu erfüllen, jedoch nur in Kombination mit geeigneten vollflächigen Schutz- bzw. Abdichungsmaßnahmen.

Die Berücksichtigung einer Selbstabdichtung von Rissen im Beton ist für WU-Bodenplatten bei Parkdecks kein geeigneter Entwurfsgrundsatz. Dieses gilt sowohl für Beanspruchungen im drückenden Grundwasser als auch für Bauteile in der Wasserwechselzone. Ob in Sonderfällen bei ständig anstehendem Grundwasser mit hohem Bemessungswasserstand oberhalb der Bodenplatte bereits während der Bauausführung andere Möglichkeiten gegeben sind, kann nur in Absprache mit dem Geotechniker und einem aussagekräftigen Baugrundgutachten entschieden werden.

Bei WU-Dächern und WU-Dachparkdecks kann ebenfalls keine Selbstheilung der Risse erfolgen. Außerdem werden Beschichtungen durch die Längenänderungen der Dachdecke infolge häufiger Temperaturänderungen überfordert. Daher ist der Entwurfsgrundsatz RB für WU-Dächer und WU-Parkdecks nicht anwendbar.

Anforderungen an den Entwurfsgrundsatz „RB Rissbreitenbegrenzung“

Erforderlich ist die Wahl einer Bewehrung, die aus möglichst dünnen Stabdurchmessern besteht und damit bei geeigneter Anordnung imstande ist, eine Verteilung der Risse zu bewirken, deren Breite gering ist, deren Anzahl allerdings zunimmt. Die zulässige Rissbreite ist vorgegeben in DIN EN 1992-1-1 [N2] und ausschließlich bei wasserbeanspruchten Bauteilen in der WU-Richtlinie [R3]. Bei chloridbeanspruchten Flächen sind für das Oberflächenschutzsystems bzw. die Abdichtung die Angaben des Herstellers einzuhalten. Die rechnerische Rissbreite kann im Allgemeinen mit $w_k \leq 0{,}20$ mm angenommen werden, sofern nicht besondere Anforderungen zu erfüllen sind.

5.11.3 Entwurfsgrundsatz RA

Den Entwurfsgrundsatz RA „Risse mit Abdichtung“ erläutert bereits Abschnitt 2.3.3. Für die Anwendung dieses Entwurfsgrundsatzes mit einer kleinen Anzahl breiter Risse ist eine rissverteilende Bewehrung erforderlich, die geringer ist als für den Entwurfsgrundsatz RB, die aber ebenfalls für die zu erwartende Betonzugkraft aus Last- und Zwangeinwirkungen zu bemessen ist. Hierbei sind entsprechend Tafel 2.18 drei Unterarten vorgesehen:

- RA-0 für Flächen in der Ausführungsart „Oberflächen ohne Schutz“, ohne Beschichtung, bei denen Einzelrisse und Fugen lokal abgedichtet werden, z. B. mit Rissbandagen
- RA-1 für Flächen in der Ausführungsart „Abdichtungen“ mit einem vollflächigen Oberflächenschutzsystem OS 10 nach der DAfStb-Richtlinie [R7] bzw. Flüssigkunststoff FLK nach DIN 18532-6
  oder
  mit einer vollflächigen, unterlaufsicheren 1-lagigen Polymerbitumen-Schweißbahn nach DIN 18532-2 [N34] jeweils in Verbindung mit einer Schutzschicht aus Gussasphalt, die als Nutzschicht und auch als zusätzliche Abdichtung dient
- RA-2 für Flächen in der Ausführungsart „Abdichtungen“ mit vollflächigen, unterlaufsicheren 2-lagigen Polymerbitumenbahnen nach DIN 18532-3 [N34] im Verbund mit der Betonoberfläche mit nachgewiesenen rissüberbrückenden Eigenschaften für hohe Beanspruchungen mit einer Nutzschicht nach DIN 18532-1 [N34]

Anwendungsziele beim Entwurfsgrundsatz RA „Risse mit Abdichtung“

Bei der Ausführungsart „Oberflächen ohne Schutz“ mit planmäßiger lokaler Abdichtung RA-0 der Risse gegen Bewehrungskorrosion bei von innen eindringenden Chloriden und gegen von außen einwirkendem Wasser bei WU-Bauteilen ist es sinnvoll, möglichst wenige Risse zu erhalten. Die Breite der entstehenden Risse kann jedoch groß sein.

Die Bauweisen RA-1 und RA-2 weisen nur dann eine ausreichende Robustheit auf, wenn die Voraussetzungen für die Unterlaufsicherheit einer direkt auf dem Betonuntergrund aufgebrachten Abdichtungsschicht geschaffen werden. Dazu muss eine vollflächige, dauerhaft kraftschlüssige Verbindung mit dem Betonuntergrund hergestellt werden. Dies erfordert eine Vorbereitung des Betonuntergrundes durch Kugelstrahlen und eine Behandlung mit Epoxidharz.

Anforderungen an den Entwurfsgrundsatz RA „Risse mit Abdichtung"

Für die Anwendung des Entwurfsgrundsatzes RA-0 mit einer kleinen Anzahl breiter Risse ist gegenüber dem Entwurfsgrundsatz RB eine geringere Menge an Bewehrung erforderlich. Dafür sind aber alle Risse nachträglich dauerhaft zu schließen bzw. abzudichten, und zwar bei befahrenen Flächen gegen von innen eindringende Chloride und bei WU-Bauteilen zusätzlich gegen von außen einwirkendes Wasser. Die Anwendung der Ausführungsart „Abdichtungen" mit den Entwurfsgrundsätzen RA-1, RA-2 ist in Kombination mit ständig drückendem Wasser für Bodenplatten als WU-Konstruktion ungeeignet.

Die tolerierbare rechnerische Rissbreite kann entsprechend DIN EN 1992-1-1 für alle Expositionsklassen (ohne XC1) mit $w_k \leq 0{,}30$ mm angenommen werden, für Stahlbetonbauteile der Expositionsklasse XC1 wäre auch eine Rissbreite von $w_k \leq 0{,}40$ mm zulässig. Hinweise zur tolerierbaren Rissbreiten enthält Tafel 5.6.

6 Parkdecks, Dachdecken und Rampen

6.1 Allgemeines zu Parkdecks

Bei der Festlegung der Konstruktion sind zunächst – vor allen anderen Maßnahmen – die Anforderungen an Gebrauchstauglichkeit und Dauerhaftigkeit von Parkdecks zu beachten, aber auch die Nutzungsfreundlichkeit ist nicht zu vernachlässigen.

Begründungen:

Bei der Planung von Parkbauten kann die Gebrauchstauglichkeit dadurch gesteigert werden, dass die Nutzungsfreundlichkeit berücksichtigt wird. Zur Verbesserung der Nutzungsfreundlichkeit sind folgende Maßnahmen geeignet:
- helle Farben und gute Beleuchtung im Inneren des gesamten Parkbaues
- günstige Verkehrsführung und gute Beschilderung innerhalb des Parkbaues
- leichtes Ein- und Ausparken der Fahrzeuge durch Verzicht auf Stützen zwischen Fahrgasse und Stellplätzen
- genügend breite Stellplätze für leichtes Ein- und Aussteigen aus dem Fahrzeug
- Parkdeckoberfläche mit genügend Gefälle zum Vermeiden von Pfützenbildung.

Die meisten Baumängel bei Parkdecks haben eine Beeinträchtigung der Gebrauchstauglichkeit und der Dauerhaftigkeit zur Folge. Konstruktionshinweise sind im Abschnitt 6.2 genannt.

Beim Bau von Parkbauten sind verschiedene Bauweisen möglich [R9]. Aber in allen Fällen bildet eine Betondecke das Parkdeck, welches entweder mit einem Belag bzw. einer Beschichtung versehen ist oder direkt befahren wird. Die möglichen Bauweisen und Ausführungsarten werden jedoch eingegrenzt entweder durch die Vorgaben des Bauherrn, durch die planerischen Randbedingungen und/oder durch die besonderen konstruktiven Anforderungen an Parkbauten. Bei den Vorgaben des Bauherrn spielen die entstehenden Kosten eine entscheidende Rolle. Davon können insbesondere die Qualität und die Ausstattung des Bauwerks abhängen. Weiterhin wird die Bauweise durch die vorgesehene Nutzungsart beeinflusst, also dadurch, ob das Parkhaus einer öffentlichen oder nicht öffentlichen Nutzung dienen soll und ob die Nutzung für Kurz- oder Dauerparker vorgesehen ist.

Randbedingungen für die Planung können darüber hinaus sein [R9]:
- Baugrund- und Grundwasserverhältnisse mit Wahl der Gründungsart
- Art und Abmessungen des Grundstücks mit/ohne Nachbarbebauung
- Bebauungsplan der Stadt/Gemeinde
- Parkbau als Einzelgebäude oder als Teil einer Gesamtbebauung
- reiner Parkbau oder Teil eines Gesamtgebäudes mit anders genutzten Geschossen
- Stützenraster, Bauteilabmessungen, Fugen

Diese und andere Randbedingungen oder Anforderungen müssen nicht zu einer bestimmten Bauweise für Parkbauten führen. Wichtig ist jedoch, dass die jeweilige Bauweise die konstruktiven Anforderungen an Parkbauten erfüllt:
- Stahlbeton in Ortbetonbauweise
- Stahlbeton- oder Spannbeton-Halbfertigteile mit Ortbetonergänzung für Decken
- Stahlbeton- oder Spannbeton-Fertigteile für Decken, Stützen und Unterzüge
- Spannbeton in Ortbetonbauweise für Flachdecken mit Monolitzen

Die verschiedenen Bauweisen können auch miteinander kombiniert werden.

Nachfolgend wird die Tragfähigkeit der Konstruktion nicht behandelt, obwohl die Tragfähigkeit äußerst wichtig ist. Der Verzicht auf Behandlung der Tragfähigkeit in diesem Zusammenhang hat drei Gründe, die einander bedingen:
- Bei Parkdecks sind keine größeren Einschränkungen der Tragfähigkeit als im Bereich des üblichen Hochbaues bekannt, sofern eine ausreichende Dauerhaftigkeit gegeben ist.
- Diese Feststellung ist zum großen Teil darin begründet, dass Tragwerksplaner allzu häufig aus der Tradition heraus als „Statiker" arbeiten und damit den Schwerpunkt ihrer Tätigkeit auf die Tragsicherheit des Bauwerks legen. Hierbei besteht die Gefahr, dass Gebrauchstauglichkeit und Dauerhaftigkeit vernachlässigt werden.
- Eine Vernachlässigung der Maßnahmen zur Gebrauchstauglichkeit und zur Dauerhaftigkeit wirkt sich bei Parkdecks besonders kritisch aus, da hier Beanspruchungen wirksam werden, die über die Beanspruchungen bei üblichen Hochbauten hinausgehen.

Die Vernachlässigung von Anforderungen an Gebrauchstauglichkeit und Dauerhaftigkeit der Parkdecks kann zu erheblichen Schäden führen, deren Beseitigung durch Instandsetzungs- oder Ersatzmaßnahmen hohe Kosten verursacht. Diese Kosten müssen nicht entstehen, wenn Parkdecks zunächst sachgerecht geplant und danach fachgerecht ausgeführt und überwacht sowie instandgehalten werden. Objektplaner und Tragwerksplaner sind für die Planung gemeinsam verantwortlich, für die Ausführung trägt der Unternehmer die Verantwortung. Für die Überwachung sind diejenigen zuständig, denen die Objektüberwachung und die Qualitätssicherung auf der Baustelle übertragen wurden. Für die Instandhaltung und Wartung ist der Bauherr bzw. Eigentümer verantwortlich. Details zu Aufgabenbereichen und Verantwortlichkeiten sind im Abschnitt 1.2 ausführlich dargestellt. Die Tafel 1.7 enthält dabei eine Checkliste in tabellarischer Form.

Sowohl Objektplanern als auch Tragwerksplanern muss bewusst sein, dass direkt befahrene Parkdecks aus bewehrten Beton nur mit zusätzlichen Maßnahmen auszuführen sind (DIN EN 206-1 mit DIN 1045-2, Tab. 1) [N4]. Zusätzliche Maßnahmen sind wegen einer möglichen Bewehrungskorrosion erforderlich, da der Beton im Rissbereich die Bewehrung nicht ausreichend gegen Korrosion durch eindringende Chloride schützen kann.

6.2 Konstruktionshinweise für Parkdecks

Die meisten Baumängel an Parkdecks haben Beeinträchtigungen der Gebrauchstauglichkeit und der Dauerhaftigkeit zur Folge. Daher werden im Folgenden vor allem die Bereiche der Gebrauchstauglichkeit und der Dauerhaftigkeit von Parkdecks beschrieben. Fragen der Tragfähigkeit werden nicht behandelt, da bei Parkdecks keine größeren Einschränkungen der Tragfähigkeit als im Bereich des üblichen Hochbaus bekannt sind, sofern eine ausreichende Dauerhaftigkeit gegeben ist. Bei der Planung von Parkbauten kann die Gebrauchstauglichkeit dadurch gesteigert werden, dass die Nutzungsfreundlichkeit berücksichtigt wird. Zur Verbesserung der Nutzungsfreundlichkeit sind folgende Maßnahmen geeignet:

- günstige Verkehrsführung und gute Beschilderung im Parkhaus
- Aufstellwinkel der Stellplätze möglichst kleiner als 90°, beispielsweise 60° oder 45°
- leichtes Ein- und Ausparken der Fahrzeuge durch Verzicht auf Stützen zwischen Fahrgasse und Stellplätzen
- genügend breite Stellplätze für leichtes Ein- und Aussteigen aus dem Fahrzeug

Für die Nutzungsfreundlichkeit sind stützenfreie Parkdecks ideal. Dadurch ist das Einparken einfacher, da keine Stützen stören. Die dafür erforderliche Spannweite der Deckenkonstruktion ergibt sich aus den Längen zweier gegenüberliegender Stellplätze mit dem dazwischenliegenden Fahrstreifen (Fahrgasse) entsprechend Bild 1.11 mit 16 m. Anstelle des rechtwinkligen Einparkens kann die Schrägaufstellung unter 45° noch nutzungsfreundlicher sein (Bild 1.9). Die erforderliche Spannweite der Deckenkonstruktion beträgt hierfür ≈ 14 m. Allerdings erfordert diese Aufstellung einen Richtungsverkehr, sozusagen als Einbahnstraße.

Häufig auftretende Baumängel an Parkdecks weisen darauf hin, dass insbesondere folgende Planungsschwerpunkte durch den Objektplaner in Zusammenarbeit mit dem Tragwerksplaner zu berücksichtigen sind:

- gute Entwässerung mit planmäßigem Gefälle der Parkdecks
- Festlegung der zutreffenden Expositionsklassen nach DIN EN 206-1 mit DIN 1045-2
- genügende Betondeckung der Bewehrung bei Parkdecks und den angrenzenden Bauteilen
- geeigneter Schutz der Oberflächen für Parkdecks und der angrenzenden Bauteile
- Verwendung von Beton mit geringer Rissneigung
- möglichst Vermeidung von Bewegungsfugen
- gute Planung, fachgerechte Ausführung und sorgfältige Überwachung der Baumaßnahme

Jedes Bauwerk ist durch eine geeignete Konstruktion so zu erstellen, dass sich eine kostengünstige Gesamtlösung ergibt. Die Konstruktion muss selbstverständlich die Tragfähigkeit sicherstellen, aber auch dauerhaft gebrauchstauglich und nutzerfreundlich sein. Außerdem darf der Wartungsaufwand während der Nutzungsdauer nicht unnötig hoch werden.

Für Parkbauten bedeutet dies:
Die Konstruktion ist so zu wählen, dass auch bei den meist großflächigen Parkdecks möglichst keine Risse und Undichtheiten entstehen. Durch Last- und Zwangbeanspruchungen bilden sich Risse, wenn die Beanspruchungen nicht genau genug erfasst werden können und die Konstruktion nicht darauf abgestellt werden kann. Zwangbeanspruchungen entstehen durch Temperatureinwirkungen und Schwinden des Betons, soweit sie nicht durch Kriechen und Relaxation des Betons abgebaut werden.

Grundsätzlich ist die Konstruktion möglichst zwangarm auszubilden. Außerhalb des aussteifenden Gebäudekerns, der vorzugsweise durch Aufzugschacht und/oder Treppenhaus gebildet wird, können biegeweiche Stützen die Zwangbeanspruchung stark mindern. Bei sehr großflächigen Parkdecks können Bewegungsfugen zwischen Gebäudekernen die entstehenden Zwangbeanspruchungen abbauen. Allerdings bedingen Bewegungsfugen (Dehnfugen) nicht nur höhere Herstellkosten, sondern erhöhen auch den späteren Wartungsaufwand. Denn es nützt der beste wasserundurchlässige Beton mit hervorragender Verarbeitung nichts, wenn die Fugen undicht sind, weil sie zu „billig“ und nicht fachgerecht hergestellt werden.

Die wichtigsten Konstruktionsgrundsätze lauten daher:
- Risse so weit wie möglich durch konstruktive, betontechnologische und ausführungstechnische Maßnahmen vermeiden, indem Zwang gering gehalten wird.
- Unvermeidbare Risse durch eine geeignete rissbegrenzende Bewehrung ausreichend gering halten, um die Funktionsfähigkeit rissüberbrückender oder anderer Schutzmaßnahmen sicherzustellen.
- Anzahl und Längen von Bewegungsfugen (Dehnfugen) auf das Notwendigste verringern.
- Unvermeidbare Bewegungsfugen nur dort planen, wo sie unbedingt erforderlich sind.
- Bewegungsfugen möglichst geradlinig und ohne lotrechten Versatz ausbilden.

Die trotz zwangmindernder Maßnahmen verbleibende Zwangbeanspruchung muss durch Bewehrung so gesteuert werden, dass die Breite entstehender Risse auf ein verträgliches Maß begrenzt wird. Erforderlich ist also eine Bewehrung zur Begrenzung der Rissbreite. Die rechnerische Rissbreite ist auf die Gestaltung der Parkdeck-Oberfläche abzustimmen.

6.2.1 Bauweisen für Parkbauten

Für Parkbauten sind verschiedene Bauweisen möglich, die auch miteinander kombiniert werden können. Als Voraussetzung für jede mögliche Bauweise gilt: Es müssen stets die spezifischen konstruktiven Anforderungen an Parkbauten erfüllt werden [R9].

Die Verkehrsflächen in Parkbauten sind Parkdecks und Rampen. Die Parkdecks werden im Allgemeinen in Ortbeton-Bauweise oder in Halbfertigteil-Bauweise mit Ortbe-

Tafel 6.1: Zusammenstellung der Bauweisen für Parkbauten

Bauweise	Konstruktion	Anwendungsbeispiele mit Klassifizierung nach Tafel 2.3
Ortbeton-Bauweise	Stahlbeton-Bauteile	für alle Bauteile, mit Stahlbeton-Plattenbalkendecken oder Stahlbeton-Flachdecken BW-OB-Stb
	Spannbeton-Bauteile	Stahlbeton für Stützen, Spannbeton für Flachdecken mit Vorspannung ohne Verbund BW-OB-Stb oder BW-OB-SpB
Halbfertigteil-Bauweise mit Ortbetonergänzung	Stahlbeton-Fertigteile und Stahlbeton-Ergänzung	für Elementwände und Elementdecken BW-EW-Stb und BW-ED-Stb
	Spannbeton-Fertigteile und Stahlbeton-Ergänzung	Spannbeton für Elementdecken BW-ED-SpB + Stb
Fertigteil-Bauweise	Stahlbeton-Bauteile Spannbeton-Bauteile	für alle Bauteile BW-FTD-Stb und BW-FTD-SpB

tonergänzung aus Stahlbeton oder in Fertigteil-Bauweise hergestellt. Betonparkdecks werden nach DIN EN 1992-1-1 bemessen, Parkdecks in Stahlverbund-Bauweise nach DIN EN 1994-1-1 (Tafel 6.1).

Bei jeder der vorgenannten Bauweisen bildet Beton die obere Schicht der Tragkonstruktion, die im Allgemeinen als Druckbeton rechnerisch angesetzt wird. Diese Betonschicht liegt an der verkehrsbeanspruchten Oberseite der Bauteile und wird daher allen Einwirkungen auf Parkdecks ausgesetzt. Bei den Ausführungsarten „Beschichtung" und „Abdichtungen" erhält die Oberseite zusätzlich einen Fahrbelag. Bei der Ausführungsart „Oberflächen ohne Schutz" sind stets alle Risse dauerhaft zu schließen.

Für Parkbauten sind im Allgemeinen die nachstehenden Abmessungen des Konstruktionssystems optimal, um bei üblicher Stellplatzlänge von 5,0 m und einer Fahrgassenbreite von 6,0 m mit einer Fahrzeugaufstellung links und rechts der Fahrgasse genügend Platz bieten zu können:

- Hauptträger-Spannweite: 16,0 m (= 5,0 m + 6,0 m + 5,0 m)
- Hauptträger-Abstand: 5,0 m oder 7,5 m
- Nebenträger-Abstand = Hauptträger-Abstand: 5,0 m oder 7,5 m (oder Spannweite der Decke)

Dieses „optimale Konstruktionssystem" hat den Vorteil des einfachen Einparkens ohne störende Stützen. Doch lässt sich dieses Konstruktionssystem nicht überall verwirklichen, denn das System ist abhängig von der Gebäudenutzung. Daher ist in diesem Zusammenhang zwischen zwei Arten von Parkbauten zu unterscheiden:

- *Hochgaragen* als reine Parkbauten mit Parkdecks auf den Zwischengeschossdecken und auf der Dachdecke

- *Tiefgaragen* unterhalb üblicher Hochbauten (z. B. Wohnhäuser, Bürogebäude, Kaufhäuser) oder mit erdüberschütteter Decke für Grünflächen, Parkflächen, Verkehrsflächen u. Ä.

Während bei Hochgaragen als reine Parkbauten das Konstruktionssystem weitgehend frei gewählt werden kann und nur abhängig von der Art der Parkdecknutzung ist, sind bei Tiefgaragen unterhalb üblicher Hochbauten die Lastabtragungen aus den oberen Geschossen zu berücksichtigen. Da die Fahrzeuge in den Parkgeschossen andere

Foto: K. Ebeling

a) Stützenfreies Parkdeck mit großer Spannweite in Hochgarage

Foto: K. Ebeling

b) Parkdeck mit Stützen zwischen Fahrstreifen und Stellplätzen in Tiefgarage

Bild 6.1: Unterschiedliche Parkdecks

Freiflächen benötigen als dies in den oberen Geschossen durch Stützen- und Wandstellungen vorgegeben wird, sind beispielweise Abfangungen durch Unterzüge und/oder Trägerroste erforderlich. Die Konstruktion in Tiefgaragen ist daher meistens schwerer als bei Hochgaragen in reinen Parkbauten, die filigranere Konstruktionen mit größeren Spannweiten ermöglichen (Bild 6.1).

Für die verschiedenen Bauweisen ergeben sich die folgenden typischen Anwendungsbereiche:

- *Hochgaragen* als reine Parkbauten:
  - Fertigteil-Bauweise mit Spannbeton-Bauteilen, gegebenenfalls kombiniert mit Halbfertigteilen für Elementdecken
  - Stahlverbund-Bauweise mit Stahlstützen und Hauptträgern aus Stahl im Verbund mit Decken aus Stahlbeton in Ortbeton oder Halbfertigteilen für Elementdecken sowie insbesondere mit speziellen Deckensystemen
- *Tiefgaragen* unterhalb üblicher Hochbauten, erforderlichenfalls ausgebildet als Weiße Wanne:
  - Ortbetonbauweise mit Wänden, Stützen, Unterzügen und Decken aus Stahlbeton
  - Stahlbetonstützen und -unterzüge, kombiniert mit Halbfertigteilen für Elementwände und Elementdecken
- *Tiefgaragendecken* als erdüberschüttete Decken, z. B. als Weiße Decken

6.2.2 Gestaltung der Parkdeck-Oberflächen

Die Gestaltung der Parkdeck-Oberflächen kann von grundlegender Auswirkung auf die gesamte Gebäudegeometrie sein. Daher ist die Art der Gestaltung zu planen. Im praktischen Geschehen wird leider häufig erst später entschieden, wie die Oberflächengestaltung der Parkdecks sein soll:

- *mit Gefälle*
  für leichtere Entwässerung und weitgehend pfützenfreie Parkdeck-Oberflächen
- *ohne Gefälle,*
  da durch Gefälle die Nutzung beeinträchtigt wird
  oder eine Gefälleausbildung nicht zur Gebäude- und Geschosshöhe passt
  oder das Gefälle der Parkdecks auch Auswirkungen auf die Fassaden-Gestaltung hat
- *mit rauer und griffiger Oberfläche*
  wegen höherer Verkehrssicherheit
- *mit möglichst glatter Oberfläche*
  wegen geringerer Verschmutzung und leichterer Wartung

Da Parkbauten von den Nutzern als Fahrzeuglenker befahren und ebenso als Fußgänger begangen werden, ist die Oberflächengestaltung auch auf Fußgänger auszurichten. Untersuchungen zeigten, dass sich in Parkbauten mehr Unfälle durch Stürze von Fußgängern ereignen als durch Fahrzeuge. Die Ursache hierfür sind zu glatte Oberflächen und auch Stolperschwellen. Bordsteinkanten sollen daher nach Möglichkeit entfallen.

6.2.2.1 Parkdecks mit direkt befahrener Oberfläche

Parkflächen nach dem Entwurfsgrundsatz „RV Rissvermeidung“ entsprechend den Abschnitten 2.3.1 und 5.10.1 sind ohne zusätzlichen flächigen Oberflächenschutz zulässig (Bild 6.2). Sie sind einfacher ausführbar als mit einem Belag. Dies ist die Ausführungsart „Oberflächen ohne Schutz“ entsprechend Tafel 2.18 (nach dem DBV-Merkblatt [R9]).

Der Entwurfsgrundsatz „RV Rissvermeidung“ bedeutet:

- Die Betonoberfläche kann in der Ausführungsart „Oberflächen ohne Schutz“ geplant werden, wenn es sich um Flächen mit geringer Zwangbeanspruchung handelt, die während der Nutzungsphase rissfrei bleiben, z. B. zwangfrei gelagerte Einfelddecken und Decken mit Spannbewehrung (oder unbewehrte Betonbodenplatten, bei denen keine Bewehrung korrodieren kann) sowie bei Konstruktionen mit korrosionsgeschützter Bewehrung.
- Bei unbewehrten sowie bewehrten Bauweisen sind folgende Maßnahmen zu berücksichtigen:
  - Beton mit hohem Frost-Taumittel-Widerstand nach Abschnitt 3.3.2 in der Expositonsklasse XF2 bei häufigen und starken Frost-Tau-Wechseln in der Regel mit hoher Betondruckfestigkeitsklasse bzw. in der Expositionsklasse XF4 als LP-Beton bei frei bewitterten Parkflächen sowie Rampen, Randflächen mit direkter Bewitterung und auch oberirdischen, überdachten Parkdecks mit häufiger Nutzungsintensität oder auch intensiveren Witterungseinflüssen; zur Vermeidung von Hohlstellen sind bei LP-Betonen besondere Anforderungen an die Zusammensetzung und den Betoneinbau zu beachten (Abschnitt 3.3.2)
  - Bei Parkdecks mit höherer Gesamtlast Pkw > 30 kN sowie bei stark beanspruchten Fahrflächen wie beispielsweise Rampen ist ein Beton mit einem hohen Verschleißwiderstand sinnvoll: Expositionsklasse XM1 (Abschnitt 3.4)
- Bei bewehrten Bauweisen sind zusätzlich zu berücksichtigen:
  - Bewehrungskorrosion durch Chloride: Expositionsklasse XD3
  - Betondeckung der Bewehrung: $c_v \geq 55$ mm, $c_{min} \geq 40$ mm.
    Während der Nutzungsphase dürfen Fugen oder unerwartet entstehende Risse keiner Chlorideinwirkung aus Taumitteln ausgesetzt werden.
    Fugen und Risse sind daher durch überbrückende Bandagen zu schützen (Bild 6.2 b). Der Bauherr ist durch den Planer fachlich aufzuklären, damit er dieser Ausführung zustimmen kann.
  - Weiterhin sind planerisch Festlegungen zur Instandhaltung und Wartung zu treffen, und zwar durch einen Instandhaltungs- und Wartungsplan mit erforderlichenfalls notwendigen Instandsetzungsmaßnahmen. Die Wartung soll in den ersten 5 Jahren 1-mal jährlich und dann alle 2 Jahre erfolgen, Bandagen sind jährlich 1-mal zu inspizieren und zu warten (Tafel 13.1).
- Für bewehrte Parkflächen mit rauer und griffiger Oberfläche ohne Oberflächenschutz ist nach Ansicht der Autoren ein Gefälle von mindestens 3,0 % herzustellen, damit eingeschlepptes, taumittelhaltiges Wasser nicht auf der Parkfläche stehenbleibt und auf möglichst kurzem Wege abgeführt werden kann. Das bedeutet jedoch, dass beispielsweise auf 10 m Länge ein Höhenunterschied von 30 cm erforderlich ist.

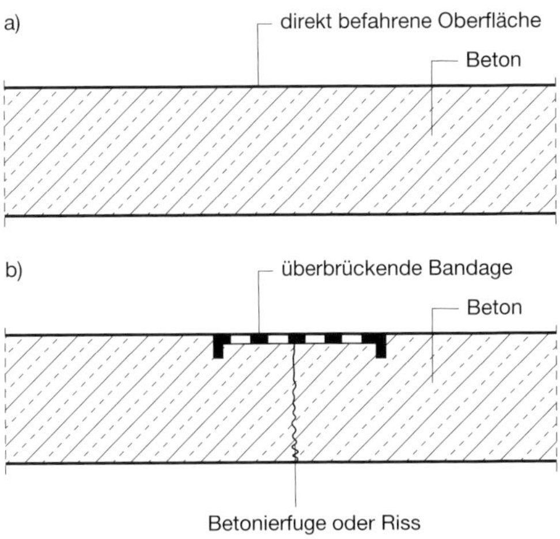

Bild 6.2: Direkt befahrene Parkdecks aus Beton ohne weitere Nutzschicht und ohne Oberflächenschutz in der Ausführungsart „Oberflächen ohne Schutz"; mit folgenden Randbedingungen:
- Entwurfsgrundsatz „RV Rissvermeidung" oder „RA-0 Risse mit lokaler Abdichtung von Einzelrissen"
- Expositionsklassen XD3, XC4, XF2 (XF4 bei freier Bewitterung), WA
- obere Betondeckung $c_v \leq 55$ mm
  a) Parkdeck aus Beton-, Stahlbeton- oder Spannbetonplatten, Ausführungsart „Oberflächen ohne Schutz" entsprechend Tafel 2.18
  b) Parkdeck mit lokalem Schutz der Fugen durch ≥ 200 mm breite, überbrückende Bandagen einschließlich Verkrallung in eingefrästen Schlitzen gegen Unterläufigkeit, Ausführungsart „Oberflächen ohne Schutz" entsprechend Tafel 2.18

Unerwartet entstehende Risse können in gleicher Weise wie Fugen mit überbrückenden Bandagen gesichert werden (Bild 6.2 b).

6.2.2.2 Parkdecks mit vollflächigem Schutz der Oberfläche

Parkdecks mit vollflächigem Schutz der Oberfläche können sowohl nach dem Entwurfsgrundsatz „RB Rissbreitenbegrenzung" (Abschnitte 2.3.2 und 5.11.2) als auch nach dem Entwurfsgrundsatz „RA-1, RA-2 Risse mit vollflächiger Abdichtung" (Abschnitte 2.3.3 und 5.11.3) geplant werden:
- Parkdecks ohne Gefälleausbildung sind möglich, wenn eine verringerte Nutzungsfreundlichkeit durch Pfützenbildung hingenommen werden kann. Andernfalls hat das Gefälle mindestens 2,5 % zu betragen.

Parkdeck in der Ausführungsart „Beschichtungen (Tafel 2.18)

- Bei Parkdecks mit vollflächigem Schutz der Oberfläche durch Beschichtung (Bild 6.3 a)) nach dem Entwurfsgrundsatz RB-1 bzw. RB-2 ist auch bei bewitterten Parkdecks ein Beton mit hohem Frost-Taumittel-Widerstand nicht erforderlich: Die Zuordnung in Expositionsklasse XF1 ist bei häufigen und starken Frost-Trau-Wechseln hierbei ausreichend.
- Die erforderliche Bewehrung zur Begrenzung der Rissbreite ist auf die Überbrückungsfähigkeit des zu verwendenden Beschichtungssystems abzustimmen.

planer, Tragwerksplaner und Hersteller der entsprechenden Bauteile gemeinsam festzulegen.

Ungünstige Auswirkungen von Durchbiegungen sind die starken Dehnungen über Zwischenauflagern, die sich als Risse ausbilden können, und das Auseinanderklaffen der Stirnseiten über den Endauflagern (Bild 6.6).

Große Durchbiegungen, denen weder mit einer Steuerung der Einflüsse auf die Durchbiegungen, noch mit einer angepassten Überhöhung entgegen gewirkt wurde, können die Gebrauchstauglichkeit stark beeinträchtigen. Beeinträchtigungen dieser Art sind beispielsweise:

- schlechte Entwässerung durch falsches Gefälle
- ungünstige Auswirkungen auf angrenzende Bauteile
- klaffende Risse an der Parkdeckoberseite durch Verdrehungen an Auflagern
- Einschränkung durch Nutzung bei verringerter Durchfahrtshöhe
- nicht passende Rolltore oder Feuerschutztore auf Laufschienen
- ungünstiges Erscheinungsbild (Hängematten-Effekt)

Einen vereinfachten Nachweis für die Begrenzung der Verformung mit zulässigen Biegeschlankheiten beschreibt DIN EN 1992-1-1 [N2] im Abschnitt 7.4.2. Da Parkdecks jedoch verformungsempfindlich sind, ist eine direkte Berechnung der Verformungen mit oberen beziehungsweise unteren Grenzwerten der Bauteilsteifigkeiten nach Abschnitt 7.4.3 der DIN EN 1992-1-1 durchzuführen. Hierbei ist es sinnvoll, den für die Biegesteifigkeit maßgebenden Risszustand mit gerissenem oder ungerissenem Querschnitt unter der seltenen Einwirkungskombination zu ermitteln. Dies gilt auch dann, wenn die Verformung unter quasi-ständigen Einwirkungen berechnet wird (DAfStb-Heft 600 [N6]).

Hierbei ist es wichtig, geeignete Parameter zu berücksichtigen, wie z. B.:

- statisches System, ein- oder zweiachsig gespannt, mit oder ohne elastische Einspannungen
- Last- und Zwangeinwirkungen in Größe, zeitlichem Verlauf und Beanspruchungsbeginn
- Elastizitätsmodul und Zugfestigkeit des Betons zum Zeitpunkt der Einwirkungen
- Querschnittsabmessungen mit zutreffender Lage der Bewehrung
- Rissbildungen

Abschnitt 4.3 enthält Werte zu den Formänderungseigenschaften und zur Dehnfähigkeit des Betons für relativ realistische Nachweise. Dies gilt insbesondere für einen zutreffenderen Elastizitätsmodul des Betons bei Verwendung einer anderen Gesteinskörnung als quarzhaltigem Gestein (z. B. Rheinkies) und für den entsprechenden Zeitpunkt der Einwirkungen (Abschnitt 4.3.2, Tafeln 4.4 und 4.5). Allein die Gesteinskörnung kann den Elastizitätsmodul des Betons ergeben, der um 20 % höher ($\alpha_{E,g} \approx 1{,}2$) oder aber bis zu 30 % niedriger ($\alpha_{E,g} \approx 0{,}7$) liegt, als dies die Mittelwerte der Norm angeben. Es lohnt sich also, diesen Einfluss auf den Elastizitätsmodul abzuklären.

Die Wahl einer bestimmten Gesteinskörnung bedeutet allerdings, dass sich der Tragwerksplaner vorab zu erkundigen hat, ob die vorgesehene Gesteinskörnung im Bereich der Baustelle durch entsprechende Transportbetonwerke zur Verfügung steht. Der Tragwerksplaner hat dann einen Mindestwert des Elastizitätsmoduls als zusätzliche Eigenschaft festzulegen, z. B. in der Leistungsbeschreibung.

Im Einzelfall hat der Tragwerksplaner zu entscheiden, ob die Begrenzung der Durchbiegung mit dem vereinfachten Nachweis über die Begrenzung der Biegeschlankheit erfolgen kann, wenn er diesen Nachweis bei einfachen Konstruktionen für ausreichend erachtet.

Außerdem ist Folgendes zu berücksichtigen:
- Die zulässigen Werte der Durchbiegungen, Überhöhungen, Herstelltoleranzen und Ebenheitsabweichungen können sich auf ungünstige Weise addieren.
- Dadurch kann anstelle eines Gefälles ein Gegengefälle entstehen.
- Bei geringen Bauhöhen kann es zu Unterschreitungen zulässiger Werte von Durchfahrtshöhen nach der geltenden Bauordnung kommen.
- Schwierigkeiten können auch beim Platzbedarf für Installationen entstehen.

All dies verdeutlicht, dass der Planungs- und Ausführungsaufwand beim Bau von Parkbauten größer als im üblichen Hochbau ist.

6.2.4 Bauhöhe

Die lichte Durchgangshöhe muss nach den Landesbauordnungen in den zum Begehen bestimmten Bereichen mindestens 2 m betragen, auch unter Unterzügen, Lüftungskanälen, Sprinkler- und Entwässerungsleitungen und sonstigen Bauteilen (GarVO NRW) [V3].

Die lichte Durchfahrtshöhe für Durchfahrtsbereiche ist mindestens mit 2,10 m vorzusehen. In Bereichen mit Neigungswechseln auf Rampen mit mehr als 8 % (Parkdeck/Rampe) ist eine lichte Durchfahrtshöhe von 2,30 m zu planen [R1].

In großen, zusammenhängenden Bereichen soll aus psychologischen Gründen die Durchfahrtshöhe höher sein und Mindestdurchfahrtshöhen über längere Strecken sind zu vermeiden. Dies gilt besonders in geschlossenen Parkbauten, wie beispielsweise in Tiefgaragen.

Durchbiegungen bzw. Überhöhungen der Bauteile können sich mit den zulässigen Maßtoleranzen bzw. Ebenheitsabweichungen des Bauwerks, der Bauteile und der Beläge ungünstig addieren [R9]. Bei Festlegung der Geschosshöhe sind insgesamt zu berücksichtigen:
- Durchbiegung bzw. Überhöhung
- Maßtoleranzen bzw. Ebenheitsabweichungen
- erforderliche Höhe der Fußbodenkonstruktion
- vorgesehenes Gefälle
- Platzbedarf für Luftkanäle, Sprinkler- und Entwässerungsleitungen unter der Decke

Letztendlich muss die lichte Durchfahrtshöhe unbedingt sichergestellt werden. Darauf ist die Planung abzustellen.

Gemäß der Straßenverkehrsordnung StVO [V4] muss zur Vermeidung von Schäden an Fahrzeugen und Gebäuden im Einfahrtsbereich ein Höhenbegrenzungszeichen angebracht werden oder bewegliche Höhenbegrenzer warnen die Einfahrenden rechtzeitig vor möglichen Beschädigungen (Sicherheitszuschlag ≥ 0,05 m).

Die lichte Höhe kann dort, wo keine Pkw durchfahren und wo sich keine Personen aufhalten, auf 1,5 m verringert werden. Dies ist beispielsweise bei versetzen Geschossen im vorderen Bereich vorwärts einparkender Pkw möglich [R14].

6.2.5 Betondeckung der Bewehrung

Für die Sicherstellung der Dauerhaftigkeit der Bauteile ist ein Schutz der Bewehrung erforderlich. Dazu ist eine genügend dicke und ausreichend dichte Betondeckung der Bewehrung erforderlich, außerdem eine wirksame Begrenzung der Rissbreite.

Die Betondeckung der Bewehrung muss Folgendes gewährleisten:
- Schutz der Bewehrung gegen Korrosion
- sichere Übertragung von Verbundkräften zwischen Stahl und Beton
- ausreichenden Feuerwiderstand der Bauteile

Zur sicheren Übertragung von Verbundkräften darf die Mindestbetondeckung nicht kleiner sein als der Stabdurchmesser $\varnothing_s$ der Bewehrung. Eine ausreichend *dichte* Betondeckung wird durch die Begrenzung des Wasserzementwerts sichergestellt. Für eine genügend *dicke* Betondeckung sind die Werte der Tafel 5.1 einzuhalten, sofern nicht ein anderer Schutz der Bewehrung wirksam wird. Bei der Betondeckung ist das Nennmaß c_{nom} gleich dem Verlegemaß c_v. Das Mindestmaß c_{min} muss nach der Ausführung im fertigen Bauteil vorhanden sein, bei Einwirkung von Chloriden mindestens 40 mm. Tafel 6.2 enthält weitergehende Angaben zur Betondeckung der Bewehrung. In Tafel 6.3 sind erforderliche Vergrößerungen und zulässige Verminderungen der Betondeckung angegeben.

Die Einstufung direkt befahrener, ungeschützter Parkflächen, die durch Taumittel beansprucht werden, weil die parkenden Fahrzeuge von den öffentlichen Verkehrswegen auch Taumittel einschleppen, hat wegen der damit verbundenen Chloridbeanspruchung in die Expositionsklasse XD3 zu erfolgen. Dies kann z. B. für zwangfrei gelagerte Einfelddecken ohne Rissgefahr zutreffen. Hierfür ist an der Oberseite der Parkflächen ein Nennmaß der Betondeckung von c_{nom} = 55 mm erforderlich.

Für großflächige, nicht zwangfrei gelagerte Parkdecks ist eine besondere Lösung erforderlich. Es muss der Schutz gegen eindringende Chloride auf andere Weise als durch eine dickere Betondeckung sichergestellt werden, so wie dies schon im Abschnitt 3.3.2 in Zusammenhang mit dem Schutz gegen einwirkende Taumittel dargestellt ist.

Tafel 6.2: Mindest-Betondeckung c_{min} und Verlegemaß c_v (= Nennmaß c_{nom}), abhängig von der Expositionsklasse (nach DIN EN 1992-1-1, Tabelle 4.4N) [N2]

<table>
<tr><th>Umgebung</th><th>Expositions-klasse [1]</th><th>Beschreibung der Umgebung</th><th>Stabdurch-messer [2]
$\varnothing_S$
[mm]</th><th>Mindest-maße [3]
c_{min}
[mm]</th><th>Nenn-maße [4]
c_{nom}
[mm]</th></tr>
<tr><td rowspan="4">Karbonatisierung</td><td>XC1</td><td>trocken</td><td>bis 10
12, 14
16, 20
25
28
32</td><td>10
15
20
25
28
32</td><td>20
25
30
35
40
45</td></tr>
<tr><td>XC2</td><td>nass, selten trocken</td><td rowspan="2">bis 20
25
28
32</td><td rowspan="2">20
25
28
32</td><td rowspan="2">35
35
40
45</td></tr>
<tr><td>XC3</td><td>mäßige Feuchte</td></tr>
<tr><td>XC4</td><td>wechselnd nass/trocken</td><td>bis 25
28
32</td><td>25
28
32</td><td>40
40
45</td></tr>
<tr><td rowspan="3">Chloride aus Tausalzen [5]</td><td>XD1</td><td>mäßige Feuchte</td><td rowspan="3">bis 32</td><td rowspan="3">40</td><td rowspan="3">55</td></tr>
<tr><td>XD2</td><td>nass, selten trocken</td></tr>
<tr><td>XD3 [6]</td><td>wechselnd nass/trocken</td></tr>
</table>

[1] Bei mehreren zutreffenden Expositionsklassen für ein Bauteil ist jeweils die Expositionsklasse mit der höchsten Anforderung maßgebend (Tafeln 2.4 und 2.5 sowie 4.1). Vergrößerung bzw. Verminderung der Betondeckung beachten (Tafel 3.11).

[2] Bei Stabbündeln ist der Vergleichsdurchmesser $\varnothing_{SV}$ maßgebend.

[3] In Bewehrungszeichnungen ist stets das Verlegemaß c_v anzugeben.

[4] Das Verlegemaß c_v ergibt sich aus dem Mindestmaß c_{min} zuzüglich Vorhaltemaß Δc_{dev}. Das Vorhaltemaß beträgt für den Korrosionsschutz der Bewehrung $\Delta c_{dev} \geq 15$ mm. Für die Verbundsicherung genügt ein Vorhaltemaß von $\Delta c_{dev} \geq 10$ mm (nach DIN EN 1992-1-1, 4.4.1.2(3) [N2])

[5] Zur Umgebung „Chloride aus Tausalzen" gehören auch Stahlbetonflächen, die indirekt mit Tausalz in Berührung kommen, z. B. Stahlbetonfundamente unter befahrbaren und begehbaren Pflasterbelägen. Nicht hierzu gehören Stahlbetonbauteile, die durch eine flächige, rissüberbrückende und bahnenförmige Abdichtung geschützt sind. Hierfür gilt die Expositionsklasse XC3.

[6] Für XD3 können im Einzelfall zusätzlich besondere Maßnahmen zum Korrosionsschutz der Bewehrung notwendig sein.

6.2.6 Betonierabschnitte

Parkdecks sind nach Möglichkeit in einen Arbeitsgang zu betonieren, sodass keine Betonierabschnitte entstehen. Wenn jedoch der Baustellenbetrieb das Betonieren in zeitlich getrennten Bereichen erfordert, sind große Flächen sinnvoll zu unterteilen. Dies kann durch Arbeitsfugen (Betonierfugen), Betoniergassen oder Sollrissfugen mit geeignetem Fugenabdichtungssystem erfolgen (Abschnitt 8.2). Das sogenannte Pilgerschrittverfahren (Betonierfolge 1, 3, 5, dann 2, 4) ist aufgrund der entstehenden Zwangbeanspruchungen nicht zu empfehlen.

Bild 6.7 zeigt eine Arbeitsfuge in einer Bodenplatte mit einem untenliegenden Fugenband zur Abdichtung gegen drückendes Wasser.

Tafel 6.3: Betondeckung der Bewehrung: erforderliche Vergrößerung und zulässige Verminderung (nach [N1])

Vergrößerung erforderlich:	Verschleiß-beanspruchungen	Alternativ zu zusätzlichen Anforderungen an die Gesteinskörnungen besteht die Möglichkeit, die Mindestbetondeckung der Bewehrung c_{min} zu vergrößern (Opferbeton). Richtwerte für Opferbeton: bei XM1: $\Delta c_{Opfer} \geq 5$ mm bei XM2: $\Delta c_{Opfer} \geq 10$ mm bei XM3: $\Delta c_{Opfer} \geq 15$ mm
	Betonieren gegen unebene Flächen	Vorhaltemaß erhöhen: - Erhöhung generell um das Differenzmaß der Unebenheit, - bei architektonischer Gestaltung (wie bei strukturierten Oberflächen, grobem Waschbeton): Mindesterhöhung um $\Delta c_{uneben} \geq 20$ mm - Herstellung unmittelbar auf dem Baugrund durch erhöhte Gefahr von Unebenheiten, (z. B. infolge Begehen oder Befahren): Mindesterhöhung um $\Delta c_{uneben} \geq 50$ mm Direktes Betonieren gegen oder auf Baugrund möglichst nur bei untergeordneten Bauteilen vornehmen.
Verminderung zulässig:	Bauteile mit hoher Betondruckfestigkeit f_{ck}	Wenn f_{ck} um zwei Festigkeitsklassen höher liegt als erforderlich: Verminderung um 5 mm Ausnahme: Abminderung für XC1 unzulässig
	Bauteile mit kraftschlüssiger Verbindung Fertigteil/Ortbeton	Mindestbetondeckung: $c_{min} \geq$ 5 mm im Fertigteil; $c_{min} \geq$ 10 mm im Ortbeton für die der Fuge zugewandten Ränder Bei Ausnutzung der Bewehrung im Bauzustand gelten jedoch die Tafelwerte für c_{min}
	Bauteile mit Expositionsklasse XD bei dauerhaft rissüberbrückender Beschichtung (DAfStb-Heft 600 [N4])	Verminderung der Mindestbetondeckung aufgrund zusätzlicher Schutzmaßnahmen nach DIN EN 1992-1-1/NA, 4.4.1.2(8) [N2] um 10 mm: $c_{erforderlich} = c_{min} - \Delta c_{dur,add}$ mit c_{min} nach Tafel 5.1 und $\Delta c_{dur,add} = 10$ mm
	Bauteile mit verstärkter Qualitätskontrolle mit Überwachung ÜK2	Bei Planung, Entwurf, Herstellung und Bauausführung sind Abminderungen zulässig, gegebenenfalls um 5 mm

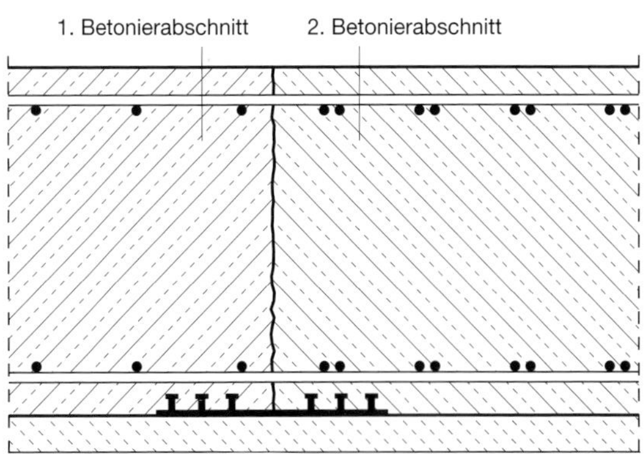

Bild 6.7: Bodenparkdeck mit Arbeitsfuge – Beispiel für die Herstellung mit Rippenstreckmetall-Absperrung und Zulagebewehrung im 2. Betonierabschnitt sowie mit unten liegendem Fugenband, sofern eine Abdichtung gegen drückendes Wasser erforderlich ist

Grafik: G. Lohmeyer

6.2.7 Einbauteile

Bei Parkbauten dürfen nur speziell geeignete Einbauteile mit Abdichtungsfunktion eingesetzt werden. Um spätere Umläufigkeiten und Undichtigkeiten zu vermeiden, sind sie direkt beim Herstellen der Parkdecks mit einzubetonieren. Die Einbauteile müssen widerstandsfähig gegen Taumittelbeanspruchung sein, denn die in Taumittel enthaltenen Chloride wirken stark korrosionsfördernd.

Durchdringungen erfordern eine wirkungsvolle Abdichtung, damit kein Wasser an den Wandungen der Durchdringungen (Rohrleitungen) nach unten sickern kann. Aussparungen, in die dann die Einbauteile eingesetzt werden, führen häufig zu Schwierigkeiten bei der Abdichtung.

Stemmarbeiten müssen unterbleiben. Notfalls sind Kernbohrungen zu setzen und die Einbauteile müssen gesonderte Dichtmanschetten zur Abdichtung aufweisen oder es sind Injektionsschläuche am Umfang der Durchdringung anzubringen, damit ein späteres Verpressen möglich ist.

Linienförmige Einbauteile, z. B. Entwässerungsrinnen, die die Konstruktionsdicke des Betons um mehr als ein Viertel schwächen, führen häufig zu Rissen und sind zu vermeiden. Unvermeidbare Querschnittschwächungen sind durch eine quer verlaufende zusätzliche Bewehrung zur Begrenzung der Rissbreite zu sichern.

6.2.8 Schrammborde und Leitborde

Schrammborde sind nach Möglichkeit zu vermeiden, denn es besteht die Gefahr von Fußgängerunfällen bei Stolperschwellen. Gerippte Markierungstreifen oder Markierungsnägel sind nutzungsfreundlicher und kostengünstiger [R9].

In einigen Bereichen, die in der Regel nicht begangen werden, können jedoch Schrammborde die Sicherheit erhöhen und vor Anprall schützen, z. B. bei Ein- und Ausfahrten an den Schrankenautomaten oder bei Rampen mit Gegenverkehr. Unvermeidbare Borde sollen nicht höher als 80 mm sein und leicht abgeschrägte Vorderkanten mit Ausrundung haben. Borde, die der Absturzsicherung für Fahrzeuge dienen, sollen mindestens 200 mm hoch sein. Zu horizontalen Ersatzlasten für den Anprall von Fahrzeugen enthält Abschnitt 3.1.4 entsprechende Angaben.

Gerade Rampen mit Gegenverkehr können durch einen 0,50 m breiten Mittelleitbord baulich voneinander getrennt werden. Auf Rampen, die ausnahmsweise von Fußgängern begangen werden müssen, ist zusätzlich zur Fahrbahnbreite mindestens auf einer Seite ein 0,80 m breiter Gehweg erforderlich, der mit einem Bord begrenzt wird.

Wendelrampen mit Gegenverkehr, die keine Sichtmöglichkeit auf vorausfahrende Fahrzeuge bieten, müssen auf der Kurveninnenseite einen Leitbord von 1,00 m Breite haben.

Abfertigungsgeräte und Kassenhäuser sollen auf Leitborden, Inseln oder Sockeln stehen und durch stabile Pfosten und Bügel für den Rammschutz vor Beschädigungen geschützt werden [R14].

Schrammborde, die sich in der Farbgebung hell absetzen, bieten hier bessere Orientierungsmöglichkeiten und erhöhen gleichzeitig die Verkehrssicherheit.

6.3 Ebenerdige, nicht unterkellerte Parkflächen

Ebenerdige, nicht unterkellerte Parkflächen ergeben sich mit den zugehörigen Fahrstreifen bei Stellplätzen im Freien, bei überdachten Stellplätzen (Carport), unter aufgeständerten Parkdecks, bei Einzelgaragen oder Sammelgaragen, aber auch bei Hochgaragen ohne Tiefgeschosse.

6.3.1 Parkflächen mit Pflasterdecken

Die einfachste Art der Befestigung von Parkflächen und den zugehörigen Fahrstreifen kann mit Pflasterdecken auf Tragschicht hergestellt werden. Pflasterdecken sind – zumindest teilweise – wasserdurchlässig. Voraussetzung für diese Befestigungsart ist die Zustimmung der Genehmigungsbehörden, ob bzw. unter welchen Auflagen eine wasserdurchlässige Pflasterdecke ausgeführt werden darf und nicht andere bauordnungsrechtliche Anforderungen des jeweiligen Bundeslandes dagegen stehen, z.B. nach dem Wasserhaushaltsgesetz.

Diese Bauweise entspricht dem Entwurfsgrundsatz RV-0: Riss-Vermeidung. Das heißt: Es werden keine Risse in der Pflasterdecke oder in den Pflastersteinen entstehen, die zur Korrosion einer Bewehrung führen könnten, da keine Bewehrung vorhanden ist. Das bedeutet, dass die Pflasteroberfläche keinen weiteren Schutz erfordert und direkt befahren werden kann (Bild 6.8).

Foto: K. Ebeling

Bild 6.8: Parkdeck im unteren Bereich mit direkt befahrbarem Betonsteinpflaster

Maßgebend für die Ausführung von Pflasterarbeiten sind die ATV DIN 18318 [N26]. Der gesamte Aufbau der Pflasterdecke muss frostsicher gegründet sein. Die erforderliche Gesamtdicke des Aufbaues soll ab Oberkante Pflasterdecke entsprechend den „Zusätzlichen Technischen Vertragsbedingungen und Richtlinien für Erdarbeiten im Straßenbau ZTV E-StB“ [R24] mindestens betragen:

- 60 cm bei üblichen Baugrundverhältnissen und normalen Beanspruchungen
- 80 cm bei ungünstigen Grundwasserverhältnissen und kalten Klimazonen

Nach diesen Angaben richtet sich die Dicke der Frostschutzschicht, sofern kein frostsicherer Untergrund vorhanden ist. Bei sehr frostempfindlichem Untergrund, z. B. ton- und schluffhaltigen Böden, muss der Untergrund gegen frostsicheres Material ausgetauscht werden, z. B. durch Kies-Sand-Gemische.

Das Tragschichtmaterial soll weit gestuft sein und das Bettungsmaterial muss ausreichend filterstabil zur Tragschicht sein. Erforderlichenfalls ist ein Geotextil (Vliesstoff) zwischen Bettung und Tragschicht zu verlegen, um das Eindringen von Bettungsmaterial in die Tragschicht zu verhindern.

Der Aufbau der Pflasterdecke kann entsprechend den Bauklassen nach den „Richtlinien für die Standardisierung des Oberbaues von Verkehrsflächen RStO“ [R20] gewählt, geplant und ausgeführt werden. Bei Planung und Ausführung sind die „Zusätzlichen Technischen Vertragsbedingungen und Richtlinien ZTV P-StB“ [R26] zu beachten.

Drei Beispiele für den Aufbau von Pflasterdecken für offene Parkdecks zeigen die folgenden Aufstellungen bei unterschiedlichen Nutzungsintensitäten.

Beispiel 6.1: *Aufbau einer Pflasterdecke bei mäßiger Nutzungsintensität NI-2*

8 cm	Betonsteinpflaster nach DIN EN 1338
3 cm	Sand- oder Brechsandschicht als Bettungsmaterial 0/4 mm oder 0/5 mm bis 0/8 mm mit genügender Filterstabilität zur Tragschicht gemäß TL Pflaster-StB
20 cm	Kiestragschicht 0/32 mm, verdichtet auf einen Verformungsmodul von $E_{V2} \geq 120$ MN/m²
35 cm	Frostschutzschicht (sofern Frost wirkt), verdichtet auf $E_{V2} \geq 100$ MN/m²
	tragfähiger Baugrund, verdichtet auf $E_{V2} \geq 45$ MN/m²

Beispiel 6.2: *Aufbau einer Pflasterdecke bei sehr hoher Nutzungsintensität NI-4*

10 cm	Betonsteinpflaster nach DIN EN 1338
3 cm	Sand- oder Brechsandschicht als Bettungsmaterial 0/4 mm oder 0/5 mm bis 0/8 mm mit genügender Filterstabilität zur Tragschicht gemäß TL Pflaster-StB
25 cm	Schottertragschicht 0/45 mm, verdichtet auf einen Verformungsmodul von $E_{V2} \geq 180$ MN/m²
40 cm	Frostschutzschicht (sofern Frost wirkt), verdichtet auf $E_{V2} \geq 120$ MN/m²
	tragfähiger Baugrund, verdichtet auf $E_{V2} \geq 45$ MN/m²

***Beispiel 6.3:** Anforderungen an den Beton der Pflastersteine nach DIN EN 1338:*

Expositionsklassen:	XF4	Betonangriff durch Frost mit Tausalz (sofern Frost wirkt),
	WA	Betonangriff durch Alkali-Reaktion
Spaltzugfestigkeit:	$\geq$ 3,6 N/mm^2	
Frost-Tausalz-Widerstand:	Klasse 3, Kennzeichnung D (sofern Frost wirkt)	
Abriebwiderstand:	Klasse 4, Kennzeichnung I	
Schutz der Oberfläche:	nicht erforderlich	

Hinweise für angrenzende Stahlbetonbauteile

Für Stahlbetonbauteile, die an Pflasterflächen angrenzen, gelten die gleichen Anforderungen wie für Stahlbetonbauteile, die an Parkdecks angrenzen oder mittig in diesen Flächen stehen. Daher gilt auch hierfür Abschnitt 6.4.6 in gleicher Weise.

Bild 6.9 verdeutlicht die Situation. Die Höhe h für den erforderlichen Schutz der aufgehenden Stahlbetonbauteile ergibt sich daraus, dass chloridhaltiges Wasser an die aufgehenden Stahlbetonbauteile gespritzt wird. Bei genügendem Gefälle ($\geq$ 2,5 %) ohne Pfützenbildung ist es ausreichend, diese Schutzschicht h $\geq$ 150 mm hoch über Oberkante Pflasterdecke an Wänden und Stützen hochzuführen und gegen mechanische Beanspruchungen zu schützen (Bild 6.9). Bei Pflasterdecken ohne oder mit geringerem Gefälle als 2,5 % ist mit Pfützenbildung zu rechnen. Deshalb ist hierfür die Schutzschicht an aufgehenden Bauteilen (z. B. Wände und Stützen) mindestens h $\geq$ 500 mm über Oberkante Pflasterfläche zu ziehen. Auf einen zusätzlichen Schutz der Fuge zwischen aufgehenden Bauteilen ist zu achten, insbesondere bei gefällelosen Parkflächen, beispielsweise zusätzlich ergänzt durch Randeinfassungen.

Weitere Details und ausführliche Erläuterungen und Darstellungen für durchlässige Bodenparkdecks sind im Abschnitt 7.5.1.3 (ohne Gefälle) und 7.5.1.4 (mit Gefälle) zusammengestellt.

Hinweise für Stahlbetonbauteile unter Pflasterbelägen

Erdberührte Stahlbetonbauteile, die unter durchlässigen Fahr- und Gehbelägen wie Betonsteinpflaster liegen, sind gegen Chlorideinwirkung zu schützen, sofern nicht korrosionsgeschützter Bewehrung (z. B. Edelstahl) verwendet wird. Die erforderlichen Expositionsklassen sind abhängig vom Schutz der Oberfläche. Einzelheiten zur erforderlichen Expositionsklasse enthält Abschnitt 3.7. Die jeweils erforderliche Betondeckung der Bewehrung ergibt sich aus Tafel 6.2.

6.3.1.1 Randeinfassungen bei Pflasterdecken

Pflasterdecken erfordern eine Randeinfassung. Hierfür können Bordsteine oder Randsteine sowie Einfassungssteine zum Einsatz kommen. Die Randeinfassung hat die Aufgabe, die Pflasterdecke einzuspannen und gegen Verschieben im Randbereich während der Nutzung zu sichern. Bild 6.10 zeigt ein Beispiel für eine Randeinfassung.

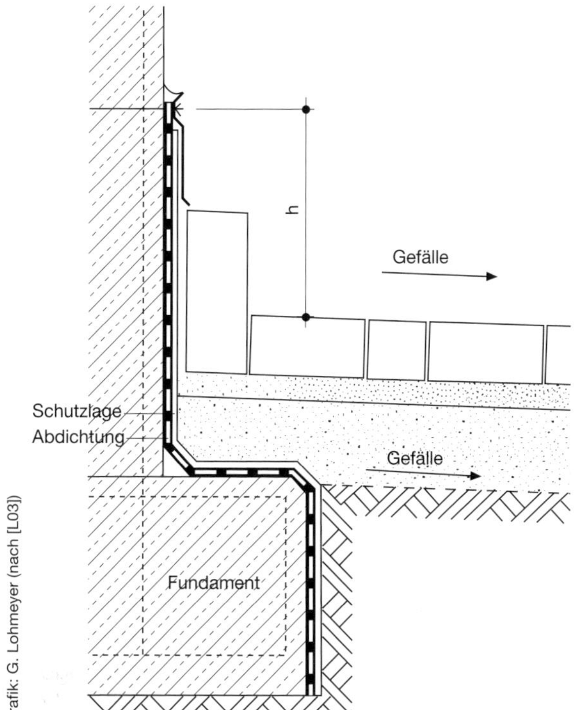

Bild 6.9: Schutz angrenzender Stahlbeton-Stützen, -Wände und -Fundamente mindestens h = 150 mm über Oberkante Pflasterdecke, z. B. durch Abdichtung nach DIN 18195-4 mit Schutzlage und Blechstreifen [L03]

Randsteine sind auch beim Anschluss an Wände und Stützen sinnvoll, da hierdurch das auf dem Pflaster anfallende Wasser von den Wänden bzw. Stützen ferngehalten wird und nicht direkt an den Wand- bzw. Stützenflächen abläuft.

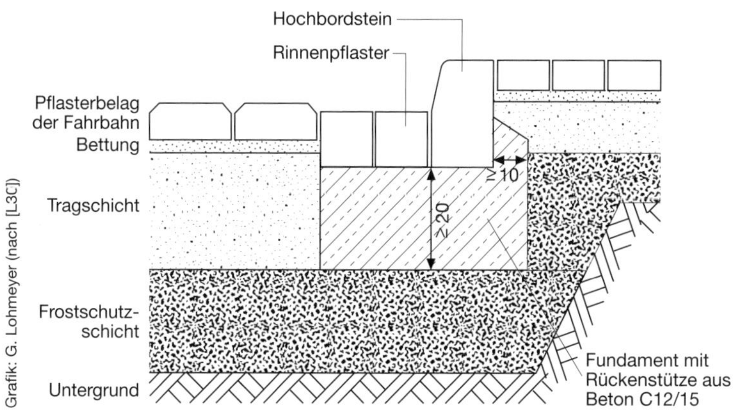

Bild 6.10: Beispiel für eine Randeinfassung mit Rinnenpflaster und Hochbordsteinen [L30]

6.3.1.2 Fugen in Pflasterdecken

Die 3 bis 5 mm breiten Fugen zwischen den Pflastersteinen sind fortschreitend mit dem Verlegen durch Einfegen von Sand 0/4 mm oder Brechsand 0/5 mm zu schließen. Das Fugenmaterial muss filterstabil zum Bettungsmaterial sein. Nach dem Abrütteln der Pflasterfläche sind die Fugen nochmals zu füllen, z. B. mit Gesteinskörnung 0/2 mm.

Um einen dauerhaft funktionierenden Wasserabfluss durch das Fugenmaterial zu erreichen, ist direkt im Anschluss an das Abrütteln das Fugenmaterial fachgerecht bis zur Sättigung einzuschlämmen. Auf diese Weise wird verhindert, dass fehlendes Fugenmaterial durch eingeschleppten Boden ergänzt wird, der an Fahrzeugen haftet. Das Eintragen dieses Bodens in die Parkebene führt im Laufe der Zeit zu sich abdichtenden Fugen [L03].

6.3.1.3 Entwässerung von Pflasterdecken

Für einen einwandfreien Abfluss des Niederschlagswassers sind Pflasterdecken mit Gefälle herzustellen, auch wenn ein Teil des anfallenden Wassers versickern kann. Das Gefälle, z. B. mindestens 2,5 %, möglichst 3 %, ist schon in der Tragschicht auszubilden. Es ist möglichst zu einer Linienentwässerung zu führen. Dies kann beispielweise ein Rinnenpflaster an der Randeinfassung mit einem Gefälle von mindestens 0,5 % zu einem Straßenablauf (Gully) sein [L30].

Das Ableiten des Wassers, das durch die Pflasterdecke sickert, ist bei nicht genügend wasserdurchlässigem Untergrund durch eine Dränung der Frostschutzschicht dauerhaft sicherzustellen.

6.3.1.4 Wartung von Pflasterdecken

Wie alle Parkdecks (Kapitel 9) sind auch Pflasterdecken regelmäßig zu reinigen. Beim Einsatz von Kehrmaschinen, Hochdruckreinigern, aber auch bei der Besenreinigung von Hand besteht die Gefahr, dass ungebundenes Fugenmaterial aus den Fugen teilweise herausgesaugt bzw. entfernt wird. Daher müssen die Wartungsarbeiten bei Pflasterdecken beinhalten, dass im Anschluss an Reinigungsarbeiten eine Kontrolle des verbliebenen Fugenmaterials durchgeführt wird. Erforderlichenfalls ist fehlendes Fugenmaterial durch geeignetes neues Fugenmaterial zu ersetzen. Diese Arbeiten sind einer Fachfirma zu übertragen [L03].

6.3.2 Parkflächen mit unbewehrten Ortbetonbodenplatten

Ebenerdige, nicht unterkellerte Parkflächen können auch als unbewehrte Betonbodenplatte mit geeignetem Fugenraster auf Tragschicht hergestellt werden. Die Betonbodenplatte kann direkt befahren werden und erfordert keinen Oberflächenschutz. Hierfür ist die Zustimmung der Genehmigungsbehörden hinsichtlich möglicher Auflagen für die Ausbildung der Fugen bzgl. Wasserdurchlässigkeit einzuholen.

Diese Bauweise entspricht dem Entwurfsgrundsatz RV-0: Riss-Vermeidung (Tafel 6.1). Das heißt: Es werden keine Risse im Ortbetonboden entstehen, die zur Bewehrungskorrosion führen, da keine Bewehrung vorhanden ist, die korrodieren könnte (Abschnitt 6.1).

Da von den einparkenden Pkw auch Taumittel auf die Fläche geschleppt werden, ist der Beton bei häufigen und starken Frost-Tau-Wechseln der Expositionsklasse XF4 zuzuordnen, z. B. bei offenen Parkflächen. Der Beton muss mit Luftporenbildern LP hergestellt werden, um einen hohen Widerstand gegen Frost-Taumittel-Widerstand zu erreichen. Die Oberfläche des Betonbodens darf nicht gescheibt oder geglättet werden, sondern soll lediglich einen Besenstrich erhalten, um die Wirkung der Luftporen nicht zu beeinträchtigen, was häufig zu Abplatzungen an der Betonoberfläche führt.

Der Aufbau kann entsprechend den Bauklassen nach den „Richtlinien für die Standardisierung des Oberbaues von Verkehrsflächen RStO“ [R15] gewählt und geplant werden. Bei Planung und Ausführung sind die „Zusätzlichen Technischen Vertragsbedingungen und Richtlinien für den Bau von Tragschichten mit hydraulischen Bindemitteln und Fahrbahndecken aus Beton ZTV Beton-StB“ [R18] zu beachten. Der Aufbau ist einfacher als bei Pflasterdecken, es ist jedoch eine dickere Betonbodenplatte erforderlich.

Beispiel 6.4: *Aufbau einer frei bewitterten Parkfläche für Pkw mit unbewehrten Betonbodenplatten gemäß dem Entwurfsgrundsatz RV-0*

Der Aufbau kann bei hoher Nutzungsintensität NI-3 folgendermaßen gestaltet sein:

18 cm	Betonbodenplatte aus Beton C30/37 LP, Biegezugfestigkeit $f_{ctm} \geq 3{,}5$ N/mm²
25 cm	Schottertragschicht 0/32 mm, verdichtet auf einen Verformungsmodul von $E_{V2} \geq 180$ MN/m²
	frostsicherer Untergrund, verdichtet auf einen Verformungsmodul von $E_{V2} \geq 45$ MN/m²

Der gesamte Aufbau muss frostsicher gegründet sein, sofern Frost wirkt. Die erforderliche Gesamtdicke des Aufbaues soll bei Frosteinwirkung ab Oberkante Betonbodenplatte entsprechend den „Zusätzlichen Technischen Vertragsbedingungen und Richtlinien für Erdarbeiten im Straßenbau ZTV E-StB“ [R24] mindestens betragen:

- 60 cm bei üblichen Baugrundverhältnissen und normalen Beanspruchungen
- 80 cm bei ungünstigen Grundwasserverhältnissen und kalten Klimazonen

Nach diesen Angaben richtet sich die Dicke der Frostschutzschicht, sofern der Untergrund nicht frostsicher ist. Bei sehr frostempfindlichem Untergrund, z. B. ton- und schluffhaltigen Böden, muss der Untergrund gegen frostsicheres Material ausgetauscht werden, z. B. durch Kies-Sand-Gemische.

Die Oberfläche der Ortbetonplatten wird im Allgemeinen mit Besenstrich hergestellt. Bei LP-Beton und/oder ungünstig zusammengesetztem PCE-Beton dürfen keine geglätteten Oberflächen ausgeführt werden, insbesondere nicht in Kombination mit dem Einsatz schwerer Glättmaschinen.

Ein Schutz der Oberfläche von unbewehrten Ortbetonplatten ist nicht erforderlich, die Oberfläche kann direkt befahren werden.

Beispiel 6.5: *Entwurfsgrundsatz RV-0 mit unbewehrter Ortbetonplatte für die Nutzungsintensität NI-1 bis NI-4 bei freier Bewitterung für Pkw-Parkflächen*

Folgende Anforderungen an den Ortbeton sind einzuhalten:

Expositionsklassen:	XF4	Betonangriff durch Frost mit Taumittel
	(XM1	Betonangriff durch Verschleißbeanspruchung) nur bei Befahren durch Pkw > 30 kN bzw. Lkw
	WA	Betonangriff durch Alkali-Reaktion
Betonfestigkeitsklasse:	C30/37 LP	
Schutz der Oberfläche:	nicht erforderlich	

6.3.2.1 Entwässerung der Flächen mit Ortbetonplatten

Die Betonplatten sind mit Gefälle herzustellen, sofern eine Pfützenbildung vermieden werden soll. Das Gefälle soll mindestens 3,0 % betragen. Die Planung und Ausführung von Gefälle erfordert sowohl in der Planung als auch bei der Ausführung besondere Kenntnisse und fachlich fundiertes Wissen. Sinnvoll sind für Pkw befahrbare Entwässerungsrinnen, die am Rand der Fläche eingebaut werden können und zu denen das Gefälle läuft (Kapitel 9).

6.3.2.2 Fugen in der Ortbetonfläche

Ortbetonböden sind mit Fugen herzustellen. Dies können Scheinfugen sein, die in die Betonoberfläche möglichst kurzzeitig nach der Herstellung mit einem Elektro-Schneidgerät etwa 60 mm tief und 4 mm breit eingeschnitten werden. Die Fugen können offen bleiben. Das durchsickernde Niederschlagswasser kann nach unten in die Tragschicht und in den Untergrund wegsickern. Bei nicht genügend wasserdurchlässigem Untergrund ist das Ableiten des durch die Fugen sickernden Wassers durch eine Dränung dauerhaft sicherzustellen.

Der Fugenabstand soll bei Flächen unter offenen Parkdecks nicht größer als die 30-fache Plattendicke sein. Empfohlen werden möglichst quadratische Plattenfelder ($L/B \leq 1{,}25$) mit einem Fugenabstand von 5,0 m × 5,0 m. Damit werden die zusätzlich zur Lastbeanspruchung entstehenden Biegespannungen, die beim Aufwölben der Betonplatten durch seitliche Sonneneinstrahlung wirksam werden können, ausreichend geringgehalten [L31]. Im Bereich von Fahrgassen, die nicht am Rand liegen, kann eine Fugeneinteilung von 5,0 m × 6,0 m gewählt werden. Damit passt das Fugenraster sowohl zur Größe zweier nebeneinanderliegender Stellplätze von 2 × 2,5 = 5,0 m als auch zur Breite der Fahrgasse von 6,0 m. Detaillierte Hinweise zur Planung und Ausführung sind dazu auch aus dem Fachbuch „Betonböden für Produktions- und Lagerhallen“ [L46] abzuleiten.

Zu angrenzenden, aufgehenden Bauteilen sind Bewegungsfugen anzuordnen. Damit diese Fugen funktionsfähig bleiben, sind sie an der Oberseite mit elastischer Fugendichtmasse zu schließen. Diese Fugen sind als Wartungsfugen einzuordnen und bedürfen entsprechender Kontrollen auf Dichtigkeit, um Stahlbetonbauteile unterhalb des Betonbodens vor eindringenden Chloriden zu schützen. Die Autoren empfehlen, angrenzende Stahlbetonbauteile unterhalb der Bodenfläche analog den Anforderungen für durchlässige Pflasterbeläge auszubilden bzw. zu schützen. Details dazu sind im Abschnitt 7.5.1.3 und 7.5.1.4 beschrieben.

Entwässerungsrinnen oder Bodenabläufe sind an die Grundleitungen anzuschließen und beim Einbringen des Ortbetons direkt einzubetonieren, damit später keine aufwendigen Nach- und Stemmarbeiten erforderlich werden.

Andere Fugen in Betonflächen sind im Kapitel 8 beschrieben.

6.3.3 Parkflächen mit Fertigteilplatten

Ebenerdige, nicht unterkellerte Parkflächen mit den zugehörigen Fahrstreifen können anstelle von Pflasterdecken oder Ortbetonböden auch mit Fertigteilplatten hergestellt werden. Die Fertigteile müssen DIN EN 1992-1-1 entsprechen und speziell für Parkdecks hergestellt werden, worüber vom Hersteller zutreffende Prüfberichte vorzulegen sind.

Diese Bauweise entspricht dem Entwurfsgrundsatz RV-1: Riss-Vermeidung (Tafel 2.13). Das heißt: Es werden keine Risse in den Fertigteilplatten entstehen, die zur Bewehrungskorrosion führen, da die Bemessung für eine hohe Biegezugfestigkeit als Einfeldplatte erfolgt (Abschnitt 6.1).

Der Aufbau kann entsprechend den Bauklassen nach den „Richtlinien für die Standardisierung des Oberbaues von Verkehrsflächen RStO“ [R20] gewählt, geplant und ausgeführt werden. Bei Planung und Ausführung sind die „Zusätzlichen Technischen Vertragsbedingungen und Richtlinien für den Bau von Pflasterdecken und Plattenbeläge ZTV P-StB“ [R26] zu beachten.

Der gesamte Aufbau muss frostsicher gegründet sein, sofern Frost wirkt. Die erforderliche Gesamtdicke des Aufbaues soll ab Oberkante Plattenbelag entsprechend den „Zusätzlichen Technischen Vertragsbedingungen und Richtlinien für Erdarbeiten im Straßenbau ZTV E-StB“ [R24] mindestens 60 cm, besser 75 cm, betragen.

Auswahl-Beispiele in Abhängigkeit der Ausführungsart und Nutzungsintensität sind in Tafel 2.17 dargestellt. Nachfolgend zeigen Beispiele den Aufbau der Konstruktion mit Fertigteilplatten für Bereiche unterschiedlicher Nutzungsintensität.

Beispiel 6.6: *Aufbau eines Belags mit Fertigteilplatten bei geringer bzw. mäßiger Nutzungsintensität NI-1 und NI-2*

10 cm Fertigteilplatten mit Abmessungen von 100 cm × 100 cm
3 cm Feinplanum aus Kiessand 2/8 mm oder Splitt 2/5 mm als Bettungsmaterial mit genügender Filterstabilität zur Tragschicht gemäß TL Pflaster-StB
20 cm Schottertragschicht 0/45 mm, verdichtet auf einen E_{V2}-Wert von ≥ 150 MN/m²
35 cm Frostschutzschicht (sofern Frost wirkt), verdichtet auf E_{V2} ≥100 MN/m²
tragfähiger Baugrund, verdichtet auf E_{V2} ≥ 45 MN/m²

Beispiel 6.7: *Aufbau eines Belags mit Fertigteilplatten bei hoher bzw. sehr hoher Nutzungsintensität NI-3 und NI- 4*

12 cm Fertigteilplatten mit Abmessungen von 125 cm × 125 cm
3 cm Feinplanum aus Kiessand 2/8 mm oder Splitt 2/5 mm als Bettungsmaterial mit genügender Filterstabilität zur Tragschicht gemäß TL Pflaster-StB
25 cm Schottertragschicht 0/45 mm, verdichtet auf einen E_{V2}-Wert von ≥ 180 MN/m²
40 cm Frostschutzschicht (sofern Frost wirkt), verdichtet auf E_{V2} ≥ 120 MN/m²
tragfähiger Baugrund, verdichtet auf E_{V2} ≥ 45 MN/m²

Beispiel 6.8: *Entwurfsgrundsatz RV1 mit bewehrten Fertigteilplatten für die Nutzungsintensität NI-1 bis NI-4 bei freier Bewitterung*

Folgende Anforderungen an den Beton der bewehrten Fertigteilplatten sind einzuhalten:

Expositionsklassen:	XC4	Bewehrungskorrosion durch Carbonatisierung
	XD3	Bewehrungskorrosion durch Chloride
	XF4	Betonangriff durch Frost mit Taumittel
	(XM1)	Betonangriff durch Verschleißbeanspruchung nur bei Befahren durch Pkw > 30 kN bzw. Lkw
	WA	Betonangriff durch Alkali-Reaktion
Betonfestigkeitsklasse:	C30/37 LP	
Betondeckung:	$c_{nom} \geq 55$ mm, $c_{min} \geq 40$ mm Oberflächenschutz: nicht erforderlich	

Die Oberfläche der Fertigteilplatten wird im Allgemeinen mit Besenstrich hergestellt. Ein Schutz der Oberfläche ist nicht erforderlich, sie kann direkt befahren werden.

Ein Vorteil von Fertigteilplatten ist eine vergleichsweise einfache Instandsetzung im Bedarfsfall, da die Fahrbahn in kurzer Zeit erneut befahrbar ist. Nachteile ergeben sich bei komplizierter Grundrissgeometrie mit Sonderfertigplatten.

6.3.3.1 Fugen zwischen den Fertigteilplatten

Das Verlegen der Fertigteilplatten erfolgt nach einem Verlegeplan. Die Platten werden auf das verdichtete und im Gefälle liegende Feinplanum der Bettungsschicht mit einem Fugenabstand von 5 mm abgesetzt. Die vollflächige Lagerung ist durch Abklopfen der Platten zu prüfen, erforderlichenfalls ist nachzuregulieren. Zur Verdichtung dürfen die Platten nicht mit Walzen oder Rüttelplatten befahren werden. Die Fugen sind durch Einfegen von Splitt 0/5 mm bis Plattenoberkante zu schließen, bei gefasten Platten bis zur Kante der Fase.

Fugen zwischen Fertigteilen in anderen Einsatzbereichen sind im Abschnitt 8.3 behandelt.

6.3.3.2 Randeinfassung von Flächen mit Fertigteilplatten

Im Einzelfall ist zu entscheiden, ob eine Randeinfassung, ähnlich wie bei Pflasterflächen, vorgenommen werden soll und für erforderlich gehalten wird. Sofern Randeinfassungen infrage kommen, können diese mit Bordsteinen oder Randsteinen sowie Einfassungssteinen ausgebildet werden. Bild 6.10 zeigt ein Beispiel für eine Randeinfassung bei Pflasterflächen, die sinngemäß auch auf Flächen mit Fertigteilplatten übertragen werden kann.

6.3.3.3 Entwässerung von Flächen mit Fertigteilplatten

Auch bei Flächen mit Fertigteilplatten ist für einen einwandfreien Abfluss von Niederschlagswasser und Schmelzwasser des eingeschleppten Schneematsches mit ausreichendem Gefälle zu sorgen, obwohl ein Teil des Wassers durch die Fugen versickern kann. Das erforderliche Gefälle von mindestens 3,0 % ist schon in der Tragschicht auszubilden und zu einer Linienentwässerung zu führen. Ausführungsbedingte Abweichungen vom Gefälle dürfen nicht mehr als 0,4 % betragen [N26]. Für die Abführung des Wassers ist zu entscheiden, ob Rinnenpflaster entlang der Randeinfassung oder Entwässerungsrinnen gewählt werden (Kapitel 9).

Das Ableiten des Wassers, das durch die Fugen zwischen den Fertigteilplatten sickert, ist bei nicht genügend wasserdurchlässigem Untergrund durch eine Dränung der Frostschutzschicht dauerhaft sicherzustellen.

6.3.3.4 Wartung von Belägen mit Fertigteilplatten

Für die Wartung und Instandhaltung von Belägen mit Fertigteilplatten gelten die gleichen Anforderungen und Maßnahmen wie bei Pflasterdecken gemäß Abschnittl 6.3.1.4. Weiterführende Angaben zu Instandhaltung und Wartung enthält Kapitel 13.

6.4 Parkdecks in Hochgaragen

Hochgaragen sind oberirdisch angeordnete Parkhäuser (Abschnitt 1.1.3.7). Nach den Garagenverordnungen der Länder sind dies Parkhäuser, deren Fußboden in einem Geschoss im Mittel nicht mehr als 1,30 m unter der Geländeoberfläche liegt (nach GarVO NRW [V3]).

Alle Parkdecks in Hochgaragen sind wasserundurchlässig herzustellen. Damit soll verhindert werden, dass durchtropfendes Wasser die darunter parkenden Fahrzeuge verschmutzt oder durch Kalkablagerungen beschädigt.

Bei reinen Parkbauten, die unabhängig von anderen Raumnutzungen in darüber liegenden Geschossen sind und beispielsweise keine Büro- oder Wohnräume aufweisen, kann das Konstruktionssystem weitgehend frei gewählt werden. Es sind größere Spannweiten möglich. Daraus ergeben sich auch die Möglichkeiten unterschiedlicher Bauweisen.

Hochgaragen werden in sehr unterschiedlichen Bauweisen erstellt (Abschnitt 6.2.1):
- Stahlbeton-Konstruktionen mit Plattenbalkendecken, deren Unterzüge parallel oder quer zu Fahrgassen verlaufen mit Ortbetondecken oder Elementdecken als Halbfertigteildecken

Foto: K. Ebeling

Bild 6.11: Spannbeton-Flachdecken mit voutenartigen Gurtstreifen im Stützbereich

- Stahlbeton-Konstruktionen mit Flachdecken ohne Unterzüge, gegebenenfalls mit Ausweitung der Stützenköpfe bzw. Verstärkung der Decken im Stützbereich als Pilzdecke
- Spannbeton-Konstruktionen, entweder als Plattenbalkendecken oder als zweiachsig gespannte Flachdecken ohne Unterzüge, gegebenenfalls mit gevouteten Gurtstreifen im Stützbereich (Bild 6.11)
- Fertigteil-Bauweise, z. B. Fertigstützen und Fertigbalken aus Stahlbeton oder Spannbeton, kombiniert mit Halbfertigteildecken als π-Platten oder Trogplatten mit Ortbeton-Ergänzung

6.4.1 Parkdecks auf der Bodenfläche von Hochgaragen

Hochgaragen sind entweder unterkellert oder die unterste Parkfläche liegt ebenerdig bzw. nur maximal 1,30 m unter Geländeoberfläche (nach GarVO NRW [V3]). Die unterste Parkfläche kann dann so gestaltet sein, wie dies im vorhergehenden Abschnitt 6.3 dargestellt ist. Sie kann mit Betonsteinpflaster oder unbewehrten Ortbetonplatten oder mit Fertigteilplatten hergestellt werden (Beispiele 6.1 bis 6.8), jeweils ohne zusätzliche Maßnahmen des Oberflächenschutzes (Abschnitte 6.3.1 bis 6.3.3) in der Ausführungsart „Oberflächen ohne Schutz" nach Tafel 2.18. Diese Ausführungsart kann für alle Nutzungsintensitäten NI-1 bis NI-4 angewendet werden (Tafel 2.17).

Für den Schutz der Oberfläche von Bauteilen, die unter durchlässigen Bodenparkdecks liegen (z. B. bei Betonsteinpflaster) sind die Abschnitte 7.5.1.3 bzw. 7.5.1.4 mit Bild 7.2 zu beachten.

Bei unterkellerten Hochgaragen können die dort vorhandenen Räume in Bereiche mit unterschiedlichen Funktionen zugeordnet sein, z. B.: Tiefgarage, übliche Kellerräume, beheizte Räume für hochwertigere Nutzungen. Tiefgaragen sind im Kapitel 7 beschrieben.

Bei Kellerräumen ist im Einzelfall zu entscheiden, wie der Gesamtaufbau gestaltet werden soll. Die tragende Konstruktion besteht im Allgemeinen aus einer Stahlbetondecke. Der Aufbau auf dem Bodenparkdeck ist wie bei einem Zwischenparkdeck zu gestalten (Abschnitt 6.4.2).

6.4.2 Zwischenparkdecks in Hochgaragen aus Stahlbeton

Für Zwischenparkdecks in Hochgaragen ist zur Verbesserung der Nutzungsfreundlichkeit eine „stützenfreie" Konstruktion stets anzustreben, wobei die Stützen nicht zwischen Fahrgasse und Stellplätzen, sondern an der Kopfseite der Stellplätze stehen (Bild 1.9). Diese freigespannte Konstruktion ist allerdings nur schwer zu verwirklichen, wenn die Stützenstellung abhängig ist von der Nutzung der darüberliegenden Geschosse und den sich daraus ergebenden Lasten. Sofern von oberen Geschossen mit anderen Nutzungen keine anderen Stützenstellungen übernommen werden müssen, führt dies dann zu der für die Stahlbetonbauweise als monolithische Konstruktion „klassischen" Stützenstellung: parallel zur Fahrgasse in Abständen von $a_{St,l}$ = 5,0 m, quer zur Fahrgasse in Abständen $a_{St,q}$ = 5,0 + 6,0 + 5,0 m. Die Plattenbalkendecken können über die Hauptunterzüge einachsig gespannt sein. Sie können auch zweiachsig gespannt werden, indem sie zusätzlich auf Zwischen-Unterzügen liegen, die rechtwinklig zu den Haupt-Unterzügen angeordnet sind.

Wesentlich für die statische Bemessung ist jedoch, dass Zwangbeanspruchungen aus den Lastfällen „Abfließen der Hydratationswärme“ (früher Zwang) sowie aus Schwinden (i. d. R. verzögertem Austrocknen, spätem Zwang) oder Temperatureinwirkungen bei offenen oder belüfteten Parkdecks auch berücksichtigt werden. Das bedeutet, dass auch bei einachsig gespannten Konstruktionen oder bei Verwendung von Elementdecken mit Ortbetonergänzung eine kräftige zweiachsige Bewehrung erforderlich wird, die als Bewehrung zur Begrenzung der Rissbreite dient. Diese rissbreitenbegrenzende Bewehrung ist unter Berücksichtigung des vorgesehenen Oberflächenschutzes (z. B. Beschichtung oder Abdichtung) vom Tragwerksplaner festzulegen und nachzuweisen.

Bei weitgespannten Konstruktionen in reinen Hochgaragen ohne andere Nutzungen kann es sinnvoll sein, die Stahlbeton-Bauweise mit Spannlitzen zu ergänzen. Hierbei kann dem Betonstahl die Tragsicherheit zugewiesen werden und die Spannlitzen haben die alleinige Aufgabe, die Durchbiegung zu verringern. Diese Bauweise kann als „vorgespannter Stahlbeton“ bezeichnet werden.

Für die Gestaltung der Parkdecks sind alle Entwurfsgrundsätze mit Ausnahme des Entwurfsgrundsatzes RV-0 umsetzbar.

Auswahl-Beispiele in Abhängigkeit der Ausführungsart und Nutzungsintensität sind in Tafel 2.17 dargestellt.

***Beispiel 6.9:** Entwurfsgrundsatz RB-2 mit StahlbetonKonstruktion für die Nutzungsintensität NI-1 und NI-2*

Bei Anwendung von Entwurfsgrundsatz RB-2 sind folgende Anforderungen an den Beton des Zwischenparkdecks einzuhalten:

Expositionsklassen	XC4	Bewehrungskorrosion durch Carbonatisierung
	(XC3	wie vor, aber bei mäßiger Feuchteeinwirkung)
	XD1	Bewehrungskorrosion durch Chloride
	(XF1	Betonangriff durch Frost, sofern Frost einwirkt)
	WF	Betonangriff durch Alkali-Reaktion
	WU	mit hohem Wassereindringwiderstand (wasserundurchlässiger Beton)
Betonfestigkeitsklasse:	C30/37 als schwindarmer Beton nach Abschnitt 4.5.5	
Betondeckung:	$c_{nom} \geq 55$ mm, $c_{min} \geq 40$ mm an der Plattenoberseite	
	$c_{nom} \geq 35$ mm, $c_{min} \geq 20$ mm an der Plattenunterseite	
Schutz der Oberfläche:	Beschichtung OS 11a	

6.4.3 Zwischenparkdecks aus Elementdeckenplatten mit Ortbetonergänzung

Für die Konstruktion der Zwischenparkdecks mit Halbfertigteilen ergeben sich Spannweiten der Halbfertigteile, die dem Abstand der Hauptträger (z. B. Spannbetonbalken) entsprechen. Im Wesentlichen bestehen die gleichen Möglichkeiten wie vor entsprechend Abschnitt 6.4.2. Je nach Wahl des Entwurfsgrundsatzes ändern sich die Anforderungen an den Beton. Für die Gestaltung der Parkdecks sind die Entwurfsgrundsätze RB und RA möglich und auch sinnvoll anwendbar.

Die Spannweiten der Halbfertigteile ergeben sich aus dem Abstand der Hauptträger, die beispielsweise als Stahlbetonbalken bzw. Stahlbeton-Plattenbalken ausgebildet sein können (Bild 6.12). Auch bei Verwendung von einachsig gespannten Halbfertigteilen ist planerisch im Allgemeinen eine ausreichende rissbreitenbegrenzende Bewehrung in beiden Richtungen anzuordnen, um Zwangbeanspruchungen aufnehmen zu können. In jedem Fall sind unterschiedliche Durchbiegungen der Einzelelemente zu vermeiden.

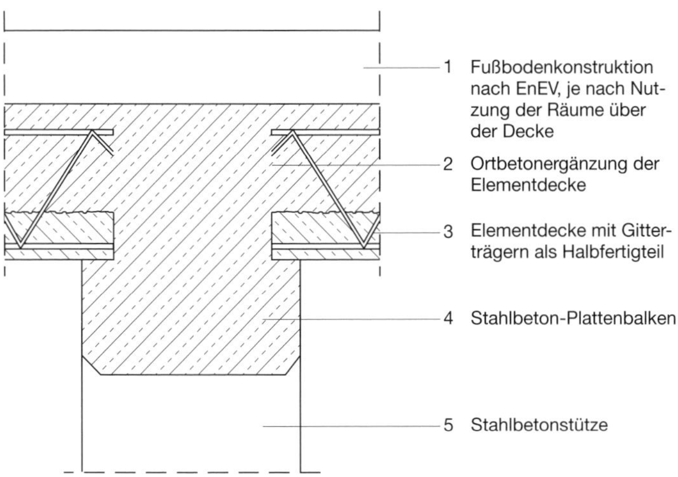

Bild 6.12: Halbfertigteil-Bauweise, z. B. für Tiefgaragen unter üblichen Hochbauten

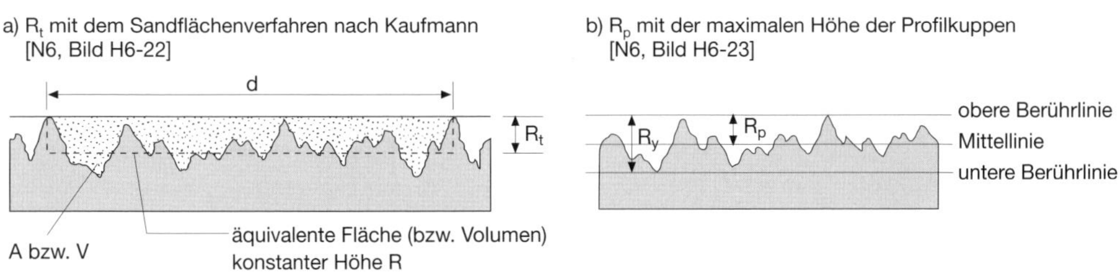

Bild 6.13: Bestimmung der Rautiefe R (Kategorien nach Tafel 6.4)

Tafel 6.4: Kategorien für die Rauigkeit von Fugenoberflächen (nach [N6], Tabelle H6.2)

	Kategorie	Oberflächenbeschaffenheit	
1	sehr glatt	– gegen Stahl, Kunststoff oder glatte Holzschalung betoniert, – unbehandelt bei Beton im ersten Betonierabschnitt mit fließfähiger bzw. sehr fließfähiger Konsistenz (Ausbreitmaß ≥ F5)	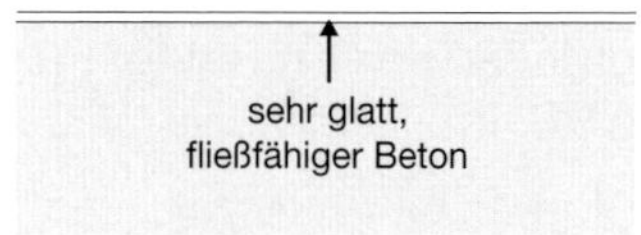
2	glatt	– abgezogen, – im Gleit- bzw. Extruderverfahren hergestellt, – nach dem Verdichten ohne weitere Behandlung	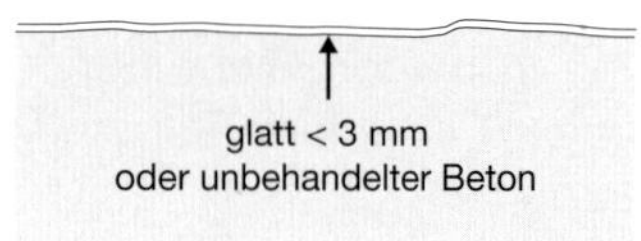
3	rau	– mindestens 3 mm durch Rechen erzeugte Rauigkeit mit ca. 40 mm Zinkenabstand, – mindestens 3 mm Freilegen der Gesteinskörnungen, – andere Methoden, die ein äquivalentes Tragverhalten herbeiführen. → $R_t \geq 1{,}5$ mm bzw $R_p \geq 1{,}1$ mm [1)]	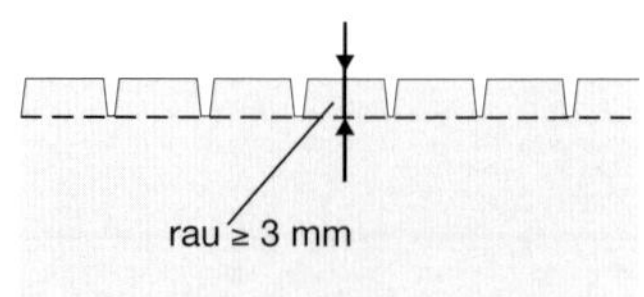 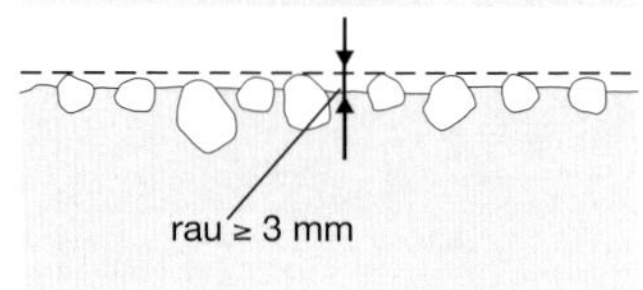
4	verzahnt	– Verzahnung gemäß Abbildung, – mindestens 6 mm Freilegen einer Gesteinskörnung bei Verwendung einer Gesteinskörnung mit $d_g \geq 16$ mm, – andere Methoden, die ein äquivalentes Tragverhalten herbeiführen. → $R_t \geq 3{,}0$ mm bzw $R_p \geq 2{,}2$ mm [1)]	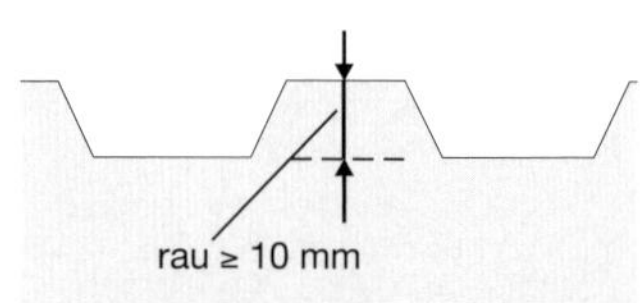 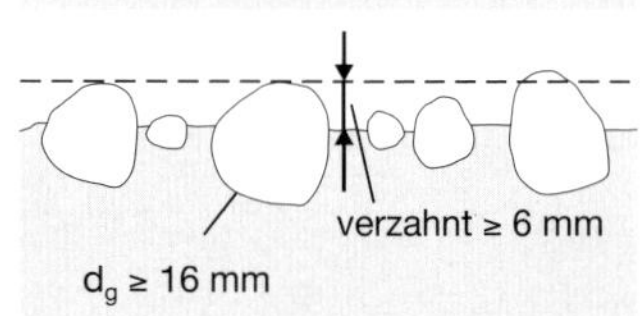

[1)] Die Rauigkeitsparameter sollten als Mittelwerte von mindestens drei Messungen nachgewiesen werden

Die Oberfläche der vorgefertigten Deckenelemente muss für eine einwandfreie Verbundwirkung mit dem Ortbeton genügend rau sein. Nach DIN EN 1992-1-1, Abschnitt 6.2.5 [N2] kann die Rautiefe mit dem Sandflächenverfahren bestimmt werden (Bild 6.13). In Tafel 6.4 sind die verschiedenen Kategorien für Rauigkeiten zusammengestellt. Für Elementdecken gelten raue und verzahnte Oberflächen.

Für die Rautiefen bei Verbundfugen gelten folgenden Bezeichnungen:
- rau: $R_t > 1{,}5$ mm oder $R_p > 1{,}1$ mm
- verzahnt: $R_t > 3{,}0$ mm oder $R_p > 2{,}2$ mm

Nach DIN EN 1992-1-1, Abschnitt 10.9.3 [N2] darf bei rauen und verzahnten Oberflächen der Deckenelemente die Querbewehrung der Ortbetonergänzung direkt auf den Deckenelementen liegen, da durch die Rauigkeit das Unterlaufen der Bewehrung durch Zementleim ermöglicht wird. Die Verankerungs- bzw. Übergreifungslänge der Bewehrung ist jedoch mit dem Faktor 1,4 zu vergrößern, da die Umhüllung der Bewehrungsstäbe nur zu 70 % entsprechend Bild 6.14 angenommen werden kann [N2]. Die Stoßfugen können auch mit einer Kompressionsdichtung bei der Montage der Deckenelemente abgedichtet werden. Hierbei ist allerdings auf ausreichende Betondeckung der aufgelegten Querbewehrung zu achten (Bild 6.15).

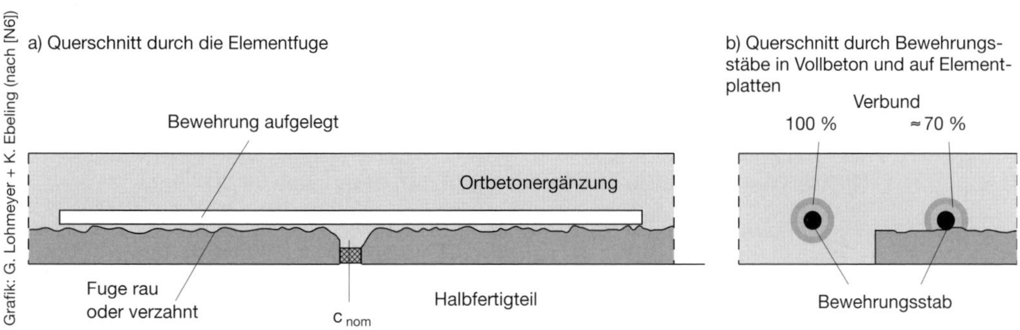

Bild 6.14: Stoß der Elementplatten mit aufgelegter Bewehrung [N6]

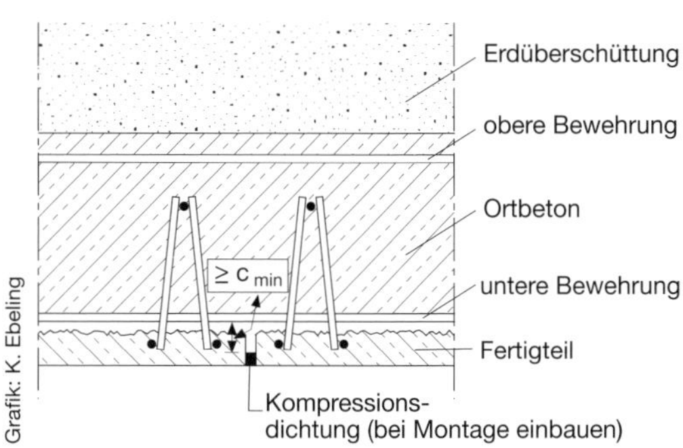

Bild 6.15: Deckenelemente mit Abdichtung der Stoßfugen durch Kompressionsdichtung

6.4.4 Zwischenparkdecks aus Spannbeton

Die Zwischenparkdecks können aus Spannbeton hergestellt werden, sofern große Spannweiten erforderlich sind, die von der Bebauung über den Parkdecks und den sich daraus ergebenden Laststellungen unabhängig sind.

Beispiel 6.10: *Zwischendeck aus Spannbeton mit direkt befahrbarer Oberfläche im Entwurfsgrundsatz RV-2 für die Nutzungsintensität NI-3 und NI-4*

Folgende Anforderungen an den Beton der Spannbeton-Konstruktion der Decke sind einzuhalten:

Expositionsklassen:	XC4	Bewehrungskorrosion durch Carbonatisierung
	[XC3	wie vor, bei mäßiger Feuchteeinwirkung]
	XD3	Bewehrungskorrosion durch Chloride
	(XF4	Betonangriff durch Frost mit Taumittel, sofern Frost wirkt)
	(XM1)	Betonangriff durch Verschleißbeanspruchung nur bei Befahren durch Pkw > 30 kN bzw. Lkw
	WA	Betonangriff durch Alkali-Reaktion
Betonfestigkeitsklasse:	C35/45; C30/37 LP bei XF4, jeweils als schwindarmer Beton nach Abschnitt 4.5.5	
Betondeckung:	$c_{nom} \geq 55$ mm, $c_{min} \geq 40$ mm an der Plattenoberseite $c_{nom} \geq 35$ mm, $c_{min} \geq 20$ mm an der Plattenunterseite	
Schutz der Oberfläche:	nicht zwingend erforderlich bei rissfreier Konstruktion mit geeignetem Instandhaltungskonzept und Wartung	

6.4.5 An Parkdecks grenzende Stahlbetonbauteile

An Parkdecks grenzende Stahlbetonbauteile, wie Wände und Stützen, Brüstungen und Schrammborde oder Aufkantungen, sind besonderes zu behandeln. Entweder werden diese Stahlbetonbauteile im Sockelbereich gegen chloridhaltiges Spitzwasser geschützt oder sie sind ungeschützt durch Zuordnung in die Expositionsklassen XD2, WA und gegebenenfalls XF2 auszustatten.

Nur der Expositionsklasse XC3 zugeordnete Stahlbetonbauteile, wie dies in natürlich belüfteten Parkbauten ausreichend ist, sind im Sockelbereich stets durch ein Oberflächenschutzsystem oder durch eine Abdichtung zu schützen. Dieser Sockelschutz ist bei Parkdecks mit mindestens 2,5 % Gefälle ≥ 150 mm an aufsteigenden Stahlbetonbauteilen hochzuziehen, bei Parkdecks ohne Gefälle oder mit weniger als 2,5 % Gefälle ≥ 500 mm. Das Gefälle der Parkdecks ist stets von diesen Anschlussfugen wegzuführen, damit sich dort kein Wasser stauen kann (Bild 6.16).

Ein Schwachpunkt, der immer wieder vernachlässigt wird und daher zu Mängeln führt, ist die Anschlussfuge zwischen Parkdeck und aufsteigenden Stahlbetonbauteilen. Die Anschlussfuge ist stets zusätzlich zu schützen. Die Fuge ist vorab mit einer Dichtungs-

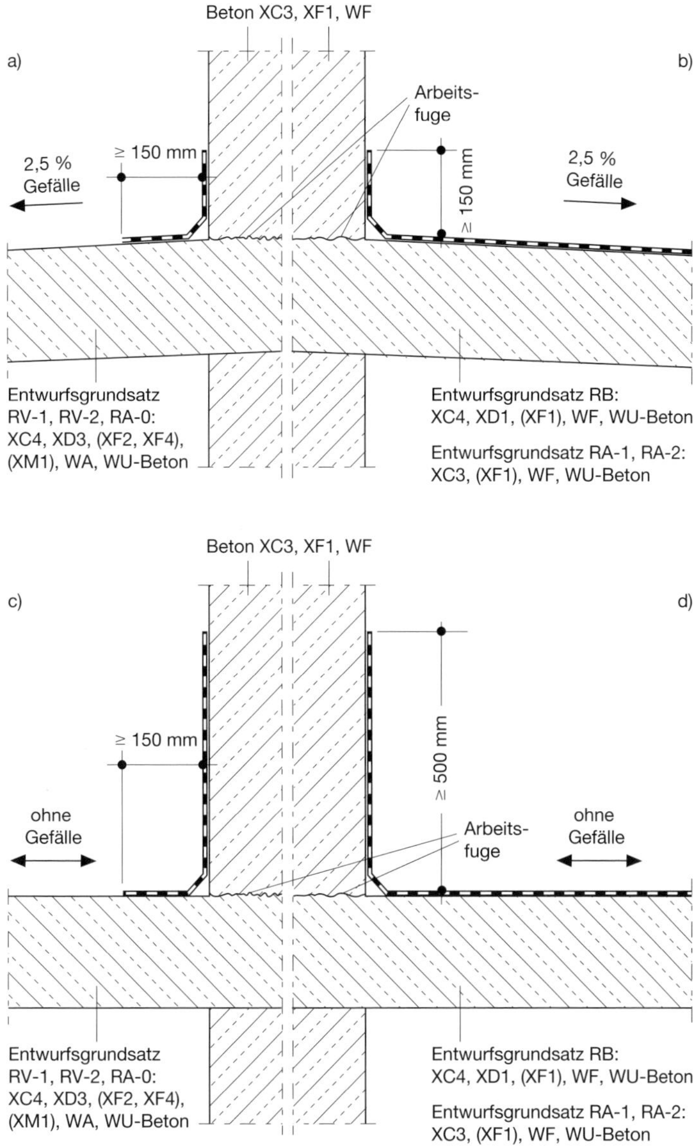

Grafik: G. Lohmeyer (nach [L24])

Bild 6.16: Anschlüsse von Parkdecks an aufgehende Bauteile mit Dichtungskehle (Flaschenkehle oder Dreieckskehle) für die Beschichtung

a) bei Parkdecks im Entwurfsgrundsatz RV-1, RV-2 und RA-0 mit Gefälle ≥ 2,5 % von den aufgehenden Bauteilen wegführend: Beschichtung OS 5b ≥ 150 mm breit und ≥ 150 mm hoch
b) bei Parkdecks im Entwurfsgrundsatz RB und RA-1, RA-2 mit Gefälle ≥ 2,5 % von den aufgehenden Bauteilen wegführend: Beschichtung OS 8 oder OS 11 auf Parkdeck und ≥ 150 mm hoch
c) bei Parkdecks im Entwurfsgrundsatz RV-1, RV-2 und RA-0 ohne Gefälle oder weniger Gefälle als 2,5 %: Beschichtung OS 5b ≥ 150 mm breit und ≥ 500 mm hoch
d) bei Parkdecks im Entwurfsgrundsatz RB und RA-1, RA-2 ohne Gefälle oder weniger als 2,5 % von den aufgehenden Bauteilen wegführend: Beschichtung OS 8 oder OS 11 auf Parkdeck und ≥ 500 mm hoch

kehle auszubilden, die als gerundete Kehle (Flaschenkehle Ø 60 mm) oder als Dreieckskehle unter 45° geneigt (L 30 mm × 30 mm) um die Stützen herum bzw. an den Stahlbetonwänden entlang auszuführen ist.

Die Beschichtung bzw. die Abdichtung der Parkdecks ist zum Schutz der Anschlussfuge über die Dichtungskehle hochzuführen. Falls die Parkdecks keine Beschichtung oder Abdichtung erhalten, ist die Anschlussfuge dennoch durch einen jeweils mindestens 150 mm hohen und breiten Schutzstreifen zu sichern. Dies kann ein Oberflächenschutzsystem OS 5b (Bild 10.11) oder eine Flüssigabdichtung mit Vlieseinlage nach DIN 18532-6 (Bild 10.12) oder eine Abdichtung nach DIN 18532-2, erforderlichenfalls mit einer Schutzabdeckung nach DIN 18532-1 sein. Hinterläufigkeiten müssen ausgeschlossen werden (Bild 10.15).

6.5 Dachdecken über Hochgaragen

Die oberste Decke eines Parkbaues kann ebenfalls als Parkdeck dienen: Dies ist dann das Dachparkdeck, gelegentlich auch bezeichnet als Freideck oder Topdeck. Die Bilder 6.17 und 6.18 zeigen Beispiele für Dachparkdecks.

Foto: G. Lohmeyer

a) offenes, teilüberdachtes Dachparkdeck für einen Supermarkt mit Oberflächenschutzsystem OS 11a auf der Stahlbetondecke

Foto: K. Ebeling

b) offenes Dachparkdeck (Freideck) mit Gefälle bei Regen mit Oberflächenschutzsystem OS 10 und zusätzlicher Schutzschicht

Bild 6.17: Beispiele für Dachparkdecks

a) Übersicht

b) Detail

Fotos: K. Ebeling

Bild 6.18: Beispiel für Dachparkdeck mit Fertigteilplatten

Dachparkdecks müssen wie alle Dachflächen wirksam entwässert werden. Dazu ist ein ausreichendes Gefälle von mindestens 2,5 % erforderlich.

6.5.1 Wasserundurchlässige Dachdecken aus WU-Beton

Die oberste Decke eines Parkhauses kann als Dachparkdeck (Freideck) genutzt werden, lässt sich aber auch einer anderen Nutzung zuführen. Diese Flächen können beispielsweise für Dachbegrünung oder für Photovoltaik genutzt werden, sie können auch Freifläche für Arbeitspausen, für Erholung oder für Vergnügen dienen. Diese anders genutzten Dachdecken können wie andere Decken und Dächer des allgemeinen Hoch- und Wirtschaftsbaues bei Beachtung einer geeigneten Konstruktion als wasserundurchlässige Betonkonstruktion ausgebildet werden, als WU-Dächer entsprechend der WU-Richtlinie des DAfStb [R3]. Hierzu ist jedoch eine zwängungsfreie Konstruktion erforderlich, um spätere Rissbildungen auszuschließen. Sollte dies konstruktiv nicht erreichbar sein, ist eine WU-Konstruktion keine geeignete Konstruktion.

In Bild 6.19 ist eine Detaildarstellung mit der Anordnung von Fugen bei Anschlüssen an höhergehende Gebäudeteile (1) mit Konsolauflager (2) und mit Sollrissfugen in großen Deckenfeldern (3). Sowohl innenliegende Fugenbleche und Fugenbänder als auch außen aufgebrachte Fugenabdichtungen haben sich bei WU-Dächern bewährt. Die streifenförmig außen aufgebrachten Fugenabdichtungen sind Abdichtungen mit Flüssigkunststoffen FLK nach DIN 18532-6. Sie werden sinnvollerweise aus der wasserführenden Ebene durch Anvoutungen oder Aufkantungen herausgeführt [R7].

Anders genutzte WU-Betondächer, beispielsweise begehbare Dächer mit Begrünung, brauchen gegebenenfalls kein Gefälle.

Für alle Dachflächen sind genügend Abläufe zum Abführen des Niederschlagswassers vorzusehen. Hierfür ist eine Regenspende von 300 l/(s · ha) anzusetzen. Daraus ergibt

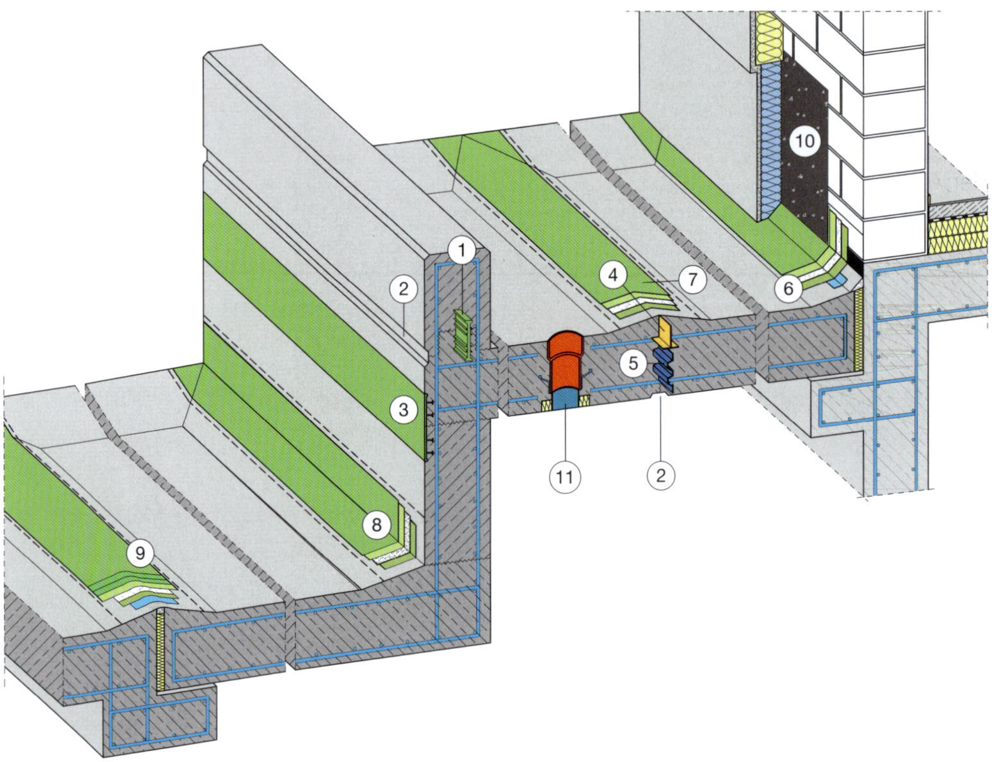

Grafik: Quinting Zementol GmbH

Legende:

1 – Arbeitsfugenband AS 150
2 – Trapeznut
3 – Arbeitsfugenband AA 240/35 NB
4 – T-Profil
5 – Trapezblech
6 – Wandanschluss*, b = 40 cm
7 – Sollrissfuge*, b = 30 cm
8 – Dehnfuge als Wandanschluss*, b = 40 cm
– Dehnfuge*, b = 40 cm
(* gewebearmierte, mehrlagige PMMA-Abdichtung)
10 – Sockelputz
11 – Quinting-Regenablauf

Bild 6.19: Darstellung einer WU-Konstruktion mit Anordnung von Fugen (nach [L50])

sich, dass für je 150 m² Dachfläche mindestens ein Abflussrohr DN 100 erforderlich ist. Der Entwässerungsweg soll möglichst kurz sein. Daher soll die Entfernung vom Hochpunkt bis zum Ablauf oder zur Rinne höchstens 7,5 m betragen.

Wasserundurchlässige Stahlbetondecken können für Dachbegrünungen genutzt werden. Durch die Dachbegrünung kann die bei der Bebauung des Grundstücks verloren gegangene Grünfläche auf dem Dach wieder ersetzt werden, mindestens teilweise. Für Dachbegrünungen gilt folgender Schichtenaufbau als Regelkonstruktion entsprechend Bild 6.20 [L47]:

- Pflanzebene
- Vegetationsschicht
- Filterschicht
- Dränschicht
- WU-Betonplatte
  oder
  anderer Dachaufbau mit Schutzlage und Dachabdichtung auf der Tragkonstruktion

Von den drei Entwurfsgrundsätzen ist für WU-Dächer der Entwurfsgrundsatzes „RV Rissvermeidung“ mit Durchführung der konstruktiven, betontechnischen und ausführungstechnischer Maßnahmen nach Abschnitt 10.2.1 dringend anzuraten. Auch für den Entwurfsgrundsatz „RA Rissabdichtung“ ist die Durchführung dieser Maßnahmen aus wirtschaftlichen Gründen durchaus zu empfehlen (Abschnitt 10.2.3). Der Entwurfsgrundsatz „RB Rissbreitenbegrenzung“ ist für Dachdecken nicht geeignet.

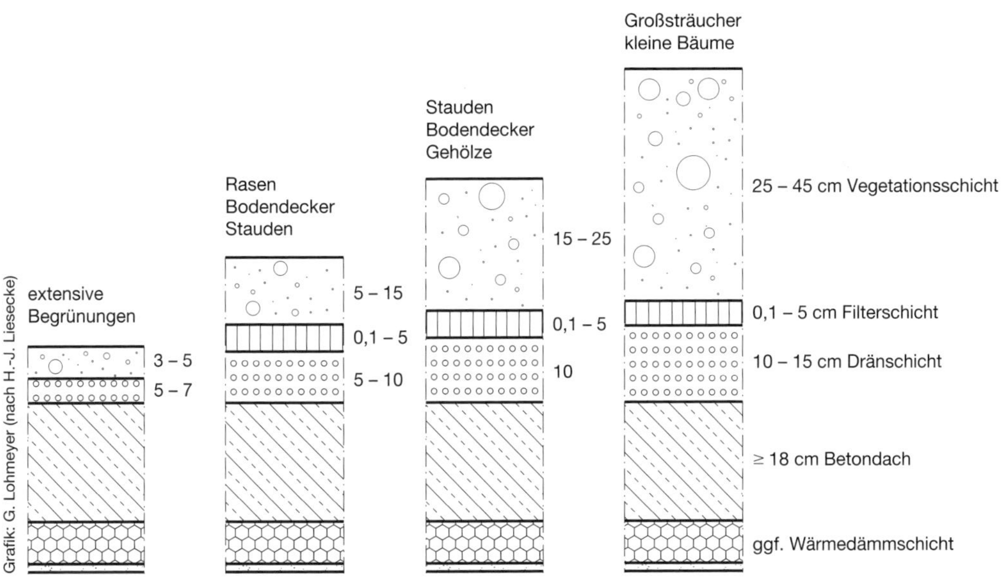

Bild 6.20: Schichtenaufbau bei bepflanzten WU-Dächern mit Vegetationsschichten für unterschiedliche Bepflanzungen.

Begründung:
Die Witterungs- und Temperaturbeanspruchungen sind bei Dachdecken sehr groß, wodurch eine Selbstheilung der Risse nicht zielsicher zu erreichen ist. Beschichtungen würden überfordert – mit der Folge von Durchfeuchtungen infolge Wasserdurchtritt durch Risse.

Es ist in allen Fällen von Vorteil, die Dachdecken von den Außenwänden zu lösen und am Auflager anstelle einer Einspannung eine gleitende Lagerung vorzusehen.

Bei Dachparkdecks sind drei voneinander zu unterscheidende Arten zu berücksichtigen:
- normale Dachparkdecks für Pkw als oberstes Deck einer Hochgarage
- höher beanspruchte Dachparkdecks, die zusätzlichen Beanspruchungen ausgesetzt wird, z. B. auch als Hubschrauber-Landeplatz für Krankenhäuser, für Bauten der Polizei oder für andere öffentliche Gebäude
- gedämmte Dachparkdecke als oberste Decke über beheizten Räumen, die z. B. als Büro- oder Verkaufsräume dienen

6.5.2 Normal beanspruchte, ungedämmte Dachparkdecks

Diese Dachparkdecks unterscheiden sich von Zwischenparkdecks nur dadurch, dass sie gleichzeitig das Dach der Hochgarage oder eines anderen Gebäudes bilden. Die Dachparkdecks sind daher den Witterungsbedingungen direkt ausgesetzt. Unterschiede zu Zwischendecks ergeben sich beispielsweise in folgenden Punkten:
- Sonneneinstrahlung erzeugt im Dachparkdeck größere Wärmedehnungen als bei beschatteten Zwischenparkdecks.
- Temperaturänderungen an der Oberfläche erzeugen besondere Temperaturspannungen, beispielsweise nach Sonneneinstrahlung und Aufheizung der Betonoberfläche und Abkühlung bei einem Gewitterschauer mit Hagel.
- Niederschlagswasser fällt in größeren Mengen an als bei Zwischenparkdecks und muss mit Gefälle und genügenden Abläufen abgeführt werden.
- Schneebelastung führt zu anderen Nutzlasten und erfordert im Bedarfsfall eine Räumung.
- Glatteisbildung kann zur erhöhten Anwendung von Taumitteln führen.

Unter Berücksichtigung der vorstehenden Einflüsse sind die gleichen Konstruktionen anwendbar, die sich für Zwischenparkdecks eignen und in den Abschnitten 6.4.2 bis 6.4.5 dargestellt sind (Bilder 6.2; 6.3 b), 6.3 c); 6.4). Nach Ansicht der Autoren dürfen für offene Dachparkdecks (Freidecks) nur dann Pflasterdecken verwendet werden, wenn eine ausreichende Entwässerung gegeben ist. Auswahl-Beispiele in Abhängigkeit der Ausführungsart und Nutzungsintensität sind in Tafel 2.17 dargestellt.

6.5.3 Höher beanspruchte Dachparkdecks

Im Einzelfall ist zu klären, ob das oberste Parkdeck einer Hochgarage als Dachparkdeck auch anderen zusätzlichen Belastungen ausgesetzt werden soll, als dies bei üblichen Dachparkdecks der Fall ist.

Tafel 6.5: Lasten für Hubschrauberbetrieb; charakteristische Werte für lotrechte Verkehrslasten (nach DIN EN 1991/NA [N1])

Hubschrauber-Kategorie	zulässiges Abfluggewicht [t]	Hubschrauber-Regellast Q_k [kN]	Seitenlängen einer quadratischen Aufstandsfläche [mm]	empfohlene Mindestdicke der Betonplatte [L46], die sich aus den Belastungen ergibt [mm]
HC1	3	30	200	≥ 180
HC2	6	60	300	≥ 220
HC3	12	120	300	≥ 280

Besondere Belastungen können sich durch Schneeräumgeräte und Schneeanhäufungen ergeben, wenn der Schnee nur zur Seite geschoben wird, um andere Teilflächen für den Parkbetrieb freizuhalten.

Dachparkdecks für Krankenhäuser, für Bauten der Polizei oder für andere öffentliche Gebäude können auch als Hubschrauber-Landeplatz vorgesehen werden. Es ist Aufgabe der Objektplanung, die möglichen Nutzungen schon bei Planungsbeginn mit dem künftigen Nutzer des Dachparkdecks abzuklären.

Gegenüber den üblichen Belastungen, die sich aus der Nutzung für Pkw-Parkplätze ergeben (Tafel 3.1), entstehen beispielsweise bei einem Hubschrauber-Landeplatz erheblich größere Lasten. Die Lastangaben nach DIN EN 1991/NA, Tabelle 6.11DE sind in Tafel 6.5 zusammengestellt.

Aus den Werten der Tafel 6.5 ist zu ersehen, dass die für Hubschrauber anzusetzenden Lasten mit Q_k = 30 bis 120 kN wesentlich größer sind als die für Pkw vorgesehenen Radlasten von Q_k = 10 kN gegenüber Tafel 3.1. Unter den Kufen der Hubschrauber ergeben sich erhebliche Kontaktpressungen. Daher müssen genügend große Lastverteilungsflächen vorhanden sein.

Zu empfehlen sind großflächige Fertigteilplatten. Die Fertigteilplatten können auf speziellen Plattenlagern oder auf einer Bettung aus Splitt liegen. Pflasterdecken scheiden hierfür aus.

Beispiel 6.11: *Hoch beanspruchtes Dachparkdeck als Hubschrauberlandeplatz*

Der Aufbau der Gesamtkonstruktion kann beispielsweise von oben nach unten wie folgt gestaltet werden:
- Fertigteilplatten, 140 mm dick, 1,25 m × 1,25 m groß, für Hubschrauber-Kategorie K1, auf speziellen Plattenlagern
- Oberflächenschutzsystem OS 10 auf tragender Stahlbetondecke
- tragende Stahlbetondecke im Gefälle oder mit Gefällebeton

6.5.4 Wärmegedämmte Dachparkdecks

Die oberste Decke eines Gebäudes kann als Parkdeck dienen, wenn geeignete Zu- und Abfahrten für die parkenden Fahrzeuge bestehen. Wenn diese Decke den obersten Gebäudeabschluss bildet und die darunterliegenden Räume beheizt werden, ist Wärmedämmung einzubauen. Auch die anderen bauphysikalischen Anforderungen an Räume, die dem Aufenthalt von Menschen dienen, sind zu erfüllen.

Hierzu gehören alle Maßnahmen gegen ungünstige Umwelteinflüsse:
- Wärmeschutz für Winter und Sommer
- Feuchteschutz gegen Niederschläge und Bildung von Kondensat
- Schallschutz gegen Fahrgeräusche und Außenlärm
- Brandschutz durch geeignete Baustoffe

Demzufolge bestehen Dachparkdecks über beheizten Räumen aus mehr Funktionsebenen, als dies beispielsweise bei Dachparkdecks von reinen Hochgaragen oder bei Zwischenparkdecks der Fall ist.

Wärmegedämmte Dachparkdecks als Umkehrdächer erfordern besondere Fachkenntnisse des Planenden. Insbesondere sind Detailplanungen für Durchdringungen (Entwässerung, Entlüftungen, Oberlichter) sowie für Anschlüsse erforderlich. Im Allgemeinen ist eine Gefälleausbildung von ≥ 2,5 % notwendig sowie die Berücksichtigung von zwei Entwässerungsebenen: auf der befahrenen Oberfläche und auf der Abdichtung bzw. Beschichtung über der Rohdecke.

Praxiserfahrungen zeigen, dass diese sehr sensible Nutzungskoppelung aufgrund der Systemkomplexität häufig zu Schäden führt, wenn der Planer und die anderen am Bau Beteiligten nicht über spezielle Fachkenntnisse verfügen und kein Fachplaner eingeschaltet wird.

Für wärmegedämmte Dachparkdecks sind Umkehrdächer besonders geeignet. Über der Dämmschicht ist eine Lastverteilungsplatte erforderlich, die beispielsweise aus Fertigteilplatten oder Ortbetondeckenplatte bestehen kann. Sie ist der Nutzung entsprechend auszubilden.

6.6 Rampen in Parkbauten

6.6.1 Gestaltung der Rampen

Die grundlegenden Punkte zu Rampen und Rampentypen, Abmessungen von Rampen sowie zur Neigung und Befahrbarkeit der Rampen wurden bereits in den Abschnitten 1.1.6 und 2.4.4 dargelegt. Ein wesentlicher Punkt hierbei ist die sichere Befahrbarkeit der Rampen.

Zu unterscheiden ist hierbei insbesondere, ob es sich um Rampen im Innenbereich oder im Außenbereich handelt, die der Witterung ausgesetzt sind. Die nachstehenden Eigenschaften sind für bewitterte Rampen von besonderer Bedeutung:

- die Griffigkeit der Oberfläche bei jeder Witterung; hierfür ist die Rutschhemmungsklasse R 11 zu empfehlen bzw. die Klasse des Verdrängungsraums V 4 und bei steilen Rampen V6
- die Entwässerung muss schnell möglich sein, dafür müssen leistungsfähige Rinnensysteme zur Verfügung stehen (Details hierzu enthält Kapitel 9)
- der Verschleißwiderstand der Rampenoberfläche muss wegen der Brems- und Anfahrvorgänge mindestens der Expositionsklasse XM1 nach Tafel 2.5 entsprechen

In Parkbauten mit über 100 m² Nutzfläche (Mittel- und Großgaragen) darf die Neigung bzw. Steigung der Rampen im Allgemeinen nicht mehr als 15 % betragen. Rampen mit einer geringeren Neigung sind nutzungsfreundlicher. Im Freien sind unbeheizte Rampen mit einer Neigung unter 10 % auszubilden. Für Parkrampen ist eine maximale Neigung von 6 % einzuhalten [R14].

Rampen sollen so beschaffen sein, dass ein sicheres Befahren auch bei Schnee- und Eisglätte gegeben ist. Folgende Maßnahmen sind möglich, um dies zu erreichen:
- Überdachung von Rampen im Freien
- Räumung von Schnee und Streuen von Splitt oder Sand, Taumittel nur bei LP-Beton
- Griffigkeit durch Profilierung der Rampenoberflächen
- Beheizung von Rampen über Regelung, abhängig von Oberflächentemperatur und -feuchte

6.6.2 Gestaltung der Oberfläche von Rampen

Im DBV-Merkblatt [R9] wird ausgeführt, dass direkt befahrene Rampen ohne Oberflächenschutz nur vorgesehen werden sollten, wenn sie entweder unbewehrt oder mit nichtrostender Bewehrung hergestellt werden, sofern sie nicht nach dem Entwurfsgrundsatz RV „Rissvermeidung“ geplant und konstruiert werden können, damit eine Rissbildung zielsicher verhindert wird. Wenn dieser Satz nicht als Empfehlung, sondern als Forderung verstanden würde, käme dies einer Maximalforderung gleich. Auf jeden Fall aber wird dadurch die Problematik deutlich.

Grundsätzlich ist die Gestaltung der Rampenoberfläche so zu wählen, dass Rampen möglichst lange wartungsfrei nutzbar bleiben. Zu bedenken ist, dass bei einer Sperrung der Rampen größere Parkbereiche blockiert werden können, die während dieser Zeit nicht nutzungsfähig sind. Das gilt besonders für Rampen mit hoher mechanischer Beanspruchung und wechselnden Temperatureinwirkungen. So gesehen kann die Verwendung nichtrostender Bewehrung sinnvoll sein.

6.6.3 Rampen mit direkt befahrener Oberfläche

Ob Rampen eines Oberflächenschutzsystems bedürfen, muss im Einzelfall geklärt werden. Beispielsweise entstehen bei einer Einfeldplatte ohne Durchlaufwirkung, bzw. ohne Einspannungen an den Auflagern keine Zugspannungen an der Oberseite der Betonplatte. Dadurch ist eine Rissbildung nicht zu erwarten. In diesem Fall kann die bewehrte Ortbetonplatte im Rahmen des Entwurfsgrundsatzes RV-1 „Rissvermeidung“ direkt befahren werden und ein zusätzlicher Schutz der Oberfläche ist nicht erforderlich. Allerdings muss der Beton für die Einwirkungen entsprechend ausgestattet sein (Beispiel 6.11).

***Beispiel 6.12:** Rampen aus Stahlbeton mit direkt befahrener Oberfläche im Entwurfsgrundsatz RV-1 für die Nutzungsintensität NI-1 bis NI-4*

Folgende Anforderungen an den Beton der Ortbetonplatten sind einzuhalten:

Expositionsklassen:	XC4	Bewehrungskorrosion durch Carbonatisierung
	XD3	Bewehrungskorrosion durch Chloride
	XF4	Betonangriff durch Frost mit Taumittel
	XM1	Betonangriff durch Verschleißbeanspruchung
	WA	Betonangriff durch Alkali-Reaktion
Betonfestigkeitsklasse:	C30/37 LP	
Betondeckung:	$c_{nom} \geq 55$ mm, $c_{min} \geq 40$ mm	
Oberflächenschutz:	nicht erforderlich	

Die Oberflächen direkt befahrener Rampen können profiliert werden, sofern eine abgeriebene Oberfläche bei starken Steigungen nicht genügend Rutschsicherheit bietet.

a) Rillen im Fischgrätmuster mit Vertiefungen im Mittelbereich zur Wasserabführung

b) Detail zu Bild a)

Fotos: K. Ebeling

c) Oberfläche mit Besenstrich in Querrichtung

d) Detail zu Bild c)

Bild 6.21: Möglichkeiten für die Ausführung der Oberflächen von Rampen

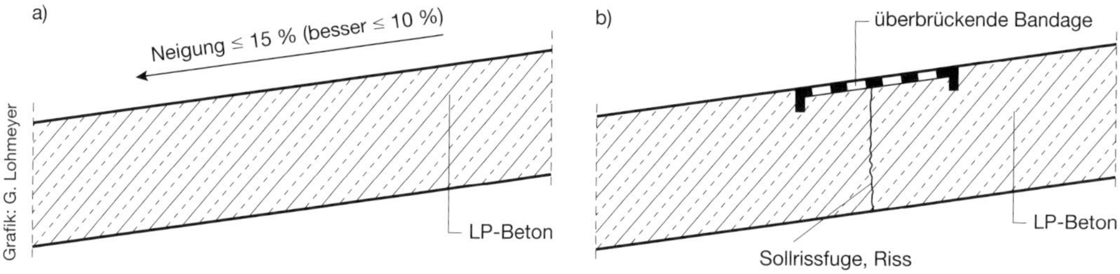

Bild 6.22: Beton- oder Stahlbetonrampen mit direkt befahrender Oberfläche ohne zusätzlichen Schutz der Oberfläche durch Beschichtung oder Abdichtung mit folgenden Randbedingungen:
- Entwurfsgrundsatz RV „Rissvermeidung"
- Expositionsklassen XD3, XC4, XF2 (XF4 bei freier Bewitterung), XM1, WA
- obere Betondeckung $c_v \leq 55$ mm

a) Beton- oder Stahlbetonplatte nach dem Entwurfsgrundsatz RV „Rissvermeidung" (Ausführungsart „Oberflächen ohne Schutz")

b) Stahlbetonplatte mit lokalem Schutz der Sollrissfuge (des unerwartet entstandenem Risses) durch ≥ 200 mm breite, überbrückende Bandagen einschließlich Verkrallung in eingefrästen Schlitzen gegen Unterläufigkeit nach dem Entwurfsgrundsatz RA-0 „Risse mit lokaler Abdichtung" (Ausführungsart „Oberflächen ohne Schutz")

Ein Beispiel mit Rillen im Fischgrätmuster zeigen die Bilder 6.21 a) und b). Ein Beispiel mit Besenstrichstruktur in Querrichtung ist auf den Bildern 6.21 c) und d) zu sehen. Beton- oder Stahlbetonrampen mit direkt befahrender Oberfläche ohne Schutzschicht zeigt Bild 6.22.

6.6.4 Rampen mit vollflächigem Schutz der Oberfläche

In jenen Fällen, bei denen das direkte Befahren der Betonoberfläche wegen eines erforderlichen Schutzes ausscheidet, bestehen mehrere Möglichkeiten für die erforderliche Konstruktion:
- vollflächig beschichtete Oberfläche mit Oberflächenschutzsystem OS 8 Mindestdicke in Abhängigkeit der Beanspruchung wählen, Mindestschichtdicke 2,5 mm; nur zu empfehlen bei Rampen im Innenbereich, nicht frei bewittert, Anwendung bei wenigen Rissen, möglichst in definierten Stellen (z. B. Sollrissfugen) (Bild 6.23 a)) mit begleitender Rissbehandlung
- Abdichtung mit unterlaufsicherer einlagiger Polymerbitumen-Schweißbahn und zweilagigem Gussasphalt als Dichtungs- und Nutzschicht (Bild 6.23 b))
- Abdichtung mit unterlaufsicherer zweilagiger Polymerbitumenbahn und Betonfertigteilplatten als Nutzschicht (Bild 6.23 c))
- Abdichtung mit unterlaufsicherer zweilagiger Polymerbitumenbahn und Betonsteinpflaster als Nutzschicht (Bild 6.23 d))

6.6.5 Rampen im Freien

Im Freien liegende Rampen oder Rampenbereiche müssen auch bei Schnee- und Eisglätte sicher befahrbar sein. Die Neigung sollte daher nicht mehr als 10 % betragen. Da einerseits bei Verwendung von Taumitteln die darin enthaltenen Chloride zur Be-

7 Tiefgaragen

Die Bezeichnung „Tiefgarage“ ist der übliche Name für unterirdisch angeordnete Parkhäuser (Abschnitt 1.1.3.8). Nach den Garagenverordnungen der Länder sind im Allgemeinen unterirdische Garagen solche Garagen, deren Fußboden in einem Geschoss im Mittel mehr als 1,30 m unter der Geländeoberfläche liegt (nach GarVO NRW [V3]).

Alle Parkdecks in Tiefgaragen als Weiße-Wanne-Konstruktionen sind wasserundurchlässig herzustellen. Damit soll verhindert werden, dass durchtropfendes Wasser durch Zwischenparkdecks in Tiefgaragen die darunter parkenden Fahrzeuge verschmutzt oder durch Kalkablagerungen beschädigt. Ausgenommen hiervon sind Bodenparkdecks mit der Ausführungsart RA-1 und RA-2, die nicht in drückendem Wasser liegen dürfen.

7.1 Nutzungsfreundlichkeit von Tiefgaragen

Tiefgaragen werden im Allgemeinen als Stahlbeton-Konstruktionen hergestellt. Es sind meistens schwerere Konstruktionen, einerseits durch die Lage im Erdreich, andererseits auch durch die Lasten, die aus oberen Bereichen aufzunehmen sind. Daraus ergibt sich eine relativ geschlossene Bauweise, die häufig negative Auswirkungen auf die Empfindungen der Garagennutzer hat. Wegen der geschlossenen Bauweise ist bei öffentlichen Parkhäusern die Nutzungsfreundlichkeit ein wesentlicher Faktor dafür, ob Tiefgaragen vom Publikum angenommen werden oder nicht. Damit in einer Tiefgarage keine Angstgefühle entstehen, sind zu bevorzugen:

- großzügige Gestaltung, möglichst ohne sehr einengende Bauteile
- möglichst große Stützenabstände für günstigeres Einparken und bessere Sichtfreiheit
- möglichst höhere Geschosse für größere Durchfahrtshöhen unter Balken und Kanälen
- gute Beleuchtung und Belüftung
- möglichst helle Farben
- möglichst kurze Wege für Fußgänger

Für die Nutzungsfreundlichkeit sind stützenfreie Parkdecks ideal, dies gilt besonders für Tiefgaragen. Das Einparken ist einfacher, wenn keine Stützen stören. Die dafür erforderliche Spannweite der Deckenkonstruktion ergibt sich aus den Längen zweier gegenüberliegender Stellplätze mit dem dazwischenliegenden Fahrstreifen (Fahrgasse) entsprechend Bild 1.10 b) mit 16 m. Anstelle des rechtwinkligen Einparkens kann die Schrägaufstellung unter 45° noch nutzungsfreundlicher sein (Bild 1.10 c)). Die erforderliche Spannweite der Deckenkonstruktion beträgt hierfür 13,5 m. Allerdings erfordert diese Aufstellung einen Richtungsverkehr, sozusagen als Einbahnstraße.

7.2 Beanspruchung und Nutzung von Untergeschossen

7.2.1 Wasserbeanspruchung für Untergeschosse

Wegen der Wasserbeanspruchung der im Erdreich stehenden Außenbauteile des Bauwerks ist eine Konstruktion anzustreben, die möglichst frei von Trennrissen ist. Maßgebend hierfür ist die Art der Wasserbeanspruchung der Außenbauteile. Hierbei ist zwischen den Beanspruchungsklassen bzw. Wassereinwirkungsklassen der Tafel 3.4 zu unterscheiden.

7.2.2 Raumnutzungsklassen für Untergeschosse nach WU-Richtlinie [R3]

Bei Außenbauteilen im Erdreich, die häufig auch mehrere Räume für unterschiedliche Nutzungen umschließen, ist der Schutz gegen eindringende Feuchte auch von der Nutzungsart der Räume abhängig. Hierfür sind in der DAfStb-Richtlinie für wasserundurchlässige Bauwerke aus Beton (WU-Richtlinie [R3]) zwei Raumnutzungsklassen (NK) vorgesehen: Nutzungsklasse NK-A und Nutzungsklasse NK-B (Tafel 3.5).

Bei der Raumnutzungsklasse NK-A ist ein Feuchtetransport in flüssiger Form nicht zulässig. Ein Wasserdurchtritt durch den Beton, durch Fugen, Arbeitsfugen, Sollrissquerschnitte (Scheinfugen), Einbauteile und durch Risse ist nach der WU-Richtlinie [R3] nicht gestattet. Feuchtstellen auf der Bauteiloberfläche als Folge von Wasserdurchtritt sind durch planerisch vorzusehende Maßnahmen auszuschließen.

Für ein trockenes Raumklima und für Bauteiloberflächen ohne Tauwasserbildung sind erforderlichenfalls bei der Planung weitergehende raumklimatische und bauphysikalische Maßnahmen vorzusehen. Dies trifft gegebenenfalls für Technikräume oder andere anspruchsvoll genutzte Räume zu, die im Untergeschoss unterbracht sind, jedoch im Allgemeinen nicht für Räume zum Parken von Fahrzeugen.

Die Raumnutzungsklasse NK-A gilt für die hochwertige Nutzung von Räumen in Untergeschossen. Sinnvoll ist es, ergänzend zu Tafel 3.5 die Raumnutzungsklasse NK-A entsprechend verschiedenen Nutzungsansprüchen in weitere Unterklassen zu unterteilen (Klassen NK-A_a, NK-A_n, NK-A_e, NK-A_u). Auf diese Weise werden bei der Planung eventuell erforderliche bauphysikalische Anforderungen und die damit verbundenen Maßnahmen frühzeitig erkannt und festgelegt. Anwendungsbeispiele für die Nutzungsklasse NK-A sind in Tafel 7.1 zusammengestellt, als Ergänzung zu den Raumnutzungsklassen nach Tafel 3.5 und im Gegensatz zu den Verkehrsnutzungsklassen nach Tafel 2.12.

Die Raumnutzungsklasse NK-B gilt für einfachere Nutzungen (Tafel 3.5). Feuchtstellen auf der Bauteiloberfläche dürfen hier in Bereichen von Trennrissen, Sollrissquerschnitten (Scheinfugen), Fugen und Arbeitsfugen in begrenztem Maße vorhanden sein und sind zulässig. Das bedeutet, dass bei Raumnutzungsklasse NK-B nur eine begrenzte Wasserundurchlässigkeit gefordert wird. Nach der WU-Richtlinie [R3] sind Feuchtstellen als feuchtebedingte Dunkelverfärbungen zu verstehen, ggf. auch mit Bildung von

Tafel 7.1: Raumnutzungsklasse NK-A für unterschiedliche Raumnutzungen mit Untergliederung nach verschiedenen Nutzungsansprüchen (in Anlehnung an [R3])

<table>
<tr><th>Unterklassen der Raumnutzungs-klasse NK-A</th><th>NK-A_a</th><th>NK-A_n</th><th>NK-A_e</th><th>NK-A_u</th></tr>
<tr><td>Raumnutzung</td><td>anspruchsvoll</td><td>normal</td><td>einfach</td><td>untergeordnet</td></tr>
<tr><td>Raumklima (in der Regel)</td><td>warm</td><td>warm</td><td>warm bis kühl</td><td rowspan="7">keine Anforderungen</td></tr>
<tr><td>Luftfeuchte</td><td>sehr gering</td><td>gering</td><td>normal</td></tr>
<tr><td>zulässige Schwankungsbreite des Klimas</td><td>sehr eng</td><td>mäßig</td><td>groß</td></tr>
<tr><td rowspan="5">technische Maßnahmen</td><td colspan="3">Wärmedämmung nach der Energie-Einsparverordnung EnEV</td></tr>
<tr><td colspan="2">Heizung</td><td>ggf. ohne Heizung</td></tr>
<tr><td>Zwangslüftung</td><td>Zwangslüftung</td><td>natürliche Lüftung</td></tr>
<tr><td>Klimaanlage (Luftentfeuchtung)</td><td>ggf. Klimaanlage</td><td>Fenster, Lichtschächte, ggf. nutzer-unabhängig</td></tr>
<tr><td colspan="4">baukonstruktive Zugänglichkeit der umschließenden Bauteile</td></tr>
<tr><td>Beispiele</td><td>Räume für feuchte- und temperatur-empfindliche Geräte und Güter</td><td>Räume für den dauerhaften Aufenthalt von Menschen</td><td>Innenwandflächen von erdberührten Wänden in Tief-garagen</td><td>einfachste Lager-räume für feuchte-unempfindliche Güter</td></tr>
</table>

Wasserperlen. Wasserdurchtritte jedoch mit angesammelten Wassermengen auf der Bauteiloberfläche sind unzulässig.

Bei Weißen Wannen ist die Nutzungsklasse NK-B der Standardfall in Tiefgaragen. Für Bodenplatten in Tiefgaragen ist jedoch die Einordnung in eine Nutzungsklasse NK-A quasi durch die Dauerhaftigkeitsanforderung zum Schutz der Bewehrung vor dem Eindringen von Chloriden erfüllt, da auf der Oberseite keine offenen Risse verbleiben dürfen. Dies gilt sowohl für Trennrisse zur Vermeidung von Wasserdurchtritt in der Beanspruchungsklasse BK1 als auch für Biegerisse unabhängig von der Beanspruchungsklasse BK. Für erdberührte Außenwände sind Feuchtstellen auf den Innenwandflächen in der Regel „lediglich" ein optisches Merkmal. Wesentlich ist in diesen Fällen, dass für Wände die nicht unbehandelt bleiben, sondern farblich gestaltet werden, geeignete Materalien zum Einsatz kommen. Die Entscheidung nach der gewünschten Nutzungsklasse ist nach der WU-Richtlinie ein Parameter, der im Rahmen der Mindestanforderungen in Absprache mit dem Bauherren/Investor zu entscheiden und planerisch festzulegen ist. Für „höhere" Ansprüche an die Beschaffenheit von Innenwandflächen kann beispielsweise die Einstufung in die Nutzungsklasse NK-A_e nach Tafel 7.1 dienen.

7.2.3 Raumnutzungsklassen für Untergeschosse nach DIN 18533-1

Raumnutzungsklassen sind ebenfalls in DIN 18533-1 [N35] festgelegt. Mit diesen Raumnutzungsklassen RN1-E, RN2-E und RN3-E für erdseitig vollflächig hautförmig abgedichtete Räume werden unterschiedlich hohe Anforderungen an die Trockenheit der Raumluft und an die Zuverlässigkeit der Abdichtungsbauart gestellt:

- *Raumnutzungsklasse RN1-E mit geringen Anforderungen:*

  Hierzu gehören Räume mit geringen Anforderungen an die Trockenheit der Raumluft, wie beispielsweise für Tiefgaragen oder offene Werkhallen.
  Diese Nutzungsklasse RN1-E entspricht ungefähr den Nutzungsklassen NK-A_e oder NK-A_u der WU-Richtlinie [R3] entsprechend vorstehender Tafel 7.1.

- *Raumnutzungsklasse RN2-E mit üblichen Anforderungen:*

  Diese Raumnutzungsklasse erfasst Räume mit üblichen Anforderungen an die Trockenheit der Raumluft und an die Zuverlässigkeit der Abdichtungsbauart, wie beispielsweise für Aufenthaltsräume, Räume zu Lagerung von feuchteempfindlichen Gütern wie Keller in üblichen Wohn- und Bürogebäuden.

  Diese Nutzungsklasse RN2-E entspricht ungefähr der Nutzungsklasse NK-A_n der WU-Richtlinie [R3] entsprechend vorstehender Tafel 7.1.

- *Raumnutzungsklasse RN3-E mit hohen Anforderungen:*

  Diese Raumnutzungsklasse gilt für Räume mit hohen Anforderungen an die Trockenheit der Raumluft und an die Zuverlässigkeit der Abdichtungsbauart, wie beispielsweise für Magazine zur Lagerung unersetzlicher Kulturgüter und Räume für Zentralrechner. Diese Nutzungsklasse RN3-E entspricht ungefähr der Nutzungsklasse NK-A_a der WU-Richtlinie [R3] entsprechend vorstehender Tafel 7.1.

Zitat aus DIN 18533-1:
„ANMERKUNG:
Gerade im erdberührten Bereich sind z. B. aufgrund der Temperaturträgheit durch die Abdichtung allein keine raumklimatischen Bedingungen erzielbar, die den Anforderungen an die Trockenheit und Schimmelfreiheit von Aufenthaltsräumen oder feuchtempfindlichen Lagergütern genügen; der Wärmeschutz, die Beheizung und die Belüftung/Entfeuchtung sollten der Nutzung entsprechend geplant, ausgeführt und durch den Nutzer praktiziert werden. Planungshinweise: DBV-Merkblatt ‚Hochwertige Nutzung von Untergeschossen'.“ [R8]

7.3 Konstruktionsgrundsätze für WU-Bauteile

Wesentliche Konstruktionsgrundsätze aus der WU-Richtlinie können allen weiteren Anforderungen vorangestellt werden [R3]:

- Für alle wasserundurchlässigen Konstruktionen gilt:
  - Sie sollen eine klare, einfache und eindeutige Lastabtragung ermöglichen.
  - Sie sind so zu konstruieren, dass möglichst keine oder nur geringe Zwangbeanspruchungen entstehen.
  - Sie sollen so gestaltet sein, dass eine möglichst einfache Ausführbarkeit auf der Baustelle gegeben ist.

Für Bodenparkdecks in der Beanspruchungsklasse BK2 (Bodenfeuchte) mit der Ausführungsart RA-1 und RA-2 ist die wasserundurchlässige Betoneigenschaft nicht erforderlich.

Häufig wird für die Lastbeanspruchung sorgfältig bemessen und konstruiert, die Zwangbeanspruchungen werden jedoch vernachlässigt. Diese Zwangbeanspruchungen werden dann durch Risse abgebaut. In den Fällen mit geringerer Lastbeanspruchung ist es hingegen so, dass die Konstruktion für die Zwangbeanspruchung zu bemessen ist. Das tatsächliche Verhalten der Stahlbetonkonstruktionen im Bauwerk zeigt, dass Risse meistens dort auftreten, wo Zwangbeanspruchungen wirksam sind.

Zum Erfüllen der vorgenannten Ziele stehen mindestens folgende Möglichkeiten zur Verfügung:

- Anordnung von Fugen und Sollbruchstellen im Zusammenhang mit betontechnologischen und bautechnischen Maßnahmen, damit möglichst keine Risse entstehen;
- Anordnung von Bewehrung zur Begrenzung der Rissbreite, falls die Zwangbeanspruchung nicht gering gehalten werden kann;
- Bauteildicken so wählen, dass ein fachgerechtes Betonieren möglich ist.

7.3.1 Mindestwerte für Bauteildicken von WU-Bauteilen

Bei der Tragwerksplanung werden teilweise Wanddicken gewählt, die ein normgerechtes Betonieren der Wände nicht ermöglichen. Das mag an mangelnder praktischer Erfahrung oder an Achtlosigkeit liegen. Auf der Baustelle ergeben sich dadurch improvisierte Einbauverfahren, die Fehlstellen im Betonbauteil zur Folge haben können.

Für das Eintauchen eines Fallrohrs oder der Pumpenleitung in die Wandschalung darf der Zwischenraum zwischen den Wandbewehrungen nicht kleiner als 18 cm sein. Damit ergibt sich zum einwandfreien Betonieren von Ortbetonwänden sowie Dreifachwänden eine Wanddicke von etwa 30 cm. Andererseits erhöhen dicke Wände wegen der höheren Wärmeentwicklung während des Erhärtens des Betons die Rissgefahr. Optimale Verhältnisse für Ortbetonwände ergeben sich im Allgemeinen bei Bauteildicken ab 30 cm.

Die Mindestdicken der WU-Betonbauteile sind so zu wählen, dass die Bauteile unter Beachtung der erforderlichen Bewehrungslagen, Fugenabdichtungen und Einbauteile fachgerecht betoniert werden können. Tragende und dichtende Funktionen müssen gleichermaßen erfüllt werden.

Empfohlene Mindestdicken $h_{B,min}$ von WU-Bodenplatten und WU-Wänden abhängig von der Beanspruchungsart und der Ausführungsart sind bereits im Abschnitt 3.6.1 in Tafel 3.3 angegeben [R3].

7.3.2 Zusätzliche Maßnahmen bei dünnen WU-Bauteilen

Bei Verwendung der in Tafel 3.3 angegebenen Mindestdicken der Betonbauteile sind zusätzliche betontechnologische und bautechnische Maßnahmen erforderlich.

Nach der WU-Richtlinie „Wasserundurchlässige Bauwerke aus Beton“ [R3] gelten bei Ausnutzung der empfohlenen Mindestdicken nach Tafel 3.3 für die Beanspruchungsklasse BK1 (Druckwasser) folgende zusätzliche betontechnische Anforderungen:
- maximaler Wasserzementwert $w/z \leq 0{,}55$
- Kornzusammensetzung mit ≤ 16 mm Größtkorn für Ortbetonwände
- Bei freier Fallhöhe über 1 m ist stets eine Anschlussmischung (8 mm Größtkorn) zu verwenden.
- Bei mittiger Fugenabdichtung sind planerisch besondere Anforderungen an den Einbauraum $b_{w,i}$ im Wandfußpunkt zwischen den lotrechten Bewehrungsstäben einzuhalten nach Tafel 3.3 Fußnote [3)]

Bei Wänden, die dünner als 30 cm gewählt werden, kann das Einbringen des Betons mit einem Fallrohr oder dem Pumpenschlauch nicht mehr ohne Entmischung erfolgen. In diesen besonderen Fällen ist in der Leistungsbeschreibung in der entsprechenden Position darauf hinzuweisen. Hierfür ist am Wandfuß als Anschlussmischung weicher und feiner Beton einzubringen, der als Fallpolster dient: Konsistenz weich (F3) oder sehr weich (F4), Größtkorn 8 mm. Für den Kernbeton bei Elementwänden ist immer eine Anschlussmischung mit einer Mindesteinbauhöhe von 300 mm einzusetzen.

7.3.3 Zusätzliche Schutzmaßnahmen für Oberflächen von Parkdecks

In jedem Einzelfall ist zu klären, in welcher Form die Oberflächen von Stahlbetonbauteilen, insbesondere der befahrenen Parkdecks, gegen eindringende Tausalze geschützt werden sollen. In Tafel 2.18 sind die möglichen Schutzmaßnahmen für die unterschiedlichen Bauweisen zusammengestellt. Nachfolgend sind mögliche Schutzmaßnahmen für Bodenparkdecks angegeben. Hierbei kommt es im Wesentlichen auf die spätere Beanspruchung an, wobei beim späteren Rissverhalten die Tausalzbeanspruchung von oben und die Wasserbeanspruchung von unten eine wesentliche Rolle spielen.

7.4 Rampen in Tiefgaragen

Für Rampen in Tiefgaragen gilt das Gleiche wie für Rampen in anderen Parkbauten, so wie dies im Abschnitt 6.6 mit folgenden Unterabschnitten dargestellt ist:
- 6.6.1 Gestaltung der Rampen
- 6.6.2 Gestaltung der Oberflächen von Rampen
- 6.6.3 Rampen mit direkt befahrener Oberfläche (Bild 6.22)
- 6.6.4 Rampen mit Oberflächenschutz (Bild 6.23)

7.4.1 Rampen im Freien

Bei Tiefgaragen gilt für Rampen im Freien das gleiche wie für freiliegende Rampen bei anderen Parkbauten (Abschnitt 6.6.5). Rampen im Freien sollen ein Gefälle von höchstens 10 % aufweisen.

Sofern die Rampe nicht überdacht wird, muss mit großem Anfall von Niederschlagswasser gerechnet werden. Die Rinnen am Fuß der Rampen sind an eine leistungsfähige Entwässerungsanlage anzuschließen, wenn Überschwemmungen in der Tiefgarage vermieden werden sollen.

7.4.2 Rampen mit Grundwasserbeanspruchung

Eine Rampe, die bis ins Grundwasser hinunterführt, ist entweder von einer Wanne zu umfassen, deren Bodenplatte auf Höhe der Tiefgaragen-Bodenplatte liegt (Bild 2.6 (3)) oder es ist die geneigte Rampenplatte mit den Rampenwänden gegen drückendes Wasser auszurüsten. Es ist erforderlich, die Rampenwanne an die Bauwerkswanne anzuschließen. Der Anschluss kann kraftschlüssig und wasserundurchlässig mit Anschlussbewehrung erfolgen oder es ist eine Bewegungsfuge wasserundurchlässig auszubilden, z. B. mit Fugenbändern [L45].

Bei nicht überdachten Rampen ist zu bedenken, dass das gesamte Niederschlagswasser in die Wannen fällt, das dann über eine leistungsfähige Entwässerung mit Hebeanlage abzuführen ist.

7.5 Bodenparkdecks in Tiefgaragen

Bei Festlegung der Konstruktion von Bodenparkdecks ist zu klären, in welcher Weise das unterste Parkdeck als Bodenplatte einer Tiefgarage von unten beansprucht wird:
- Liegt das Bodenparkdeck in ständig drückendem Wasser (Grundwasser)?
- Wirkt auf das Bodenparkdeck nur zeitweise drückendes Wasser (Wasserwechselzone)?
- Wirkt auf die Bodenplatte von unten kein Wasser, liegt die Bodenplatte nur in Erdfeuchte und läuft Wasser an den Außenwänden ab und versickert?

Einordnungen in Wasserbeanspruchungen für Weiße Wannen nach der WU-Richtlinie als Beanspruchungsklassen sowie für Schwarze Wannen nach DIN 18533 als Wassereinwirkungsklassen sind in Tafel 3.4 zusammengestellt.

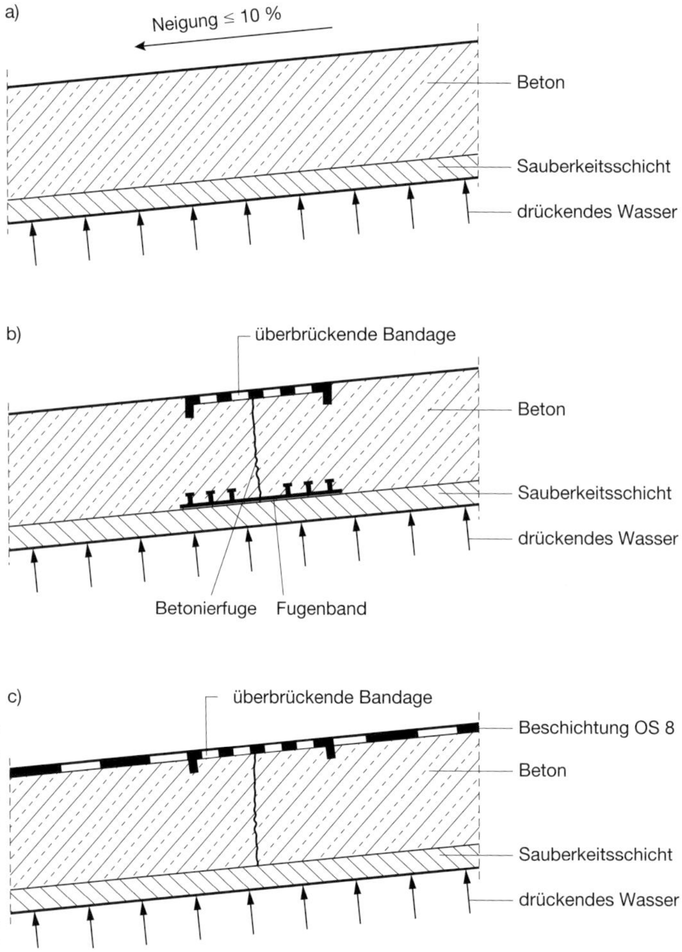

Grafik: G. Lohmeyer (nach [R9])

Bild 7.1: Beispiele für Stahlbetonrampen mit Wasserdruck von unten bei folgenden Randbedingungen:
für Bild 7.1 a) und b) mit direkt befahrener Oberfläche:
- Entwurfsgrundsatz „RV Rissvermeidung"
- Expositionsklassen XD3, XC4, (XF4 bei Bewitterung), XM1, WA
- obere Betondeckung $c_v \leq 55$ mm

für Bild 7.1 c) mit Beschichtung OS 8:
- Entwurfsgrundsatz RA-0 für zwangarme Konstruktion
- Expositionsklassen XD1, XC3, (XF1 bei Bewitterung), WF
- obere Betondeckung $c_v \leq 55$ mm

a) Beton- oder Stahlbetonplatte nach dem Entwurfsgrundsatz „RV Rissvermeidung" (Ausführungsart „Oberflächen ohne Schutz")

b) Stahlbetonplatte mit lokalem Schutz der Sollrissfuge (des unerwartet entstandenen Risses) durch ≥ 200 mm breite, überbrückende Bandagen einschließlich Verkrallung in eingefrästen Schlitzen gegen Unterläufigkeit nach dem Entwurfsgrundsatz „RA-0 Risse mit lokaler Abdichtung" (Ausführungsart „Oberflächen ohne Schutz")

c) Stahlbetonrampe mit vollflächiger Beschichtung der Oberfläche mit Oberflächenschutzsystem OS 8; mindestens 2,5 mm dick, nur für nicht frei bewitterte Rampen im Innenbereich mit ≥ 200 mm breiten, überbrückenden Bandagen, bei Rissen mit begleitender Rissbehandlung

Unterscheidungen in Raumnutzungsklassen sowie gegebenenfalls zusätzlich in erweiterte Unterklassen sind in den Tafeln 3.5 und Tafel 7.1 dargestellt.

Die Beispiele 7.1 bis 7.6 zeigen unterschiedliche Möglichkeiten für Ausführungsarten in Abhängigkeit der zutreffenden Wasserbeanspruchung für Weiße-Wanne-Konstruktionen.

Die unterschiedlichen Bauweisen sind entsprechend den Verkehrsnutzungsklassen in Tafel 2.12 zusammengestellt. Die zusätzlichen Schutzmaßnahmen sind im Kapitel 10 näher erläutert.

7.5.1 Bodenparkdecks ohne Grundwasserbeanspruchung

Für Bodenplatten, die nicht druckwasserbeansprucht sind, kann zwischen zwei Konstruktionsarten gewählt werden:
entweder:
- als nichttragendes und nicht aussteifendes Bauteil, z. B. von allen anderen Bauteilen durch Randfugen getrennt

oder
- als tragendes und aussteifendes Bauteil im Verbund mit den anderen Bauteilen, z. B. mit den Stahlbetonfundamenten, -wänden und -stützen durch Bewehrung verbunden.

7.5.1.1 Bodenparkdecks als tragende und aussteifende Bauteile

Tragende und/oder aussteifende Betonbodenplatten, die an der Tragfähigkeit und Standsicherheit des Bauwerks und seiner Konstruktionsteile beteiligt sind, müssen nach DIN EN 1992-1-1 bemessen werden. Dies gilt auch für Bodenplatten, die nicht durch Grundwasser von unten beansprucht werden. Die Betonbodenplatten müssen in allen ihren Teilen den Anforderungen der DIN EN 1992-1-1 mit den zugehörigen Normen entsprechen ([N2] mit [N4] und [N5]).

Auf nachfolgende Aussagen der maßgebenden Norm [N2] sei besonders hingewiesen:
1. Die Nachweise der Gebrauchstauglichkeit nach DIN EN 1992-1-1, Abschnitt 7 [N2] umfassen die Begrenzungen der Spannungen, Rissbreiten und Verformungen. Die Gebrauchstauglichkeit wird dann nicht mehr erfüllt:
   - wenn die vorgegebenen Anforderungen an die Nutzung eines Bauteils nicht mehr eingehalten werden;
   - wenn die Dauerhaftigkeit nicht mehr sichergestellt ist.
2. Die Norm verlangt, dass die Anforderungen hinsichtlich Dauerhaftigkeit während der vorgesehenen Nutzungsdauer angemessen erfüllt werden (DIN EN 1992-1-1, Abschnitt 4 [N2]). Dies betrifft eine dauerhafte Tragfähigkeit, die Einhaltung der Gebrauchstauglichkeit ohne wesentlichen Verlust der Nutzungseigenschaften sowie die Einhaltung der Nutzungsfähigkeit mit angemessenem Instandhaltungsaufwand. Weiterhin gehört dazu die Einhaltung der Anforderungen an die Sicherstellung der Dauerhaftigkeit, an den Beton bezüglich Zusammensetzung und Eigenschaften, der

Bauausführung gemäß DIN 1045-3 [N5] sowie die Anwendung der bautechnischen Regeln nach DIN EN 206-1 und DIN 1045-2 [N4].

3. Bedeutsame Einflüsse infolge Kriechen und Schwinden des Betons sind in ihren Auswirkungen als zeitliche Einflüsse auf die Beanspruchung eines Bauteils zu berücksichtigen (DIN EN 1992-1-1, Abschnitt 3.1.4 [N2]).
4. Die Zugfestigkeit des Betons darf in unbewehrten Bauteilen für die Tragfähigkeit berücksichtigt werden. Voraussetzung dafür ist der Nachweis, dass die Tragfähigkeit des unbewehrten Bauteils bei Rissbildung nicht ausfällt (DIN EN 1992-1-1, Abschnitt 7 [N2]).
5. Eine Rissbildung ist in Bauteilen, die auf Zug beansprucht werden, nahezu unvermeidbar. Daher ist bei zugbeanspruchten Bauteilen die Rissbreite auf ein Maß zu begrenzen, dass die ordnungsgemäße Bauteilnutzung sowie die Dauerhaftigkeit als Folge von Rissen einschließlich seinem Erscheinungsbild nicht beeinträchtigt (DIN EN 1992-1-1, Abschnitt 7.3) [N2].

Beispiel 7.1: *Betonplatte in der Beanspruchungsklasse BK2-Bf (Bodenfeuchte)*

a) Betonbodenplatte als nicht tragendes und nicht aussteifendes Bauteil
- Unbewehrter Betonboden mit Fugenraster für Entwurfsgrundsatz RV-0:
  - kein Schutzsystem für die Betonoberfläche erforderlich;
  - Ausführung mit Betonsteinpflaster oder Betonplatten möglich;
  - unter durchlässigen Bodenparkdecks ist ein Schutz der Stahlbetonoberflächen erforderlich, beispielsweise der Fundamente (Bild 7.1).

b) Stahlbetonplatte als tragendes und aussteifendes Bauteil
- Bewehrte Betonbodenplatte ohne Fugen für Entwurfsgrundsatz RA-1 oder RA-2:
  - Risse durch Schwinden und Temperaturbeanspruchung möglich, daher Bewehrung zur Begrenzung der Rissbreite erforderlich,
  - rechnerische Rissbreite $w_k \leq 0{,}30$ mm, Rissklasse RW30,
  - Schutz der Oberfläche, Ausführungsart „Abdichtung“

7.5.1.2 Bodenparkdecks als nicht tragende und nicht aussteifende Bauteile

Für den Bau von Betonbodenplatten ohne Grundwasserbeanspruchung als nicht tragendes Bauteile, die nur in Bodenfeuchte liegen, existieren keine gesonderten Normen, die speziell für diesen Bereich des Bauens anzuwenden wären. Das bedeutet jedoch nicht, dass man sich beim Bau von Betonbodenplatten im völlig regelfreien Bereich befindet. Es ist durchaus erforderlich, einige DIN-Normen und Vorschriften oder Vertragsbedingungen des Stahlbetonbaus und/oder des Betonstraßenbaus als Grundlage für Planung und Ausführung hinzuzuziehen.

Das bedeutet:
DIN EN 1990 bis DIN EN 1994 (Eurocode 0 bis 4 [N0] bis [N3]) mit den zugehörigen Normen müssen für nicht tragende Bauteile nicht angewendet werden. Es ist jedoch dringend zu empfehlen, diese Normen als Vertragsbestandteil zu vereinbaren und festzulegen, welche Anforderungen hiervon erfüllt werden müssen.

Bei nicht tragenden und nicht aussteifenden Bodenplatten ist zunächst zu klären, ob diese als unbewehrte Bodenplatten hergestellt werden können (Bild 7.1). Unbewehrte Betonbauteile erfordern keinen Korrosionsschutz der Bewehrung. Diese Ausführung ergibt dann den Standardfall, Betonbodenplatten als nicht tragende und nicht aussteifende Bauteile herzustellen, die dann nicht als Tragglieder im Sinne von DIN EN 1992-1-1 [N2] einzustufen sind. Betonbodenplatten liegen auf einem tragfähigen Untergrund und auf einer durchgehenden Tragschicht. Sie wirken z. B. als elastisch gebettete Platte.

Obwohl unbewehrte Betonbodenplatten nicht als Tragwerke im Sinne von DIN EN 1990 „Grundlagen der Tragwerksplanung" [N0] gelten, sind sie dennoch für die auftretenden Beanspruchungen zu bemessen und mit besonderer Sachkunde zu planen. Im Allgemeinen ist ein Sonderfachmann hinzuzuziehen.

Für Bodenparkdecks ohne Grundwasserbeanspruchung können folgende Bauweisen angewendet werden:
- Betonsteinpflaster für Bodenparkdeck
- unbewehrten Ortbetonplatten als Bodenparkdeck
- Fertigteilplatten für Bodenparkdeck

Diese Arten der Tiefparkdecks entsprechen dem Entwurfsgrundsatz RV (Rissvermeidung) nach Abschnitt 2.3.1, sodass ein Schutz der Betonoberfläche nicht erforderlich ist und somit die Betonoberfläche direkt befahren werden kann.

Zu klären ist jedoch die Frage, ob eine Zustimmung der Genehmigungsbehörde erforderlich ist oder andere bauordnungsrechtliche Anforderungen des jeweiligen Bundeslandes dagegen stehen, z. B. nach dem Wasserhaushaltsgesetz [R5].

Zu Planen ist außerdem ein Schutz der Stahlbeton-Bauteile, die unter durchlässigen Bodenparkdecks liegen (Abschnitte 7.5.1.3 bzw. 7.5.1.4).

7.5.1.3 Bauteile unter durchlässigen Bodenparkdecks ohne Gefälle

Bei durchlässigen Bodenparkdecks ohne Gefälle, wie beispielsweise Bodenplatten mit nicht abgedichteten Fugen oder Betonsteinpflaster, bei denen das Wasser von Fahrzeugen aus eingeschlepptem Schneematsch durch Fugen nach unten sickern kann, können die darunterliegenden Stahlbetonbauteile durch Tausalz beeinträchtigt werden. Dies trifft beispielsweise für Stahlbetonfundamente mit den darauf stehenden Stahlbetonstützen und Stahlbetonwänden zu. Die Oberflächen dieser Stahlbetonbauteile müssen daher gegen eindringende Chloride geschützt werden, um eine Korrosion der Bewehrung zu verhindern, sofern nicht rostfreier Stahl verwendet wird.

Als Schutz gegen eindringende Chloride sind geeignet:
- wasserbeständige Oberflächenschutzsysteme OS 5b oder OS 8 mit allgemeinem bauaufsichtlichem Prüfzeugnis abP als Abdichtung nach DIN 18533

- rissüberbrückende mineralische Dichtungsschlämmen MDS nach DIN 18533-3 [N35] mit allgemeinem bauaufsichtlichem Prüfzeugnis abP
- bahnenförmige Abdichtungen nach DIN 18533-2 [N35]

Neuere Untersuchungen an der Hochschule München haben ergeben, dass dünnschichtige Beschichtungen auf reiner Polymer- oder Acrylatbasis wie OS 4 oder OS 5a bei erhöhter Feuchteeinwirkung unter dem Pflasterbelag keinen ausreichenden Schutz gegen eindringende Chloride und gegen Beschädigungen beim Einbau des Pflasters aufweisen. Die frühere Empfehlung im DBV-Merkblatt „Parkhäuser und Tiefgaragen" Ausgabe 2010, für einen Sockelschutz mit OS 4 ist daher zurückgenommen worden.

Jede Schutzschicht gegen eindringende Chloride erfordert eine zusätzliche Schutzmaßnahme gegen Beschädigungen, z. B. gegen Beschädigungen durch den Bettungssplitt. Geeignet sind Bautenschutzmatten, Geotextilien oder Noppenbahnen.

Um unnötigen Aufwand für Schutzschichten zu vermeiden, sind möglichst unbewehrte Fundamente zu wählen, auch wenn deren Abmessungen größer sind. Den Mehraufwand für Erdaushub und Beton wiegen die Vorteile durch Einsparung an Schutzschichten und trotzdem vorhandener Korrosionsfreiheit bei weitem auf. Bei Fundamenten ist daher auf eine „konstruktive" Bügelbewehrung zu verzichten.

Das nachfolgende Bild 7.2 stellt vier verschiedene Situationen ohne und mit Gefälle der Parkdecks sowie ohne und mit Spritzschutz der Wände und Stützen dar. Ein Schutz der Arbeitsfuge mit Dichtungskehle (Dreiecks- oder Hohlkehle) zwischen Fundament und aufgehendem Bauteil ist in jedem Fall erforderlich.

7.5.1.4 Bauteile unter durchlässigen Bodenparkdecks mit Gefälle

Bei durchlässigen Bodenparkdecks mit ausreichendem Gefälle ≥ 2,5 %, bei denen trotz nicht abgedichteter Pflasterfugen ein Teil des anfallenden Wassers, welches Fahrzeuge mit Schneematsch einschleppen, vor dem Durchsickern ablaufen kann, werden die darunterliegenden Stahlbetonbauteile durch Tausalz geringer beeinträchtigt als bei Flächen ohne Gefälle. Bild 7.2 a) und c) stellen die Situation dar. Die Oberflächen der Stahlbetonfundamente bedürfen keiner zusätzlichen Schutzschicht, wenn der Beton und die Betondeckung der Bewehrung der Expositionsklasse XD2 (Bild 7.2 c)) bzw. XD3 (Bild 7.2 d)) entsprechen.

Hinweise zu Bild 7.2:

FLK = Flüssigkunststoff mit abP,

OS = *Oberflächenschutzsystem* OS 5b oder OS 8

MDS = Mineralische Dichtungsschlämme, rissüberbrückend, nach DIN 18533-3 [N35] mit allgemeinem bauaufsichtlichem Prüfzeugnis abP für diesen Anwendungsbereich

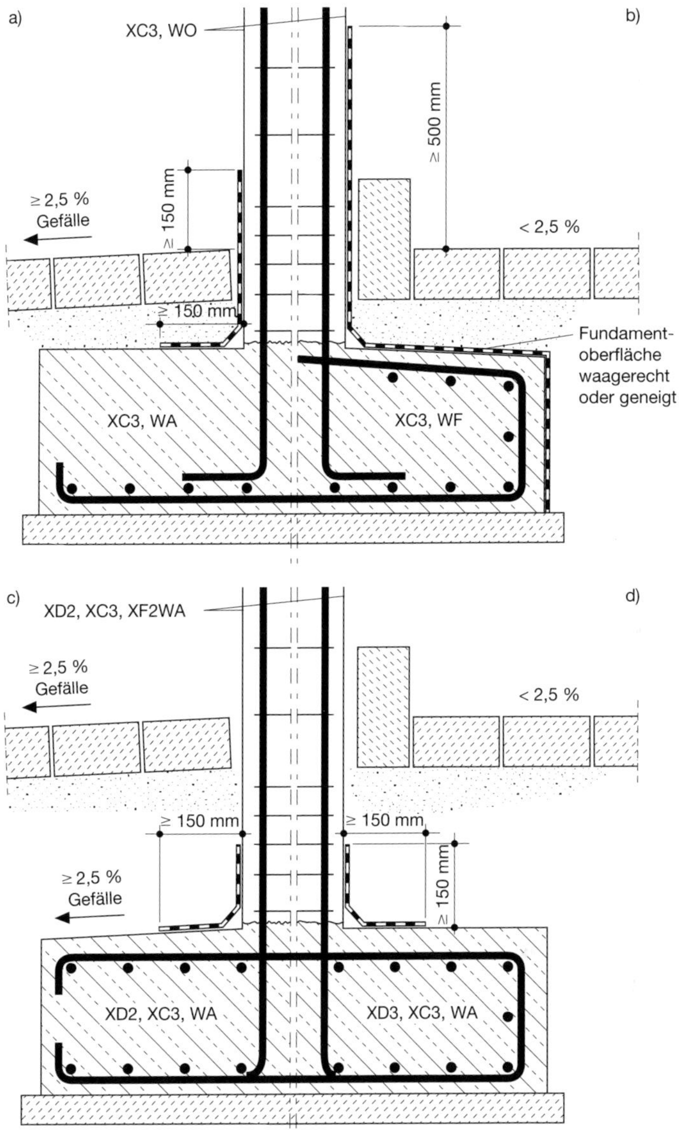

Grafik: G. Lohmeyer (nach [R9])

Bild 7.2: Beispiele für den Schutz von Stahlbetonoberflächen unter durchlässigen Bodenparkdecks

a) Stahlbeton-Bauteile bei Betonsteinpflaster mit Gefälle mindestens 150 mm hoch; Stb.-Stützen, Stb.-Wände und Stb.-Fundamente mit Schutzschicht durch FLK mit abP (beispielsweise OS 5b) oder durch MDS nach DIN 18533-3 mit abP oder Abdichtung nach DIN 18533-2 bei unbewehrten Fundament-Oberflächen ohne Schutzschicht

b) wie a), jedoch bei Betonsteinpflaster ohne Gefälle (< 2,5 %) mindestens 500 mm hoch bei bewehrten Fundamenten mit Schutzschicht, ein Randstein ist vorteilhaft

c) Stahlbeton-Bauteile bei Betonsteinpflaster mit Gefälle ohne Schutz, jedoch streifenförmige Fugenabdichtung durch FLK mit abP oder MDS mit abP oder bahnenförmige Abdichtung nach DIN 18533-2, jeweils über Dichtungskehle (Dreiecks- oder Hohlkehle)

d) wie c), jedoch bei Flächen ohne Gefälle (< 2,5 %), dafür mit höheren Anforderungen an die Expositionsklassen der Stahlbeton-Fundamente

7.5.2 Bodenparkdecks mit Druckwasserbeanspruchung

Schon bei Beginn der eigentlichen Planung ist die Frage zu klären, ob mit ständig drückendem Wasser oder mit zeitweise wirkendem Wasser im Bereich der Wasserwechselzone zu rechnen ist. Hierfür ist das Gutachten des Baugrundsachverständigen maßgebend (Abschnitte 2.4.1.1 und 2.4.1.2).

Bodenparkdecks mit Druckwasserbeanspruchung sind an der Tragfähigkeit und Standsicherheit des Bauwerks und seiner Konstruktionsteile beteiligt. Sie müssen selbstverständlich nach DIN EN 1992-1-1 und den zugehörigen Regelwerken bemessen werden. Derartige Betonbodenplatten können bei geeigneter Konstruktion als Teil einer „Weißen Wanne“ nach den Anforderungen der WU-Richtlinie [R8] ausgebildet werden.

Spätestens zum Zeitpunkt der Feststellung, dass das Bauwerk ins Grundwasser reicht und daher mit drückendem Wasser zu rechnen ist, muss der Tragwerksplaner die Konstruktion der Gründungsart überdenken. Die immer noch übliche Ausbildung von Streifen- und Einzelfundamenten unter der Bodenplatte muss bei Wannenkonstruktion vermieden werden. Fachtechnisch richtiger und auch ausführungsmäßig sicherer ist es, eine einheitlich dicke Betonbodenplatte mit ebener Unterseite ohne Vertiefungen zu planen. Bild 7.3 verdeutlicht in der Gegenüberstellung der unterschiedlichen Gründungen von Bauwerken, wobei für Bodenplatten von WU-Wannen nur die Konstruktion nach Bild 7.3 b) gewählt werden darf.

Bei Bodenplatten mit ebenen Unterseiten entsprechend Bild 7.3 b) kann häufig nachgewiesen werden, dass die entstehenden Zwangspannungen unter der Betonzugfestigkeit bleiben, sodass der Entwurfsgrundsatz RV „Rissvermeidung“ gewählt werden kann. Sofern der rechnerische Nachweis für eine Rissvermeidung nicht gelingt, ist die Frage zu klären, ob für die Bodenplatte des Bauwerks durch geeignete Fugenanordnungen nach dem Entwurfsgrundsatz RA-0 „Risse mit lokaler Abdichtung“ durch plan-

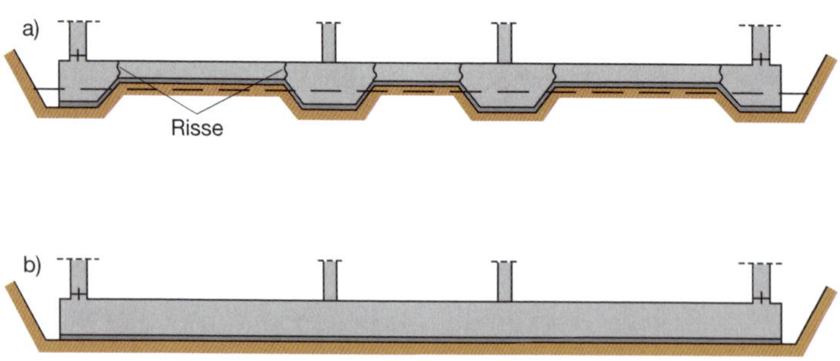

Grafik: G. Lohmeyer + K. Ebeling

Hinweis zu Bild 7.3:
Bild a):
Bei Vertiefungen für Einzel- und Streifenfundamente entsteht in der Sohlplatte zwischen den Fundamentvertiefungen die volle Zwangbeanspruchung und Risse sind zu erwarten.
Bild b):
Bei Sohlplatten mit ebener Unterseite kann mit vermindertem Zwang gerechnet werden.

Bild 7.3: Gründung des Bauwerks im Grundwasser [L1.6]

a) Querschnitt mit maschinellem Bodenaushub auf gemittelte Höhe, dadurch Bodenabtrag im Fundamentbereich und Bodenauftrag im Sohlplattenbereich mit schaufelweisem Aufbringen der Sauberkeitsschicht auf geböschten Flächen. Ergebnis: ungünstige Konstruktion.

b) Querschnitt durch einheitlich dicke Sohlplatte mit ebener Unterseite als günstigere Konstruktion.

mäßig und zielsichere nachträgliche Rissbehandlung ausgebildet werden kann. Die Weiße-Wanne-Konstruktion nach den Anforderungen der WU-Richtlinie ist dann so zu planen, dass möglichst wenige breite Risse in definierten Bereichen zu erwarten sind.

Weiterhin ist planerisch zu prüfen und entscheiden, ob späte Zwangbeanspruchungen aus Temperatureinwirkung durch geeignete Lüftungskonzepte, z. B. konditionierte Belüftung, vermeidbar sind.

Anmerkungen:

1. Nach Auffassung der Autoren ist der Entwurfsgrundsatz b) in der WU-Richtlinie [R3] mit einer rechnerischen Begrenzung von Trennrissbreiten mit dem Ziel einer Selbstheilung von Rissen für Bodenplatten in Tiefgaragen unabhängig von einer äußeren Wasserbeanspruchung ungeeignet.
2. In [L12, IX] wird die Möglichkeit einer Selbstheilung lediglich als Ausnahmefall im Zusammenhang mit einem präventiven Kathodischen Korrosionsschutz der Bewehrung oder der Verwendung nicht rostender, chloridbeständiger Bewehrung erwähnt.
3. Eine mögliche Selbstheilung von Rissen erfordert eine ausreichend lange und ständige Druckwassereinwirkung in Höhe des Bemessungswasserstands, z. B. über einen Zeitraum von mindestens 50 Tagen. Bei kurzfristig oder stets stark schwankenden Wasserständen kann nicht von einer Selbstheilung der Risse ausgegangen werden. Zudem weist die WU-Richtlinie darauf hin, dass auch bei Einhaltung der Rechenwerte für Rissbreiten unter Berücksichtigung einer Selbstheilung in Abhängigkeit von maximaler Druckhöhe und Druckgefälle Feuchtstellen an der Bauteiloberfläche auch zu späteren Zeitpunkten nicht auszuschließen sind. Die Aussagen zeigen, dass die Einhaltung und Kontrolle der erforderlichen Randbedingungen in der Baupraxis problematisch ist.
   Ob in Ausnahmefällen trotzdem eine Selbstheilung planerisch angenommen werden soll, kann nur in Absprache und Zustimmung mit dem Bauherrn, Investor im Rahmen der Bedarfsplanung geklärt und entschieden werden. In derartigen Fällen ist am Ende der Rohbauzeit vor Beginn des Ausbaues festzustellen, ob sich alle Risse durch Selbstheilung geschlossen haben oder ob es noch einzelne Risse mit Durchfeuchtungen gibt. Durchfeuchtende Risse sind durch Injektion entsprechend der WU-Richtlinie [R3] und der Instandsetzungs-Richtlinie [R7] abzudichten, bevor die vollflächige Beschichtung aufgebracht wird.

7.5.2.1 Bodenparkdecks mit direkt befahrener Oberfläche

Druckwasserbeanspruchte Stahlbeton-Bodenplatten von Tiefgaragen, auf denen das unterste Parkdeck liegt, haben häufig eine größere Plattendicke und/oder relativ dicht liegende Bewehrungen. Diese Bodenplatten werden einfacher mit Beton weicherer Konsistenz betoniert. Hierfür sind Fließmittel als Betonzusatzmittel einzusetzen. Bei Verwendung von PCE-Fließmitteln ist auf die Eignung des Fließmittels für diesen Anwendungsbereich zu achten, da es unterschiedlich modifizierte PCE-Fließmittel gibt. Daher sind Vorversuche erforderlich, weshalb zwischen Auftragsvergabe und Betonierbeginn genügend Zeit einzuplanen ist: mindestens 6 Wochen.

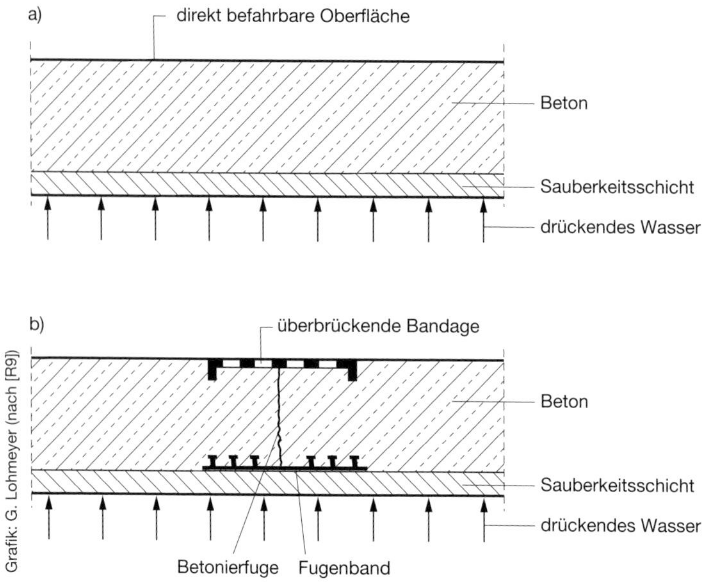

Bild 7.4: Beispiele für Bodenparkdecks aus Stahlbeton mit Wasserdruckbeanspruchug von unten mit direkt befahrener Oberfläche bei folgenden Randbedingungen:

- Ausführungsart „Oberflächen ohne Schutz"
- Expositionsklassen XD3, XC4, XF2, WA
- obere Betondeckung $c_v \geq 55$ mm
  a) Stahlbetonplatte mit direkt befahrender Oberfläche ohne Schutzschicht nach dem Entwurfsgrundsatz RV-1
  b) Stahlbetonplatte mit lokalem Schutz der Betonierfuge durch ≥ 200 mm breite, überbrückende Bandagen einschließlich Verkrallung in eingefrästen Schlitzen gegen Unterläufigkeit, analog dem Entwurfsgrundsatz RA-0 Risse mit lokaler Abdichtung

Wenn die Betonoberfläche mit dem Entwurfsgrundsatz RV in der Ausführungsart „Oberflächen ohne Schutz" nach Tafel 2.18 direkt befahren werden soll, ist in Bereichen mit Frosteinwirkung die Expositionsklasse XF2 ausreichend. Normativ ist dieser Beton entweder als dichter Beton mit großer Betondruckfestigkeit (C35/45) oder als LP-Beton herzustellen (Abschnitt 3.3.-2). Da LP-Betone nicht zielsicher geglättet werden können, ist bei Frosteinwirkung die Variante mit großer Betondruckfestigkeit in der Baupraxis zu bevorzugen. (Bild 7.4).

Geplante Risse in Sollrissfugen bei Entwurfsgrundsatz RA-0 können wie Betonierfugen behandelt werden (Bild 7.5 b). Unerwartet entstehende, wasserführende Risse sind abzudichten, z. B. durch Verpressen möglichst im erdseitigen Bereich. Danach können an der Oberseite im Rissverlauf überbrückende Bandagen gegen eindringende Chloride aufgebracht werden.

***Beispiel 7.2:** Druckwasserbeanspruchtes Bodenparkdeck für Entwurfsgrundsatz RV-1 mit direkt befahrbarer Oberfläche in den Klassen der Nutzungsintensität NI-1 bis NI-4*

Folgende Anforderungen an den Beton der Bodenplatte sind einzuhalten:

Expositionsklassen:	XC4	Bewehrungskorrosion durch Carbonatisierung,
	XD3	Bewehrungskorrosion durch Chloride
	(XF2	Betonangriff durch Frost mit Taumittel, sofern Frost wirkt)
	WA	Betonangriff durch Alkali-Reaktion
	WU	Beton mit hohem Wassereindringwiderstand (wasserundurchlässiger Beton)
Betonfestigkeitsklasse:	C35/45 als schwindarmer Beton nach Abschnitt 4.5.5	
Betondeckung:	$c_{nom} \geq 55$ mm, $c_{min} \geq 40$ mm an der Plattenoberseite	
	$c_{nom} \geq 35$ mm, $c_{min} \geq 20$ mm an der Plattenunterseite	
Fugenausbildung:	dicht gegen drückendes Wasser von unten	
Schutz der Oberfläche:	nicht zwingend erforderlich	

7.5.2.2 Bodenparkdecks mit vollflächigem Schutz der Oberfläche

Druckwasserbeanspruchte Bodenparkdecks können auch mit vollflächigen Beschichtungen versehen werden.

Diese Variante bietet den Vorteil, dass die Expositionsklasse XD1 ausreichend ist. Zudem genügt bei Frosteinwirkung die Expositionsklasse XF1. Gleichzeitig ist bei einer OS 8-Beschichtung ein definierter Verschleißwiderstand für die Bodenplatte gegeben. Damit ist dieses auch für Bauweisen interessant, die mit dem Entwurfsgrundsatz RV-1 oder RA-0 möglichst zwangfrei bzw. zwangarm konstruiert werden, aber nicht unbeschichtet bleiben.

Bei den Oberflächenschutzsystemen sind jedoch zwei wesentliche Unterschiede zu beachten:

- Starres Oberflächenschutzsystem OS 8:
  Beschichtungen OS 8 haben eine hohe Widerstandsfähigkeit gegen mechanische Beanspruchungen und gegen von unten wirkenden Wasserdruck. Allerdings besteht der Nachteil, dass die Beschichtung bei unerwartet entstehenden Risse auch reißen wird. Daher erfordern Beschichtungen OS 8 eine begleitende Rissbehandlung durch Rissverpressung. Danach sind an der Oberseite überbrückende Bandagen aufzubringen (Bild 7.5 a)):
  1. Am unproblematischsten können Oberflächenschutzsysteme OS 8 beim Entwurfsgrundsatz RV-1 und auch beim Entwurfsgrundsatz RA-0 eingesetzt werden.
  2. In Anlehnung an das DBV-Merkblatt [R9] sind Oberflächenschutzsysteme OS 8 üblicherweise dem Entwurfsgrundsatz RB-1 in der Ausführungsart „Beschichtungen“ zuzuordnen. Hier sollten nur wenige, breite Risse an definierten Bereichen entstehen. Die Anwendung eignet sich nur dann, wenn eine Konstruktion mit Bewegungsmöglichkeit auf dem Untergrund gewählt wird.

- Rissüberbrückendes Oberflächenschutzsystem OS 11:
  Praxiserfahrungen haben ergeben, dass Oberflächenschutzsysteme OS 11 auch für Beanspruchungen in Wasserwechselzonen mit zeitweise drückendem Wasser bis zu maximal 2 m Druckwasserhöhe eingesetzt werden können [R9]. In der Ausführungsart „Beschichtungen" sind Oberschutzsysteme OS 11 dem Entwurfsgrundsatz RB-2 mit begrenzter abgestimmte Rissbreite zuzuordnen. Die mechanischen Beanspruchungen dürfen nicht zu groß sein (z. B. Nutzungsintensität NI-1 und NI-2 nach Tafel 2.11). Bei Wasserdruck ist es bei diesen Beschichtungssystemen erforderlich, mit einer zweilagigen Grundierung einen hohen Haftverbund gegen rückseitige Feuchteeinwirkung zu erzeugen (Bild 7.5 b).
  Bei erhöhtem Rissrisiko mit längerem und/oder höherem Wasserdruck können wasserführende Trennrisse zu einer Blasenbildung führen. In diesem Fall sind die Risse durch begleitende Rissbehandlung zu verpressen, möglichst im Erdbereich. Gegen von oben eindringende Chloride ist die schadhafte Beschichtung zu ergänzen. Auf diese aus Sicht der Autoren Sonderlösung für Anwendung eines OS 11-Systems und die damit verbundenen Risiken und Zusatzmaßnahmen hat der Planer den Bauherrn hinzuweisen.

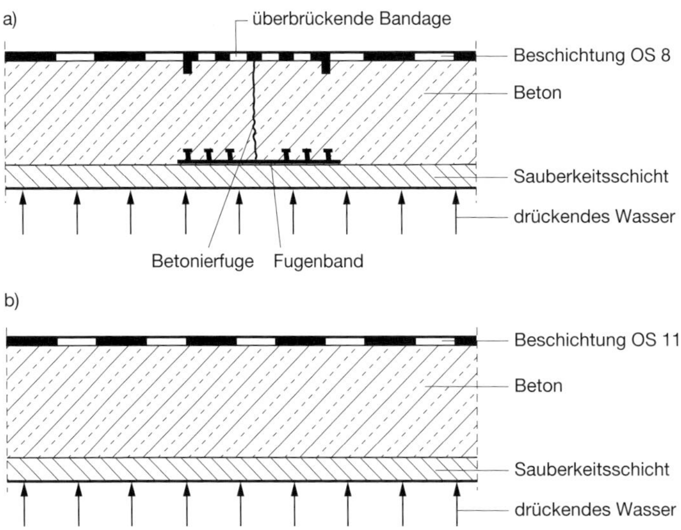

Grafik: G. Lohmeyer (nach [R9])

Bild 7.5: Beispiele für Bodenparkdecks aus WU-Beton als Stahlbetonplatten mit vollflächigen Beschichtungen und Wasserdruck von unten bei folgenden Randbedingungen:
- Entwurfsgrundsatz RV „Rissvermeidung" bei OS 8, Entwurfsgrundsatz RB-2 „Rissbreitenbegrenzung" bei OS 11
- Expositionsklassen XD1, XC3, (XF1 bei Frost), WF
- obere Betondeckung $c_v \leq 55$ mm
  a) Parkdeck mit vollflächige starrer Beschichtung OS 8 und lokalem Schutz der Fugen an der Unterseite gegen eindringendes Grundwasser durch Fugenband, an der Oberseite gegen eindringende Chloride durch ≥ 200 mm breite, überbrückende Bandagen einschließlich Verkrallung in eingefrästen Schlitzen zum Verhindern von Unterläufigkeit
  b) Parkdeck mit vollflächiger rissüberbrückender Beschichtung OS 11 auf zweilagiger Grundierung – nur möglich mit geeigneter Ausbildung und Randbedingungen

Foto: K. Ebeling

Bild 7.6: Tiefparkdeck mit Beschichtung OS 8

Alternativ ist planerisch zu entscheiden, ob eine unterseitige Abdichtung als Schwarze Wanne nach DIN 18533 [N35] für den Entwurfsgrundsatz RB-2 mit der Ausführungsart „Beschichtungen" zur Anwendung kommen soll.

Die Ausführungsart „Abdichtungen" mit den Entwurfsgrundsätzen RA-1 und RA-2 und oberseitiger vollflächiger Abdichtung ist für WU-Bodenplatten in der Beanspruchungsklasse BK1 (Druckwasser) nicht geeignet, da Ablösungen und Hinterläufigkeiten infolge des Wasserdrucks entstehen und nicht frühzeitig erkannt werden können.

Die Anwendung bei einem Tiefparkdeck mit einer Beschichtung OS 8 zeigt Bild 7.6.

Zur Festlegung des Oberflächenschutzes zeigen die nachfolgenden Beispiele die unterschiedlichen Möglichkeiten.

Beispiel 7.3: *Betonbodenplatte mit Oberflächenschutz in ständig drückendem Wasser (Bemessungswasserstand höher als Oberkante Bodenplatte)*

Beanspruchungsklasse BK1-sdW bei ständiger Wasserbeanspruchung

- Bewehrte zwangarme Betonbodenplatte für Entwurfsgrundsatz RA-0 oder auch RB-1 mit Bewehrung zur Begrenzung der Rissbreite:
  - kein Schwinden des Betons an der Unterseite, somit kein Wasserdurchtritt nach der Rissinstandsetzung,
  - Schwinden an der Oberseite, dadurch ggfs. erneutes Aufreißen an der Oberseite, wodurch das Eindringen von Chloriden möglich ist,
  - dagegen Rissbewehrung für späten Zwang,
  - Schutzsystem auf der befahrenen Oberfläche, beispielsweise:
    OS 8 als diffusionsoffenes System
    mit begleitender Behandlung der Rissbereiche nach DBV-Merkblatt [R9] mit Weiße-Wanne-Konstruktion mit möglichst wenigen, breiten Rissen an definierten Stellen (z. B. Sollrissfugen)

***Beispiel 7.4:** Betonbodenplatte mit Oberflächenschutz bei zeitweise drückendem Wasser (Bemessungswasserstand zeitweise höher als Unterkante Bodenplatte)*

Beanspruchungsklasse BK1-zdW bei zeitweiser Wasserbeanspruchung durch schwankenden Grundwasserstand oder zeitweise aufstauendes Druckwasser aus Niederschlägen

- Bewehrte zwangarme Betonbodenplatte für Entwurfsgrundsatz RA-0 oder RB mit Bewehrung zur Begrenzung der Rissbreite:
  - Schwinden des Betons zeitweise möglich, daher später Zwang,
  - bei Temperaturbeanspruchung und Verformungsbehinderung sind Trennrisse mit Wassereindringung möglich,
  - bei Wasserdurchtritt nachträgliche Abdichtung der Risse durch Injektion,
  - Schutzsystem der Oberfläche, beispielsweise a), b) oder c):
    a) OS 8 als diffusionsoffenes System
    mit begleitender Behandlung der Rissbereiche nach DBV-Merkblatt [R9]
    im Entwurfsgrundsatz RB-1 mit Weiße-Wanne-Konstruktion mit möglichst wenig Rissen an definierten Stellen (z. B. Sollrissfugen);
    bei wiederkehrenden Rissen mit überbrückenden Bandagen an der Oberseite.
    b) OS 11 für zeitweise drückendes Wasser bis maximal Höhe ≤ 2 m mit Risiko von lokaler Blasenbildung und Instandsetzung dieser Bereiche als Weiße Wanne-Konstruktion nur mit möglichst wenigen Rissen in definierten Bereichen
    c) OS 11 für zeitweise drückendes Wasser in Kombination mit Außenabdichtung an der Unterseite als Schwarze-Wanne-Konstruktion nach DIN 18533 mit möglichst wenigen Rissen in definierten Bereichen

***Beispiel 7.5:** Bodenparkdeck mit Oberflächenschutz OS 8 in den Klassen der Nutzungsintensität NI-3 und NI-4*

Bei Anwendung des Beschichtungssystems OS 8 sind folgende Anforderungen an den Beton der Bodenplatte ohne Frosteinwirkung einzuhalten:

Expositionsklassen:	XC4	Bewehrungskorrosion durch Carbonatisierung,
	[XC3	wie vor, aber bei mäßiger Feuchteeinwirkung]
	XD1	Bewehrungskorrosion durch Chloride
	WF	Betonangriff durch Alkali-Reaktion
	WU	Beton mit hohem Wassereindringwiderstand (wasserundurchlässiger Beton)
Betonfestigkeitsklasse:	C30/37 als schwindarmer Beton nach Abschnitt 4.5.5	
Betondeckung:	$c_{nom} \geq 55$ mm, $c_{min} \geq 40$ mm an der Plattenoberseite	
	$c_{nom} \geq 35$ mm, $c_{min} \geq 20$ mm an der Plattenunterseite	
Fugenausbildung:	dicht gegen drückendes Wasser von unten	
Schutz der Oberfläche:	starre Beschichtung, z. B. OS 8 mit begleitender Rissbehandlung, abgestimmt auf ggf. zu erwartende Rissbreitenänderungen (z. B. mit Bandagen) sowie mit festgelegter regelmäßiger Wartung; das Konzept ist im Wartungsplan zu dokumentieren	

Beispiel 7.6: *Tiefgaragen-Zwischenparkdeck aus Stahlbeton mit Abdichtung und Fahrbelag im Entwurfsgrundsatz RA-1 für die Klassen der Nutzungsintensität NI 1 bis NI 4*

Folgende Anforderungen an den Ortbeton des Zwischenparkdecks sind einzuhalten:

Expositionsklassen:	XC3	wie vor, aber bei mäßiger Feuchteeinwirkung
	(XF1	Betonangriff durch Frost, sofern Frost wirkt)
	WF	Betonangriff durch Alkali-Reaktion
	WU	Beton mit hohem Wassereindringwiderstand (wasserundurchlässiger Beton)
Betonfestigkeitsklasse:	C20/25, bei Frosteinwirkung C25/30 als schwindarmer Beton nach Abschnitt 4.5.5	
Betondeckung:	$c_{nom} \geq 35$ mm, $c_{min} \geq 20$ mm an der Plattenoberseite	
Schutz der Oberfläche mit Fahrbelag:	vollflächige Abdichtung mit Polymerbitumen-Schweißbahn + Gussasphalt oder OS 10 mit Schutzschicht	

Einzelheiten zu druckwasserbeanspruchten Bodenplatten enthält das Buch „Weiße Wannen – einfach und sicher" [L45].

7.5.3 Bodenparkdecks mit Frischbetonverbundsystem (FBV-System)

Frischbetonverbundsysteme können bei WU-Betonkonstruktionen, die der WU-Richtlinie des DAfStb [R3] entsprechen, als „Zusatzmaßnahme" zur Sicherstellung der Wasserundurchlässigkeit geplant und ausgeführt werden [L25]. Zur Verringerung des Risikos kann ein Frischbetonverbundsystem zum Einsatz kommen. Die Anwendung eines Frischbetonverbundsystems kann bei den Entwurfsgrundsätzen RV (Rissvermeidung) oder RA (Rissabdichtung) erfolgen, sodass sich dabei die erweiterten WU-Bauweisen [RV+FBVS] oder [RA+FBVS] ergeben (Tafel 7.2).

Frischbetonverbundbahnen haben eine Verbundschicht und eine Dichtschicht. Es werden unterschiedliche Frischbetonverbundsysteme für WU-Betonkonstruktionen angewendet. Sie unterscheiden sich in der Art der Schichten und des Verbundes:
- Frischbetonverbundbahnen mit klebe-adhäsivem Verbund
- Frischbetonverbundbahnen mit mechanisch-adhäsivem Verbund
- Frischbetonverbundbahnen mit bituminös-adhäsivem Verbund

Für die Ausführung von WU-Betonkonstruktionen mit Frischbetonverbundsystemen sind unter anderem folgende Anforderungen an das FBVS von besonderer Bedeutung:
- baustellengerechte Einbautechnik beim Verlegen und Fügen der Bahnen
- unempfindliche Ausführungsbedingungen bei ungünstigen Witterungseinflüssen
- Unempfindlichkeit gegenüber betontechnischen Einflüssen
- Widerstandsfähigkeit gegen alle Beanspruchungen im Bauzustand
- große Robustheit
- ausreichender Haftverbund beim Entschalen der Bauteile

Für jedes Frischbetonverbundsystem sind vom Hersteller folgende Eigenschaften nachzuweisen, die über den Zeitraum der Nutzung einen dauerhaften Bestand haben müssen:

- druckwasserdichtes System mit vollflächiger Hinterlaufsicherheit
- Überbrückungsfähigkeit von Rissen und Arbeitsfugen sowie Sollrissfugen
- Systemlösungen für Abschlüsse an Bewegungsfugen, an Durchdringungen, an Übergängen und bei Pfahlgründungen
- Widerstandsfähigkeit beim Kontakt mit dem stark alkalisch wirkenden Beton
- Dauerhaftigkeit gegen einwirkendes Grundwasser (ggf. auch chemisch angreifendes Wasser) und gegen mechanisch und chemisch einwirkenden Boden
- Widerstandsfähigkeit gegen Lasten im Nutzungszustand mit Langzeitverformbarkeit gegenüber Druckstauchungen

Bei Tiefgaragen kann die Anwendung eines Frischbetonverbundsystems (FBVS) gegebenenfalls dann sinnvoll sein, wenn beispielsweise eine verformungsbehinderte WU-Betonbodenplatte der Beanspruchungsklasse BK1 ausgesetzt ist und nur die Planung einer ungünstigen WU-Konstruktion mit vielen zu erwartenden Trennrissen, insbesondere aus Beanspruchungen durch späten Zwang in der Nutzungsphase, möglich sein sollte.

Für eine Anwendung in diesen besonderen Fällen sind unter anderem nachfolgende Punkte zu bedenken bzw. zu beachten:

- Alle Bauweisen mit Frischbetonverbundsystemen als sogenanntes „Zusatzsystem“ sollen als Weiße-Wanne-Konstruktionen in allen Punkten den Anforderungen der WU-Richtlinie des DAfStb entsprechen, mit Ausnahme der Möglichkeit einer Selbstheilung des Betons.
- Zu den Anforderungen der WU-Richtlinie gehören nicht nur die vollständige und fachgerechte Ausführung aller WU-Betonbauteile, sondern beispielsweise auch:
  - das spätere Abdichten aller entstandenen Trennrisse, Sollrissstellen oder Arbeitsfugen in Abhängigkeit von Nutzungs- und Beanspruchungsklasse. Auf Fußnote [1)] der Tafel 7.2 wird besonders hingewiesen.
  - die Zugänglichkeit aller Innenflächen der WU-Betonbauteile während der gesamten Nutzungsdauer des WU-Betonbauwerks
- Der Objektplaner hat gegenüber dem Auftraggeber eine Hinweis- und Aufklärungspflicht hinsichtlich der Besonderheit dieser Bauweise.
- Der Auftraggeber hat nach eingehender Beratung zu entscheiden, ob sich der zusätzliche Kostenaufwand für den zu erwartenden Nutzen mit der Verringerung des Risikos lohnt.
- Die Entscheidung des Bauherrn über die Festlegungen, die im Rahmen der Beratung und Aufklärung getroffen werden, sind schriftlich zu dokumentieren, z. B. im Bauwerksbuch. Sie sind in den Bauvertrag aufzunehmen.

In Tafel 7.2 sind verschiedene Bauweisen mit Frischbetonverbundsystem FBVS zusammengestellt

Tafel 7.2: Bauweisen mit Frischbetonverbundsystem FBVS (in Anlehnung an DBV-Heft 44 [L25]).

Entwurfsgrundsatz nach DBV-Merkblatt [R9]	Kurzbezeichnung für Entwurfsgrundsatz nach DBV-MB [R9]	Kurzbezeichnung für Entwurfsgrundsatz nach Abschnitt	FBV-System (FBVS)	Kombination von WU-Bauweise und ggfs. FBV-System nach DBV-MB [R9]	Kombination von WU-Bauweise und ggfs. FBV-System nach Abschnitt	mögliche Einordnung von FBV-Systemen nach [L25] für Bodenplatten in Tiefgaragen
Vermeidung von Trennrissen	EGS a	RV (2.3.1) (5.10.1)	ohne	EGS a	RV-1 (2.3.1) (5.10.1)	regelkonform zur WU-Richtlinie und zum DBV-MB [R9]
			mit	EGS a + FBVS	RV-1 + FBVS [1)]	regelkonform zur WU-Richtlinie mit FVB-Zusatzmaßnahme zur Minimierung des Riss-Risikos [1)]
Festlegung von Trennrissbreiten mit dem Ziel der Selbstheilung / Selbstabdichtung in Beanspruchungsklasse BK1	EGS b	– (2.3.2) (7.5.2)	ohne	EGS b	– (2.3.2) (7.5.2)	Bauweise unzulässig, da an der Oberseite offene Risse verbleiben
			mit	EGS b + FBVS	–	Bauweise ...: - unzulässig, da an der Oberseite offene Risse verbleiben - technisch unzulässig und auch nicht zielführend, da Selbstheilung baupraktisch nicht zielsicher möglich
Festlegung von Trennrissbreiten mit dem Ziel der Rissüberbrückungsfähigkeit einer Beschichtung auf der Oberseite in Beanspruchungsklasse BK1	EGS b	RB (2.3.2) (5.10.2)	ohne	EGS b	RB (2.3.2) (5.10.2)	unzulässig nach DBV-MB [R9]
			mit	EGS b + FBVS	RB + FBVS	[2)]
Festlegung von Trennrissbreiten in Kombination mit einer Abdichtung auf der Oberseite in Beanspruchungsklasse BK1	EGS b	RA-1, RA-2 (2.3.3) (5.10.3)	ohne	EGS b	RA-1, RA-2 (2.3.3) (5.10.3)	unzulässig nach DBV-MB [R9]
			mit	EGS b + FBVS	RA-1 + FBVS RA-2 + FBVS	[2)]
Festlegung von Trennrissbreiten in Kombination <u>mit</u> planmäßig vorgesehenen Dichtmaßnahmen	EGS c	RA-0 (2.3.3) (5.10.3)	ohne	EGS c	RA-0 (2.3.3) (5.10.3)	regelkonform zur WU-Richtlinie und zum DBV-MB [R9]
			mit	EGS c + FBVS	RA-0 + FBVS	regelkonform zur WU-Richtlinie mit FBV-Zusatzmaßnahme zur Minimierung des Riss-Risikos mit planmäßigem Schließen aller festgestellten Trennrisse

[1)] Nach Auffassung der Autoren ist die Bauweise EGS a + FBVS bzw. RV-1 bzw. FBVS nur dann regelkonform, wenn die nachträgliche luftseitige Zugänglichkeit der WU-Bauteile vollständig erhalten bleibt und zusätzlich ein planmäßiges Schließen aller festgestellten Trennrisse erfolgt

[2)] Aus Sicht der Autoren ist dies eine Sonderbauweise, da von den Anforderungen der WU-Richtlinie abgewichen wird, und die erdberührte Abdichtung mit einem FBV-System keine normgerechte Abdichtung im Sinne der DIN 18533 darstellt.

***Beispiel 7.7:** Betonbodenplatte mit Abdichtung und Fahrbelag der Oberseite in Kombination mit erdberührter Außenabdichtung bei Beanspruchungsklasse BK1-zdW (zeitweise drückendem Wasser) (Bemessungswasserstand zeitweise höher als Unterkante Bodenplatte)*

Beanspruchungsklasse BK1-zdW bei zeitweiser Wasserbeanspruchung der Bodenplatte in der Wasserwechselzone

- Bewehrte Betonbodenplatte für Entwurfsgrundsatz RA1 oder RA-2 mit Bewehrung zur Begrenzung der Rissbreite $w_k \leq 0{,}30$ mm, Rissklasse RW30:
  - Schwinden des Betons zeitweise möglich, daher später Zwang,
  - bei Temperaturbeanspruchung und Verformungsbehinderung sind Trennrisse mit Wassereindringung möglich,
  - Stelle der Wassereindringung wegen fehlender Zugänglichkeit nicht zu orten
  - Herstellen der Zugänglichkeit ergäbe einen unzumutbaren Aufwand, daher Entscheidung für ein Frischbetonverbundsystem:
- Abdichtung der Oberseite der Betonbodenplatte durch vollflächige unterlaufsichere bahnenförmige Abdichtung mit Schutz -und Nutzschicht in Kombination mit zusätzlichem Frischbetonverbundsystem unter der Bodenplatte [RA-1+FBVS]
- *Achtung:* besondere vertragliche Regelungen mit dem Bauherrn erforderlich

7.6 Zwischendecks in Tiefgaragen

Für Zwischendecks in Tiefgaragen gilt im Wesentlichen das Gleiche wie für Zwischendecks in Hochgaragen, die in den Abschnitten 6.4.2 und 6.4.3 dargestellt sind. Es wird daher auch auf diese Abschnitte verwiesen.

7.6.1 Zwischenparkdecks in Tiefgaragen aus Stahlbeton

Für Zwischenparkdecks bei überbauten Tiefgaragen ist die Stahlbeton-Bauweise als monolithische Konstruktion geeignet, besonders wenn die Stützenstellung parallel zur Fahrgasse in Abständen von $s_{St,l} = 5{,}0$ m erfolgt und quer zu der Fahrgasse in den Abständen $s_{St,q} = 5{,}0 + 6{,}0 + 5{,}0$ m (Bild 1.10).

Für die Gestaltung der Parkdecks sind alle Entwurfsgrundsätze mit Ausnahme der Entwurfsgrundsätze RV und RB-1 umsetzbar.

***Beispiel 7.8:** Zwischenparkdeck aus Stahlbeton mit Beschichtung im Entwurfsgrundsatz RB-2 für die Klassen der Nutzungsintensität NI- und NI-2*

Bei Anwendung des Entwurfsgrundsatzes RB-2 in der Ausführungsart „Beschichtungen" sind die Expositionsklassen XC3, XD1 und bei starken Frost-Tauwechseln zusätzlich XF1 ausreichend:

Expositionsklassen:	XC3 Bewehrungskorrosion durch Carbonatisierung
	XD1 Bewehrungskorrosion durch Chloride
	(XF1 Betonangriff durch Frost, sofern Frost wirkt)
	WF Betonangriff durch Alkali-Reaktion
Betonfestigkeitsklasse:	C30/37 als schwindarmer Beton nach Abschnitt 4.5.5
Betondeckung:	$c_{nom} \geq 55$ mm, $c_{min} \geq 40$ mm an der Plattenoberseite
	$c_{nom} \geq 35$ mm, $c_{min} \geq 20$ mm an der Plattenunterseite
Schutz der Oberfläche	vollflächige Beschichtung OS 10 mit Nutzschicht

Für zwangbeanspruchte Zwischenparkdecks in Tiefgaragen eignet sich auch die Anwendung der Ausführungsart „Abdichtung" mit vollflächiger bahnenförmiger Abdichtung und Nutzschicht in den Entwurfsgrundsätzen RA-1 und RA-2.

7.6.2 Zwischenparkdecks in Tiefgaragen mit Halbfertigteilen

Für die Konstruktion der Zwischenparkdecks mit Halbfertigteilen ergeben sich Spannweiten der Halbfertigteile, die dem Abstand der Hauptträger (z. B. Spannbetonbalken) entsprechen. Im Wesentlichen bestehen die gleichen Möglichkeiten wie vor entsprechend Abschnitt 7.6.1. Je nach Wahl des Entwurfsgrundsatzes ändern sich die Anforderungen an den Beton.

7.7 Dachdecken über Tiefgaragen

Den oberen Gebäudeabschluss einer nicht überbauten Tiefgarage bildet im Allgemeinen eine Stahlbetondecke. Diese Dachdecke kann recht unterschiedlich genutzt werden. Sie ist daher auch entsprechend der Beanspruchung auf der Deckenoberseite sowie entsprechend der Nutzung der unter ihr befindlichen Räume zu gestalten. Bedingt durch diese unterschiedlichen Nutzungen sind folgende Konstruktionen der Dachdecken zu unterscheiden:

- befahrene, normal beanspruchte Dachparkdecks für Pkw als oberste Decke einer Tiefgarage
- befahrene, höher beanspruchte Dachdecken für schwere Lasten, z. B. Hofkellerdecken oder Durchfahrten für Lkw, Gabelstapler oder für Feuerwehr und Müllabfuhr
- nicht befahrene, ungedämmte, erdüberschüttete Dachdecken über Tiefgaragen, die für Außenanlagen genutzt werden, z. B. für bepflanzte und begehbare Flächen zur Entspannung und Erholung
- nicht befahrene, wärmegedämmte Dachdecken als oberste Decke über beheizten Räumen, die beispielsweise neben der Tiefgarage als Werkstätten oder Technikräume dienen

Frei bewitterte WU-Betondachdecken sind nur dann mit Gefälle herzustellen, wenn sie befahren werden und ein schnelleres Abführen großer Niederschlagsmengen erforderlich ist, um einen Aufstau zu vermeiden werden. Gefälle mindestens 2,5 %. Anders genutzte WU-Betondachdecken können ohne Gefälle hergestellt werden.

Von den Entwurfsgrundsätzen kommen in wesentlichen nur zwei infrage: Der Entwurfsgrundsatz RV „Rissvermeidung“ und der Entwurfsgrundsatz RA „Rissabdichtung“:

- Der Entwurfsgrundsatz RV „Rissvermeidung“ ist bei Dachparkdecks und Dachdecken anzustreben (Abschnitt 3.2). In Abschnitt 8.1.1 sind die erforderlichen konstruktiven, betontechnischen und ausführungstechnischen Maßnahmen zusammengestellt, die bei Festlegung auf den Entwurfsgrundsatz RV zu berücksichtigen sind.
- Die Ausführungsart „Beschichtungen“ mit dem Entwurfsgrundsatz RB „Rissbreitenbegrenzung“ sind für Dachdecken nicht geeignet, weswegen der Entwurfsgrundsatz RA1 oder RA-2 „Rissabdichtung“ zur Anwendung kommt, falls der Entwurfsgrundsatz RV „Rissvermeidung“ nicht gelingt.

  Begründung: Die Witterungs- und Temperaturbeanspruchungen sind bei Dachdecken sehr groß, wodurch Beschichtungen überfordert würden.
- Der Entwurfsgrundsatz RA „Rissabdichtung“ ist bei Dachparkdecks und Dachdecken anzuwenden, wenn der Entwurfsgrundsatz RV im Einzelfall ausscheidet, obwohl die Durchführung der konstruktiven, betontechnischen und ausführungstechnischer Maßnahmen nach Abschnitt 8.1.1 aus wirtschaftlichen Gründen durchaus zu empfehlen ist.

  Dabei sind die Ausführungsarten „Oberfläche ohne Schutz“ mit dem Entwurfsgrundsatz RA-0 „mit lokaler Rissabdichtung“ und „Abdichtungen“ mit dem Entwurfsgrundsätzen RA-1 und RA-2 zu unterscheiden:
  - Eine „lediglich“ lokale Rissabdichtung RA-0 ist nur in Fällen mit einer möglichst zwangfreien WU-Konstruktion geeignet.
  - Wenn keine frei bewegliche Konstruktion der Dachdecks gelingt, ist eine WU-Konstruktion ungeeignet. In diesen Fällen ist die Ausführungsart „Abdichtung“ mit den Entwurfsgrundsätzen RA-1 oder RA-2 anzuwenden.

7.7.1 Befahrene, normal beanspruchte Dachparkdecks von Tiefgaragen

Für Dachparkdecks sind gegenüber den Zwischenparkdecks weitere Einwirkungen zu berücksichtigen, insbesondere durch Witterungseinflüsse. Die tragende Stahlbetondecke kann als erdüberschüttete Dachdecke aus wasserundurchlässigem Beton als WU-Betondach hergestellt werden. Die Erdüberschüttung dämpft zwar die Temperaturunterschiede, aber dafür sind höhere Lasten zu tragen. Voraussetzung für eine einwandfreie WU-Betonkonstruktion ist eine möglichst zwangfreie, mindestens zwangarme Konstruktion, bei der im Nutzungszustand keine Risse zu erwarten sind. Für die Gestaltung der Stahlbetondecke kommt der Entwurfsgrundsatz RV-1 zur Anwendung (Tafel 2.18).

Bei Wahl dieses Entwurfsgrundsatzes für die die tragende und abdichtende Stahlbetondecke als WU-Dachdecke hat die Lagerung vollständig auf Gleitlagern mit einem Festpunkt im mittleren Bereich des Grundrisses zu erfolgen. Wesentliche Temperaturbeanspruchungen sind zu vermeiden, z. B. durch eine ausreichend dicke Pufferschicht an der Oberseite und durch geeignete mechanische Be- und Entlüftung der Räume unter der Stahlbeton-Dachdecke.

Als Fahrbelag kann Verbundsteinpflaster mit geeigneten Randbedingungen und Aufbau eine Lösung darstellen, sofern nicht besonders hohe Verkehrsbeanspruchungen stattfinden, z. B. durch Flurförderfahrzeuge oder intensiven Lkw-Verkehr.

Wichtig ist außer der Entwässerung an der Oberfläche auch die Entwässerung unter der Pflasterdecke, damit diese nicht „wegschwimmt“. Daher sind Filterschicht und Sickerschicht erforderlich, die an die Entwässerung angeschlossen sind, z. B. an die untere Ebene der Bodenabläufe auf der Oberseite der Stahlbetondecke bzw. des Oberflächenschutzsystems.

***Beispiel 7.9:** Dachparkdeck aus Stahlbeton mit Betonsteinpflaster im Entwurfsgrundsatz RV-1 für die Klassen der Nutzungsintensität NI-1 und NI-2*

Folgende Anforderungen an den Beton der mit oder ohne Gefälle herzustellenden Stahlbeton-Dachdecke mit Oberflächenschutzsystem sind einzuhalten:

Expositionsklassen:	XC4	Bewehrungskorrosion durch Carbonatisierung
	XD1	Bewehrungskorrosion durch Chloride ohne Schutz der Oberfläche
	XF1	Betonangriff durch Frost mit Taumittel
	WF	Betonangriff durch Alkali-Reaktion
	WU	Beton mit hohem Wassereindringwiderstand (wasserundurchlässiger Beton)
Betonfestigkeitsklasse:	C30/37 als schwindarmer Beton nach Abschnitt 4.5.5	
Betondeckung:	$c_{nom} \geq 55$ mm, $c_{min} \geq 40$ mm an der Plattenoberseite $c_{nom} \geq 35$ mm, $c_{min} \geq 20$ mm an der Plattenunterseite innen	
Fugenausbildung:	dicht gegen nichtdrückendes Wasser von oben	
Schutz der Oberfläche:	Betonpflaster als Fahrbelag auf entwässerungsfähigen Schichten Aus Sicht der Autoren ist auf der Oberseite der tragenden Tiefgaragendecke ein zusätzliches Oberflächenschutzsystem sinnvoll, z. B. OS 10, hierdurch Expositionsklassen XD1, XF1, WF ausreichend	

7.7.2 Befahrene, hoch beanspruchte Dachdecken von Tiefgaragen

Die oberste Decke von Tiefgaragen, die ebenerdig angeordnet ist und von Lkw oder Gabelstaplern befahren werden kann, ist für diese höheren Lasten zu bemessen und gegen zu erwartende Witterungseinflüsse auszustatten.

Für die Bemessung sind anstelle von Pkw-Lasten entsprechend Tafel 3.1 die Lkw-Lasten der Tafel 7.3 und/oder die Gabelstapler-Lasten der Tafel 7.4 anzusetzen. Es sind die charakteristischen Lasten, die für die Bemessungswerte mit einem Teilsicherheitsbeiwert γ_Q zu multiplizieren sind. Für Gabelstapler sind die Radlasten als charakteristische Werte in Tafel 7.4 angegeben.

Für die Bemessungslast sind diese Werte nicht nur mit dem Teilsicherheitsbeiwert γ_Q, sondern zusätzlich mit einem Schwingbeiwert bzw. einem dynamischen Vergrößerungsfaktor zu multiplizieren (DIN EN 1991-1-1/NA Abschnitt 6.3.2.3). Der Schwingbeiwert φ ist in folgender Größe anzusetzen:

Schwingbeiwert $\varphi = 1{,}4$ (sofern kein genauerer Nachweis geführt wird) (Gl. 7.1)

Schwingbeiwert $\varphi = 1{,}4 - (0{,}1 \cdot h_ü) \geq 1{,}0$ mit $h_ü$ = Überschüttungshöhe [m]

Tafel 7.3: Belastungsklassen für Radlasten durch Lkw (nach [N1] DIN EN 1991-2, Teil 2, Tabellen 4.6 und 4.8)

Ansicht der Lkw	Achsabstand [m]	häufige Achslast [kN]	Radlast Q_k [kN]	Rad-Aufstandsflächen für Zwillingsreifen [1] bei $LF35_{zw}$ und $LF48_{zw}$	Belastungsklasse
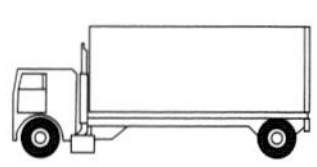	4,50	90 190	45,0 47,5	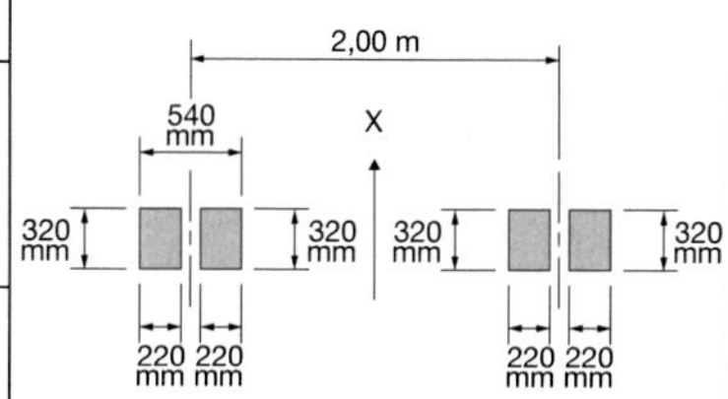 	LF45 $LF48_{zw}$
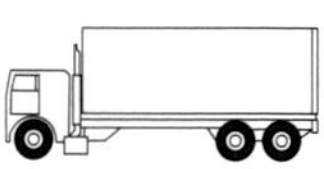	4.20 1,30	80 140 140	40,0 35,0 35,0		LF40 $LF35_{zw}$ $LF35_{zw}$
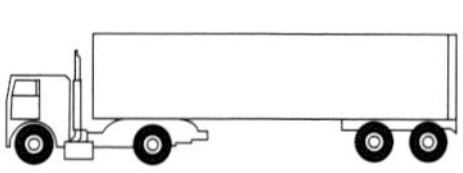	3,40 6,00 1,80	90 1,90 1,40 1,40	45,0 47,5 35,0 35,0		LF45 $LF48_{zw}$ $LF35_{zw}$ $LF35_{zw}$

[1] zw ist die Bezeichnung für Zwillingsreifen

Tafel 7.4: Belastungen durch Gabelstapler-Radlasten als charakteristische Werte (nach DIN EN 1991-1-1 [N1])

Gabelstapler-kategorie	Eigengewicht [kN]	Nenntragfähigkeit [kN]	zulässige Gesamtlast [kN]	Achslast $2 \cdot Q_k$ [kN]	Radlast Q_k auf 20 × 20 cm [kN]	Lastflächen Radabstand [m]	Länge L [m]	Breite b [m]
FL1	21	10	31	26	13	0,85	2,60	1,00
FL2	31	15	46	40	20	0,95	3,00	1,10
FL3	44	25	69	63	32	1,00	3,30	1,20
FL4	60	40	100	90	45	1,20	4,00	1,40
FL5	90	60	150	140	70	1,50	4,60	1,90
FL6	110	80	190	170	85	1,80	5,10	2,30

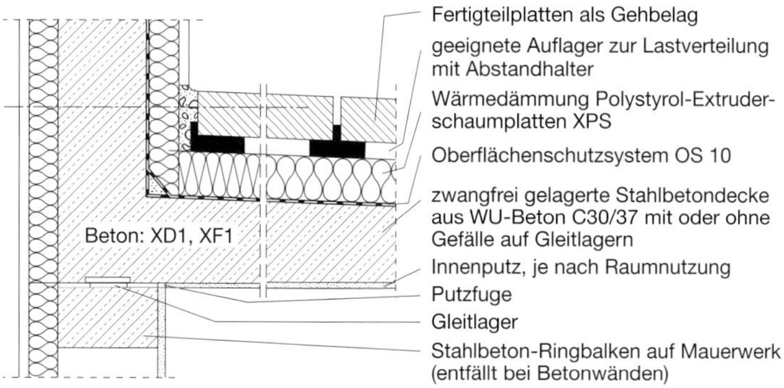

Grafik: G. Lohmeyer + K. Ebeling

Bild 7.7: Begehbares Umkehrdach aus wasserundurchlässigem Beton mit einem Belag aus Fertigteilplatten auf druckfesten Polystyrol-Extruderschaumplatten XPS als Dämmung

Im Einzelfall sind die tatsächlich auftretenden Beanspruchungen zu klären und rechnerisch zu erfassen.

Die Radlasten werden als Einzellast wirkend angenommen und auf eine Aufstandsfläche von 20 cm × 20 cm verteilt. Daraus ergibt sich der Kontaktdruck des Rads auf der obersten Decke der Tiefgarage.

7.7.3 Wärmegedämmte Dachdecken von Tiefgaragen

Dachparkdecks müssen im Allgemeinen nicht wärmegedämmt werden. Wenn jedoch unter einer Dachdecke außer der Tiefgarage auch Nebenräume liegen, die beheizt werden, ist eine Wärmedämmung einzubauen. Die Räume können beispielsweise dem Aufenthalt von Menschen dienen, als Werkstätten genutzt werden oder als Technikräume und Lagerräume für hochwertige Güter klimatisiert werden. Bild 7.7 zeigt ein begehbares, gedämmtes Dachparkdeck als Umkehrdach mit Fertigteilplatten auf geeigneten Lagern mit Abstandhalter. Die Stahlbeton-Dachdecke liegt auf Gleitlagern, um die Zwangbeanspruchungen gering zu halten.

Fertigteilplatten auf Plattenlagern können bei Umkehrdächern entsprechend der allgemeinen bauaufsichtlicher Zulassung ohne Gefälle verlegt werden. Wichtig ist jedoch die Sicherstellung der Stabilität der Plattenlager, daher ist unter den Plattenlagern auf der Dämmung keine Trennlage anzuordnen (Bild 7.7) [R9].

7.8 Wände in Tiefgaragen

7.8.1 Abmessungen der Wände

Bei der Festlegung der Konstruktion sind die Bauteilabmessungen wasserundurchlässiger Bauteile durch den Tragwerksplaner in Abstimmung mit dem Objektplaner zu optimieren. Einerseits sollen die Bauteile nicht zu dick sein, da mit zunehmender Bauteildicke die Zwangbeanspruchung zunimmt, andererseits sind für eine fachgerechte Bauausführung bestimmte Mindestdicken erforderlich. Lange Bauteile neigen zur

Rissbildung, andererseits bilden Fugen auch Gefahrenstellen. Wände dürfen nicht zu hoch sein, um sie einwandfrei betonieren zu können.

Die Mindestwerte für Bauteildicken für wasserundurchlässige Wände, sind in Tafel 3.3 zusammengestellt. Bei Wahl der Mindestdicken sind die zusätzlichen Maßnahmen zu beachten und einzuhalten, die im Abschnitt 7.3.2 dargestellt sind.

Die Zusammenhänge zwischen Wandhöhe und Wandlänge, insbesondere im Hinblick auf die Rissgefahr, werden nachfolgend im Abschnitt 7.8.2 beschrieben.

7.8.2 Rissbildung in Wänden

In der Praxis ist zu beobachten, dass in niedrigen Wänden die Risse in kürzeren Abstände entstehen als in höheren Wänden, dort sind die Rissabstände unter sonst gleichen Bedingungen größer (Bild 7.8). Die Zwangbeanspruchung wird umso kleiner, je kürzer die Wände im Vergleich zur Wandhöhe H sind. Unter der Wandlänge L ist hier der Abstand zwischen zwei Fugen zu verstehen, z. B. zwischen Bewegungsfugen, Arbeitsfugen oder Sollrissfugen.

Bei folgendem Gedankenmodell wird davon ausgegangen, dass die durch Zwang in der Wand entstehende Zugkraft von der Wand in die Bodenplatte eingeleitet wird [L33]. Hierbei haben die Einleitungsbereiche eine Länge L_e, die der halben Wandhöhe H_W entspricht (Bild 7.9).

Innerhalb der Einleitungsbereiche L_e nimmt die Zwangbeanspruchung zu und hat zwischen den Einleitungsbereichen ihre volle Größe erreicht (Bild 7.9). In diesem Wandbereich können Risse auftreten. Deren Abstand entspricht ungefähr der einfachen Wandhöhe, sofern nicht irgendwelche Schwachstellen vorhanden sind, die die Risse an diese Stelle ziehen. Wenn das Entstehen dieser Risse verhindert werden soll, sind kürzere Wandabschnitte auszuführen.

Die Zwangspannungen haben am Wandfuß ihren Maximalwert, sie wirken dort in voller Größe. In Bild 7.10 ist dies an der Zugspannung σ_{ct} zu erkennen.

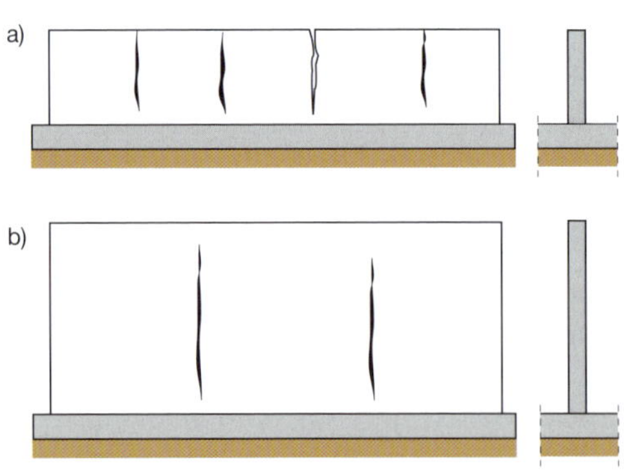

Grafik: G. Lohmeyer (nach [L33])

Bild 7.8: Sichtbare Risse in langen Wänden (Unsichtbare kurze Risse in sehr engen Abständen entstehen direkt über der Sohlplatte.)

a) Niedrige Wände: Die Risse beginnen kurz über der Sohlplatte und reichen meistens bis zur Wandkrone hoch.

b) Hohe Wände: Die Risse beginnen ebenfalls kurz über der Sohlplatte, enden jedoch häufig unterhalb der Wandkrone; der Rissabstand ist größer als bei niedrigen Wänden.

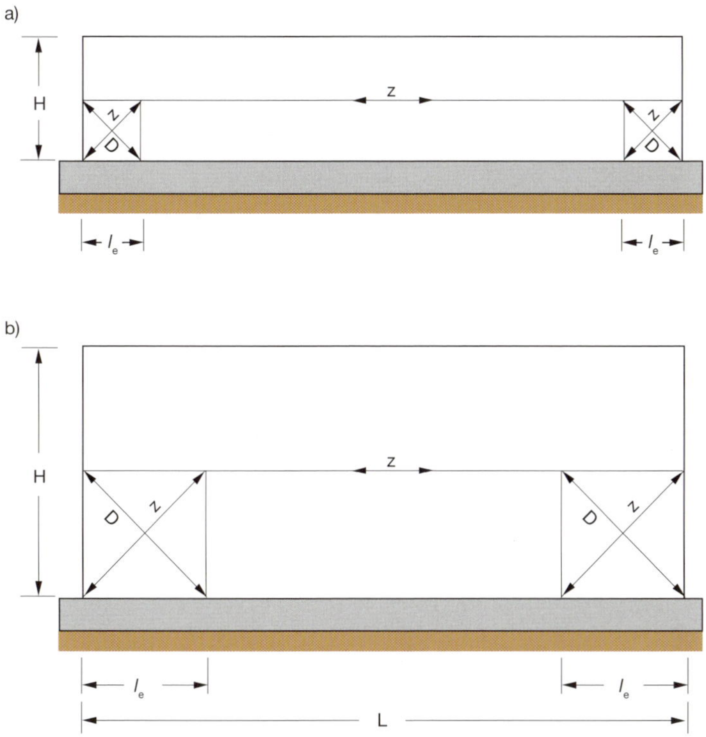

Grafik: G. Lohmeyer (nach [L33])

Bild 7.9: Zwang in Wänden (nach Falkner) [L33]: Zwischen den Einleitungsbereichen l_e herrscht eine Zwangzugkraft z in gleicher Größe.

a) niedrige Wände

b) hohe Wände

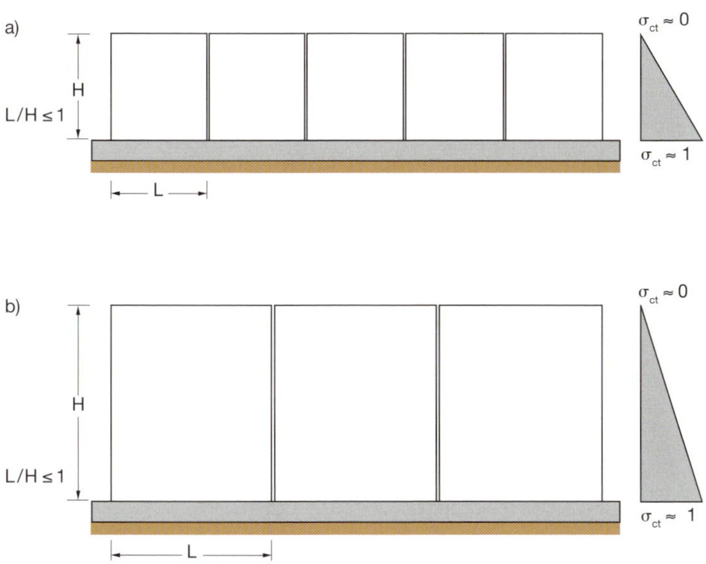

Grafik: G. Lohmeyer (nach [L33])

Bild 7.10: Kurze Wände mit Fugenabständen $L_F \leq H_W$ [L33]: Die Zwangspannungen σ_{ct} entstehen zwar über der Sohlplatte in voller Größe, werden jedoch durch unsichtbare Risse abgebaut. Zur Wandkrone hin nehmen die Zwangspannungen auf Null ab: $\sigma_{ct} = 0$.

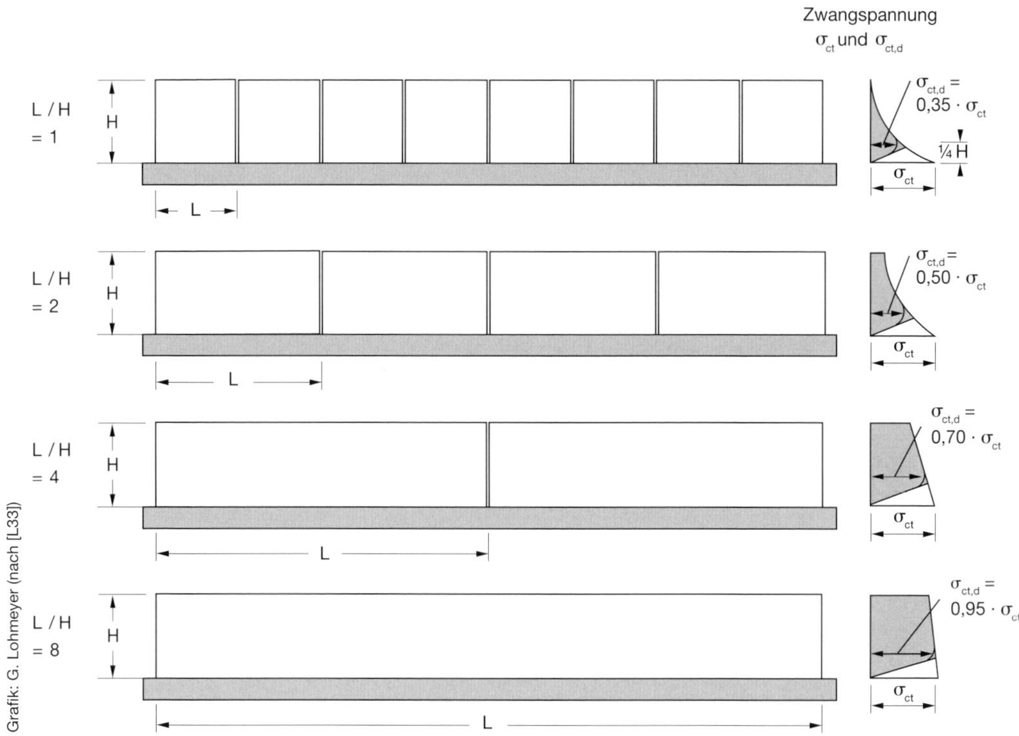

Bild 7.11: Zwang in Wänden [L33]: Die Größe der Zwangbeanspruchung ist am Wandfuß unabhängig von der Wandlänge, sie nimmt jedoch mit zunehmender Wandlänge zur Wandkrone zu und wächst bei sehr langen Wänden nach oben auf den vollen Wert an: Bei L/H > 8 beträgt die Zwangspannung über die ganze Wandhöhe $\sigma_{ct,d} = 1{,}0\ \sigma_{ct}$ · (Beiwerte $k_{ct,d}$ entsprechend Tafel 7.6)

Die Zugspannung σ_{ct} ergibt sich aus der Grundgleichung (Gl. 7.1):

$$\sigma_{ct} = \varepsilon_c \cdot E_c \qquad \text{(Gl. 7.1)}$$

Mit der Dehnung $\varepsilon_T = \varepsilon_0$ aus der Temperaturdehnzahl α_T und der Temperaturdifferenz ΔT entsprechend Gleichung (Gl. 4.5) erhält man folgende Gleichung:

$$\sigma_{ct} = \alpha_T \cdot \Delta T_c \cdot E_c \qquad \text{(Gl. 7.2)}$$

Damit erhält man die beim Abfließen der Hydratationswärme die in der Zeit (t) veränderliche Zugspannung $\sigma_{ct(t)}$ entsprechend Gleichung (Gl. 7.3), wenn außerdem die Verringerung der Zugspannung durch Kriechen und Relaxation berücksichtigt wird:

$$\sigma_{ct(t)} = k_{(\varphi+\psi)} \cdot \alpha_{T(t)} \cdot \Delta T_c \cdot E_{c(t)} \quad [\mathrm{N/mm^2}] \qquad \text{(Gl. 7.3)}$$

Hierbei sind:

$k_{(\varphi+\psi)}$ Kombinationsbeiwert nach Gleichung (Gl. 4.9) für den Abbau der Spannung durch Kriechen und Relaxation [R4]

$\alpha_{T(t)}$ Temperaturdehnzahl des jungen Betons zum Zeitpunkt t (nach Tagen) [1/K]

ΔT_c Temperaturdifferenz am Wandfuß zwischen dem Fundament und der Wand entsprechend Tafel 7.5, die auch hierfür angesetzt werden kann

$E_{c(t)}$ Elastizitätsmodul des Betons, abhängig vom zeitbedingten Erhärtungszustand und von der Art der Festigkeitsentwicklung (Tafel 4.4)

Infolge der Zugspannung $\sigma_{ct(t)}$ am Wandfuß können jedoch keine breiten Risse entstehen, da der Wandbeton mit innigem Verbund an die Bodenplatte anschließt. Man kann in der Regel davon ausgehen, dass die Zwangspannungen am Wandfuß nicht zu durchfeuchtenden Rissen in der Wand führen werden [R4]. Die größte Breite erreichen die Risse etwa in ¼ der Wandhöhe H_W, da hier der Anteil der Zwang erzeugenden Verformung am größten ist. Mit der in diesem Bereich wirkenden Zwangspannung ist der Nachweis zu führen. Dies ist der Bemessungswert der Zwangspannung $\sigma_{ct,d}$ (Bild 7.10 und Tafel 7.6).

Begründung:
Die vorhandene Bodenplatte ist steifer als die frisch betonierte Wand, denn die Zugfestigkeit und der Elastizitätsmodul der Bodenplatte sind höher. Durch den Verbund der frisch betonierten Wand mit der schon erhärteten Bodenplatte können sich im unteren Bereich der Wand keine breiten Risse bilden, sondern nur feine Haarrisse, die nicht zu Durchfeuchtungen führen. Durch diese Haarrisse werden die in Längsrichtung der Wand wirkenden Zwangspannungen abgebaut. Von der Bodenplatte ausgehend wirkt sich dieser Abbau der Zwangspannungen bis zu einem Viertel der Wandhöhe aus (Bild 7.11).

Tafel 7.5: Anhaltswerte für die mittlere Betonabkühlung $\Delta T_{c,B}$ im Bauteil als Differenz zwischen maximaler Temperatur T_{max} und Ausgleichstemperatur T_{Ausgl} für Wände in beidseitiger Holzschalung beim Abfließen der Hydratationswärme (Angaben der Autoren in Anlehnung an [R4])

Jahreszeit bei der Herstellung	mittlere Lufttemperatur T_L [°C]	Frischbetontemperatur T_{c0} [°C]	wirksame Bauteildicke h_0 [cm]	mittlere Bauteilabkühlung $\Delta T_{c,B}$ [K] bei einer Festigkeitsentwicklung des Betons: sehr langsam	langsam	mittel	schnell
				$r < 0{,}15$	$r < 0{,}30$	$r < 0{,}50$	$r \geq 0{,}50$
Sommer	15 ... 25	20 ... 25	30	10	13	17	20
			50	15	18	22	25
Frühling / Herbst	10 ... 20	15 ... 20	30	7	10	14	17
			50	13	16	,20	23
Winter	5 ... 10	10 ... 15	30	5	8	12	15
			50	10	13	17	20

Die Anhaltswerte können auch für Sohlplatten genutzt werden, wenn die Oberfläche möglichst kurz nach dem Einbau des Betons gegen Abkühlen geschützt wird.

Tafel 7.6: Beiwerte $k_{ct,d}$ als Anhaltswerte zur Bestimmung der Bemessungszugspannung $\sigma_{ct,d}$ im unteren Viertel der Wandhöhe entsprechend Bild 7.13 a) (nach [L33])

Verhältnis Wandlänge L_F zu Wandhöhe H_W	Beiwert $k_{ct,d}$
$L_F/H_W \leq 1$	$\approx 0{,}35$
≤ 2	$\approx 0{,}50$
≤ 3	$\approx 0{,}60$
≤ 4	$\approx 0{,}70$
≤ 6	$\approx 0{,}85$
≤ 8	$\approx 0{,}95$
> 8	$= 1{,}00$

Die Gleichung für die abgeminderte Bemessungsspannung $\sigma_{ct,d}$ in ¼ der Wandhöhe lautet:

$$\sigma_{ct,d} = k_{ct,d} \cdot \sigma_{ct(t)} \qquad \text{(Gl. 7.4)}$$

Hierbei ist der Beiwert $k_{ct,d}$ der Tafel 7.6 zu entnehmen, und zwar in Abhängigkeit vom Verhältnis der Wandlänge L_F als Fugenabstand zur Betonierhöhe H_W der Wand. Zwischen den Verhältniswerte L_F/H_W kann interpoliert werden.

7.8.3 Wände mit Frischbetonverbundsystem (FBV-System)

Frischbetonverbundsysteme können bei WU-Betonkonstruktionen, die der WU-Richtlinie des DAfStb [R3] entsprechen, als Zusatzmaßnahme zur Sicherstellung der Wasserundurchlässigkeit geplant und ausgeführt werden [L25]. Die Anwendung eines Frischbetonverbundsystems für Wände kann bei den Entwurfsgrundsätzen RV (Rissvermeidung) oder RA (Rissabdichtung) erfolgen, sodass sich dabei die erweiterten WU-Bauweisen [RV+FBVS] oder [RA+FBVS] ergeben (Tafel 7.2).

Für Wände mit Frischbetonverbundsystem gilt sinngemäß das Gleiche wie für Parkdecks auf Betonbodenplatten entsprechend Abschnitt 7.5.3.

7.9 An Parkdecks grenzende Stahlbetonbauteile

Für alle an Parkdecks grenzende Stahlbetonbauteile in Tiefgaragen, wie Wände und Stützen, Brüstungen und Schrammborde oder Aufkantungen, gilt das Gleiche wie für Parkdecks in anderen Parkbauten (Abschnitt 6.4.4).

Die Beschichtung bzw. die Abdichtung der Parkdecks ist zum Schutz der Anschlussfugen über die Dichtungskehle hochzuführen. Falls die Parkdecks keine Beschichtung oder Abdichtung erhalten, sind die Anschlussfugen dennoch durch eine Dichtungskehle mit Beschichtung mindestens 150 mm breit auf dem Parkdeck zu sichern. Dies kann ein Oberflächenschutzsystem OS 5b sein. Diese Beschichtung bzw. die Beschichtung des Parkdecks ist bei Decks ohne Gefälle mindestens 500 mm hochzuziehen (Bild 7.14) oder bei Parkdecks mit ≥ 2,5 % Gefälle mindestens 150 mm hoch (Bild 7.15). Hinterläufigkeiten müssen ausgeschlossen sein.

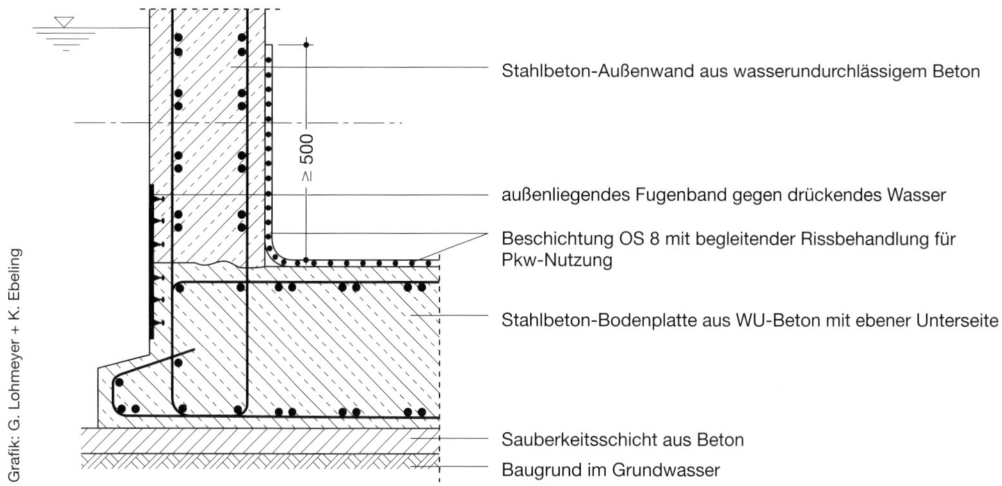

Bild 7.12: Stahlbeton-Bodenplatte, z. B. für Parkflächen in Tiefgaragen, mit Ortbetonwänden als Weiße Wanne [L45]

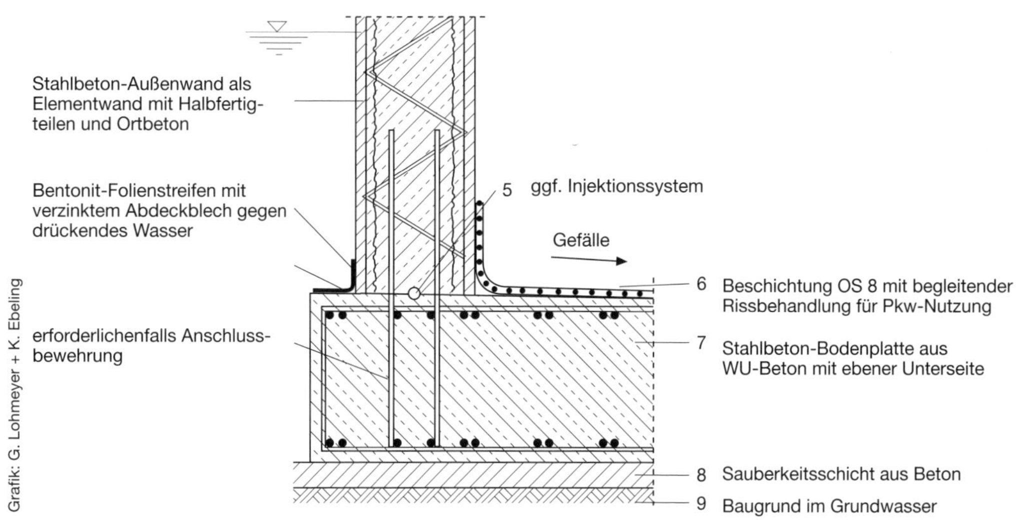

Bild 7.13: Stahlbeton-Bodenplatte, z. B. für Parkflächen in Tiefgaragen, mit Elementwänden als Weiße Wanne [L45]

8 Fugen

8.1 Allgemeine Konstruktionsgrundsätze

Fugenlose oder fugenarme Konstruktionen sind möglichst zu bevorzugen. Insbesondere sind Bewegungsfugen auf die notwendige Anzahl zu begrenzen. Jedoch lassen sich Fugen nicht immer vermeiden. Es ist vorab zu klären, ob Bewegungen in den Fugen zu erwarten sind. Erforderliche Fugen sind in ihrer Lage von der Nutzung und der Flächenausdehnung des Bauwerks abhängig. Sie können andererseits aber auch durch die Herstellung bedingt sein. Fugen bedürfen einer sorgfältigen Planung.

Die Planung von Fugen einschließlich der dazugehörigen Abdichtungen muss stets ein Bestandteil der Objekt- sowie der Tragwerksplanung sein. In Anlehnung an die orientierende Checkliste im Anhang A der DAfStb-WU-Richtlinie enthält die Tafel 1.7 einen Vorschlag der Autoren für Zuständigkeiten bei Parkbauten:

Bewegungsfugen: Lage, Konstruktion, Detailplanung (Tafel 1.7, Zeile 3.14):
- Verantwortlichkeit des Tragwerksplaners
- Mitverantwortlichkeit des Objektplaners/Architekten

Sollrissfugen: Lage, Konstruktion, Detailplanung (Tafel 1.7, Zeile 3.15):
- Verantwortlichkeit des Tragwerksplaners
- Mitverantwortlichkeit des Objektplaners/Architekten

Arbeitsfugen: Lage (Tafel 1.7, Zeile 3.16)
- Verantwortlichkeit des Bauunternehmers
- Mitverantwortlichkeit des Tragwerksplaners

Arbeitsfugen: Konstruktion, Detailplanung (Tafel 1.7, Zeile 3.17):
- Verantwortlichkeit des Tragwerksplaners
- Mitverantwortlichkeit des Bauunternehmers

Die Ergebnisse der Planung mit der Festlegung der Verantwortlichkeiten und Mitverantwortlichkeiten sind in das Leistungsverzeichnis und in die Ausführungsunterlagen aufzunehmen. Der Vorschlag der Autoren in Tafel 1.7 kann hierzu eine Grundlage bilden. Abweichungen oder andere Festlegungen sind mit allen Beteiligten eindeutig abzustimmen, z. B. zwischen Objektplanung, Tragwerksplanung, Bauausführung und Qualitätssicherung. Im Einzelnen sind die technischen Verantwortlichkeiten der Baubeteiligten, der Koordinierungsverlauf bzw. der Informationsaustausch festzulegen (Abschnitt 1.2 und Bild 1.13).

Weiterhin ist zu klären, ob die zu erwartenden Bewegungen in den Fugen stattfinden können oder ob sie verhindert werden müssen. Bei Parkdecks sind im Wesentlichen die Fugenarten entsprechend Tafel 8.1 zu unterscheiden.

Tafel 8.1: Fugenarten in Abhängigkeit vom Grund der Herstellung und von der Funktion der Fugen

Fugenart	Grund der Fugenherstellung	Funktion der Fuge
Scheinfugen	Unterteilung unbewehrter Bodenplatten ohne Grundwasser-Einwirkung	Vermeiden der Rissbildung bei großflächigen unbewehrten Bodenplatten; spätere Verfüllung der Scheinfugen
Betonierfugen (Arbeitsfugen)	Unterteilung größerer Flächen in Betonierabschnitte (Bild 8.1 a))	Betonierfugen (Arbeitsfugen) und Stoßfugen sowie Betoniergassen und Sollrissfugen sollen im Allgemeinen im späteren Bauwerkszustand als Fuge weder wirksam, noch sichtbar sein
Betoniergassen	Trennung eines flächigen Bauteil zwischen Festpunkten zum Abbau der Hydratationswärme (Bild 8.1 b))	
Sollrissfugen (Scheinfugen)	Zur Unterteilung langer Wände in kürzere Wandabschnitte zum Abbau von frühem Zwang	
Stoßfugen	Fugen zwischen Fertigteilen, z. B. bei Elementdecken (Bilder 8.7 und 8.8)	
Bewegungsfugen (Dehnfugen)	– Fugen im Bauwerk sind auch in Parkdecks zu übernehmen; – Fugen bei zu großen Längenänderungen	Bewegungsfugen sollen während der Bauwerksnutzung alle Bewegungen aufnehmen können (Bild 8.1)

Bei der Anordnung der Fugen ist der Bauablauf zu berücksichtigen und es sind die geometrischen Grundforderungen zu beachten, wenn die Rissgefahr geringer gehalten werden soll. Die Flächen sollen möglichst quadratisch sein und im Seitenverhältnis nicht ungünstiger als 1:1,5 werden (Gl. 8.1):

$$\text{Seitenverhältnis } L : B = 1:1 \text{ bis } 1:1{,}5 \qquad \text{(Gl. 8.1)}$$

Einspringende Ecken sind zu vermeiden, auch bei stark gegliederten Grundrissen. Ein lotrechter Versprung oder Versatz in den Fugen ist zu vermeiden, da hierdurch unkontrollierte Zwänge entstehen können und die Fugen zu besonderen Schwachpunkten der Konstruktion würden.

Fugen in Parkdecks dürfen kein Wasser durchlassen. Daher sind alle Fugen planmäßig wasserundurchlässig auszubilden, angepasst an die jeweilige Beanspruchung. Dennoch sind Fugen nicht dort anzuordnen, wo Pfützenbildungen zu erwarten sind. Alle Fugen müssen wasserundurchlässig gegen Wasserbeanspruchung ausgebildet werden. Bei Parkdecks auf Bodenplatten sind Fugen auch gegen drückendes Wasser von unten abzudichten, sofern die Bodenplatte im Grundwasser liegt. Parkdecks auf Bodenplatten dauerhaft oberhalb des Grundwassers können Scheinfugen zur Rissvermeidung erhalten. Die Scheinfugen sind später zu verfüllen (Tafel 8.1).

Zur Sicherung der Fugen dürfen nur Fugenabdichtungen verwendet werden, die für Parkdecks geeignet und nachweislich dicht sind. Der Tragwerksplaner hat die in den Fugen zu erwartenden Bewegungen anzugeben, ebenso die mechanischen Beanspruchungen, denen die Fugenabdichtungen standzuhalten haben. Den Nachweis der Eignung der zu wählenden Fugenprofile hat der Hersteller der Fugenprofile zu liefern.

8.2 Betonierfugen, Betoniergassen und Sollrissfugen

8.2.1 Betonierfugen (Arbeitsfugen)

Betonierfugen werden auch Arbeitsfugen genannt. Sie ergeben sich aus den Anforderungen, den Bauablauf möglichst einfach und sinnvoll zu gestalten. Arbeitsfugen dienen einerseits zur Unterteilung großer Flächen in kleinere Betonierabschnitte, beispielsweise bei großen Parkdecks oder langen Wänden. Sie ergeben sich andererseits zwischen waagerechten und lotrechten Bauteilen, z. B. bei Parkdecks und den darauf stehenden Stützen oder Wänden.

Bei der Festlegung von Betonierfugen zur Unterteilung großer Flächen ist darauf zu achten, dass die geometrischen Abmessungen der Betonierabschnitte zur Verminderung der Rissgefahr nicht ungünstig eingeteilt werden (Gl. 8.1). Die Lage der Betonierfugen und die Art der Ausführung sind auf den Bauablauf und die Konstruktionsart abzustimmen. Sie sind vom Tragwerksplaner in Absprache mit dem ausführenden Unternehmen festzulegen und in einem Fugenplan darzustellen.

Im Allgemeinen können die Zwangspannungen beim Abfließen der Hydratationswärme innerhalb großer Bauteile durch Fugen kleiner gehalten werden. Dadurch wird die Rissgefahr verringert, z. B. bei der Unterteilung langer Parkdecks in kürzere Bauabschnitte.

Zu Betonierfugen (Arbeitsfugen) enthält DIN EN 13670 mit DIN 1045-3, Abschnitt 8.2 NA.4 folgende Angaben:
„Arbeitsfugen sind so auszubilden, dass alle dort auftretenden Beanspruchungen aufgenommen werden können. Vor dem Anbetonieren sind Verunreinigungen, Zementschlämme und loser Beton am bereits erhärteten Betonierabschnitt zu entfernen und die Anschlussflächen ausreichend vorzunässen. Zum Zeitpunkt des Anbetonierens muss die Oberfläche des bereits erhärteten Betons mattfeucht sein.“

Arbeitsfugen können somit auch ohne zusätzliche Einbauteile einen guten Anschluss bilden, wenn der erste Betonierabschnitt lotrecht abgeschalt wird und dann ein sorgfältiges Anbetonieren erfolgt. Die vorstehenden Angaben der Norm gelten für übliche Betonbauteile. Für Bauteile, die eine abdichtende Funktion aufweisen sollen, sind jedoch zusätzliche Maßnahmen erforderlich, z. B. bei Arbeitsfugen in Bodenplatten, die im Grundwasser liegen. Das bedeutet: Es darf kein Wasser nach innen eintreten. Die Wasserundurchlässigkeit von Arbeitsfugen kann durch ein außen liegendes Fugenband erfolgen (Bild 8.1 a)).

Beim Anbetonieren an den ersten Betonierabschnitt im Verbund entsteht beim Abfließen der Hydratationswärme im zweiten Betonierabschnitt eine zusätzliche Zwangbeanspruchung, die Risse rechtwinklig zur Arbeitsfuge erzeugen kann. Für diese zusätzliche Zwangbeanspruchung kann parallel zur Arbeitsfuge eine zusätzliche Bewehrung zur Begrenzung der Rissbreite gewählt werden, bezogen auf die zweifache Dicke der Betonplatte: gleicher Stabdurchmesser $\varnothing_s$ und gleiche rechnerische Rissbreite w_k wie die andere Rissbewehrung.

Anstelle des einfachen Anbetonierens an die lotrecht abgeschalte Stirnfläche können Fugenprofile eingebaut werden, die eine Querkraftübertragung ermöglichen, z. B. sogenannte Omega-Profile. Die Fugenprofile bewirken mit ihren Verankerungen eine Begrenzung der Breite entstehender Risse quer zur Arbeitsfuge. Außerdem können auch Betoniergassen (Schwindgassen) oder Scheinfugen (Sollrissfugen) anstelle des einfachen Anbetonierens gewählt werden. In diesen Fällen ist keine zusätzliche Bewehrung zur Rissbreitenbegrenzung erforderlich.

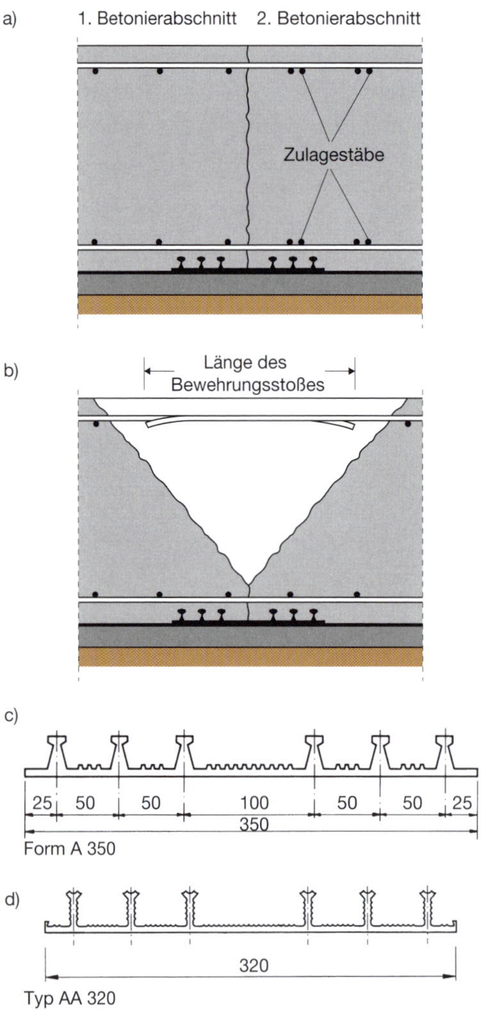

Grafik: G. Lohmeyer + K. Ebeling

Bild 8.1: Beispiele für Betonierfugen (Arbeitsfugen) und Betoniergassen in Bodenplatten von Tiefgaragen bei Wasserdruck mit außen liegendem Fugenband

a) Arbeitsfuge mit lotrechter Absperrung, z. B. Streckmetall
b) Betoniergasse mit schräger Absperrung in Breite der für den Stoß der oberen Bewehrung erforderlichen Übergreifungslänge sowie mit durchlaufender unterer Bewehrung
c) Fugenband aus Elastomer nach DIN 7865 Form A 350
d) Fugenband aus thermoplastischem Kunststoff nach DIN 18541 Typ AA 320

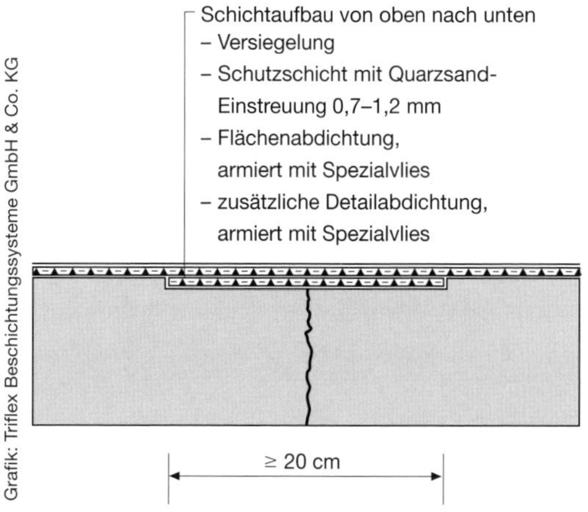

Bild 8.2: Beispiel für die Fugenabdichtung einer Betonierfuge durch Überspannen mit einem Spezialsystem auf Kunstharz-Basis, z. B. PMMA (Polymethylmethacrylatharz) für OS 10

***Beispiel 8.1:** Arbeitsfugen in wasserundurchlässigen Bodenplatten*

Eine großflächige Bodenplatte, die im Grundwasser liegt, erhielt eine Arbeitsfuge, die durch eine lotrechte Absperrung mit Streckmetall hergestellt wurde (Bild 8.1a)). Die Fuge erhielt ein außenliegendes Fugenband gegen drückendes Wasser. Die Bewehrung des ersten Betonierabschnitts (1.BA) ragte als Anschlussbewehrung aus der Fuge in den zweiten Betonierabschnitt. Nachfolgend wurde der zweite Betonierabschnitt (2.BA) anbetoniert. Gegen eindringende Chloride erhielt die gesamte Oberfläche der Betonbodenplatte vor Nutzungsbeginn eine Beschichtung OS 8 (Abschnitt 10.3).

Gegen eindringende Chloride, die bis zur Bewehrung vordringen könnten und dort zur Korrosion führen würden, kann die Oberfläche im Bereich einer Arbeitsfuge durch eine überbrückende Bandage abgedichtet werden. Dazu ist die Oberfläche für die Breite der Bandage mindestens 200 mm breit einzufräsen (Bild 8.2).

Arbeitsfugen an aufgehenden Bauteilen

Arbeitsfugen zwischen Parkdecks und aufgehenden Bauteilen (Stützen und Wände) sind stets gegen eindringende Chloride zu schützen, z. B. durch eine gefügedichte Dreiecks- oder Hohlkehle (Dichtungskehle) mit darüber gezogener Beschichtung (Bild 10.8). Das Gleiche gilt für Arbeitsfugen zwischen Bodenplatten und aufgehenden Bauteilen (Bild 10.11). Auch unter durchlässigen Bodenparkdecks müssen Arbeitsfugen zwischen Fundamenten und aufgehenden Bauteilen gegen eindringende Chloride geschützt sein (Bild 10.9).

8.2.2 Betoniergassen

Eine besondere Form von Arbeitsfugen sind Betoniergassen, gelegentlich auch als Hydratationsgasse bezeichnet. Im Sprachgebrauch wird fälschlicherweise manchmal auch der Begriff „Schwindgasse" verwendet. Sie können dort angelegte werden, wo die Zwangbeanspruchung abgebaut werden soll, z. B. bei Betonkonstruktionen zwischen Festpunkten, wie dies bei Bodenplatten der Fall sein kann. Gegenüber Arbeitsfugen entsteht hier beim Anbetonieren kaum eine Behinderung der Querdehnung, da eine weitgehende Entkoppelung der benachbarten Betonierabschnitte vorliegt. Hierbei wird vor dem Betonieren eine keilförmige Absperrung mit Streckmetall eingebaut, deren untere Spitze bis auf die untere Bewehrung reicht (Bild 8.1 b)). Die untere Bewehrung läuft durch die Betoniergasse. Die obere Bewehrung wird im Bereich der Betoniergasse gestoßen. Die Bewehrungstäbe vom 1. Betonierabschnitt bilden mit den Bewehrungsstäben des 2. Betonierabschnitts die statisch erforderliche Übergreifungslänge l_0 des Bewehrungsstoßes. Das Schließen der Betoniergasse sollte erst dann erfolgen, wenn die Temperaturdifferenz zwischen dem Bauteilinneren und der umgebenden Luft weniger als 10 Kelvin beträgt. Im Allgemeinen genügen 10 Tage nach dem Betonieren. Vor dem Schließen der Betoniergasse ist die Querbewehrung im Bereich der Betoniergasse einzubauen.

Überbrückende Bandagen

Im Bereich der Betonierfugen (Arbeitsfugen), Betoniergassen oder Rissen ist ein Schutz der Bewehrung gegen Korrosion erforderlich. Dieser Schutz gegen eindringende Chloride kann durch Bandagen erfolgen. Diese überbrückenden Bandagen stellen als lokale Maßnahme eine Abweichung von einem vollflächigen Schutzsystem dar. Bandagen sollen oberflächenbündig hergestellt werden, damit sich an den Rändern kein Wasser staut (Bild 8.3).

Außer Arbeitsfugen, Betoniergassen und Rissen können auch die Stoßbereiche an Auflagern mit überbrückenden Bandagen abgedichtet werden. Dies gilt insbesondere für Einfeldkonstruktionen durch die Auflagerverdrehung. Das fugenüberbrückende System ist auf die zu erwartende Bewegung in Stoßfugen abzustellen. Die Bewegungen können temperaturbedingt sein oder durch Verformungen infolge der Verkehrsbelastung hervorgerufen werden. Ein Nachteil der Dichtbandagen ist ihre deutliche Erkennbarkeit. Stöße zwischen Fertigteilen behandelt Abschnitt 8.3.

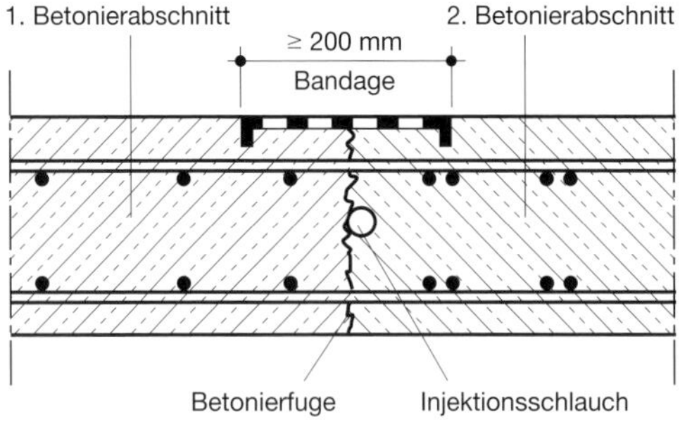

Grafik: G. Lohmeyer + K. Ebeling

Bild 8.3: Beispiel für eine Betonierfuge (Arbeitsfuge) mit Bandage, mindestens 200 mm breit und überbrückend, mit Verkrallung in eingefrästen Schlitzen gegen Unterläufigkeit

8.2.3 **Sollrissfugen** (Scheinfugen)

Sollrissfugen werden auch Sollrissquerschnitte genannt und funktionieren wie Scheinfugen. Scheinfugen in unbewehrten Ortbetonflächen bei ebenerdigen, nicht unterkellerten Parkflächen sind im Abschnitt 6.3.2.2 beschrieben.

Sollrissfugen können bei der Tragwerksplanung dort angeordnet werden, wo Zwangbeanspruchungen im jungen Beton beim Abfließen der Hydratationswärme gering gehalten werden sollen. Vorzugsweise werden Sollrissfugen als lotrechte Fugen zur Unterteilung langer Wände in kürzere Wandabschnitte angeordnet.

Damit der gewollte Abbau von Zwangspannungen im Bauteil erreicht wird, muss eine Sollrissfuge so ausgebildet sein, dass der Riss auch an der geplanten Stelle entstehen kann. Hierzu sind folgende Voraussetzungen nötig [R4]:
- geeignete Wahl des Abstands der Sollrissquerschnitte mit Berücksichtigung der Verformungsbehinderungen durch angrenzende Bauteile
- Schwächung des Betonquerschnitts um mindestens 1/3 der Bauteildicke
- Schwächung der Bewehrung, die durch die Sollrissfuge geführt wird, sofern dies die statische Mitwirkung der benachbarten Wandabschnitte zulässt
- vereinfachend soll die durch die Sollrissfuge laufende Bewehrung nicht mehr als die Hälfte der Bewehrung zur Begrenzung der Rissbreite betragen

Bei Durchführung von Bewehrung durch den Sollrissquerschnitt ist zu bedenken:
- Zugkräfte werden proportional zum Bewehrungsquerschnitt über den Sollriss hinweg übertragen.
- Durch die Bewehrung könnten die verbleibenden Zugspannungen zu unkontrollierten Rissen zwischen den Sollrissfugen führen.
- In derartigen Fällen wäre der Zweck eines Sollrissquerschnitts verfehlt.

Bei von außen drückendem Wasser entsprechend der Nutzungsklasse NK-A (z. B. bei Tiefgaragenwänden) sind Sollrissfugen stets durch eine Fugenabdichtung entsprechend einer Fugenklasse (FUG) nach Tafel 2.16 zu sichern (Bild 8.1 a)). Für die Nutzungsklasse NK-B ist entweder eine Fugenabdichtung oder eine Begrenzung der Trennrissbreite durch Bewehrung gemäß der gewählten Bauweise nach Tafel 2.3 vorzusehen. Bei der Wahl der Fugenabdichtung ist die Verformung zu berücksichtigen, die bei der Rissbildung zu erwarten ist. Details zu Raumnutzungsklassen in Tiefgaragen sind im Abschnitt 7.2.2 dargestellt.

8.3 Stoßfugen zwischen Fertigteilen und Halbfertigteilen

Bei der Verwendung von Fertigteilen entstehen Stoßfugen. Fugen in ebenerdigen, nicht unterkellerten Parkflächen sind im Abschnitt 6.3.3.1 beschrieben. Fugen in erdberührten Wänden und in Parkdecks sind wasserundurchlässig auszubilden. Diese Stoßfugen müssen in geeigneter Weise ausgebildet werden, damit sie dauerhaft geschlossen und geschützt sind und instandgehalten werden können.

8.3.1 Stoßfugen zwischen Fertigteil-Wandelementen

In den Stoßfugen zwischen Wandelementen kann zur Abdichtung gegen durchsickerndes Wasser ein angesetztes Elastomerprofil als Kompressionsdichtung dienen, gegen das die Fertigteile bei der Montage gedrückt werden. Alternativ hierzu kann die Kompressionsdichtung später an der Wandaußenseite in eine Nut der Stoßfuge eingeschlagen werden (sinngemäß wie Bild E.10-7 in [R4]).

Eine andere Möglichkeit der Fugenabdichtung besteht darin, auf der Außenseite der Wand über die Stoßfuge eine streifenförmige Abdichtungsbahn oder eine andere Klebedichtung aufzubringen, entsprechend dem allgemeinen bauaufsichtlichen Prüfzeugnis abP, erforderlichenfalls mit Klemmschienen (sinngemäß wie Bild E.10-7 in [R4]). Als Stoffe hierfür kommen Streifen aus Bitumenbahnen und Polymerbitumenbahnen sowie Kunststoffbahnen und Elastomerbahnen nach DIN EN 18533-1 Tabelle 4 infrage.

8.3.2 Stoßfugen in Elementwänden

Die Abdichtungen der Stoßfugen in Elementwänden mit Fugenabdichtungssystemen sind entsprechend dem vorgesehenen Entwurfsgrundsatz in Abhängigkeit von Beanspruchungsklasse BK und Nutzungsklasse NK zu wählen (Tafel 2.2). Beispielsweise ist bei Nutzungsklasse NK-A mit Beanspruchungsklasse BK1 stets eine Abdichtung der Stoßfugen erforderlich.

Die Entscheidung, ob die Fugenabdichtung in die Mitte des Querschnitts oder an die Außenfläche gelegt wird, muss objektbezogen vom Planer, möglichst in Absprache mit dem Bauherrn, getroffen werden. Die Ausführbarkeit mittiger Abdichtungen ist nur möglich bei ausreichender Dicke des Kernbetonbereichs zwischen Außen- und Innenschale der Doppelelemente. Die Ausführung streifenförmiger Fugenabdichtungen an der Außenseite setzt beispielsweise ausreichenden Arbeitsraum und Schutz vor Beschädigungen und vielfach geeignete Witterungsbedingungen bei der Ausführung voraus.

Gegebenenfalls ist die Entscheidung für die Art der Fugenabdichtung auch davon abhängig, welches Unternehmen die Betonierarbeiten bzw. die Fugenabdichtungen auszuführen hat, denn die ausführende Firma steht in der Gewährleistung.

Bei Ausnutzung der in der WU-Richtlinie genannten Mindestbauteildicken (Tafel 7.2) sollten insbesondere bei Beanspruchungsklasse BK1 (Druckwasser) bei der Planung möglichst nur außen liegende Fugenabdichtungen vorgesehen werden. Mittig liegende Fugenabdichtungen sollten nur durch Unternehmen mit besonderer Spezialisierung und unter Berücksichtigung der genannten Randbedingungen erfolgen.

In der WU-Richtlinie [R7] wird ein sehr geringer Mindest-Einbauraum von 120 mm zugelassen. Nach Ansicht der Autoren sollte dieser möglichst größer gewählt werden, beispielsweise $b_{wi} \geq 140$ mm. Weiterhin ist es bei Ausnutzung der Mindestwanddicken sinnvoll, in der Arbeitsfuge Sohlplatte/Wand solche mittig liegenden Fugendichtungssysteme zu bevorzugen, die nur einen geringen Platzbedarf und keine hohe Einbaugenauigkeit erfordern, z. B. geeignete Quellprofile mit Eignungsnachweis nach DIBt [R29] mit allgemeinem bauaufsichtlichen Prüfzeugnis und Verwendbarkeitsnachweis. Einbauräume über $b_{wi} \geq 180$ mm erleichtern den Einsatz mittig liegender Fugenbänder oder Fugenbleche.

8.3.3 Stoßfugen zwischen Fertigteil-Deckenelementen

Bei nebeneinander liegenden Deckenelementen können vor allem bei weitgespannten Fertigteilplatten und unterschiedlichen Belastungen an den Fugen auch Durchbiegungsunterschiede auftreten. Dies könnte vor allem bei weitgespannten Fertigteilplatten ein Problem für die Dichtheit der Fugen mit sich bringen.

Bei vorgefertigten Deckensystemen muss die Querkraftübertragung mit Querverteilung der Lasten zwischen nebeneinander liegenden Deckenelementen durch geeignete Verbindungen gesichert sein (DIN EN 1992-1-1, Abschnitt 10.9.3). Die nachfolgenden Bilder 8.4 bis 8.8 zeigen unterschiedliche Stoßfugen zwischen Fertigteilen.

Grafik: G. Lohmeyer + K. Ebeling

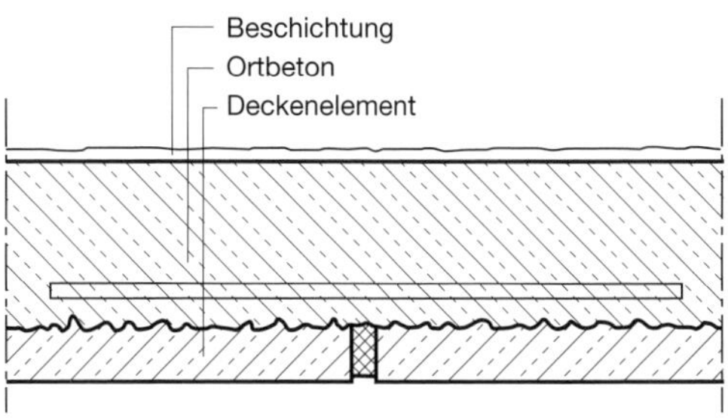

Bild 8.4: Beispiel für eine Stoßfuge zwischen Elementdeckenplatten mit Querbewehrung im nachträglich ergänzten Ortbeton

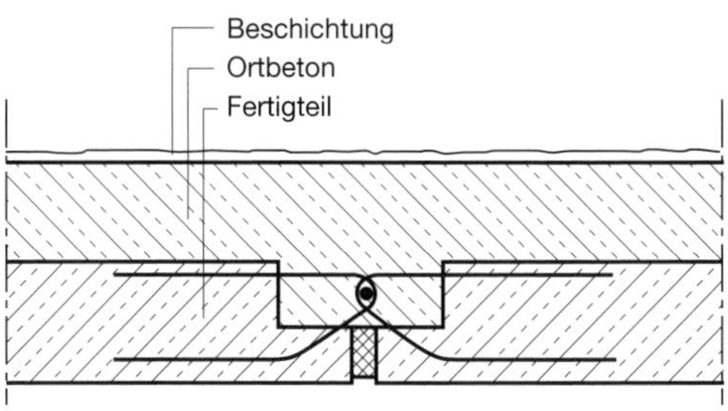

Bild 8.5: Beispiel für eine Stoßfuge zwischen vorgefertigten Deckenplatten mit übergreifender Schlaufenbewehrung [L10]

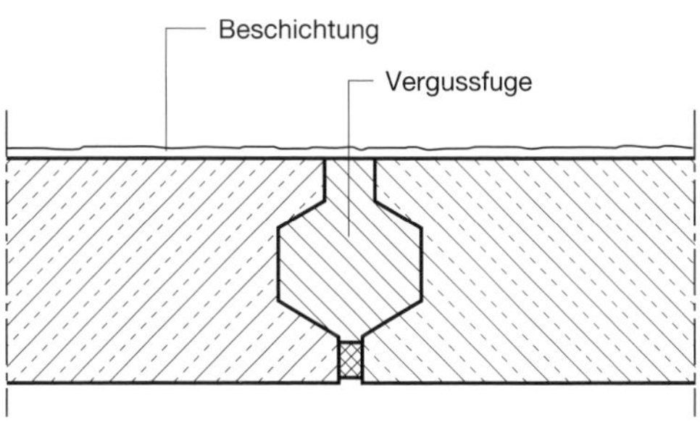

Bild 8.6: Beispiel für eine ausbetonierte Stoßfuge zwischen Fertigteil-Deckenplatten (nach DIN EN 1992-1-1/NA, Bild NA.10.2a [N2]

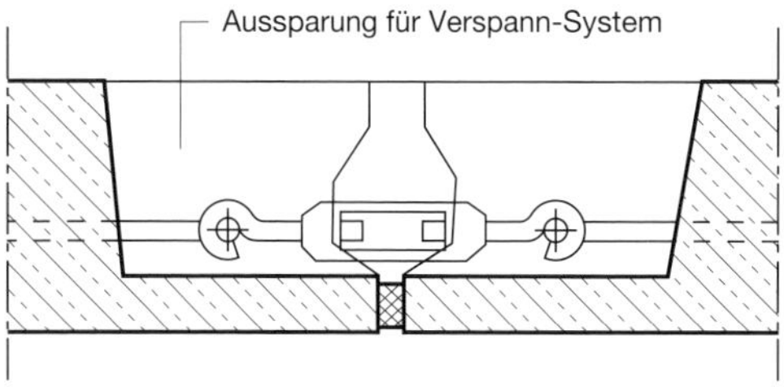

Bild 8.7: Beispiel für eine Stoßfuge mit gegenseitiger Verspannung der Fertigteil-Deckenelemente [L10]

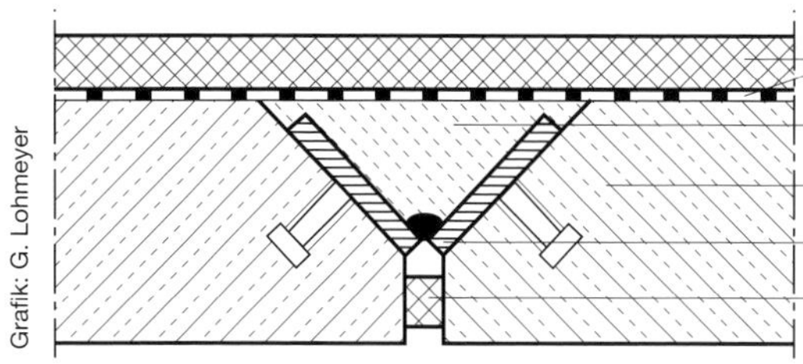

Bild 8.8: Beispiel für eine Stoßfuge zwischen Fertigteil-Deckenplatten mit Schweißverbindung (in Anlehnung an DIN 1045-1 [N2]

8.3.4 Stoßfugen in Elementdecken und Decken aus π-Platten

Bei weitgespannten Decks aus Elementdecken oder π-Platten mit Ortbetonergänzung ist die zu befahrene Fläche mit einer Beschichtung zu versehen, beispielsweise mit einem Oberflächenschutzsystem OS 10 bzw. OS 11. Damit soll sichergestellt sein, dass durch die Risse, die sich im Ortbeton über den Stoßfugen der Elemente bilden können, kein Wasser durchdringt. Die Oberseiten der Deckenelemente müssen zur Aufnahme des Ortbetons rau und griffig sein, damit die Verbundfuge zwischen den Deckenelementen und der Ortbetonergänzung einen wirksamen Verbund ergibt. Unterläufigkeiten zwischen Deckenelementen und Ortbetonergänzung müssen vermieden werden. Einer Rissbildung über den Stoßfugen der Deckenelemente und an den Auflagern ist konstruktiv entgegen zu wirken (Beispiel 11.5).

An der Unterseite können die Stoßfugen offen bleiben. Im Stoßfugenbereich muss jedoch die Bewehrung im Ortbeton (Stoßfugenbewehrung) eine genügend große Betondeckung erhalten. Diese Forderung lässt sich durch eine Anfasung der oberen Kante der Elementstöße leichter erfüllen.

Bei Parkdecks aus Spannbetonhohlplatten können herstellungsbedingte Deckenversätze im Einbauzustand entstehen. Die Querkraftübertragung im Stoßbereich ist wegen geringer Bauhöhe der Elemente besonders wichtig. Beim Überfahren kann ein Deckenversatz entstehen, wenn die Stoßbereiche nicht kräftig genug ausgebildet wurden.

Bei einem vorgesehenen Gefälle kann die im Endzustand verbleibende Überhöhung in Feldmitte zu Schwierigkeiten führen. Erforderlichenfalls ist ein Ausgleichsbeton aufzubringen.

Parkdecks aus Spannbetonhohlplatten erfordern eine Abdichtung mit Bahnen in der Ausführungsart nach Tafeln 2.18. Die zusätzlichen Lasten für den Ausgleichsbeton und die Abdichtung mit dem Gussasphalt oder einer anderen Schutzschicht sind vom Tragwerksplaner zu erfassen.

Ob Fertigteildecken direkt befahren werden können (Bilder 8.5 und 8.6), hängt nicht nur von der Maßgenauigkeit der Fertigteile und der exakten Auflagerausbildung ab. Spätere Verformungen können insbesondere an den Stößen und den Auflagern zu Problemen führen. Es ist zu empfehlen, nach sorgfältiger Ausführung der Querverbindung und des Fugenvergusses der Plattenstöße eine Ausgleichsschicht mit einem Oberflächenschutzsystem oder eine Abdichtung mit Schutzschicht aufzubringen. Damit werden Fertigungstoleranzen, unterschiedliche Durchbiegungen und Verformungen an den Auflagern der Einfeldplatten ausgeglichen.

8.4 Bewegungsfugen

Nach Möglichkeit sind Bewegungsfugen zu vermeiden oder auf das Erforderliche zu begrenzen. Vorzugsweise sind Konstruktionen ohne Bewegungsfugen zu planen. Für unvermeidbare Bewegungsfugen sind folgende Einflüsse zu berücksichtigen:
- Art der Konstruktion
- Aussteifung des Bauwerks
- Verringerung der Zwangbeanspruchungen
- Art und Intensität der Beanspruchung
- Zugänglichkeit für Wartung und Instandhaltung

Vorab ist zu klären, welche Arten von Bewegungen in den Fugen zu erwarten sind und welche Größe sie haben. Die zu erwartenden Bewegungen sind für Ausbildung der Fugen von Bedeutung. Bewegungsfugen in Parkdecks und Rampen müssen in den aufgehenden Bauteilen (Wände, Stützen) ohne Versprung weitergeführt werden. Versprünge in Bewegungsfugen führen zu unkontrollierbaren Rissen. Sie müssen daher vermieden werden. Die auftretenden Bewegungen können dreidimensional sein (Bild 8.9).

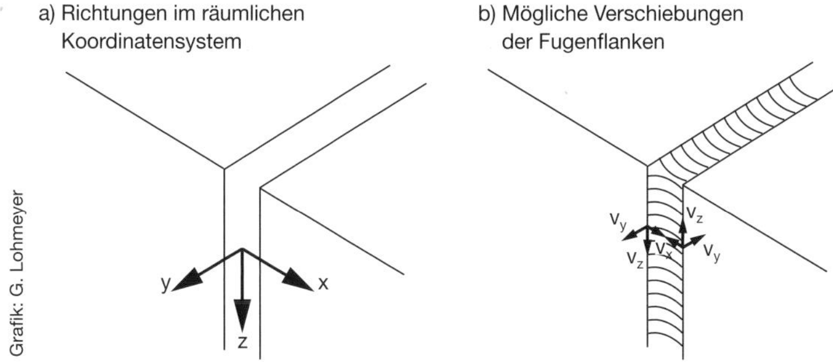

Bild 8.9: Mögliche Bewegungen in Fugen [L45]

Hinweise zu Fugenbewegungen
- Bewegungen der Fugenflanken in horizontaler Richtung, bei denen sich die Fugenflanken voneinander wegbewegen, können sich beispielsweise beim Abkühlen der Bauteile oder beim Schwinden des Betons ergeben.
- Fugenbewegungen, bei denen die angrenzenden Bauteile in vertikaler Richtung höhenmäßig gegeneinander verschoben werden, können bei ungleichmäßigen Belastungen entstehen.
- Fugenbewegungen in Längsrichtung der Fugen können bei aussteifenden Bauteilen auftreten. Es entsteht eine Beanspruchung auf Abscheren.

Alle Bewegungsfugen (Dehnfugen) sind zu planen, in ihrer Lage und Ausführung festzulegen und in einem Fugenplan darzustellen. Bei der Ausbildung der Bewegungsfugen ist zu klären, ob die Fugen offen bleiben können oder Fugenprofile erhalten sollen. Sofern Bewegungsfugen nicht offen bleiben können, werden sie mit wasserdichten Fugenprofilen ausgebildet.

Für die Auswahl wasserdichter Fugenprofilsysteme für Bewegungsfugen in Parkbauten sind bei der Planung somit nachfolgende Daten zu ermitteln und zu berücksichtigen [L52]:
- Größe der Fugenbewegung in allen Richtungen (Bild 8.9)
- erforderliche Fugenbreite
- vorgesehener Bodenaufbau für das Parkdeck zur Festlegung der erforderlichen bzw. möglichen Profilhöhe
- Art der Beanspruchung aus Last (statisch und/oder dynamisch)
- physikalische und chemische Beanspruchungen
- Fugenprofile aus nicht rostendem und chloridbeständigem Stahl
- Wasserdichtheit unter Berücksichtigung geeigneter Formteile und Endstücke sowie Ausbildung der Profilstöße und -anschlüsse
- optische Einflüsse

8.4.1 Offene Bewegungsfugen

Offene Bewegungsfugen können beispielsweise in wenig befahrenen und privat genutzten Parkdecks als „low-cost-Lösung“ vorgesehen werden. Hierbei werden die Stirnseiten mit dem erforderlichen Bewegungsraum lotrecht abgeschalt und mit Wassernase an der Unterseite betoniert. Die Stirnseite und der Bereich mit der Wassernase benötigen den gleichen Schutz wie die Oberseite des Decks. Die Oberseite ist mit Gefälle von der Fuge weg auszubilden. Zum Auffangen anfallenden Wassers ist unter der offenen Fuge eine Abflussrinne anzuordnen, die das Wasser in ein Fallrohr abführt (Bild 8.10).

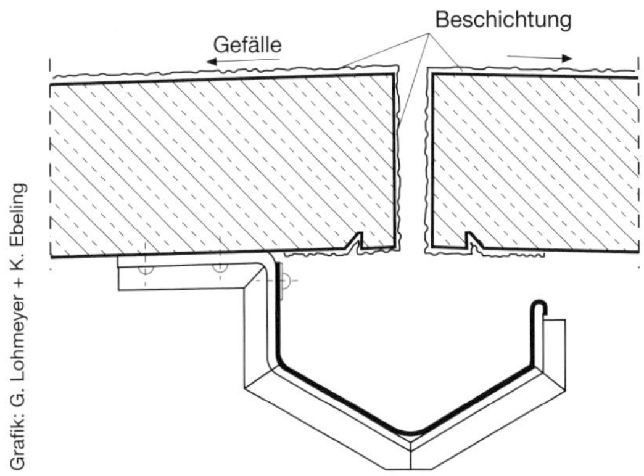

Bild 8.10: Beispiel für eine offene Bewegungsfuge mit untergehängter Abflussrinne

8.4.2 Bewegungsfugen mit Fugenprofilen

Im Allgemeinen werden für die Sicherung von Bewegungsfugen spezielle Fugenprofile verwendet. Die zu verwendenden Fugenprofile haben mehrere Anforderungen zu erfüllen:

- Ausgleich der Bewegungen der angrenzenden Bauteile
- Aufnahme der statischen und mechanischen Beanspruchungen
- Wasserundurchlässigkeit des Fugenbereichs mit Verhinderung des Chlorideintrags
- Widerstandsfähigkeit gegen aggressive Stoffe, z. B. Chloride, Öle, Treibstoffe
- Anschlussmöglichkeit für Beschichtungen und Abdichtungen
- werkmäßig hergestellte Eck- und Kreuzungsverbindungen
- Auswechselbarkeit der Dehneinlage ohne Beschädigung des angrenzenden Belags

Für befahrene Bewegungsfugen sind solche Profile zu verwenden, die für die mechanische Beanspruchung durch den Fahrverkehr im Hinblick auf Belastung, Stoßeinwirkung, Bremskräfte usw. geeignet sind. Spezial-Hersteller von Fugenprofilen stellen gesonderte Profile für Parkdecks her, und zwar mit den zugehörig erforderlichen Formstücken. Formstücke sind beispielsweise bei abgewinkeltem Fugenverlauf notwendig. Aber auch bei gradlinigem Fugenverlauf darf das Fugenprofil nicht vor Wänden oder Stützen enden, sondern ist an diesen Bauteilen jeweils mit werkmäßig hergestellten Formstücken nach oben hochzuführen.

Um die Funktionsfähigkeit eines Fugenprofils sicherzustellen, sind bei der Wahl eines geeigneten Profils die Art des vorgesehenen Deckensystems (z. B. Ortbeton, Elementplatten mit Aufbeton, Vollfertigteile) und auch das Schutzsystem (z. B. Beschichtung, Abdichtungsbelag) aufeinander abzustimmen.

Für die Ausbildung der Bewegungsfugen sind im Allgemeinen spezielle Fugenprofile erforderlich, die oberflächenbündig einzubauen sind. Die Fugenmaterialien müssen für die vorgesehene Beanspruchung geeignet sein. Zu berücksichtigen sind hierbei:

- Eignung für die aufzunehmenden Bewegungen
- Dauerhaftigkeit bei Beanspruchung durch die über die Fugen fahrenden Fahrzeuge

- wasserundurchlässige Abdichtung der Bewegungsfugen
- Beständigkeit gegen die Einwirkung von Taumitteln

Für Bewegungsfugen mit tageszeitlich schwankenden Temperaturunterschieden sind Edelstahlprofile mit Dehneinlagen aus Kunstkautschuk erforderlich, derartige Fugenprofile werden von Spezialfirmen angeboten.

Hierbei sind grundsätzlich sind zwei Ausführungsarten möglich:
- direkter Einbau der Fugenprofile vor dem Betonieren des Parkdecks; dazu müssen die Fugenprofile höhengerecht verankert werden, was z. B. bei Verwendung von Elementdecken mit Aufbeton am sinnvollsten ausführbar ist
- nachträglicher Einbau der Fugenprofile in angelegten Aussparungsschlitzen oder später gefrästen Schlitzen, z. B. Befestigung mit Dübeln im Beton sowie geeignetes Verschließen der verbleibenden Schlitze mit Kunstharzmörtel

Erforderlichenfalls müssen bei der Wahl eines geeigneten Fugenprofilsystems weitere Punkte geklärt bzw. berücksichtigt werden [L52]:
- Langzeitelastizität und Verschleißwiderstand der Dichteinlage
- Anforderungen hinsichtlich der Wartung (Wartungsintervalle, Wartungsfreiheit)
- Kantenschutz für anschließende Nutzflächen
- Vermeiden von Stolperstellen gemäß der Arbeitsstätten-Verordnung
- möglichst stoßfreies Befahren der Fugenkonstruktion
- möglichst einfache Montage und Anschluss an die Flächenabdichtung
- Lage der Dichtebene, z. B. an der Oberfläche zur Vermeidung von Nässeeintrag in das Profil
- leichte Auswechselbarkeit von Dichteinlage und Profilteilen

Die in der Fahrfläche verwendeten Profile müssen mit werkmäßig hergestellten Ecken so ausgebildet sein, dass sie die Führung der Fugenprofile bei anschließenden Wänden nach oben ermöglichen.

Bewegungsfugen (Dehnfugen) des Bauwerks müssen auch in den Parkdecks übernommen werden, und zwar möglichst ohne lotrechten Versatz oder Versprung. Für die konstruktive Ausbildung der Bewegungsfugen sind zwei unterschiedliche Verfahren möglich, deren Anwendung im Einzelfall abzuklären ist:
- Bewegungsfugen, die offen bleiben und bei denen das anfallende Wasser in einer Rinne unter der Fuge abgeführt wird
- Bewegungsfugen mit speziellen Dehnfugenprofilen zur Aufnahme aller Bewegungen und mit Abdichtung gegen durchsickerndes Wasser

Bei Fugenprofilen, die bei Abdichtungen mit Polymerbitumen-Schweißbahnen nach DIN 18532-2 [N34] eingesetzt werden, wird die Dichtfolie des Fugenprofils mit der Polymerbitumen-Schweißbahn verflanscht oder im Umklappverfahren vollflächig verschweißt. Im Gegensatz zu Fugenprofilsystemen für Beschichtungen erfordern Profile für Schweißbahnabdichtungen eine breitere Dichtfolie.

Fugenprofile sind auch in Kombination mit Flüssigabdichtungen, die mit Druck auf die Betonoberfläche aufgespritzt werden, einsetzbar. Dazu werden die Dichtfolien der Fugenprofile mit geeigneten Haftvermittlern vorbehandelt und mit der Flüssigabdichtung überspritzt.

Fugenprofile für Bewegungsfugen (Dehnfugenprofile) sind auf zwei verschiedene Arten einzubauen:

1. Montage der Fugenprofile vor dem Betonieren des Parkdecks für das direkte Einbetonieren
2. Nachträgliche Montage der Fugenprofile in Aussparungsschlitzen nach der Herstellung des Parkdecks

8.4.2.1 Montage der Fugenprofile vor dem Betonieren

Bei der Montage der Fugenprofile vor dem Betonieren zum direkten Einbetonieren sind zwei unterschiedliche Verfahrensweisen zu unterscheiden:

a) Bei *Parkdecks aus Elementdeckenplatten* mit Aufbeton ist die höhengerechte Montage der Fugenprofile vor dem Betonieren auf sichere Weise möglich, da auf den Elementplatten die Abstützung und Verankerung vorgenommen werden kann, z. B. Verdübelung auf der Elementplatte mittels Justierwinkel. Hierbei kann der Montagevorgang beiderseits der Fuge gleichzeitig mit der Befestigung des gesamten Fugenprofils auf den Elementdecken erfolgen.

b) Bei *Parkdecks aus Ortbeton* hat diese Ausführungsart jedoch den Nachteil, dass eine Abstützung und Verankerung auf einer gesonderten Stahlkonstruktion erfolgen muss, denn die Befestigung an der Bewehrung ist wegen möglicher Verschiebungen schwierig. Außerdem müssen die Profilteile getrennt eingebaut werden, wenn an der Bewegungsfuge zwei zeitlich unterschiedliche Betonierabschnitte aneinan-

Grafik: Mapotrix Dehnfugen GmbH & Co. KG (Profil: VS 40 B)

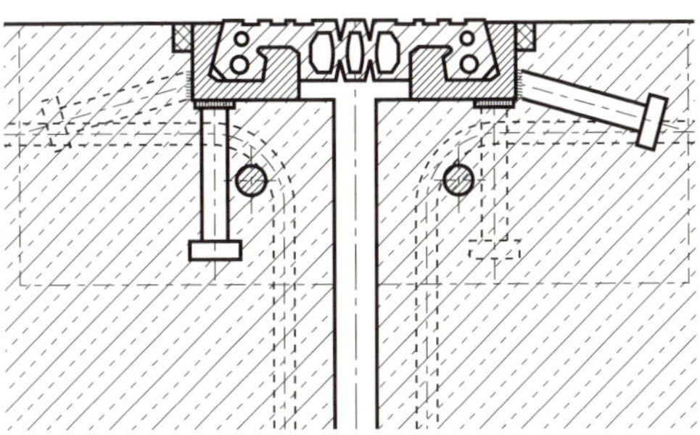

Bild 8.11: Beispiel für das direkte Einbetonieren des Fugenprofils in das Parkdeck aus Beton bei direkt befahrener Oberfläche

Grafik: Buchberger Profilsysteme (Profil: VA.8.140/100)

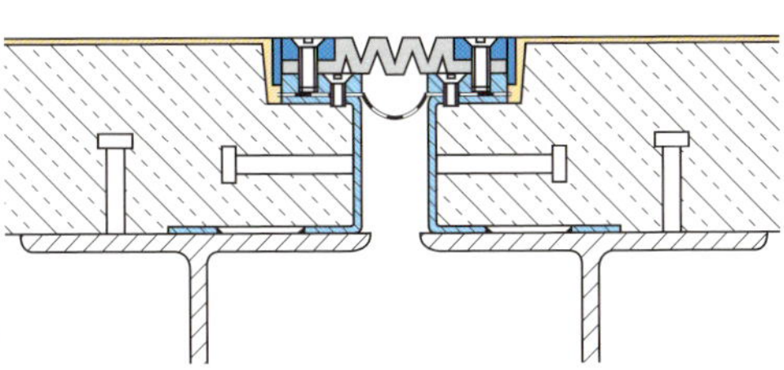

Bild 8.12: Beispiel für das direkte Einbetonieren des Fugenprofils in das Parkdeck mit Befestigung auf den Stahlträgern bei der Stahl-Verbundbauweise für die Beschichtung der Deckoberfläche

derstoßen. Mit dem ersten Betonierabschnitt wird die entsprechende Profilhälfte einbetoniert. Vor dem Betonieren des zweiten Betonierabschnitts ist zunächst die zweite Profilhälfte über Abstandhalter mit der ersten Profilhälfte zu verbinden. Danach erfolgt die Endmontage des Fugenprofils.

8.4.2.2 Nachträgliche Montage der Fugenprofile in Aussparungen oder Ausfräsungen

Für die nachträgliche Montage sind zum oberflächenbündigen Einbau der Fugenprofile die erforderlichen Schlitze entweder durch Schalung auszusparen oder aber die Montageschlitze sind später in den Beton zu fräsen (Bild 8.13). Die Fugenprofile sind in hochfesten Mörtel zu verlegen, z. B. in Vergussmörtel (nach der DAfStb-Richtlinie). Anschließend sind die Profile seitlich in Kunstharzmörtel einzubetten, z. B. in Epoxidharzmörtel (nach der DAfStb-Richtlinie).

Diese Ausführungsart ist für Parkdecks mit zusätzlichem Oberflächenschutzsystemen vorteilhaft, da beispielweise Unebenheiten der Parkdeckoberfläche durch Unterfütterungen ausgeglichen werden können. Hierbei ist darauf zu achten, dass die Unterfütterungen der Profilauflageschenkel hohlraumfrei erfolgen. Für die Verdübelungen mit Metalldübeln und Schrauben sollen nur Materialien eingesetzt werden, deren Eignung bauaufsichtlich nachgewiesen ist. Für die Unterfütterungen der Profilauflagerschenkel und für die Verfüllungen der Aussparungen sind möglichst die gleichen Materialien (z. B. Epoxidharzmörtel) unter Berücksichtigung der Austrocknungszeit des Betons und den Arbeiten für die Beschichtungen zu verwenden werden (Bild 8.13).

Bewegungsfugen dürfen im Bauwerk nicht unterbrochen werden. Besonders geschickt ist es, wenn bei Bewegungsfugen zwischen zwei Bauabschnitten die Doppelstützen so weit auseinander stehen, dass das Fugenprofil durchgeführt werden kann und nicht an den Stützen hochgeführt werden muss (Bild 8.14).

Grafik: Buchberger Profilsysteme GmbH [L6.1]

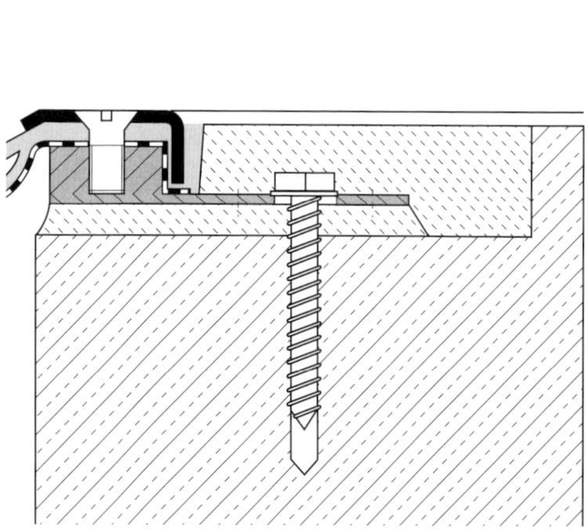

Bild 8.13: Andichten eines Fugenprofils beim nachträglichen Einbau in einer Ausfräsung mit nachfolgender Beschichtung

a)

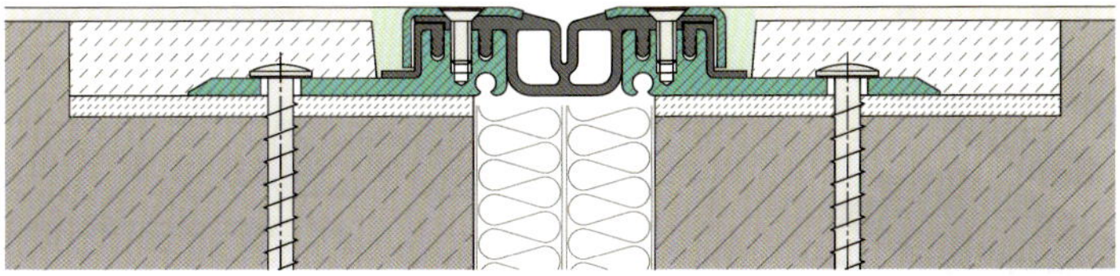

b)

Foto + Grafik: Migua Fugensysteme GmbH & Co. KG

Bild 8.14: Beispiel für eine Bewegungsfuge in einem Parkdeck mit Beschichtung OS 8 oder FLK, bei dem die Fuge zwischen zwei Stützen (Doppelstütze) durchläuft

a) Querschnitt durch das Fugenprofil mit nachträglich einbetoniertem Festflansch und abgewinkeltem Losflansch, der das Fugenband dicht einklemmt, sowie mit der in eingefrästen Schlitzen gegen Unterläufigkeit verankerten Beschichtung

b) Foto zur Darstellung der Situation vor Ort

8.4.2.3 Nachträgliche Montage der Fugenprofile bei mehrlagigem Belag

Bei einem vorgesehenen, mehrlagigen Belagaufbau, wie er beispielsweise in Kombination mit einer Abdichtung aus Gussasphalt und einer Polymerbitumen-Schweißbahn gegeben ist, kann die nachträgliche Montage des Fugenprofils auf der Rohdecke erfolgen (Bilder 8.13 bis 8.19). Dabei wird das Fugenprofil in einen Ausgleichsmörtel eingebettet und auf der Rohdecke befestigt. Wesentlich ist dabei, dass die Polymerbitumen-Schweißbahn fachgerecht an das Profil angearbeitet wird, damit ein wasserdichter Anschluss entsteht.

Bei Profilen in Kombinationen mit Beschichtungen ist insbesondere auf die Anschlussbereiche zwischen Beschichtung und Fugenprofil zu achten. Bei der Ausführung ist sicherzustellen, dass die Dichtfolie des Profils fachgerecht mit der Beschichtung eingedichtet wird, um eine gute Verbindung miteinander zu erreichen. Das Beschichtungssystem ist daher in die Nut der Vergussplombe einzuarbeiten. Alternativ dazu ist es auch möglich, vor Ausführung der Beschichtung die Vergussplombe mit Epoxidharz-Dichtstoff zu schließen (Bild 8.13). Nicht geeignet sind Polyurethan-Dichtstoffe für diesen Anschluss, da hier spätere Undichtigkeiten durch unzureichende Flankenhaftung entstehen können [L11].

a) Dehnfugenprofil bei einer Randaufkantung

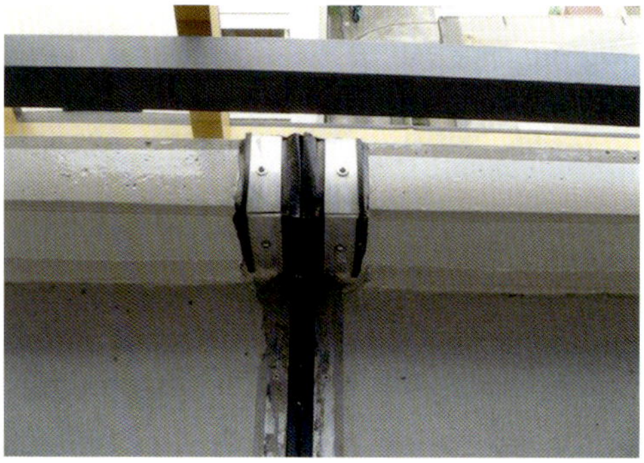

b) Dehnfugenprofil zwischen Aufkantung und Wand

c) Dehnfugenprofil bei einem angrenzenden Fußweg

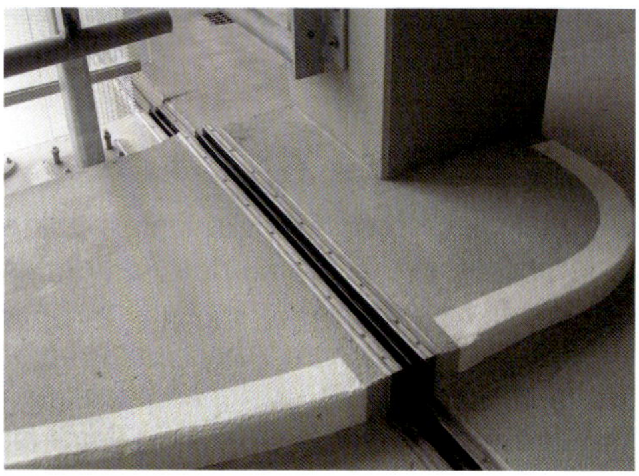

Fotos: Migua Fugensysteme GmbH & Co. KG

Bild 8.21: Beispiel für Spezial-Formteile zum Hochführen von Fugenprofilen

Gelegentlich ergeben sich Kreuzungen oder Abzweigungen bei Bewegungsfugen. Auch hierfür können vom jeweiligen Hersteller die erforderlichen Formstücke geliefert werden. Damit können die Fugenprofile an das Formstück stumpf stoßend anschließen und miteinander verschweißt werden (Bild 8.22).

a) zeichnerische Darstellung des Formteils

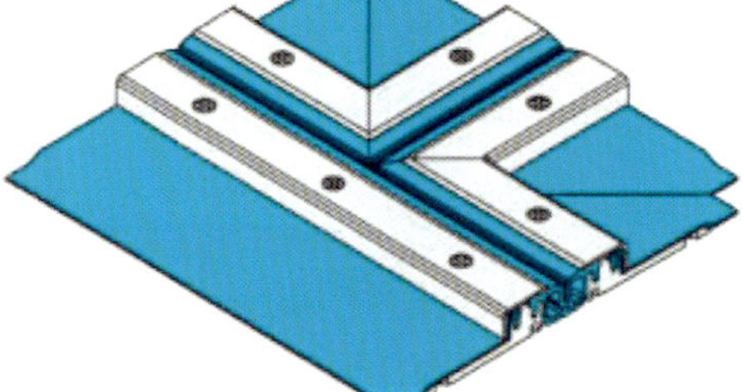

b) Foto in einem Parkhaus mit Schrägaufstellung

Grafik: Migua Fugensysteme GmbH & Co. KG

Bild 8.22: Fugenprofile für Bewegungsfugen mit seitlichem Abzweig

a)

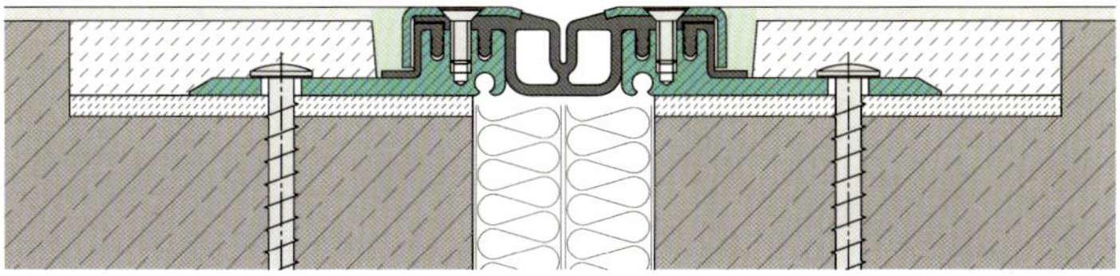

b)

Foto + Grafik: Migua Fugensysteme GmbH & Co. KG

Bild 8.14: Beispiel für eine Bewegungsfuge in einem Parkdeck mit Beschichtung OS 8 oder FLK, bei dem die Fuge zwischen zwei Stützen (Doppelstütze) durchläuft

a) Querschnitt durch das Fugenprofil mit nachträglich einbetoniertem Festflansch und abgewinkeltem Losflansch, der das Fugenband dicht einklemmt, sowie mit der in eingefrästen Schlitzen gegen Unterläufigkeit verankerten Beschichtung

b) Foto zur Darstellung der Situation vor Ort

8.4.2.3 Nachträgliche Montage der Fugenprofile bei mehrlagigem Belag

Bei einem vorgesehenen, mehrlagigen Belagaufbau, wie er beispielsweise in Kombination mit einer Abdichtung aus Gussasphalt und einer Polymerbitumen-Schweißbahn gegeben ist, kann die nachträgliche Montage des Fugenprofils auf der Rohdecke erfolgen (Bilder 8.13 bis 8.19). Dabei wird das Fugenprofil in einen Ausgleichsmörtel eingebettet und auf der Rohdecke befestigt. Wesentlich ist dabei, dass die Polymerbitumen-Schweißbahn fachgerecht an das Profil angearbeitet wird, damit ein wasserdichter Anschluss entsteht.

Bei Profilen in Kombinationen mit Beschichtungen ist insbesondere auf die Anschlussbereiche zwischen Beschichtung und Fugenprofil zu achten. Bei der Ausführung ist sicherzustellen, dass die Dichtfolie des Profils fachgerecht mit der Beschichtung eingedichtet wird, um eine gute Verbindung miteinander zu erreichen. Das Beschichtungssystem ist daher in die Nut der Vergussplombe einzuarbeiten. Alternativ dazu ist es auch möglich, vor Ausführung der Beschichtung die Vergussplombe mit Epoxidharz-Dichtstoff zu schließen (Bild 8.13). Nicht geeignet sind Polyurethan-Dichtstoffe für diesen Anschluss, da hier spätere Undichtigkeiten durch unzureichende Flankenhaftung entstehen können [L11].

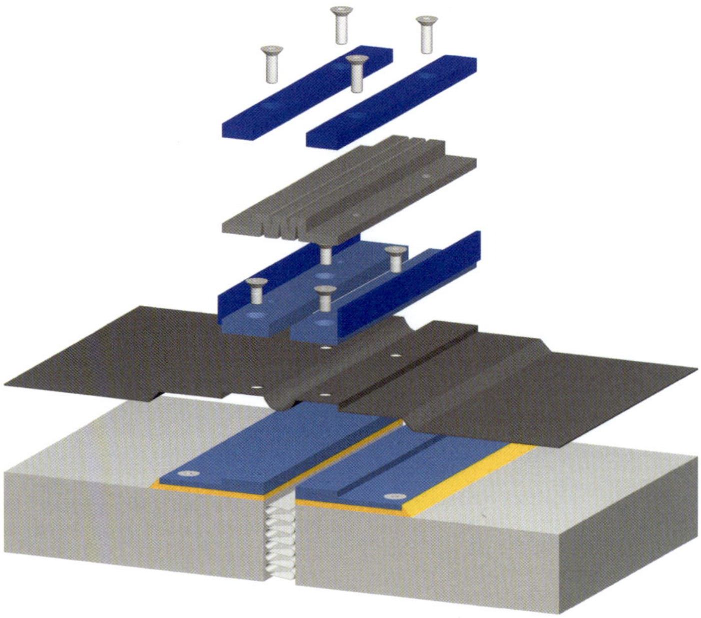

Grafik: Buchberger Profilsysteme GmbH [L3.1]

Bild 8.15: System eines Fugenprofils für die Abdichtung einer Bewegungsfuge in einem Parkdeck mit Polymerbitumen-Schweißbahnen und Gussasphaltbelag

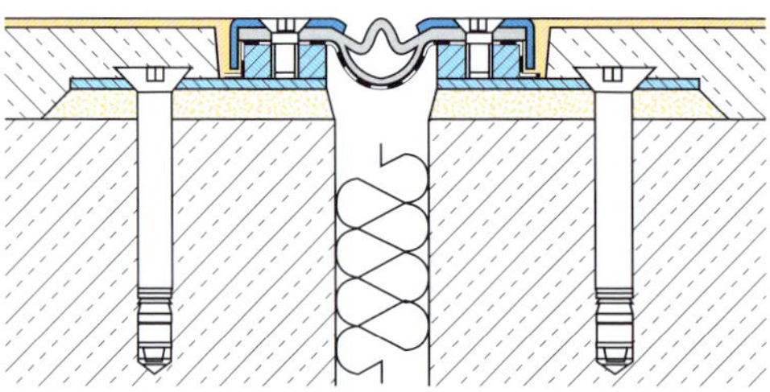

Grafik: Buchberger Profilsysteme GmbH (Profil: VA.S.95/20 mit Vergussprofil VP5/20)

Bild 8.16: Beispiel für das nachträgliche Einbetonieren des Dehnfugenprofils bei einem Estrich auf dem Parkdeck mit Beschichtung

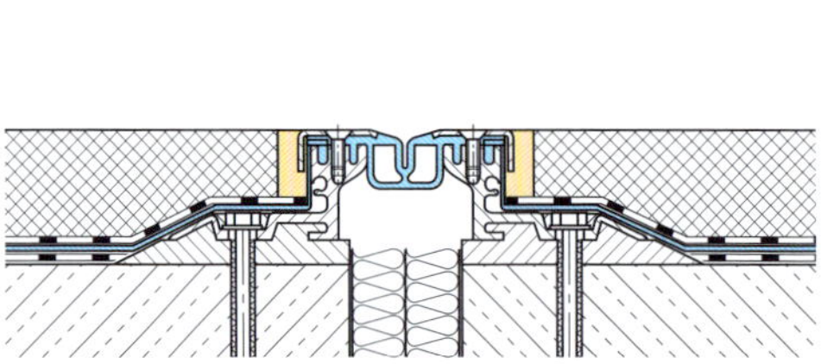

Grafik: Migua Fugensysteme GmbH & Co. KG (Profil: Migutan FP 90/45 Ni)

Bild 8.17: Beispiel für eine Bewegungsfuge mit nachträglichem Einbau des Dehnfugenprofils in den Gussasphalt mit Polymerbitumen-Schweißbahn

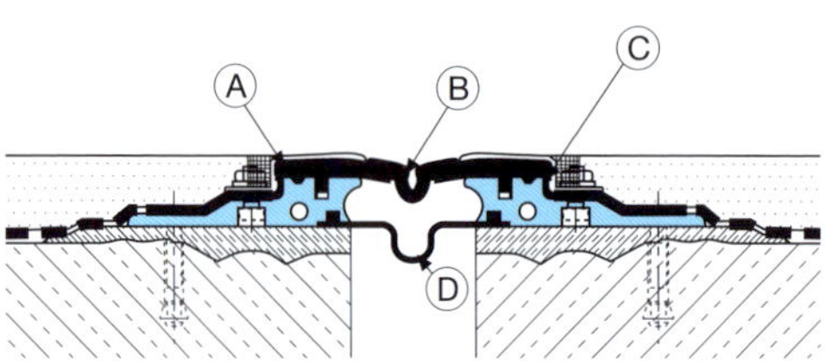

Grafik: Deflex Fugensysteme GmbH (Profil: 500/Na)

Bild 8.18: Beispiel für eine Bewegungsfuge mit nachträglichem Einbau des Dehnfugenprofils in das Parkdeck aus Beton mit Beschichtung und mit seitlichem Verguss aus Polymerbeton mit Edelstahlschutzkappe (A), auswechselbarer, verschweißbarer Einlage (B), Verbindungskanal für höhengleiche Verbindung einzelner Profillängen (C), optional zweiter Dichtebene als Schutz bei mechanischen Beschädigungen der oberen Einlage (D)

a) Einbau in den Gussasphalt mit Polymerbitumen-Schweißbahn

b) Einbau in den Beton mit Beschichtung

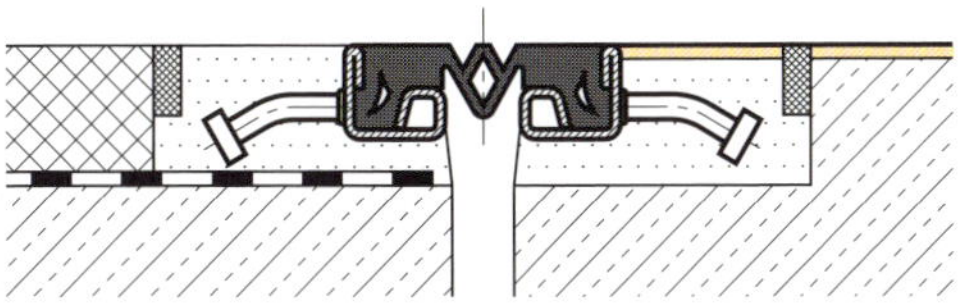

Grafik: Maurer Söhne GmbH & Co. KG (Profil: Maurer Kompaktfuge K30/K50 N-BK)

Bild 8.19: Beispiel für eine Bewegungsfuge mit nachträglichem Einbau des Fugenprofils

8.4.2.4 Verbindungen und Formstücke bei Fugenprofilen für Bewegungsfugen

Fugenprofile sind entweder in den für die örtlichen Verhältnisse passenden Längen mit den zugehörigen Formstücken werkmäßig herzustellen und anzuliefern oder die Profile sind beim Einbau auf der Baustelle durch Schweißen miteinander zu verbinden. Diese Arbeiten können jedoch nur von geschultem Fachpersonal erfolgen. Daher sind diese Arbeiten vom Hersteller der Fugenprofile auszuführen oder der Hersteller hat dafür zu sorgen, dass ein Fachunternehmen diese Arbeiten für ihn ausführt.

Im Einzelnen ist mit dem Hersteller der Fugenprofile zu klären, wie die Detailpunkte gelöst werden können. Kein Fugenprofil kann irgendwo in der Ebene des Parkdecks oder der Rampe einfach nur enden, auch wenn die Bewegungsfuge an Außenkanten des Bauwerks endet. Jede Bewegungsfuge bedarf eines dichten Abschlusses. Vor Außenkanten ist die Fläche mit einer starken Steigung soweit hochzuziehen, dass kein Niederschlagswasser darüber laufen kann. Der hierfür erforderliche Knick im Profil ist speziell auszubilden. An Wänden oder Doppelstützen ist das Fugenprofil mindestens 150 mm hochzuziehen, ebenso an Aufkantungen. Hierfür sind zugehörige Formteile erforderlich (Bilder 8.20 und 8.21).

a) zeichnerische Darstellung des Formteils

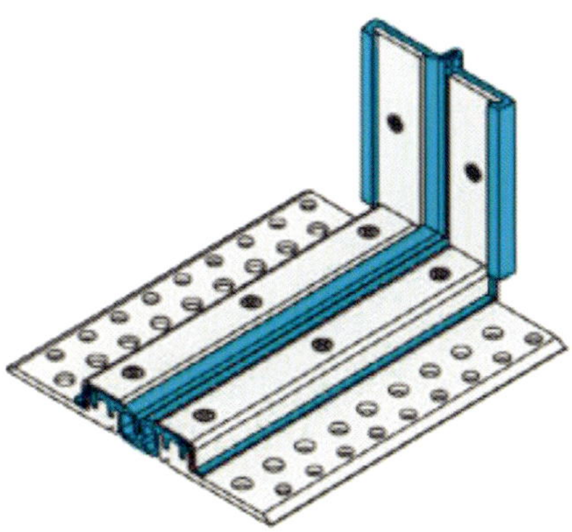

Grafik: Migua Fugensysteme GmbH & Co. KG

b) praktische Anwendung bei Doppelstützen

Bild 8.20: Beispiel für Standard-Formteile zur Sicherung der Bewegungsfuge beim Hochführen an Wänden und Doppelstützen

a) Dehnfugenprofil bei einer Randaufkantung

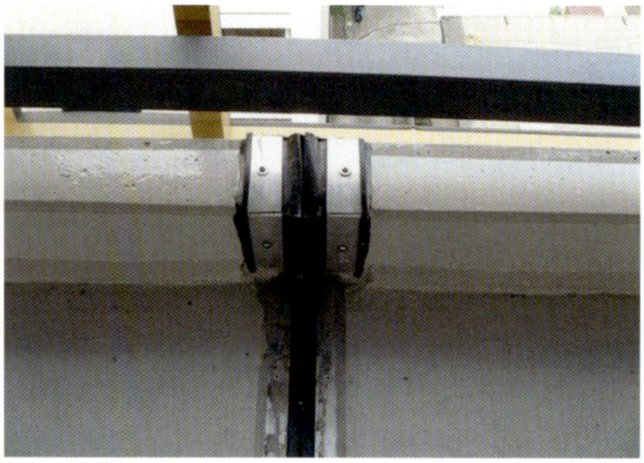

b) Dehnfugenprofil zwischen Aufkantung und Wand

c) Dehnfugenprofil bei einem angrenzenden Fußweg

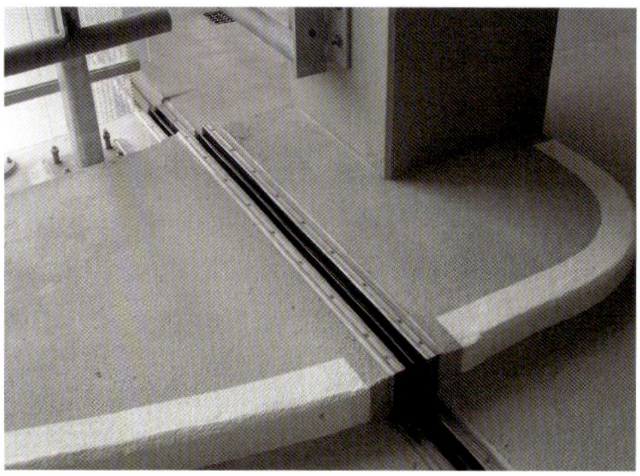

Fotos: Migua Fugensysteme GmbH & Co. KG

Bild 8.21: Beispiel für Spezial-Formteile zum Hochführen von Fugenprofilen

Gelegentlich ergeben sich Kreuzungen oder Abzweigungen bei Bewegungsfugen. Auch hierfür können vom jeweiligen Hersteller die erforderlichen Formstücke geliefert werden. Damit können die Fugenprofile an das Formstück stumpf stoßend anschließen und miteinander verschweißt werden (Bild 8.22).

a) zeichnerische Darstellung des Formteils

b) Foto in einem Parkhaus mit Schrägaufstellung

Grafik: Migua Fugensysteme GmbH & Co. KG

Bild 8.22: Fugenprofile für Bewegungsfugen mit seitlichem Abzweig

9 Entwässerung und Gefälle

Pfützen auf Parkdecks schränken die Nutzerfreundlichkeit von Parkbauten stark ein. Bei einer Ausführung der Parkdecks ohne Gefälle muss mit Pfützenbildungen gerechnet werden. Parkdecks sind daher möglichst mit Gefälle auszuführen. Dafür ist ein geeignetes und stets funktionsfähiges Entwässerungssystem erforderlich.

Die Ausführung von Parkdecks mit mindestens 2,5 % Gefälle ist mit Vorteilen und Nachteilen verbunden.

Vorteile von Parkdecks mit Gefälle:
- weniger Einschränkungen der Nutzerfreundlichkeit durch Vermeiden von Pfützenbildung
- geringere Einschränkungen der Verkehrssicherheit durch Vermeiden von Eisbildung
- verringerter Tausalzangriff auf Parkdecks und weniger Spritzwasser an aufsteigenden Stahlbetonbauteilen
- einfachere Reinigungsmöglichkeiten und leichteres Entfernen von Tausalzen, wodurch einer Aufkonzentration entgegengewirkt werden kann, was sowohl geringere Unterhaltskosten beim Betreiben des Parkbaus als auch eine längere Lebensdauer des Parkgebäudes ermöglicht

Nachteile von Parkdecks mit Gefälle:
- größere Geschosshöhen, die eine tiefere Gründung mit Mehrkosten für Bodenaushub, Verbau, Grundwasserhaltung bedingen
- Parkdecks, die im Gefälle liegen, wirken sich auch auf die Fassadengestaltung aus
- bei Gefälleausbildung durch Aufbeton entstehen höhere Eigenlasten mit größeren Bauteildicken
- aufwendigere Entwässerungen mit einer größeren Anzahl von Rinnen und Abläufen, daher zusätzliche Bauteildurchdringungen, wobei auf die Wartungsfreundlichkeit des Entwässerungssystems besonders zu achten ist
- das Gefälle kann sich ungünstig auswirken, gegebenenfalls bei der Nutzung von Einkaufwagen, Kinderwagen, Rollator (Gehhilfe), Rollstuhl, Krankenwagen

Zur Entwässerung von Bodenparkdecks mit unbewehrten Ortbetonbodenplatten und mit Fertigteilplatten nennen die Abschnitte 6.3.2.1 und 6.3.3.3 weitere Einzelheiten.

9.1 Parkdecks ohne oder mit Gefälle

Bei der Planung der Parkdecks ist zunächst zu klären, ob die Parkdecks mit oder ohne Gefälle ausgebildet werden sollen. Die Entscheidung für oder gegen Gefälleausbildungen ist unter anderem auch von der Nutzungsart und Nutzungsfreundlichkeit der Parkdecks abhängig. Hierüber ist der Bauherr vom Objektplaner im Einzelnen aufzuklären, damit seinerseits eine Entscheidung getroffen werden kann. Eine Entscheidungshilfe dafür bietet die Klassifizierung für Gefälleausbildungen einschließlich zugehöriger Ent-

wässerungsklassen, die in Tafel 2.7 zusammengestellt sind. Unterschieden werden nachfolgende Klassen:
- mGef Klasse mit Gefälle
- oGef Klasse ohne Gefälle
- eGef Klasse für Gefälle empfehlenswert
- mE Klasse mit Entwässerung
- oE Klasse ohne Entwässerung
- mS Klasse für Sammelrinnen möglich
- mV Klasse für Verdunstungsrinnen möglich

Die Zusammenstellung in Tafel 2.7 verdeutlicht, dass für hohe Nutzungsintensitäten der Klassen NI-3 und NI-4 (Tafel 2.17) sowie in Fällen, in denen die Nutzungsfreundlichkeit vorrangig sein soll, Gefälleausbildungen mit Entwässerungen zu planen sind. Dachparkdecks und andere frei bewitterte Parkdecks erfordern stets ein Gefälle mit Entwässerung.

Ein ausreichendes Gefälle wirkt sich neben der Nutzungsfreundlichkeit auch positiv auf die Dauerhaftigkeit aus.

Ein Verzicht auf eine Gefälleausbildung stellt keinen Verstoß gegen die „Allgemein anerkannten Regeln der Technik“ dar, wenn die erforderlichen Randbedingungen beachtet werden und der Bauherr über die Nachteile einer gefällelosen Konstruktion aufgeklärt wurde. Der Bauherr kann dann diese Nachteile den wirtschaftlichen Vorteilen gegenüberstellen.

9.1.1 Parkdecks ohne Gefälle

Für Parkdecks ohne Gefälle ergeben sich nachstehende Folgerungen:
- Gefällelose Parkdeck-Oberflächen mit einem geeigneten Oberflächenschutzsystem oder Abdichtung ausrüsten und kurze Wartungsintervalle vorsehen.
- Das Oberflächenschutzsystem oder die Abdichtung auf die durch Bewehrung zu begrenzende Rissbreite abstimmen.
- Die Herstellung von Parkdecks ohne Gefälleausbildung beeinträchtigt durch Pfützenbildung die Nutzungsfreundlichkeit, daher bedarf dies einer Abstimmung mit dem künftigen Nutzer des Parkbaues.
- Ein schnelles Verdunsten des eingetragenen Wassers soll durch ausreichende Be- und Entlüftung gegeben sein. Erfahrungen in Österreich [L12] zeigen, dass dies nur in Kombination angepasster enger Reinigungsintervalle möglich ist. Die Anwendung sollte auf Ausnahmefälle begrenzt bleiben (Abschnitt 9.2).

Parkdecks ohne Entwässerungssystem brauchen für den Fall eines Wassereinbruchs, einer Havarie oder einer dringend erforderlichen Reinigung die Möglichkeit, das Wasser abführen zu können, z. B. durch Einsatz von Pumpen in einen Pumpenschacht.

Für den Fall, dass eine Pfützenbildung hingenommen und auf die Ausbildung eines Gefälles verzichtet wird, ist unbedingt eine schriftliche Vereinbarung zwischen dem

Projektplaner und dem Bauherrn nötig. Diese schriftliche Vereinbarung ist ein unverzichtbarer Bestandteil der Planungs- und Bauverträge. Die Einflüsse auf die Nutzung und die Wartung und den Umgang mit zu erwartenden Pfützen sind in die Kauf- und Nutzungsverträge aufzunehmen.

Zu bedenken ist auch, dass es bei Bestandsparkdecks in der Regel nicht mehr möglich ist, nachträglich ein Gefälle auszubilden und eine unbefriedigende Entwässerungssituation zu beheben. Nachträglichen Ertüchtigungen stehen oft fehlende Durchfahrtshöhen oder auch Zwangspunkte wie Tür- und Torbereiche entgegen.

9.1.2 Parkdecks mit Gefälle

Für Parkbauten, bei denen die Parkdecks mit Gefälle hergestellt werden, sind folgende Einzelheiten von Bedeutung:
- das Gefälle möglichst mit der Rohdecke herstellen, um nachträglich aufzubringenden Ausgleichsbeton bzw. Gefällebeton zu vermeiden
- Parkdecks mit ausreichendem Gefälle können ohne oder mit Oberflächenschutz hergestellt werden, wenn Risse und Arbeitsfugen dauerhaft abgedichtet sind (Abschnitte 6.2.2.1 und 6.2.2.2),
- Parkdecks ohne Oberflächenschutz (Entwurfsgrundsatz RV, RA-1), sind möglichst mit ausreichendem Gefälle auszubilden.

Für kommerziell betriebene Parkbauten ist die Ausbildung eines Gefälles zu empfehlen. Von den Betreibern wird meistens die Ausbildung eines Gefälles bevorzugt. Dies gilt auch für andere stark frequentierte Parkbauten mit hoher Nutzungsintensität (Abschnitt 2.2.1).

Gefällebetone zur Herstellung von mindestens 2,5 % Gefälle führen bei Parkdecklängen von 8 bis 16 m zu erheblichen zusätzlichen Betondicken von 20 bis 40 cm. Unter Berücksichtigung von Mindestdicken von 5 cm ergeben sich am anderen Endpunkt Zusatzhöhen von 25 bis 45 cm. Dies führt zu erheblichen Betondeckungen zur rissbegrenzenden Bewehrung im Tragbeton; die Annahmen für rechnerische Rissbreiten im Tragbeton passen nicht zum tatsächlichen Gesamtaufbau des Parkdecks; vielfach ergeben sich unzulässig breite Risse an der Oberseite des Parkdecks. Neben erheblichen Unterschieden in der Austrocknungszeit und der Schwindrissgefahr sind zudem Aufschüsselungen an Rändern, Hohllagen durch fehlende Verbundeigenschaften und in der Folge etwaige Unterläufigkeiten mit Wassereintritten unter den Gefällebeton zusätzliche Schadensrisiken [L12]. In der österreichischen öbv-Richtlinie „Garagen und Parkdecks“ ist daher festgelegt, dass das nachträgliche Aufbringen von Ausgleichsbeton bzw. Gefällebeton im Neubau zur Gefälleherstellung unzulässig ist [L12].

9.2 Erforderliche Entwässerung der Verkehrsflächen

Einparkende Fahrzeuge schleppen Wasser auf die Parkdecks. Daher sollen Parkbauten mit über 100 m² Nutzfläche (Mittel- und Großgaragen) über Entwässerungsrinnen oder Bodenabläufe verfügen, die einer möglichst schnellen Entwässerung dienen. Die

Fußböden müssen undurchlässig gegen Flüssigkeiten sein (GarVO NRW) [V3]. Das Wasser ist auf kürzestem Wege zu Entwässerungsrinnen oder Bodenabläufen abzuleiten. Zudem sind die Entwässerungseinrichtungen wartungsfreundlich auszubilden [R14].

Sogenannte *Verdunstungsrinnen* sind in Parkbauten mit öffentlicher Nutzung keine Problemlösung der Entwässerungssituation. Aus Kostengründen kommen Verdunstungsrinnen gelegentlich in privat genutzten Garagen zur Anwendung. In Tiefgaragen ist vielfach jedoch keine ausreichende Querlüftung erzielbar und zusammen mit niedrigen Temperaturen im Winter eine kurzfristige Verdunstung daher nicht möglich (Abschnitt 9.6).

Bei Entwässerungen unterhalb der Rückstauebene ist eine Hebeanlage zu installieren. Für die Abführung des anfallenden Wassers sind die örtlichen Entwässerungssatzungen der jeweiligen Kommune zu beachten. Dabei ist zu klären, ob die Entwässerung als Schmutzwasser erfolgen muss oder dem Regenwasser zugeführt werden darf.

Rampen erfordern geeignete Entwässerungsmöglichkeiten zum kontrollierten Abführen von Oberflächenwasser, dies gilt insbesondere für Rampen im Einfahrtsbereich und für nicht überdachte Rampenbereiche. Hier ist am Fußpunkt eine ausreichend dimensionierte Entwässerungsrinne mit Ablauf anzuordnen, erforderlichenfalls mit Anschluss an eine Hebeanlage.

Auch innerhalb offener Parkbauten ist besonders auf eine gezielte Entwässerung zu achten. Einzelne seitlich angeordnete punktuelle Bodenabläufe ohne genügendes Gefälle sind im Allgemeinen nicht ausreichend, da ohne Gefälle keine Nutzungsfreundlichkeit zu erreichen ist. Es bilden sich Pfützen, wobei sich auch längere Standzeiten des chloridhaltigen Wassers ergeben. Bei Parkdecks ohne Gefälle wird ein Oberflächenschutz erforderlich, z. B. durch eine Kunstharzbeschichtung des Parkdecks.

In der Praxis wird häufig nicht genügend bedacht, dass auf den Parkdecks und Rampen bei Regenwetter und besonders im Winter durch eingeschleppten Schneematsch viel Wasser anfallen kann. Befahrbare und insbesondere für Fußgänger begehbare Verkehrsflächen sind zu entwässern, wenn diese Flächen nutzungsfreundlich sein sollen. Das Wasser ist auf kürzestem Wege in zweckmäßig geplanten Rinnen oder Bodenabläufe abzuleiten, damit möglichst pfützenfreie Parkdecks entstehen. Unter dem Begriff „Pfützenfreiheit" ist zu verstehen, dass größere stehende Wasserflächen mit Tiefen von mehr als ungefähr 2 mm zuzüglich der Rauigkeit vermieden werden [R9]. Neben einer nutzungsfreundlichen Pfützen-„Freiheit" können auf diese Weise die mit dem Schneematsch eingeschleppten Chloride schnell abgeführt werden. Andernfalls wird der auf den Parkdecks wirkende Chloridgehalt mit jedem weiteren Eintrag von Schneematsch nach Verdunstung des Wassers immer stärker konzentriert.

Das durch einparkende Fahrzeuge bei Regenwetter in Parkbauten eingebrachte Wasser kann mit etwa 5 Liter je Pkw-Einfahrt erhebliche Mengen annehmen. Im Winter kann je nach Schnee- und Straßensituation damit gerechnet werden, dass Schneematsch in den Radkästen hängt, der bei jeder Pkw-Einfahrt bis zu 25 Liter chloridhaltiges Wasser auf Rampen und Parkdecks bringen kann [L04]. Zusätzlich können bei offenen Parkdecks in den Randbereichen Regen- und Schneeeinwirkungen die Wassermenge weiter erhöhen. Daher müssen insbesondere größere Parkbauten bei hoher und sehr hoher Nutzungsintensität (Nutzungsgruppen NI-3 und NI-4) über eine ausreichende Entwässerung verfügen. Tafel 2.11 enthält eine Zusammenstellung der Nutzungsintensität und Beanspruchung unterschiedlicher Parkbauten.

Bei der Dimensionierung von Rinnen und Bodenabläufen ist das flächendeckende Gefälle mit dem Wassereintrag zu berücksichtigen, z.B. insbesondere auch bei den Zufahrtsrampen und Spindeln. Zu berücksichtigen sind außerdem die statische, dynamische und mechanische Beanspruchung der Entwässerungselemente sowie deren geeignete Anordnung und Anzahl. Auch der Einbau in den Belag und die Dichtigkeit des Anschlusses an den Belag ist zu beachten. Bei der Dimensionierung der Entwässerungseinrichtungen ist zu berücksichtigen, dass neben chloridhaltigem Wasser auch relativ viel Sand und Splitt eingeschleppt wird und bei offenen Parkbauten zusätzlich Oberflächenwasser im Bereich der Fassaden durch Schlagregen anfällt.

Eine einwandfreie Entwässerung ist nur dann gewährleistet, wenn das gewählte Entwässerungssystem für die jeweilige Nutzung der Parkdecks geeignet ist und ausreichend dimensioniert wird. Zu gering bemessene Ablaufsysteme können später zu einem kostenträchtigen Nachrüsten führen. Zu unterscheiden sind Bodenabläufe für punktuelle Entwässerung und Ablaufrinnen als linienförmiges Entwässerungssystem. Sofern eine Ableitung des anfallenden Wassers nicht möglich ist, können unter bestimmten Voraussetzungen auch Verdunstungsmulden oder -rinnen genügen (Abschnitt 9.6).

Lediglich ebenerdige Parkdecks können durchlässige Beläge erhalten, z.B. eine Befestigung mit versickerungsfähigem Betonsteinpflaster auf Schottertragschicht. Gegebenenfalls kann dies auch bei Tiefgaragen für das unterste Parkdeck infrage kommen, wenn diese Flächen mit Sicherheit mindestens 1 m über dem höchstmöglichen Grundwasserstand liegen und behördliche Auflagen nicht dagegen sprechen.

Stahlbetonbodenplatten von Tiefgaragen, die das Bauwerk gegen von unten eindringendes Wasser zu schützen haben, sind als Teil einer Wanne auszubilden, z.B. als „Weiße Wanne“ [L45]. Die Oberfläche der Bodenplatte, die das unterste Parkdeck bildet, ist wie die Zwischenparkdecks zu entwässern. Bei drückendem Grundwasser sind der Bodenablauf und die Abflussleitung druckwasserdicht anzuschließen. Das abgeführte Wasser ist über eine Hebeanlage in die Abwasserleitung zu führen.

Zur möglichst schnellen Abführung des anfallenden Wassers ist ein genügendes Gefälle erforderlich, damit das Wasser in die vorgesehenen Punkt- oder Linien-Entwässerungen gelangen kann und keine Pfützen bildet.

Die Gefälleausbildung von Parkdeck-Oberflächen kann aus zwei unterschiedlichen Gründen erforderlich werden:
- Anforderungen an die Dauerhaftigkeit
- Anforderungen an die Nutzungsfreundlichkeit

9.2.1 Gefälle für Dauerhaftigkeit

Eine ausreichende *Dauerhaftigkeit* erfordert nicht unbedingt ein Gefälle der Parkdecks. Allerdings wirkt sich ein Gefälle grundsätzlich positiv auf die Dauerhaftigkeit aus, wenn anfallendes Wasser auf kurzem Weg über eine Entwässerung abgeführt wird. Nach DAfStb-Heft 600 [N6] ist bei Parkdecks mit Oberflächenschutz aus Gründen der Dauerhaftigkeit kein Gefälle notwendig.

Für gefällefreie Parkdecks sind folgende Voraussetzungen zu erfüllen:
- Die Gesamtfläche muss ein geeignetes Oberflächenschutzsystem mit ausreichender Rissüberbrückungsfähigkeit erhalten oder mit einer Abdichtung versehen sein.
- Risse und Arbeitsfugen müssen dauerhaft geschlossen und geschützt sein.
- Der Oberflächenschutz ist schon vor dem ersten Chlorideintrag aufzubringen, Risse sind spätestens nach einmaliger Chlorideinwirkung dauerhaft zu schließen.
- Die Kernfeuchte des Betons darf beim Aufbringen des Oberflächenschutzsystems nur 2,5 M.-% betragen, gemessen mit dem CM-Gerät.
- Zur Sicherstellung der Dauerhaftigkeit ist die Durchführung eines erweiterten Wartungs- und Instandhaltungskonzeptes erforderlich (Kapitel 13).

9.2.2 Gefälle für Nutzungsfreundlichkeit

Aus Gründen der *Nutzungsfreundlichkeit* ist bei allen Parkbauten schon beim Beginn der Planung zu prüfen, ob die Parkdecks mit oder ohne Gefälle gebaut werden sollen. Da in Normen nicht direkt ein Mindestgefälle vorgeschrieben wird, bleibt es dem Bauherrn im Zusammenwirken mit dem Objektplaner überlassen, hierfür eine dem Zweck entsprechende Entscheidung zu treffen. Im DBV-Merkblatt „Parkhäuser und Tiefgaragen“ wird ein Mindestgefälle von 2,5 % für befahrene und begehbare Flächen empfohlen.

Begründung:

Bei zu geringem oder fehlendem Gefälle besteht die Gefahr der Pfützenbildung. Die Pfützenfreiheit ist ein wesentliches Merkmal für die Nutzungsfreundlichkeit der Parkbauten [R9]. Eine Gefälleausbildung verursacht allerdings Kosten.

9.2.3 Gefälleausbildung

Bei der Frage, ob mit oder ohne Gefälle gebaut werden soll, sind unter anderem die folgenden Punkte zu berücksichtigen [R9], [L59]:
- Wertung der Nutzungsfreundlichkeit des jeweiligen Parkhauses
- Art der Nutzung des Parkhauses (öffentlich, geschäftlich oder privat)
- Nutzungsintensität und Beanspruchung des Parkhauses (Kleingarage, Mittel- oder Großgarage entsprechend Tafel 2.11)

- Menge des eingeschleppten Wassers und Schneematsches in Abhängigkeit von:
  - Anschluss an das öffentliche Verkehrsnetz und Art der Verkehrssicherung durch Streumaßnahmen auf den zum Parkhaus führenden Straßen
  - Art des Parkhauses (offen oder geschlossen)
  - Entfernung des jeweiligen Parkdecks von der Einfahrt, da unterwegs Wasser und Schneematsch abtropfen
- Vorgesehene Gefälle der Parkdecks möglichst mit der Rohdecke herstellen und nur ausnahmsweise durch nachträglichen Ausgleichsbeton bzw. Gefällebeton erzeugen
- Bei der Festlegung des Gefälles die Durchbiegungen der Bauteile beachten (Abschnitt 6.2.3)
- Wasser nicht durch falsches Gefälle gegen Fugen richten und nicht gegen Wände, Stützen oder andere aufgehende Bauteile, sondern hiervon wegführen
- Fußgängerwege möglichst nicht durch Tiefpunkte führen

Abweichungen in der Ebenflächigkeit, die kleiner sind als die nach DIN 18202 Tabelle 3 Zeile 3 [N23] zulässigen Toleranzen, können baupraktisch nur über eine zusätzliche Ausgleichsschicht hergestellt werden. Aus diesen Gründen empfehlen die Autoren für Parkbauten mit besonderer Nutzungsfreundlichkeit, das Gefälle entsprechend Gleichung (Gl. 9.1) zu planen.

Ein ausreichendes Gefälle dient der Entwässerung ohne Pfützenbildung auf den Parkdecks. Hierzu ist im Allgemeinen das folgende planmäßige Gefälle erforderlich:

$$\text{Planmäßiges Gefälle:}\quad \left.\begin{array}{ll} s \geq 3{,}0\ \% & \text{bei rauer Oberfläche,} \\ & \text{z. B. mit Splitt abgestreut} \\ s \geq 2{,}5\ \% & \text{bei glatter Oberfläche,} \\ & \text{z. B. flügelgeglättet} \end{array}\right\} \qquad \text{(Gl. 9.1)}$$

Für hohe Nutzungsanforderungen sind bei geringerem Gefälle besondere Ebenheitsanforderungen vertraglich festzulegen und bei der Ausführung einzuhalten. Es sind dann beispielsweise geringere Abweichungen als nach DIN 18202, Tab. 3, Zeile 4 [N23] zu vereinbaren.

Beispiel 9.1: *Verdeutlichung eines wirksamen Gefälles*

Die zulässigen Ebenheitsabweichungen (DIN 18202, Tab. 3, Zeile 3) [N23] können zur Verringerung des verbleibenden Gefälles oder sogar zu einem Gegengefälle führen. Das zulässige „Toleranzgefälle“ beträgt 0,4 % über eine Strecke von 1 m und 2 % auf einer kurzen Strecke von 10 cm.

Bei zulässigen Unebenheiten, die sich als „Gegengefälle“ ausbilden, ergibt sich damit ein verbleibendes Gefälle von nur noch 0,5 %.

Das Beispiel macht deutlich, wie wesentlich die bei der Planung vorgegebene Gefälleausbildung ist. Dies bedeutet aber auch, dass beispielsweise die Forderung nach einem Gefälle von 3,0 % dazu führt, dass auf 10 m Entfernung bis zum nächsten Bodenablauf eine Höhendifferenz von 30 cm erforderlich ist.

Häufig bereitet es Schwierigkeiten, bei horizontal liegenden Parkdecks ein ausreichendes Gefälle vorzusehen. Durch nachträgliches Aufbringen eines Gefällebetons kann einerseits die erforderliche Bauhöhe beeinträchtigt werden, andererseits ergibt sich damit eine erhebliche Erhöhung der Eigenlasten der Parkdecks und zudem auch zusätzliche Schadensrisiken. Daher ist es sinnvoll, das erforderliche Gefälle direkt mit geneigter Lage der Rohdecke herzustellen. Dies ist allerdings ein wesentlicher Eingriff in die gesamte Planung von Parkbauten.

9.3 Entwässerungsrinnen

Entwässerungsrinnen (Ablaufrinnen) ermöglichen eine linienförmige Sammlung des Wassers. Ablaufrinnen sind am Fuße von Rampen unerlässlich, wenn anfallendes Wasser nicht unkontrolliert über die Parkdecks fließen soll. Für den Einbau von Entwässerungsrinnen in die Deckenkonstruktionen muss genügend Höhe vorhanden sein. Dies ist häufig nicht der Fall, obwohl Spezialhersteller besonders flache Rinnen mit geringer Einbauhöhe anbieten (Bilder 9.1 bis 9.3).

Anforderungen an die Entwässerungssysteme sind durch DIN EN 12056-2 und DIN 1986-100 geregelt [N12], [N20]. Da die Ablaufrinnen überfahren werden, müssen sie genügend stabil ausgebildet sein. Hierfür sind in DIN EN 1433 verschiedene Belastungsklassen vorgesehen [N10]. Tafel 9.1 enthält eine Zusammenstellung der Belastungsklassen für Parkbauten.

Im Allgemeinen sind für befahrene Ablaufrinnensysteme in Parkbauten die Rinnen der Belastungsklassen B125 oder C250 mit Gitterrost vorzusehen. Gitterrostabdeckungen für die Belastungsklassen ≥ C250 müssen verkehrssicher befestigt werden. Für den Fußgängerbereich genügen Ablaufrinnen der Belastungsklasse A15.

a) Flachrinne ACO Drain® V 75 P, Einbauhöhe 100 mm

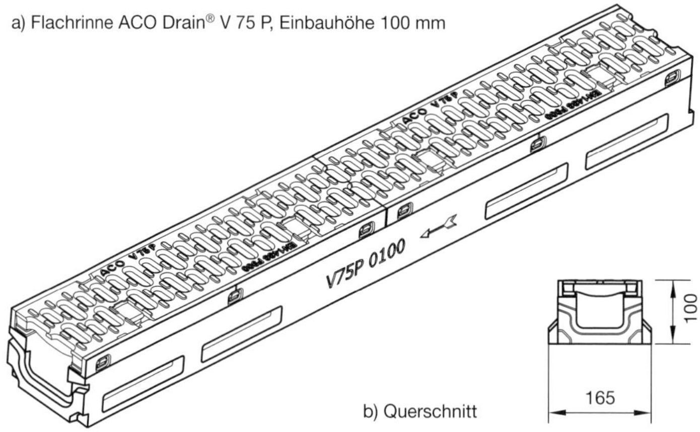

b) Querschnitt

Bild 9.1: Beispiel für die Entwässerung mit Ablaufrinne für den Einbau in Beton

Grafik: ACO Tiefbau GmbH

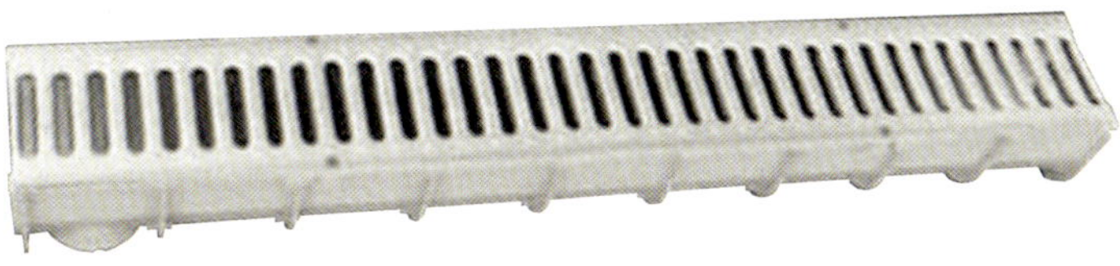

Foto: Wolfarth GmbH & Co. KG

Bild 9.2: Beispiel für die Entwässerung mit Ablaufrinne für den Einbau in Beton: Flachrinne 100/6, Einbauhöhe 60 mm

1 Rinnenkörper gekantet, t = 4 mm
2 Rost-Auflager-Winkel
3 Gitterrost Breite = 150 mm, MW 30/30 mm
4 Befestigungslaschen 100/50/4, a = 300 mm
5 FZEA 14/40 mit DIN 7991 M 12/35, a = 300 mm
6 Vergussmörtel V1/10

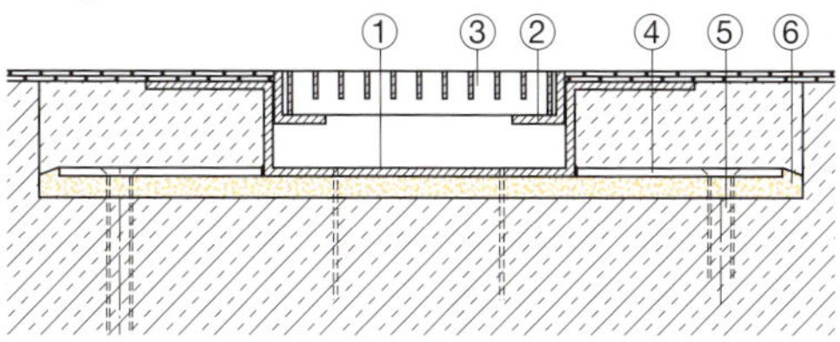

Grafik: Mapotrix Dehnfugen GmbH & Co. KG, Typ Mapotrix® ER/OS 60/100

Bild 9.3: Beispiel für die Entwässerung mit Ablaufrinne für den Einbau in Beton

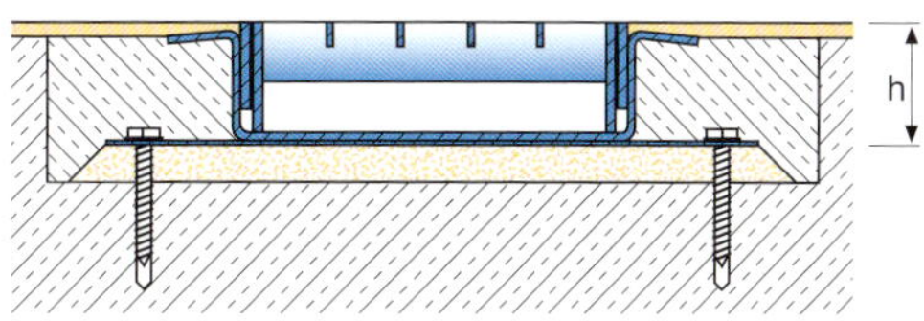

Grafik: Buchberger Profilsysteme GmbH & Co. KG, Typ ALR.4.120/50

Bild 9.4: Beispiel für die Entwässerung mit Ablaufrinne für den Einbau in Beton

Wichtig ist die Art des Materials. Verzinkte Rinnensysteme sind wegen der Chloridbeanspruchung nicht geeignet. Erforderlich sind Rinnen aus nicht rostendem Stahl, z. B. aus V2A-Stahl oder V4A-Stahl, beziehungsweise Rinnen aus Polymerbeton, z. B. mit Epoxidharz als Bindemittel.

Die Rinnen müssen so ausgebildet und in die Konstruktion eingebaut werden, dass sie nicht hinterläufig sind, damit kein Wasser seitlich an der Rinne vorbei unter die Rinne gelangen kann. Dies würde zu einer Beeinträchtigung der Dauerhaftigkeit führen. Die Montage der Entwässerungsrinnen erfolgt stets nach dem Betonieren des Parkdecks.

Für den späteren Einbau der Entwässerungsrinnen in Beton sind Aussparungsschlitze erforderlich, die entweder beim Betonieren ausgespart oder nach dem Betonieren durch Herausfräsen geschaffen werden. Die verbleibende Aussparung wird nach dem Rinneneinbau mit Kunstharzbeton oberflächenbündig geschlossen. Der seitliche Anschlussbereich kann, sofern nicht die Beschichtung des Parkdecks für eine dauerhafte Abdichtung sorgt, mit Kunstharz abgedichtet werden, z. B. mit Epoxidharz (Bild 9.4).

Zum Einbau der Entwässerungsrinnen in einen Asphaltbelag kann die Montage vor dem Aufbringen des Asphaltbelags erfolgen. Die Abdichtung wird durch die Polymerbitumen-Schweißbahn unter dem Gussasphaltbelag erreicht. Der seitliche Anschluss kann ebenfalls mit Kunstharz erfolgen, z. B. mit Epoxidharz (Bilder 9.5 und 9.6).

Entwässerungsrinnen dürfen Bewegungsfugen nicht kreuzen. Da Dehnfugenprofile ohne Unterbrechung durchlaufen müssen, sollen Entwässerungsrinnen jeweils vor einer Bauwerksfuge enden und dort an ein Fallrohr angeschlossen sein.

Tafel 9.1: Beispiele für Belastungsklassen nach DIN EN 1433 [N10]

Klasse	Prüfkraft	Gruppe	Anwendungsbereich
A15	15 kN	1	für Verkehrsflächen, die nur von Fußgängern und Radfahrern benutzt werden können
B125	125 kN	2	für Verkehrsflächen mit normalen Pkw-Verkehr, z. B. Parkdecks
C250	250 kN	3	für Bordrinnenbereiche und unbefahrbare Seitenstreifenbereiche von Verkehrsflächen und ähnlich (die Abdeckungen müssen nach DIN EN 1433 verkehrssicher befestigt sein)
D400	400 kN	4	für Parkflächen, die für alle Arten von Straßenfahrzeugen zugelassen sind, z. B. auch Feuerwehr (die Abdeckungen müssen nach DIN EN 1433 verkehrssicher befestigt sein)

Es sind folgende Punkte zu beachten [R9], [L35]:
- Lage, Anzahl und Dimensionierung von Rinnen und Bodenabläufen auf das flächendeckende Gefälle abstimmen
- Bei der Dimensionierung der Entwässerungseinrichtungen berücksichtigen, dass neben chloridhaltigem Wasser auch relativ viel Sand und Splitt eingeschleppt wird und dass beispielsweise bei offenen Parkbauten zusätzlich Oberflächenwasser im Bereich der Fassaden anfällt
- Rinnen und Abläufe in den Tiefpunkten anordnen, hierbei sind die späteren Durchbiegungen der Stahlbeton-Konstruktion zu beachten
- Beim Abstand vom Hochpunkt zur Rinne bzw. zum Bodenablauf 10 m nicht überschreiten
- Abstand zwischen den Bodenabläufen nicht größer als 15 m wählen
- Bodenabläufe möglichst beim Herstellen des Parkdecks mit einbetonieren
- Die Rinnen als einbetonierte Fertigteilrinnen mit Abdeckrost ausbilden, Einbauhöhe $\geq$ 60 mm
- Rinnen am Rampenfuß mindestens 150 mm breit und $\approx$ 150 mm tief ausführen, bei großem Wasserandrang zweite Rinne vorsehen
- Roste über Rinnen mit möglichst großen Öffnungen wählen, die dennoch rollstuhlgerecht sind

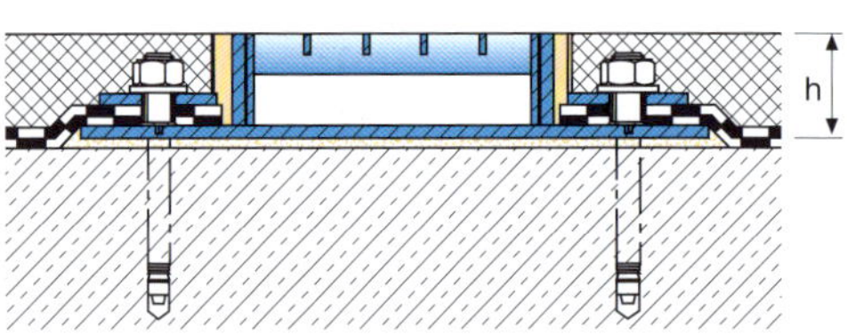

Grafik: Buchberger Profilsysteme GmbH & Co. KG, Typ ALR.1.120/51

Bild 9.5: Beispiel für die Entwässerung mit Ablaufrinne für den Einbau in Gussasphalt mit Polymerbitumen-Schweißbahn

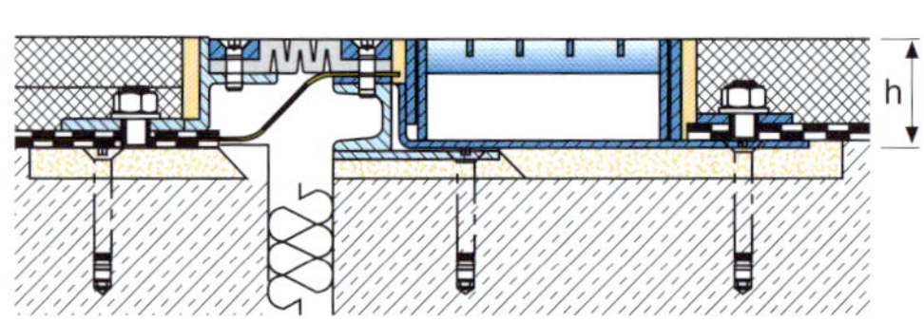

Bild 9.6: Beispiel für die Entwässerung mit Ablaufrinne vor einer Bewegungsfuge mit kombiniertem Profil für den Einbau in Gussasphalt mit Polymerbitumen-Schweißbahn

Grafik: Buchberger Profilsysteme GmbH & Co. KG

- Abdeckungen von Rinnen und Bodenabläufen (nach DIN EN 124 mit DIN 1229 [N7]) sind in Belastungsklassen eingeteilt (Tafel 9.1), wobei die Klasse B125 (Gruppe 2) für Pkw-Parkdecks ausreicht; für andere Fahrzeuge, z. B. für Anlieferung, Feuerwehr oder Müllentsorgung, die Anforderungen objektspezifisch klären.
- Bodenabläufe von Zwischenparkdecks oder Dachparkdecks mit einsehbarer Unterseite lassen entstehende Schäden bei Wartungsbegehungen erkennen, die bald behoben werden können (Bild 9.7).
- Bei offenen Parkbauten können Rohrleitungen einfrieren, daher hier fest eingebaute Rohrleitungen vermeiden.

Die Abmessungen der Ablaufrinnensysteme sind abhängig von der abzuführenden Wassermenge, vom Gefälle, von der Fließgeschwindigkeit sowie von der Anzahl und Größe der Abflussmöglichkeiten. Im Allgemeinen sind Ablaufstutzen DN 70 oder DN 100, die in die dazu passenden Fallrohrleitungen führen, ausreichend. Wichtig für die einwandfreie Ableitung des Wassers ist die regelmäßige Reinigung des Rinnensystems, denn eingetragener Schmutz und Sand behindern die Funktionsfähigkeit.

Für Bereiche, bei denen die erforderliche Einbauhöhe für Ablaufrinnensysteme nicht ausreicht, bieten sich Bodenabläufe an.

a) Entwässerungsrinnen neben den Mittelstützen mit Ablauf

b) Entwässerungsrinnen mit Fallrohrleitungen mit Abläufen vom oberen Parkdeck (System Gobacar®)

Fotos: K. Ebeling

Bild 9.7: Beispiel für nicht befahrene, offene Entwässerungsrinnen in der Mitte eines Parkdecks zwischen zwei Parkstraßen

9.4 Bodenabläufe

Bodenabläufe sammeln das anfallende Wasser, das mit Gefälle zu diesen punktförmig angeordneten Entwässerungsstellen geführt wird. Bodenabläufe können auch dort eingebaut werden, wo für Entwässerungsrinnen nicht genügend Einbauhöhe zur Verfügung steht. Allerdings muss beim Bodenablauf unter dem Deck ein Fallrohr nach unten geführt werden können.

Der Abstand vom Hochpunkt des Parkdecks bis zum Bodenablauf soll 10 m nicht überschreiten. Der Abstand zwischen den Bodenabläufen darf nicht größer als 15 m sein.

Die Bodeneinläufe sind mit umlaufendem Abdichtungsflansch, der im mittleren Bereich der Betonplattendicke liegt, möglichst direkt bei der Herstellung der Parkdecks oder der Bodenplatte einzubetonieren (Bild 9.8). Bodenabläufe für Parkdecks werden von Spezialherstellern angeboten.

Bei Abdichtungsbahnen sollen Bodenabläufe so eingebaut werden, dass der Abstand der Außenkante des Flansches von Bauwerkskanten und aufgehenden Bauteilen mindestens 150 mm und von Bauwerksfugen mindestens 300 mm beträgt. Bei Abläufen mit Los- und Festflansch sollen die Abstände möglichst doppelt so groß sein.

Der Planer hat eine geeignete Lösungsmöglichkeit mit Entwässerungsspezialisten in Zusammenarbeit mit dem Bauherrn und dem ausführenden Unternehmen zu entwickeln.

a) Foto eines Bodenablaufs (befahrbar) System Kraso® vor dem Einbau

b) Querschnitt-Skizze System Kraso®

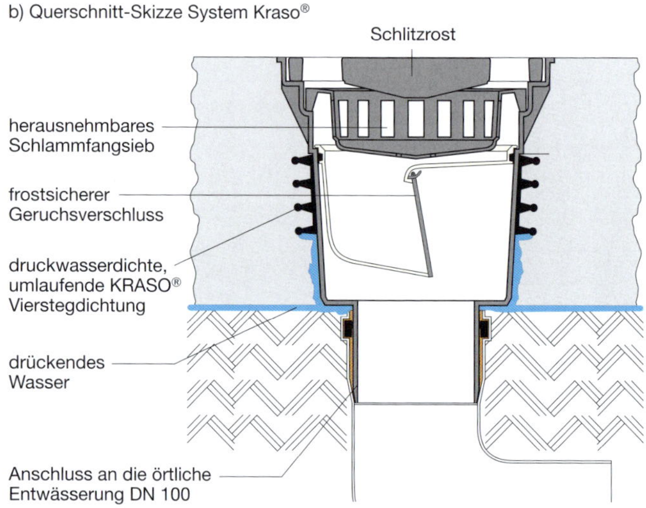

Grafik: KRASO GmbH & Co. KG

Bild 9.8: Beispiel für eine Punktentwässerung mit Bodenablauf zum direkten Einbetonieren für Sohlplatten im Grundwasser mit frostsicherem Geruchsverschluss, herausnehmbarem Sandfangkorb und senkrechtem Auslauf DN 100

Eine andere Möglichkeit für den nachträglichen Einbau von Bodenabläufen bieten Kernbohrungen. An festzulegenden Stellen ist jeweils eine passende Kernbohrung durch die Betonkonstruktion zu führen und den Bodenablauf mit speziellem Dichteinsatz aus nicht rostendem Stahl einzusetzen.

Aussparungen für das spätere Einsetzen von Bodenabläufen sind nicht vorzusehen, denn das Andichten ist schwierig. Stemmarbeiten für Rohrdurchführungen müssen unterbleiben, da Gefügestörungen im Beton zu Undichtheiten führen können.

9.5 Muldenförmige Sammelrinnen

Sammelrinnen, die ohne wesentliches Gefälle durch muldenförmige Ausbildung der Oberfläche des Parkdecks hergestellt werden, sind nicht bei öffentlich genutzten Parkbauten anzuwenden. Begründung: Eine besondere Nutzungsfreundlichkeit ist meistens nicht gegeben. Muldenförmige Sammelrinnen sollen auch nur dann zur Ausführung kommen, wenn genügend Bodenabläufe in engen Abständen vorgesehen sind, z. B. in Abständen von höchstens 5 m.

Bei dieser Art der Entwässerung ist unbedingt erforderlich, dass die Parkdecks einen Oberflächenschutz erhalten. Besonders wichtig ist außerdem die Einhaltung der Betondeckung für die Bewehrung im Bereich der Mulde, da hier chloridhaltiges Wasser länger einwirken kann.

Die mögliche Problematik muldenförmiger Sammelrinnen ohne gezielte Entwässerung ist wie bei Verdunstungsrinnen gegeben, die nachfolgend im Abschnitt 9.6 dargestellt sind.

9.6 Verdunstungsmulden

Verdunstungsmulden und/oder Verdunstungsrinnen werden dann ausgebildet, wenn eine Entwässerung mit Ablaufrinnen oder Bodenabläufen nicht möglich ist, z. B. aus konstruktiven Gründen. Sie sind nicht für öffentliche Parkbauten geeignet. In privat genutzten Garagen sind sie nur dann herzustellen, wenn Bauherr und Nutzer mit dieser Art der „Entwässerung“ ausdrücklich einverstanden sind. Die Beeinträchtigung durch das in der Mulde stehende Wasser muss von den Nutzern des Parkbaues hingenommen werden und ist nicht als Mangel anzusehen. Wichtig ist, dass die Nutzer diese Einschränkung akzeptieren.

In der österreichischen öbv-Richtlinie „Garagen und Parkdecks“ 03.07.33 [R19] wird auf die Problematik für die Anwendung von Verdunstungsrinnen und Sammelrinnen ohne Entwässerungssystem in wenig frequentierten Tiefgaragen hingewiesen, die in Kombination gefälleloser Bodenplatte und fehlender angepasster Reinigung/Wartung entstehen können. In Wintermonaten kommt es nicht selten zu einem schnellen Aufstau von Schmelzwasser mit der Folge eines Überlaufens der Rinnen. Zudem findet bei den niedrigen Temperaturen keine ausreichende Verdunstung statt. An exponierten

Stellen sind gefrierende Pfützen dann nicht auszuschließen. Langjährige Erfahrungen in Österreich belegen, dass bei wiederkehrendem Überlaufen von Rinnen starke Aufkonzentrationen von chloridhaltigem Wasser auftreten. Hierdurch können Schäden bei nahe gelegenen aufgehenden Stahlbetonbauteile und auch bei umliegenden Einbauteilen wie Stahlrahmen oder Gitterrostabdeckungen auftreten. Die Anwendung dieser Rinnen sollte daher vermieden werden bzw. ausschließlich nur auf wenig frequentierte Wohnhausgaragen begrenzt bleiben. Mindestvoraussetzung dafür ist eine nachweisbare ausreichende Verdunstung. Zudem sind angepasste, erforderlichenfalls auch kurzfristig wiederkehrende Reinigungen durch entsprechende Wartungsverträge verbindlich zu regeln.

Eine Verdunstungsmulde entsteht in einfachen Fällen dadurch, dass das Gefälle von den Stellplätzen zur Mitte der Fahrgasse geführt wird, sodass die beiden zur Fahrgassenmitte gerichteten Gefälle gegeneinander laufen. Dadurch kann eine relativ breite Verdunstungsfläche entstehen. Die Verdunstungsmulden sind jedoch so zu legen, dass ein fußläufiges Überqueren nicht erforderlich wird (Bild 9.9) und eine ausreichende Befahrbarkeit sowie Einparkmöglichkeit von der Fahrgasse zu den Stellplätzen sichergestellt bleibt.

Verdunstungsrinnen, falls sie überhaupt für ein Parkhaus infrage kommen, sind nicht entlang aufgehender Bauteile anzuordnen, z. B. nicht entlang der Stützen am Rand der Fahrgasse vor den Stellplätzen. Hier besteht die Gefahr, dass das in der Rinne stehende Wasser Korrosionsschäden verursacht.

Bei der Planung von Verdunstungsmulden oder -rinnen für die Entwässerung ist zu berücksichtigen, dass die Betondeckung der Bewehrung besonders in diesen Bereichen überall eingehalten wird. Hierauf ist im Rahmen der Kontrolle der Bauausführung sowie bei Überwachungsaufgaben zu achten. Sofern das Parkdeck keinen Oberflächenschutz erhält, sind mindestens die Bereiche der Verdunstungsmulden mit einem geeigneten Oberflächenschutzsystem zu beschichten.

Die gründliche Reinigung der Verdunstungsmulden ist wegen der Anreicherung von Chloriden nach jeder Frost-Tausalz-Periode dringend erforderlich und muss im Sinne der Dauerhaftigkeit des Parkdecks eine Selbstverständlichkeit sein. Dies ist bei Festlegungen in Instandhaltungskonzepten entsprechend zu berücksichtigen. Aufgrund vorliegender Erfahrungen sind weitergehende Festlegungen für kurzfristige Reinigungen und Wartungen – insbesondere in schneereichen Wintermonaten – dringend zu emp-

Grafik: G. Lohmeyer

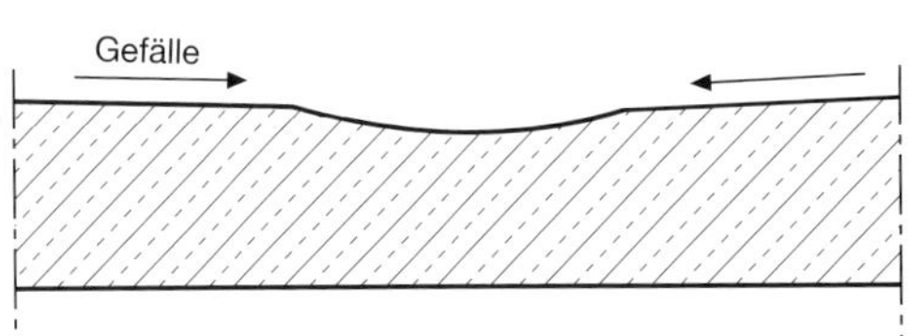

Bild 9.9: Beispiel für eine Verdunstungsmulde im Querschnitt

fehlen, die verbindlich in planerisch festgelegten Wartungsverträgen enthalten sein sollten. Dies bedeutet, dass auch wöchentliche Reinigungen erforderlich werden können. Bild 9.10 zeigt eine Verdunstungsrinne, die in einer Vertiefung 2 bis 3 cm tief und etwa 10 bis 40 cm breit hergestellt wird.

Eine Lösung für Verdunstungsmulden ergibt sich durch vorgefertigte Profile aus nicht rostendem Stahl, die in eine nachträglich in den Beton gefräste Aussparung eingesetzt und mit Kunstharzbeton eingebettet werden (Bild 9.11).

Das folgende Beispiel soll die möglichen Größenordnungen der eingetragenen und der verdunstungsfähigen Wassermengen verdeutlichen [L04]. Hierbei ist anzumerken, dass eine genaue Berechnung sehr aufwendig ist, da es sich um relativ komplizierte physikalische Vorgänge handelt, die vielen Einflussfaktoren unterliegen.

Grafik: G. Lohmeyer

Foto: K. Ebeling

a) Verdunstungsrinne im Querschnitt

b) Verdunstungsrinne im Praxisbetrieb

Bild 9.10: Beispiel für eine Verdunstungsrinne

Grafik: Buchberger Profilsysteme GmbH & Co. KG

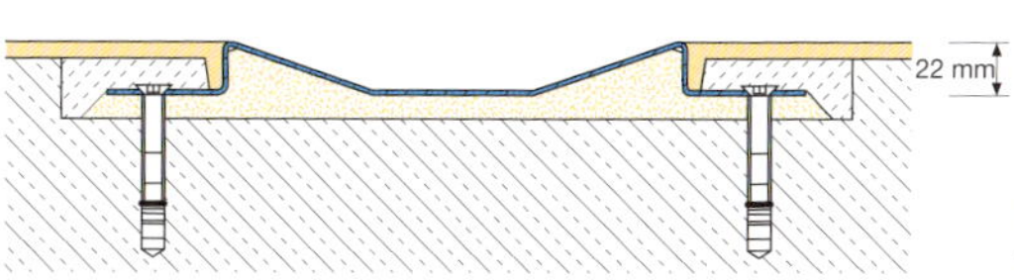

Bild 9.11: Beispiel für eine Verdunstungsmulde mit vorgefertigtem Profil aus nicht rostendem Stahl

Beispiel 9.2: *Wirkung einer Verdunstungsrinne*

Tiefgarage mit 24 Stellplätzen zur Nutzung für Wohnbebauung

Länge:	30 m
Breite:	16 m
Parkfläche AP	480 m²
Verdunstungsrinne in Mitte der Fahrgasse	28 m lang, 20 cm breit, 2 cm tief
Fassungsvermögen der Verdunstungsrinne V_R	112 dm³
eingeschleppte Wassermenge je Fahrzeug:	5 dm³ als Regenwasser, 25 dm³ als Schnee

Ein bis zwei Fahrzeuge pro Tag und Stellplatz (Tafel 2.11): ≈ 1,5 Pkw/Tag
In der Tiefgarage anfallende Wassermenge je Tag:

$q_W \approx 24 \cdot 1{,}5\ (5 \text{ bis } 25) \approx 180 \text{ bis } 900\ \text{dm}^3/\text{Tag}$
≈ 10 bis 50 Liter je Stunde in einer Betriebszeit von 18 Stunden pro Tag.

Ermittlung der überschlägigen Verdunstungsmenge q_V pro Tag in der Tiefgarage

Annahmen:

- Verdunstungsfläche etwa 2/3 der Garagengrundfläche: $AV = 2/3 \cdot 480 = 320\ \text{m}^2$
- Volumen der austauschbaren Luft in der beparkten Garage: $V_L \approx 950\ \text{m}^3$
- Luftwechselzahl: $n \approx 2/\text{h}$ = zweimal je Stunde bei Lüftungsbetrieb
- Lufttemperatur: $T_L \approx 12\ °\text{C}$
- Relative Luftfeuchte: $\varphi_L \approx 60\ \%$
- Wassergehalt der Luft: $c_s = 10{,}7\ \text{g/m}^3$

Abschätzung für Regentage:

$q_V = n \cdot V_L \cdot c_s \cdot 24 \cdot (100 - \varphi_L) / 100$ [kg/d]
$\approx 2 \cdot 950 \cdot 10{,}7 \cdot 10^{-3} \cdot 24 \cdot (100 - 60) / 100$ [kg/d]
≈ 195 kg/d ≈ 195 Liter pro Tag

$q_W = 180\ \text{kg/d} < q_V = 195\ \text{kg/d}$ → Die Luftwechselzahl n = 2/h ist für Regentage ausreichend.

Abschätzung für Schneetage:

$q_V = n \cdot V_L \cdot c_s \cdot 24 \cdot (100 - \varphi_L) / 100$ [g/h]
$\approx 10 \cdot 950 \cdot 10{,}7 \cdot 10^{-3} \cdot 24 \cdot (100 - 60) / 100$ [kg/d]
≈ 975 kg/d ≈ 975 Liter pro Tag

$q_W = 900\ \text{kg/d} < q_V = 975\ \text{kg/d}$ → Eine Luftwechselzahl n = 10/h ist für Schneetage erforderlich.

Der Vergleich der anfallenden Wassermengen mit 180 dm³/d bzw. 900 dm³/d zum Volumen der Verdunstungsmenge von 112 dm³/d verdeutlicht, dass zeitweise mehr Wasser anfällt als die Verdunstungsrinne aufnehmen kann. Sie wird daher bei konzentriertem Wasseranfall auch überlaufen. Im Rahmen der Bedarfsplanung ist der Bauherr auf diese Zusammenhänge hinzuweisen. Gleiches gilt auch für die Nutzer der Garage vor Nutzungsbeginn. Entsprechende Aussagen sollten weiterhin in die Kauf- und Nutzungsverträge aufgenommen werden.

9.7 Entwässerung der Rampen

Auf frei bewitterte Parkrampen fällt Regen und Schnee, außerdem schleppen Fahrzeuge in den Radkästen auch Schnee auf die Rampenfläche. Von den Rampen soll kein Wasser auf die Parkfläche laufen. Am Fuß der Rampe ist daher eine Ablaufrinne erforderlich (Bild 9.12).

Bei außen liegenden Rampen ist es sinnvoller, den Wasserandrang durch eine Überdachung der Rampe zu verhindern oder mindestens abzumindern. Für das Vermeiden von Glättebildung durch Schnee und Eis ist eine temperaturgesteuerte Beheizung der Rampenoberfläche die sinnvollste Maßnahme.

Rinnen am Rampenfuß sind mindestens 150 mm breit und etwa 150 mm tief auszuführen. Bei großem Wasserandrang ist eine zweite Ablaufrinne vorzusehen.

a) Entwässerungsrinnen beim Übergang von außen nach innen in der Nähe einer Bewegungsfuge

b) Entwässerungsrinne beim Übergang vom Ortbeton der Rampe zum Pflasterbelag des Tiefparkdecks

Fotos: K. Ebeling

Bild 9.12: Beispiele für Entwässerungsrinnen am Fuß von Rampen bei Tiefgaragen

9.8 Rohrleitungen

Rinnen führen als linienförmige Entwässerungselemente und Bodenabläufe als punktförmige Entwässerungselemente das auf den Verkehrs- und Parkflächen anfallende Wasser in Fallrohrleitungen (Bild 9.7). Verwendet werden im Allgemeinen Rohrdurchmesser DN 70 oder DN 100. Als Rohrleitungen im Bereich von Parkbauten können Rohre KG 2000 als PP-Rohre (Polypropylen, grün) oder PE-Rohre (Polyethylen, schwarz oder grau) als HT-Rohre (Hochtemperatur-Rohr) mit Steckmuffen montiert werden. Für Parkbauten kommen auch muffenlose Gussrohre SML zum Einsatz. Die SML-Rohre (Super-Metallit-Lieferprogramm) werden mit Spannhülsen oder Schellen miteinander verbunden.

Rohrleitungen sollen nicht längs in Betonbauteile einbetoniert werden, sondern die Betonbauteile möglichst rechtwinklig durchstoßen. Diese Rohrdurchführungen müssen mit einer umlaufenden Dichtung so ausgebildet sein, dass an der Rohraußenwandung kein Wasser durchsickern kann. Für Parkdecks werden spezielle Rohrdurchführungen angeboten (Bild 9.13).

Auch können Futterrohre mit druckwasserdichter umlaufender Stegabdichtung direkt einbetoniert werden. Die Rohrleitung wird später durch das Futterrohr mit speziellem Dichteinsatz geführt (Bild 9.14).

System Kraso®, Fotos: KRASO GmbH & Co. KG

Bild 9.13: Beispiel für ein Kunststoffrohr KG 2000 mit druckwasserdichter, umlaufender Vierstegdichtung zum Einbetonieren in Stahlbetondecken mit einseitig angeformter Steckmuffe

Bild 9.14: Beispiel für Futterrohre zur Durchführung von Rohren oder Kabeln mit speziellem Dichteinsatz als Kunststoffrohr mit druckwasserdichter, umlaufender Vierstegdichtung zum Einbetonieren in Stahlbetondecken mit Deckeln als Einbauhilfe

9.9 Zusammenfassung zur Entwässerung im Bereich von Fugen

Die folgenden acht Merksätze dienen als Zusammenfassung für die Entwässerung im Bereich von Fugen:

1. Stauendes Wasser vor Anschlussfugen vermeiden.
2. Gefälle stets von Anschlussfugen wegführen.
3. Anschlussfugen zwischen Parkdeck und aufsteigenden Bauteilen stets mit Dichtungskehle (Hohlkehle oder Dreieckskehle) und Beschichtung ausführen (Abschnitt 6.4.5 mit Bild 6.16).
4. Parkdeckbeschichtung an angrenzenden Bauteilen bis Oberkante Dichtungskehle führen.
5. Bei Parkdecks mit mindestens 2,5 % Gefälle und bei Rampen die lotrechte Beschichtung an aufgehenden Bauteilen mindestens 150 mm hochziehen.
6. Bei Parkdecks ohne Gefälle die lotrechte Beschichtung an aufgehenden Bauteilen ≥ 500 mm hochziehen.
7. Bei Parkdecks und Rampen ohne Beschichtung die Anschlussfuge ebenfalls mit Dichtungskehle schützen. Beschichtung ≥ 150 mm über Dichtungskehle hochführen.
8. Für Beschichtungen an aufgehenden Bauteilen oberhalb der Dichtungskehle genügt das Oberflächenschutzsystem OS 5b (Abschnitt 10.2.1.5 mit Bild 10.11).

10 Zusätzliche Schutzmaßnahmen für Stahlbetonbauteile

10.1 Allgemeines

Zur Dauerhaftigkeit von Tragwerken trifft DIN EN 1990 in Abschnitt 2.4 [N0] wesentliche Aussagen:
„Das Tragwerk ist so zu bemessen, dass zeitabhängige Veränderungen der Eigenschaften das Verhalten des Tragwerks während der geplanten Nutzungsdauer nicht unvorhergesehen verändern. Dabei sind die Umweltbedingungen und die geplanten Instandhaltungsmaßnahmen zu berücksichtigen.

Für ein angemessen dauerhaftes Tragwerk sind die folgenden Aspekte zu berücksichtigen:
- *die vorgesehene oder vorhersehbare zukünftige Nutzung des Tragwerks;*
- *die geforderten Entwurfskriterien;*
- *die erwarteten Umweltbedingungen;*
- *die Zusammensetzung, Eigenschaften und Verhalten der Baustoffe und Bauprodukte;*
- *die Eigenschaften des Baugrundes;*
- *die Wahl des Tragsystems;*
- *die Gestaltung der Bauteile und Anschlüsse;*
- *die Qualität der Bauausführung und der Überwachungsaufwand;*
- *besondere Schutzmaßnahmen;*
- *die geplante Instandhaltung während der geplanten Nutzungszeit.*

Die Umweltbedingungen sind während der Planungsphase zu erfassen, um ihre Bedeutung für die Dauerhaftigkeit festzustellen und geeignete Maßnahmen für den Schutz von Baustoffen und Bauprodukten treffen zu können.“

Um diesen grundsätzlichen Forderungen zu entsprechen, können für Stahlbeton-Konstruktionen zusätzliche Schutzmaßnahmen erforderlich sein. Bei erforderlichen Schutzmaßnahmen ist zu unterscheiden zwischen direkt befahrenen Bauteilen, wie Parkdecks und Rampen, und den neben befahrenen Flächen stehenden Bauteilen, z. B. Stützen und Wände.

Jedes Bauwerk muss ausreichend dauerhaft sein. Zur Sicherstellung einer ausreichenden Dauerhaftigkeit kann es erforderlich sein, einen zusätzlichen Schutz auf die befahrenen Oberflächen der Decks und Rampen sowie der angrenzenden Bauteile aufzubringen.

Die Wahl eines geeigneten Systems für den Oberflächenschutz bzw. für die Abdichtung ist von mehreren Einflüssen abhängig:
- Rissbreite
- zu erwartende Rissbreiten-Änderungen
- Intensität der Verkehrsbelastung
- Größe der Temperaturänderungen

Für Oberflächenschutzsysteme gelten folgende Regelwerke:
- DAfStb-Instandsetzungs-Richtlinie [R7] in Verbindung mit DIN EN 1504-2 [N11]. Nach bauaufsichtlicher Einführung gilt die Instandhaltungs-Richtlinie (DAfStb-IH-RL) als Grundlage für Planung, Ausschreibung und Ausführung von Oberflächenschutzsystemen.
- DBV-Merkblatt Parkhäuser und Tiefgaragen [R9]

Die Leistungsmerkmale des vom Objektplaner vorgesehenen Oberflächenschutzsystems sind über Technische Dokumentationen des Produktherstellers nachzuweisen und zu protokollieren. Dies kann über eine allgemeine bauaufsichtliche Zulassung oder eine allgemeine Bauartgenehmigung oder einen Nachweis durch ein DIBt-Gutachten geschehen [DBV-RS 255].

Sofern vorhanden, können seit Mitte 2019 alternativ „Prüffähige Bescheinigungen nach Artikel 30, Bauproduktenverordnung b (BauPVO), herangezogen werden [DBV-RS-262].

Das Aufbringen des Oberflächenschutzes hat so spät wie möglich zu erfolgen, damit die Rissbildungen im Beton weitgehend abgeschlossen sind, also erst nach den jahreszeitlich bedingten Temperaturunterschieden zwischen Sommer und Winter. Andererseits hat dies möglichst vor dem ersten Chlorideintrag zu erfolgen.

10.1.1 Schutz für ausreichende Dauerhaftigkeit

Die Anforderungen an Bauteile sind in DIN EN 1992-1-1 [N2] geregelt. Die Bauteile sollen eine geplante Nutzungsdauer von mindestens 50 Jahren erreichen. Bauteile, die diesen Anforderungen nicht genügen müssen, können von DIN EN 1992-1-1 abweichend geplant und ausgeführt werden. Daher ist vom Bauherrn die Nutzungsdauer vorzugeben, die das Bauwerk erreichen soll.

Bei der Auswahl zusätzlicher Schutzmaßnahmen ist deren Dauerhaftigkeit zu berücksichtigen. Die Dauerhaftigkeit direkt befahrener Beschichtungen beträgt je nach Nutzungsintensität der Parkdecks nur einen Bruchteil der planmäßigen Nutzungsdauer von Parkbauten [L16], beispielsweise nur $1/5$. (Abschnitt 5.2.3). Daraus ergeben sich entsprechende Wartungsintervalle mit erforderlichen Instandhaltungsmaßnahmen.

Im Abschnitt 5.2 wird dargestellt, dass zur Sicherstellung der Dauerhaftigkeit des Betons im Wesentlichen drei Maßnahmenbereiche erforderlich sind, und zwar konstruktive, betontechnologische und ausführungstechnische Maßnahmen.

Bei Parkdecks, die sehr starken Einwirkungen ausgesetzt sind, kann die Dauerhaftigkeit trotz Durchführung dieser Maßnahmen nicht ausreichen, auch nicht bei zutreffender Planung, geeignetem Beton, fachgerechter Ausführung, durchgeführten Qualitätskontrollen und sorgfältiger Objektüberwachung.

Begründung:

Es können Risse entstehen, in die Chloride aus Tausalz nicht eindringen dürfen. Chloride stellen zwar keine Gefahr für den Beton dar, sie können aber eine hohe Korrosionsgefahr der Bewehrung auslösen.

Beton kann gegen mechanische, physikalische und chemische Einwirkungen genügend widerstandsfähig ausgerüstet werden:
- Mechanische Einwirkungen ergeben sich durch die Nutz- und Eigenlasten sowie insbesondere durch die Verschleißbeanspruchung der fahrenden und rangierenden Pkw (Abschnitte 2.1.1, 2.2 und 3.4).
- Physikalische Einwirkungen entstehen durch Temperaturänderungen, Frost- und Frost-Taumittel-Beanspruchung (Abschnitt 3.3), Brandgefahr (Abschnitt 3.12).
- Chemische Einwirkungen werden durch Treibstoff, Motorenöl oder Schmierfett kaum entstehen, jedoch kann chemisch aggressives Wasser den Beton angreifen (Abschnitt 3.8) oder ein Betonangriff durch Alkali-Reaktion kann das Gefüge zerstören (Abschnitt 3.9).

Korrosionsschutz

Zusätzlich zur Widerstandsfähigkeit gegen diese Einwirkungen muss der Beton den Korrosionsschutz der Bewehrung sicherstellen. Sehr starke Einwirkungen ergeben sich bei Parkdecks insbesondere durch die Wirkung der Chloride, die in Taumitteln enthalten sind und von einparkenden Fahrzeugen auf die Parkdecks eingeschleppt werden. Dies gilt vor allem für Parkdecks mit hoher und sehr hoher Nutzungsintensität (Tafel 2.11) oder auch bei Parkdecks mit häufiger Chloridbeanspruchung.

Risse

Die sich daraus ergebenden Anforderungen an den Korrosionsschutz der Bewehrung können dann nicht erfüllt werden, wenn der Beton im Bereich von Bewehrungsstäben Risse aufweist. Durch Risse können Chloride bis zur Bewehrung eindringen und dort eine Korrosion auslösen, sofern nicht korrosionsgeschützte Bewehrung verwendet wird. Dies könnten beispielsweise Bewehrungen aus rostfreiem Stahl oder mit Epoxidharz beschichtete Bewehrungsstäbe oder Betonstahlmatten sein, wie dies in Nordamerika (USA, Kanada) häufig der Fall ist, in Deutschland jedoch noch die große Ausnahme darstellt.

Aus der Verwendung von Taumitteln ergibt sich die grundsätzliche Forderung, dass die Oberseiten der befahrenen und/oder beparkten Parkdecks gegen eindringende Chloride zu schützen sind, wenn eine Rissgefahr des oberen Betonplattenbereichs durch Last- oder Zwangbeanspruchungen gegeben ist. Das Entstehen von Rissen in Betonbauteilen ist nicht automatisch auf Ausführungsmängel zurückzuführen. Die Ursache kann konstruktionsbedingt sein, sodass eine Rissgefahr in diesen Fällen auch durch sorgfältige Ausführung nicht abzuwenden ist.

Unterläufigkeiten

Sofern für die Stahlbetonkonstruktion eine Schutzmaßnahme erforderlich ist, muss sichergestellt sein, dass diese in jedem Fall unterlaufsicher hergestellt wird. Das bedeutet, dass diese Schutzmaßnahme stets einen vollflächigen Verbund mit der Betonoberfläche haben muss. Dies bezieht sich auch auf die Ausbildung von An- und Abschlüssen, Durchdringungen und Fugen.

Unterläufigkeiten der Schutzmaßnahme würden dazu führen, dass Beton und Stahl korrodieren könnten und die Korrosion erst sichtbar wird, wenn in der Zwischenzeit starke Schädigungen eingetreten sind. Erforderlich sind also stets Schutzmaßnahmen im Verbund mit der Stahlbetonkonstruktion. Gussasphalt allein bietet keinen ausreichenden Schutz, sondern bedarf einer zusätzlichen Dichtschicht. Auch dürfen lose verlegte oder nur teilweise verklebte Abdichtungssysteme nicht ausgeführt werden. Ebenso bieten verklebte Kunststoff- oder Elastomer-Dichtungsbahnen keine vollflächige, unterlaufsichere Verlegung und sind daher auszuschließen [R2].

Bei Dichtbandagen ist darauf zu achten, dass diese oberflächenbündig (höhengleich) an vorhandene Oberflächenschutzsysteme durch Einfräsen angeschlossen und im Randbereich, z. B. durch einen Vertikalschnitt (Nut ≥ 5 mm tief), ausreichend verankert werden und unterlaufsicher bleiben. Bandagen, die lediglich über Oberflächenschutzsysteme aufgebracht werden, können zu Wasseransammlungen in Randbereichen führen. Sie sind daher oberflächenbündig herzustellen, wofür dieser Bereich genügend tief auszufräsen ist [R9], [L04].

Beispiel 10.1: *Zu vermeidende Schutzmaßnahmen*

Bei Parkdecks ist der Einbau von Gussasphalt auf Trennlage und ohne Verbund mit der Stahlbetonkonstruktion als Baufehler zu beurteilen, da unter dem Gussasphalt versteckte Korrosion stattfinden kann. Gussasphalt allein ist keine Abdichtungsschicht. Hingegen ist Gussasphalt auf vollflächig verschweißten Polymerbitumen-Schweißbahnen eine sehr sinnvolle Kombination für Schutzmaßnahmen.

Beispiel 10.2: *Ungünstige Schutzmaßnahmen*

Bei Bodenplatten im Grundwasser sind Konstruktionen mit Gussasphalt auf vollflächigen Polymerbitumen-Schweißbahnen ungeeignet, da bei Wassereintritt die wasserführenden Risse oder Fehlstellen schwer zu finden sind. Der entstandene Mangel ist nicht sofort erkennbar .

10.1.2 Schutz zur Verbesserung der Gebrauchstauglichkeit

Wesentliche Punkte zur Gebrauchstauglichkeit sind im Abschnitt 5.1 dargestellt. Ergänzend dazu wird in diesem Zusammenhang nochmals die Verkehrssicherheit als Teil der Gebrauchstauglichkeit herausgestellt.

Die Oberfläche von Parkdecks und Rampen soll durch Ebenheit, Griffigkeit und Rauheit die Verkehrssicherheit gewährleisten. Sowohl geglättete Betonoberflächen als auch Beschichtungen können so glatt sein, dass eine ausreichende Verkehrssicherheit nicht mehr gegeben ist. Die Rutschsicherheit von Oberflächen ist eine technische Eigenschaft, die einen maximalen Personenschutz beim Begehen und Befahren, sicherstellen soll. Anforderungen an die Rutschhemmung stellt der Fachausschuss „Bauliche Einrichtungen" der Berufsgenossenschaften. Diese beziehen sich zwar auf Betriebsstätten zur Vermeidung von Arbeitsunfällen, sind aber auch auf Parkbauten übertragbar. Hingegen streben Betreiber eine glatte und gut zu reinigende Oberfläche an, was durchaus im Widerspruch zu einem sicheren Begehen und Befahren stehen kann.

In DIN 51130 [N41] ist ein Prüfverfahren zur Bestimmung der Rutschhemmung auf einer schiefen Ebene festgelegt. Die Bewertung erfolgt durch eine Prüfperson auf einer schiefen Ebene bis zum Rutschen bei einem entsprechenden Neigungswinkel der schiefen Ebene. Die Bewertung wird ausgedrückt als Rutschhemmung und erfolgt durch Zuordnung in Rutschhemmungsklassen. Beispielsweise gilt die Rutschhemmungsklasse R9 für geringen Reibungswiderstand bei flacher Neigung, Rutschhemmungsklasse R13 für eine starke Neigung über 35° mit großem Reibungswiderstand. Alternativ dazu enthält DIN 51131 [N42] Aussagen über Verfahren zur Messung des Gleitreibungskoeffizienten μ ohne oder mit Verdrängungsraum bis 4 cm^3/dm^2.

Für Hoch- und Tiefgaragen wird von den Berufsgenossenschaften [R18] die Rutschhemmungsklasse R10/R11 gefordert, das DBV-Merkblatt [R11] nennt für Rampen die Rutschhemmungsklasse R11 mit einem Verdrängungsraum V4 (= 4 cm^3/dm^2) bzw. bei stark geneigten Rampen V6 (= 6 cm^3/dm^2). Erfahrungswerte für Oberflächenbearbeitungen von Beton zeigen folgende Werte der Rutschhemmung:

- Glätten mit Flügelglätter R9, R10
- maschinelles Abscheiben R10, R11
- Aufbringen eines Besenstrichs R13
- Aufrauen der Betonoberfläche R13

Daraus wird ersichtlich, dass mit Flügelglättern intensiv geglättete Betonoberflächen häufig nicht genügend rutschhemmend sind. Für Beschichtungen bedeutet dies, dass die Deckschicht meistens eine Einstreuung braucht, z. B. mit Quarzsand 0,3 bis 0,8 mm, versehen mit einer Versiegelung. Hingegen sind unbeschichtete Rampenoberflächen, die mit Besenstrich, als Waschbeton oder mit Profilierung aufgeraut sind, sehr gut rutschhemmend.

Hinweis:
Beschichtete Bauteile, die einer Frost-Taumittel-Einwirkung ausgesetzt sind, müssen nicht der Expositionsklasse XF2 oder XF4 zugeordnet werden, sondern lassen sich in die Expositionsklasse XF1 einstufen (Abschnitte 2.1.4 und 3.3). Dadurch entfällt die Forderung nach dem Einbau eines Luftporenbetons LP, wodurch etwaige Probleme beim Glätten der Oberfläche nicht entstehen, sodass Hohlstellen und/oder Abplatzungen vermieden werden. Der Einbau eines LP-Betons in Parkbauten ist damit nicht mehr der übliche Normalfall [L15].

In der Ausführungsart „Beschichtungen“ nach Tafel 2.17 müssen die Oberflächenschutzsysteme OS 8 und OS 11 für eine ausreichende Griffigkeit und Rutschhemmung die im Laborversuch gestellten Anforderungen der Klasse III (> 55 Einheiten im nassen Zustand geprüft) nach DIN EN 13036-4 (Verfahren zur Messung der Griffigkeit von Oberflächen mit dem Pendeltest) erfüllen.

10.2 Verfügbare Schutzmaßnahmen

Die verschiedenen Schutzmaßnahmen sollen vor allem das Eindringen von Chloriden in die Stahlbetonbauteile verhindern und dienen somit dem Schutz der Bewehrung vor Korrosion. Die möglichen Schutzmaßnahmen sind von der Art der Bauteile mit deren Oberflächenbeanspruchung, aber teilweise auch von der gewählten Bauweise abhängig. Nicht jede Schutzmaßnahme kann in jedem denkbaren Fall eingesetzt werden. Die Art der Schutzmaßnahme sowie die Menge des erforderlichen Materials und die Notwendigkeit einer Kratzspachtelung zum Ausgleichen der Oberfläche sind abhängig von der vorhandenen Rautiefe und dementsprechend festzulegen.

Für die Wahl geeigneter Schutzmaßnahmen sind beispielsweise nachfolgende Punkte wesentlich [L21]:
- zu erwartende Rissbreite und Rissbreitenänderungen
- Berücksichtigung von Druckwasserbeanspruchung, z. B. bei erdberührten Tiefgaragen in WU-Bauweise
- Nutzungsintensität des Parkdecks
- lokal erhöhte Verschleißbeanspruchung, z. B. in Kurven und auf Rampen

Schutzmaßnahmen zur Sicherstellung der Dauerhaftigkeit sind auf verschiedene Weise möglich. Tafel 2.17 enthält Auswahl-Beispiele für verschiedene Oberflächenschutzsysteme und Abdichtungen zur Sicherstellung der Dauerhaftigkeit, abhängig von der Nutzungsintensität. Die Eignung der jeweiligen Schutzmaßnahme ist in Abhängigkeit von der gewählten Konstruktion und der Leistungsfähigkeit des Produktes festzulegen. Hierbei ist es sinnvoll, die Erfahrungen der Produkthersteller zu berücksichtigen.

Tafel 2.18 zeigt die verschiedenen Ausführungsarten für befahrbare Flächen in Parkbauten mit den möglichen und zugehörigen Schutzmaßnahmen, Entwurfsgrundsätzen, Ausführungsvarianten und mit den erforderlichen Betoneigenschaften.

In Tafel 10.1 sind Beispiele für Zuordnungen für Oberflächenschutzmaßnahmen, abhängig von der Verkehrsnutzungsklasse, angegeben.

Oberflächenschutzsysteme OS 8, OS 10 und OS 11 sind für Parkdecks mit Pkw-Verkehr in Abhängigkeit der Randbedingungen hinsichtlich gegebenenfalls notwendiger Rissüberbrückungsfähigkeit geeignet.

Das Oberflächenschutzsystem OS 8 ist nur dort von Vorteil, wo nicht mit größeren Temperaturänderungen im Nutzungszustand zu rechnen ist.

Tafel 10.1: Beispiele für Zuordnungen der Schutzmaßnahmen zu Nutzungsklassen und Verkehrsflächen bei unterschiedlichen Ausführungsarten (in Anlehnung an DIN 18532-6 Tabelle 2 [N34])

<table>
<tr><th rowspan="2">Nutzungs-intensität/ Nutzungs-klasse</th><th rowspan="2" colspan="2">Verkehrsflächen</th><th colspan="2">oberseitige Schutzmaßnahme</th></tr>
<tr><th>Beschichtung</th><th>Abdichtung</th></tr>
<tr><td rowspan="6">NI-2 bzw. N2-V</td><td rowspan="2">Bodenplatten in Tiefgaragen</td><td>ohne Wasser von unten</td><td colspan="2">ohne oberseitigen Schutz [1]</td></tr>
<tr><td>mit Wasser von unten</td><td>OS 8</td><td>-</td></tr>
<tr><td>Zwischendecks von Parkbauten für Pkw-Verkehr [2]</td><td>mit Temperatur-beanspruchung</td><td>OS 10 [4]
OS 11a [4]</td><td rowspan="4">SB+GA [6]</td></tr>
<tr><td>Freidecks [5] von Parkbauten für Pkw-Verkehr</td><td rowspan="3">mit Temperatur-beanspruchung</td><td>OS 10 [4]
OS 11a [4]</td></tr>
<tr><td>Dachdecks [5] von Parkbauten für Pkw-Verkehr</td><td>-</td></tr>
<tr><td>Hofkellerdecken und Durchfahrten für Pkw-Verkehr</td><td>OS 10 [4]
OS 11a [4]</td></tr>
<tr><td rowspan="6">NI-3 und NI-4 bzw. N3-V</td><td rowspan="2">Bodenplatten in Tiefgaragen</td><td>ohne Wasser von unten</td><td colspan="2">ohne oberseitigen Schutz [1]</td></tr>
<tr><td>mit Wasser von unten</td><td>OS 8</td><td>-</td></tr>
<tr><td>Zwischendecks von Parkbauten für Pkw-Verkehr [2]</td><td>mit Temperatur-beanspruchung</td><td>-</td><td rowspan="4">SB+GA [6]</td></tr>
<tr><td>Freidecks [5] von Parkbauten für Pkw-Verkehr</td><td rowspan="3">mit Temperatur-beanspruchung</td><td>OS 10 [3]</td></tr>
<tr><td>Dachdecks [5] von Parkbauten für Pkw-Verkehr</td><td>-</td></tr>
<tr><td>Hofkellerdecken und Durchfahrten für schweren Lkw-Verkehr</td><td>-</td></tr>
</table>

[1] Unbewehrte Bodenplatten im Entwurfsgrundsatz RV-0 nach Tafel 2.18

[2] Bei Zwischendecks im Entwurfsgrundsatz RV ohne Risse und ohne Temperaturbeanspruchung ist kein Schutzsystem erforderlich

[3] Oberflächenschutzsystem OS 10 mit Nutzschicht als Fahrbelag in Ausführungsart 1a (Abschnitt 2.4.2.3, Bild 2.2)

[4] angepasst an die Rissüberbrückungsfähigkeit des Oberflächenschutzsystems

[5] Freideck = frei bewittert; Dachdecks = Parkdach = wärmegedämmt sowie frei bewittert

[6] Abdichtung SB+GA = Polymerbitumen-Schweißbahn mit Gussasphalt als Nutzschicht

Für frei bewitterte Flächen, die durch schweren Verkehr der Verkehrsnutzungsklasse N3-V genutzt werden, (z. B. Lkw-Verkehr auf Hofkellerdecken oder Durchfahrten), können Oberflächenschutzsysteme OS 10 nur noch mit einer Nutzschicht als Fahrbelag zur Anwendung kommen. Hierfür sind sicherheitshalber bahnenförmige Abdichtungen mit Schutzschicht vorzusehen (DIN 18532) [N34].

10.2.1 Oberflächenschutzsysteme

Oberflächenschutzsysteme OS sind Beschichtungen als Dichtungsschicht aus Reaktionskunstharzen, z. B. Polyurethan oder modifiziertes Epoxidharz. Oberflächenschutzsysteme sind in der Instandsetzungsrichtlinie des DAfStb geregelt [R7], beispielsweise mit den Bezeichnungen OS 8, OS 10 oder OS 11. Oberflächenschutzsysteme sind für die Entwurfsgrundsätze RB-1, RB-2 und RA-1 geeignet (Tafel 2.18).

Flüssigkunststoffe FLK gelten nach DIN 18532-6 als Abdichtung für die Bauweisen 1a, 1b und 2a entsprechend Bild 2.2 bis 2.4. Allerdings kommt bei der Bauweise 1b auf die Abdichtungsschicht aus Flüssigkunststoff im Verbund eine Lage Gussasphalt, wobei dies als direkt befahrbare Verkehrsfläche gilt, wie dies im Bild 2.2 dargestellt ist. Tafel 2.12 zeigt die Einsatzmöglichkeiten.

Jede Art des Oberflächenschutzes muss einen festen Verbund mit der Oberfläche des Konstruktionsbetons eingehen. Der Oberflächenschutz soll so spät wie möglich und erst nach weitgehendem Abschluss der Rissbildung aufgebracht werden, jedoch schon bevor das Eintragen von Chloriden bei winterlicher Nutzung geschieht.

Für Oberflächenschutzsysteme kann eine rückseitige Feuchteeinwirkung sehr kritisch sein, da hierdurch Blasenbildungen und Ablösungen der Beschichtung erfolgen können. Dies kann durch Osmose geschehen, wobei sich ein sehr hoher Druck aufbauen kann. Diese Probleme können auch bei feuchtem Beton entstehen. Der Feuchtegehalt des Untergrundes ist vor dem Aufbringen des Oberflächenschutzsystems zu prüfen, wobei der vorhandene Feuchtegehalt die Anforderungen des Beschichtungssystems nicht überschreiten darf. Im Allgemeinen ist in diesen Fällen eine zusätzliche Sperrschicht aufzubringen. Das Material muss dem vom Hersteller vorgesehenen Anwendungsbereich entsprechen. Die Ergebnisse aller Messungen sind zu protokollieren.

Die Oberflächenschutzsysteme gehören als Beschichtungen zum Entwurfsgrundsatz RB „Rissbreitenbegrenzung" und entsprechen somit den Ausführungsvarianten „Beschichtungen" RB-1 und RB-2 entsprechend Tafel 2.18.

Bei der zu wählenden Schutzmaßnahme und/oder dem erforderlichen Wartungsaufwand ist insbesondere die Nutzungsintensität der Betonoberfläche zu berücksichtigen. Hinweise zur Abschätzung der Nutzungsintensität enthält Tafel 2.12. Falls die Art der Schutzmaßnahme unabhängig von der Nutzungsintensität in gleicher Art gewählt wird, sind nach Ansicht der Autoren die Wartungsintervalle umso kürzer festzulegen, je intensiver die Parkhausfläche beansprucht wird.

10.2.1.1 Haftzugfestigkeit der Betonoberfläche (Abreißfestigkeit)

Zum Aufbringen von befahrbaren Beschichtungen oder Belägen ist die Zugfestigkeit an der Oberfläche dieser Betonbauteile von besonderer Bedeutung. Diese Zugfestigkeit kann bezeichnet werden als Haftzugfestigkeit, Abreißfestigkeit oder Oberflächenzugfestigkeit. Der Begriff *„Haftzugfestigkeit"* ist in DIN EN 13892-8 [N17] gebräuchlich. In der DAfStb-Richtlinie *„Schutz und Instandsetzung von Betonbauteilen"* [R7] werden die Begriffe *„Oberflächenzugfestigkeit"* und auch *„Haftzugfestigkeit"* verwendet, in ZTV-ING [R25] wird die Zugfestigkeit mit *„Abreißfestigkeit"* bezeichnet.

Unter Oberflächenzugfestigkeit wird die erforderliche Zugkraft zur Erzeugung eines Kohäsionsbruches des Betonuntergrundes verstanden [R7].

Die Haftzugfestigkeit beschreibt die erforderliche Zugkraft zur Trennung einer Beschichtung vom Untergrund (Adhäsionsversagen) [R7].

Die Abreißfestigkeit definiert die ZTV-ING [R25] als Zugfestigkeit, die innerhalb der Betonunterlage, des Betonersatz- oder des Oberflächenschutzsystems bzw. der Haftzugfestigkeit zwischen diesen Schichten im Abreißversuch ermittelt wird.

Diese drei Begriffe kennzeichnen somit die maßgebende Eigenschaft für die Verbundwirkung.

Für begehbare und befahrbare Oberflächenschutzsysteme werden im Allgemeinen folgende Mindestwerte gefordert, die nach dem Strahlen der Betonoberfläche vorhanden sein sollen, damit die Beschichtungen oder Beläge einen ausreichenden Haftverbund mit dem Beton erhalten, geprüft im Abreißversuch nach DIN EN 1542:

Für Beschichtungen OS 8 sind zu erfüllen:
- Mittelwert der Prüfergebnisse $\geq$ 2,0 N/mm^2
- niedrigster Einzelwert $\geq$ 1,5 N/mm^2

Für Beschichtungen OS 10 und OS 11 gelten:
- Mittelwert der Prüfergebnisse $\geq$ 1,5 N/mm^2
- niedrigster Einzelwert $\geq$ 1,0 N/mm^2

Ergänzend zu diesen Angaben können die Systemhersteller besondere Anforderungen für einen ausreichenden Haftverbund stellen.

Wesentlich ist es, die Prüffläche ausreichend und fachgerecht vorzubereiten. Lose Bestandteile auf der Oberfläche, z. B. als „Reste" einer Oberflächenbehandlung durch Fräsen und/oder Strahlen sowie verschmutzte Oberflächen, sind ungeeignet. Notwendig sind weiterhin geeignete Kleber für die Prüfstempel. Ebenso sind nur geeignete Prüfgeräte zur Feststellung der Haftzugfestigkeit einzusetzen.

Sonderfälle, die die Haftzugfestigkeit beeinträchtigen oder zu Hohllagen unter oberflächennahen Schichten und sogar zu Ablösungen führen können, sind bei folgenden Fällen nicht auszuschließen, wenn die Betonoberfläche mit schweren Glättmaschinen intensiv geglättet wird:

- Kombinationen von Luftporenbildnern LP und Hartstoffeinstreuungen oder Hartstoffschichten,
- Kombinationen von Luftporenbildnern LP und für diesen Anwendungszweck ungeeigneten PCE-Fließmitteln.

Zur Abklärung sind Vorversuche erforderlich, um einerseits den geeigneten Glättvorgang zu ermitteln und andererseits das geeignete PCE-Fließmittel einzusetzen, denn es gibt unterschiedlich modifizierte PCE-Fließmittel. Für zu glättende Oberflächen sind daher vor der Ausführung im Rahmen der Arbeitsvorbereitung besondere Klärungen mit dem Betonlieferwerk notwendig.

Für das Oberflächenschutzsystem OS 5b, welches als Sockelschutz für angrenzende Stahlbetonbauteile zum Einsatz kommen kann, sind nachfolgende Anforderungen an den Haftverbund nachzuweisen:

Für Beschichtungen OS 5b sind zu erfüllen:

- Mittelwert der Prüfergebnisse $\geq$ 0,8 N/mm^2
- niedrigster Einzelwert $\geq$ 0,5 N/mm^2

An die Ausführungsvariante „Abdichtungen" nach Tafel 2.18 werden besondere Anforderungen an die Unterlaufsicherheit gestellt [R11]. Um eine vollflächige, dauerhaft kraftschlüssige Verbindung zum Betonuntergrund für die direkt darauf aufgebrachte Abdichtung sicherzustellen, sind besondere Maßnahmen zur Oberflächenvorbereitung erforderlich. Der Betonuntergrund ist beispielsweise durch Kugelstrahlen vorzubereiten. Durch Prüfnachweise ist eine ausreichende Oberflächenzugfestigkeit nachzuweisen.

Für die Ausführungsart „Abdichtungen" nach Tafel 2.18 sind nachfolgende Oberflächenzugfestigkeiten als Abreißfestigkeit durch Prüfungen zu erfüllen [R11]:

- Mittelwert der Prüfergebnisse $\geq$ 1,5 N/mm^2
- niedrigster Einzelwert $\geq$ 1,0 N/mm^2

Ein Prüfwert besteht aus jeweils 3 Einzelmessungen, gleichmäßig verteilt über die Einbaufläche. Für die Anzahl notwendiger Prüfwerte sind die Einbaufläche bzw. je angefangene 500 m^2 nach ZTV-ING, Teil 1, Abschnitt 3, maßgebend [R25].

Die Betonoberfläche muss geeignet sein, das vorgesehene Schutzsystem aufnehmen zu können. Für den erforderlichen Nachweis ist eine Vorbehandlung der Betonoberflächen erforderlich, z. B. durch Kugelstrahlen (Bild 10.1).

Foto: StoCretec GmbH

Bild 10.1: Untergrundvorbereitung durch Kugelstrahlen

Die Haftzugfestigkeit ist nach dem Kugelstrahlen und vor dem Aufbringen des Schutzsystems zu prüfen.

Die Betonoberfläche ist so zu bearbeiten, dass Ebenheit und Gefälle den festgelegten Anforderungen entsprechen. Nachträgliches Fräsen der Oberfläche zur Beseitigung zu hoch liegender Bereiche oder Ausgleichen zu tief liegender Bereiche ist zu vermeiden. Für die Ebenheit gilt allgemein DIN 18202, Tabelle 3, Zeile 3 [N23]. Das Gefälle muss mindestens 2,5 % betragen, um Pfützenbildungen möglichst zu vermeiden.

Wenn das Fräsen bestimmter Bereiche nicht zu vermeiden ist, sind diese Flächen anschließend durch Kugelstrahlen zu behandeln. Vor Ausführung der Beschichtungsarbeiten ist die Rautiefe der Oberfläche, abhängig von der Art des aufzubringenden Oberflächenschutzes, zu bestimmen. Im Allgemeinen sind Rautiefen bis 1,5 mm hinnehmbar. Rautiefen bis 3 mm sind durch eine Kratzspachtelung mit lösemittelfreiem Reaktionsharzmörtel auszugleichen. Es sind auch kunststoffmodifizierte Zementmörtel einsetzbar, bei höheren Beanspruchungen auch Reaktionsharzmörtel mit einem Größtkorn bis 0,5 mm, in Ausnahmefällen bis 1 mm. Sie werden auch als Feinspachtel bezeichnet. Noch größere Vertiefungen sind mit einem Betonersatzmörtel entsprechend der Instandsetzungs-Richtlinie [R6] auszugleichen.

10.2.1.2 Vollflächiges Oberflächenschutzsystem OS 8

Das Oberflächenschutzsystem OS 8 ist eine starre Beschichtung mit allgemeinem bauaufsichtlichen Prüfzeugnis (abP) nach der DAfStb-Richtlinie [R7] und dient als Schutzmaßnahme von Betonbauteilen gegen Chloride. Sie besitzt keine Rissüberbrückungsfähigkeit, aber dafür ist sie mechanisch stark belastbar und für befahrene Flächen sehr gut geeignet (Abschnitt 2.4.2.2).

Folgende Eigenschaften hat das Oberflächenschutzsystem OS 8:
- hohen Verschleißwiderstand
- Verbesserung des Frost- oder Frost-Taumittel-Widerstandes
- Verbesserung der Griffigkeit
- hohe Schlagfestigkeit

Für das Oberflächenschutzsystem OS 8 kommen Epoxidharze EP zur Anwendung. Folgender Schichtenaufbau gilt als Regelaufbau für das Oberflächenschutzsystem OS 8 (Bild 10.2):
- Grundierung
- erforderlichenfalls Kratz- und Lunkerspachtelung
- verschleißfeste, gegebenenfalls vorgefüllte Oberflächenschutzschicht abgestreut, wenn erforderlich in mehreren Lagen
- erforderlichenfalls ein- oder zweifache Deckversiegelung

Foto: K. Ebeling

Bild 10.2: Tiefgarage mit Beschichtung OS 8

Die Mindesttrockenschichtdicke einschließlich Grundierung, Abstreuung und gegebenenfalls einer Deckversiegelung soll in Parkbauten mindestens 2,5 mm [R9] betragen.

Das Oberflächenschutzsystem OS 8 darf nach DIN EN 18532-6 [N34] als Beschichtung aus abdichtungstechnischen Gesichtspunkten für den Schutz der unterhalb der befahrenen Flächen liegenden Bereiche eines Bauwerks gegen Wasser und Feuchte verwendet werden. Dieses Oberflächenschutzsystem ist für viele Bauaufgaben unverzichtbar, insbesondere wegen der sehr hohen mechanischen Beanspruchbarkeit bei stark befahrenen Flächen. Bei direkt befahrenen Oberflächen in der Ausführungsart „Oberflächen ohne Schutz" nach Tafel 2.18 erfüllt der XD3-Beton allein alle Dauerhaftigkeitsanforderungen. Durch die Verwendung der Beschichtung OS 8 als zusätzliche Schutzmaßnahme wird das oberseitige Trocknungsschwinden zumindest verlangsamt und die optische Erscheinung der Oberfläche vergleichmäßigt.

Da das Oberflächenschutzsystem OS 8 ein starres System ist und keine rissüberbrückenden Eigenschaften aufweist, sind zusätzliche Maßnahmen erforderlich. Im DBV-Merkblatt [R9] wird daher eine begleitende Rissbehandlung gefordert. Die Rissbildung ist planmäßig so zu steuern, dass unvermeidliche Risse möglichst nur in festgelegten Stellen entstehen. Dabei sind im Allgemeinen wenige breite Risse günstiger als viele kleinere Risse.

Nach Ansicht der Autoren ist die Anwendung des Oberflächenschutzsystems OS 8 in der Regel für Zwischenparkdecks aufgrund üblicherweise zu erwartender Zwangbeanspruchung nicht einsetzbar. Eine Verwendung setzt voraus, dass während der Nutzungsphase keine wiederkehrenden Zwangbeanspruchungen in der Betonkonstruktion auftreten (z. B. infolge größerer Temperaturwechsel). Diese führen in den Rissen zu häufigen Rissbreitenänderungen, die von der starren Beschichtung OS 8 nicht verkraftet werden können.

Nach den Verkehrsnutzungsklassen in DIN 18532-6 [N34] darf das Oberflächenschutzsystem OS 8 in den Nutzungsklasse N2-V und N3-V bei geeigneten Randbedingungen nur auf nicht frei bewitterten Flächen und über nicht genutzten Bereichen angewendet werden, die rissfrei bleiben oder bei denen nach Aufbringen der Beschichtung keine Risse oder Rissbreitenänderungen von entstandenen Rissen zu erwarten sind.

10.2.1.3 Vollflächiges Oberflächenschutzsystem OS 10

Das Oberflächenschutzsystem OS 10 ist eine Beschichtung als Dichtungsschicht mit hoher Rissüberbrückung unter Schutzschichten oder Deckschichten für begehbare und befahrbare Flächen (Abschnitt 2.4.2.2).

Das Oberflächenschutzsystem OS 10 hat folgende Eigenschaften:
- Verhinderung des Eindringens stahlangreifender Stoffe
- dauerhafte Rissüberbrückung vorhandener und neu entstehender Trennrisse unter temperatur- und lastabhängigen Bewegungen
- Übertragung von Schubkräften aus Verkehr über eine Gussasphaltschicht

Zum Einsatz kann beispielsweise Polyurethanharz PU kommen. Folgender Schichtenaufbau gilt für das Oberflächenschutzsystem OS 10 als Regelaufbau (Bild 10.3):
- Grundierung und Versiegelung
- Kratzspachtelung
- erforderlichenfalls Haftvermittler
- Dichtungsschicht als wirksame Oberflächenschutzschicht, mindestens 2 mm dick
- erforderlichenfalls Verbindungsschicht
- Gussasphaltschicht als zusätzliche Schutzschicht oder stattdessen:
- verschleißfeste, vorgefüllte und abgestreute Deckschicht mit Deckversiegelung

a) Offenes Zwischenparkdeck mit Rampe

b) Frei bewittertes Dachparkdeck

Fotos: Reaku Hobein GmbH

Bild 10.3: Parkdecks mit Oberflächenschutzsystem OS 10 + zusätzlicher Schutzschicht

Das Oberflächenschutzsystem OS 10 entspricht dem Oberflächenschutzsystem nach den Technischen Lieferbedingungen für den Straßenbau [R22] und es darf nach DIN EN 18532-6 [N34] als Beschichtung für Abdichtungen von befahrbaren Verkehrsflächen aus Beton verwendet werden.

Bei Flächenabdichtungen mit OS 10 und Gussasphalt gemäß dem DBV-Merkblatt „Parkhäuser und Tiefgaragen" [R9] sind Abminderungen für die Expositionsklasse und die Betondeckung möglich. Diese Vergünstigungen sind nur dann anzuwenden, wenn für die kombinierte Schutz- und Deckschicht aus Gussasphalt in Anlehnung an ZTV-ING, Teil 7.1 je nach Parkdeck (Zwischenparkdeck, Dachparkdeck) bestimmte Mindestdicken geplant und ausgeführt werden [R25].

Oberflächenschutzsystem OS 10 mit befahrbarer Schutzschicht aus Gussasphalt GA:
- Zwischenparkdecks:
  - mit einer Lage Gussasphalt: $d_{min,GA}$ = 35 mm
  - mit zwei Lagen Gussasphalt: $d_{min,GA}$ = 25 mm je Lage
- Dachparkdecks:
  - mit zwei Lagen Gussasphalt: $d_{min,GA}$ = 55 mm insgesamt

Alternative Verschleißschichten für OS 10, die nicht aus Gussasphalt bestehen, sind in der Regel nicht nach der DAfStb-Richtlinie [R7] bzw. ZTV-ING, Teil 7.1 [R25] geprüft und/oder es liegen für diese Systeme noch keine Erfahrungen über mehrere Jahrzehnte vor. Abminderungen hinsichtlich Expositionsklasse und Betondeckung sind für derartige Deckschichten daher nur analog flächiger Beschichtungssysteme wie OS 8 oder OS 11 vorzunehmen [L21].

Nach den Verkehrsnutzungsklassen in DIN 18532-6 [N34] darf das Oberflächenschutzsystem OS 10 in den Nutzungsklasse N2-V und N3-V bei geeigneten Randbedingungen sowohl auf nicht frei bewitterten als auch auf frei bewitterten Flächen angewendet werden. Der Einsatz auf Zufahrtsrampen und Spindeln ist nur bei Pkw-Verkehr und leichten Lkw-Verkehr zulässig. In stark beanspruchten Kurvenbereichen können jedoch gegebenenfalls zusätzliche Maßnahmen notwendig sein.

10.2.1.4 Vollflächiges Oberflächenschutzsystem OS 11

Als Oberflächenschutz auf begehbaren und befahrbaren Flächen mit oberflächennahen Rissen und/oder Trennrissen und mechanischer Beanspruchung kann in Abhängigkeit von der Nutzungsintensität eines der beiden Oberflächenschutzsysteme – OS 11a oder OS 11b – eingesetzt werden, ohne dass eine weitere zusätzliche Schutzschicht über dem Schutzsystem erforderlich ist (Abschnitt 2.4.2.2).

Für Freidecks ist bei geeigneten Randbedingungen nur das Oberflächenschutzsystem OS 11a geeignet; das System OS 11b ist nach [R9] hierfür unzulässig. In stärker beanspruchten Bereichen ist aufgrund der höheren Verschleißbeanspruchung das OS 11a-System zu bevorzugen.

Foto: StoCretec GmbH

Bild 10.4: Frisch hergestellte und mit Stachelwalze entlüftete Schwimmschicht für Oberflächenschutzsystem OS 11a

Nach den Verkehrsnutzungsklassen in DIN 18532-6 [N34] darf das Oberflächenschutzsystem OS 11 in der Nutzungsklasse N3-V nur auf nicht frei bewitterten Flächen eingesetzt werden.

Die Oberflächenschutzsysteme OS 11 sollen folgende Eigenschaften aufweisen (Bilder 10.4 bis 10.6):
- Verhinderung des Eindringens stahlangreifender Stoffe
- dauerhafte Rissüberbrückung vorhandener und neu entstehender Trennrisse unter temperatur- und lastabhängigen Bewegungen
- Verbesserung des Frost-Taumittel-Widerstandes
- Verbesserung der Griffigkeit

Foto: StoCretec GmbH

Bild 10.5: Abkehren des nicht gebundenen Abstreukorns von der erhärteten Beschichtung OS 11a

Foto: Sika Deutschland GmbH

Bild 10.6: Zwischenparkdeck mit Oberflächenschutzsystem OS 11b

Zum Einsatz können folgende Stoffe kommen: Polyurethan PU, modifiziertes Epoxidharz EP, zweikomponentiges Polymethylmethacrylat PMMA. Das Oberflächenschutzsystem OS 11 sieht entsprechend der DAfStb-Richtlinie [R7] zwei Varianten vor: OS 11a und OS 11b. Folgender Schichtenaufbau gilt für das Oberflächenschutzsystem OS 11a als Regelaufbau:

- Grundierung
- nicht vorgefüllte, elastische Oberflächenschutzschicht, mindestens 1,5 mm dick
- verschleißfeste, vorgefüllte und abgestreute Deckschicht, mindestens 3 mm dick
- Mindesttrockenschichtdicke insgesamt ≥ 4,5 mm dick
- erforderlichenfalls Deckversiegelung

Als Regelaufbau für das Oberflächenschutzsystem OS 11b gilt folgender Schichtenaufbau:

- Grundierung
- verschleißfeste, vorgefüllte und abgestreute Oberflächenschutzschicht, Mindesttrockenschichtdicke ≥ 4 mm dick
- Deckversiegelung
- erforderlichenfalls Abstreuung und zweite Deckversiegelung

Das Oberflächenschutzsystem OS 11 entspricht dem Oberflächenschutzsystem OS F der ZTV-ING, Teil 3, Abschnitt 4 [R25]. Das Oberflächenschutzsystem OS 11 darf nach DIN EN 18532-6 [N34] als Beschichtung verwendet werden.

10.2.1.5 Oberflächenschutzsystem OS 5b oder OS 8 als Sockelschutz

Bei aufgehenden Bauteilen, die an befahrene Flächen angrenzen und nicht in die Expositionsklasse XD2 eingestuft sind, ist ein zusätzlicher Oberflächenschutz erforderlich. Die Expositionsklasse XD2 bedeutet: Betonfestigkeitsklasse C35/45 und Betondeckung $c_{nom} \geq 55$ mm. Der Oberflächenschutz soll verhindern, dass Spritzwasser mit Chloriden in den Beton eindringen kann, was zu einer Korrosion der Bewehrung führen könnte. Derartige Bauteile sind Stützen, Wände, Brüstungen und ähnliche Bauteile neben befahrenen Flächen (Bild 10.7). Details sind auch im Abschnitt 6.4.5 und 7.9 dargestellt.

Bei den erforderlichen Schutzmaßnahmen ist zu unterscheiden, ob die befahrenen Flächen im Gefälle von $\geq 2{,}5$ % liegen oder weniger bzw. kein Gefälle aufweisen. Bei Flächen mit ausreichendem Gefälle werden keine Pfützen entstehen und Spritzwasser durch vorbeifahrende Pkw wird vermieden. Daher ist in diesem Fall nur eine Sockelhöhe von mindestens 150 mm zu beschichten. Bei Flächen mit geringerem oder gar keinem Gefälle ist der Sockelbereich mindestens 500 mm hoch zu schützen (Bild 10.8).

Die Beschichtung des Parkdecks ist bis über die Dichtungskehle hochzuziehen. Die Beschichtung für den Sockelschutz soll direkt anschließen, also über der Dichtungskehle beginnen. Falls keine Parkdecksbeschichtung vorhanden ist, soll das Oberflächenschutzsystem für den Sockelschutz schon auf dem Deck mindestens 150 mm vor den aufgehenden Bauteilen beginnen und über die Dichtungskehle nach oben geführt werden (Bild 10.8).

Foto: K. Ebeling

Bild 10.7: Stützenfüße mit Dichtungskehle und Beschichtung

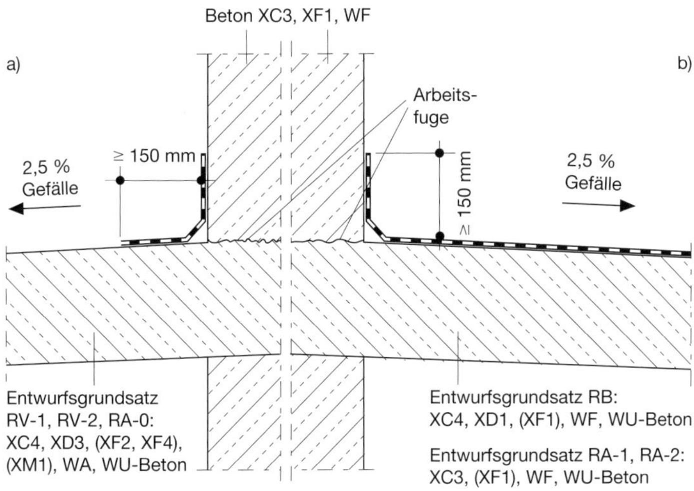

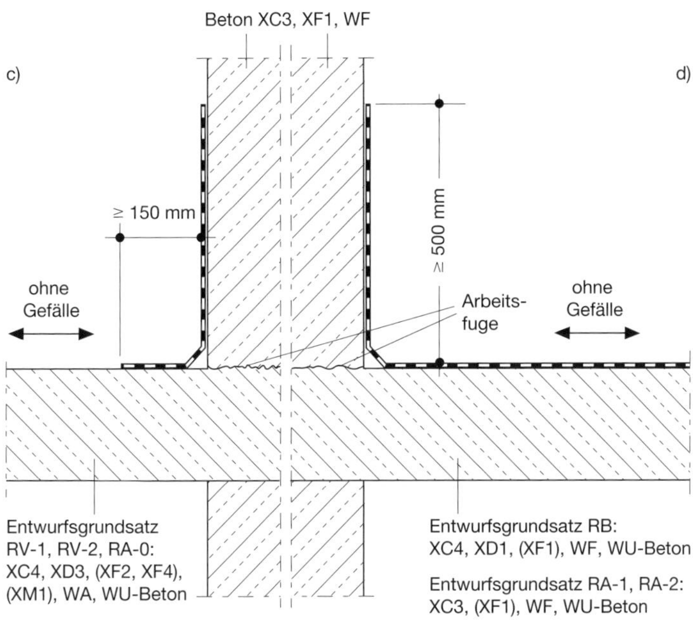

Grafik: G. Lohmeyer (nach [L24])

Bild 10.8: Anschlüsse von Parkdecks an aufgehende Bauteile mit Dichtungskehle (Flaschenkehle oder Dreieckskehle) für die Beschichtung

a) bei Parkdecks im Entwurfsgrundsatz RV-1, RV-2 und RA-0 mit Gefälle ≥ 2,5 % von den aufgehenden Bauteilen wegführend: Beschichtung OS 5b ≥ 150 mm breit und ≥ 150 mm hoch
b) bei Parkdecks im Entwurfsgrundsatz RB und RA-1, RA-2 mit Gefälle ≥ 2,5 % von den aufgehenden Bauteilen wegführend: Beschichtung OS 8 oder OS 11 auf Parkdeck und ≥ 150 mm hoch
c) bei Parkdecks im Entwurfsgrundsatz RV-1, RV-2 und RA-0 ohne Gefälle oder weniger Gefälle als 2,5 %: Beschichtung OS 5b ≥ 150 mm breit und ≥ 500 mm hoch
d) bei Parkdecks im Entwurfsgrundsatz RB und RA-1, RA-2 ohne Gefälle oder weniger als 2,5 % von den aufgehenden Bauteilen wegführend: Beschichtung OS 8 oder OS 11 auf Parkdeck und ≥ 500 mm hoch

Bei durchlässigen Bodenparkdecks, z. B. bei Betonsteinpflaster, sind auch die unterhalb der Parkflächen liegenden Stahlbetonbauteile gegen Chlorideinwirkung auszurüsten. Dies gilt beispielsweise für Stahlbetonfundamente. Entweder werden diese Bauteile in die Expositionsklasse XC3 eingestuft oder sie erhalten eine geglättete Oberfläche mit einem Gefälle von mindestens 2,5 % und werden in die Expositionsklasse XD1 eingestuft. Die Anschlussfugen zwischen den Fundamenten und den aufgehenden Bauteilen sind immer mit einer gefügedichten Dreiecks- oder Hohlkehle als Dichtungskehle zu schützen.

Da sich die Bauteile unter der durchlässigen Bodenparkdecks einer ständigen Sichtkontrolle entziehen, sind die Fundamentoberflächen über die Anschlussfuge hinweg mit einer Abdichtung gegen eindringende Chloride zu versehen, z. B. mit Flüssigkunststoff als Oberflächenschutzsystem OS 5b oder mit einer mineralischen Dichtungsschlämme MDS, für die ein allgemeines bauaufsichtliches Prüfzeugnis vorliegt (Bild 10.9).

Das Oberflächenschutzsystem OS 5b ist entsprechend der DAfStb-Richtlinie [R7] eine Beschichtung mit erhöhter Dichtheit für nicht begehbare und befahrbare Flächen. Das Oberflächenschutzsystem OS 5b entspricht dem Oberflächenschutzsystem OS C der ZTV-ING, Teil 3, Abschnitt 4 [R25].

An Stahlstützen mit Brandschutzbeschichtung dürfen keine weiteren Schichten aufgebracht werden. Beschichtungen der Parkdecks sind bis über die Dichtungskehle zu ziehen und enden an der Brandschutzbeschichtung.

10.2.2 Abdichtungen

Abdichtungen haben wie Beschichtungen im Wesentlichen die Aufgabe, das Eindringen von Chloriden in den Konstruktionsbeton zu verhindern, damit der Korrosionsschutz der Bewehrung sichergestellt werden kann. Zusätzlich soll das Durchtropfen von Wasser auf die unter den Parkdecks stehenden oder fahrenden Fahrzeuge verhindert werden.

Die Abdichtung muss mit der Oberfläche des Konstruktionsbetons fest verbunden sein. Sie soll so spät wie möglich aufgebracht werden, jedoch bevor bei winterlicher Nutzung Chloride eingetragen werden.

Die Betonoberfläche muss als Untergrund für die Ausführung der Abdichtung geeignet sein. Zum Erreichen eines vollflächigen und dauerhaft kraftschlüssigen Verbunds ist die Betonoberfläche erforderlichenfalls durch Kugelstrahlen vorzubereiten. Eine wesentliche Anforderung an Abdichtungen ist die Unterlaufsicherheit. Dafür muss die Betonoberfläche ebenflächig und hohlraumfrei sein. Hierfür sind Rautiefen bis 1,5 mm noch hinnehmbar, Rautiefen bis 5 mm sind durch eine Kratzspachtelung mit Kunstharzmörtel auszugleichen, größere Vertiefungen sind mit einem geeigneten Betonersatzmörtel zu schließen.

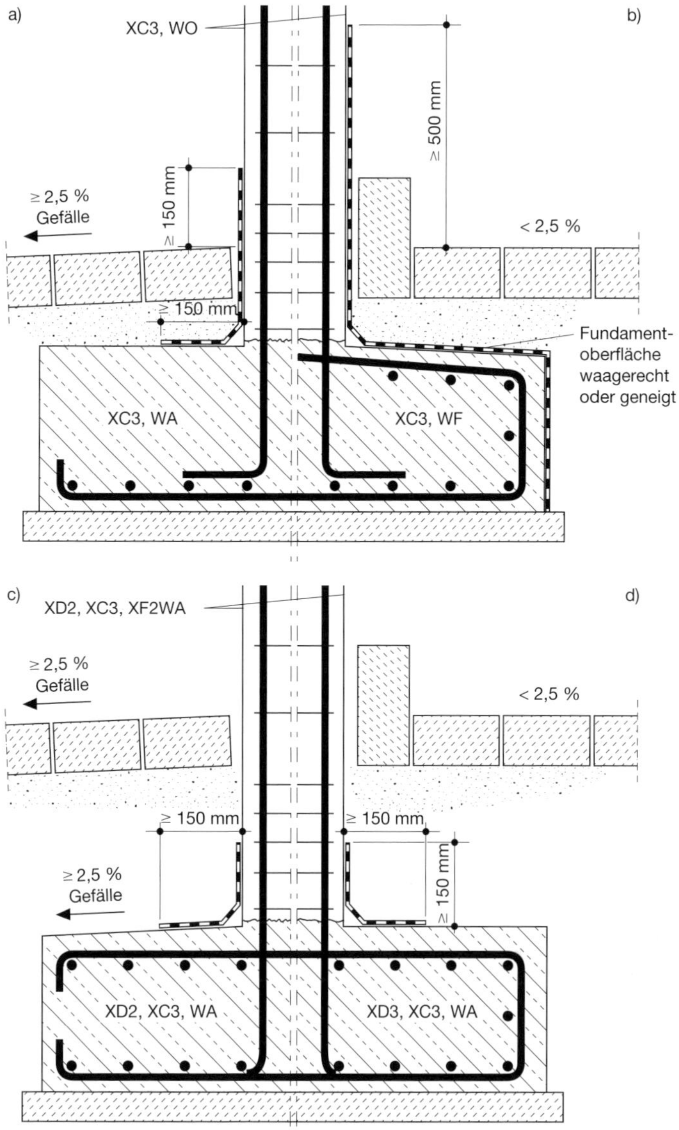

Grafik: G. Lohmeyer (nach [R9])

Bild 10.9: Beispiele für den Schutz von Stahlbetonoberflächen unter durchlässigen Bodenparkdecks

a) Stahlbeton-Bauteile bei Betonsteinpflaster mit Gefälle mindestens 150 mm hoch; Stb.-Stützen, Stb.-Wände und Stb.-Fundamente mit Schutzschicht durch FLK mit abP (beispielsweise OS 5b) oder durch MDS nach DIN 18533-3 mit abP oder Abdichtung nach DIN 18533-2 bei unbewehrten Fundament-Oberflächen ohne Schutzschicht
b) wie a), jedoch bei Betonsteinpflaster ohne Gefälle (< 2,5 %) mindestens 500 mm hoch bei bewehrten Fundamenten mit Schutzschicht, ein Randstein ist vorteilhaft
c) Stahlbeton-Bauteile bei Betonsteinpflaster mit Gefälle ohne Schutz, jedoch streifenförmige Fugenabdichtung durch FLK mit abP oder MDS mit abP oder bahnenförmige Abdichtung nach DIN 18533-2, jeweils über Dichtungskehle (Dreiecks- oder Hohlkehle)
d) wie c), jedoch bei Flächen ohne Gefälle (< 2,5 %), dafür mit höheren Anforderungen an die Expositionsklassen der Stahlbeton-Fundamente

Die vollflächigen Abdichtungen gehören zu der Ausführungsart „Abdichtungen“ RA-1 und RA-2 nach Tafel 2.18.

Die Prüfanforderungen an die Haftzugfestigkeit für die Ausführungsart „Abdichtungen“ nach Tafel 2.18 sind im Abschnitt 10.2.1.1 dargestellt.

10.2.2.1 Nachträgliches Abdichten von Rissen

In der Art, wie Fugen mit Dichtbandagen abgedichtet werden können (Abschnitt 8.2), kann dies auch bei nachträglich entstandenen Rissen erfolgen, denn die Bewehrung, die im Rissbereich durchläuft, muss gegen Korrosion geschützt werden. Diese lokale Schutzmaßnahme ist eine Abweichung vom vollflächigen Schutz durch ein Oberflächenschutzsystem. Dichtbandagen sollen oberflächenbündig hergestellt werden, damit sich an den Rändern kein Wasser staut (Bild 8.3). Eine mindestens 5 mm tiefe Nut an den Rändern der Dichtbandage verhindert eine Unterläufigkeit. Als Material für Dichtbandagen kommen die Oberflächenschutzsysteme OS 10 oder OS 11 infrage.

Die deutliche Erkennbarkeit der Dichtbandagen ist ein wesentlicher Nachteil, was bei unregelmäßigem Rissverlauf als störend empfunden wird. Daher ist vor der Ausführung der Bauherr bzw. Betreiber durch den Projektplaner darauf hinzuweisen.

10.2.2.2 Abdichtungen mit Bitumenbahnen

1-lagige Abdichtung mit Polymerbitumen-Schweißbahnen

Abdichtungen aus Polymerbitumen-Schweißbahn mit Gussasphalt sind in DIN 18532-2 [N34] als Abdichtung von befahrbaren Verkehrsflächen aus Beton vorgesehen, insbesondere für Parkdecks und Rampen als Abdichtungsart 1a nach Bild 2.2 und in den Verkehrsnutzungsklassen nach Tafel 2.12.

Die Abdichtung besteht aus einer Lage Polymerbitumen-Schweißbahn mit hochliegender Polymervlies-Trägereinlage. Die Polymerbitumen-Schweißbahn wird nach entsprechender Vorbehandlung des Untergrundes im Schweißverfahren auf die Betonfläche aufgeschweißt.

Als Fahrbelag und Schutz der Polymerbitumen-Schweißbahn dient eine im Verbund aufgebrachte Schicht aus Gussasphalt nach DIN 18532-2 [N34]. Die Gussasphaltschicht muss eine Nenndicke von mindestens 35 mm aufweisen. In Kombination mit einer zusätzlichen Deckschicht darf die Nenndicke 25 mm betragen. Bild 10.10 zeigt ein Anwendungsbeispiel.

Diese Ausführungsart (oder Abdichtungsbauweise) ist geeignet für den Entwurfsgrundsatz RA-1 nach Tafel 2.18.

Foto: K. Ebeling

Bild 10.10: Abdichtung eines Zwischenparkdecks mit Polymerbitumen-Schweißbahn und Gussasphalt

Zusätzliche Hinweise:
Die Polymerbitumen-Schweißbahn ist an allen aufgehenden Bauteilen, z. B. an Stützen und Wänden, über eine Dichtungskehle hochzuführen, damit sie deutlich über die ungünstigenfalls auftretende Wasserbeanspruchung aus Oberflächen- und Spritzwasser hinausgeht, im Regelfall mindestens 150 mm über die Oberfläche des im Gefälle liegenden Belages mit ausreichendem Gefälle ≥ 2,5 %. Sie ist gegen Abgleiten zu sichern und zu verwahren (DIN 18532-6 [N34]). Bild 10.11 verdeutlicht diese Ausführungsart [L13].

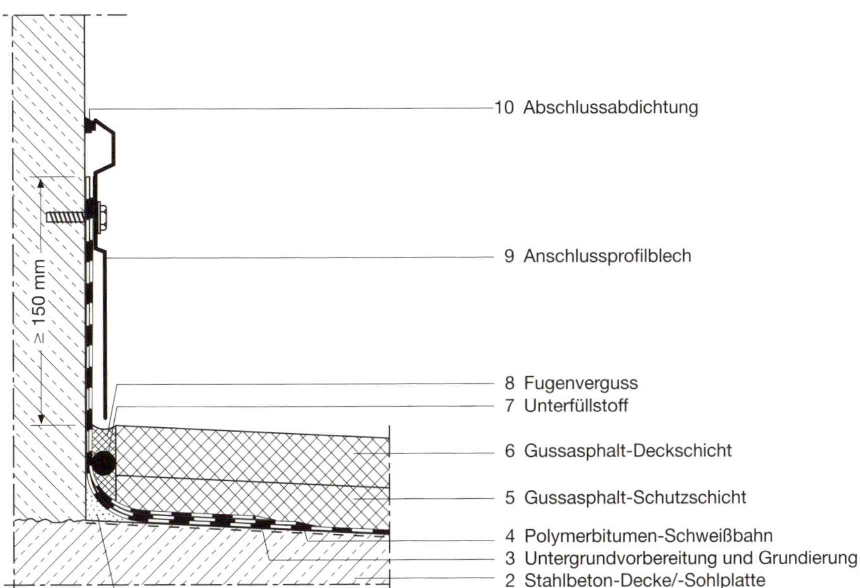

Grafik: G. Lohmeyer (nach BGA [L13])

Bild 10.11: Stützen- und Wandanschlüsse der Polymerbitumen-Schweißbahn mit Schutz durch Anschlussprofilblech (nach [L13])

2-lagige Abdichtung mit Polymerbitumenbahnen

Abdichtungen aus zwei Lagen Polymerbitumenbahn mit einer Nutzschicht aus Asphaltbeton, Ortbeton, Betonfertigteilen oder Betonwerksteinpflaster für befahrbare Verkehrsflächen aus Beton vorgesehen nach DIN 18532-3 [N34], und zwar beispielsweise:
- in Abdichtungsart 1a nach Bild 2.2 für Zwischendecks und Freidecks in den Verkehrsnutzungsklassen nach Tafel 2.12;
- in der Abdichtungsart 2a nach Bild 2.4 mit Wärmedämmung auf der Abdichtung wie bei einem Umkehrdach für Zwischendecks, Parkdächer und Hofkellerdecken in der Verkehrsnutzungsklasse NI-2 mit Fahrzeugen ≤ 30 kN (Pkw) nach Tafel 2.12;
- in der Abdichtungsart 2b nach Bild 2.5 mit der Wärmedämmung auf dem Konstruktionsbeton in klassischer Weise für Zwischendecks, Parkdächer und Hofkellerdecken in der Verkehrsnutzungsklasse NI-3 mit Fahrzeugen ≤ 160 kN (leichte Lkw) und bereichsweise vereinzelt mit Fahrzeugen > 160 kN (schwere Lkw) nach Tafel 2.12.

Die Abdichtung besteht aus zwei Lagen Polymerbitumenbahnen, die vollflächig im Verbund miteinander geklebt werden. Bei den Abdichtungsarten 1a und 2a wird die Abdichtung vollflächig mit dem Betonuntergrund verbunden, bei der Abdichtungsart 2b liegt die Abdichtung in klassischer Weise auf der Wärmedämmung.

Als Fahrbelag und Schutz der Polymerbitumenbahnen können verschiedene Nutzschichten zum Einsatz kommen, z. B. aus Asphaltbeton, aus Ortbeton, aus Betonfertigteilen oder aus Betonwerksteinpflaster (DIN 18532-3, Tabelle 2 [N34]).

Diese Ausführungsart (oder Abdichtungsbauweise) ist geeignet für den Entwurfsgrundsatz RA-2 nach Tafel 2.18.

Die Anschlüsse von Abdichtungen an aufgehenden Bauteilen erfolgen vielfach auch durch Flüssigkunststoffe mit Vliesarmierung. Dadurch muss keine Abdichtungsbahn hochgeführt werden und Klemmschienen oder Schutzprofile können ebenfalls entfallen.

An Stahlstützen mit Brandschutzbeschichtung dürfen keine weiteren Schichten aufgebracht werden. Polymerbitumenbahnen sind auf der vergrößerten Fußplatte der Stahlstütze mit Klemmschienen zu sichern.

In Nutzschichten aus Gussasphalt oder Ortbeton können Heizschleifen für eine Elektroheizung eingebaut werden, z. B. zur Verhinderung von Glatteisbildung bei Rampen. Der Gussasphalt wird hierzu zweilagig eingebaut, auf der ersten Lage liegen die Heizschleifen, die zweite Lage dient als Deck- und Verschleißschicht. Die Schichtdicke der ersten Lage beträgt mindestens 25 mm, die Deckschicht ist mindestens 30 mm dick. Für die Heizschleifen ist ein Eignungsnachweis zum Einbau in Gussasphalt erforderlich. Bei Nutzschichten aus Ortbeton können die Heizleitungen direkt einbetoniert werden.

Bei Rampen und bei Parkflächen mit sehr hoher Nutzungsintensität ist im Einzelfall zu klären, ob eine Stützkonstruktion gegen Verschiebungen des Gussasphalts und Zwängungen in der Abdichtung erforderlich ist, z. B. mit Telleranker.

Optische Anforderungen an die Oberfläche der Gussasphaltschicht können in besonderen Fällen durch eine Aufhellung bei der Absplittung durch helle Gesteinskörnungen oder durch Einfärbung mit Farbpigmenten erreicht werden. Bei einer zu dünnen Gussasphaltschicht kann es zum „Durchschlagen" der Schweißnaht-Überlappungen kommen, was die Dauerhaftigkeit und auch den optischen Eindruck beeinflusst.

Anmerkung:
Viele Schäden in älteren Parkbauten mit Gussasphalt sind darauf zurückzuführen, dass unter dem Gussasphalt anstelle einer Abdichtung nur eine Trennlage verlegt wurde. Der Gussasphalt wurde unterläufig, chloridhaltiges Wasser gelangte an die Bewehrung, die Bewehrung korrodierte und der ganze Vorgang fand im Verborgenen statt. Erst wenn an der Parkdeck-Unterseite rostführendes Wasser austrat und auch dort Korrosionsschäden sichtbar wurden, konnte der Schaden erkannt werden.

Zur Vermeidung solcher Baumängel müssen die Polymerbitumenbahnen einen festen Verbund mit dem Beton haben. Sie dürfen keine Blasen bilden und nicht hohlliegen, da dies wiederum zu Unterläufigkeiten führen könnte.

10.2.2.3 Flüssigkunststoff mit zusätzlicher Schutzschicht

Zur Abdichtung eignen sich ebenfalls Abdichtungssysteme aus Flüssigkunststoffen, wenn nachfolgende Festlegungen nach DIN 18532 erfüllt werden [L19]:
- Abdichtungssystem mit einem allgemeinen bauaufsichtlichen Prüfzeugnis (abP) nach der Muster-Verwaltungsvorschrift Technische Baubestimmungen (MVV TB), lfd. Nr. C3.16 [V7] auf Grundlage der TL-BEL-B, Teil 3 oder nach der Zusammenstellung der nach TL-BEL-B, Teil 3 [R22] geprüften Stoffe der BASt
- Abdichtungssystem mit einer Europäischen Technischen Bewertung (ETA) nach ETAG 033 [R21] unter Berücksichtigung der Anwendungsbestimmungen nach der MVV TB, lfd. Nr. B 2.2.5.13 [V7]
- Abdichtungssysteme mit einer ETA nach ETAG 005 mit einer Vlieseinlage unter Berücksichtigung der Anwendungsbestimmungen nach der MVV TB, lfd. Nr. B 2.2.5.10 [V7]

Die stofflichen Anforderungen an Flüssigkunststoffe für befahrbare Abdichtungen werden in DIN 18532-6 [N34] geregelt. Für erdberührte Bauteile gilt DIN 18533 [N35]. Eine Zuordnung zu den Verkehrsnutzungsklassen bei befahrenen Verkehrsflächen in Parkbauten für die Anwendung von Flüssigkunststoff (FLK) nach DIN 18532-6 enthält Tafel 2.12.

Foto: Triflex GmbH

Bild 10.12: Abdichten eines Dachparkdecks mit Flüssigkunststoff

Für die Verkehrsnutzungsklassen N2-V und N3-V werden dabei in der Bauweise 1a nachfolgende Bauarten unterschieden [L19]:

FLK+AS+AS Flüssigkunststoff im Verbund mit einer Lage Gussasphaltestrich und einer Nutzschicht aus Gussasphaltestrich

FLK+AS+NS Flüssigkunststoff im Verbund mit einer Lage Gussasphaltestrich und einer Nutzschicht nicht aus Gussasphaltestrich

Der Systemaufbau kann beispielsweise folgendermaßen gestaltet sein (Bild 10.12):
- Grundierung zur Haftung auf dem Beton
- Abdichtungssystem auf das Basis Polymethylmethacrylat PMMA mit eingearbeitetem Spezialvlies aus Polyester als Bewehrung zur Verbesserung der mechanischen Stabilität
- Schutzschicht aus PMMA-Kunststoff, vorweg mit Egalisierung von Vliesüberlappungen
- verschleißfeste Versiegelung
- Beschichtung für Fahrwege und Rampen

Arbeitsfugen können mit dem System überarbeitet werden. Voraussetzung ist, dass zunächst aus dem Bereich der Arbeitsfuge ein Streifen von etwa 150 mm Breite und 4 mm Tiefe eingelassen wird und bei offenen Arbeitsfugen in die Fugenverbreiterung eine Rundschnur als Durchlaufsperre eingelegt wird. In den 150 mm breiten Streifen wird ein Spezialvlies eingearbeitet. Danach kann das Abdichtungssystem vollflächig aufgebracht werden.

10.2.3 Kathodischer Korrosionsschutz

Eine völlig andere Maßnahme zum Schutz der Bewehrung gegen Korrosion bietet der kathodische Korrosionsschutz. Der kathodische Korrosionsschutz ist als Instandsetzungssystem sowohl in der Instandsetzungs-Richtlinie [R7] als auch in DIN EN 12696

[N15] geregelt. Dies hat zwar zu einer besseren Akzeptanz dieses Korrosionsschutzprinzips geführt, dennoch ist die Anwendung in Deutschland – im Gegensatz zu anderen Ländern – noch relativ gering.

Korrosionsvorgang bei Chlorideinwirkung

Beim Eindringen von Chloriden aus Taumitteln kann es im Beton zur Korrosion der Bewehrung kommen, auch wenn die Carbonatisierung des Betons noch nicht weit fortgeschritten ist. Chlorid gelangt entweder durch Diffusion oder durch Risse und Fehlstellen direkt in den Beton. Der Zement kann zwar einen Teil der eindringenden Chloride dauerhaft binden, wenn aber weitere Chlorid-Ionen über das Bindungsvermögen von etwa 0,4 % des Zementgewichts hinausgehend eindringen und auf die Oberfläche der Betonstähle treffen, können die Chlorid-Ionen die dortige Passivschicht durchschlagen und zur Korrosion führen. Da dies meistens nur an örtlich begrenzten Stellen stattfindet, wird diese Chloridkorrosion als Lochfraßkorrosion bezeichnet. Das Tückische daran ist, dass diese Korrosion stattfinden kann, ohne dass es zunächst zu Abplatzungen des Betons kommt.

Korrosionsschutzvorgang

Die Korrosion ist ein elektrolytischer Vorgang, wobei zwischen Anode und Kathode ein Gleichstrom fließt. Während der Elektrolyse können Kationen an der Kathode reduziert werden. Vereinfacht ausgedrückt bedeutet dies: Aus Stahl wird Rost. Dieser elektrolytische Vorgang kann umgekehrt werden durch einen umgekehrt fließenden Strom. Dies macht sich der kathodische Korrosionsschutz zunutze. Die Kathode ist durch die Bewehrung vorhanden, eine Anode ist an die Stahlbetonkonstruktion anzubringen. Hierzu werden entweder Titanbänder oder Titannetze als Anode auf die Betonoberfläche aufgebracht und durch Spritzbeton eingebettet. Beim kathodischen Korrosionsschutz gilt es, die freien Korrosionsströme durch gezielt entgegen gerichtete Schutzströme zu überlagern. Dafür muss eine externe Energiequelle den Schutzstrom liefern. Die Titanbänder wirken als Anode und werden mit dem positiven Pol des Schutzstromgeräts verbunden, die Bewehrung als Kathode erfährt eine Verbindung mit dem negativen Pol.

Praktische Anwendung

Vor der Anwendung des kathodischen Korrosionsschutzes ist die Bewehrung elektrisch so zu vernetzen, dass überall der Schutzstrom fließen kann. Außerdem ist eine Reihe von Voruntersuchungen erforderlich:

- Begutachtung der Korrosionsschäden und Schadenskartierung
- Ermittlung des Chloridgehalts im Beton in unterschiedlichen Schichttiefen
- Bestimmen der Carbonatisierungstiefe
- Messen der Betondeckung der Bewehrung
- Prüfen der Betondruckfestigkeit
- Durchführung von Potenzialfeldmessungen
- Durchführung von Widerstandsmessungen

Diese Voruntersuchungen sind nur von einem Sachkundigen Planer [R7] durchzuführen und zwar in Zusammenarbeit mit dem Tragwerksplaner und vor allem mit Fachleuten, die auf dem Gebiet des kathodischen Korrosionsschutzes bei Stahlbetonbauten erfahren sind.

In der Planungsphase ist zu klären, ob die Anwendung des kathodischen Korrosionsschutzes eine wirtschaftliche Maßnahme darstellt. Dies kann der Fall sein, wenn die Korrosion noch nicht zu weit fortgeschritten ist, sodass der in den Bauteilen vorhandene Stahlquerschnitt noch ausreichend ist und ein Rückbau der vorhandenen Stahlbetonkonstruktion noch nicht erforderlich wird.

Für Neubaumaßnahmen wird der kathodische Korrosionsschutz nur in besonderen Ausnahmefällen infrage kommen, da die anderen, zuvor geschilderten Korrosionsschutzmaßnahmen in der Neubauphase zurzeit wirtschaftlicher zu erreichen sind.

10.3 Wahl der Schutzmaßnahmen für den jeweiligen Entwurfsgrundsatz

Erforderliche Schutzmaßnahmen für die Stahlbetonkonstruktion bei Parkdecks können sein:
- direkt befahrbare Beschichtungssysteme nach DAfStb-Richtlinie „Schutz und Instandsetzen von Betonbauteilen“ [R7], z. B. Oberflächenschutzsystem OS 8, erforderlichenfalls mit begleitender Rissbehandlung durch lokale Dichtbandagen mit erhöhter dynamischer Fugen- und Rissüberbrückungsfähigkeit in chloridbeaufschlagten, gefährdeten Bereichen
- rissüberbrückendes Oberflächenschutzsystem OS 11
- Oberflächenschutzsystem OS 10 in Verbindung mit einer zusätzlichen geprüften Schutzschicht
- Dichtungsschichten aus Flüssigkunststoff nach TL/TP BEL-B3 [R22] in Verbindung mit einer zusätzlichen Schutzschicht
- Polymerbitumen-Schweißbahn im Verbund mit Gussasphalt als Schutz- und Nutzschicht
- Polymerbitumenbahnen mit einer Nutzschicht aus Asphaltbeton, Ortbeton, Betonfertigteilen oder Betonwerksteinpflaster

Unterläufigkeiten

Bei der Festlegung erforderlicher Schutzmaßnahmen für die Oberflächen der Betonkonstruktionen ist zwischen drei Entwurfsgrundsätzen zu unterscheiden (Bild 6.1, Tafel 2.13):
- Entwurfsgrundsatz RV: **R**iss**V**ermeidung durch bautechnische Maßnahmen
- Entwurfsgrundsatz RB: **R**issbreiten**B**egrenzung mit vollflächiger Beschichtung
- Entwurfsgrundsatz RA: **R**isse mit lokaler **A**bdichtung (RA-0) oder
Risse mit vollflächiger **A**bdichtung (RA-1, RA-2)

10.3.1 Schutzmaßnahmen bei Entwurfsgrundsatz RV

Beim Entwurfsgrundsatz RV „Rissvermeidung“ wird davon ausgegangen, dass keine Risse in befahrenen Flächen entstehen, in die Chloride eindringen können, wodurch eine Korrosion der Bewehrung erfolgt. Zum Vermeiden von Trennrissen sind die Zwangbeanspruchungen so gering wie möglich zu halten. Dies ist Aufgabe der Tragwerksplanung. Abschnitt 2.3.1 und Tafel 2.13 enthalten Einzelheiten hierzu.

Beim Entwurfsgrundsatz RV bestehen folgende Möglichkeiten:

RV-0: Betonpflaster oder unbewehrte Betonbodenplatten, bei denen keine Bewehrung korrodieren kann und daher keine Schutzmaßnahme erforderlich ist

RV-1: zwangfreie Lagerung der Bauteile als statisch bestimmte Systeme ohne Zugbeanspruchung der Oberfläche, weshalb keine Rissgefahr besteht und daher keine Schutzmaßnahme erforderlich ist

Entwurfsgrundsatz **RV** Rissvermeidung durch bautechnische Maßnahmen	**Anforderungen an Beton und Bewehrung**			
	Expositionsklassen	Feuchteklassen	Druckfestigkeitsklasse	Betondeckung der Bewehrung
RV-0 Betonpflaster, unbewehrte Betonbodenplatte	(i.Allg. XF2 ggfs. XF4[1)]) (XM1[2)]) WU-Beton	WA	C25/30 (C25/30 LP)	-
RV-1 zwangfreie Lagerung, statisch bestimmte Tragsysteme	XD3 XC4 (i.Allg. XF2 ggfs. XF4[1)]) (XM1[2)]) WU-Beton	WA	C35/45 (C30/37 LP)[1)]	c_{min} = 40 mm
RV-2 Spannbetonbauteile mit Druckzonenoberfläche	XD3 XC4 (i.Allg. XF2 ggfs. XF4[1)]) (XM1[2)]) WU-Beton	WA	C35/45 (C30/37 LP)[1)]	c_{min} = 40 mm

Grafik: K. Ebeling

[1)] Für häufige und starke Frost-Tau-Wechsel im Allg. XF2 ausreichend. XF4 bei größeren Feuchte- und Chlorideintragungen, z. B. freie Bewitterung, Rampen (Abschnitt 3.3.2 und Tafel 2.18)
Bei LP-Beton keine zielsichere Betonglättung möglich, Oberfläche mit Rüttelbohle verdichten, abziehen und z. B. mit Besenstrich versehen (Abschnitt 4.1)

[2)] Expositionsklasse XM1 für Verschleißbeanspruchung nur bei besonderen Beanspruchungen durch Lkw-Befahrung oder bei sehr hoher Nutzungsintensität NI-4 mit Pkw's ≥ 30 kN, z. B. Rampen

Bild 10.13: Anforderungen an den Beton bei Entwurfsgrundsatz RV (in Anlehnung an [R9])

RV-2: Spannbetonbauteile mit druckbeanspruchten Oberflächen, weshalb keine Rissgefahr besteht und daher keine Schutzmaßnahme erforderlich ist

Parkdecks nach dem Entwurfsgrundsatz RV bedürfen keines Schutzes der Betonoberfläche, die Parkdecks können direkt befahren werden (Bilder 6.2 und 7.4). Als Sonderlösung gehören auch Bauteile mit spezieller korrosionsgeschützter Bewehrung zum Entwurfsgrundsatz RV (z. B. nicht rostender Betonstahl oder beschichtete Bewehrung).

Der Beton muss den Anforderungen entsprechen, die für befahrene Flächen in Tafel 2.18 zum Entwurfsgrundsatz RV angegeben sind. Einen Auszug aus Tafel 2.18 enthält Bild 10.13.

Die Betonoberfläche direkt befahrener Bauteile ist so zu bearbeiten, dass Ebenheit und Gefälle sofort nach der Herstellung den festgelegten Anforderungen entsprechen (Abschnitte 6.2.2.1 und 7.5.2.1 sowie Kapitel 9).

10.3.2 Schutzmaßnahmen bei Entwurfsgrundsatz RB

Der Entwurfsgrundsatz RB „Rissbreitenbegrenzung" umfasst eine geeignete Begrenzung der Rissbreiten durch eine hierfür ausgelegte Bewehrung und zusätzlich ein vollflächiges Beschichtungssystem. Dabei werden starre und rissüberbrückende Oberflächenschutzsysteme unterschieden. Abschnitt 2.3.2 und Tafel 2.13 enthalten Einzelheiten hierzu.

Entwurfsgrundsatz **RB** Rissbreitenbegrenzung mit vollflächiger Beschichtung	Anforderungen an Beton und Bewehrung			
	Expositionsklassen	Feuchteklassen	Druckfestigkeitsklasse	Betondeckung der Bewehrung
RB-1 starre Beschichtung OS 8 mit begleitender Rissbehandlung	XD1 XC3 (i.Allg. XF1 [1]) WU-Beton	WF	C30/37	c_{min} = 40 mm
RB-2 rissüberbrückende Beschichtung OS 10 mit Schutzschicht bzw. Flüssigkunststoff FLK nach DIN 18532-6 mit Schutzschicht oder OS 11	XD1 XC3 (i.Allg. XF1 [1]) WU-Beton	WF	C30/37	c_{min} = 40 mm

Grafik: K. Ebeling

[1] Für häufige und starke Frost-Tau-Wechsel im Allgemeinen XF1 ausreichend. (Abschnitt 3.3.1. und 3.3.2)

Bild 10.14: Anforderungen an den Beton bei Entwurfsgrundsatz RB (in Anlehnung an [R9])

Beim Entwurfsgrundsatz RB bestehen folgende Möglichkeiten:

RB-1: Das vollflächige, starre Beschichtungssystem OS 8 zum Schutz des Betons entsprechend Bild 6.3 a), erforderlichenfalls mit überbrückender Bandage

RB-2: Das vollflächige, rissüberbrückende Beschichtungssystem OS 11 oder OS 10 bzw. Flüssigkunststoff FLK nach DIN 18532-6 mit Schutzschicht zum Schutz des Betons entsprechend Bild 6.3 b) und c)

Vom Beton sind die Anforderungen zu erfüllen, die für Parkdecks und Rampen in Tafel 2.18 zum Entwurfsgrundsatz RB aufgeführt sind (Bild 10.14).

10.3.3 Schutzmaßnahmen bei Entwurfsgrundsatz RA

Der Entwurfsgrundsatz RA lässt Risse mit einer Breite von $w_k \leq 0{,}30$ mm entsprechend den Mindestanforderungen an Stahlbetonbauteile zu. Diese Risse sind dann entweder einzeln abzudichten (z.B. durch Verpressen oder mit überbrückenden Bandagen) oder es wird eine vollflächige Abdichtung aufgebracht. Diese Abdichtung kann eine Polymerbitumen-Schweißbahn mit Gussasphaltbelag sein oder eine Beschichtung mit zusätzlicher Schutzschicht als Fahrbelag.

Beim Entwurfsgrundsatz RA bestehen folgende Möglichkeiten:

RA-0: Entstehende Einzelrisse sind bei diesem Entwurfsgrundsatz vor Inbetriebnahme der Parkflächen dauerhaft zu schließen bzw. abzudichten, z.B. durch Dichtbandagen. Ein vollflächiger Oberflächenschutz ist nicht vorzusehen. Sinnvoll ist dieser Entwurfsgrundsatz insbesondere für befahrene Bauteilflächen mit Rissen in möglichst festgelegten Bereichen.

RA-1: Die beanspruchten Flächen erhalten eine vollflächige unterlaufsichere Abdichtung. Diese Abdichtung kann entweder eine 1-lagige Polymerbitumen-Schweißbahn in Verbindung mit einer kombinierten Schutz- und gleichzeitig Nutzschicht aus Gussasphalt sein oder ein Oberflächenschutzsystem OS 10 mit einer für Fahrverkehr beanspruchbaren Schutzschicht oder eine Dichtungsschicht aus Flüssigkunststoff mit einer zusätzlichen Schutzschicht.

RA-2: Die beanspruchten Flächen erhalten ebenfalls eine vollflächige unterlaufsichere Abdichtung. Diese Abdichtung besteht aus einer 2-lagigen Polymerbitumenbahn nach DIN 18532-3 [N34] mit einer Nutzschicht aus DIN 18532-1 [N34].

Für Bodenplatten im drückenden Wasser ist der Entwurfsgrundsatz RA-2 mit einer vollflächigen Abdichtung ungeeignet.

Begründung:
Bei Durchfeuchtungen von unten sind etwaige Fehlstellen unter einer vollflächigen Abdichtung kaum zu orten. Bei örtlicher Abdichtung der Einzelrisse oder einem starren Oberflächenschutzsystem sind Durchfeuchtungen leichter festzustellen.

Der Beton hat die Anforderungen zu erfüllen, die in Tafel 2.18 für befahrene Parkflächen zum Entwurfsgrundsatz RA genannt sind. Bild 10.15 zeigt einen Ausschnitt aus Tafel 2.18, der für den Entwurfsgrundsatz RA maßgebend ist.

Entwurfsgrundsatz **RA** Risse mit lokaler bzw. vollflächiger Abdichtung	Anforderungen an Beton und Bewehrung			
	Expositionsklassen	Feuchteklassen	Druckfestigkeitsklasse	Betondeckung der Bewehrung
RA-0 lokale Abdichtung der Einzelrisse	XD3 XC4 (i.Allg. XF2 ggfs. XF4[1]) (XM1[2]) WU-Beton	WA	C35/45 (C30/37 LP)	c_{min} = 40 mm
RA-1 vollflächige Abdichtung OS 10 oder unterlaufsichere, bahnenförmige Abdichtung jeweils mit Dichtungs- und Schutzschicht aus Gussasphalt	XC3 (ggfs. XF1[1])	WF	C25/30[3]	$c_{min} \geq$ 20 mm
RA-2 vollflächige Abdichtung durch unterlaufsichere, zweilagige, bahnenförmige Abdichtung mit Schutzschicht	XC3 (ggfs. XF1[1])	WF	C25/30[3]	$c_{min} \geq$ 20 mm

Grafik: K. Ebeling

1) Für häufige und starke Frost-Tau-Wechsel im Allgemeinen der Regel XF2 ausreichend. XF4 bei größeren Feuchte- und Chlorideintragungen, z. B. freie Bewitterung, Rampen (Abschnitt 3.3.2 und Tafel 2.18)
Bei LP-Beton keine zielsichere Betonglättung möglich, Oberfläche mit Rüttelbohle verdichten, abziehen und z. B. mit Besenstrich versehen (Abschnitt 4.1).

2) Expositionsklasse XM1 für Verschleißbeanspruchung nur bei besonderen Beanspruchungen durch Lkw-Befahrung oder bei sehr hoher Nutzungsintensität NI-4 mit Pkws ≥ 30 kN, z. B. Rampen

3) Für die Expositionsklasse XC3 ist nur eine Mindestbetondruckfestigkeit von C20/25 zu erfüllen.
Aufgrund der besonderen Anforderung hinsichtlich der Unterlaufsicherheit mit vollflächig dauerhaft kraftschlüssigen Verbindung zur Betonunterlage mit Einhaltung von Oberflächenzugfestigkeiten im Mittel ≥ 1,5 N/mm² und Einzelwerten ≥ 1,0 N/mm² wird von den Autoren eine Mindestbetondruckfestigkeit von C25/30 empfohlen.
Für häufige und starke Frost-Tau-Wechsel ist die Expositionsklasse XF1 erforderlich (Abschnitt 3.3.2) zusammen mit der Mindestbetondruckfestigkeitsklasse C25/30.

Bild 10.15: Anforderungen an den Beton bei Entwurfsgrundsatz RA (in Anlehnung an [R9])

11 Nachweise bei Zwangbeanspruchungen

Die Einflüsse sowohl auf die Gebrauchstauglichkeit als auch auf die Dauerhaftigkeit in Abhängigkeit von den Umgebungsbedingungen und den Einwirkungen auf Parkdecks führen dazu, die Bauteile der Parkbauten nach bestimmten Grundsätzen zu planen, zu entwerfen und schließlich auszuführen. Die sich daraus ergebenden Entwurfsgrundsätze unterscheiden sich und dienen als Grundlage für die möglichen Ausführungsarten von Parkdecks (Tafel 2.18).

Bevor die Nachweise für frühen Zwang und erforderlichenfalls auch für späten Zwang durchgeführt werden können, ist eine Entscheidung für die Anwendung der möglichen Entwurfsgrundsätze zu treffen (Abschnitt 5.11). Dies gilt vor allem für die Anwendung eines Entwurfsgrundsatzes, der eine möglichst geringe Zwangbeanspruchung und damit eine geringere Rissgefahr für die chloridbeanspruchten Bauteile zur Folge hat. Dies ist der Entwurfsgrundsatz RV „Rissvermeidung“.

Damit eine Entscheidung für die Anwendung eines Entwurfsgrundsatzes getroffen werden kann, ist zunächst zu untersuchen, ob für die vorgesehene Konstruktion eine Rissgefahr besteht oder ob eine Risssicherheit gegeben ist. Dafür werden die Einwirkungen E_σ, die durch die wirkenden Zwangspannungen entstehen, dem Widerstand R_f gegenübergestellt, der durch die Zugfestigkeit des Betons entsteht:
- bei Verhältnissen $E_\sigma / R_f > 1{,}0$ besteht Rissgefahr,
- bei Verhältnissen $E_\sigma / R_f \leq 1{,}0$ ist Risssicherheit gegeben.

11.1 Anwendung der Entwurfsgrundsätze

Schon im Vorwort zu diesem Fachbuch wurde verdeutlicht, dass beim Bau von Parkbauten verschiedene Anforderungen denen ähneln, die an Brückenbauten gestellt werden. Parkbauten sind nicht übliche Hochbauten, sie sind als anspruchsvolle Ingenieurbauwerke einzustufen, die besondere Kenntnisse der am Bau Beteiligten in Planung, Ausführung und Überwachung erfordern.

Die Festlegung eines bestimmten Entwurfsgrundsatzes für eine Ausführungsart hat das Ziel, ein optimales Verhältnis zwischen Nutzungsdauer, Herstellkosten und Betriebskosten zu erreichen. Schon bei Planungsbeginn ist eine Entscheidung für den einen oder anderen Entwurfsgrundsatz zu treffen. Bei der weiteren Planung und Ausführung ist diese Entscheidung für einen bestimmten Entwurfsgrundsatz zu berücksichtigen, denn diese Entwurfsgrundsätze unterscheiden sich teilweise sehr wesentlich voneinander.

Diese Möglichkeiten für Parkdecks sind:
- das Entstehen von Rissen in Stahlbeton-Konstruktionen durch konstruktive, betontechnische und ausführungstechnische Maßnahmen verhindern (Entwurfsgrundsatz RV nach Abschnitt 2.3.1 und 5.11.1)
  oder

- durch einen Oberflächenschutz der Stahlbeton-Konstruktion das Eindringen von Chloriden verhindern (Entwurfsgrundsatz RB nach Abschnitt 2.3.2 und 5.11.2) oder
- entstehende Risse nachträglich abdichten (Entwurfsgrundsatz RA nach Abschnitt 2.3.3 und 5.11.3).

Die Bauweisen nach den Entwurfsgrundsätzen entsprechen DIN EN 1990, Abschnitt 2.4. Jedoch unterscheiden sie sich hinsichtlich der Robustheit (Tafel 2.18):

- *Die erste Möglichkeit* (Rissvermeidung)
  Diese Möglichkeit wird nur mit statisch bestimmten Konstruktionen gelingen, die ohne wesentliche Zwangbeanspruchungen rissfrei bleiben. Bei statisch unbestimmten Konstruktionen, die stark biege- und zwangbeansprucht sind, wird dies nur mit einer Vorspannung gelingen, die alle Zugspannungen überdrückt. Der rechnerische Nachweis der Rissvermeidung muss erbracht werden (Tafel 2.18).
- *Die zweite Möglichkeit* (Rissbreitenbegrenzung)
  Sie muss sicherstellen, dass der Oberflächenschutz widerstandsfähig gegen Chlorideinwirkung ist und imstande bleibt, die Breite der entstehenden Risse dauerhaft zu überbrücken. Dies kann durch ein vollflächiges Beschichtungssystem erfolgen (Tafel 2.18). Für frei bewitterte Bauteile (z. B. Dächer) scheidet diese Möglichkeit aus.
- *Die dritte Möglichkeit* (Rissabdichtung)
  Diese Möglichkeit erfordert ein Rissabdichtungsverfahren, das widerstandsfähig gegen Chlorideinwirkung ist und nachweislich dafür sorgt, dass die Risse dauerhaft dicht bleiben. Dies kann durch eine Abdichtung der Einzelrisse (Rissbandage) oder durch eine vollflächige Abdichtung geschehen (Tafel 2.18).

Alle drei genannten Möglichkeiten setzen voraus, dass ein für die jeweiligen Bauteile zutreffender Nachweis der Last- und Zwangbeanspruchungen durchgeführt wird.

Lastbeanspruchungen und die dabei auftretenden Zugspannungen mit den dadurch entstehenden Rissbreiten sind im Rahmen des Tragfähigkeits- und Dauerhaftigkeitsnachweises zu erfassen.

Zwangbeanspruchungen müssen für den Nachweis der Gebrauchstauglichkeit möglichst genau erfasst werden (Abschnitt 3.10). Hierbei sind die unterschiedlichen Zeitabläufe zu beachten, gegeben auch durch den Bauzustand und durch den späteren Nutzungszustand. Zu erfassen sind hierbei früh einsetzende Zwangbeanspruchungen und gegebenenfalls spät wirkender Zwang.

11.2 Beispiele für früh einsetzende Zwangbeanspruchung

Die Nachweise der Gebrauchstauglichkeit und der Dauerhaftigkeit haben für Tiefgaragen und Parkhäuser zusätzlich zu den Nachweisen in den Grenzzuständen der Tragfähigkeit (GZT) eine besondere Bedeutung. Daher werden nachfolgend verschiedene Nachweise unter Bezug auf das Kapitel 5 „Gebrauchstauglichkeit – Nutzungsfreundlichkeit – Dauerhaftigkeit“ geführt. Es geht dabei um das Abschätzen der Zwangbeanspruchung und deren Einfluss auf die Gebrauchstauglichkeit und die Dauerhaftigkeit.

Im Nationalen Anhang zum Eurocode 2 steht unter anderem (NCI zu 7.3.2 in [N2]): *„Wenn der Zeitpunkt der Rissbildung nicht mit Sicherheit innerhalb der ersten 28 Tage festgelegt werden kann, sollte mindestens eine Zugfestigkeit von 3 N/mm² angenommen werden.“ (Abschnitt 4.4.3)*

Das bedeutet:
Sofern später Zwang nicht ausgeschlossen werden kann, ist stets der Nachweis für späten Zwang zu führen und der Nachweis für frühen Zwang kann entfallen.

Der Nachweis für frühen Zwang ist nur dann sinnvoll, wenn mit großer Sicherheit ausgeschlossen werden kann, dass risserzeugender später Zwang durch Schwinden des Betons und durch Temperaturänderungen nicht entstehen kann. Dies wäre beispielsweise dann der Fall, wenn das Austrocknen der Bodenplatte an der Oberseite durch eine Abdichtung verhindert würde und wenn außerdem Temperaturänderungen Sommer/Winter gering gehalten werden, z. B. durch mechanische Belüftung mit konditionierter Luft in der kalten Jahreszeit.

Bei der Bemessung für frühen Zwang ist das Bestimmen der wirksamen Betonzugfestigkeit recht schwierig, denn entscheidend für die Bemessung bei Zwangbeanspruchung ist der Zeitpunkt der Rissentstehung. Früher Zwang entsteht nicht nur beim Abfließen der Hydratationswärme, sondern sowohl die Größe des Zwangs als auch der Zeitpunkt werden durch die Witterungsbedingungen und die Baustellenverhältnisse stark beeinflusst. Auch im Bauzustand während der Erhärtungszeit können Zwangbeanspruchungen entstehen, beispielsweise beim Erwärmen durch Sonneneinstrahlung, beim Abkühlen durch Wind oder Regen oder Gewitterschauer, schlimmstenfalls mit Hagel. Da diese Einflussgrößen bei Planung und Bemessung noch nicht bekannt sind, kann nur eine überschlägige Abschätzung der wirksamen Betonzugfestigkeit vorgenommen werden, allerdings auf der sicheren Seite liegend.

Maßgebend für die Bemessung ist stets die wirksame Betonzugfestigkeit $f_{ct,eff}$ zum betrachteten Zeitpunkt. Hierfür ist die Bewehrung zur Begrenzung der Rissbreite zu bemessen. Zur Ermittlung der wirksamen (effektiven) Zugfestigkeit $f_{ct,eff}$ kann von dem Mittelwert der Zugfestigkeit f_{ctm} nach Tafel 2.6 ausgegangen werden. Dabei ist die Festigkeit anzusetzen, die beim Auftreten der Risse zu erwarten ist. In vielen Fällen, z. B. wenn der maßgebende Zwang aus dem Abfließen der Hydratationswärme entsteht, kann die Rissbildung schon in den ersten Tagen nach dem Einbringen des Betons entstehen, und zwar abhängig von:

- Umweltbedingungen (Lufttemperatur, Wind, Sonne)
- Form des Bauteils
- Bauteildicke
- Art des Untergrunds bei Bodenplatten
- Art der Schalung bei Decks

Bei größeren Bodenplattendicken ist zu prüfen, ob geringere Zwangbeanspruchungen während der Erhärtungsphase überhaupt zu zentrischen Zugspannungen führen und durchgehende Trennrisse in der Bodenplatte entstehen lassen. Vielfach ergeben sich hierbei Biegezustände mit einer deutlich ausgebildeten Biegedruckzone [R4].

Lastbeanspruchungen werden kaum unter der Zugfestigkeit des Betons bleiben. Daher ist für die statisch erforderliche Bewehrung aus Lastbeanspruchungen möglichst der Entwurfsgrundsatz RB „Rissbreitenbegrenzung" anzustreben.

Verminderten frühen Zwang erfahren durchlaufende Bodenplatten mit ebener Unterseite entsprechend Bild 7.3 b), wenn sie sich beim Abfließen der Hydratationswärme auf dem Untergrund in Längs- und Querrichtung bewegen können. Die Bodenplatten erfahren dadurch eine geringere Zwangbeanspruchung. Wenn nachgewiesen werden kann, dass zum Zeitpunkt des Entstehens der Zwangbeanspruchung diese unter der Zugfestigkeit des Betons bleibt, die Risssicherheit gegeben ist, und so ist nur eine Mindestbewehrung erforderlich.

Voller früher Zwang entsteht dann, wenn beispielsweise größere Bodenplatten keine ebene Unterseite aufweisen und sich durch Fundamentvertiefungen entsprechend Bild 7.3 a) im Untergrund verhaken. Das Gleiche gilt für Bodenplatten, die mit anderen Bauteilen verbunden sind, wodurch ebenfalls das Verkürzungsbestreben beim Abfließen der Hydratationswärme behindert wird. Ein Nachweis für vollen frühen Zwang kann zwar erfolgen, aber in der Regel wird diese Beanspruchung nicht maßgebend sein, da wegen der Verformungsbehinderung auch später Zwang entstehen wird. Diesen Nachweis für vollen frühen Zwang beim Abfließen der Hydratationswärme zeigt Beispiel 11.1 im Abschnitt 11.2.1.

Bei der Ermittlung der Zugbeanspruchung der Betonquerschnitte kann der teilweise stattfindende Spannungsabbau durch Kriechen und Relaxation mit den Beiwerten $k_{(\varphi+\psi)}$ entsprechend Gleichung (Gl. 4.9) im Sinne der Erläuterungen zur WU-Richtlinie (Abschnitt 8.3 in [R4] berücksichtigt werden.

11.2.1 Nachweis für frühen Zwang bei Bodenplatten

Die beiden folgenden Beispiele sollen die Unterschiede verdeutlichen, die abhängig von der Lagerung der Bodenplatte entstehen:

1. wenn kein Verkürzen der Bodenplatte beim Abkühlen des Betons möglich ist, weil die Bodenplatte mit Fundamenten fest verbunden ist oder
2. wenn sich die Bodenplatte verkürzen kann, da die Bodenplatte nicht mit anderen Bauteilen verbunden ist und eine ebene Unterseite aufweist.

WU-Bodenplatten im Verbund mit Fundamenten erhalten durch fehlende Bewegungsmöglichkeit hohe Zwangbeanspruchungen, die für Risse sorgen, und zwar bei frühem Zwang und während der Nutzung auch bei spätem Zwang. Die Risse können zwar auf ein rechnerisches Maß begrenzt werden, aber eine Abdichtung der Risse ist dennoch erforderlich: gegen Wasserdruck von unten und gegen Chlorideintrag von oben (Beispiel 11.1). Diese Abdichtung an der Oberseite der Platte kann Schwierigkeiten bereiten, da nicht zu erkennen ist, ob die Risse dauerhaft dicht bleiben. Derartige Konstruktionen werden immer wieder geplant, obwohl sie äußerst ungünstig bzw. ungeeignet sind und für WU-Bodenplatten in Parkbauten nicht zur Ausführung kommen dürften. Eine derartige Planung von WU-Konstruktionen kann nicht als sachgerecht bezeichnet werden.

WU-Bodenplatten mit ebener Unterseite und freier Bewegungsmöglichkeit können wegen geringerer Zwangbeanspruchung rissfrei bleiben, wie es der Nachweis in Beispiel 11.2 zeigt. Auch wenn die Risssicherheit nachgewiesen wird und keine Rissgefahr besteht, ist eine Mindestbewehrung einzubauen. Obwohl die Platte dicker ist, wird weniger Bewehrung benötigt als bei der dünneren Platte. Derartige Konstruktionen sind günstig, lassen sich einfacher herstellen und sind insgesamt sicherer.

Beispiel 11.1: *Nachweis für vollen Hydratationszwang in Bodenplatten bei fehlender Bewegungsmöglichkeit*

Vorbemerkungen:
Dieses Beispiel ist bewusst in diesem Fachbuch dargestellt, da in der Baupraxis leider immer wieder so geplant und ausgeführt wird. Aus Sicht der Autoren ist diese Planung und Ausführung mit den dargestellten Randbedingungen und Annahmen in diesem Beispiel jedoch ungeeignet.

Hierzu gehört auch der Nachweis für frühen Zwang aus dem Abfließen der Hydratationswärme, der nachfolgend nur deshalb gezeigt wird, um die Unterschiede zu einfacheren Konstruktionen zu verdeutlichen, wie dies der Vergleich mit Beispiel 11.2 zeigt.

Randbedingungen:
Die Bodenplatte einer Tiefgarage für ein Wohngebäude mit 500 m^2 Nutzfläche steht im Grundwasser und ist als WU-Konstruktion auszubilden. Die Tiefgarage soll mit einer natürlichen Belüftung durch Lichtschächte und Querlüftung ausgebildet werden. Die Bodenplatte ist in ungünstiger Weise mit den Fundamenten verbunden, die Mindestbauteildicke von 25 cm zwischen den tiefergeführten und mit Vouten und Abpufferungen vorgesehenen Fundamenten wird jedoch eingehalten. Gewählt wird Betonfestigkeitsklasse C30/37 mit schneller Festigkeitsentwicklung. Die Ausführung erfolgt im Herbst.

Annahmen (aus Autorensicht zum Teil ungeeignet)

Beanspruchungsklasse	BK1-zdW	(Tafel 3.4)
Nutzungsklasse (Abschnitt 7.2.2)	NK-B	(Tafel 3.5)
Nutzungsintensität (Garage M)	NI-1	(Tafel 2.17)
Art der Belüftung (Lüftungskonzept):	natürliche Belüftung durch Lichtschächte und Querlüftung	
Klasse der Bauweise	BW-OB	(Tafel 2.3)
Entwässerungsklassen	eGef-oE	(Tafel 2.7)
Ausführungsart	Beschichtungen (RB-1)	(Tafel 2.18)
Expositionsklassen	XC3, XD1, XF1, WF	(Tafeln 2.14, 2.18)
Beton mit hohem Wassereindringwiderstand	WU-Beton (schwindarm)	(Tafel 3.3)
Klasse für Fugenabdichtung	FUG-BB (für Sohle/Wand)	(Tafel 2.16)
Klasse für Überwachung für Beton auf der Baustelle	ÜK2	(Tafel 2.9)
Klasse für Instandhaltung	WK1	(Tafel 2.10)
verlängerte Nachbehandlung	nach DIN EN 13670, Tab. F3	
Entwurfsgrundsatz	RB Rissbreitenbegrenzung	(Tafel 2.14)
Einwirkungsklasse	EK-FZ	(Tafel 2.1)
Betonfestigkeitsklasse	C30/37	(Tafel 2.4)
Festigkeitsentwicklung des Betons	$r \geq 0{,}50$: schnell	(Gl. 4.14)
Herstellungszeitpunkt:	Herbst	
normale Nachbehandlung	nach DIN 1045-3, Tab. 6.NA	
Rissklasse (Annahme)	RW20 bzw. RW30	(Tafel 2.8)
Begrenzung der Rissbreite	$w_k \leq 0{,}20$ mm bzw. $w_{zul} = 0{,}30$ mm	
Bauteildicke der Bodenplatte	$h_B = 250$ mm $= h_0$	(Gl. 4.19)
Betonplattenquerschnitt	$A_{ct} = 0{,}25$ m²/m $= 2\,500$ cm²/m	
effektiver Zugquerschnitt	$A_{ct,eff} = \frac{1}{2} \cdot 2\,500 = 1\,250$ cm²/m	
gewählter Stabdurchmesser:	$\varnothing_{s,gew} = 12$ mm	

Ermittlung der Betonzugfestigkeit beim Abfließen der Hydratationswärme

Zugfestigkeits-Zeitbeiwert k_{ct}: (Tafel 4.7)

$k_{ct} = 0{,}80$ für schnelle Festigkeitsentwicklung

wirksame Betonzugfestigkeit zur Bemessung der Rissbewehrung:

$f_{ct,eff} = k_{ct} \cdot f_{ctm} = 0{,}80 \cdot 2{,}9$ (Gl. 4.16)

$f_{ct,eff} = 2{,}32$ N/mm²

Ermittlung der erforderlichen Bewehrung

wirksame Stahlspannung $\sigma_{s,eff}$ für Rissbreite $w_k = 0{,}20$ mm:

$\sigma_{s,eff} = \sqrt{(6 \cdot w_k \cdot f_{ct,eff} \cdot E_s / \varnothing_{s,gew})}$ (Gl. 5.15)

$= 1\,095 \cdot \sqrt{(w_k \cdot f_{ct,eff} / \varnothing_{s,gew})}$

$= 1\,095 \cdot \sqrt{(0{,}20 \cdot 2{,}32 / 12)}$ (Gl. 5.16)

$\sigma_{s,eff} = 215$ N/mm²

wirksame Stahlspannung $\sigma_{s,eff}$ für Rissbreite $w_k = 0{,}30$ mm:

$\sigma_{s,eff} = \sqrt{(6 \cdot w_k \cdot f_{ct,eff} \cdot E_s / \varnothing_{s,gew})}$ (Gl. 5.15)

$= 1\,095 \cdot \sqrt{(w_k \cdot f_{ct,eff} / \varnothing_{s,gew})}$

$= 1\,095 \cdot \sqrt{(0{,}30 \cdot 2{,}32 / 12)}$ (Gl. 5.16)

$\sigma_{s,eff} = 264$ N/mm²

Vergleich des gewählten Stabdurchmessers $\varnothing_{s,gew}$ mit dem Grenzdurchmesser $\varnothing_s^*$ und Angabe der Stahlspannung σ_s nach Tabelle 7.2DE [N2]:

$\varnothing_s^* = \varnothing_{s,gew} \cdot 2{,}9 / f_{ct,eff} = 12 \cdot 2{,}9 / 2{,}32 = 15$ mm

$\varnothing_s^* = 15$ mm $\rightarrow \sigma_s = 213$ N/mm² für $w_k = 0{,}20$ mm

$\varnothing_s^* = 15$ mm $\rightarrow \sigma_s = 260$ N/mm² für $w_k = 0{,}30$ mm

$\rightarrow \varnothing_{s,gew} = 12$ mm kann verwendet werden

erforderliche Bewehrung [R4]:

$k_c = 1{,}0$ für zentrischen Zug

$k = 0{,}8$ für inneren Zwang für $h_0 \leq 300$ mm (Gl. 5.7)

$A_{s,erf} = k_c \cdot k \cdot f_{ct,eff} \cdot A_{ct,eff} / \sigma_{s,eff}$ (Gl. 5.6)

$= 1{,}0 \cdot 0{,}8 \cdot 2{,}32 \cdot 1\,250 / 215$

$A_{s,erf} = 10{,}79$ cm²/m für $w_k = 0{,}20$ mm

$A_{s,erf} = 1{,}0 \cdot 0{,}8 \cdot 2{,}32 \cdot 1\,250 / 264$

$A_{s,erf} = 8{,}79$ cm²/m für $w_k = 0{,}30$ mm

Zwangbewehrung für die Bodenplatte

Bewehrung gewählt für Rissbreite $w_k = 0{,}20$ mm:

Ø 12 mm, s = 100 mm jeweils unten und oben in beiden Richtungen

$A_{s,gew} = 11{,}31$ cm²/m $> A_{s,erf} = 10{,}79$ cm²/m

Bewehrung gewählt für Rissbreite $w_k = 0{,}30$ mm:

Ø 12 mm, s = 125 mm jeweils unten und oben in beiden Richtungen

$A_{s,gew} = 9{,}05$ cm²/m $> A_{s,erf} = 8{,}79$ cm²/m

Anmerkungen:
Wie unter Vorbemerkungen bereits gesagt, ist dies ein Beispiel für eine ungeeignete Konstruktion. Eine überschlägige Risiko-Einschätzung nach Abschnitt 12 verdeutlicht die ungünstige, nicht geeignete Konstruktion für die Bodenplatte, die zu einem sehr hohen Riss-Risiko führt. Bild 11.1 zeigt die Abschätzung des Riss-Risikos für die Bodenplatte nach Abschnitt 12 für das Beispiel 11.1.

In Kombination mit einer starren Beschichtung (RB-1) ist eine Vielzahl von Rissen zu erwarten, die aufgrund der Sicherstellung der Dauerhaftigkeit gegen Chlorideinwirkung dauerhaft zu schließen sind. Zudem ist hier nicht der Nachweis für frühen Zwang, sondern für späten Zwang maßgebend. Den Nachweis für späten Zwang dieser Bodenplatte zeigt das Beispiel 11.7 im Abschnitt 11.3.1.

Aufgrund dieser ungünstig gewählten Konstruktion kann sich die Bodenplatte beim Abkühlen nicht verkürzen, da sich die Fundamentvertiefungen als Verhakungen im Baugrund auswirken und jede Bewegungsmöglichkeit verhindern (Bild 7.3 a)). Aus Sicht der Autoren ist auch die häufige Aneinanderreihung „abgepufferter“ Vouten keine baupraktische geeignete Lösung, um Zwangspannungen erheblich zu verringern. Auch die zusätzliche Anordnung von Fugen hilft bei derartigen Konstruktionen nicht, da in der Bodenplatte zum Abbau von Zwang zwischen allen Fundamenten Fugen angeordnet werden müssten. Dies wäre jedoch unsinnig. Ausführliche Erläuterungen enthält auch das Fachbuch „Weiße Wannen – einfach und sicher“ (Abschnitt 5.3.2.3 in [L45]).

Tiefgaragen mit natürlicher Belüftung, die im allgemeinen bei privat genutzten Mittelgaragen mit geringer Nutzungsintensität vielfach geplant werden, erfahren jedoch späte Zwangbeanspruchungen (Temperatur aus Witterung) mit der Folge, dass im Nutzungszustand neue Risse entstehen bzw. geschlossene Risse sich erneut öffnen. Im Nutzungszustand sind daher eine Vielzahl von stetig instandzusetzenden Rissen zu erwarten, um die Tragfähigkeit, Gebrauchstauglichkeit und Dauerhaftigkeit der tragenden Bodenplatte langfristig sicherzustellen. Dies ist kein geeignetes Entwurfskonzept für die Tiefgarage als Weiße Wanne in der Beanspruchungsklasse BK1.

Die Ausführungsart „Beschichtungen“ in Kombination mit dem Entwurfsgrundsatz RB-1 nach Tafel 2.18 ist nur dann geeignet, wenn eine Konstruktion mit Bewegungsmöglichkeit auf dem Untergrund gewählt wird. Unerwartet entstehende Risse sind durch begleitende Rissbehandlung abzudichten und mit Rissbandagen zu versehen.

Es ist nötig, eine geeignete Konstruktion zu wählen. Sinnvoll ist beispielsweise eine dickere Bodenplatte mit ebener Unterseite, die die auftretenden Lasten überträgt, sodass alle Fundamente entfallen. Die dafür erforderliche Bewehrung fällt geringer aus, wenn eine Bewegungsmöglichkeit auf dem Untergrund gegeben ist, um dann mit vermindertem Zwang entsprechend Beispiel 11.2 zu rechnen.

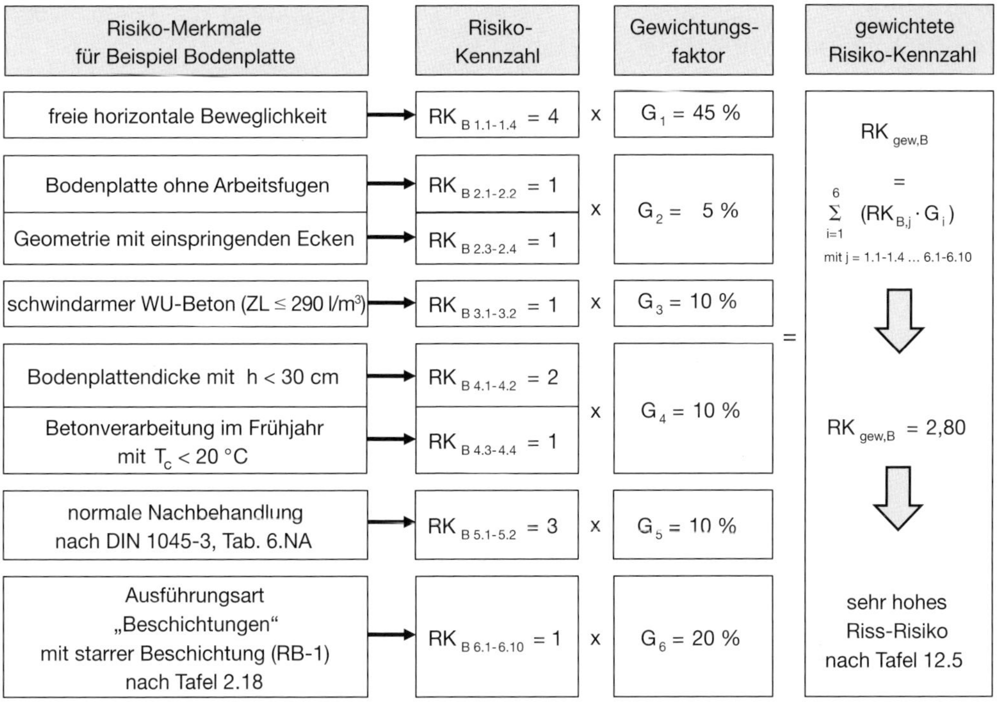

Grafik: K. Ebeling

Bild 11.1: Abschätzung des Riss-Risikos für die Bodenplatte nach Abschnitt 12 für das Beispiel 11.1

Weitere Anmerkung:
In diesem Beispiel ist eine gefällelose Bodenplatte ohne wirksame Entwässerung gewählt worden, wie sie ebenfalls häufig in privat genutzten, wenig frequentierten Tiefgaragen bei Wohnbauten geplant und ausgeführt wird. Gelegentlich werden hier als „Lösung“ muldenförmige Sammelrinnen oder Verdunstungsmulden vorgesehen. Die Problematik zu erwartender Beeinträchtigungen durch stehendes Wasser wird im Abschnitt 9.6 dargestellt.

***Beispiel 11.2:** Nachweis für verminderten Hydratationszwang in Bodenplatten bei Bewegungsmöglichkeit auf dem Baugrund*

Die im Grundwasser stehende Bodenplatte der Tiefgarage des vorstehenden Beispiels wird als Fundamentplatte ohne Fundamentvertiefungen in einheitlicher Dicke von 40 cm als Teil einer WU-Konstruktion ausgebildet. Die Bodenplatte hat eine ebene Unterseite und kann sich beim Abklingen der Hydratationswärme auf dem Sandbett bewegen und verkürzen (Bild 7.3 b)). Es entsteht eine verminderte Zwangbeanspruchung.

Randbedingungen (wie im Beispiele 11.1):
Die Bodenplatte einer Tiefgarage für ein Wohngebäude mit 500 m² Nutzfläche, steht im Grundwasser und ist als WU-Konstruktion auszubilden. Die Tiefgarage soll mit einer natürlichen Belüftung durch Lichtschächte und Querlüftung ausgebildet werden.

Verwendet wird nun Beton C30/37 mit mittlerer Festigkeitsentwicklung sowie mit günstigen Eigenschaften unter Beachtung der Grenzwerte nach Tafel 4.2. Die Herstellung erfolgt im Herbst mit $k_{RG,FZ}$ = 1,3 (Tafel 5.5) bei leichtem Wind mit sofortigem Schutz der Oberfläche mit k_W = 0,6 (Tafel 5.4).

Annahmen

Beanspruchungsklasse	BK1-zdW	(Tafel 3.4)
Nutzungsklasse (Abschnitt 7.2.2)	NK-B	(Tafel 3.5)
Nutzungsintensität (Garage M)	NI-1	(Tafel 2.17)
Art der Belüftung (Lüftungskonzept):	natürliche Belüftung durch Lichtschächte und Querlüftung	
Klasse der Bauweise	BW-OB	(Tafel 2.3)
Entwässerungsklassen	eGef-oE	(Tafel 2.7)
Ausführungsart	Beschichtungen (RB-1)	(Tafel 2.18)
Expositionsklassen	XC3, XD1, XF1, WF	(Tafeln 2.14, 2.18)
Beton mit hohem Wassereindringwiderstand	WU-Beton (schwindarm)	(Tafel 3.3)
Klasse für Fugenabdichtung	FUG-BB (für Sohle/Wand)	(Tafel 2.16)
Klasse für Überwachung für Beton auf der Baustelle	ÜK2	(Tafel 2.9)
Klasse für Instandhaltung	WK1	(Tafel 2.10)
Entwurfsgrundsatz	RV Rissvermeidung für starre Beschichtung OS 8	(Tafel 2.14)
Einwirkungsklasse	EK-FZ	(Tafel 2.1)
Betonfestigkeitsklasse	C30/37 (Grenzwerte nach Tafel 4.2 einhalten)	

Festigkeitsentwicklung des Betons	r < 0,50: mittel	(Gl. 4.14)
Herstellungszeitpunkt:	Herbst (Beiwert $k_{RG,FZ} = 1{,}3$)	(Tafel 5.5)
verlängerte Nachbehandlung	nach DIN EN 13670, Tab. F3 (Beiwert: $k_W = 0{,}6$)	(Tafel 5.4)
Rissklasse	RW 0	(Tafel 2.8)
Begrenzung der Rissbreite	$w_k = 0{,}0$ mm ($\leq 0{,}30$ mm)	
Stabdurchmesser gewählt:	$\varnothing_{s,gew} = 10$ mm	
Betondeckung der Bewehrung	$c_{nom} = 35$ mm	
Bauteildicke der Bodenplatte	$h_B = 400$ mm $= h_0$	(Gl. 4.19)
Betonzugquerschnitt	$A_{ct} = 0{,}40$ m²/m $= 4\,000$ cm²/m	
	$d_{1,x} = c_{nom} + \varnothing_s + \varnothing_s/2 = 35 + 10 + 10/2 = 50$ mm	
	$h_B/d_{1,x} = 400/50 = 8{,}0$	
effektive Dicke [2,5/25,0 · (8,0-5,0) + 2,50 = 2,8]	$h_{eff,x} = 2{,}80 \cdot d_1 = 2{,}80 \cdot 50 = 140$ mm $= 14$ cm $= 0{,}14$ m $< h_B/2$	(Bild 5.2))
effektiver Betonquerschnitt x	$A_{ct,eff,x} = h_{eff,x} \cdot b_B = 14 \cdot 100 = 1\,400$ cm²/m	
	$d_{1,y} = c_{nom} + \varnothing_s/2 = 35 + 10/2 = 40$ mm	
	$h_B/d_{1,y} = 400/40 = 10$	
effektive Dicke [2,5/25,0 · (10,0-5,0) + 2,50 = 3,50]	$h_{eff,y} = 3{,}50 \cdot d_{1,y} = 3{,}50 \cdot 40 = 140$ mm $= 14{,}0$ cm $= 0{,}14$ m $< h_B/2$	(Bild 5.2))
effektiver Betonquerschnitt y	$A_{ct,eff,y} = h_{eff,y} \cdot b_B = 14100 = 1\,400$ cm²/m	
Plattenlänge	$L_x = 24$ m	
Plattenbreite	$L_y = 16$ m	
Reibungsbeiwert auf sandigem Baugrund	$\mu_d = \gamma_R \cdot \mu_0 = 1{,}25 \cdot 1{,}1 \approx 1{,}4$	(Tafel 3.10, Zeile 4) (Gl. 3.8)
Auflast auf der Bodenplatte	$q = 2{,}0$ kN/m²	

Ermittlung der Betonzugfestigkeit

Zugfestigkeits-Zeitbeiwert: (Tafel 4.7)

$k_{ct} = 0{,}85$

Betonzugfestigkeit zum Nachweis der Rissgefahr: (Tafel 5.5)

$f_{ct,min} = k_{ct} \cdot f_{ct;0,05} = 0{,}85 \cdot 2{,}0$ (Gl. 4.15)

$f_{ct,min} = 1{,}70$ N/mm²

wirksame Betonzugfestigkeit zur Bemessung der Rissbewehrung:

$f_{ct,eff} = k_{ct} \cdot f_{ctm} = 0{,}85 \cdot 2{,}9$ (Gl. 4.16)

$f_{ct,eff} = 2{,}47$ N/mm²

Ermittlung der Zwangschnittgrößen

Pressung unter der Bodenplatte + Sauberkeitsschicht:

$\sigma_0 \quad = (h_B + h_S) \cdot \gamma_c + q$

$\quad\quad = (0{,}40 + 0{,}05) \cdot 25 + 2{,}0$

$\sigma_0 \quad = 13{,}25 \text{ kN/m}^2$

Zwangschnittgrößen als Zugkraft in der Bodenplatte:

$N_{ctd,x} \quad = \mu_d \cdot \sigma_0 \cdot (L_x/2)$

$\quad\quad = 1{,}4 \cdot 13{,}25 \cdot (24{,}0/2)$

$\quad\quad = 223 \text{ kN/m} = 0{,}223 \text{ MN/m}$

$N_{ctd,y} \quad = \mu_d \cdot \sigma_0 \cdot (L_y/2)$

$\quad\quad = 1{,}4 \cdot 13{,}25 \cdot (16{,}0/2)$

$\quad\quad = 148 \text{ kN/m} = 0{,}148 \text{ MN/m}$

Zwangspannungen in der Bodenplatte:

$\sigma_{ctd,x} \quad = k_{(\varphi+\psi)} \cdot N_{ctd,x}/(2 \cdot A_{ct,eff,x})$

$\quad\quad = 0{,}65 \cdot 0{,}223/(2\ 0{,}14 \cdot 1{,}0)$

$\sigma_{ctd,x} \quad = 0{,}52 \text{ MN/m}^2$

$\sigma_{ctd,y} \quad = k_{(\varphi+\psi)} \cdot N_{ctd,y}/(2 \cdot A_{ct,eff,y})$

$\quad\quad = 0{,}65 \cdot 0{,}148/(2 \cdot 0{,}14 \cdot 1{,}0)$

$\sigma_{ctd,y} \quad = 0{,}34 \text{ MN/m}^2$

Nachweis der Rissgefahr

$$\frac{E_\sigma}{R_f} = \frac{\sigma_{ctd,x}}{f_{ct,min}} \cdot k_W \cdot k_{RG,FZ} = \frac{0{,}52}{1{,}70} \cdot 0{,}6 \cdot 1{,}3 = 0{,}29 < 1{,}0 \rightarrow \text{keine Rissgefahr}$$

(Gl. 5.4)

$$\frac{E_\sigma}{R_f} = \frac{\sigma_{ctd,y}}{f_{ct,min}} \cdot k_W \cdot k_{RG,FZ} = \frac{0{,}34}{1{,}70} \cdot 0{,}6 \cdot 1{,}3 = 0{,}19 < 1{,}0 \rightarrow \text{keine Rissgefahr}$$

Ermittlung der Mindestbewehrung

Hinweise:

Da die wirkende Zwangspannung σ_{ctd} unter der Zugfestigkeit $f_{ct,min}$ des Betons bleibt, besteht keine Rissgefahr und die Risssicherheit ist gegeben. Dennoch wird eine Mindestbewehrung $A_{s,min}$ ermittelt, und zwar für die Zwangspannungen $\sigma_{ctd,x}$ und $\sigma_{ctd,y}$ mit einer fiktiven Rissbreite von $w_k = 0{,}30$ mm.

Stahlspannung σ_s:

$\sigma_s = \sqrt{(6 \cdot w_k \cdot f_{ct,ers} \cdot E_s/\varnothing_s)}$ (Gl. 5.15)

Stahlspannung in x-Richtung:

$\sigma_{s,x} = 1\,095 \cdot \sqrt{(w_k \cdot \sigma_{ctd,x}/\varnothing_{s,x})}$

$= 1\,095 \cdot \sqrt{(0{,}30 \cdot 0{,}52/10)}$ (Gl. 5.16)

$\sigma_{s,x} = 137$ N/mm²

Stahlspannung in y-Richtung:

$\sigma_{s,y} = 1\,095 \cdot \sqrt{(w_k \cdot \sigma_{ctd,y}/\varnothing_{s,y})}$

$= 1\,095 \cdot \sqrt{(0{,}30 \cdot 0{,}52/10)}$ (Gl. 5.16)

$\sigma_{s,y} = 111$ N/mm²

Vergleich des gewählten Stabdurchmessers $\varnothing_{s.gew}$ mit dem Grenzdurchmesser $\varnothing_s^*$ und Angabe der Stahlspannung σ_s nach Tabelle 7.2DE [N2]:
$\varnothing_s^* = \varnothing_{s,gew} \cdot 2{,}9/f_{ct,ers} = 10 \cdot 2{,}9/0{,}52 = 55$ mm
$\varnothing_s^* = 55$ mm $\rightarrow \sigma_s < 160$ N/mm²: $\varnothing_{s,gew} = 10$ mm kann verwendet werden

Beiwerte für Bewehrung:
k_c = 1,0 für zentrischen Zug (Gl. 5.7)
k = 0,8 für inneren Zwang (auch bei WU-Bauteilen, wenn keine Rissgefahr)

erforderliche Mindestbewehrung in x-Richtung für $\sigma_{ctd,x}$ [R4]:
$A_{s,x;min} = k_c \cdot k \cdot \sigma_{ctd,x} \cdot A_{ct,eff,x}/\sigma_{s,x}$ (Gl. 5.18)
$= 1{,}0 \cdot 0{,}8 \cdot 0{,}52 \cdot 1\,400/137$
$A_{s,x;min} = 4{,}25$ cm²/m

erforderliche Mindestbewehrung in y-Richtung für $\sigma_{ctd,y}$ [R4]:
$A_{s,y;min} = k_c \cdot k \cdot \sigma_{ctd,y} \cdot A_{ct,eff,y}/\sigma_{s,y}$ (Gl. 5.18)
$= 1{,}0 \cdot 0{,}8 \cdot 0{,}34 \cdot 1\,400/111$
$A_{s,x;min} = 3{,}43$ cm²/m

Gewählte Mindestbewehrung für WU-Bodenplatte:

Betonstahlmatten als Listenmatten mit Stabüberständen für Ein-Ebenen-Stöße jeweils unten und oben:
x-Richtung (längs) **10/150 mm** mit $A_{s,x;gew} = 5{,}24$ cm²/m > $A_{s,x;min} = 4{,}25$ cm²/m
y-Richtung (quer) **10/150 mm** mit $A_{s,y;gew} = 5{,}24$ cm²/m > $A_{s,y;min} = 3{,}43$ cm²/m

Risiko-Merkmale für Beispiel Bodenplatte	Risiko-Kennzahl		Gewichtungsfaktor		gewichtete Risiko-Kennzahl
freie horizontale Beweglichkeit	$RK_{B\,1.1\text{-}1.4} = 1$	x	$G_1 = 45\ \%$	=	$RK_{gew,B} = \sum_{i=1}^{6} (RK_{B,j} \cdot G_i)$ mit j = 1.1-1.4 … 6.1-6.10
Bodenplatte ohne Arbeitsfugen	$RK_{B\,2.1\text{-}2.2} = 1$	x	$G_2 = 5\ \%$		
Geometrie mit einspringenden Ecken	$RK_{B\,2.3\text{-}2.4} = 1$				
schwindarmer WU-Beton (ZL ≤ 290 l/m³)	$RK_{B\,3.1\text{-}3.2} = 1$	x	$G_3 = 10\ \%$		⇩
Bodenplattendicke mit h ≥ 30 cm	$RK_{B\,4.1\text{-}4.2} = 1$	x	$G_4 = 10\ \%$		$RK_{gew,B} = 1{,}15$
Betonverarbeitung im Frühjahr mit $T_c < 20\ °C$	$RK_{B\,4.3\text{-}4.4} = 1$				
verlängerte Nachbehandlung nach DIN EN 13670, Tab. F.3	$RK_{B\,5.1\text{-}5.2} = 1$	x	$G_5 = 10\ \%$		⇩
Ausführungsart „Beschichtungen" mit starrer Beschichtung (RB-1) nach Tafel 2.18	$RK_{B\,6.1\text{-}6.10} = 1$	x	$G_6 = 20\ \%$		geringes Riss-Risiko nach Tafel 12.5

Grafik: K. Ebeling

Bild 11.2: Abschätzung des Riss-Risikos für die Bodenplatte nach Abschnitt 12 für Beispiel 11.2

Anmerkungen:

Die Beweglichkeit der Bodenplatte auf dem Untergrund führt zu einer Verminderung der Zwangbeanspruchung beim Abfließen der Hydratationswärme. Dadurch ergibt sich gegenüber Beispiel 11.1 eine Ersparnis an Bewehrung. Statt 8,79 cm²/m der 25 cm dicken Platte mit Verhakungen im Baugrund sind bei dieser 40 cm dicken Platte nur 4,25 cm²/m erforderlich. Die Bewehrung der frei beweglichen Bodenplatte beträgt trotz größerer Plattendicke nur etwa die Hälfte an Bewehrung der Bodenplatte, die in Verbindung mit den Fundamenten hergestellt wird (Beispiel 11.1). Vor allem aber bleibt die Bodenplatte dieses Beispiels 11.2 rechnerisch rissfrei, sie ist somit für die „Bauweise zur Vermeidung von Trennrissen" geeignet. Die Bodenplatte entspricht daher dem Entwurfsgrundsatz RV „Rissvermeidung" nach Abschnitt 2.3.1 (Tafel 2.18) und kann eine starre Beschichtung OS 8 aufnehmen.

Für alle Betonbauteile ist stets zu klären, ob nach der frühen Zwangbeanspruchung beim Abfließen der Hydratationswärme gegebenenfalls auch noch später Zwang zu erwarten ist. Wenn später Zwang wirksam wird, kann der Nachweis für frühen Zwang entfallen, denn die dafür ermittelte Bewehrung ist für späten Zwang nicht ausreichend. Für das Beispiel 11.1 (ungeeignete Konstruktion) sowie für das Beispiel 11.2 (günstige Konstruktion) ist später Zwang nachzuweisen. Den Nachweis für späten Zwang zeigt für diese Bodenplatte das Beispiel 11.8 im Abschnitt 11.3.1.

11.2.2 Nachweis für frühen Zwang bei Wänden

Die beiden folgenden Beispiele verdeutlichen die Unterschiede, die sich bei langen Wänden im Vergleich zu Wänden mit kurzen Wandabschnitten ergeben. Lange Wände ohne jegliche Fugen erfahren größere Zwangbeanspruchungen, wodurch stets Risse entstehen werden. Hingegen lassen sich bei Wänden mit kurzen Wandabschnitten die Zwangbeanspruchungen so gering halten, dass die Wände rissfrei bleiben können.

Beispiel 11.3: *Nachweis für Hydratationszwang in langen Wänden ohne Fugen*

Die Wände einer geschlossenen Tiefgarage wurden ohne Fugen geplant. Obwohl bei den langen Wänden von 24 m ohne Fugen eine hohe Zwangbeanspruchungen entstehen werden, die eine große Rissgefahr bewirken, soll im vorliegenden Fall die Ausführung in dieser Weise erfolgen. Gewählt wird Beton C30/37 mit mittlerer Festigkeitsentwicklung. Herstellung im Sommer.

Annahmen (aus Autorensicht zum Teil ungeeignet)

Beanspruchungsklasse	BK1-zdW	(Tafel 3.4)
Nutzungsklasse (Abschnitt 7.2.2)	NK-B	(Tafel 3.5)
Nutzungsintensität (Garage M)	NI-1	(Tafel 2.17)
Art der Belüftung (Lüftungskonzept):	natürliche Belüftung durch Lichtschächte und Querlüftung	
Klasse der Bauweise	BW-OB	(Tafel 2.3)
Ausführungsart	Beschichtung des Sockels 50 cm hoch	
Expositionsklassen	XC1, XD1, XF1, WF	(Tafeln 2.14, 2.18)
Beton mit hohem Wassereindringwiderstand	WU-Beton	(Tafel 3.3)
Klasse für Fugenabdichtung	FUG-BB (für Sohle/Wand)	(Tafel 2.16)
Klasse für Überwachung für Beton auf der Baustelle	ÜK2	(Tafel 2.9)
Klasse für Instandhaltung	WK1 (Tafel 2.10)	
Entwurfsgrundsatz	RA-0 Rissbreitenbegrenzung	(Tafel 2.14)
Einwirkungsklasse	EK-FZ	(Tafel 2.1)
Betonfestigkeitsklasse	C30/37	
Festigkeitsentwicklung des Betons	$r < 0{,}50$: mittel	(Gl. 4.15)
Herstellungszeitpunkt:	Sommer (Beiwert $k_{RG,FZ} = 1{,}6$)	(Tafel 5.5)
Rissklasse	RW30	(Tafel 2.8)
Begrenzung der Rissbreite	$w_k \leq 0{,}30$ mm	
Bauteildicke der Wand	$h_B = 250$ mm $= h_0$	(Gl. 4.19)
Betonzugquerschnitt	$A_{ct} = 0{,}25 \cdot 1{,}0 = 0{,}25$ m² $= 2\,500$ cm²/m	
wirksamer Betonquerschnitt	$A_{ct,eff} = ½ \cdot 25 \cdot 100 = 1\,250$ cm²/m	
Stabdurchmesser gewählt	$\varnothing_{s,gew} = 12$ mm	
gesamte Wandlänge	$L = 24{,}0$ m	
Betonierhöhe der Wand	$H = 2{,}75$ m	

Wandlänge/Wandhöhe $L/H = 24{,}0/2{,}75 = 8{,}7 > 8$
Luft- und Frischbetontemperatur $T_{c0} = 10\ °C$
Temperaturunterschied $\Delta T_c = 13\ K$ (Tafel 5.3)

Ermittlung der Betonzugfestigkeit

Zugfestigkeits-Zeitbeiwert:
$k_{ct(t)} = 0{,}65$ (Tafel 4.7)

Mindestwert der Betonzugfestigkeit zum Nachweis der Rissgefahr:
$f_{ct,min} = k_{ct(t)} \cdot f_{ct;0,05} = 0{,}65 \cdot 2{,}0$ (Gl. 4.15)
$f_{ct,min} = 1{,}30\ N/mm^2$

wirksame Betonzugfestigkeit zur Bemessung der Rissbewehrung:
$f_{ct,eff} = k_{ct(t)} \cdot f_{ctm} = 0{,}65 \cdot 2{,}9$ (Gl. 4.16)
$f_{ct,eff} = 1{,}89\ N/mm^2$

Nachweis der Zwangspannung

Elastizitätsmodul des jungen Wandbetons:
Zeitbeiwert $k_{Ec(t)} = 0{,}70$ (Tafel 4.4)

Verwendung einer Gesteinskörnung aus Quarzgestein mit $\alpha_{E,g} = 1{,}0$: (Tafel 4.5)
$E_{c(t)} = k_{Ec(t)} \cdot \alpha_{E,g} \cdot E_c = 0{,}70 \cdot 1{,}0 \cdot 34\,650$ (Gl. 4.2 bis Gl. 4.4)
$E_{c(t)} \approx 24\,260\ N/mm^2$

Abschätzen der rechnerischen Zwangspannung $\sigma_{ct(t)}$ am Wandfuß
bei Berücksichtigung von Kriechen und Relaxation: (Bild 7.10):
$\sigma_{ct(t)} = k_{(\varphi+\psi)früh} \cdot \alpha_{T(2d)} \cdot \Delta T_c \cdot E_{c(t)}$ (Gl. 4.9, Gl. 7.3)
$= 0{,}55 \cdot (13 \cdot 10^{-6}) \cdot 13 \cdot 24\,260$
$\sigma_{ct(t)} = 2{,}25\ N/mm^2$

wirksame Zwangspannung σ_{ctd} in ¼ der Wandhöhe für $L/H = 8{,}7 > 8$:
Beiwert $k_{ct,d} = 1{,}0$ (Tafel 7.6)
$\sigma_{ctd} = k_{ct,d} \cdot \sigma_{ct(t)} = 1{,}0 \cdot 2{,}25$
$\sigma_{ctd} = 2{,}25\ N/mm^2$

Nachweis der Rissgefahr

$$\frac{E_\sigma}{R_f} = \frac{\sigma_{ctd}}{f_{ct,min}} \cdot k_W \cdot k_{RG,FZ} =$$

$$\frac{2{,}24}{1{,}30} \cdot 0{,}8 \cdot 1{,}6 = 2{,}2 > 1{,}0 \rightarrow \text{große Rissgefahr} \qquad \text{(Gl. 5.4)}$$

Anmerkungen:
Da die wirksame Zwangspannung σ_{ctd} größer ist als die Zugfestigkeit $f_{ct,min,}$ ist eine Risssicherheit nicht gegeben. Der Beiwert $k_{RG,FZ,} = 1{,}6$ für die Herstellung im Sommer verschärft die Situation zusätzlich. Sofern keine Maßnahmen zur Verbesserung der Situation getroffen werden, ist eine Bewehrung zur Begrenzung der Rissbreite für die wirksame Zwangspannung anzuordnen.

Erforderliche Bewehrung

Bewehrung zur Begrenzung der Rissbreite für die wirksame Betonzugfestigkeit:
$f_{ct,eff} = 1{,}89$ N/mm²:

Stahlspannung σ_s:

$\sigma_{s,eff} = 1\,095 \cdot \sqrt{(w_k \cdot f_{ct,eff} / \varnothing_{s,gew})}$

$= 1\,095 \cdot \sqrt{(0{,}30 \cdot 1{,}89/12)}$ (Gl. 5.15)

$\sigma_{s,eff} = 261$ N/mm²

Vergleich des gewählten Stabdurchmessers $\varnothing_{s.gew}$ mit dem Grenzdurchmesser $\varnothing_s^*$ und Angabe der Stahlspannung σ_s nach Tabelle 7.2DE [N2]:
$\varnothing_s^* = \varnothing_{s,gew} \cdot 2{,}9/f_{ct,eff} = 102 \cdot 2{,}9/1{,}89 = 15$ mm
$\varnothing_s^* = 15$ mm $\rightarrow \sigma_s < 260$ N/mm²: $\varnothing_{s,gew} = 10$ mm kann verwendet werden.

erforderliche Bewehrung:
$A_{s,erf} = k_c \cdot k \cdot f_{ct,eff} \cdot A_{ct,eff} / \sigma_{s,eff}$ (Gl. 5.6)
$= 1{,}0 \cdot 0{,}8 \cdot 1{,}89 \cdot 1\,250/260$
$A_{s,erf} = 7{,}27$ cm²/m

Bewehrung gewählt:
Ø 10 mm, s = 105 mm horizontal jeweils innen und außen
$A_{s,gew} = 7{,}48$ cm²/m
$A_{s,gew} > A_{s,erf} = 7{,}27$ cm²/m

oder stattdessen:

Betonstahlmatten als Listenmatten mit Stabüberständen für Ein-Ebenen-Stöße jeweils an der Innen- und Außenseite der Wand:
waagerecht (längs) **10/100** mit $A_{s,l} = 7{,}85$ cm²/m $\approx A_{s,erf} = 7{,}48$ cm²/m
lotrecht (quer) **8/200** mit $A_{s,q} = 2{,}51$ cm²/m $> 1/5\ A_{s,erf} = 1{,}45$ cm²/m

Anmerkungen:
Zu bedenken ist außerdem, dass diese Wand breite Risse erhält, was jedoch mit zusätzlichen Fugen zu begrenzen wäre. Für diese Wand gilt der Entwurfsgrundsatz RA-0 „Rissabdichtung“ nach Tafel 2.18. Es ist dringend zu empfehlen, eine günstigere Konstruktion zu wählen (Beispiel 11.4).

Bei allen Betonbauteilen ist zu klären, ob nach der frühen Zwangbeanspruchung beim Abfließen der Hydratationswärme gegebenenfalls auch noch mit spätem Zwang zu rechnen ist. Später Zwang wird bei natürlicher Belüftung der Tiefgarage wegen der Temperaturunterschiede Sommer/Winter entstehen und ist daher für dieses Beispiel maßgebend. Nachweise für späten Zwang zeigt Abschnitt 11.3.2 in zwei Beispielen.

Beispiel 11.4: *Nachweis für verminderten Hydratationszwang in WU-Wänden bei kurzen Fugenabständen*

Die 24 m langen Wände einer geschlossenen Tiefgarage des vorstehenden Beispiels 11.3 werden zur Verringerung der Zwangbeanspruchungen durch Arbeitsfugen und/ oder zusätzliche Sollrissfugen in kürzere Wandabschnitte unterteilt.

Beton C30/37 mit mittlerer Festigkeitsentwicklung. Herstellung im Herbst bei Windstille.

Annahmen

Beanspruchungsklasse	BK1-zdW	(Tafel 3.4)
Nutzungsklasse (Abschnitt 7.2.2)	NK-B	(Tafel 3.5)
Nutzungsintensität (Garage M)	NI-1	(Tafel 2.17)
Art der Belüftung (Lüftungskonzept):	natürliche Belüftung durch Lichtschächte und Querlüftung	
Klasse der Bauweise	BW-OB	(Tafel 2.3)
Ausführungsart	Beschichtung des Sockels 50 cm hoch	
Expositionsklassen	XC1, XD1, XF1, WF	(Tafel 2.14, 2.18)
Beton mit hohem Wassereindringwiderstand	WU-Beton	(Tafel 3.3)
Klasse für Fugenabdichtung	FUG-BB (für Sohle/Wand)	(Tafel 2.16)
Klasse für Überwachung für Beton auf der Baustelle	ÜK2	(Tafel 2.9)
Klasse für Instandhaltung	WK1	(Tafel 2.10)
Entwurfsgrundsatz	RV Rissvermeidung	(Tafel 2.18)
Einwirkungsklasse	EK-FZ	(Tafel 2.1)
Betonfestigkeitsklasse	C30/37	
Festigkeitsentwicklung des Betons	r < 0,50: mittel	(Gl. 4.15)
Herstellungszeitpunkt:	Herbst (Beiwert $k_{RG,FZ} = 1{,}3$)	(Tafel 5.5)

Mindestdauer der Nachbehandlung	Schutz durch Schalung	(Tafel 5.4)
	bei Windstille (Beiwert: $k_W = 0{,}8$)	
zulässige Rissklasse	RW 0	(Tafel 2.8)
Begrenzung der Rissbreite	$w_k = 0{,}0$ mm ($\leq 0{,}30$ mm)	
Bauteildicke der Wand	$h_B = 250$ mm $= h_0$	(Gl. 4.19)
Betonzugquerschnitt	$A_{ct} = 0{,}25 \cdot 1{,}0 = 0{,}25$ m² $= 2\,500$ cm²/m	
wirksamer Betonquerschnitt	$A_{ct,eff} = \frac{1}{2} \cdot A_{ct} = \frac{1}{2} \cdot 2\,500 = 1\,250$ cm²/m	
Stabdurchmesser gewählt	$\varnothing_{s,gew} = 10$ mm	
Betonierhöhe der Wand	$H = 2{,}75$ m	
gesamte Wandlänge	$L = 24{,}0$ m mit 3 Fugen für 4 Wandabschnitte	
Länge zwischen Sollrissfugen	$L_F = 24{,}0/4 = 6{,}0$ m	
Wandlänge/Wandhöhe	$L_F/H = 6{,}0/2{,}750 = 2{,}18$	
Luft- und Frischbetontemperatur	$T_{c0} = 10$ °C	
Temperaturunterschied	$\Delta T_c = 13$ K	(Tafel 5.3)

Nachweis der Zugfestigkeit

Zugfestigkeits-Zeitbeiwert: (Tafel 4.7):

$k_{ct(t)} = 0{,}65$

Betonzugfestigkeit zum Nachweis der Rissgefahr:

$f_{ct,min} = k_{ct(t)} \cdot f_{ct;0,05} = 0{,}65 \cdot 2{,}0$ (Gl. 4.15)

$f_{ct,min} = 1{,}30$ N/mm²

Nachweis der Zwangspannung

Elastizitätsmodul des jungen Wandbetons:

Zeitbeiwert $k_{Ec(t)} = 0{,}70$ (Tafel 4.4)

Verwendung einer Gesteinskörnung aus Quarzgestein mit $\alpha_{E,g} = 1{,}0$: (Tafeln 4.5, 4.6)

$E_{c(2d)} = k_{Ec(t)} \cdot \alpha_{E,g} \cdot E_c = 0{,}70 \cdot 1{,}0 \cdot 34\,650$

$E_{c(2d)} \approx 24\,260$ N/mm²

Abschätzen der reduzierten Zwangspannung red $\sigma_{ct(t)}$ am Wandfuß bei Berücksichtigung von Kriechen und Relaxation: (Bild 7.10):

$\sigma_{ct(t)} = k_{(\varphi+\psi)früh} \cdot \alpha_{T(2d)} \cdot \Delta T_c \cdot E_{c(2d)}$ (Gl. 4.8 + Gl. 7.3)

$= 0{,}55 \cdot (13 \cdot 10^{-6}) \cdot 13 \cdot 24\,260$

$\sigma_{ct(t)} = 2{,}25$ N/mm²

wirksame Zwangspannung $\sigma_{ct,d}$ in ¼ der Wandhöhe mit Beiwert für $L/H = 2{,}18$:

$k_{ct,d} = 0{,}52$ (Tafel 7.6)

$\sigma_{ctd} = k_{ct,d} \cdot \sigma_{ct(t)} = 0{,}52 \cdot 2{,}25$

$\sigma_{ctd} = 1{,}17$ N/mm²

Nachweis der Rissgefahr

Beiwerte zum Abschätzen der Rissgefahr:

k_W = 0,8 für Wände mit Mindestdauer der Nachbehandlung (Tafel 5.4)

$k_{RG,FZ}$ = 1,3 für C30/37 mit mittlerer Festigkeitsentwicklung im Herbst (Tafel 5.5)

$$\frac{\sigma_{ctd}}{f_{ct,min}} = \cdot k_W \cdot k_{RG,FZ} = \frac{1,17}{1,30} \cdot 0,8 \cdot 1,3 = 0,94 < 1,0 \rightarrow \text{keine Rissgefahr (Gl. 5.4)}$$

Mindestbewehrung $A_{s,min}$

wirksame Stahlspannung $\sigma_{s,eff}$ für eine fiktive Rissbreite von w_k = 0,30 mm

$$\sigma_{s,eff} = 1\,095 \cdot \sqrt{(w_k \cdot \sigma_{ctd} / \varnothing_{s,gew})}$$

$$= 1\,095 \cdot \sqrt{(0,30 \cdot 1,17/10)} \qquad \text{(Gl. 5.16)}$$

$$\sigma_{s,eff} = 205 \text{ N/mm}^2$$

Vergleich des gewählten Stabdurchmessers $\varnothing_{s,gew}$ mit dem Grenzdurchmesser $\varnothing_s^*$ und Angabe der Stahlspannung σ_s nach Tabelle 7.2DE [N2]:

$\varnothing_s^*$ = $\varnothing_{s,gew} \cdot 2,9/\sigma_{ct,d}$ = 10 · 2,9/1,17 = 25 mm

$\varnothing_s^*$ = 25 mm → σ_s = 205 N/mm²: $\varnothing_{s,gew}$ = 10 mm kann verwendet werden

erforderliche Mindestbewehrung:

k_c = 1,0 für zentrischen Zug (Gl. 5.7)

k = 0,8 für inneren Zwang (auch bei WU-Bauteilen ohne Rissgefahr)

$A_{s,min}$ = $k_c \cdot k \cdot \sigma_{ct,d} \cdot A_{ct,eff}/\sigma_{s,eff}$ (Gl. 5.19)

= 1,0 · 0,8 · 1,17 · 1 250/205

$A_{s,min}$ = 5,71 cm²/m

Zwangbewehrung zur Begrenzung der Rissbreite gewählt:
Betonstahlmatten als Listenmatten mit Stabüberständen für Ein-Ebenen-Stöße jeweils an der Außen- und der Innenseite der Wand

waagerecht (längs): **10/125** mit $A_{s,l}$ = 6,28 cm²/m > $A_{s,min}$ = 5,71 cm²/m

lotrecht (quer): **8/250** mit $A_{s,q}$ = 1,41 cm²/m > ⅕ $A_{s,min}$ = 1,14 cm²/m

Anmerkungen:

Die Anordnung von Sollrissfugen führt zu einer Verringerung der Bewehrung gegenüber Beispiel 11.3 von 7,48 cm²/m auf 5,71 cm²/m. Dies ist eine Einsparung von fast 40 %. Vor allem aber bleiben diese Wände rissfrei und sie entsprechen damit dem Entwurfsgrundsatz RV „Rissvermeidung".

Bei allen Betonbauteilen ist zu klären, ob nach der frühen Zwangbeanspruchung beim Abfließen der Hydratationswärme gegebenenfalls auch noch mit spätem Zwang zu rechnen ist. Dies ist beispielsweise bei natürlicher Belüftung dieser Tiefgarage wegen der Temperaturunterschiede Sommer/Winter der Fall. Die Nachweise für späten Zwang zeigt Abschnitt 11.3.2 in zwei Beispielen.

11.2.3 Nachweis für frühen Zwang bei Parkdecks aus Elementdecken

Das folgende Beispiel soll zeigen, dass Parkdecks aus Elementdecken wegen der Verbindung mit anderen Bauteilen hohe Zwangbeanspruchungen erfahren, die eine Bewehrung zur Begrenzung der Rissbreite erforderlich machen. Die Zwangbeanspruchung könnte nur verringert werden, wenn die Decken eine ausreichende Bewegungsmöglichkeit hätten, z. B. durch gleitende Auflagerung mit Gleitlagern oder Zwischenparkdecks auf relativ biegeweichen Stützenkonstruktionen gelagert sind. Parkdecks, die mit anderen steifen Bauteilen fest verbunden sind, werden reißen. Hierbei kann lediglich die Rissbreite durch Bewehrung begrenzt werden.

Beispiel 11.5: *Nachweis für frühen Zwang in Parkdecks aus Elementdecken*

Parkdecks in geschlossenen Tiefgaragen oder Parkhäusern werden höhere Zwangbeanspruchungen erhalten, wenn sich die Decken wegen fehlender Bewegungsmöglichkeit beim Abkühlen durch abfließende Hydratationswärme nicht verkürzen können, weil die Decken mit anderen Bauteilen verbunden sind. Das folgende Beispiel dient diesem Nachweis für frühen Zwang und gilt für 240 mm dicke Elementdecken aus 60 mm dicken Elementplatten und 180 mm Ortbeton. Beton C30/37, mittlere Festigkeitsentwicklung.

Annahmen

Beanspruchungsklasse	BK1-zdW	(Tafeln 3.3 + 3.4)
Nutzungsklasse (Abschnitt 7.2.2)	NK-A	(Tafel 3.5)
Nutzungsintensität (Garage M)	NI-1	(Tafel 2.17)
Art der Belüftung (Lüftungskonzept):	natürliche Belüftung durch Lichtschächte und Querlüftung	
Klasse der Bauweise	BW-ED	(Tafel 2.3)
Entwässerungsklassen	eGef-oE	(Tafel 2.7)
Ausführungsart	Beschichtungen (RB-2)	(Tafel 2.18)
Expositionsklassen	XC3, XD1, XF1, WF	(Tafel 2.14, 2.18)
Beton mit hohem Wassereindringwiderstand	WU-Beton (schwindarm)	(Tafel 3.3)
Klasse für Überwachung für Beton auf der Baustelle	ÜK2	(Tafel 2.9)
Klasse für Instandhaltung	WK1	(Tafel 2.10)
Entwurfsgrundsatz	RB Rissbreitenbegrenzung für rissüberbrückende Beschichtung OS 11	(Tafel 2.14)
Einwirkungsklasse	EK-FZ	(Tafel 2.1)
Betonfestigkeitsklasse	C30/37 (als Mindestfestigkeit)	(Tafel 2.4)
Festigkeitsentwicklung des Betons	$r < 0{,}50$: mittel	(Gl. 4.14)
Rissklasse (Annahme)	RW20	(Tafel 2.8)
Begrenzung der Rissbreite	$w_k \leq 0{,}20$ mm	
gewählter Stabdurchmesser:	$\varnothing_{s,gew} = 10$ mm	

Annahmen

Beanspruchungsklasse	BK1-zdW	(Tafeln 3,3 + 3.4)
Nutzungsklasse (Abschnitt 2.4.3)	NK-A-bf-P	(Tafel 2.15)
Nutzungsintensität (Garage M)	NI-1	(Tafel 2.17)
Klasse der Bauweise	BW-OB	(Tafel 2.3)
Entwässerungsklassen	eGef-oE	(Tafel 2.7)
Ausführungsart	RV-1 direkt nutzbar	(Tafel 2.18)
Expositionsklassen	XC4, XD3, XF4, WA	(Tafeln 2.14, 2.18)
Beton mit hohem Wassereindringwiderstand	WU-Beton (schwindarm)	(Tafel 3.3)
Klasse für Überwachung für Beton auf der Baustelle	ÜK2	(Tafel 2.9)
Klasse für Instandhaltung	WK1	(Tafel 2.10)
Entwurfsgrundsatz	RV Rissvermeidung	(Tafel 2.14)
Einwirkungsklasse	EK-FZ	(Tafel 2.1)
Betonfestigkeitsklasse	C35/45	
Festigkeitsentwicklung des Betons	r $\geq 0{,}50$: schnell	(Gl. 4.15)
Herstellungszeitpunkt:	Winter (Beiwert $k_{RG,FZ} = 1{,}7$)	(Tafel 5,5)
Nachbehandlung	sofortiges Abdecken der Oberfläche	(Tafel 5.4)
	(Beiwert: $k_W = 1{,}2$ für v = 12 km/h)	
Rissklasse	RW 0	(Tafel 2.8)
Begrenzung der Rissbreite	$w_k = 0{,}0$ mm ($\leq 0{,}30$ mm)	
Bauteildicke	$h_B = 300$ mm $= h_0$	
Betonzugquerschnitt	$A_{ct} = h_B \cdot b_B = 0{,}30$ m²/m $= 3\,000$ cm²/m	
	$d_{1,x} = c_{nom} + \varnothing_s + \varnothing_s/2 = 545 + 10 + 10/2 = 70$ mm	
	$h_B/d_{1,x} = 300/70 = 4{,}3$	
effektive Dicke	$h_{eff,x} = 2{,}50 \cdot d_1 = 2{,}50 \cdot 70$ (Bild 5.2) $= 175$ mm $= 17{,}5$ cm $\geq h_B/2$	
angenommener Zugquerschnitt	$A_{ct} = 3\,000$ cm²/m $= 0{,}30$ m²/m	
Spannweiten auf Gleitlagern	$L_x = 2 \cdot (5{,}5 + 6{,}5 + 5{,}5) = 35{,}0$ m	
Abstand Festpunkt/Außenwand	$L_x/2 = 35{,}0/2 = 17{,}5$ m	

Ermittlung der Betonzugfestigkeit zum kritischen Zeitpunkt $t_{crit} \approx 2$ Tage

Zugfestigkeits-Zeitbeiwert: (Tafel 4.7)

$k_{ct(t)} = 0{,}80$

Betonzugfestigkeit zum Nachweis der Rissgefahr: (Tafel 2.6)

$f_{ct,min} = k_{ct(t)} \cdot f_{ct;0,05} = 0{,}80 \cdot 2{,}2$ (Gl. 4.16)

$f_{ct,min} = 1{,}76$ N/mm²

wirksame Betonzugfestigkeit:

$f_{ct,eff} = k_{ct(t)} \cdot f_{ctm} = 0{,}80 \cdot 3{,}2$ (Gl. 4.17)

$f_{ct,eff} = 2{,}56$ N/mm²

Ermittlung der verminderten Zwangspannung bei gleitender Lagerung

Gemittelte Pressung unter den insgesamt 4 Gleitlagerstreifen:

$\sigma_0 = (\gamma_G \cdot h_c \cdot r_c + \gamma_G \cdot g_k + \gamma_Q \cdot q_k) \cdot L_x/4$

$= (1{,}35 \cdot 0{,}30 \cdot 25 + 1{,}35 \cdot 4{,}0 + 1{,}5 \cdot 3{,}5) \cdot 35{,}0 / 4$

$\sigma_0 \approx 364$ kN/m

Reibungswiderstand der Gleitlager:

$\mu_d = \mu_0 \cdot \gamma_R = 0{,}4 \cdot 1{,}25 = 0{,}50$ (Reibungsbeiwert μ_0 aus abP, Prüfzeugnis der MPA)

Zugkraft in der Stahlbetondecke durch Reibungsbehinderung auf den Gleitlagern:

$N_{ct} = \mu_d \cdot \sigma_0 = 0{,}50 \cdot 364$

$N_{ct} = 182$ kN/m

wirkende Betonzugspannung in der Stahlbetonplatte:

$\sigma_{ct,eff} = N_{ct} / A_{ct} = 182 / 0{,}30 = 607$ kN/m²

$\sigma_{ct,eff} = 0{,}61$ N/mm²

Nachweis der Rissgefahr

Beiwerte

$k_W = 1{,}20$ für Abdeckung bei Wind (Tafel 5.4)

$k_{RG,FZ} = 1{,}7$ für C35/45 mit schneller Festigkeitsentwicklung im Winter (Tafel 5.5)

$$\frac{E_\sigma}{R_f} = \frac{\sigma_{ct,eff}}{f_{ct,min}} \cdot k_W \cdot k_{RG,FZ} \qquad \text{(Gl. 5.4)}$$

$$= \frac{0{,}61}{1{,}76} \cdot 1{,}2 \cdot 1{,}7 = 0{,}70 < 1{,}0 \rightarrow \text{keine Rissgefahr}$$

Ermittlung der Mindestbewehrung

Hinweise:

Da die wirkende Zwangspannung $\sigma_{ct,eff}$ unter der Mindestzugfestigkeit des Betons $f_{ct,min}$ bleibt, besteht keine Rissgefahr und die Risssicherheit ist gegeben. Dennoch wird eine Mindestbewehrung $A_{s,min}$ ermittelt, und zwar für die Zwangspannungen $\sigma_{ctd,x}$ und $\sigma_{ctd,y}$ mit einer fiktiven Rissbreite von $w_k = 0{,}30$ mm.

Stahlspannung σ_s:

$$\sigma_s = \sqrt{(6 \cdot w_k \cdot f_{ct} \cdot E_s / \varnothing_s)} \qquad \text{(Gl. 5.15)}$$

$$\sigma_s = 1\,095 \cdot \sqrt{(w_k \cdot f_{ct,ers} / \varnothing_s)}$$

$$= 1\,095 \cdot \sqrt{(0{,}30 \cdot 0{,}61 / 10)} \qquad \text{(Gl. 5.16)}$$

$\sigma_s = 148$ N/mm²

Vergleich des gewählten Stabdurchmessers $\varnothing_{s.gew}$ mit dem Grenzdurchmesser $\varnothing_s^*$ und Angabe der Stahlspannung σ_s nach Tabelle 7.2DE [N2]:
$\varnothing_s^*$ $= \varnothing_{s,gew} \cdot 2{,}9/f_{ct,ers} = 10 \cdot 2{,}9/0{,}61 = 47$ mm
$\varnothing_s^*$ $= 45$ mm $\rightarrow \sigma_s < 160$ N/mm²: $\varnothing_{s,gew} = 10$ mm kann verwendet werden

erforderliche Mindestbewehrung für $\sigma_{ct,eff}$ [R4]:
k_c = 1,0 für zentrischen Zug (Gl. 5.7)
k = 0,8 für inneren Zwang
(auch bei WU-Bauteilen, wenn keine Rissgefahr)
$A_{s,min} = k_c \cdot k \cdot f_{ct,ers} \cdot A_{ct,eff}/\sigma_s$ (Gl. 5.19)
$= 1{,}0 \cdot 0{,}8 \cdot 0{,}61 \cdot 1\,500/148$
$A_{s,min} = 4{,}95$ cm²/m

Gewählte Mindestbewehrung für WU-Dachdecke:
Betonstahlmatten als Lagermatten jeweils oben und unten:
Q 524 A mit $A_{s,x} = A_{s,y} = 5{,}24$ cm²/m

oder

Listenmatten mit Stabüberständen für Ein-Ebenen-Stöße jeweils unten und oben:
x-Richtung (längs) **9/125 mm** mit $A_{s,x} = 5{,}09$ cm²/m
y-Richtung (quer) **9/125 mm** mit $A_{s,y} = 5{,}09$ cm²/m

Anmerkungen:
Der Nachweis zeigt, dass infolge der Gleitmöglichkeit des Dachparkdecks nur eine geringe Bewehrung erforderlich ist. Vor allem aber verdeutlicht der Nachweis, dass das Dachparkdeck rissfrei bleibt. Dies ist der wesentliche Vorteil von Konstruktionen auf Gleitlagern.

Praxiserfahrungen zeigen, dass bei sehr sensibler Nutzungskoppelung durch die Konstruktion als wasserundurchlässige Tiefgaragen-Dachparkdecke mit gleichzeitiger direkter Befahrbarkeit häufig Schäden entstehen. Risse an der Oberseite der Dachparkdecke führen zu Chloridbeanspruchungen; Trennrisse zu Durchfeuchtungen und Lackschäden an Fahrzeugen.

Die Autoren empfehlen daher – trotz zwangfreier Lagerung – geeignete Temperaturpuffer oberhalb der WU-Tiefgaragendecke einzubauen, z. B. einen Fahrbelag mit geeignetem Aufbau mit unbewehrten Betonplatten.

11.3 Abschätzen spät einsetzender Zwangbeanspruchung

Dem frühen Zwang kann eine spät einsetzende Zwangbeanspruchung folgen. Später Zwang entsteht beim Schwinden des Betons, wenn freie Betonoberflächen austrocknen und sich die Betonbauteile verkürzen wollen, aber keine Bewegungsmöglichkeit besteht. Wenn diese Formänderungen behindert werden, weil die Bauteile mit anderen Bauteilen verbunden sind oder Bodenplatten durch die Verbindung mit Fundamenten im Baugrund verankert sind, entstehen Zwangbeanspruchungen, die zu Rissen führen können oder vorhandene Risse verbreitern. Formänderungen können auch durch Temperaturschwankungen oder durch Setzungen des Bauwerks entstehen.

Bei der Ermittlung der Zugbeanspruchung in den Betonquerschnitten kann der teilweise stattfindende Spannungsabbau durch Kriechen und Relaxation berücksichtigt werden. Angaben zum Kriechen und zur Relaxation enthält Abschnitt 4.3. Der Spannungsabbau kann mit dem Kombinationsbeiwert $k_{(\varphi+\psi)}$ entsprechend Gleichung (Gl. 4.9) im Sinne der WU-Richtlinie [R4] berücksichtigt werden. Vereinfachend wird für den gesamten späten Zwang der Kombinationsbeiwert mit $k_{(\varphi+\psi)spät} = 0{,}80$ angesetzt.

Das Schwinden des Betons ist im Abschnitt 4.5 dargestellt. Das Rissverhalten des Betons beschreiben die Abschnitte 5.4 bis 5.9.

11.3.1 Nachweis für späten Zwang bei Bodenplatten

Für Bodenplatten ist es entscheidend, welche Konstruktionsart gewählt wird. Es ist stets zu empfehlen, die Bodenplatte in einheitlicher Dicke mit ebener Unterseite herzustellen (Bild 7.2 b)). Geschieht dies nicht, sind in der Bodenplatte bei später Zwangbeanspruchung stets Risse zu erwarten. Die beiden folgenden Beispiele 11.7 und 11.8 übernehmen für den Nachweis des späten Zwangs die Situation der Beispiele 11.1 und 11.2, bei denen der frühe Zwang nachgewiesen wurde.

Beispiel 11.7: *Nachweis für späten Zwang in Bodenplatten durch Schwinden und Temperaturabfall*

Vorbemerkungen:
Für diese Bodenplatte wurde in Beispiel 11.1 die frühe Zwangbeanspruchung nachgewiesen. Die Fortsetzung dieses Beispiel für späten Zwang ist bewusst in diesem Fachbuch dargestellt, da in der Baupraxis leider immer wieder so geplant und ausgeführt wird. Aus Sicht der Autoren ist diese Planung und Ausführung mit den dargestellten Randbedingungen und Annahmen in diesem Beispiel jedoch ungeeignet.

Hierzu gehört auch der Nachweis für späten Zwang, der nachfolgend nur deshalb gezeigt wird, um die Unterschiede zu einfacheren Konstruktionen zu verdeutlichen, wie dies der Vergleich mit Beispiel 11.8 zeigt. Als späte Zwangbeanspruchungen wirken das Schwinden des Betons bis zum Alter einiger Jahre und außerdem Temperaturänderungen Sommer/Winter. Hierbei wird eine Abkühlung bis auf -3 °C angenommen (Tafel 3.2).

Randbedingungen (wie im Beispiel 11.1):
Die Bodenplatte einer Tiefgarage für ein Wohngebäude mit 500 m² Nutzfläche, steht im Grundwasser und ist als WU-Konstruktion auszubilden. Die Tiefgarage soll mit einer natürlichen Belüftung durch Lichtschächte und Querlüftung ausgebildet werden. Die Bodenplatte ist in ungünstiger Weise mit den Fundamenten verbunden, die Mindestbauteildicke von 25 cm zwischen den tiefergeführten und mit Vouten und Abpufferungen vorgesehenen Fundamenten wird jedoch eingehalten. Gewählt wird Betonfestigkeitsklasse C30/37 mit schneller Festigkeitsentwicklung und hier normal schwindendem WU-Beton, d.h. kein schwindarmer Beton. Die Ausführung erfolgt im Herbst.

Annahmen (Konstruktion wie Beispiel 11.1) (aus Autorensicht zum Teil ungeeignet)

Beanspruchungsklasse	BK1-zdW	(Tafel 3.4)
Nutzungsklasse (Abschnitt 7.2.2)	NK-B	(Tafel 3.5)
Nutzungsintensität (Garage M)	NI-1	(Tafel 2.17)
Art der Belüftung (Lüftungskonzept):	natürliche Belüftung durch Lichtschächte und Querlüftung	
Klasse der Bauweise	BW-OB	(Tafel 2.3)
Entwässerungsklassen	eGef-oE	(Tafel 2.7)
Ausführungsart	Beschichtungen (RB-1)	(Tafel 2.18)
Expositionsklassen	XC3, XD1, XF1, WF	(Tafeln 2.14, 2.18)
Beton mit hohem Wassereindringwiderstand	WU-Beton (nicht schwindarm)	(Tafel 3.3)
Klasse für Fugenabdichtung	FUG-BB (für Sohle/Wand)	(Tafel 2.16)
Klasse für Überwachung für Beton auf der Baustelle	ÜK2	(Tafel 2.9)
Klasse für Instandhaltung	WK1	(Tafel 2.10)
verlängerte Nachbehandlung	nach DIN EN 13670, Tab. F3	
Entwurfsgrundsatz	RB Rissbreitenbegrenzung	
Einwirkungsklasse	EK-SZ	(Tafel 2.1)
Betonfestigkeitsklasse	C30/37	
Festigkeitsentwicklung des Betons	$r \geq 0{,}50$: schnell	(Gl. 4.14)
mittlere Betonzugfestigkeit	$f_{ctm} = 2{,}9$ N/mm²	(Tafel 4.6)
Mindestzugfestigkeit	$f_{ct,min} = 3{,}0$ N/mm²	[N2]
Herstellungszeitpunkt:	Herbst	
Herstelltemperatur	$T_0 = +10$ °C	
Temperaturänderungen Sommer/Winter	$T_{out} = -3$ °C	(Tafel 3.2)
gesamte Wandlänge	$L = 24{,}0$ m	
Rissklasse	RW30	(Tafel 2.8)
Begrenzung der Rissbreite	$w_k \leq 0{,}30$ mm	
Bauteildicke der Bodenplatte	$h_B = 250$ mm	
Betonplattenquerschnitt	$A_{ct} = 0{,}25$ m²/m $= 2\,500$ cm²/m	
effektiver Zugquerschnitt	$A_{ct,eff} = \frac{1}{2} \cdot 2\,500 = 1\,250$ cm²/m	
gewählter Stabdurchmesser:	$\varnothing_{s,gew} = 12$ mm	

Ermittlung der Schwinddehnung und der Betonzugspannung

Austrocknungsfläche der Betonplatte ist nur die raumseitige Oberfläche, daher:
wirksame Bauteildicke:
$h_0 = 2 \cdot h_B = 2 \cdot 0{,}25 = 0{,}50$ m (Gl. 4.19)

Trocknungsschwindmaß des Betons C30/37 (schnell, RH = 60 %) beträgt etwa:
$\varepsilon_{cd,0} \approx 0{,}60$ mm/m (Tafel 4.10)

Beiwert $k_{S(t)}$ zur Bestimmung der Schwinddehnung nach einigen Jahren in Abhängigkeit von der wirksamen Bauteildicke $h_0 = 0{,}50$ m:
$k_{S(t)} = 0{,}50$ für normal schwindenden Beton (Tafel 4.12)

Schwinddehnung unter Berücksichtigung von Kriechen und Relaxation:
$\varepsilon_{cd(t)} \approx \varepsilon_{cd,red} = k_{(\varphi+\psi)} \cdot \varepsilon_c$ (Gl. 4.27)
$\varepsilon_{cd(t)} \approx k_{(\varphi+\psi)} \cdot k_{S(t)} \cdot \varepsilon_{cd,0} = 0{,}8 \cdot 0{,}50 \cdot 0{,}60$ (Gl. 4.9)
$\varepsilon_{cd(t)} = 0{,}24$ mm/m

Abkühlung der Betonplatte im Winter

Temperatur an der Oberfläche:	T_{out}	= - 3 °C	(Tafel 3.2)
Ausgangstemperatur:	T_0	= + 10 °C	
Temperaturunterschied:	ΔT	= - 13 Kelvin	

Temperaturdehnung der Bodenplatte (ohne Berücksichtigung einer Verwölbung):
$\varepsilon_T = k_{(\varphi+\psi)} \cdot \alpha_T \cdot \Delta T = 0{,}8 \cdot 10 \cdot 10^{-6} \cdot 13$ (Gl. 4.28)
$\varepsilon_T = 0{,}10$ mm/m

Betonzugspannung durch das behinderte Verkürzungsbestreben infolge Schwinden und Abkühlung:
$\sigma_{ct(S+T)} \approx \sigma_{ct,red} \approx (\varepsilon_{cd(t)} + \varepsilon_T) \cdot E_c = (0{,}24 + 0{,}10) \cdot 10^{-3} \cdot 34\,650$ (Gl. 4.30)
$\sigma_{ct(S+T)} = 8{,}32 + 3{,}46$
$\sigma_{ct(S+T)} = 11{,}78 \text{ N/mm}^2 > f_{ct,min} = 3 \text{ N/mm}^2$

Hinweise:
Der Nachweis der Risssicherheit für das Schwinden des Betons und das Abkühlen des Bauteils kann entfallen, da die Zwangbeanspruchungen bei behindertem Verkürzungsbestreben durch den Verbund mit anderen Bauteilen ohne Fugen stets eine erhöhte Rissgefahr besteht (Tafel 5.5 Fußnote [1)]). Die Berechnung zeigt, dass die Zwangbeanspruchung wesentlich größer ist als die wirksame Zugfestigkeit $f_{ct,eff}$ und auch die Mindestfestigkeit $f_{ct,min} = 3{,}0 \text{ N/mm}^2$, für die die erforderliche Rissbewehrung zu bemessen ist.

Ermittlung der erforderlichen Rissbewehrung

wirksame Stahlspannung $\sigma_{s,eff}$ für Rissbreite von $w_k = 0{,}30$ mm

$\sigma_{s,eff} = \sqrt{(6 \cdot w_k \cdot f_{ct,eff} \cdot E_s / \varnothing_{s,gew})}$ (Gl. 5.15)

$\sigma_{s,eff} = 1\,095 \cdot \sqrt{(w_k \cdot f_{ct,min} / \varnothing_{s,gew})}$

$= 1\,095 \cdot \sqrt{(0{,}30 \cdot 3{,}0 / 12)}$ (Gl. 5.16)

$\sigma_{s,eff} = 300$ N/mm²

erforderliche Bewehrung [R4]:

k_c = 1,0 für zentrischen Zug

k = 0,8 für inneren Zwang (Gl. 5.7)

$A_{s,erf} = k_c \cdot k \cdot f_{ct,min} \cdot A_{ct,eff} / \sigma_{s,eff}$ (Gl. 5.6)

$= 1{,}0 \cdot 0{,}8 \cdot 3{,}0 \cdot 1\,250 / 300$

$A_{s,erf} = 10{,}00$ cm²/m

Bewehrung gewählt:

Ø 12 mm, s = 110 mm jeweils unten und oben in beiden Richtungen

$A_{sx,gew} = 10{,}28$ cm²/m

$A_{sx,gew} > A_{sx,erf} = 10{,}00$ cm²/m

behinderte Verkürzung der Bodenplatte
(ohne Berücksichtigung einer Verwölbung):

$\Delta L = k_{(\varphi+\psi)} \cdot \Delta T \cdot \alpha_T \cdot L_0 = -0{,}8 \cdot 13 \cdot 10 \cdot 10^{-6} \cdot 24\,000$ (Gl. 4.29)

$\Delta L = 2{,}5$ mm·

rechnerisch zu erwartender Rissabstand s_r mit $\varepsilon_{ct} = 0{,}08$: (Tafel 4.6)

$s_r \approx w_k / ([\varepsilon_{ecd(t)} + \varepsilon_T] - \varepsilon_{ct}) = 0{,}30 / ([0{,}24 + 0{,}10] - 0{,}08)$ (Gl. 4.31)

$s_r \approx 1{,}15$ m

rechnerische Anzahl der Risse auf 24 m Plattenlänge:

$n_r = L_x / s_r = 24{,}0 / 1{,}15$

$n_r \approx 21$ Risse

Rissbreitenänderung:

$\Delta w_k = \Delta L / n_r = 2{,}5 / 21 \approx 0{,}12$ mm

Diese Risse in der Bodenplatte sind abzudichten.

Anmerkungen zum späten Zwang im Beispiel dieser Bodenplatte:
Der späte Zwang erfordert eine umfangreichere Bewehrung als der frühe Zwang: 10,00 cm²/m gegenüber 8,79 cm²/m. Dies ist 14 % mehr an Bewehrung.

Unter der Annahme, dass das tatsächliche Verhalten des Betons und der Bewehrung diesem Rechenmodell entspricht, entstünden Risse in der 24 m langen Bodenplatte in der zuvor angenommenen Rissbreite von 0,30 mm. Bei Abkühlung werden die beim Schwinden des Betons entstandenen Risse um etwa 0,12 mm verbreitert, wenn sich die Bodenplatte nicht verkürzen kann.

Die ungeeignete Konstruktion, für die hier der Vollständigkeit halber ein rechnerischer Nachweis für den späten Zwang dargestellt ist, wird bereits im Beispiel 11.1 mit Begründungen erläutert (Abschnitt 11.2.1).

Im Beispiel 11.8 wird die Berechnung für späten Zwang für eine günstigere Konstruktion dargestellt.

Beispiel 11.8: *Nachweis für verminderten späten Zwang in Bodenplatten*

Diese Bodenplatte, die als Fundamentplatte einer geschlossenen Tiefgarage mit natürlicher Belüftung durch Lichtschächte und Querlüftung vorgesehen ist, wird mit ebener Unterseite ohne Fundamentvertiefungen ausgeführt. Die Bodenplatte kann sich bei spätem Zwang durch Schwinden des schwindarmen Betons verkürzen, nur die Reibung auf dem Untergrund wirkt dagegen. Sie kann den späten Zwang rissfrei überstehen, weil die Möglichkeit des Gleitens auf dem Baugrund besteht. Im Beispiel 11.2 im Abschnitt 11.2.1 wurde die Rissfreiheit für frühen Zwang nachgewiesen.

Der Nachweis für das Verkürzungsbestreben infolge der Zwangbeanspruchung durch Schwinden des Betons wird nachfolgend geführt, und zwar bei einer Auflast aus zwei Etagen O1 und O2. Beton C30/37 mit mittlerer Festigkeitsentwicklung.

Annahmen (Konstruktion wie im Beispiel 11.2)

Beanspruchungsklasse	BK1-zdW	(Tafel 3.4)
Nutzungsklasse (Abschnitt 7.2.2)	NK-B	(Tafel 3.5)
Nutzungsintensität (Garage M)	NI-1	(Tafel 2.17)
Art der Belüftung (Lüftungskonzept):	natürliche Belüftung durch Lichtschächte und Querlüftung	
Klasse der Bauweise	BW-OB	(Tafel 2.3)
Entwässerungsklassen	eGef-oE	(Tafel 2.7)
Ausführungsart	Beschichtungen (RB-1)	(Tafel 2.18)
Expositionsklassen	XC3, XD1, XF1, WF	(Tafel 2.14, 2.18)
Beton mit hohem Wassereindringwiderstand	WU-Beton (schwindarm)	(Tafel 3.3)
Klasse für Fugenabdichtung	FUG-BB (für Sohle/Wand)	(Tafel 2.16)
Klasse für Überwachung für Beton auf der Baustelle	ÜK2	(Tafel 2.9)
Klasse für Instandhaltung	WK1	(Tafel 2.10)
Einwirkungsklasse	EK-SZ	(Tafel 1.14)

Entwurfsgrundsatz	RV Rissvermeidung	(Tafel 2.14)
Rissklasse	RW 0	
Begrenzung der Rissbreite	$w_k \leq 0{,}0$ mm ($w_{k,zul} \leq 0{,}30$ mm)	
Betonfestigkeitsklasse	C30/37 : mittel	
mittlere Betonzugfestigkeit	$f_{ctm} = 2{,}9$ N/mm²	(Tafel 4.6)
5 %-Quantil der Zugfestigkeit	$f_{ct;0,05} = 2{,}0$ N/mm²	
Mindestzugfestigkeit	$f_{ct,min} = 3{,}0$ N/mm²	[N2]
Länge der Bodenplatte	$L_x = 24$ m	
Bauteildicke der Bodenplatte	$h_B = 400$ mm	
Betonzugquerschnitt	$A_{ct} = 0{,}40$ m²/m = 4000 cm²/m	
Bewehrung x-Richtung, $\varnothing_s = 12$ mm	$d_{1,x} = c_{nom} + \varnothing_s + \varnothing_s/2 = 35 + 12 + 12/2$ = 53 mm	
	$h_B/d_{1,x} = 400/53 = 7{,}5$	
effektive Dicke	$h_{eff,x} = 2{,}75 \cdot d_1 = 2{,}75 \cdot 53$	(Bild 5.2)
[2,5/25,0 · (7,5 - 5,0) + 2,50 = 2,8]	= 148 mm = 14,8 cm = 0,148 m < $h_B/2$	
effektiver Betonquerschnitt x	$A_{ct,eff,x} = h_{eff,x} \cdot b_B = 14{,}8 \cdot 100 = 1480$ cm²/m	
Bewehrung y-Richtung	$d_{1,y} = c_{nom} + \varnothing_s/2 = 35 + 10/2$ = 401 mm	
	$h_B/d_{1,y} = 400/40 = 10{,}0$	
effektive Dicke	$h_{eff,y} = 3{,}0 \cdot d_1 = 3{,}0 \cdot 40$	(Bild 5.2)
[2,5/25,0 · (8,0-5,0) + 2,50 = 2,8]	= 120 mm = 12,0 cm = 0,120 m < $h_B/2$	
effektiver Betonquerschnitt x	$A_{ct,eff,y} = h_{eff,y} \cdot b_B = 12{,}0 \cdot 100 = 12020$ cm²/m	
Plattenlänge	$L_x = 24{,}0$ m	
Plattenbreite	$L_y = 16{,}0$ m	
Reibungsbeiwert auf sandigem Baugrund mit Geotextil (sichere Annahme nach Tafel 3.10, Zeile 5)	$\mu_d = \gamma_R \cdot \mu_0 \approx 1{,}25 \cdot 0{,}9 \approx 1{,}15$	

Ermittlung der Zwangschnittgrößen

Zur Verdeutlichung, dass eine Beweglichkeit der Bodenplatte bei geeigneter Konstruktion auch bei Berücksichtigung von Auflasten aus Obergeschossen erzielbar ist, werden Eigenlasten aus zwei Obergeschossen rechnerisch berücksichtigt. Die Pressung unter der Bodenplatte ergibt sich aus den ständigen Lasten infolge Eigenlast der Bodenplatte zuzüglich Eigenlasten aus zwei Obergeschossen O1 und O2 über der Tiefgarage, bezogen auf die Gesamtfläche.

Ständige Lasten aus der Lastermittlung der Bauwerksstatik:
$\Sigma G_{gesamt} = G_{O1} + G_{O2} = 17200$ kN

durchschnittliche Pressung σ_0 unter der Bodenplatte:
$\sigma_0 = \Sigma G_{gesamt}/(L_x \cdot L_y) = 17200/(24{,}0 \cdot 16{,}0)$
$\sigma_0 = 44{,}8$ kN/m²

Zwangschnittgrößen als Zugkraft in der Bodenplatte mit Festpunkt im mittleren Plattenbereich bei $L_x/2$ bzw. $L_y/2$:

$N_{ctd,x} = k_{(\varphi+\psi)} \cdot \mu_d \cdot \sigma_0 \cdot (L_x/2)$
$= 0{,}8 \cdot 1{,}15 \cdot 44{,}8 \cdot (24{,}0/2)$
≈ 495 kN/m $= 0{,}495$ MN/m

$N_{ctd,y} = k_{(\varphi+\psi)} \cdot \mu_d \cdot \sigma_0 \cdot (L_y/2)$
$= 0{,}8 \cdot 1{,}15 \cdot 44{,}8 \cdot (16{,}0/2)$
≈ 330 kN/m $= 0{,}330$ MN/m

Zwangspannungen in der Bodenplatte:

$\sigma_{ctd,x} = N_{ctd,x}/(2 \cdot A_{ct,eff,x}) = 0{,}495/(2 \cdot 0{,}148 \cdot 1{,}0)$
$\sigma_{ctd,x} = 1{,}67\ \text{MN/m}^2 = 1{,}67\ \text{N/mm}^2$

$\sigma_{ctd,y} = N_{ctd,y}/(2 \cdot A_{ct,eff,y}) = 0{,}330/(2 \cdot 0{,}120 \cdot 1{,}0)$
$\sigma_{ctd,y} = 1{,}38\ \text{MN/m}^2 = 1{,}38\ \text{N/mm}^2$

Nachweis der Rissgefahr E_σ / R_f

$$\frac{E_\sigma}{R_f} = \frac{\sigma_{ctd,x}}{f_{ctm}} = \frac{1{,}67}{2{,}9} = 0{,}58 < 1{,}0 \rightarrow \text{Risssicherheit vorhanden (Gl. 5.3)}$$

Die Risssicherheit kann sogar für den 5 %-Quantilwert der Zugfestigkeit nachgewiesen werden:

$$\frac{E_\sigma}{R_f} = \frac{\sigma_{ctd,x}}{f_{ct;0,05}} = \frac{1{,}67}{2{,}00} = 0{,}84 < 1{,}0 \rightarrow \text{Risssicherheit vorhanden}$$

Hinweis:
Da die wirkenden Zwangspannungen σ_{ctd} unter der Mindestzugfestigkeit des Betons bleiben, besteht keine Rissgefahr und die Risssicherheit ist ohne Mitwirkung der Bewehrung gegeben. Dennoch wird eine Mindestbewehrung $A_{s,min}$ ermittelt, und zwar für die Zwangspannungen $\sigma_{ctd,x}$ und $\sigma_{ctd,y}$ mit einer fiktiven Rissbreite von $w_{k,zul} = 0{,}30$ mm.

Stahlspannung

wirksame Stahlspannung $\sigma_{s,eff}$ für fiktive Rissbreite von $w_k = 0{,}30$ mm:

$$\sigma_s = \sqrt{(6 \cdot w_k \cdot \sigma_{ct,eff} \cdot E_s/\varnothing_s)} \qquad \text{(Gl. 5.15)}$$

$$\sigma_{s,x} = 1\,095 \cdot \sqrt{(w_k \cdot \sigma_{ctd,x}/\varnothing_{s,x})}$$

$$= 1\,095 \cdot \sqrt{(0{,}30 \cdot 1{,}67/12)} \qquad \text{(Gl. 5.16)}$$

$$\sigma_{s,x} = 224\ \text{N/mm}^2$$

$\sigma_{s,y} = 1\,095 \cdot \sqrt{(w_k \cdot \sigma_{ctd,y}/\varnothing_{s,y})}$

$= 1\,095 \cdot \sqrt{(0{,}30 \cdot 1{,}38/10)}$

$\sigma_{s,y} = 223$ N/mm²

Ermittlung der erforderlichen Mindestbewehrung

Beiwerte:
k_c = 1,0 für zentrischen Zug
k = 0,8 für inneren Zwang (Gl. 5.7)

$A_{s,erf,x} = k_c \cdot k \cdot \sigma_{ctd,x} \cdot A_{ct,eff,x} / \sigma_{s,x}$ (Gl. 5.6)
$= 1{,}0 \cdot 0{,}8 \cdot 1{,}670 \cdot 1\,480/224$
$A_{s,erf,x} = 8{,}85$ cm²/m

$A_{s;erf,y} = k_c \cdot k \cdot \sigma_{ctd,y} \cdot A_{ct,eff,y} / \sigma_{s;y}$
$= 1{,}0 \cdot 0{,}8 \cdot 1{,}38 \cdot 1\,200/223$
$A_{s;erf,y} = 5{,}94$ cm²/m

Mindestbewehrung:
Stabstahl x-Richtung: Bewehrung gewählt **Ø 12 mm, s = 125 mm** oben und unten
$A_{s,gew,x} = 9{,}04$ cm²/m > $A_{s,erf,x} = 8{,}85$ cm²/m

Stabstahl y-Richtung: Bewehrung gewählt **Ø 10 mm, s = 125 mm** oben und unten
$A_{s,gew,y} = 6{,}28$ cm²/m > $A_{s,erf,y} = 5{,}94$ cm²/m

oder stattdessen

Betonstahlmatten als Listenmatten mit Stabüberständen für Ein-Ebenen-Stöße
jeweils oben und unten: **11/100** mit $A_{s,x} = 9{,}50$ cm²/m
10/100 mit $A_{s,y} = 7{,}85$ cm²/m

Anmerkungen zum späten Zwang in Bodenplatten:
Diese Bewehrung von $A_{sx,erf} = 8{,}85$ cm²/m und $A_{sy,erf} = 5{,}94$ cm²/m ist weniger als die Bewehrung der dünneren Platte des vorhergehenden Beispiels von $A_{sx} = 10{,}00$ m²/m (Beispiel 11.7).

Diese dickere Bodenplatte ohne Fundamentvertiefungen bleibt nicht nur rissfrei, sie lässt sich ohne Fundamentvertiefungen und Abböschungen zudem auch leichter herstellen. Diese als einheitlich dicke Fundamentplatte ausgebildete Bodenplatte ist einfacher und wirtschaftlicher in der Herstellung. Sie ist außerdem sicherer und erfordert einen geringeren Instandhaltungsaufwand als gerissene Bodenplatten.

Dieser Nachweis für späten Zwang zeigt aber auch, dass ein Nachweis für frühen Zwang unnötig und nicht maßgebend ist, wenn später Zwang entstehen wird und zu erwarten ist (Vergleich mit Beispiel 11.2).

11.3.2 Nachweis für späten Zwang bei Wänden

Für Wände ist entscheidend, welche Konstruktionsart gewählt wird. Es ist stets zu empfehlen, lange Wände durch Fugen in kürzere Wandabschnitte zu unterteilen. Bei langen Wänden können durch späten Zwang vorhandene Risse, die bei frühem Zwang entstanden waren, verbreitert werden oder es entstehen neue Risse.

Beispiel 11.9: *Nachweis für späten Zwang durch Schwinden des Betons in langen Wänden*

Die Wände einer geschlossenen Tiefgarage mit natürlicher Belüftung durch Tor und Lichtschächte erfahren im späteren Nutzungszustand beim Schwinden des Betons infolge Austrocknens und bei Temperaturschwankungen Sommer/Winter größere Zwangbeanspruchungen. Das folgende Beispiel gilt für den ungünstigen Fall, dass die Wände keine Fugen erhalten. Die Bewehrung für diese Wände wurde für frühen Zwang im Beispiel 11.3 im Abschnitt 11.2.2 nachgewiesen.

Annahmen (wie Beispiel 11.3 im Abschnitt 11.2.2)

Beanspruchungsklasse	BK1-zdW	(Tafel 3.4)
Nutzungsklasse	NK-B	(Tafel 3.5)
Nutzungsintensität (Garage M)	NI-1	(Tafel 2.17)
Art der Belüftung (Lüftungskonzept):	natürliche Belüftung durch Lichtschächte und Querlüftung	
Klasse der Bauweise	BW-OB	(Tafel 2.3)
Ausführungsart	Beschichtung des Sockels 50 cm hoch	
Expositionsklassen	XC1, XD1, XF1, WF	(Tafeln 2.14, 2.18)
Beton mit hohem Wassereindringwiderstand	WU-Beton	(Tafel 3.3)
Klasse für Fugenabdichtung	FUG-BB (für Bodenplatte/Wand)	(Tafel 2.16)
Klasse für Überwachung für Beton auf der Baustelle	ÜK2	(Tafel 2.9)
Klasse für Instandhaltung	WK1	(Tafel 2.10)
Entwurfsgrundsatz	RA-0 Rissbreitenbegrenzung	
Einwirkungsklasse	EK-SZ	(Tafel 2.1)
Betonfestigkeitsklasse	C30/37	
Rissklasse	RW20	(Tafel 2.8)
rechnerische Rissbreite	$w_k \leq 0{,}20$ mm	
mittlere Betonzugfestigkeit	$f_{ctm} = 2{,}9$ N/mm²	(Tafel 4.6)
Mindestzugfestigkeit	$f_{ct,min} = 3{,}0$ N/mm²	[N2]
Bauteildicke der Wand	$h_B = 250$ mm	
Betonzugquerschnitt	$A_{ct} = 0{,}25 \cdot 1{,}0$	$= 0{,}25$ m² $= 2\,500$ cm²/m
wirksamer Betonquerschnitt	$A_{ct,eff} = A_{ct}/2$	$= ½ \cdot 2\,500 = 1\,250$ cm²/m
gewählter Stabdurchmesser	$\varnothing_{s,gew} = 14$ mm	

Wandlänge	L	= 24,0 m
Wandhöhe	H	= 2,75 m
Wandlänge / Wandhöhe	L/H	= 24,0/2,75 = 8,7 > 8

Hinweis:
Der Nachweis der Schwindspannung erübrigt sich, da das Schwinden des Betons bei Behinderung des Verkürzungsbestrebens der Bauteile stets Risse erzeugt.

Ermittlung der erforderlichen Bewehrung bei langen Wänden mit L / H > 8 ohne Fugen:

wirksame Stahlspannung $\sigma_{s,eff}$ für Rissbreite von $w_k = 0{,}20$ mm:

$$\sigma_{s,eff} = \sqrt{(6 \cdot w_k \cdot f_{ct,eff} \cdot E_s / \varnothing_{s,gew})} \quad \text{(Gl. 5.15)}$$

$$\sigma_{s,eff} = 1\,095 \cdot \sqrt{(w_k \cdot f_{ct,min} / \varnothing_{s,gew})}$$

$$= 1\,095 \cdot \sqrt{(0{,}20 \cdot 3{,}00/14)} \quad \text{(Gl. 5.16)}$$

$$\sigma_{s,eff} = 227 \text{ N/mm}^2$$

erforderliche Bewehrung:

$$A_{s,erf} = k_c \cdot k \cdot f_{ct,min} \cdot A_{ct,eff} / \sigma_{s,eff} \quad \text{(Gl. 5.18)}$$

$$= 1{,}0 \cdot 0{,}8 \cdot 3{,}0 \cdot 1\,250/227$$

$$A_{s,erf} = 13{,}22 \text{ cm}^2\text{/m}$$

Bewehrung gewählt: **Ø 14 mm, s = 115 mm** in Längsrichtung auf beiden Seiten

$$A_{s,gew} = 13{,}39 \text{ cm}^2\text{/m}$$

$$A_{s,gew} \approx A_{s,erf} = 13{,}22 \text{ cm}^2\text{/m}$$

Anmerkungen zu spätem Zwang in langen Wänden:
Diese Wand kann mit einer Wandlänge zur Wandhöhe von L / H > 8 nicht rissfrei bleiben, es werden zahlreiche Risse entstehen.

Mit zusätzlichen Fugen, die die Wand in kürzere Abschnitte unterteilen, wäre jedoch eine Rissfreiheit zu erreichen. Außerdem ist der für späten Zwang erforderliche Bewehrungsquerschnitt bei langen Wänden wesentlich größer als er für kurze Wände wäre. Insofern ist eine derartige Konstruktion ohne Fugen sehr ungünstig und ist daher zu ändern.

Das folgende Beispiel zeigt den Nachweis für eine günstigere Konstruktion mit kurzen Wandabschnitten.

Beispiel 11.10: *Später Zwang durch Schwinden des Betons in kurzen Wänden*

Die Wände einer Tiefgarage, deren Bewehrung für frühen Zwang im Beispiel 11.4 im Abschnitt 11.2.2 nachgewiesen wurde, sind wegen der Austrocknung des Betons im späteren Nutzungszustand einer Zwangbeanspruchung durch Schwinden des Betons ausgesetzt. Gegenüber Beispiel 11.9 erhalten die Wände zusätzlich Fugen, damit relativ kurze Wandabschnitte entstehen. Es wird schwindarmer Beton C30/37 mit mittlerer Festigkeitsentwicklung gewählt.

Annahmen (wie im Beispiel 11.4, Abschnitt 11.2.2):

Beanspruchungsklasse	BK1-zdW	(Tafel 3.4)
Nutzungsklasse (Abschnitt 7.2.2)	NK-B	(Tafel 3.5)
Nutzungsintensität (Garage M)	NI-1	(Tafel 2.17)
Art der Belüftung (Lüftungskonzept):	natürliche Belüftung durch Lichtschächte und Querlüftung	
Klasse der Bauweise	BW-OB	(Tafel 2.3)
Ausführungsart	Beschichtung des Sockels h = 50 cm	
Expositionsklassen	XC1, XD1, XF1, WF	(Tafeln 2.14, 2.18)
Beton mit hohem Wassereindringwiderstand	WU-Beton (schwindarm)	(Tafel 3.3)
Klasse für Fugenabdichtung	FUG-BB (für Sohle/Wand)	Tafel 2.16
Klasse für Überwachung für Beton auf der Baustelle	ÜK2	(Tafel 2.9)
Klasse für Instandhaltung	WK1	(Tafel 2.10)
Entwurfsgrundsatz	RV Rissvermeidung	(Tafel 2.18)
Einwirkungsklasse	EK-SZ	(Tafel 2.1)
Betonfestigkeitsklasse	C30/37	
mittlere Betonzugfestigkeit	$f_{ctm} = 2{,}9\ \text{N/mm}^2$	(Tafel 4.6)
Festigkeitsentwicklung des Betons	$r < 0{,}50$: mittel	(Gl. 4.14)
zulässige Rissklasse	RW 0	(Tafel 2.8)
Begrenzung der Rissbreite	$w_k = 0{,}0\ \text{mm}\ (w_{k,zul} \leq 0{,}30\ \text{mm})$	
Bauteildicke der Wand	$h_B = 250\ \text{mm}$	(Gl. 4.19)
Betonzugquerschnitt	$A_{ct} = 0{,}25 \cdot 1{,}0 = 0{,}25\ \text{m}^2 = 2\,500\ \text{cm}^2/\text{m}$	
wirksamer Betonquerschnitt	$A_{ct,eff} = ½ \cdot A_{ct} = ½ \cdot 2\,500 = 1\,250\ \text{cm}^2/\text{m}$	
Stabdurchmesser gewählt	$\varnothing_{s,gew} = 10\ \text{mm}$	
Betonierhöhe der Wand	$H = 2{,}75\ \text{m}$	
gesamte Wandlänge	$L = 24{,}0\ \text{m}$ mit 3 Fugen für 4 Wandabschnitte	
Länge zwischen Sollrissfugen	$L_F = 24{,}0/4 = 6{,}0\ \text{m}$	
Wandlänge/Wandhöhe	$L_F/H = 6{,}0/2{,}75 = 2{,}18$	
Luft- und Frischbetontemperatur	$T_{c0} = 10\ °\text{C}$	
Temperaturunterschied	$\Delta T_c = 13\ \text{K}$	(Tafel 5.3)

Nachweis für späten Zwang durch Schwinden des Betons

Trocknungsschwindmaß des Betons C30/37 mit mittlerer Festigkeitsentwicklung:
$\varepsilon_{cd,0} \approx 0{,}43$ mm/m (Tafel 4.10)

Austrocknungsfläche der Wände nur an der raumseitigen Oberfläche, daher:
wirksame Bauteildicke:
$h_0 = 2\ h_B = 2 \cdot 0{,}25$ (Gl. 4.19)
$h_0 = 0{,}50$ m

Beiwert $k_{S(t)}$ zur Bestimmung der Schwinddehnung nach einigen Jahren für schwindarmen Beton:
$k_{S(t)} = 0{,}40$ (Tafel 4.12)

Schwinddehnung unter Berücksichtigung von Kriechen und Relaxation:
$\varepsilon_{cd(t)} \approx k_{(\varphi+\psi)} \cdot k_{S(t)} \cdot \varepsilon_{cd,0} = 0{,}8 \cdot 0{,}40 \cdot 0{,}43$
$\varepsilon_{cd(t)} = 0{,}14$ mm/m

Zugspannung im Betonquerschnitt durch das behinderte Verkürzungsbestreben beim Schwinden des Betons:
$\sigma_{ct,S} \approx \varepsilon_{cd(t)} \cdot E_c = 0{,}14 \cdot 10^{-3} \cdot 34\,650$
$\sigma_{ct,S} = 4{,}85$ N/mm²

Abminderung der Schwindspannung für $L_F/H = 2{,}2$ (Tafel 7.8)
Beiwert $k_{ct,d} = 0{,}52$
$\sigma_{ctd,S} = k_{ct,d} \cdot \sigma_{ct,S} = 0{,}52 \cdot 4{,}85$
$\sigma_{ctd,S} = 2{,}52$ N/mm²

Nachweis der Risssicherheit E_s/R_f

Rissgefahr beim Schwinden des Betons:

$$\frac{E_\sigma}{R_f} = \frac{\sigma_{ctd}}{f_{ctm}} = \frac{2{,}52}{2{,}9} = 0{,}74 < 1{,}0 \rightarrow$$ keine Rissgefahr, Risssicherheit gegeben

Stahlspannung σ_s für eine fiktive Rissbreite von $w_{k,zul} = 0{,}30$ mm:

$\sigma_s = 1\,095 \cdot \sqrt{(w_k \cdot \sigma_{ctd,S} / \varnothing_{s,gew})}$ (Gl. 5.16)

$= 1\,095 \cdot \sqrt{(0{,}30 \cdot 2{,}52 / 10)}$

$\sigma_s = 301$ N/mm²

erforderliche Mindestbewehrung:

$A_{s,min} = k_c \cdot k \cdot \sigma_{ctd} \cdot A_{ct,eff} / \sigma_s$ (Gl. 5.18)

$= 1{,}0 \cdot 0{,}8 \cdot 2{,}52 \cdot 1\,250 / 301$

$A_{s,min} = 8{,}37$ cm²/m

Bewehrung gewählt: **Ø 10 mm, s = 95 mm** in horizontaler Richtung auf beiden Seiten der Wand

$A_{s,gew} = 8{,}27$ cm²/m $\approx A_{s,min} = 8{,}37$ cm²/m

Das bedeutet:
Die im Beispiel 11.4 Abschnitt 11.2.2 für frühen Zwang gewählte Bewehrung von 5,71 cm²/m reicht zur Aufnahme der später Zwangspannungen infolge Schwinden des Betons nicht aus. Dies war auch nicht zu erwarten. In Fällen, bei denen später Zwang zu erwarten ist, kann auf den Nachweis des frühen Zwangs verzichtet werden und es ist sofort später Zwang nachzuweisen.

Anmerkungen:
Hiermit zeigt sich der besondere Vorteil von Wänden mit relativ kurzen Wandabschnitten in Verbindung mit schwindarmem Beton. Gegenüber der bei langen Wänden erforderlichen Bewehrung von $A_s = 13{,}22$ cm²/m (vorstehendes Beispiel 11.9) entsteht bei kurzen Wandabschnitten eine erhebliche Einsparung an Bewehrung.

Vor allem aber:
Die Wände bleiben rissfrei und sind geeignet für den Entwurfsgrundsatz RV zur Vermeidung von Trennrissen.

12 Einschätzung des Rissrisikos bei Parkdecks mit Risiko-Kennzahlen

12.1 Darstellung des Vorschlags

Die Gebrauchstauglichkeit von Parkdecks ist eine wesentliche Eigenschaft, um beispielsweise die Funktion im Nutzungsbetrieb sicherzustellen. Die Gebrauchstauglichkeit wird insbesondere durch die Rissempfindlichkeit der Betonkonstruktion und die vorgesehenen zusätzlichen Schutzmaßnahmen beeinflusst. Daher ist es Aufgabe der Planung, einen geeigneten Entwurfsgrundsatz für die Betonplatte der jeweiligen Parkebenen (Tiefparkdeck, Zwischenparkdecks, Dachparkdeck) zu wählen. Einzelheiten zu dafür notwendigen Festlegungen und Anforderungen sind in den vorangehenden Kapiteln ausführlich dargestellt.

Nicht selten ergeben sich jedoch bereits in der Planungsvorbereitung Widersprüche zwischen einem technisch sinnvollen Entwurf durch den Planer und den Wunschvorstellungen des Bauherrn.

Die jeweiligen Aufgabenbereiche und Verantwortlichkeiten der Beteiligten, die bei der Planung und Ausführung von Parkdecks mitwirken, sind im Abschnitt 1.2 dargestellt. Danach hat der Bauherr bei der Festlegung der Risikoverteilung bei den zu wählenden Entwurfsgrundsätzen mitzuwirken. Aufgabe des Tragwerksplaners ist es, geeignete Entwurfsgrundsätze für die jeweiligen Parkdecks festzulegen, wobei beispielsweise Rissbreiten, Rissbreitenänderungen, Betonkenndaten und zusätzliche Maßnahmen zum Schutz der Oberfläche zu berücksichtigen sind. Diese Festlegungen mit dem zugehörigen Risiko müssen dem Bauherrn gemeinsam mit dem Objektplaner erläutert werden.

Häufig sind den Bauherren als fachliche Laien die Unterschiede, die sich aus verschiedenen Planungsansätzen in der Konstruktion, den Betonanforderungen und der Ausführungsqualität ergeben, nicht ausreichend verständlich. Trennrisse und deren Folgen sind ein typisches Beispiel dafür.

Vorhandene Trennrisse führen zum Eindringen von Chloriden in die Betonkonstruktion und gefährden damit die Gebrauchstauglichkeit. Vor dem Aufbringen zusätzlicher Schutzmaßnahmen, z. B. Oberflächenbeschichtungen, sind vorhandene Risse nach den Anforderungen der Richtlinie „Schutz und Instandsetzung von Betonbauteilen" des Deutschen Ausschusses für Stahlbeton DAfStb fachgerecht zu schließen. Der Umfang und die Kosten dieser notwendigen Arbeiten lassen sich im Vorfeld üblicherweise nicht genau ermitteln. Daher ist es sinnvoll, den Bauherrn vor Beginn der Planung über das Rissrisiko aufzuklären und ihm die Unterschiede zwischen verschiedenen Betonkonstruktionen, zusätzlichen Schutzmaßnahmen und erforderlichen Maßnahmen bei der Ausführung zu verdeutlichen.

Tafel 12.1: Zusammenstellung von Risikomerkmalen mit Gewichtungsfaktoren G_i und der anteiligen Gewichtung in Prozent (Vorschlag Ebeling | Lohmeyer)

Risikomerkmal	Gewichtungsfaktor G_i	Gewichtung in Prozent
Gesamtkonstruktion	G_1	45
Konstruktionsbereiche	G_2	5
Betoneigenschaften	G_3	10
Herstellbedingungen	G_4	10
Schutz des jungen Betons	G_5	10
Oberflächenbeschaffenheit	G_6	20

Im Folgenden wird daher ein Vorschlag für eine Risikobewertung vorgestellt, um das Rissrisiko einzuschätzen und die Folgen zur Sicherstellung der Gebrauchstauglichkeit sowohl den Planenden als auch dem Bauherrn vereinfacht zu verdeutlichen. Die Bewertung erfolgt dabei in modifizierter Form, angelehnt an das Verfahren der Zielbaummethode [L07] und an den Quotierungsvorschlag für Mangel- und Schadensverantwortlichkeit [L40].

Für die Ermittlung einer Risiko-Kennzahl RK werden für die Bodenplatte (Index $_B$) und für Zwischen- bzw. Dachparkdecks (Index $_{ZD}$) sowie für Tiefgaragendecken (Index $_{TG}$) die jeweils relevanten Risikomerkmale RK_i angegeben.

Wesentlich ist dabei die Rissempfindlichkeit bzw. das Rissrisiko einer Konstruktion, die sich aus dem vorgesehenen Entwurfsgrundsatz, den Betoneigenschaften, den Betonierbedingungen, dem Schutz des jungen, erhärtenden Betons und der Oberflächenbeschaffenheit/-zugänglichkeit ergeben.

Die Risiko-Kennzahlen RK werden hinsichtlich ihres Rissrisikos und der Erfordernisse für die Sicherstellung der Gebrauchstauglichkeit gewichtet. Die Gewichtung der jeweiligen Einflüsse erfolgt anschließend über Gewichtungsfaktoren G_i in Abhängigkeit von den einzelnen Risikomerkmalen, die in Tafel 12.1 zusammengestellt sind. Details dazu enthält Abschnitt 12.5.

Details zu den verschiedenen Entwurfsgrundsätzen enthält Abschnitt 2.3 mit Hinweisen zu verschiedenen Konstruktionen in den Kapiteln 6 und 7. Einzelheiten zum Abschätzen von Eigenspannungen sowie zu Nachweisen für Zwangbeanspruchungen sind Inhalt des Kapitels 11. Anforderungen an günstige Betoneigenschaften sind im Abschnitt 4.5 dargestellt. Maßnahmen zum Schutz des erhärtenden Betons beinhaltet der Abschnitt 4.6. Details zu zusätzlichen Schutzmaßnahmen der Parkdecks werden im Kapitel 10 aufgezeigt.

12.2 Risiko-Kennzahlen für Bodenplatten bei Parkdecks

In Tafel 12.2 sind die Risikomerkmale für Bodenplatten bei Parkdecks zusammengestellt. Das Rissrisiko bei Betonbodenplatten wird wesentlich durch die Konstruktion beeinflusst. Somit ergeben sich für die unterschiedlichen Möglichkeiten der Ausbildung die jeweiligen Risiko-Kennzahlen (Zeilen 1.1 bis 1.4). Das Rissrisiko kann bereichsweise zusätzlich durch eine ungünstige Geometrie oder durch zusätzlichen Zwang in Arbeitsfugen aneinander grenzender Betonierabschnitte beeinflusst werden (Zeilen 2.1 bis 2.4). Schwindarme Betone mit niedriger Wärmeentwicklung verhalten sich günstig hinsichtlich ihrer Rissneigung (Zeilen 3.1 bzw. 3.2). Dünne Querschnitte erschweren das Einbringen und Verdichten des Betons (Zeilen 4.1 bzw. 4.2). Temperaturbeanspruchungen aus Witterungseinflüssen begünstigen Rissbildungen im jungen Betonalter (Zeilen 4.3 bzw. 4.4). Ein frühzeitiger und lang andauernder Schutz des erhärtenden Betons verringert die Rissneigung des Betons (Zeilen 5.1 bzw. 5.2). Betonbodenplatten im drückenden Grundwasser müssen zugänglich bleiben, um erforderlichenfalls unerwartet entstehende Risse und Durchfeuchtungen einfach lokalisieren und instandsetzen zu können (Zeilen 6.1 bis 6.10).

Die Verwendung von Frischbetonverbundsystem (FBVS) als sogenanntes „Zusatzsystem“ zu einer vollständigen Weiße-Wanne-Konstruktion mit Erfüllung der Anforderungen der WU-Richtlinie des DAfStb in allen Punkten wird von Herstellern zur Verringerung des Risikos von Wasserdurchtritt durch Trennrisse angeboten (Zeilen 6.8 bis 6.10). Erläuterungen dazu sind im Abschnitt 7.5.3 dargestellt.

12.3 Risiko-Kennzahlen für Zwischenparkdecks und Dachparkdecks

Vergleichbar mit den Risiko-Kennzahlen für Bodenplatten können in gleicher Weise auch Risiko-Kennzahlen für Risikomerkmale von Zwischenparkdecks und Dachparkdecks aufgestellt werden. Die Aussagen hinsichtlich Konstruktion, Geometrie, Betoneigenschaften, Herstellbedingungen, Witterungseinflüssen sowie Schutzmaßnahmen gelten analog wie bei Bodenplatten im Abschnitt 12.2.

In Tafel 12.3 sind die einzelnen Risikomerkmale für Zwischenparkdecks und Dachparkdecks mit einem Vorschlag für zugehörige Risiko-Kennzahlen $RK_{ZD\,i}$ zusammengestellt.

12.4 Risiko-Kennzahlen für Tiefgaragendecken

Sinngemäß wie bei Zwischenparkdecks und Dachparkdecks können auch Risiko-Kennzahlen für Risikomerkmale bei Tiefgaragendecken aufgestellt werden. Die Beschreibung der einzelnen Risikomerkmale mit den zugehörigen Risiko-Kennzahlen $RK_{TG\,i}$ für befahrene und begrünte Tiefgaragendecken enthält Tafel 12.4.

Tafel 12.2: Beschreibung der einzelnen Risikomerkmale für Bodenplatten als Parkdecks mit einer zugehörigen Risiko-Kennzahl $RK_{B\,i}$ (Vorschlag Ebeling | Lohmeyer)

Zeile	Beschreibung einzelner Risiko-Merkmale	Auswahl für Risiko-Kennzahl $RK_{B\,i}$	jeweils zutreffende Risiko-Kennzahl $RK_{B\,i}$
1 Gesamtkonstruktion			
1.1	Bodenplatte in gleicher Dicke mit ebener Unterseite ohne Höhenversprünge nach unten sowie Gleitschicht mit Reibungsbeiwert $\mu_d \leq 1{,}25$ nach Tafel 3.10	$RK_{B\,1.1} = 1$	$RK_{B\,1.1\text{–}1.4}$
1.2	Bodenplatte mit Aufzugschacht im mittleren Bereich, aber ansonsten freier Beweglichkeit	$RK_{B\,1.2} = 1$	
1.3	Bodenplatte mit unterschiedlichen Dicken und Höhenversprung nach oben	$RK_{B\,1.3} = 3$	
1.4	Bodenplatte ohne Bewegungsmöglichkeit, z. B. zwischen Fundamenten, Vouten	$RK_{B\,1.4} = 4$	
2 Konstruktionsbereiche			
2.1	Bodenplatte ohne Arbeitsfugen innerhalb der Bodenplatte	$RK_{B\,2.1} = 1$	$RK_{B\,2.1\text{–}2.2}$
2.2	Bodenplatte mit Arbeitsfugen, Bodenplattenbereich im Anschluss an Betonierfuge	$RK_{B\,2.2} = 3$	
2.3	Geometrie der Bodenplatte ohne einspringende Ecken	$RK_{B\,2.3} = 1$	$RK_{B\,2.3\text{–}2.4}$
2.4	Geometrie der Bodenplatte mit einspringenden Ecken	$RK_{B\,2.4} = 3$	
3 Betoneigenschaften			
3.1	Bodenplatte mit günstigem WU-Beton langsame Festigkeitsentwicklung (ZL $\leq$ 290 l/m³ mit LH-Zement)	$RK_{B\,3.1} = 1$	$RK_{B\,3.1\text{–}3.2}$
3.2	Bodenplatte mit normalem WU-Beton mittlere Festigkeitsentwicklung (ZL > 290 l/m³, kein LH-Zement)	$RK_{B\,3.2} = 3$	
4 Herstellbedingungen			
4.1	Betonieren einer Bodenplatte mit $h \geq 30$ cm	$RK_{B\,4.1} = 1$	$RK_{B\,4.1\text{–}4.2}$
4.2	Betonieren einer Bodenplatte mit $h < 30$ cm	$RK_{B\,4.2} = 2$	
4.3	Betonverarbeitung bei normalen Temperaturen in günstiger Jahreszeit (Frühjahr/Herbst) mit Betontemperatur $T_C < 20$ °C	$RK_{B\,4.3} = 1$	$RK_{B\,4.3\text{–}4.4}$
4.4	Betonverarbeitung bei ungünstigen Temperaturen (Sommer) mit Betontemperatur $T_C \geq 20$ °C	$RK_{B\,4.4} = 3$	
5 Schutz des jungen Betons			
5.1	verlängerte Nachbehandlungszeit des Betons (doppelte Zeit, wie nach Tafel 4.15) gemäß DIN EN 13670, Tabelle F.3	$RK_{B\,5.1} = 1$	$RK_{B\,5.1\text{–}5.2}$
5.2	normale Nachbehandlungszeit des Betons (Tafel 4.15) gemäß DIN 1045-3, Tabelle 6.NA	$RK_{B\,5.2} = 3$	

Fortsetzung Tafel 12.2: Beschreibung der einzelnen Risikomerkmale für Bodenplatten als Parkdecks mit einer zugehörigen Risiko-Kennzahl $RK_{B\,i}$ (Vorschlag Ebeling | Lohmeyer)

Zeile	Beschreibung einzelner Risiko-Merkmale	Auswahl für Risiko-Kennzahl $RK_{B\,i}$	jeweils zutreffende Risiko-Kennzahl $RK_{B\,i}$
6 Oberflächenbeschaffenheit			
6.1	nicht tragende Bodenplatte in Beanspruchungsklasse BK2 (nur Bodenfeuchte) mit Betonpflaster oder unbewehrten Betonplatten mit geeignetem Fugenraster in der Ausführungsart „Oberflächen ohne Schutz“ (RV-0)	$RK_{B\,6.1} = 1$	$RK_{B\,6.1\text{–}6.10}$
6.2	tragende Bodenplatte in Beanspruchungsklasse BK2 (nur Bodenfeuchte) in der Ausführungsart „Abdichtungen“ (RA-1, RA-2)	$RK_{B\,6.2} = 1$	
6.3	tragende Bodenplatte in Beanspruchungsklasse BK2 (nur Bodenfeuchte) in der Ausführungsart „Oberfläche ohne Beschichtung“ (RA-0)	$RK_{B\,6.3} = 1$	
6.4	Bodenplatte in Beanspruchungsklasse BK1 (drückendes Wasser) in der Ausführungsart „Beschichtungen“ (RB-1)	$RK_{B\,6.4} = 1$	
6.5	Bodenplatte in Beanspruchungsklasse BK1-zdW (zeitweise drückendes Wasser) in Wasserwechselzonen mit Wasserdruckhöhen $\leq$ 2 m in der Ausführungsart „Beschichtungen“ (RB-2) [1)]	$RK_{B\,6.5} = 2$	
6.6	Bodenplatte in Beanspruchungsklasse BK1-zdW (zeitweise drückendes Wasser) mit Wasserdruckhöhen über 2 m in der Ausführungsart „Beschichtungen“ (RB-2)	$RK_{B\,6.6} = 4$	
6.7	Bodenplatte in Beanspruchungsklasse BK1 in der Ausführungsart „Abdichtungen“ (RA-1, RA-2) [2)]	$RK_{B\,6,7} = 4$	
6.8	Bodenplatte in Beanspruchungsklasse BK1 in der Ausführungsart „Oberfläche ohne Schutz“ in Kombination mit einem unterseitig angeordneten Frischbetonverbundsystem als Zusatzmaßnahme (RA-0 + FBVS)	$RK_{B\,6,8} = 1$	
6.9	Bodenplatte in Beanspruchungsklasse BK1 in der Ausführungsart „Beschichtungen“ in Kombination mit einem unterseitig angeordneten Frischbetonverbundsystem als Zusatzmaßnahme (RB-2 + FBVS) [3)]	$RK_{B\,6,9} = 2$	
6.10	Bodenplatte in Beanspruchungsklasse BK1 in der Ausführungsart „Abdichtungen“ in Kombination mit einem unterseitig angeordneten Frischbetonverbundsystem als Zusatzmaßnahme (RA-1 + FBVS oder RA-2 + FBVS) [3)]	$RK_{B\,6,10} = 2$	

[1)] Nach vorliegenden Erfahrungen [R9] soll auch ein rissüberbrückendes Oberflächenschutzsystem OS 11 bei der Wasserbeanspruchungen der Beanspruchungsklasse BK1-zdW bis maximal 2 m Wasserdruck anwendbar sein. Etwaig entstehende Blasenbildungen an Trennrissen sind durch begleitende Rissbehandlung zu schließen mit anschließender Instandsetzung der Beschichtung (Abschnitte 2.4.1.2; 7.5.2.2).

[2)] Entwurfsgrundsatz RA-2 mit vollflächiger Abdichtung (z. B. nach DIN 18532-5 [N34]) für Bodenplatten im Grundwasser nicht geeignet (Abschnitte 2.4.1.1; 5.11.3; 7.5.2.2).

[3)] Nach Auffassung der Autoren sind die Bauweisen RB + FBVS sowie RA-1 + FBVS bzw. RA-2 + FBVS nur dann regelkonform, wenn die nachträgliche luftseitige Zugänglichkeit der WU-Bauteile vollständig erhalten bleibt und zusätzlich ein planmäßiges Schließen aller festgestellten Trennrisse erfolgt (Abschnitte 7.5.3 und Tafel 7.2).

12.5 Risikobewertung für das Rissrisiko zur Sicherstellung der Gebrauchstauglichkeit

In den Tafeln 12.2 bis 12.4 sind die einzelnen Rissmerkmale mit zugehörigen Risiko-Kennzahlen für Bodenplatten, Zwischendecks bzw. Dachparkdecks sowie Tiefgaragendecken zusammengestellt.

Zur vereinfachten Einschätzung des Rissrisikos und der Folgen für die Sicherstellung der Gebrauchstauglichkeit sind bei den jeweiligen Parkdecks stets alle Risiko-Kennzahlen der Zeilen 1.1 bis 6.2 bzw. 6.4 entsprechend der vorgesehenen Planung zu wählen.

Tafel 12.3: Beschreibung der einzelnen Risikomerkmale für Zwischendecks und Dachparkdecks mit einer zugehörigen Risiko-Kennzahl $RK_{ZD\,i}$ (Vorschlag Ebeling | Lohmeyer)

Zeile	Beschreibung einzelner Risikomerkmale	Auswahl für Risiko-Kennzahl $RK_{ZD\,i}$	jeweils zutreffende Risiko-Kennzahl $RK_{ZD\,i}$
1 Gesamtkonstruktion			
1.1	Deckenplatte in gleicher Dicke mit freier horizontaler Bewegungsmöglichkeit	$RK_{ZD\,1.1} = 1$	$RK_{ZD\,1.1–1.3}$
1.2	Deckenplatte mit Aufzugschacht im mittleren Bereich, aber ansonsten freier Beweglichkeit	$RK_{ZD\,1.2} = 1$	
1.3	Deckenplatte ohne freie horizontale Bewegungsmöglichkeit z. B. durch Unterzüge oder andere Einspannungen	$RK_{ZD\,1.3} = 4$	
2 Konstruktionsbereiche			
2.1	Deckenplatte ohne Arbeitsfugen	$RK_{ZD\,2.1} = 1$	$RK_{ZD\,2.1–2.2}$
2.2	Deckenplatte mit Arbeitsfugen, Deckenbereich im Anschluss an Betonierfuge	$RK_{ZD\,2.2} = 3$	
2.3	Geometrie der Deckenplatte ohne einspringende Ecken	$RK_{ZD\,2.3} = 1$	$RK_{ZD\,2.3–2.4}$
2.4	Geometrie der Deckenplatte mit einspringenden Ecken	$RK_{ZD\,2.4} = 3$	
3 Betoneigenschaften			
3.1	Decken (Ortbeton, ergänzender Ortbeton für Elementdecken) mit günstigem WU-Beton (ZL ≤ 290 l/m³ mit LH-Zement)	$RK_{ZD\,3.1} = 1$	$RK_{ZD\,3.1–3.3}$
3.2	Deckenplatte (Ortbeton, ergänzender Ortbeton für Elementdecken) mit normalem WU-Beton (ZL > 290 l/m³, kein LH-Zement)	$RK_{ZD\,3.2} = 3$	
3.3	Fertigteildecke ohne Rissbildungen bei Herstellung und Montage	$RK_{ZD\,3.3} = 1$	

Fortsetzung Tafel 12.3: Beschreibung der einzelnen Risikomerkmale für Zwischendecks und Dachparkdecks mit einer zugehörigen Risiko-Kennzahl $RK_{ZD\,i}$ (Vorschlag Ebeling | Lohmeyer)

Zeile	Beschreibung einzelner Risikomerkmale	Auswahl für Risiko-Kennzahl $RK_{ZD\,i}$	jeweils zutreffende Risiko-Kennzahl $RK_{ZD\,i}$
4 Herstellbedingungen			
4.1	Betonieren einer Deckenplattendicke mit Ortbeton-„Anteil" $h \geq 20$ cm	$RK_{ZD\,4.1} = 1$	$RK_{ZD\,4.1–4.3}$
4.2	Betonieren einer Deckenplattendicke mit Ortbeton-„Anteil" $h < 20$ cm	$RK_{ZD\,4.2} = 2$	
4.3	Einsatz einer Fertigteildecke	$RK_{ZD\,4.3} = 1$	
4.4	Betonverarbeitung bei normalen Temperaturen in günstiger Jahreszeit (Frühjahr/Herbst) mit Betontemperatur $T_C < 20$ °C	$RK_{ZD\,4.4} = 1$	$RK_{ZD\,4.4–4.6}$
4.5	Betonverarbeitung bei ungünstigen Temperaturen (Sommer) mit Betontemperatur $T_C \geq 20$ °C	$RK_{ZD\,4.5} = 3$	
4.6	witterungsunabhängige Herstellung einer Fertigteildecke im Fertigteilwerk	$RK_{ZD\,4.6} = 1$	
5 Schutz des jungen Betons			
5.1	verlängerte Nachbehandlungszeit für Ortbeton gemäß DIN EN 13670, Tabelle F.3 auf der Baustelle	$RK_{ZD\,5.1} = 1$	$RK_{ZD\,5.1–5.3}$
5.2	normale Nachbehandlungszeit für Ortbeton gemäß DIN 1045-3, Tabelle 6.NA auf der Baustelle	$RK_{ZD\,5.2} = 3$	
5.3	Fertigteildecke mit witterungsunabhängiger Erhärtung im Herstellerwerk	$RK_{ZD\,5.3} = 1$	
6 Oberflächenbeschaffenheit			
6.1	Decken (Ortbeton, ergänzender Ortbeton für Elementdecken) in der Ausführungsart „Beschichtungen" (RB-2) mit rissüberbrückender Beschichtung in der Nutzungsintensität NI-1 oder NI-2 nach Tafel 2.17	$RK_{ZD\,6.1} = 2$	$RK_{ZD\,6.1–6.4}$
6.2	Decken (Ortbeton, ergänzender Ortbeton für Elementdecken) in der Ausführungsart „Abdichtungen" (RA-1, RA-2) mit vollflächiger Abdichtung	$RK_{ZD\,6.2} = 1$	
6.3	Fertigteildecke in der Ausführungsart „Oberfläche ohne Schutz" (RA-0) mit besonderer begleitender Rissbehandlung der Stöße zwischen Fertigteilen nach DBV-Merkblatt [R9], z. B. mit fugenüberbrückenden Bandagen oder mit Fugenabdichtungssystemen an den Sollrissfugen	$RK_{ZD\,6.3} = 2$	
6.4	Fertigteildecke geschützt in der Ausführungsart „Abdichtungen" (RA-1, RA-2)	$RK_{ZD\,6.4} = 1$	

Tafel 12.4: Beschreibung der einzelnen Risikomerkmale für Tiefgaragendecken mit einer zugehörigen Risiko-Kennzahl $RK_{TG\,i}$ (Vorschlag Ebeling | Lohmeyer)

Zeile	Beschreibung einzelner Risikomerkmale	Auswahl für Risiko-Kennzahl $RK_{TG\,i}$	jeweils zutreffende Risiko-Kennzahl $RK_{TG\,i}$
1 Gesamtkonstruktion			
1.1	Deckenplatte in gleicher Dicke mit freier horizontaler Bewegungsmöglichkeit	$RK_{TG\,1.1} = 1$	$RK_{TG\,1.1–1.3}$
1.2	Deckenplatte mit Aufzugschacht im mittleren Bereich, aber ansonsten freier Beweglichkeit	$RK_{TG\,1.2} = 1$	
1.3	Deckenplatte ohne freie horizontale Bewegungsmöglichkeit z. B. durch Unterzüge oder andere Einspannungen	$RK_{TG\,1.3} = 4$	
2 Konstruktionsbereiche			
2.1	Deckenplatte ohne Arbeitsfugen	$RK_{TG\,2.1} = 1$	$RK_{TG\,2.1–2.2}$
2.2	Deckenplatte mit Arbeitsfugen, Deckenbereich im Anschluss an Betonierfuge	$RK_{TG\,2.2} = 3$	
2.3	Geometrie der Deckenplatte ohne einspringenden Ecken	$RK_{TG\,2.3} = 1$	$RK_{TG\,2.3–2.4}$
2.4	Geometrie der Deckenplatte mit einspringenden Ecken	$RK_{TG\,2.4} = 3$	
3 Betoneigenschaften			
3.1	Decken (Ortbeton, ergänzender Ortbeton für Elementdecken) mit günstigem WU-Beton (ZL ≤ 290 l/m³ mit LH-Zement)	$RK_{TG\,3.1} = 1$	$RK_{TG\,3.1–3.3}$
3.2	Deckenplatte (Ortbeton, ergänzender Ortbeton für Elementdecken) mit normalem WU-Beton (ZL > 290 l/m³, kein LH-Zement)	$RK_{TG\,3.2} = 3$	
3.3	Fertigteildecke ohne Rissbildungen bei Herstellung und Montage	$RK_{TG\,3.3} = 1$	
4 Herstellbedingungen			
4.1	Betonieren einer Deckenplattendicke mit Ortbeton-„Anteil" h ≥ 20 cm	$RK_{TG\,4.1} = 1$	$RK_{TG\,4.1–4.2}$
4.2	Betonieren einer Deckenplattendicke mit Ortbeton-„Anteil" h < 20 cm	$RK_{TG\,4.2} = 2$	
4.3	Betonverarbeitung bei normalen Temperaturen in günstiger Jahreszeit (Frühjahr/Herbst) mit Betontemperatur $T_C < 20$ °C	$RK_{TG\,4.3} = 1$	$RK_{TG\,4.3–4.4}$
4.4	Betonverarbeitung bei ungünstigen Temperaturen (Sommer) mit Betontemperatur $T_C \geq 20$ °C	$RK_{TG\,4.4} = 3$	

Fortsetzung Tafel 12.4: Beschreibung der einzelnen Risikomerkmale für Tiefgaragendecken mit einer zugehörigen Risiko-Kennzahl $RK_{TG\,i}$ (Vorschlag Ebeling | Lohmeyer)

Zeile	Beschreibung einzelner Risikomerkmale	Auswahl für Risiko-Kennzahl $RK_{TG\,i}$	jeweils zutreffende Risiko-Kennzahl $RK_{TG\,i}$
5 Schutz des jungen Betons			
5.1	verlängerte Nachbehandlungszeit für Ortbeton gemäß DIN EN 13670, Tabelle F.3 auf der Baustelle	$RK_{TG\,5.1} = 1$	$RK_{TG\,5.1–5.2}$
5.2	normale Nachbehandlungszeit für Ortbeton gemäß DIN 1045-3, Tabelle 6.NA auf der Baustelle	$RK_{TG\,5.2} = 3$	
6 Oberflächenbeschaffenheit			
6.1	begrünte Deckenplatte mit Erdüberschüttung ≥ 50 cm als wesentlicher Temperaturpuffer und mit zwangfreier Lagerung in der Ausführungsart „Oberfläche ohne Schutz“ (RV-1) oder in der Ausführungsart „Abdichtungen“ (RA-1, RA-2)	$RK_{TG\,6.1} = 1$	$RK_{TG\,6.1–6.4}$
6.2	begrünte Deckenplatte mit Erdüberschüttung 30 bis 50 cm als mäßiger Temperaturpuffer in der Ausführungsart „Abdichtungen“ (RA-1, RA-2)	$RK_{TG\,6.2} = 1$	
6.3	befahrene Deckenplatte mit mäßigem Temperaturpuffer, z. B. durch Betonsteinpflaster mit geeignetem Aufbau auf Splittbettung mit Sickerschicht in der Ausführungsart „Abdichtungen“ (RA-1, RA-2)	$RK_{TG\,6.3} = 1$	
6.4	Deckenplatte mit Erdüberschüttung ≥ 50 cm mit später Zwangbeanspruchung ohne freie horizontale Bewegungsmöglichkeit in ungeeigneter Anlehnung der Ausführungsart „Oberflächen ohne Schutz“ (RV)	$RK_{TG\,6.4} = 4$	

Tafel 12.5: Einschätzung des Rissrisikos in Abhängigkeit einer gewichteten Risiko-Kennzahl RK_{gew} (Vorschlag Ebeling | Lohmeyer)

Rissrisiko	gewichtete Risiko-Kennzahl RK_{gew}
gering	= 1,15
erhöht	> 1,15 … < 1,60
hoch	≥ 1,60 … < 2,10
sehr hoch	≥ 2,10

Für Bodenplatten, Zwischendecks bzw. Dachparkdecks sowie für Tiefgaragendecken ergeben sich somit nach Abschnitt 12.2 bis Abschnitt 12.4 jeweils acht Einzelwerte für zutreffende Risiko-Kennzahlen $RK_{B\,i}$ bzw. $RK_{ZD\,i}$ oder $RK_{TG\,i}$.

Diese Risiko-Kennzahlen werden über die Angaben nach Tafel 12.1 entsprechend prozentual gewichtet und durch Addition zu einer gewichteten Risiko-Kennzahl $RK_{gew,B}$ bzw. $RK_{gew,ZD}$ bzw. $RK_{gew,TG}$ für das jeweilige Bauteil zusammengefasst. Über die gewichtete Risiko-Kennzahl (Index: $_{gew}$) kann dann mit Tafel 12.5 das Rissrisiko abgeschätzt werden. Die Gleichungen (Gl. 12.1 bis 12.3) verdeutlichen die Ermittlung.

Ermittlung des Rissrisikos von **Bodenplatten** über gewichtete Risiko-Kennzahlen (nach Tafel 12.2):

$$\left.\begin{aligned}
RK_{gew,B} = \; & (RK_{B\,1.1-1.4} \cdot G_1) && \text{(Gesamtkonstruktion)} \\
& + [(RK_{B\,2.1-2.2} + RK_{B\,2.3-2.4}) \cdot G_2] && \text{[Konstruktionsbereiche]} \\
& + (RK_{B\,3.1-3.2} \cdot G_3) && \text{(Betoneigenschaften)} \\
& + [(RK_{B\,4.1-4.2} + RK_{B\,4.3-4.4}) \cdot G_4] && \text{[Herstellbedingungen]} \\
& + (RK_{B\,5.1-5.2} \cdot G_5) && \text{(Schutz des jungen Betons)} \\
& + (RK_{B\,6.1-6.10} \cdot G_6) && \text{(Oberflächenbeschaffenheit)}
\end{aligned}\right\} \quad \text{(Gl. 12.1)}$$

Ermittlung des Rissrisikos von **Zwischenparkdecks bzw. Dachparkdecks** über gewichtete Risiko-Kennzahlen (nach Tafel 12.3):

$$\left.\begin{aligned}
RK_{gew,ZD} = \; & (RK_{ZD\,1.1-1.3} \cdot G_1) && \text{(Gesamtkonstruktion)} \\
& + [(RK_{ZD\,2.1-2.2} + RK_{ZD\,2.3-2.4}) \cdot G_2] && \text{[Konstruktionsbereiche]} \\
& + (RK_{ZD\,3.1-3.3} \cdot G_3) && \text{(Betoneigenschaften)} \\
& + [(RK_{ZD\,4.1-4.3} + RK_{ZD\,4.4-4.6}) \cdot G_4] && \text{[Herstellbedingungen]} \\
& + (RK_{ZD\,5.1-5.3} \cdot G_5) && \text{(Schutz des jungen Betons)} \\
& + (RK_{ZD\,6.1-6.4} \cdot G_6) && \text{(Oberflächenbeschaffenheit)}
\end{aligned}\right\} \quad \text{(Gl. 12.2)}$$

Ermittlung des Rissrisikos von **Tiefgaragendecken** über gewichtete Risiko-Kennzahlen (nach Tafel 12.4):

$$\left.\begin{aligned}
RK_{gew,TG} = \; & (RK_{TG\,1.1-1.3} \cdot G_1) && \text{(Gesamtkonstruktion)} \\
& + [(RK_{TG\,2.1-2.2} + RK_{TG\,2.3-2.4}) \cdot G_2] && \text{[Konstruktionsbereiche]} \\
& + (RK_{TG\,3.1-3.3} \cdot G_3) && \text{(Betoneigenschaften)} \\
& + [(RK_{TG\,4.1-4.2} + RK_{TG\,4.3-4.4}) \cdot G_4] && \text{[Herstellbedingungen]} \\
& + (RK_{TG\,5.1-5.2} \cdot G_5) && \text{(Schutz des jungen Betons)} \\
& + (RK_{TG\,6.1-6.4} \cdot G_6) && \text{(Oberflächenbeschaffenheit)}
\end{aligned}\right\} \quad \text{(Gl. 12.3)}$$

Die nachfolgenden Beispiele verdeutlichen die Vorgehensweise zur Ermittlung einer gewichteten Risiko-Kennzahl mit zugehöriger Risikoeinschätzung für das Entstehen von Rissen und deren Folgen für die Gebrauchstauglichkeit des jeweiligen Parkdecks.

Beispiel 12.1: *Ermittlung des Rissrisikos einer Bodenplatte als Parkdeck in der Beanspruchungsklasse BK1*

1.1 für Bodenplatte in gleicher Dicke mit ebener Unterseite ohne Höhenversprünge nach unten sowie Gleitschicht mit Reibungsbeiwert $\mu_d \leq 1{,}25$ nach Gleichung (Gl. 3.8) in Tafel 3.10:
$RK_{B\,1.1-1.4} = 1$
2.1 für Bodenplatte ohne Arbeitsfugen innerhalb der Bodenplatte:
$RK_{B\,2.1-2.2} = 1$
2.3 für Geometrie der Bodenplatte ohne einspringenden Ecken:
$RK_{B\,2.3-2.4} = 1$
3.2 für Bodenplatte mit normalem WU-Beton (ZL > 290 l/m^3 kein LH-Zement)
$RK_{B\,3.1-3.3} = 3$
4.1 für Betonieren einer Bodenplattendicke mit $h \geq 30$ cm:
$RK_{B\,4.1-4.2} = 1$
4.3 für Betonverarbeitung bei normalen Temperaturen in günstiger Jahreszeit (Frühjahr/Herbst) mit Betontemperatur $T_C < 20$ °C:
$RK_{B\,4.3-4.4} = 1$
5.1 für verlängerte Nachbehandlungszeit des Betons gemäß DIN EN 13670, Tabelle F.3
$RK_{B\,5.1-5.2} = 1$
6.4 für Bodenplatte in der Ausführungsart „Beschichtungen“ (RB-1), die während der Nutzung zugänglich bleibt
$RK_{B\,6.1-6.10} = 1$

Aus den einzelnen Risiko-Kennzahlen $RK_{B,i}$ wird unter Berücksichtigung der Gewichtung nach Tafel 12.1 die gewichtete Risiko-Kennzahl $RK_{gew,B}$ ermittelt:

$$RK_{gew,B} = (RK_{B\,1.1-1.4} \cdot G_1) + [(RK_{B\,2.1-2.2} + RK_{B\,2.3-2.4}) \cdot G_2] + (RK_{B\,3.1-3.3} \cdot G_3) + [(RK_{B\,4.1-4.2} + RK_{B\,4.3-4.4}) \cdot G_4] + (RK_{B\,5.1-5.2} \cdot G_5) + (RK_{B\,6.1-6.10} \cdot G_6)$$

$$RK_{gew,B} = (1 \cdot 0{,}45) + [(1 + 1) \cdot 0{,}05] + (3 \cdot 0{,}10) + (1 + 1) \cdot 0{,}10] + (1 \cdot 0{,}10) + (1 \cdot 0{,}20)$$

$$RK_{gew,B} = 1{,}35$$

Das Rissrisiko ist bei einer gewichteten Risiko-Kennzahl von $RK_{gew,B} = 1{,}35$ nach Tafel 12.5 als „erhöhtes Risiko“ einzuschätzen. Zur Sicherstellung der Gebrauchstauglichkeit ist im Leistungsverzeichnis eine Position für zu erwartende Risse zu berücksichtigen. Der Umfang für Maßnahmen zum Schließen entstandener Risse ist als „erhöht“ einzustufen.

Die Berechnung des Rissrisikos für dieses Beispiel mit günstigem, schwindarmem WU-Beton anstelle des normalen WU-Betons wird im Bild 12.1 veranschaulicht.

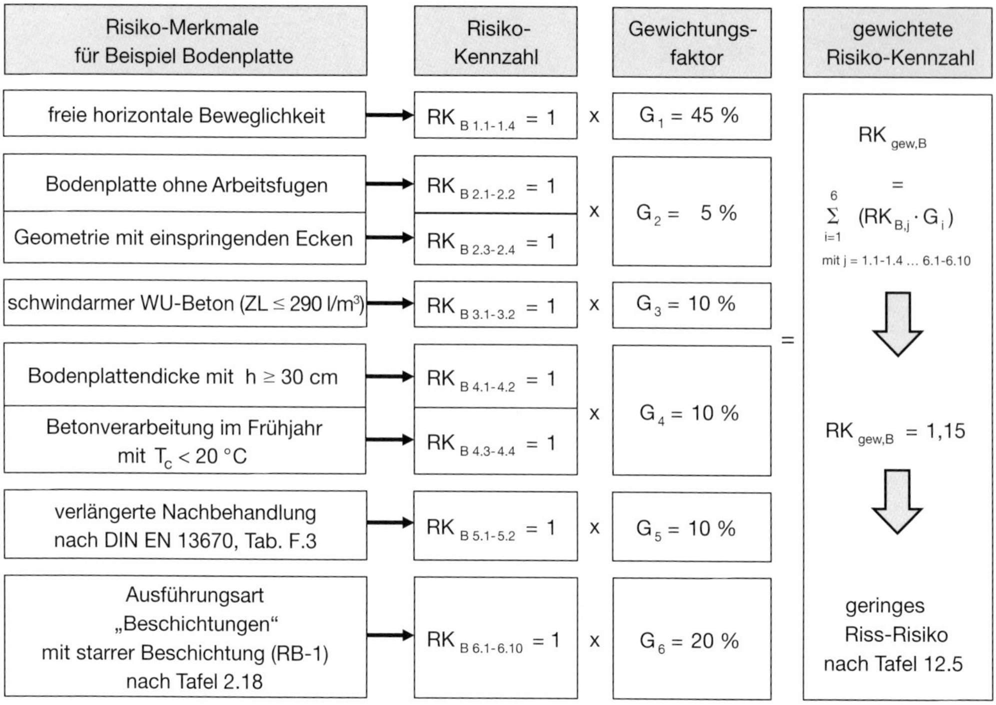

Grafik: K. Ebeling

Bild 12.1: Schematische Darstellung für das Beispiel 12.1

Beispiel 12.2: *Ermittlung des Rissrisikos eines Zwischenparkdecks*

1.3 für Deckenplatte ohne freie horizontale Bewegungsmöglichkeit, z. B. durch Unterzüge oder andere Einspannungen
$RK_{ZD\,1.1-1.3} = 4$

2.1 für Deckenplatte ohne Arbeitsfugen
$RK_{ZD\,2.1-2.2} = 1$

2.4 für Geometrie der Deckenplatte mit einspringenden Ecken
$RK_{ZD\,2.3-2.4} = 3$

3.1 für Decken (Ortbeton) mit günstigem WU-Beton (ZL $\leq$ 290 l/m^3 mit LH-Zement)
$RK_{ZD\,3.1-3.3} = 1$

4.1 für Betonieren einer Deckenplattendicke mit Ortbeton-„Anteil" h $\geq$ 20 cm
$RK_{ZD\,4.1-4.3} = 1$

4.5 für Betonverarbeitung bei ungünstigen Temperaturen (Sommer) mit Betontemperatur $T_C \geq 20$ °C
$RK_{ZD\,4.4-4.6} = 3$

5.2 für normale Nachbehandlungszeit für Ortbeton gemäß DIN 1045-3, Tabelle 6.NA auf der Baustelle
$RK_{ZD\,5.1-5.3} = 3$

6.2 für Deckenplatte in der Ausführungsart „Abdichtungen" (RA-1, RA-2) mit vollflächiger Abdichtung
$RK_{ZD\,6.1-6.4} = 1$

Aus den einzelnen Risiko-Kennzahlen $RK_{ZD,i}$ wird unter Berücksichtigung der Gewichtung nach Tafel 12.1 die gewichtete Risiko-Kennzahl $RK_{gew,ZD}$ ermittelt:

$$RK_{gew,ZD} = (RK_{ZD\,1.1-1.3} \cdot G_1) + [\,(RK_{ZD\,2.1-2.2} + RK_{ZD\,2.3-2.4}) \cdot G_2] + (RK_{ZD\,3.1-3.3} \cdot G_3) + [(RK_{ZD\,4.1-4.3} + RK_{ZD\,4.4-4.6}) \cdot G_4] + (RK_{ZD\,5.1-5.3} \cdot G_5) + (RK_{ZD\,6.1-6.4} \cdot G_6)$$

$$RK_{gew,ZD} = (4 \cdot 0{,}45) + [(1 + 3) \cdot 0{,}05] + (1 \cdot 0{,}10) + [(1 + 3) \cdot 0{,}10] + (3 \cdot 0{,}10) + (1 \cdot 0{,}20)$$

$$RK_{gew,ZD} = 3{,}0$$

Das Rissrisiko ist mit einer gewichteten Risiko-Kennzahl von $RK_{gew,ZD} = 3{,}0$ nach Tafel 12.5 ist nur für diese Betrachtung als „sehr hohes Risiko" einzuschätzen.

Die Gebrauchstauglichkeit ist jedoch aufgrund der vollflächigen unterlaufsicheren Abdichtung gegeben. Unter Berücksichtigung der Tafel 2.8 für zu überbrückende Rissbreitenänderungen von Abdichtungen ist im Leistungsverzeichnis eine Position zu berücksichtigen für unerwartet breitere Risse, die zu schließen sind. Der Umfang für Maßnahmen zum Schließen von relevanten Rissen ist somit trotz des rechnerischen Ergebnisses aus der Risikobetrachtung als „gering" einzustufen.

tentragung für die Instandhaltung der Bauteile in der Bauphase, in der Gewährleistungsphase sowie in der Nutzungsphase.

Instandhaltungsplan:

Projektbezogene geplante und vereinbarte Maßnahmen zur Bewahrung des Soll-Zustands des Bauwerks während der gesamten Nutzungsdauer. Die Instandhaltung durch Inspektion, Wartung und Instandsetzung schließt ein: Reinigung und Pflege, Konservierung, Reparatur von Verschleißteilen bzw. deren Erneuerung und erforderlichenfalls eine Verbesserung.

Inspektion:

Maßnahmen zur Feststellung und Beurteilung des Ist-Zustandes des Bauwerks einschließlich Bestimmung der Ursachen für die Abnutzung und der Folgerungen für die künftige Nutzung.

Instandsetzung:

Maßnahmen zur Wiederherstellung des Soll-Zustands des Bauwerks. Hierzu gehören insbesondere die Reparatur oder Erneuerung des Belags, der Fugen und der Entwässerung.

Verbesserung:

Maßnahmen zur Erhöhung der Funktionssicherheit ohne Änderung der Funktion für Bauwerk, Bau- und Anlagenteile, beispielsweise eine Steigerung der Zuverlässigkeit und eine Verbesserung der Nutzungsfreundlichkeit.

Zustand:

Der Zustand umfasst die Gesamtheit der Merkmale, die das Maß der Eignung der Betrachtungseinheit für den vorgesehenen Verwendungszweck ausdrücken.

Ist-Zustand:

Der in einem gegebenen Zeitpunkt festgestellte Zustand eines Bauwerks oder einzelner Teile.

Soll-Zustand:

Der für den jeweiligen Fall festgelegte (geforderte) Zustand eines Bauwerks oder einzelner Teile.

Abweichung (Soll-Zustandsabweichung):

Nichtübereinstimmung zwischen dem Ist-Zustand und dem Soll-Zustand einer Betrachtungseinheit zu einem gegebenen Zeitpunkt.

Abnutzung:

Abbau des Abnutzungsvorrats infolge physikalischer und/oder chemischer Einwirkungen, z. B. Verschleiß, Alterung, Korrosion oder auch plötzlich auftretende Ist-Zustandsänderungen wie beispielsweise der Bruch eines Bauteils.

Abnutzungsvorrat:

Vorrat der möglichen Funktionserfüllungen unter festgelegten Bedingungen, die einer Betrachtungseinheit aufgrund der Herstellung oder aufgrund der Wiederherstellung durch Instandsetzung innewohnt.

Mangel:

Zustand einer Betrachtungseinheit vor der ersten Funktionserfüllung, bei dem mindestens ein Merkmal fehlt, wodurch der Soll-Zustand nicht erreicht wurde. Unter der ersten Funktionserfüllung ist auch die Funktionserfüllung zu verstehen, die nach einer Instandsetzung erfolgt.

Schaden:

Zustand einer Betrachtungseinheit nach Unterschreiten eines bestimmten (festzulegenden) Grenzwerts des Abnutzungsvorrats, der eine im Hinblick auf die Verwendung unzulässige Beeinträchtigung der Funktionsfähigkeit bedingt.

Ursachen:

Objektive Sachverhalte, die eine Abweichung bewirken.

Aus den vorstehenden Angaben ergeben sich entsprechende Aufgaben- und Verantwortungsbereiche.

13.2 Allgemeines

Im Allgemeinen kann man davon ausgehen, dass ein Bauwerk eine Nutzungsdauer von mindestens 50 Jahren hat [N2]. Diese Nutzungsdauer und länger wird im Besonderen auch von überbauten Tiefgaragen erwartet. Zu berücksichtigen ist dabei, dass beispielsweise direkt befahrene Beläge und Einbauteile für Fugen und Entwässerungen nur einen Bruchteil der vorgenannten Nutzungsdauer bringen können (Abschnitt 5.2.3). Bei auftretenden Abnutzungserscheinungen wird daher auch zu unterscheiden sein, ob diese zu Lasten des Betreibers gehen, weil diese Abnutzungserscheinungen durch unzulängliche oder unterlassene Instandhaltung entstanden oder ob sie auf Planung oder Ausführung zurückzuführen sind. Die Pflichten zur Wartung und Instandhaltung sind daher schriftlich festzulegen.

Für eine einwandfreie Nutzung wird vorausgesetzt, dass die Standsicherheit aufrechterhalten wird, für Parkbauten ebenso die Verkehrssicherheit und der funktionsfähige

Zustand, also die Gebrauchstauglichkeit. Damit dies gegeben ist, müssen zunächst sowohl die Planung als auch die Ausführung der Parkbauten den Regelwerken entsprechen. Außerdem müssen innerhalb der gesamten Nutzungszeit in geeigneten Zeitintervallen Instandhaltungsmaßnahmen durchgeführt werden. Die Instandhaltung setzt zunächst eine Inspektion voraus.

Für Parkbauten gelten folgende Grundsätze:
- Parkdecks sind in regelmäßigen, festgelegten Zeitabständen zu inspizieren und zu warten.
- Vor einer Inspektion ist eine Nassreinigung der Parkdecks sinnvoll, gegebenenfalls erforderlich.
- Nach jedem Winter mit Tausalzeinsatz sind eingeschlepptes Tausalz und hartes Streugut (Splitt) zu entfernen.
- Für Parkbauten ist vom Projektplaner ein Instandhaltungsplan zu erstellen.

Parkbauten sind stark beanspruchte Bauwerke, die einer umfangreicheren Wartung bedürfen als übliche Hochbauten. Hingegen ist es gebräuchlich, die eigene Wohnung häufiger zu renovieren als die Parkgarage, die zu dieser Wohnbebauung gehört. Dies ist im Hinblick auf die Möglichkeit entstehender Baumängel ein Widerspruch. Bei Parkbauten kommt es jedoch nicht auf Schönheitsrenovierungen an, sondern auf Maßnahmen, die dem Substanzerhalt dienen.

Neuere Regelwerke für Betonbauten enthalten Angaben zu den Bereichen der Wartung und Instandhaltung, wodurch diesen Bereichen größere Bedeutung beigemessen wird als dies früher der Fall war. Beispielsweise fordern DIN EN 206-1 und DIN 1045-2 [N4] die Wartung und Instandhaltung eines Gebäudes als Voraussetzung dafür, dass bei Einhaltung aller bautechnischen Anforderungen ein Bauwerk mindestens 50 Jahre nutzbar bleiben kann.

Vom Betreiber sind besondere Gesichtspunkte zu beachten:
- Je weniger Aufwand für die Erstellung eines Parkbaues eingesetzt wird und je niedriger die Investitionskosten sind, umso wichtiger werden Wartung und Instandhaltung des Parkbaues.
- Weniger risikoreiche und gering dauerhafte Ausführungen bedürfen einer intensiveren Wartung und Instandhaltung als risikoärmere und dauerhaftere Ausführungen.

Instandhaltungsmaßnahmen dürfen nicht dem Zufall überlassen bleiben, sie sind gezielt und frühzeitig genug durchzuführen. Dies dient dem Erfüllen der Verkehrssicherungspflicht gegenüber Mietern, Besuchern, Passanten. Der Gebäudeunterhaltungspflichtige haftet für Schäden, wenn die Gesundheit eines Menschen verletzt oder eine Sache beschädigt wird (§ 836 BGB). Damit werden jedoch keine konkreten Forderungen für bestimmte Instandhaltungsmaßnahmen genannt, diese bleiben technischen Regelwerken vorbehalten.

Eine weitere Begründung für erforderliche *Instandhaltungsmaßnahmen* ergibt sich aus der Anforderung, eine Einschränkung der Gebrauchstauglichkeit während der Nutzungsdauer zu vermeiden, damit der Nutzungsausfall während umfangreicher *Instandsetzungs*maßnahmen nicht zu groß wird. Der Gedanke zur Aufrechterhaltung der Qualität wird auch im DBV-Merkblatt „Bauwerksbuch" [R10] behandelt.

Hinweis:
Wenn jedoch ein Schaden zu spät erkannt wird und Bedenken hinsichtlich der Standsicherheit bestehen, entfällt unter Umständen der Bestandsschutz.

13.3 Anforderungen an Planer

Die Aufgaben des Objektplaners und des Tragwerksplaners wurden bereits in Abschnitt 1.2.2 beschrieben. Aus diesen Aufgaben ergeben sich die Anforderungen an die Planer. Es sind zwei Planungsphasen zu unterscheiden, in denen ein Planer tätig wird:
- die Planungsphase während der Vorbereitung der Baumaßnahmen und
- die Instandsetzungsphase, falls Instandsetzungen erforderlich werden.

Maßnahmen während der Planungsphase

Bei der Planung von Parkbauten werden die Bauwerksqualitäten festgelegt, insbesondere die Betonqualität und die Schutzsysteme für Parkdecks und Rampen. Damit soll sichergestellt werden, dass das Bauwerk gegen die zu erwartenden Beanspruchungen bei der vorgesehenen Nutzung und gegen die Einwirkungen aus den Umgebungsbedingungen dauerhaft widerstandsfähig bleibt. Die Auswirkungen dieser Beanspruchungen und Einflüsse auf das Bauwerk sind vom planerisch festgelegten Entwurfsgrundsatz sowie von der Ausführungsart abhängig (Abschnitt 2.3) und sollen über die gesamte Nutzungsdauer des Bauwerks durch geeignete Fachkundige kontrolliert werden.

Für diese Beobachtungen während der Nutzungszeit ist ein projektbezogener Instandhaltungsplan in der Planungsphase aufzustellen, weil nur in dieser Phase die entsprechenden Festlegungen als Grundlage für die später erforderlichen Maßnahmen getroffen werden. Dieser Instandhaltungsplan muss an die Beanspruchungen der Bauteile und an die Einflüsse auf das Bauwerk angepasst sein, damit Dauerhaftigkeit und Gebrauchstauglichkeit des Bauwerks sichergestellt werden können.

Schon bei der Planung des Parkbaues sind die späteren Wartungs- und Instandhaltungsarbeiten zu bedenken. Parkdecks mit vielen Einbauteilen (z.B. für Fugen und Entwässerung), die einer hohen Nutzungsintensität ausgesetzt sind (Tafel 2.11), erfordern eine intensivere Wartung und häufigere Instandhaltungsarbeiten als Parkdecks mit wenigen Einbauteilen und niedriger Nutzungsintensität. Entsprechend hat eine Einstufung in eine geeignete Wartungsklasse WK1 oder WK2 zu erfolgen (Tafel 2.10). Die Möglichkeit der Parkdecknutzung während der Instandhaltungsarbeiten ist schon bei der Planung des Parkbaues zu berücksichtigen. Dies kann einen Einfluss auf eine ersatzweise Verkehrsführung während der Instandhaltungsarbeiten haben.

Damit effektive Reinigungs -und Wartungsarbeiten durchgeführt werden können, sind ausreichend Wasseranschlüsse und geeignete Stromanschlüsse vorzusehen. In [R9] wird empfohlen, jeweils mindestens einen Wasseranschluss pro Geschoss und ungefähr je 1.000 m^2 Nutzfläche als entleerbare Nassleitung oder mit Rohrbegleitheizung zu planen. Zudem sollten etwaige behördliche Anforderungen für einen Koaleszenzabscheider abgeklärt werden. Für Stromanschlüsse gilt die gleiche Anzahl wie für den Wasseranschluss.

Um Anforderungen an eine ausreichende Beleuchtungen in geschlossenen Parkebenen zu begegnen, wird in [R9] empfohlen, die geforderten Beleuchtungsstärken mit einem ungefähr 25 %-igen Zuschlag für Alterung bzw. Verschmutzungen der Beleuchtung zu wählen.

Maßnahmen bei einer erforderlich werdenden Instandsetzung

Die Planung der Instandsetzung von Parkbauten ist – soweit es die Gebrauchstauglichkeit und die Dauerhaftigkeit betrifft – eine Ingenieuraufgabe. Die Instandsetzung ist so zu planen und auszuführen, dass die verlangten Gebrauchseigenschaften dauerhaft erreicht werden. Dies bedeutet aber auch, dass der Planer dem Bauherr bzw. Betreiber die Notwendigkeit von Instandsetzungsmaßnahmen, die während der Nutzungsdauer auftreten können, zu verdeutlichen hat. Es ist außerdem Aufgabe des Planers, den Bauherrn bzw. Betreiber auf einen Instandhaltungsplan hinzuweisen. Besonders wartungsanfällig sind beispielsweise Fugen und Entwässerungsrinnen in Parkdecks.

Beurteilung und Planung von Instandsetzungsarbeiten liegen im Arbeitsbereich eines Sachkundigen Planers, der die erforderlichen besonderen Kenntnisse auf dem Gebiet von Schutz und Instandsetzung bei Betonbauwerken hat. Die Ausführung von Instandsetzungsmaßnahmen erfordert vom Unternehmen den Einsatz einer qualifizierten Führungskraft und außerdem Baustellenfachpersonal, das mit ausreichenden Kenntnissen und Erfahrungen die ordnungsgemäße Ausführung, Überwachung und Dokumentation solcher Arbeiten sicherstellt.

Maßgebend für die Instandsetzung ist die Instandsetzungs-Richtlinie des DAfStb [R7]. In DIN EN 1504-2 [N11] sind ebenfalls Schutz- bzw. Instandsetzungsprinzipien beschrieben. Daraus können entsprechende Schutz- und Instandsetzungsmethoden abgeleitet und die Leistungsmerkmale an entsprechenden Instandsetzungsmaterialien festgelegt werden. Hinweise auf rechtliche Auswirkungen enthält Abschnitt 13.8. Die Instandsetzungs-Richtlinie dient solange als Grundlage der Planung, Ausschreibung und Ausführung, bis die in Vorbereitung befindliche DAfStb-Instandhaltungs-Richtlinie bauaufsichtlich eingeführt ist.

13.4 Anforderungen an Ausführende

Maßnahmen während der Bauausführung

Die Aufgaben der Ausführenden – ob es der Systemhersteller, der Bauunternehmer oder ein Subunternehmer ist – sind im Abschnitt 1.2.12 beschrieben. Aus diesen Aufgaben ergeben sich die Anforderungen an die Ausführenden.

Maßnahmen während der Gewährleistungsphase

Der Abnahme einer mangelfrei erstellten Bauleistung folgt die Zeit der sogenannten Gewährleistung, innerhalb der etwaige Mängelansprüche vom Auftraggeber (Bauherr, Betreiber) geltend gemacht werden können. Diese Verjährungsfrist für Mängelansprüche beträgt im Allgemeinen nach VOB vier Jahre, nach BGB fünf Jahre. Der Auftragnehmer (Hersteller, Bauunternehmer) hat grundsätzlich die Pflicht der Mängelbeseitigung, sofern die Mängel nicht durch unsachgemäße Nutzung entstanden sind. Er hat aber auch das Recht, entstandene Mängel selbst zu beseitigen, ohne dass der Betreiber eine Beseitigung der Mängel auf Kosten des Ausführenden vornimmt. Hinweise auf rechtliche Auswirkungen enthält Abschnitt 13.8.

13.5 Anforderungen an Bauherrn/Betreiber

Nach Abnahme der Bauleistung und Nutzungsbeginn ist der Bauherr bzw. der Betreiber des Parkhauses für die sachgemäße Nutzung bzw. nutzungsgerechte Beanspruchung verantwortlich. Es ist die Aufgabe des Bauherrn bzw. des Betreibers, die Bauteile so instandzuhalten, dass die Sicherheit stets aufrechterhalten bleibt. Außerdem soll dadurch die Gebrauchstauglichkeit während der Nutzungsdauer erhalten bleiben. Parkflächen sind daher mindestens nach jedem Winter mit Tausalzeinsatz zu reinigen. Einzelheiten sind im Instandhaltungsplan festgelegt. Mögliche Veränderungen des Bauwerkszustands während der Nutzungsdauer zeigt Bild 13.2.

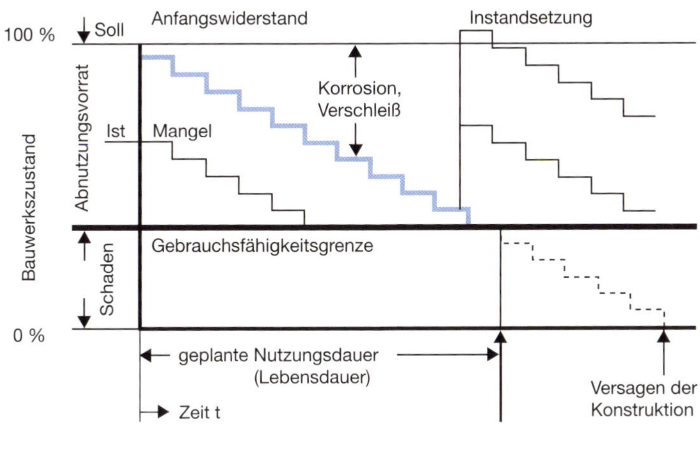

Bild 13.2: Veränderungen des Bauwerkszustands während der Nutzungsdauer [L59]

- *Instandhaltungskonzept mit Inspektionsart und Wartungsumfang:*
  - anlassbezogene Reinigung und Wartung auf Anforderung (Zuständigkeit festlegen)
  - nach Instandhaltungskonzept entsprechend dem jeweiligen Entwurfsgrundsatz gemäß Tafel 2.18 oder Bild 13.3.

- *Überprüfung und Prüfungsaufgaben bei Inspektionen:*
  - mechanischer Verschleiß, Spurrillen, Ablösungen, Abplatzungen, Aufwölbungen
  - Zustand etwaiger Dichtbandagen
  - erkennbare Risse (Dokumentation mit Rissbreiten und -längen)
  - Undichtheiten an Parkdeckunterseiten, Stoßfugen, Fugen, Rinnen
  - sichtbare Korrosion, z. B. auf und unter den Parkflächen, an Stützen und Wänden
  - Zustand des Sockelschutzes und an den Fahrbereich angrenzender Wände hinsichtlich der Dichtigkeit
  - Zustand und Funktion der Fugen (Abdichtung, Schäden, Vergussmassen)
  - Funktion (Sauberkeit, Schäden, Undichtigkeiten, ordnungsgemäße Wasserableitung, intakte Befestigung) der Entwässerungsrinnen und Abläufe sowie Durchdringungen, z. B. Rohrdurchführungen, erforderlichenfalls Reinigung anordnen
  - zusätzlich bei WU-Betonbodenplatten: Wasserundurchlässigkeit der Konstruktion (Risse, Fugen, Anschlüsse, Durchdringungen)
  - Funktionsfähigkeit der Beleuchtungsanlagen (Wartungen erforderlich bei einem Absinken der erforderlichen Werte auf 80 % [R9])
  - Dokumentation mit Lageplan und erforderlichenfalls Aufmaß der Schädigungen
  - Gespräch mit dem Betreiber zur Information mit Übergabe der Dokumentation

- *Maßnahmen zur Instandhaltung:*
  - Auswertung der Inspektionsergebnisse
  - Planung erforderlicher Maßnahmen zur Instandsetzung durch Sachkundigen Planer
  - Konzept einer begleitenden Rissbehandlung zur planmäßigen Abdichtung der Risse
  - Kontrolle der Instandsetzungsarbeiten durch Sachkundigen Planer
  - Dokumentation der Instandsetzungen
  - Aktualisierung des Bauwerksbuches

Festzulegende zeitliche Mindestabstände der Inspektion mit zugehörigen Kontrollaufgaben in Abhängigkeit des vom Planer festgelegten Entwurfskonzeptes zeigt Tafel 13.1. Erfahrungsgemäß ist das Entstehen von Rissen in den ersten fünf Jahren am wahrscheinlichsten. Daher sind für alle Entwurfsgrundsätze in den ersten fünf Jahren jährliche Kontrollen (Inspektionen) durchzuführen. Für die Entwurfsgrundsätze RB sowie RA-0 sind anschließend entsprechend der Wartungsklasse WK1 die jährlichen Kontrollen beizubehalten. Für die Entwurfsgrundsätze RV (Rissvermeidung) sowie Risse mit vollflächiger Abdichtung RA-1 und RA-2 genügen anschließend Kontrollen in Abständen von zwei Jahren [R9] entsprechend der Wartungsklasse WK2 nach Tafel 2.10.

Tafel 13.1: Anforderungen für zeitliche Abstände der Inspektionen (in Anlehnung an [R9])

Ausführ-rgs.-Art	DBV-Variante	Entwurfsgrundsatz		Inspektion mit Art + Umfang der Kontrollen		
Oberflächen ohne Schutz	A1	**RV** Rissvermeidung durch bautechnische Maßnahmen	**RV-0** Betonpflaster, unbewehrte Betonbodenplatte	**WK2 Wartung in den ersten 5 Jahren** 1 x jährlich **anschließend Wartung** alle 2 Jahre	Kontrolle der ungeschützten Betonflächen hinsichtlich Risse und Fehlstellen	Kontrolle der Fugen, Abläufe, Durchdringungen und Entwässerungsrinnen hinsichtlich Zustand, Funktion und Dichtigkeit
Oberflächen ohne Schutz	A1	**RV** Rissvermeidung durch bautechnische Maßnahmen	**RV-1** zwangfreie Lagerung, statisch bestimmte Tragsysteme	**WK2 Wartung in den ersten 5 Jahren** 1 x jährlich **anschließend Wartung** alle 2 Jahre	Kontrolle der ungeschützten Betonflächen hinsichtlich Risse und Fehlstellen	Kontrolle der Fugen, Abläufe, Durchdringungen und Entwässerungsrinnen hinsichtlich Zustand, Funktion und Dichtigkeit
Oberflächen ohne Schutz	A1	**RV** Rissvermeidung durch bautechnische Maßnahmen	**RV-2** Spannbetonbauteile mit Druckzonenoberfläche	**WK2 Wartung in den ersten 5 Jahren** 1 x jährlich **anschließend Wartung** alle 2 Jahre	Kontrolle der ungeschützten Betonflächen hinsichtlich Risse und Fehlstellen	Kontrolle der Fugen, Abläufe, Durchdringungen und Entwässerungsrinnen hinsichtlich Zustand, Funktion und Dichtigkeit
Oberflächen ohne Schutz	A2	**RA** Risse mit Abdichtung	**RA-0** lokale Abdichtung der Einzelrisse, z. B. mit Rissbandagen	**WK1 Wartung** 1 x jährlich	Kontrolle der Rissabdichtung und Bandagen sowie der ungeschützten Betonflächen auf Risse, Fehlstellen, Verschleiß	Kontrolle der Fugen, Abläufe, Durchdringungen und Entwässerungsrinnen hinsichtlich Zustand, Funktion und Dichtigkeit
Beschichtungen	B1	**RB** Rissbreitenbegrenzung mit vollflächigem Beschichtungssystem	**RB-1** ohne starre Beschichtung OS 8 mit begleitender Rissbehandlung	**WK1 Wartung** 1 x jährlich	Kontrolle der Beschichtung hinsichtlich Risse, Fehlstellen und Verschleiß	Kontrolle der Fugen, Abläufe, Durchdringungen und Entwässerungsrinnen hinsichtlich Zustand, Funktion und Dichtigkeit
Beschichtungen	B2	**RB** Rissbreitenbegrenzung mit vollflächigem Beschichtungssystem	**RB-2** rissüberbrückende Beschichtung OS 10 bzw. Flüssigkunststoff FLK nach DIN 18532-6 jeweils mit Schutzschicht oder OS 11	**WK1 Wartung** 1 x jährlich	Kontrolle der Beschichtung hinsichtlich Risse, Fehlstellen und Verschleiß	Kontrolle der Fugen, Abläufe, Durchdringungen und Entwässerungsrinnen hinsichtlich Zustand, Funktion und Dichtigkeit
Abdichtungen	C1	**RA** Risse mit Abdichtung	**RA-1** vollflächige Abdichtung OS 10 oder unterlaufsichere bahnenförmige Abdichtung jeweils mit Dichtungs- und Schutzschicht aus Gussasphalt	**WK2 Wartung in den ersten 5 Jahren** 1 x jährlich **anschließend Wartung** alle 2 Jahre	Kontrolle der Abdichtung und Bandagen hinsichtlich Risse, Fehlstellen und Verschleiß Kontrolle der Deckenunterseite auf Undichtigkeiten sowie der Schutzschicht auf Fehlstellen	Kontrolle der Fugen, Abläufe, Durchdringungen und Entwässerungsrinnen hinsichtlich Zustand, Funktion und Dichtigkeit
Abdichtungen	C2	**RA** Risse mit Abdichtung	**RA-2** vollflächige Abdichtung durch unterlaufsichere zweilagige bahnenförmige Abdichtung mit Schutzschicht	**WK2 Wartung in den ersten 5 Jahren** 1 x jährlich **anschließend Wartung** alle 2 Jahre	Kontrolle der Abdichtung und Bandagen hinsichtlich Risse, Fehlstellen und Verschleiß Kontrolle der Deckenunterseite auf Undichtigkeiten sowie der Schutzschicht auf Fehlstellen	Kontrolle der Fugen, Abläufe, Durchdringungen und Entwässerungsrinnen hinsichtlich Zustand, Funktion und Dichtigkeit

Grafik: K. Ebeling

Bei den Inspektionen sind zu kontrollieren:
- Risse und Fehlstellen der ungeschützten Betonflächen (bei RV, RA-0)
- Risse und Fehlstellen, Verschleiß der Beschichtung (bei RB)
- Risse und Fehlstellen, Verschleiß der Abdichtung (bei RA-1, RA-2)
- Deckenunterseiten auf Undichtigkeiten sowie die Schutzschicht auf Fehlstellen

Zusätzlich sind zu kontrollieren:
- Fugendichtung und Fugenkonstruktionen auf Funktionsfähigkeit
- Entwässerungssysteme auf Funktionsfähigkeit, z. B. Rinnen
- Sockelschutz der Stützen und Wände auf Dichtigkeit
- WU-Bauteile (Bodenplatte und Außenwände) auf Wasserundurchlässigkeit bei Rissen, Fugen, Anschlüssen, Durchdringungen
- Rissbandagen

13.7 Schwerpunkte der Inspektion

Die Inspektion des Parkbaues ist schwerpunktartig auf jene Bereiche zu richten, die besonders anfällig sind und deren Dauerhaftigkeit begrenzter ist als die anderer Bereiche. Damit muss die Inspektion insbesondere die direkt befahrenen Flächen im Blick haben und hierbei wiederum die besonders hochbeanspruchten Parkdecks intensiv genutzter Parkhäuser.

13.7.1 Fahrbeläge

Die Dauerhaftigkeit der Fahrbeläge ist unterschiedlich. Betonoberflächen ohne Beschichtung sind am dauerhaftesten. Die Nutzungsdauer von Beschichtungen beträgt je nach Nutzungsintensität der Parkdecks nur ein Bruchteil der planmäßigen Nutzungsdauer von Parkbauten [L16], beispielsweise nur 1/10 bis 1/5. Daraus ergeben sich entsprechend kürzere Inspektions- und Wartungsintervalle mit erforderlichen Instandhaltungsmaßnahmen. Gussasphaltbeläge neigen in stark befahrenen Bereichen sowie in Bereichen mit häufigen Brems- und Anfahrvorgängen zur Spurrillenbildung.

13.7.2 Fugen

Fugen in stark befahrenen Bereichen sind besonders anfällig, wenn sie bei intensiver Nutzung einer hohen Verschleißbeanspruchung ausgesetzt sind. Bei der Inspektion festgestellte Schäden an Fugen sind kurzfristig instand zu setzen. Dies betrifft insbesondere den Übergang vom Bauteil zur Fugenkonstruktion. Die Abdichtung kann sich vom Fugenprofil gelöst haben, das Fugendichtmaterial kann beschädigt sein.

Die erforderliche Wartung, Reparatur und/oder Erneuerung sind vertraglich besonders zu regeln, denn Verschleißteile liegen nicht im Bereich der üblichen Gewährleistung.

Zur Wartung von Pflasterdecken und Fertigplatten bei Bodenparkdecks enthalten die Abschnitte 6.3.1.4 und 6.3.3.4 weitere Einzelheiten.

13.7.3 Entwässerung

Mängel der Entwässerung führen häufig zu Beanstandungen. Die Entwässerungseinrichtungen sind daher regelmäßig zu inspizieren. Mängel können verstopfte Rinnen und Abläufe sein. Bei der Inspektion sind die Roste bzw. Abdeckungen der Entwässerungsrinnen abzunehmen, damit die Sauberkeit, die Anschlüsse an den Belag sowie die Anschlüsse an die Abläufe und Fallrohre kontrolliert werden können und andere Mängel erkennbar sind. Sinnvoll ist eine Funktionskontrolle des Wasserabflusses bei Regen.

13.7.4 Unterseiten der Decks

Wasserspuren und Rostfahnen an der Unterseite des Decks oder an Wänden und Stützen sind Hinweise auf Undichtheiten des Parkdecks. Sie können insbesondere an Stoßfugen zwischen Fertigteilelementen, an Durchdringungen für die Entwässerung oder anderer Leitungen sowie in Rissbereichen auftreten. Wenn bei der Inspektion Wasserspuren oder Rostfahnen festgestellt wurden, kann dringender Handlungsbedarf für eine Instandsetzung bestehen. Daher hat der Bauherr bzw. der Betreiber hiervon Kenntnis zu erhalten, damit eine kurzfristige Entscheidung getroffen werden kann.

Wasserpfützen auf Zwischenparkdecks müssen nicht durch von oben abtropfendes Wasser entstanden sein, es kann sich um eingeschlepptes Wasser von geparkten Fahrzeugen handeln. Das gleiche trifft für Wasserpfützen auf Bodenparkdecks zu, wobei hier allerdings zu klären ist, ob bei hohem Grundwasserstand kein Wasser von unten eindringt.

13.8 Bauwerksbuch

Schon bei der Planung und Errichtung von Parkbauten ist eine Dokumentation des Bauwerks und all seiner Teile anzulegen. Diese Dokumentation dient als Voraussetzung und Grundlage für eine zielgerichtete Wartung und Instandhaltung nach dem Instandhaltungsplan [R9]. Dies erfolgt am sinnvollsten durch ein Bauwerksbuch. Grundlage hierfür ist beispielsweise das DBV-Merkblatt „Bauwerksbuch" [R10]. Ein Bauwerksbuch enthält somit die Dokumentation aller Daten für die Bauteile bei der Herstellung des Parkbaues. Außerdem sind ins Bauwerksbuch alle Änderungen in der folgenden Zeit nach der Herstellung einzutragen. Dadurch wird der jeweils aktuelle Ist-Zustand dokumentiert.

Bei der Führung eines Bauwerksbuches ist zu bedenken, dass sich über eine Nutzungszeit des Parkbaues von mindestens 50 Jahren in der Betreuung des Bauwerks naturbedingt personelle Wechsel ergeben werden. Die Nachkommenden können an die bisher vollzogenen Maßnahmen leichter anknüpfen und dies fortsetzen.

In einem Bauwerksbuch sind beispielweise enthalten:
- Angaben zur Gründung, z. B. Flachgründung, Streifenfundamente, Einzelfundamente, Gründungsplatte mit ebener Unterseite, Pfahlgründung
- Angaben zur Konstruktion, z. B. Stahlbeton-, Spannbeton-, Verbundbau-Konstruktion
- Festlegung der Expositionsklassen der Stahlbeton-Bauteile
- Baustoffqualitäten, z. B. Betonfestigkeitsklasse
- Angaben zu statischen Belangen, z. B. Ausnutzungsgrad der Stützen, Bewehrungspläne mit Angaben zur Größe der Betondeckung und zur Begrenzung der Rissbreite der Parkdecks
- Angaben zu Beschichtungen und/oder Abdichtungen
- Angaben zu Arbeitsfugen und Bewegungsfugen
- Angaben zu Rinnen und Entwässerung
- detaillierter Instandhaltungsplan

Alle Angaben sind für die einzelnen Gewerke so aufzuführen, dass diese möglichst auch für Nicht-Baufachleute verständlich sind. Dies gilt ebenso für die erforderlichen Maßnahmen, die im Sinne der Werterhaltung, der Dauerhaftigkeit, der Funktionssicherheit und der Gebrauchstauglichkeit im Rahmen der Wartung durchzuführen sind.

13.9 Hinweise auf rechtliche Auswirkungen

Schon in der frühen Planungsphase sind maßgebliche Entscheidungen mit Auswirkung auf die Investitions- und Betreiberkosten zu treffen. Da die Wartungsintervalle und der damit verbundene Wartungsbedarf bei Parkhäusern und Tiefgaragen von dem jeweiligen Entwurfsgrundsatz abhängig sind, hat die Entscheidung für einen Entwurfsgrundsatz unterschiedliche Auswirkungen auf die am Bau Beteiligten. Betroffen sind also Planer, Bauherren, ausführende Unternehmen, Betreiber und Wartungsunternehmen, auch in rechtlicher Hinsicht [L48].

Der Auftraggeber erwartet eine Aufklärung über den Zusammenhang zwischen den technischen Anforderungen und den entstehenden Kosten für Investition und Betrieb. Nur nach intensiver Beratung kann der Auftraggeber die Entscheidung für einen Entwurfsgrundsatz treffen, indem er Investitions- und Betreiberkosten berücksichtigt. Für Planer und Unternehmer ist die Beratung des Auftraggebers eine Aufgabe, die sich bei nicht gründlicher Ausführung als sehr haftungsträchtig erweisen kann [L48].

Die Abschnitte 13.6 und 13.7 enthalten Hinweise für die Planungs-, die Gewährleistungs- und die Nutzungsphase, die auch rechtliche Auswirkungen haben können.

14 Anhang

14.1 Tafelverzeichnis

15 Literatur

15.1 Vorschriften, Verordnungen, Gesetze [V..]

[V1] MBO — Musterbauordnung. ARGEBAU – Bauministerkonferenz der Länder mit Beteiligung von Verbänden

[V2] M-GarVO — Muster-Garagenverordnung; Muster einer Verordnung über den Bau und Betrieb von Garagen. Fachkommission Bauaufsicht der ARGEBAU

[V3] LBO — Landesbauordnungen der deutschen Bundesländer
GarVO — Garagenverordnungen der deutschen Bundesländer, z. B.: GarVO NRW: Verordnung über Bau und Betrieb von Sonderbauten (Sonderbauverordnung – SBauVO) Teil 5 § 121 bis § 142, Stand 2018

[V4] StVO — Straßenverkehrs-Ordnung. Bundesgesetzblatt BGBl I

[V5] DIBt — Bauregelliste A, Bauregelliste B und Liste C, für geregelte und ungeregelte Bauprodukte sowie Bauarten mit Angaben der erforderlichen Nachweise:
ÜH: Übereinstimmungserklärung der Hersteller
ÜHP: Übereinstimmungserklärung nach vorheriger Prüfung
ÜZ: Überwachungszertifikat durch anerkannte Zertifizierungsstelle
G: Allgemeine Bauartengenehmigung (aBG)
Z: Allgemeine bauaufsichtliche Zulassung (abZ)
P: Allgemeines bauaufsichtliches Prüfzeugnis (abP)

[V6] HOAI — Verordnung über die Honorare für Architekten und Ingenieurleistungen (Honorarordnung für Architekten und Ingenieure). Rechtsverordnung der Bundesrepublik Deutschland

[V7] MVV TB — Muster-Verwaltungsvorschrift Technische Baubestimmungen des Deutschen Instituts für Bautechnik DiBt

15.2 Normen [N..]

[N0] DIN EN 1990 Eurocode EC0 – Grundlagen der Tragwerksplanung

[N1] DIN EN 1991 Eurocode EC1 – Einwirkungen auf Tragwerke

Teil 1-1: Allgemeine Einwirkungen auf Tragwerke – Wichten, Eigengewicht und Nutzlasten im Hochbau
DIN EN 1991-1-1/NA, Nationaler Anhang zum Eurocode EC1-1-1

Teil 1-2: Allgemeine Regeln – Brandeinwirkungen auf Tragwerke
DIN EN 1992-1-2/NA, Nationaler Anhang zum Eurocode EC1-1-2

Teil 1-5: Allgemeine Einwirkungen – Temperatureinwirkungen
DIN EN 1992-1-5/NA, Nationaler Anhang zum Eurocode EC1-1-5

Teil 1-6: Allgemeine Einwirkungen – Einwirkungen während der Bauausführung
DIN EN 1992-1-6/NA, Nationaler Anhang zum Eurocode EC1-1-6

Teil 1-7: Allgemeine Einwirkungen – Außergewöhnliche Einwirkungen
DIN EN 1992-1-7/NA, Nationaler Anhang zum Eurocode EC1-1-7

[N2] DIN EN 1992 Eurocode EC2
Bemessung und Konstruktion von Stahlbeton- und Spannbetontragwerken

Teil 1-1: Allgemeine Bemessungsregeln und Regeln für den Hochbau
DIN EN 1992-1-1/NA, Nationaler Anhang zum Eurocode EC2-1-1 mit A1-Änderung

Teil 1-2: Allgemeine Regeln – Tragwerksbemessung für den Brandfall
DIN EN 1992-1-2/NA, Nationaler Anhang zum Eurocode EC2-1-2

Teil 2: Betonbrücken – Bemessungs- und Konstruktionsregeln
DIN EN 1992-2/NA, Nationaler Anhang zum Eurocode EC2-2

[N3] DIN EN 1994 Eurocode EC4
Bemessung und Konstruktion von Verbundtragwerken aus Stahl und Beton

		Teil 1-1: Allgemeine Bemessungsregeln und Anwendungsregeln für den Hochbau DIN EN 1994-1-1/NA, Nationaler Anhang zum Eurocode EC4-1-1 Teil 1-2: Allgemeine Regeln – Tragwerksbemessung für den Brandfall DIN EN 1994-1-2/NA, Nationaler Anhang zum Eurocode EC4-1-2
[N4]	DIN EN 206-1	Beton Teil 1: Festlegung, Eigenschaften, Herstellung und Konformität. Zu DIN EN 206-1 gehört: DIN 1045-2: Tragwerke aus Beton, Stahlbeton und Spannbeton. Teil 2: Festlegung, Eigenschaften, Herstellung und Konformität – Anwendungsregeln zu DIN EN 206-1
[N5]	DIN EN 13670	Ausführung von Tragwerken aus Beton Zu DIN EN 13670 gehört: DIN 1045-3: Tragwerke aus Beton, Stahlbeton und Spannbeton. Teil 3: Bauausführung – Anwendungsregeln als Nationaler Anhang zu DIN EN 13670
[N6]	DAfStb	Deutscher Ausschuss für Stahlbeton: Heft 525: Erläuterungen zu DIN 1045-1 Heft 526: Erläuterungen zu DIN EN 206-1, DIN 1045-2, DIN 1045-3, DIN 1045-4 und DIN 4226 Heft 555: Erläuterungen zur DAfStb-Richtlinie Wasserundurchlässige Bauwerke aus Beton Heft 600: Erläuterungen zu DIN EN 1992-1-1 und DIN EN 1992-1-1/NA (Eurocode 2)
[N7]	DIN EN 124	DIN 1229: Aufsätze und Abdeckungen für Verkehrsflächen – Baugrundsätze, Prüfungen, Kennzeichnung, Güteüberwachung
[N8]	DIN EN 1062	Beschichtungsstoffe – Beschichtungsstoffe und Beschichtungssysteme für mineralische Substrate und Beton im Außenbereich Teil 7: Bestimmung der rissüberbrückenden Eigenschaften
[N9]	DIN EN 1338	Pflastersteine aus Beton

[N10]	DIN EN 1433	Entwässerungsrinnen für Verkehrsflächen – Klassifizierung, Bau- und Prüfgrundsätze, Kennzeichnung und Beurteilung der Konformität
[N11]	DIN EN 1504	Produkte und Systeme für den Schutz und die Instandsetzung von Betontragwerken – Definition, Anforderungen, Güteüberwachung und Beurteilung der Konformität Teil 1: Definitionen Teil 2: Oberflächenschutzsysteme für Beton Teil 5: Injektion von Betonbauteilen Teil 8: Qualitätsüberwachung und Beurteilung der Konformität
[N12]	DIN EN 12056	Schwerkraftentwässerungsanlagen innerhalb von Gebäuden
[N13]	DIN EN 12390-8	Prüfung von Festbeton Teil 8: Wassereindringtiefe unter Druck
[N14]	DIN EN 12620	Gesteinskörnungen für Beton
[N15]	DIN EN 12696	Kathodischer Korrosionsschutz von Stahl in Beton
[N16]	DIN EN 13306	Begriffe der Instandhaltung
[N17]	DIN EN 13892-8	Prüfverfahren für Estrichmörtel und Estrichmassen Teil 8: Bestimmung der Haftzugfestigkeit
[N18]	DIN EN 14487	Spritzbeton Teil 1: Begriffe, Festlegungen und Konformität Teil 2: Ausführung
[N19]	DIN 1072	Einheitsgewichte für Aufsätze und Abdeckungen für Verkehrsflächen
[N20]	DIN 1986	Entwässerungsanlagen für Gebäude und Grundstücke
[N21]	DIN 4030	Beurteilung betonangreifender Wässer, Böden und Gase Teil 1: Grundlagen und Grenzwerte
[N22]	DIN 18195	Abdichtung von Bauwerken – Begriffe
[N23]	DIN 18202	Toleranzen im Hochbau – Bauwerke
[N24]	DIN 18205	Bedarfsplanung im Bauwesen
[N25]	DIN 18315	Allgemeine Technische Vertragsbedingungen für Bauleistungen (ATV) Verkehrswegebauarbeiten – Oberbauschichten ohne Bindemittel
[N26]	DIN 18318	Allgemeine Technische Vertragsbedingungen für Bauleistungen (ATV) Verkehrswegebauarbeiten – Pflasterdecken und Plattenbeläge

[N27] DIN 18331 Allgemeine Technische Vertragsbedingungen für Bauleistungen (ATV) Betonarbeiten

[N28] DIN 18335 Allgemeine Technische Vertragsbedingungen für Bauleistungen (ATV) Stahlbauarbeiten

[N29] DIN 18336 Allgemeine Technische Vertragsbedingungen für Bauleistungen (ATV) Abdichtungsarbeiten

[N30] DIN 18349 Allgemeine Technische Vertragsbedingungen für Bauleistungen (ATV) Betonerhaltungsarbeiten

[N31] DIN 18353 Allgemeine Technische Vertragsbedingungen für Bauleistungen (ATV) Estricharbeiten

[N32] DIN 18354 Allgemeine Technische Vertragsbedingungen für Bauleistungen (ATV) Gussasphaltarbeiten

[N33] DIN 18531 Abdichtung von Dächern
Teil 1: Begriffe, Anforderungen, Planungsgrundsätze
Teil 2 Stoffe
Teil 3: Bemessung, Verarbeitung der Stoffe, Ausführung der Dachabdichtung
Teil 4: Instandhaltung

[N34] DIN 18532 Abdichtung von befahrbaren Verkehrsflächen aus Beton
Teil 1: Anforderungen, Planungs- und Ausführungsgrundsätze
Teil 2: Abdichtung mit einer Lage Polymerbitumen-Schweißbahn und einer Lage Gussasphalt
Teil 3: Abdichtung mit zwei Lagen Polymerbitumenbahnen
Teil 4: Abdichtung mit einer Lage Kunststoff- oder Elastomerbahn
Teil 5: Abdichtung mit einer Lage Polymerbitumenbahn und einer Lage Kunststoff- oder Elastomerbahn
Teil 6: Abdichtung mit flüssig zu verarbeitenden Abdichtungsstoffen

[N35] DIN 18533 Abdichtung von erdberührten Bauteilen
Teil 1: Anforderungen, Planungs- und Ausführungsgrundsätze
Teil 2: Abdichtung mit bahnenförmigen Abdichtungsstoffen
Teil 3: Abdichtungen mit flüssig zu verarbeitenden Abdichtungsstoffen

[N36] DIN 18534 Abdichtung von Innenräumen
Teil 1: Anforderungen, Planungs- und Ausführungsgrundsätze
Teil 2: Abdichtung mit bahnenförmigen Abdichtungsstoffen
Teil 3: Abdichtungen mit flüssig zu verarbeitenden Abdichtungsstoffen im Verbund mit Fliesen und Platten
Teil 4: Abdichtung mit Gussasphalt und Asphaltmastix
Teil 5: Abdichtung mit bahnenförmigen Abdichtungsstoffen im Verbund mit Fliesen und Platten
Teil 6: Abdichtung mit plattenförmigen Abdichtungsstoffen im Verbund mit Fliesen und Platten

[N37] DIN 18535 Abdichtung von Behältern und Becken
Teil 1: Anforderungen, Planungs- und Ausführungsgrundsätze
Teil 2: Abdichtung mit bahnenförmigen Abdichtungsstoffen
Teil 3: Abdichtungen mit flüssig zu verarbeitenden Abdichtungsstoffen

[N38] DIN 18551 Spritzbeton – Nationale Anwendungsregeln zur Reihe DIN EN 14487 und Regeln für die Bemessung von Spritzbetonkonstruktionen

[N39] DIN 18560-7 Estriche im Bauwesen
Teil 7: Hochbeanspruchte Estriche (Industrieestriche)

[N40] DIN 31051 Grundlagen der Instandhaltung

[N41] DIN 51130 Prüfung von Bodenbelägen – Bestimmung der rutschhemmenden Eigenschaften – Arbeitsräume und Arbeitsbereiche mit Rutschgefahr, Begehungsverfahren – Schiefe Ebene

[N42] DIN 51131 Prüfung von Bodenbelägen – Bestimmung der rutschhemmenden Eigenschaft – Verfahren zur Messung des Gleitreibungskoeffizienten

[N43] DIN EN 13036-4 Oberflächeneigenschaften von Straßen und Flugplätzen – Prüfverfahren
Teil 4: Verfahren zur Messung der Griffigkeit von Oberflächen: Der Pendeltest

15.3 Regelwerke, Richtlinien, Merkblätter [R..]

[R1] ADAC — Benutzerfreundliche Parkhäuser – Erfahrungen aus der Praxis, Empfehlungen für die Praxis. Allgemeiner Deutscher Automobil-Club e.V. München

[R2] BFA BWA — Richtlinien für Bauwerksabdichtungen. Grundwissen – Ausführung von Abdichtungen. Bundesfachabteilung Bauwerksabdichtung im HDB Hauptverband der Deutschen Bauindustrie e.V.

[R3] DAfStb — Richtlinie Wasserundurchlässige Bauwerke aus Beton (WU-Richtlinie). Deutscher Ausschuss für Stahlbeton DAfStb

[R4] DAfStb — Erläuterungen zur DAfStb-Richtlinie Wasserundurchlässige Bauwerke aus Beton. Deutscher Ausschuss für Stahlbeton DAfStb-Heft 555

[R5] DAfStb — Richtlinie Betonbau beim Umgang mit wassergefährdenden Stoffen. Deutscher Ausschuss für Stahlbeton DAfStb

[R6] DAfStb — Richtlinie Vorbeugende Maßnahmen gegen schädigende Alkalireaktion im Beton (Alkali-Richtlinie). DAfStb Deutscher Ausschuss für Stahlbeton

[R7] DAfStb — Richtlinie Schutz und Instandsetzung von Betonbauteilen. Deutscher Ausschuss für Stahlbeton DAfStb, mit drei Berichtigungen, bzw. nach bauaufsichtlicher Einführung Instandhaltungs-Richtlinie (DAfStb-IH-RL)

[R8] DBV — Merkblatt Hochwertige Nutzung von Untergeschossen. DBV Deutscher Beton- und Bautechnik-Verein e.V.

[R9] DBV — Merkblatt Parkhäuser und Tiefgaragen (mit Heft 42 [L24]). DBV Deutscher Beton- und Bautechnik-Verein e.V.

[R10] DBV — Merkblatt Bauwerksbuch. Empfehlungen zur Sicherheit und Erhaltung von Gebäuden. DBV Deutscher Beton- und Bautechnik-Verein e.V.

[R11] DBV — Merkblatt Industrieböden aus Beton für Frei- und Hallenflächen. DBV Deutscher Beton- und Bautechnik-Verein e.V.

[R12] DBV — Merkblatt Begrenzung der Rissbildung im Stahlbeton- und Spannbetonbau. DBV Deutscher Beton- und Bautechnik-Verein e.V.

[R13] DBV — Merkblatt WU-Dächer.
DBV Deutscher Beton- und Bautechnik-Verein e.V.

[R14] FGSV Empfehlungen für Anlagen des ruhenden Verkehrs (EAR 05), Forschungsgesellschaft für Straßen- und Verkehrswesen FGSV-Verlag Köln

[R15] FGSV Richtlinien für die Anlage von Straßen (RAS). Teil K-1: Plangleiche Knotenpunkte. FGSV-Verlag Köln

[R16] FGSV Merkblatt 827 für Dränbetontragschichten (DBT). Forschungsgesellschaft für Straßen- und Verkehrswesen FGSV-Verlag Köln

[R17] FLL Empfehlungen zu Planung und Bau von Verkehrsflächen auf Bauwerken. Forschungsgesellschaft Landschaftsentwicklung Landschaftsbau e.V., Bonn

[R18] HVBG Merkblatt für Fußböden in Arbeitsräumen und Arbeitsbereichen mit Rutschgefahr (BGR 181), Hauptverband der gewerblichen Berufsgenossenschaften

[R19] ÖVBB Richtlinie Wasserundurchlässige Betonbauwerke – Weiße Wannen, Österreichischer Betonverein, Wien

[R20] RStO Richtlinien für die Standardisierung des Oberbaues von Verkehrsflächen. Forschungsgesellschaft für Straßen- und Verkehrswesen

[R21] ETAG 033 Leitlinie für die europäische technische Zulassung für Bausätze für flüssig aufzubringende Brückenabdichtungen. Bundesanzeiger Nr. 85a vom 07.06.2011

[R22] TL/TP BEL-B Teil 3 Technische Lieferbedingungen und Technische Prüfvorschriften für Baustoffe zur Herstellung von Brückenbelägen auf Beton mit einer Dichtungsschicht aus Flüssigkunststoff. Zusammenstellung der geprüften Stoffe und Stoffsysteme: Dichtungsschicht aus Flüssigkunststoff. Bundesanstalt für Straßenwesen

[R23] ZTV Beton-StB Zusätzliche Technische Vertragsbedingungen und Richtlinien für den Bau von Tragschichten mit hydraulischen Bindemitteln und Fahrbahndecken aus Beton. Forschungsgesellschaft für Straßen- und Verkehrswesen

[R24] ZTV E-StB Zusätzliche Technische Vertragsbedingungen und Richtlinien für Erdarbeiten im Straßenbau. Forschungsgesellschaft für Straßen- und Verkehrswesen

[R25] ZTV-ING Zusätzliche Technische Vertragsbedingungen und Richtlinien für Ingenieurbauten – ZTV-ING. Bundesanstalt für Straßenwesen

[R26] ZTV P-StB Zusätzliche Technische Vertragsbedingungen und Richtlinien für den Bau von Pflasterdecken und Plattenbeläge. Forschungsgesellschaft für Straßen- und Verkehrswesen

[R27] ZTV SoB-StB Zusätzliche Technische Vertragsbedingungen und Richtlinien für Baustoffgemische und Böden zur Herstellung von Schichten ohne Bindemittel im Straßenbau. Bundesanstalt für Straßenwesen

[R28] BWK Merkblatt 8: Ermittlung des Bemessungswasserstandes für Bauwerksabdichtungen. Bund der Ingenieure für Wasserwirtschaft, Abfallwirtschaft und Kulturbau BWK

[R29] DIBt Prüfgrundsätze zur Erteilung von allgemeinen bauaufsichtlichen Prüfzeugnissen für Fugenabdichtungen in Bauteilen aus Beton (FBB) mit hohem Wassereindringwiderstand gegen drückendes und nicht drückendes Wasserund gegen Bodenfeuchte. Deutsches Institut für Bautechnik (DIBt), Referat I6 (https://www.dibt.de/de/Fachbereiche/Referat_I6_Pruefungsgrundsaetze.html)

[R30] DIBt Prüfgrundsätze zur Abdichtung von erdberührten Bauteilen aus Beton mit Frischbetonverbundabdichtungen (PG-FBVB)

15.4 Fachliteratur [L..]

[L01] Agatz, S.: Herstellungszustand verformungsbehinderter Bodenplatten aus Beton, Heft 559 des Deutschen Ausschusses für Stahlbeton, DAfStb 2006

[L02] AiF-Forschungsvorhaben Nr. 16328 N: Zielsichere Herstellung von Betonböden für Frei- und Hallenflächen. 06/2012

[L03] Albrecht, R.: Pflasterbelag in Tiefgaragen, Tagungsband Symposium Verkehrsbauten – Parkhäuser, Technische Akademie Esslingen TAE 01/2010

[L04] Albrecht, R.; Roos, F.: Verdunstungsrinnen – Ein „Entwässerungssystem" mit Folgen. TAE-Fachtagung Parkhäuser. Technische Akademie Esslingen, 01/2010

[L05] Alonso, M.T., Schäffel, P.: Das Wasserabsondern von Beton für Betonböden – Laborergebnisse und Übertragbarkeit auf praktische Verhältnisse. beton Heft 11+12/2014

[L06] ArcelorMittal: Slim Floor – Das innovative Konzept für Flachdecken. ArcelorMittal Commercial Sections. www.arcelormittal.com/sections)

[L07] Aurnhammer, H.-E.: Zielbaummethode - Verfahren zur Bestimmung von Wertminderungen. Fachzeitschrift Baurecht (BauR) 1978

[L08] Bastert; H.; Fingerloss, F.; Kiltz, D.: Bedarfsplanung und Grundlagenermittlung für WU-Bauwerke. beton Heft 03/2015

[L09] Bayer, Ebeling u.a.: Parkhäuser – aber richtig. Ein Leitfaden für Bauherren, Architekten und Ingenieure. Verlag Bau+Technik VBT Düsseldorf, 2006

[L10] Bayer, Lohmeyer u.a.: Parkhäuser – aber richtig. Ein Leitfaden für Bauherren, Architekten und Ingenieure. Beton-Verlag Düsseldorf, 1993

[L11] Bergel, K.: Die richtige Auswahl von Fugenprofilen bei der Planung und Instandsetzung von Parkbauten.
Vorgefertigte Rinnenablaufsysteme für Parkhäuser. TAE-Fachtagung Parkhäuser. Technische -Akademie Esslingen, 01/2010

[L12] Beton-Kalender 2019, Verlag Ernst & Sohn Berlin:
VII Planung kundenfreundlicher und wirtschaftlicher Parkbauten
VIII Anforderungen an Parkbauten aus Betreiber- und Nutzersicht
IX Dauerhaftigkeit von Parkbauten in Deutschland
XI Erläuterungen zur Anwendung der öbv-Richtlinie „Garagen und Parkdecks" in Österreich
XII Die Anwendung von DIN 18532
XIII Oberflächenschutzsysteme und Abdichtungsbauarten
XIV Instandsetzung von Tiefgaragen und Parkhäusern

[L13] BGA Beratungsstelle für Gussasphaltanwendung e.V.: Abdichtungen für Parkdecks, Hofkellerdecken und Rampen. sowie Tiefgaragen. Technische Informationen Gussasphalt. Heft 53, 2017 und Gussasphalt Magazin: Lösungen für wasserdichte Fugensysteme in Parkbauten, Bonn 2009

[L14] Bohlmann, E., Müller, C.: Zement, Beton ... und nun? Untersuchungen zum Zementleimgehalt. VDZ 09/2014

[L15] Büttner, T.; Wolff, L.; Raupach, M.; Göpfert, T.: Schadensbilder beim maschinellen Glätten von LP-Beton – Ursachen und Lösungsansätze. TAE-Fachtagung Parkhäuser. Technische Akademie Esslingen, 01/2010

[L16] Curbach, M.; Ehmann, J.; Köster, T.; Proske, D.; Schmohl, L.; Taferner, J.: Parkhäuser. Beton-Kalender 2004 Kapitel IX, Berlin 2004

[L17] DAfStb-Fachkolloquium „Dauerhaftigkeit von befahrenen Parkdecks", Wesentliche Diskussionsergebnisse. Deutscher Ausschuss für Stahlbeton DAfStb, 2013

[L18] DAfStb-Stellungnahme zu Regelungen der Dauerhaftigkeit von befahrenen Parkdecks. Deutscher Ausschuss für Stahlbeton DAfStb, 2012

[L19] DBC: Leitfaden Flüssigkunststoffe, Deutsche Bauchemie, 2017

[L20] DBV-Heft 19: Schutz und Instandsetzung von Betonbauteilen – Aktuelle Regelwerke und Hinweise zum Stand der Technik. Deutscher Beton- und Bautechnik-Verein E.V., 2010

[L21] DBV-Heft 20: Parkhäuser und Tiefgaragen. Deutscher Beton- und Bautechnik-Verein E.V., 2018

[L22] DBV-Heft 27: Wartung und Instandhaltung von Parkbauten. Deutscher Beton- und Bautechnik-Verein E.V., 2013

[L23] DBV-Heft 36: Dauerhafte Parkbauten in Betonbauweise – Gut informiert, sicher planen und bauen. Deutscher Beton- und Bautechnik-Verein E.V., 2015

[L24] DBV-Heft 42: Ausführungsvarianten für dauerhafte Bauteile in Parkbauten – Beispielsammlung. Deutscher Beton- und Bautechnik-Verein E.V., 2019

[L25] DBV-Heft 44: Frischbetonverbundsysteme (FBV-Systeme) – Sachstand und Handlungsempfehlungen. DBV Deutscher Beton- und Bautechnik-Verein E.V., 2018

[L26] DBV-Rundschreiben 226: Zu den Planungsaufgaben für befahrene Parkdecks unter Chlorideinwirkung in der Expositionsklasse XD3. Deutscher Beton- und Bautechnik-Verein E.V., 09/2010

[L27] DBV-Rundschreiben 247: Hinweise und Empfehlungen zur Instandhaltung bzw. zum Instandhaltungsplan bei Parkbauten in Betonbauweise, 12/2015

[L28] Dettling, H.: Die Wärmedehnung des Zementsteins, der Gesteine und der Betone. DAfStb-Heft 164

16 Stichwortverzeichnis

P

Q

R

T

U

V

W

Z